旋转给料器

XUAN ZHUAN
GEI LIAO QI

编著 高秉申 张瑞平

吴怀昆 郝伟沙

U0345273

机械工业出版社

CHINA MACHINE PRESS

本书主要介绍了旋转给料器及其相关设备的整体结构、工作原理、性能参数、在化工生产装置中的应用、主要零部件及其结构、适用于气-固混合物的轴密封和转子端部密封结构，旋转给料器整机安装在系统中的密封，设备的安装、驱动和控制，旋转给料器及相关设备的应用选型、维护与保养、运行过程中的常见故障原因及排除方法，设备的检修、检验、润滑油与润滑脂的选用。

本书可作为旋转给料器及其相关设备制造厂的设计人员、相关设计院的选型设计人员、大专院校相关专业的师生以及从事化工生产的设备管理人员、检查维修人员、检验人员的培训教材。

图书在版编目（CIP）数据

旋转给料器/高秉坤编著. —北京：机械工业出版社，2015.12
ISBN 978-7-111-52301-7

Ⅰ．①旋… Ⅱ．①高… Ⅲ．①化工设备—加料设备 Ⅳ．①TQ051.25

中国版本图书馆 CIP 数据核字（2015）第 295942 号

机械工业出版社（北京市百万庄大街 22 号　邮政编码 100037）
责任编辑：郑小光
封面设计：MXK DESIGN STUDIO
北京科信印刷有限公司印刷
2015 年 12 月第 1 版第 1 次印刷
184mm×260mm · 33.25 印张 · 850 千字
标准书号：ISBN 978-7-111-52301-7
定价：98.00 元

凡购本书，如有缺页、倒页、脱页，由本社发行部调换
电话服务　　　　　　　　　　网络服务
服务咨询热线：010-88361066　　机 工 官 网：www.cmpbook.com
读者购书热线：010-68326294　　机 工 官 博：weibo.com/cmp1952
　　　　　　　010-88379203　　金 书 网：www.golden-book.com
封面无防伪标均为盗版　　　教育服务网：www.cmpedu.com

序　言

旋转给料器是在化工生产中输送、储运颗粒或粉末物料的专用设备，我国是在 20 世纪 60 年代随着乙烯装置一起引进的，直到 20 世纪 80 年代末，我国使用的这类设备一直依赖进口，没有自主研发生产。

从 1989 年开始，在国家"七五"重大技术装备科技攻关项目支持下，合肥通用机械研究院开始研制并生产了旋转给料器、插板阀、换向阀等化工固体物料专用设备。1990 年 5 月首台旋转给料器、插板阀和换向阀在大庆石油化工公司高压聚乙烯装置中试用，其性能达到了国外同类产品技术水平。

随着国内大型乙烯深度加工的快速发展，特别是大型 PTA、聚酯装置的陆续建设，固体物料用旋转给料器得到越来越广泛的应用，其设计和制造也得到了长足的发展。目前，合肥通用机械研究院等国内多家企业可以生产各种类型的，适用于各种物料和工况参数的旋转给料器、加速器、分离器、插板阀、换向阀等专用设备，技术方面已接近或达到国外同类产品的水平。

本书内容翔实丰富，详细论述了化工固体物料旋转给料器及其相关设备的工作原理、性能参数和整机结构设计，以及驱动与控制，介绍了与性能有关的主要零部件结构、气固混合物的轴密封、整机在系统中的密封、转子端部密封等，还包括应用选型、试验与检验、运行维护以及常见故障排除等方面的内容。

本书体现了当今我国旋转给料器及其相关设备的技术水平，是一本难得的专著，可供从事设计制造和设备选型的相关技术人员学习参考，也可为从事设备的检验安装、运行维护检修等方面人员提供帮助。

合肥通用机械研究院致力于科研和新产品开发，同时非常重视用户服务，出版本书是为社会服务的一种方式。深信本书的出版发行必将为促进化工固体物料装备生产与应用的技术进步发挥重要作用。

高金吉

中国工程院院士

北京化工大学教授

前　言

旋转给料器是化工固体物料用旋转给料器的简称。旋转给料器及其相关设备是组成化工固体物料输送系统的主要设备，一般包括旋转给料器(也可以称作旋转阀、星形给料机、旋转给料机、星形阀、旋转气琐)、加速器(或称混合器)、分离器(或称抽气室)、换向阀(或称分路阀)、插板阀(或称刀形阀)、放料阀(或称排料阀)和取样阀等。

在化工、石油化工业的固体物料加工过程中，在加工装置内部、设备与设备之间、设备与班料仓之间、班料仓与班料仓之间、班料仓与成品料仓之间、成品料仓与下一个工艺过程的料仓之间，颗粒物料或粉末物料的输送在很多场合是通过气力输送系统、给料系统、计量系统、计量输送系统等工艺过程完成的。

从20世纪80年代以来，随着化工和石油化工行业中乙烯深度加工技术的快速发展，使得在乙烯深度加工装置中应用较多的旋转给料器及其相关设备也得到了相应的发展。这些年来，旋转给料器及其相关设备在设计和制造水平上得到不断提高，结构越来越复杂，性能参数越来越高，输送系统越来越大，使用范围也越来越广。

然而，由于我国的化工固体物料旋转给料器及其相关设备起步比较晚，发展时间比较短。目前还没有论述旋转给料器及相关设备的专著。笔者试图在总结前人经验的基础上，并结合自己多年的科研工作经验编写本书，是为了提供相应的帮助和参考。本书可以作为旋转给料器及其相关设备制造厂的设计人员，相关设计院选型设计人员，大专院校相关专业的师生以及从事化工生产的设备管理人员、检查维修人员、检验人员的培训教材。

本书介绍了旋转给料器及其相关设备在化工生产装置中的应用，其整体结构、工作原理、性能参数，主要零部件及其结构，适用于气-固混合物的轴密封和转子端部密封结构及旋转给料器整机安装在系统中的密封，设备的安装、驱动和控制，旋转给料器及相关设备的应用选型、维护与保养，运行过程中的常见故障原因及排除方法，设备的检修、检验、润滑油与润滑脂的选用。

本书尽可能采用简洁的叙述方法，采用相应国家标准或行业标准的内容，最大限度地查找最新的标准原文，尽可能多地扩大信息量，避免重复赘述。本书采用文字与图样相结合的方式介绍了我国化工生产装置中使用比较多的旋转给料器及其相关设备。

本书共分为 10 章和附录，由高秉申主持编著。具体编写人员与分工如下：

高秉申编写第 1～4、6、7、9、10 章和第 5 章的第 5.1、5.2、5.6 节；张瑞平编写第 8 章；吴怀昆编写第 5 章的第 5.3、5.4、5.5 节；郝伟沙编写附录。

全书由高秉申统稿，由张瑞平审核第 1～7、9、10 章和附录，高秉申审核第 8 章。

本书在编写过程中，编著者深入石油化工设计院、化工生产装置现场做了大量的调查研究工作，广泛征求了设备管理人员、运行与维护人员、设备检修人员、检验人员、选型设计人员的意见，得到了中国石化仪征化纤股份公司杨元斌主任、夏紫阳主任和中国石油大庆石油化工公司刘万平主任、李宝林主任的大力支持和帮助，在此表示感谢！

限于作者的技术水平和经验不足，书中难免存在缺陷和错误之处，敬请读者指正。

高秉申

C目录 CONTENTS

第 6 章　旋转给料器输送系统的相关设备

第 *1* 章 概述

旋转给料器

化工固体物料用旋转给料器(简称旋转给料器)及其相关设备,是化工产品或中间过程中的颗粒物料或粉末物料在生产、输送、运输、储存等过程中使用的专用设备,主要包括在化工、石油化工业固体物料加工过程中具有截断、分流、改变物料流动方向、气力输送、给料(或称喂料)、料气分离、料气混合、取样、排料(或称放料)等作用的设备或阀门。化工固体物料是指可以自由流动的颗粒物料或粉末物料,例如常见的化工高分子产品聚乙烯(PE)、聚丙烯(PP)、粗对苯二甲酸(CTA)粉末、精对苯二甲酸(PTA)粉末、聚乙烯醇(PVA)、聚氯乙烯(PVC)、聚苯乙烯(PS)、聚酯(PET)切片、工程塑料(PBT)粒子、瓶级切片、ABS 塑料 (丙烯腈-丁二烯-苯乙烯)、聚酰胺塑料(PA)、尼龙、聚碳酸酯塑料(PC)、聚丙烯酸类塑料(PMMA)等类型的聚合物颗粒物料或粉末物料,也可以是具有类似特性的其他颗粒或粉末物料。旋转给料器(有时也称作旋转阀、星形给料机、星形给料器、旋转给料机、星形阀、旋转气锁等)及其相关设备一般包括旋转给料器、加速器(或称混合器)、分离器(或称抽气室)、换向阀(或称分路阀)、插板阀(或称刀形闸阀、平板阀)、取样阀和放料阀(或称排料阀)等。旋转给料器及其相关设备的使用场合主要是化工固体物料各工艺过程加工装置中的气力输送系统、给料系统、计量系统、计量给料系统、压力释放(锁气)系统等。也可以应用于运输过程中的装卸作业。

在化工、石油化工业固体物料生产加工过程中,在生产装置内部、设备与设备之间、设备与班料仓之间、班料仓与班料仓之间、班料仓与成品料仓之间、成品料仓与下一个工艺过程的设备或料仓之间,化工固体颗粒物料或粉末物料的输送是通过气力输送系统、给料系统、计量系统、计量给料系统等工艺过程完成的,这些工艺过程的主要设备就包括旋转给料器(或称旋转阀)、插板阀(或称刀形板阀)、换向阀(或称分路阀)、分离器(或称排气室)、混合器(或称加速器)、取样阀和放料阀等。不同的生产工艺,使用化工固体物料旋转给料器及相关设备的种类和数量不同,同一个生产装置中不同的工艺过程所使用的旋转给料器及相关设备的种类和数量也各不相同,但是无论是哪种生产工艺,无论哪个工艺过程,在化工固体物料的处理过程中,很多情况下都要使用化工固体物料旋转给料器及相关设备,而使用这些设备最多的是气力输送系统和给料系统。这里只介绍旋转给料器及其相关的这些阀门和设备,气力输送系统还有很多其他设备,这里不作介绍。

1.1 旋转给料器及其相关设备的历史与发展趋势简述

化工固体物料用旋转给料器及其相关设备的发展,是为了满足生产一线的实际需要而兴起的,是随着生产工艺和生产设备的不断发展而逐渐发展起来的。

1.1.1 旋转给料器及其相关设备的发展历史

固体物料气力输送在工业上的应用始于 19 世纪中叶,第一次气力输送的实际应用是用风扇驱动的真空系统,广泛用于处理木屑和谷物。20 世纪初的气力输送多采用正压系统,输送的速度比较高。被输送的固体物料悬浮于气体中且浓度较低,就是现在定义的所谓稀相输送。关于空气流动及气-固混合物在管道中流动压降的理论规律的研究成果已被公开发表,这项研究成果主要用于固体颗粒及谷物的输送,其经验公式目前仍广泛应用于气力输送这类特征的物料。随着固体物料气力输送技术的应用,固体物料气力输送系统中使用的阀门及相关设备也同时产生,当时已经有截断类阀门、混合器类设备等。只是这些设备及阀门的结构和性能跟现在的设备及阀门不能相比，阀门的类型也比较少。

20 世纪 20 年代以后，气力输送技术得到逐渐开发利用和推广，有关这个领域的文献和技术数据也越来越多，开始有了从气流中分离和过滤被输送的固体物料技术，即开始正式使用旋风分离器和过滤器；随后再把技术发展到可以克服逆向压降将散状固体物料送入输送管道中，即开始有了旋转给料器，俗称旋转加料机，或称旋转阀。

20 世纪三四十年代以来，固体物料流态化方面的技术研究取得了很大的发展并得到推广应用。从此以后，使用气力输送固体物料的方法在许多工业领域中的使用越来越普遍了。

现代工业中，我国的化工、石油化工生产装置中应用的化工固体物料用旋转给料器及其相关设备，是从 20 世纪 60 年代随着石油化工工业的兴起而逐渐发展起来的。

20 世纪 80 年代以来，我国建设了很多包括乙烯深度加工在内的化工、石油化工生产装置，这些装置中使用了大量化工固体物料用旋转给料器及其相关设备。

1.1.2 旋转给料器及其相关设备的发展趋势

化工固体物料用旋转给料器及其相关设备的发展是随着气力输送系统的整体技术进步而发展起来的。化工固体物料旋转给料器的技术发展主要体现在性能参数的提高，主体新结构、新材料的应用而出现新的元器件等方面；旋转给料器性能参数的提高是随着气力输送系统工艺参数对旋转给料器的要求而提高的，旋转给料器是系统中的重要组成部分，输送系统的技术发展促进旋转给料器及其相关设备的技术进步。性能参数提高最显著的特点就是工作气体压力的变化，从 20 世纪七八十年代的不大于 0.10 MPa，到 20 世纪 90 年代的 0.10～0.20 MPa，再由 21 世纪初前几年的 0.10～0.30 MPa，发展到 2010 年前后的 0.40 MPa 左右，现在旋转给料器的工作压力得到进一步提高，可根据不同工况要求使输送气体压力达到 0.10～0.55 MPa。工作压力的提高是整个系统中的所有设备性能参数相应提高的结果。目前化工、石油化工行业发展非常快，气力输送技术的进步也很快，旋转给料器的应用领域越来越广泛，随着气力输送技术的不断进步和发展，气力输送系统的技术性能参数将会不断提高，化工固体物料用旋转给料器及其相关设备的性能参数也会相应提高。

旋转给料器是气力输送系统的关键设备，其技术进步和变化非常显著，20 世纪七八十年代的旋转给料器工作气体压力一般不大于 0.10 MPa，其结构比较简单，轴密封件大多采用编织石棉盘根填料密封。由于当时的编织填料从材料到加工工艺技术都比较落后，所以不仅摩擦阻力大而且有效无故障运行周期也比较短，更重要的是填料密封的性能受很多因素影响，检维修人员的安装经验对填料密封件的密封性能影响也很大。到了 20 世纪 90 年代，旋转给料器工作压力提高为 0.10～0.20 MPa，此时的旋转给料器不仅已经有了专用轴密封件，而且有了转子端部密封的专用密封件。不同制造单位生产的旋转给料器其主体结构和转子端部密封结构各不相同，有采用专用密封件结构密封的，也有制造单位编织填料绳密封结构密封的，两种类型密封结构的功能是相同或相近的，都是尽可能减少和阻止旋转给料器出料口的输送气体通过壳体与转子之间的间隙泄漏到旋转给料器的进料口。

化工生产装置的发展要求旋转给料器的工作气体压力不断提高，为了适应不断提高的性能参数要求，各设备制造单位不断改进旋转给料器的结构，采用新的技术和新的材料，研制出各种结构的专用轴密封组合件和转子端部密封气体压力平衡系统。所以各制造单位生产的旋转给料器其结构变化越来越大，结构的区别也越来越大，特别是轴密封结构的变化与转子端部密封结构的变化和区别越来越大，同时与旋转给料器相配的旋风分离器(或称排气室)和加速器(或称混合器)的结构也有了很大的改进和进步。随着工业技术的不断进步，化工固体物料用旋转给料器及其相关设备将和化工固体物料气力输送技术一起不断得到进步和发展，气力输送效率和性价比都将会大大提高，所以在不久的将来，旋转给料器的性能一定会有更新换代的变化。

1.2 旋转给料器及其相关设备国内外概况

化工固体颗粒物料或粉末物料在生产、输送、运输、储存等过程中使用的固体物料用旋转给料器及其相关设备，是影响工艺质量的特殊设备和阀门，在 20 世纪，由于我国的各类大型化工、石油化工装置采用的生产工艺都是外国公司的专利，所以，装置中使用的旋转给料器及其相关设备基本上都是由装置的工艺专利商指定的设备制造商所提供的，绝大部分都是国外公司的产品，主要有德国的科倍隆(Coperion)公司、济坡林(Zeppelin)公司，瑞士布勒(Buhler)公司，意大利席恩科(Sinco)公司和日本宇野泽组铁工所公司等。随着化工、石油化工生产装置的大型化，化工固体物料用旋转给料器及其相关设备的技术也在不断发展，旋转给料器的物料输送能力也在不断提高。

从 20 世纪 80 年代末期开始，我国逐步研制生产化工固体物料旋转给料器及其相关设备，当时的国务院重大技术装备科技攻关办公室组织原机械工业部所属的相关单位开始研制生产化工固体物料旋转给料器及其相关设备，1989 年开始进行"七五"国家重大技术装备科技攻关项目，研制生产旋转给料器、插板阀、换向阀等类型的化工固体物料用设备和阀门，此项目于 1991 年 5 月通过原机械工业部主持的鉴定，鉴定结论是研制生产的旋转给料器、插板阀、换向阀达到了替代进口的攻关目的，填补了国内空白，达到了国外样机的技术水平，可以批量生产。20 世纪 90 年代后期开始到 21 世纪初，山东章丘、江苏南京、上海嘉定、浙江温州等地相继办起了化工固体物料用旋转给料器及其相关设备生产厂。

1.2.1 国外旋转给料器及其相关设备的概况

现代工业中的化工固体物料用旋转给料器及其相关设备最主要的生产厂家有德国科倍隆公司、德国济坡林公司、瑞士布勒公司，这些公司基本上都具备自有工艺设计，有的几乎所有主要的成套设备和配套辅助设备的制造能力，有工程总成包等全过程服务，其中有很大一部分设备是定点配套厂制造的。

科倍隆公司总部位于德国斯图加特，是世界上最主要的生产大型化工固体物料用旋转给料器及其相关设备并承担大型化工建设工程的集团公司之一，是旋转给料器及其相关设备领域中规模比较大、实力比较强、技术先进、设备品质好的集团公司。旗下著名的德国瓦希勒(Waeschle)公司生产大型化工固体物料用旋转给料器及其相关设备已有一百多年的历史，其实力和产品的品质得到广大中国用户的认可。产品包括旋转给料器、插板阀、换向阀、旋风分离器、加速器(或称混合器)、取样阀和放料阀等化工固体物料所使用的所有设备和阀门类型及规格品种。

科倍隆集团是世界上主要生产大型化工生产设备的企业之一，年产值达 8 亿～10 亿欧元，拥有完善的研发和试验能力，具备成套加工及组装条件。集团拥有多年的化工固体物料输送工艺研究开发经验，其大型化工固体物料输送系统的工艺技术和设备制造水平均达到世界领先水平。科倍隆集团一直坚持自主创新，在全球范围内拥有多个气力输送及配套相关系统的综合实验室，世界上超过 50% 的塑料混合物输送技术是在科倍隆进行试验的。自 1980 年以来，该公司拥有 950 多项专利和专利申请书。科倍隆生产的旋转给料器、管路换向阀、加速器(或称混合器)及插板阀广泛应用于塑料等固体物料化工行业的生产、输送、储存、运输过程中。科倍隆公司已经对 14 000 多种物料进行输送实验，通过测试和计算分析得出结果，找出最佳的系统设计工艺方案。科倍隆成熟的技术与高品质的产品与服务已得到世界各国客户的称赞与信赖，目前约有 100 000 多套科倍隆集团的旋转给料器运行在世界各地各行业的企业中。科倍隆旋转给料器已成为陶氏化学、道康宁、巴斯夫、杜邦化学、3M、壳牌、道达尔、中石油、中石化和神华集团的指定供应商。

瑞士布勒公司在聚酯颗粒增黏方面具有技术成熟的优势，所以国内投产的瓶级切片(或称 SSP)装置大多采用布勒公司的生产工艺和设备，布勒公司的产品质量可靠，布勒公司也是得到中国用户认可的世界著名供应商，其产品也包括旋转给料器、插板阀、换向阀、旋风分离器、加速器、取样阀和放料阀等化工固体物料设备和阀门的所有类型及规格品种。

德国济坡林公司在高压气力输送方面技术相对来说比较成熟，所以国内投产的化工生产装置中高压气力输送部分，特别是在 2005 年以前建设的高压输送部分，有很多采用济坡林公司的生产工艺和设备。济坡林公司也是得到中国用户认可的世界知名供应商，其产品也包括旋转给料器、插板阀、换向阀、分离器、混合器、取样阀和放料阀等化工固体物料设备和阀门的所有类型及规格品种，产品质量可靠。

以上所述的几家公司都是在化工固体物料用旋转给料器及其相关设备领域具有比较高的知名度和较好信誉的供应商，产品性能比较稳定，可靠性也比较高。但是几家公司产品的技术特点各不相同，例如，德国科倍隆公司的高压气力输送旋转给料器产品排气口在壳体上，排出返回的泄漏气体比较及时，但对壳体刚度有一定影响。德国济坡林公司的高压输送旋转给料器，虽然可以适用于设计压力 0.40 MPa 的高压工况条件，但是驱动力矩很大，电动机功率是同规格其他品牌旋转给料器的 2.0～3.0 倍，而且转子端部密封的可靠性有待进一步提高。瑞士布勒公司的高压气力输送旋转给料器产品排气口在分离器上，壳体的刚度好，有利于整机稳定运行，但是在物料进入转子容腔的过程中有一段距离是料、气混合的，对固体物料下行有一定影响。如图 1-1 所示的是用于气力输送的，排气管在壳体上的化工固体物料旋转给料器配置示意图，如图 1-2 所示的是用于气力输送的，排气管在分离器上的化工固体物料旋转给料器配置示意图。

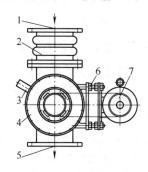 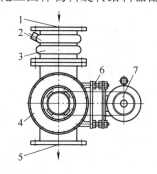

图 1-1　排气管在壳体上的旋转给料器示意图　　　图 1-2　排气管在分离器上的旋转给料器示意图

1—物料进口　2—气固分离器　3—泄漏气排出口　　　1—物料进口　2—泄漏气排出口　3—气固分离器

4—旋转给料器　5—物料出口　6—连接固定部分　7—减速电动机　　　4—旋转给料器　5—物料出口　6—连接固定部分　7—减速电动机

伴热和保温性能是旋转给料器稳定运行的重要保证，科倍隆公司的高温高压旋转给料器采用饱和水蒸气伴热保温方式或恒温水伴温方式，壳体内温度基本在一个恒定的很小范围内，壳体与转子之间的间隙容易控制，性能参数比较稳定，对旋转给料器可靠运行很有好处。特别是化工生产装置开车投料初期的一段时间内，壳体内温度基本在一个恒定范围内更为重要。济坡林公司的高温高压旋转给料器有两种伴热方式：一种是恒温水伴热方式，即用温度基本恒定的水使壳体内温度基本保持在一个恒定的范围内；另一种就是采用电加热伴热方式。恒温水伴热方式能够达到与采用饱和水蒸气伴热相同的效果，而且成本较低。采用电加热式伴热，其效果不如饱和水蒸气伴热或恒温水伴温方式。布勒公司的高温高压旋转给料器一般无任何伴热措施，只有保温手段，在装置开车投料初期的一段时间内，要特别慎重小心操作，并且要严格控制工艺参数。

从运行效果看，采用饱和水蒸气伴热方式或恒温水伴热方式最为安全可靠，在化工生产装置开车过程中出现意外的概率也最低。而电加热伴热方式，一旦局部的加热丝出现故障或损坏，将会造成壳体加热不完全，形成某一部分被加热，而另外某一部分不被加热的状况，造成壳体各部位温度不均匀，严重的有可能产生转子擦壳现象甚至卡死。无伴热的高温高压旋转给料器在装置开车过程中的准备工作非常复杂，需要系统提前进行预热，预热过程中介质在壳体内部流动，旋转给料器各零部件的预热过程也是从内向外，要严格按照操作规程的规定进行操作，稍有不当就有可能会出现壳体与转子擦壳现象甚至造成事故。

从性能参数看，到 21 世纪第一个 10 年为止，科倍隆公司的旋转给料器最大技术参数是：转子直径 800 mm，转子容积 310 L/r，设计压力≤0.35 MPa。另一种结构型号的高温高压旋转给料器的设计压力可以达到 0.55 MPa，但是要小一些。

济坡林公司的旋转给料器最大技术参数是：转子直径 500 mm，转子容积 90 L/r，工作压力≤0.40 MPa。

布勒公司的旋转给料器最大技术参数是：转子直径 600 mm，转子容积 150 L/r，工作压力≤0.40 MPa。

对旋转给料器主体结构设计、辅助部分设计、加工质量、运行稳定性等综合性能各方面进行比较，根据国内各企业多年的使用经验与基层技术人员反映的情况，科倍隆公司的产品运行稳定性最好，一般情况下运行几年下来不需要进行大的检修，也不会有大的故障需要非计划停车，只要按时做保养、按时更换备件表中规定的备件就可以了，这不仅节省了人力物力，更重要的是连续正常生产带来的效益是很大的。布勒公司的旋转给料器虽然没有伴热措施，有时可能会带来一些小的问题，但是布勒公司高温高压旋转给料器的转子端部密封结构是非常好的，不仅密封效果好于科倍隆公司的旋转给料器，而且摩擦阻力非常小，是目前最理想的转子端部密封结构，常温高压旋转给料器的整体性能优于科倍隆公司的产品。

从进口价格看，国外生产的化工固体物料用旋转给料器及其相关设备的价格非常高，一般情况下，国外生产的化工固体物料旋转给料器进口价格是国产旋转给料器的 3 倍以上，科倍隆公司在南京生产的旋转给料器的价格比在国外生产的产品要低很多，其他外国公司的旋转给料器其进口价格也大致相当。

1.2.2　国内旋转给料器及其相关设备的概况

我国的化工固体物料用旋转给料器及其相关设备在乙烯深度加工装置中应用,是在 20 世纪 60 年代随着我国引进的乙烯深度加工装置一起进口的,一直到 20 世纪 80 年代末的二十多年间,我国应用的化工固体物料旋转给料器及其相关设备都是从国外进口的,国内一直没有生产过。

1989 年开始原机械工业部合肥通用机械研究所承担了国家“七五”重大技术装备科技攻关项目,开始研制生产旋转给料器、插板阀、换向阀等类型的化工固体物料用设备,在对当时国内已经投产的聚合物塑料生产装置中使用的化工固体物料旋转给料器及其相关设备进行充分调研的基础上,根据化工装置生产工艺对设备和阀门的性能要求,以及化工固体物料特性对旋转给料器及其相关设备的性能要求,并结合材料、结构、加工工艺等各方面因素进行综合分析,最终研制成功化工固体物料用旋转给料器、插板阀、换向阀等,这些设备和阀门于 1990 年 5 月安装到中国石油大庆石油化工公司(当时的名称是大庆石油化工总厂)塑料厂高压聚乙烯装置中,一直试用到 1991 年 5 月止。经过一年的试运行,旋转给料器的性能和运行稳定性、可靠性都达到了最初的设计要求,满足高压聚乙烯装置对旋转给料器的性能要求,达到了国外样机的技术水平,可以批量生产。

从 1991 年到 2014 年这二十多年间,合肥通用机械研究院研制生产了大量的、各种型号的、适用于各种固体物料的旋转给料器、插板阀、换向阀、加速器(或称混合器)、旋风分离器(或称排气室)、取样阀、放料阀等各种类型的化工固体物料用设备,这些设备广泛应用于各类化工固体物料生产、运输、输送、储存等系统中,不但为我国节省了大量的外汇,取得了良好的经济效益,还受到了国内广大用户的好评。目前,合肥通用机械研究院所生产的最大规格旋转给料器的技术参数是:转子直径 700 mm,转子容积 230 L/r。生产的另一种型号的高温高压旋转给料器的工作压力可以达到 0.45 MPa,设计温度 220 ℃,工作物料温度不低于 215 ℃。

20 世纪 90 年代后期开始到 21 世纪初,国内先后又有山东章丘、江苏南京、上海嘉定、浙江温州等地相继办起了化工固体物料用旋转给料器及相关设备和阀门生产制造单位。

上海世控精密设备有限公司位于上海嘉定区,是台湾控制阀股份有限公司(TCV)于 2009 年在上海投资成立的有限公司。化工固体物料阀门主要产品包括旋转给料器(或称旋转阀)、换向阀(或称三通阀,分向阀)、插板阀(或称滑板阀)等。其最大旋转给料器的技术参数是:进出口公称尺寸不大于 DN600,工作压力 OP 不大于 0.15 MPa,工作温度 OT 不大于 60 ℃。其最大换向阀的技术参数是:公称尺寸不大于 DN300,工作压力不大于 0.60 MPa,工作温度不大于 60 ℃。其最大插板阀的技术参数是:公称尺寸不大于 DN600,工作压力不大于 0.20 MPa,工作温度不大于 60 ℃。从技术参数来看,都属于常温低压范围内的产品。由于公司成立时间不长,而且生产规模不是很大,所以在国内的用户不多,其产品的性能如何、使用稳定性效果怎样,目前还处在观察阶段。

科倍隆科亚(南京)机械有限公司成立于 2004 年 10 月,其前身为南京科亚公司,科倍隆科亚机械有限公司是德国科倍隆集团的子公司,公司的产品设计、生产、销售各环节都有德国科倍隆人员参与管理。从用户使用其产品情况看,南京科倍隆科亚机械有限公司的产品质量与德国科倍隆的产品质量相差不是很大,化工固体物料设备和阀门产品主要包括旋转给料器(或称旋转阀,也有称旋转加料阀)、换向阀(或称分向阀)、插板阀(或称滑板阀)、分离器(或称排气室)、加速器(或称混合器)等。其产品设计性能参数比德国科倍隆公司要小些,其最大旋转给料器的技术参数是：转子直径 630 mm，转子容积 160 L/r，工作压力≤0.20 MPa。由于产品在南京生产，其价格比德国生产的产品要低一些，所以最近几年国内新建的化工生产装置有一部分选用该公司的化工固体物料用旋转给料器及其相关设备。

山东章晃机械工业有限公司是由山东省章丘鼓风机厂和日本大晃机械工业株式会社共同投资于 1996 年正式创办的中日合资企业。采用三兴空气装置株式会社设计制造旋转给料器技术，化工固体物料阀门产品主要包括旋转给料器(或称旋转阀)、混合器(或称加速器)、分离器(或称排气室)等。其最大旋转给料器的技术参数是：进出口公称尺寸不大于 DN650，工作压力不大于 0.20 MPa，工作温度不大于 250 ℃。从公称参数来看，都属于中低压范围内的产品。

浙江温州旭龙阀门有限公司是 20 世纪 90 年代末期成立的，化工固体物料阀门产品主要包括旋转给料器(或称旋转阀)、换向阀(或称三通阀，分向阀)、插板阀(或称滑板阀)、混合器(或称加速器)、分离器(或称排气室)等。其旋转给料器的最大技术参数是：进出口公称尺寸不大于DN500，工作压力不大于 0.20 MPa，工作温度不大于 300 ℃。其换向阀的最大技术参数是：公称尺寸不大于 DN500，工作压力不大于 0.30 MPa。工作温度不大于 150 ℃。其插板阀的最大技术参数是：公称尺寸不大于 DN600，工作压力不大于 0.20 MPa。从公称参数来看，产品规格尺寸还是比较大的。

1.3 旋转给料器及其相关设备在化工生产中的应用

化工固体颗粒物料或粉末物料的输送和运输可以采用的方法有很多种，其中包括机械输送(如带式输送机、斗式提升机和链式输送机等)、容器输送(如专用车、罐、箱、袋等)和气力输送(如吸送式、低压压送式、高压压送式、脉冲栓料式等)。本书所述的化工固体物料用旋转给料器及其相关设备，是应用于气力输送系统及类似工况条件的给料、计量、给料计量、排灰等系统的专用设备。

在化工、石油化工装置生产加工过程中，在工作介质是化工固体颗粒物料或粉末物料的工况条件下，化工固体物料用旋转给料器及其相关设备以不同的方式应用在整个工艺过程中，分别应用于化工固体物料在生产加工过程中的给料、输送、运输、储存等各个环节的气力输送系统、给料系统、计量系统、计量给料系统、压力释放(锁气、排灰等)系统中，其中气力输送和给料是化工固体物料输送的最主要方式，现在分别简要介绍一下各个系统的基本工作情况。

1.3.1 气力输送系统简介

气力输送就是依靠一定压力的气体作用力，在密闭的设备或管道中，按生产工艺的要求将化工固体粉末物料或颗粒物料搬移一定距离的过程。

1.3.1.1 气力输送系统的工作原理

从物理学中的自由落体定律我们可以知道，任何物体在静止空气中自由下落时，由于受到重力的作用，下落速度会逐渐增大，同时物体所受到的空气阻力也相应增大。当空气的阻力增大到等于该物体所受重力与浮力之差时，物体就以匀速自由下降。如果将物体置于向上流动的气流中，则有三种情况出现：气流速度小于物体下落速度时，物体仍然下降；气流速度等于物体下落速度时，物体在气流中呈现不上不下的浮动状态，这时的气流速度，我们叫做该物体的悬浮速度；当气流速度大于物体的悬浮速度以后，物体就会随着气流上升。

正是在上述理论认识的基础上，借助现代工业提供的各种专用设备，人们最终得以利用风机产生的压差在管道中形成高速气流，也就是人工形成了大风。一旦气流速度大于装入管道中的固体物料的悬浮速度，物料即在气流的推力作用下随气流运动。气力输送就是利用气体流作为输送动力，在管道中搬运粉末物料或颗粒状固体物料的方法。

物料在管道中的实际流动状况是很复杂的，主要随气流速度、气流中所含物料数量的多少和物料的特性等不同而显著变化。一般情况下，当管道内气流速度很快而物料量又很少时，物料颗粒基本上接近均匀分布，并在气流中呈完全悬浮状态前进，如图 1-3a 所示。

随着气流速度逐渐降低或物料量有所增加，作用于每个颗粒的气流推力也就减小，颗粒的运行速度也相应减慢，加上颗粒之间可能发生碰撞，部分较大颗粒趋向下沉接近管底，物料分布变密，管内物料呈现下部比较密，而上部比较稀的状况，但所有物料仍然前进而不停滞，如图 1-3b 所示。

当气流速度进一步降低时，可以看到颗粒成层状沉积在管底，这时气流及一部分颗粒在它的上部空间通过。在沉积层的表面，有的颗粒在气流作用下也会向前滑动，如图 1-3c 所示。

当气流速度开始低于悬浮速度或者物料量更多时，大部分较大颗粒会失去悬浮能力，不仅出现颗粒停滞在管底，在局部地段甚至因物料堆积形成"沙丘"。气流通过"沙丘"上部的狭窄通道时速度加快，可以在一瞬间又将"沙丘"吹走。颗粒的这种时而停滞时而吹走的现象是交替进行的，如图 1-3d 所示。如果局部存在的"沙丘"突然大到充填整个管道截面，就会导致物料在管道中不再前进。

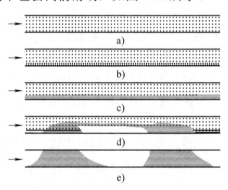

图 1-3　物料在管道中流动状况示意图
a)完全悬浮状态　b)部分颗粒下沉
c)管底有沉积层　d)集团流　e)栓流

如果物料在管道中形成短的料栓，如图 1-3e 所示，也可以利用料栓前后气流的压力差推动料栓前进。通常，料栓之间有一薄薄的沉积层。当料栓前进时，其前端将沉积层的颗粒"铲起"，随料栓一起前移，同时尾端则发生颗粒不断与料栓分离溃散的现象，留下来变成新的沉积层。从表面看来，整个料栓在移动，但其中的颗粒却陆续被料栓前端不断"铲起"的颗粒所置换。因此，实际上物料颗粒只是一段距离一段距离地呈间歇状前移。

以上所说的物料流动状态中，前三种属于悬浮流，颗粒是依靠高速气流的动压推动的，在这类流动状态下输送物料也称为动压输送，后两种属于集团流，其中第 5 种又称为栓流，物料是依靠气流的静压推动的，第 4 种则是动、静压都有的状态。

从管道中物料的实际流动状态中，还可以观察到一些其他流动形式，不过都是上述几种典型流动状态的中间过渡。有的流动状态并不稳定，在同一管道中也可能同时有几种形式出现。

混杂有固体颗粒的气流叫做"两相流"。在"两相流"中，单位时间内输送的物料量与同一时间内输送物料所消耗的气体量的比值称为"料气比"，有时也称"浓度"。比值高的通称为"密相"，比值低的通称为"稀相"，两者之间也有再加一个所谓中相的。

综上所述，气力输送的定义是，借助空气或其他气体在管道内流动来输送干燥的散状固体颗粒物料或粉末物料的输送方法，空气或其他气体直接提供在管道内物料流动所需的能量，管内空气或其他气体的流动则是由管道两端气体的压力差形成的。

1.3.1.2　气力输送系统的优点

(1) 气力输送系统是化工固体颗粒物料或粉末物料连续输送的最适合的方法，同样也适用于间断地将物料从罐车、铁路车辆和货船输送到料仓的场合。

(2) 气力输送系统对充分利用空间有极好的灵活性，带式和螺旋式输送机在实质上仅能向一个方向输送，如果需要改变物料输送方向或提升时，就必须有一个转运点并需要有另外一台单独的输送机来接运。而气力输送系统可以向上、向下，或围绕大型设备或其他障碍物输送物料，可使输送管道高出或避开其他操作装置所占用的空间，从而使生产工艺流程更为合理。

(3) 与其他固体物料输送方法相比较，气力输送系统着火和爆炸的危险性比较小，减少了损坏及着火的潜在危险。因此应用完善的气力输送系统安全性高，可以减少意外损失。

(4) 气力输送系统所采用的各种化工固体物料输送设备、流量分配器及接受器非常类似于流体设备的操作，因此大多数气力输送系统很容易实现自动化，可由一个中心控制台操作，以节省操作人员的费用。

(5) 一个设计比较好的气力输送系统不会向外泄漏，不会对环境产生污染，同时不会造成物料受到污染、受潮、污损和混入其他杂质。主要粉尘控制点应设置在供料机进口和化工固体物料收集器出口，可以设计成无尘操作，保证了输送质量。

(6) 气力输送系统运动部件少，维修保养方便。

(7) 化工固体物料气力输送效率高，降低了运输、包装和装卸费用。

(8) 化工固体物料气力输送过程中可以同时实现多种工艺操作，如混合、分级、干燥、冷却等。

(9) 化工固体物料气力输送可以采用氮气或惰性气体，可以保护物料的品质。

(10) 气力输送在单位时间内输送的物料量是一定的，输送物料的均匀性、连续性很好，也可以根据生产工艺的要求进行调节。

1.3.1.3　气力输送系统的缺点

(1) 与其他固体物料输送方法相比较，气力输送系统的动力消耗费用比较高，是指输送每吨化工固体物料所需要的最大功率。

(2) 使用受到限制，气力输送系统只能用于输送必须是干燥的、能自由流动的、没有磨琢性的固体物料。如果最终产品不允许破碎，则脆性的、易于碎裂的产品不适合采用气力输送系统；易吸湿、易结块的物料也不适用于气力输送系统。

(3) 输送距离受到限制，到目前为止，气力输送系统只能适用于比较短的输送距离，一般小于 3 000 m。长距离输送的主要障碍是很难在途中给输送管道加压。

(4) 适用的化工固体物料颗粒大小受到一定限制，所有粒子尺寸必须是在一定的范围内的，不能相差太多，颗粒尺寸不能太大，一般是粉末物料或 $\phi 3 \sim 5$ mm $\times 3 \sim 5$ mm 的颗粒物料。

(5) 化工固体物料物理特性的微小变化都可能引起气力输送系统运行异常，甚至会造成输送操作很难进行，例如物料的堆密度、颗粒的大小比例分布、硬度、休止角、磨琢性、爆炸的潜在危险性等特性。

1.3.1.4　气力输送系统的分类

气力输送有很多种类型，分类方法也有很多种，本书仅列出当前在化工固体物料输送中常用的几种分类方法，见表 1-1。从表 1-1 可以看出，输送相同的固体物料量，稀相输送所消耗的气体量最多，密相输送所消耗的气体量最少。在这些分类方法中，最方便的是按照在管道中形成气流的方式，将气力输送分为正压输送(或称压送式)和负压输送(或称吸送式)两大类。无论当今气力输送装置有多少种形式，都可以分别归属于这两大类之中。

表 1-1 常用化工固体物料气力输送系统的分类

划分依据	类型		参数范围或方式
料气比 k	稀相		$k<5$
	中相		$k=5\sim25$
	密相		$k>25$
气流方式	正压输送		压送式
	负压输送		吸送式
气源压力/MPa	高真空		$-0.05\sim-0.02$
	低真空		$-0.02\sim0$
	低压		$0\sim0.10$
	中压		$0.10\sim0.20$
	高压		$0.20\sim0.60$
作用机理	动压		速度能
	静压		压力能
流动状态	悬浮流	集团流	栓流

注：料气比值 k 的含义是，在输送气体和固体物料的混合物"两相流"中，单位时间内输送的固体物料量与同一时间内输送物料所消耗的气体量的比值，或称为"气固比"。

1.3.1.5 正压气力输送(或称压送式)系统的基本构成

利用安装在输送系统起点的风机或空气压缩机，将高于大气压的正压气体通入到供料设备的出料口，使气体与物料快速充分混合后，物料和气体一起经输送管道到达终点的分离器或料仓内，气体经过滤后排放到大气中或其他符合要求的地方，如图 1-4 所示为正压输送(或称压送式)系统最基本的构成。

从图 1-4 可以看出，正压气力输送系统必须要有几个能够完成特定功能的设备，主要包括满足特定要求的空气或其他气体压力源，能够连续、均匀地把固体物料加入到管道中去的设备(这里是旋转给料器)，能够使气体与物料快速充分混合的设备(料气混合器)，料气混合物输送管道，从输送气体中把被输送的固体物料分离出来的设备。

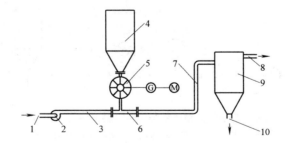

图 1-4 正压气力输送系统的基本构成示意图

1—气体进口 2—气体增压器 3—供气管路 4—固体物料仓 5—旋转给料器 6—料气混合器 7—料气输送管道
8—气体排出管 9—气固分离设备 10—固体物料出口

在生产实践应用中，这些设备或部件的合理选择和布置可以使生产装置的布局更为合理，操作更为灵活。例如，固体物料可以由几个分管道转送到一个总管道，或从一个总输送管道分配物料到若干个分物料仓，如图 1-5 所示，都可以采用气力输送方式。物料的流动速度可以控制和记录，可以将气力输送系统设计成全自动控制系统。

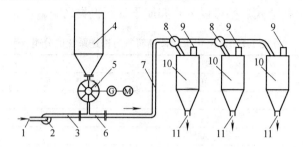

图1-5 正压气力输送分路系统基本构成示意图

1—气体进口 2—气体增压器 3—供气管路 4—总物料仓 5—旋转给料器 6—料气混合器 7—料气输送管道
8—分路换向阀 9—过滤排气设备 10—分物料仓 11—固体物料出口

　　在化工、石油化工生产加工过程中，化工固体颗粒物料或粉末物料气力输送系统的主要设备就包括旋转给料器及相关设备，几种化工固体物料输送设备和阀门相互配合，就可以实现气力输送物料的目的。在20世纪七八十年代，固体物料气力输送工况的气体工作压力一般情况下不大于0.10 MPa。随着工艺水平的提高和输送设备技术水平进步，在20世纪90年代，常规生产装置的气体工作压力在0.10～0.20 MPa。到21世纪初的几年，常规生产装置的气体工作压力在0.10～0.30 MPa。到2010年左右，为了提高整个装置的性能参数，一般需要较高的气体工作压力。根据不同生产工艺的要求，采用的气力输送工作压力多在0.10～0.55 MPa的范围内。气体工作压力提高了，整个系统的设备性能参数都要有相应提高，对于动设备旋转给料器来说，其性能更是要有显著提高，所以最近20年旋转给料器的结构都已经更新换代了，其性能也得到了提升。同时，高压气力输送系统的构成也有了很大的变化，图1-6所示为高压气力输送系统主要设备构成的典型工艺流程图。

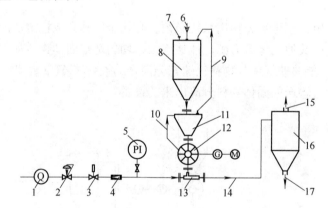

图1-6 高压气力输送系统旋转给料器应用工艺流程图

1—气源稳压罐 2—压力调节阀 3—截断阀 4—止回阀 5—输送气压力表 6—添加物料口 7—泄漏气测量点 8—物料储存仓
9—泄漏气体管道 10—泄漏气返回管 11—气固分离器 12—旋转给料器 13—料气混合器 14—料气输送管道 15—气体出口
16—物料收集罐 17—固体物料出口

　　从图1-6可以看出，高压气力输送系统与低压气力输送系统所不同的是，除了要有几个能够完成特定功能的基本设备(主要包括旋转给料器、料气混合物输送管道、料气混合器、气固分离器、压力气源、固体物料仓等)以外，气源部分的设备还要压力控制部分(本例包括稳压罐、压力调节阀等)、方向控制部分(本例包括止回阀、截断阀等)、气体压力测量与显示部分(本例包括压力传感器或压力表等)和流量控制部分。在旋转给料器上方配合使用的还要有一个小型的气固分离器,它的主要作用是把从旋转给料器泄漏的含有化工固体物料的气体进行气固分离,使固体物料重新回到旋转给料器中,气体从泄漏气体管道中排放到储料仓或其上游大型设备中,然后经过滤直接排放到大气中或循环利用。

1. **低压正压气力输送系统的优点**

(1) 适用于从一处向多处进行分散输送。

(2) 系统为正压,所以,即使管道的某一连接部位存在少量气体泄漏,外界空气或雨水也不会侵入其内部。

(3) 系统为正压,所以固体物料容易从卸料口排出。

2. **高压正压气力输送系统的优点**

(1) 系统的输送气体压力比较高,如果输送条件有一定量的波动,仍能进行正常输送。

(2) 输送系统可以实现比较高的料气比,输送效率比较高,可以用直径比较小的输送管道输送比较大的物料量。

(3) 系统的输送风量相对比较小,所以,可以用比较小的分离和除尘设备。

(4) 对存在一定背压的工况场合也可以输送。

3. **脉冲料栓正压气力输送系统的优点**

(1) 由于输送风速低,输送浓度高,所以被输送物料的破碎率低。

(2) 由于被输送物料移动速度低,所以输送管道的磨损量比较小。

(3) 由于系统的输送风量比较小,所以,分离和除尘设备简单,可以由输送管终端部直接排出。

(4) 输送系统的料气比很高,可以用直径小的输送管道输送很大的物料量。

(5) 能耗低。

4. **低压正压气力输送系统的适用场合**

(1) 普通工业生产过程中。

(2) 化工固体物料生产装置内部,特别是用氮气或二氧化碳气体输送的场合。

(3) 可以输送颗粒物料或粉末物料。

5. **高压正压气力输送系统的适用场合**

(1) 可以实现长距离大容量固体物料输送。

(2) 可以输送颗粒物料或粉末物料。

6. **脉冲料栓正压气力输送系统的适用场合**

(1) 可以实现长距离大容量固体物料输送。

(2) 适用于易碎固体物料的输送。

(3) 粉粒物料混合高浓度输送。

7. **低压正压气力输送系统的选用注意要点**

(1) 在供料口要有合适的供料设备,应根据被输送物料的特性和工况参数,选用供料的旋转给料器。

(2) 输送气体压力比较低,因此输送距离和输送量受到一定限制。

8. **高压正压气力输送系统的选用注意要点**

(1) 应根据被输送物料的特性和工况参数选用合适的高压旋转给料器。

(2) 输送气体压力比较高，因此可以达到一定的输送距离和输送量。

9. 脉冲料栓正压气力输送系统的选用注意要点

对于固体物料的特性和颗粒尺寸大小比较敏感。

1.3.1.6 负压气力输送(或称吸送式)系统的基本构成简介

利用安装在输送系统终点的风机或真空泵抽吸系统内的空气，使输送系统的管道中形成低于大气压的负压气流，固体物料同大气一起从起点吸嘴进入管道，随气流一起输送到终点分离器内，颗粒物料受到自身重力或离心力的作用从气流中分离出来，空气则经过滤器净化后通过风机排放到大气中。图 1-7 所示为负压输送式(或称吸送式)气力输送最基本的系统构成。

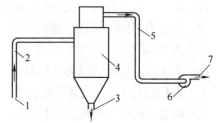

图 1-7 负压气力输送系统的基本构成示意图
1—料气混合物入口 2—料气输送管道
3—固体物料排出口 4—气固分离设备 5—气体排出管道
6—抽气风机 7—气体排出口

在生产实践应用中，可根据实际情况需要选择正压气力输送或是负压气力输送方式。气力输送的主要目的是将化工固体物料从一个位置输送到另一个位置，例如从干燥机出口把化工固体物料输送到班料仓，或从班料仓输送到成品料仓。气力输送系统设计是以实践经验和设计经验公式或曲线为基础的，生产厂家在设计新物料输送系统前要在中试装置进行输送试验。气力输送系统选用者的最大愿望就是选用成熟案例的产品或者著名厂家的产品，因为这些产品能够保证输送系统的性能、输送能力和输送稳定性。

气力输送系统设计的关键因素之一是被输送固体物料的物理特性，每种物料都有其独特的流动特性，固体物料生产加工过程的工艺参数波动、设备性能的变化或物料来源的改变都可能引起流动特性的改变。输送距离和输送能力也是设计的关键因素，要考虑的因素还有物料是否易燃易爆、是否有毒以及物料的耐磨性、脆性、吸湿性等，因为这些物料特性的很小变化都对输送能力有很大的影响。

1. 负压气力输送系统的优点

(1) 由吸嘴集料可以避免取料点的粉尘飞扬。

(2) 适用于由低处、深处或狭窄处取料，或由数处向一处集中输送。

(3) 由于系统内的气体压力低于大气压，所以，即使存在间隙或磨损产生泄漏，输送物料也不会从系统中逸出。

(4) 由于系统内的气体压力低于大气压，水分容易蒸发，所以，也适用于输送水分含量比较高的物料。

(5) 由于气源在系统的最后端，这样润滑油、水分等就不会污染输送物料。

(6) 生产率比较高，可以达到每小时几百吨。

2. 负压气力输送系统的适用场合

(1) 从船舱或罐车中卸料，如 PTA 粉末物料或聚酯颗粒物料。

(2) 化工固体物料生产厂区内的输送，如前后工艺点之间或料仓之间的输送。

(3) 对环境有影响的物料输送，如有毒物料的输送。

3. 负压气力输送系统的选用注意要点

(1) 一般情况下，使用的真空度不小于 0.05 MPa，所以输送量和输送距离不能同时取大值，使用参数范围受到一定限制。

(2) 需要的气源设备容量比较大，一次性投入和运行费用都比较高。

(3) 应在气源的前部设置性能优良的分离器和除尘器。

(4) 分离器和除尘器等设备的密封性能下降会有空气进入系统，从而降低系统的性能。

1.3.2 给料系统简介

给料系统是输送固体物料的另一种方式，只是在输送的过程中没有气流的作用，在输送过程中物料只能从上向下流动而不能相反，同时物料的输送距离也比较短。

给料系统的工作原理是，借助旋转给料器转子的容腔把旋转给料器上方容器内的干燥散状化工固体颗粒物料或粉末物料输送到旋转给料器下方的容器内，干燥散状化工固体物料靠自重从容器内进入到旋转给料器转子的容腔内，然后在物料重力的作用下从旋转给料器体腔内随着给料器的转动而自动流入到下方的容器内，所以发送物料的容器一定在旋转给料器的上方，接受物料的容器一定在旋转给料器的下方，不需要有其他设备提供物料流动所需的能量。给料系统的基本构成如图 1-8 所示。

给料系统的操作过程是，给料容器 3 装满固体物料以后，首先起动旋转给料器 6 的电动机，使旋转给料器的转子处于旋转状态，然后打开旋转给料器上方的插板阀 4，使化工固体物料进入到旋转给料器的转子容腔内，并随转子旋转从旋转给料器的进料口到达出料口，在物料重力的作用下进入到接受固体物料容器 8 内。在连续给料过程中，接受固体物料容器内物料的料位会有上下波动的情况，容器内的空气通过呼吸阀 7 与大气相通，给料容器 3 内的物料通过加料口 1 不断补充进来，使容器内的固体物料量保持在一定范围内。

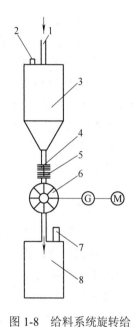

图 1-8　给料系统旋转给
料器应用示意图
1—加料口　2—呼吸阀　3—给料容器
4—插板阀　5—膨胀节　6—旋转给料器
7—通大气呼吸阀　8—接受物料容器

给料系统的主要目的是将化工固体物料从一个工艺过程输送到另一个工艺过程，例如，在聚酯切片增黏生产过程中，从反应釜出口把化工固体物料输送到增黏反应器。生产装置对给料系统的要求是：

(1) 要求很均匀地把化工固体物料输送出去，就是在任意单位时间内所输送的化工固体物料数量要与系统工艺流程要求的物料流量相匹配，不能有太大误差。

(2) 所输送的化工固体物料到达目的容器以后，在要求的一定范围内要均匀散开，不能成堆放置。

(3) 化工固体物料必须处在恒温、恒湿，或在氮气环境中，物料的流通、转运要在封闭的系统内进行，不能污染物料。

(4) 单位时间内的给料量是可以调节的，物料的流动速度可以控制和记录，可以将给料系统设计成全自动控制系统。

给料系统设计的关键因素之一是被输送物料的物理特性，每种物料都有其独特的流动特性，物料加工过程的变化或物料来源的改变都可能引起流动特性的改变。需要考虑的因素还有物料的易燃性、易爆性、吸湿性、搭桥性、流动性等，这些物料特性很小的变化都对给料能力有很大影响。

在化工、石油化工生产装置的工况运行过程中，化工固体颗粒物料或粉末物料给料系统的工况条件，即工作气体压力不高，一般情况下工作压力不大于 0.05 MPa，大部分工况的工作压力是常压。随着工艺水平的提高和设备技术进步，也有些工况接受物料的容器工作压力是负压状态，其真空度在−0.02～0 MPa。无论工作压力是正压还是负压，整个系统的设备性能都要有相应保障，旋转给料器的气密封性能要好，负压工况时接受物料的容器内压力不能上升，所以旋转给料器的封气性能要不断提高，才能满足工艺技术进步对设备要求的不断提高。

1.3.2.1　给料系统的优点

(1) 给料系统是散装固体物料连续给料的最适合的方法，它节省空间，安装、操作有很好的灵活性，从而使生产工艺流程合理。

(2) 给料系统采用最直接的送料方式，不会造成物料受到污染、受潮、污损和混入其他杂质，可以减少物料意外损失。

(3) 给料系统所采用的各种化工固体物料输送设备类似于流体设备的操作，因此给料系统很容易实现自动化，由一个中心控制台操作，可以节省操作人员的费用。

(4) 给料系统能很容易地实现定量给料，均匀给料，能提供一个恒温、恒湿的环境或某种特定气体环境，保证了给料质量，有利于下一个工艺过程的实现，有利于保障产品性能。

(5) 给料系统运动部件少，维修保养方便。

(6) 散装化工固体物料给料效率高，给料量容易控制，有利于稳定生产。

1.3.2.2　给料系统的缺点

(1) 给料系统的适用性受到一定程度的限制，给料系统只能适用于干燥的、能自由流动、没有磨琢性的化工固体物料。

(2) 给料系统对化工固体物料物理特性的微小变化都很敏感，都可能引起给料系统运行异常。例如化工固体物料的堆密度、休止角、流动性等物理特性发生变化，可能会产生物料在转子叶片间搭桥或黏附在金属表面等现象，会造成给料系统很难维持正常运行。

1.3.3　计量系统简介

计量系统的工作原理是，借助旋转给料器转子的容腔把旋转给料器上方容器内的干燥散状化工固体颗粒物料或粉末物料输送到旋转给料器下方的容器内，利用旋转给料器转子容腔的定量容积，计算出转子每转一转所能给料的体积，从而得出单位时间内给料的量。干燥散状化工固体物料靠自重从容器内进入到旋转给料器转子容腔内，随着转子的转动在重力的作用下从旋转给料器内进入到下方容器内，所以储料的容器一定在旋转给料器的上方，接受物料的容器一定在旋转给料器的下方，不需要有其他设备提供物料流动所需的能量，其工作原理类似于给料系统，如图1-9所示。

计量系统的操作过程是，发送物料的容器 3 装满物料以后，首先起动旋转给料器 5 的电动机，使旋转给料器的转子处于旋转状态，然后打开旋转给料器上方的

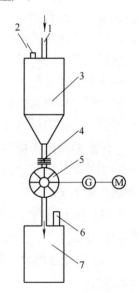

图1-9　计量系统旋转给料器应用工艺流程图
1—加料口　2—通大气呼吸阀
3—给料容器　4—插板阀
5—旋转给料器　6—呼吸阀
7—受料容器

插板阀 4，使化工固体物料进入到旋转给料器转子的容腔内，并随转子旋转从旋转给料器的进料口到达出料口，在物料重力的作用下进入到接受物料容器 7 内。在连续计量过程中，接受物料容器内物料的料位会有上下波动的情况，容器内的空气通过呼吸阀 6 与大气相通，给料容器 3 内的物料通过加料口 1 不断补充进来，使容器内物料的料位保持在要求的一定范围内。

计量系统的主要作用是，在化工固体物料的生产过程中，通过旋转给料器转子容腔的操作处理，就可以基本准确地知道单位时间内所生产化工固体物料的量(生产实际应用中的计量精度有待提高)，生产装置对计量系统的要求是：

(1) 要很均匀地把化工固体物料输送出去，就是在任意两个相同的时间间隔内所输送的化工固体物料数量要基本一致，不能有太大误差。

(2) 不能污染物料。

(3) 化工固体物料所处的环境要求是恒温、恒湿的。可以控制和记录物料的流动速度，可以将计量系统设计成全自动控制系统。

计量系统设计的关键因素之一是被输送物料的物理特性，每种物料都有其独特的流动特性，物料加工过程中的微小变化或物料来源的改变都可能引起流动特性的改变，要考虑的因素还有物料是否易燃易爆，其吸湿性、搭桥性、流动性等特性如何。这些物料特性的很微小变化都会对通过物料的数量造成很大影响。例如物料发生搭桥时，就会出现假满现象，造成计量不准确甚至是错误的结果。

在化工、石油化工装置生产加工过程中，化工固体颗粒物料或粉末物料计量系统工况的工作压力不高，一般情况下工作压力不大于 0.05 MPa 或是常压。

1.3.3.1　计量系统的优点

(1) 在生产装置中各方面条件允许的情况下，计量系统可以与给料系统兼顾使用，即在不同的时间段内，不需要进行改变就可以由一个计量系统完成一个给料系统的功能。

(2) 计量系统就是生产过程中的一部分。

(3) 其余优点与给料系统的(1)～(5)类似。

1.3.3.2　计量系统的缺点

(1) 计量系统的计量精度受到一定程度的限制，在很多情况下是不能满足计量精度要求的，所以更多的是把计量系统用作备用设备，只有电子计量称出现意外的情况下才临时用旋转给料器计量系统，一旦电子计量称恢复工作，旋转给料器计量系统就停止工作。

(2) 其余缺点与给料系统的(1)、(2)类似。

1.3.4　计量给料系统简介

计量给料系统既包括给料系统的功能，同时也要包括计量系统的功能，其定义是借助旋转给料器转子的容腔把旋转给料器上方容器内的干燥散状化工固体颗粒物料或粉末物料输送到旋转给料器下方容器内，利用旋转给料器转子容腔的定量容积，计算出转子每转一转所能给料的体积，从而得出单位时间内的给料数量，干燥散状化工固体物料靠自重从容器内进入到旋转给料器内，然后随着转子旋转在重力的作用下从旋转给料器容腔内进入到下方容器内，所以储料的容器一定在旋转给料器的上方，接受物料的容器一定在旋转给料器的下方，不需要有其他设备提供物料流动所需的能量，如图 1-10 所示。计量给料系统的主要目的是要完成给料系统和计量系统的双重任务，生产装置对计量给料系统的要求包括对给料系统和计量系统的两方面要求。

计量给料系统的操作过程与计量系统相同，计量给料系统的主要作用是，在装置的生产过程中，通过旋转给料器转子容腔的操作处理，就可以基本准确地知道单位时间内所生产化工固体物料的数量，同时也可以达到对下一工艺过程的给料，生产装置对计量给料系统的要求。计量给料系统的优点、缺点等内容都类似于计量系统。

1.3.5 压力释放(或称锁气)系统简介

压力释放(或称锁气)系统的定义是，借助旋转给料器转子的容腔把旋转给料器上方容器内的干燥零散化工固体颗粒物料或粉末物料排放到旋转给料器下方的开口容器内。在这一排放过程中，旋转给料器上方容器内的化工固体物料数量是比较少的，旋转给料器的排放能力要大于所产生物料的数量，要做到不管产生多少物料都要随时排出，不能积存在容器内。所以，旋转给料器转子容腔内是装不满固体物料的，有很大一部分被旋转给料器上方容器内的气体充满。当转子的某个容腔从上部旋转到下部时，容腔内的压力气体也就释放了，这一部分气体不可避免地要泄漏掉了。旋转给料器的功能就是在排出散状化工固体物料的同时要尽可能地密封气体，尽可能减少随物料一起泄漏出去的气体数量，使旋转给料器上方容器内的气体压力要维持在正常生产所要求的范围内。

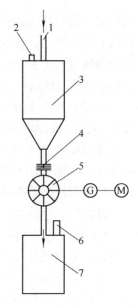

图 1-10 计量输送系统旋转给料器应用工艺流程图
1—加料口 2—通大气呼吸阀
3—给料容器 4—插板阀
5—旋转给料器 6—呼吸阀
7—受料容器

由于旋转给料器转子在旋转的过程中，其容腔内也充满压力气体，干燥散状化工固体物料靠自重从容器内进入到旋转给料器容腔内，然后随转子旋转，在重力的作用下从旋转给料器内排出到下方开口容器内，所以储料的容器一定在旋转给料器的上方，接受物料的容器一定在旋转给料器的下方，不需要有其他设备提供物料流动所需的能量，如图 1-11 所示。干燥零散状化工固体物料的量是比较少的，一般情况下，每小时的输送数量有几十千克或再多一点，量比较少的工况下每小时只有几千克。为了保障只要有干燥零散状固体物料就要立即排出，不能够有积存物料的现象，旋转给料器转子容腔内充满的是气体和固体物料的混合物，而且大部分时间内转子容腔内的固体物料是比较少的。

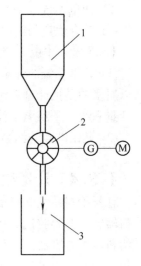

图 1-11 压力释放系统旋转给料器应用工艺流程图
1—给料容器 2—旋转给料器
3—受料容器

压力释放(或称锁气)系统，人们也习惯于叫作除灰系统，旋转给料器的工作介质是在生产过程中产生的废料。其操作过程是，首先起动旋转给料器 2 的电动机，使旋转给料器的转子处于旋转状态，发送物料的容器 1 内是不能积存物料的，一旦生产过程中产生的废料进入到容器 1 内，必须立即进入到给料旋转给料器 2 的转子容腔内，并随转子旋转从旋转给料器的进料口到达出料口，在物料重力的作用下进入到接受物料的容器 3 内。

压力释放(或称锁气)系统的主要作用是，在装置的生产过程中，通过旋转给料器转子容腔的操作处理，及时地排除掉生产过程中所产生的无用固体废料，在排除废料的过程中尽可能少排出气体，即达到排料锁气的目的。生产装置对压力释放(或称锁气)系统的要求是：

(1) 要很及时地把化工固体物料的废弃物输送出去，使生产过程中所产生的无用化工固体废料不能积存在容器 3 内。

(2) 在排除化工固体废料的过程中要尽量减少气体泄漏量，即达到排料和锁气的双重目的。

(3) 排出的化工固体废料不能污染环境，要有效、安全地收集起来。

压力释放(或称锁气)系统的工作介质一般是类似于产品颗粒大小的化工固体废料，有时混合一定比例尺寸小于 1 mm 的微小粒子，废料的物理特性是干燥、松散、密度略小于产品颗粒。化工固体废料的其他特性考虑比较少，比如是否易燃易爆、吸湿性、搭桥性能、流动性能，这些物料特性对废弃物料的排出影响比较小。

在化工、石油化工装置生产加工过程中，化工固体颗粒物料或粉末物料压力释放(或称锁气)系统的工作压力不高，一般情况下工作压力不大于 0.05 MPa，同时压力释放系统的工作温度不高，很容易控制旋转给料器泄漏通道截面积，所以该系统的气体泄漏量不大。

1.3.5.1　压力释放系统的优点

(1) 压力释放系统是化工固体物料生产过程中最适合的排出化工固体废料方法，排出及时，节省空间，安装、操作有很好的灵活性，从而使生产工艺流程合理。

(2) 压力释放系统与化工固体物料生产有机地融为一体，在排出化工固体废料的同时不会影响生产过程的正常进行，不会造成化工固体物料受到污染、受潮、污损和混入其他杂质。

(3) 压力释放系统运动部件少，维修保养方便。

(4) 压力释放系统的气体泄漏量比较小，可以控制在要求的范围内。

(5) 压力释放系统中旋转给料器的工作温度不高，对布置的环境没有太大影响。

1.3.5.2　压力释放系统的缺点

(1) 压力释放系统在排出废料的同时，总是要有一定量的气体泄漏掉，而且气体泄漏是连续的、不间断的。

(2) 压力释放系统在大部分运行时间内，排出的固体废料数量比较少，所以，运行效率比较低，在某种意义上来说，有一定程度的电能浪费。

(3) 其余缺点与给料系统缺点的(1)类似。

第 2 章 旋转给料器的工作原理、性能参数与结构

旋转给料器

旋转给料器的基本构成、工作原理和性能参数是最基本的组成要件和特性，是所有旋转给料器所必须具备的。

化工固体物料用旋转给料器及其相关设备，顾名思义，就是旋转给料器的工作介质是化工固体颗粒物料或粉末物料，也可以是化工固体物料与空气或某种特定气体(如氮气)的混合物。在这些设备中，旋转给料器是化工固体物料输送系统中的主要设备，从某种意义上来讲，换向阀(或称分路阀)、放料阀、取样阀、分离器(或称排气室)、加速器(或称混合器)、插板阀等都可以与旋转给料器配套使用，所以这些设备或阀门也称作气力输送系统旋转给料器的相关设备，本章的主要内容是介绍旋转给料器，其他的相关设备在第6章中作简单介绍。

本章分为三个部分介绍旋转给料器(或称旋转阀)的结构，分别为旋转给料器主机的基本结构、旋转给料器整机的基本结构和旋转给料器辅助管路基本结构。所谓旋转给料器主机的基本结构就是不包括电动机、减速机及其附件的一般结构。旋转给料器整机的基本结构就是包括主机、电动机、减速机及其附件的组合体的一般结构。旋转给料器辅助管路基本结构包括转子端部密封气体压力平衡腔系统及其附属元器件和轴密封气体吹扫系统及其附属元器件的结构。下面将对上述内容分别作简单介绍。

2.1 旋转给料器的基本构成和工作原理

尽管化工固体物料用旋转给料器的具体结构有很多种类型，分别适用于各种不同的化工固体物料和不同的工况参数，但是旋转给料器的基本构成和工作原理是相同或相似的。

化工固体物料用旋转给料器是一种定量输送设备，其整机的基本构成单元如图 2-1 所示，主要由旋转给料器主机 1、调节部分 2(包括链条松紧程度调节器、螺栓、螺母等)、传动部分 3(包括链条、链轮、链条链轮罩壳等)、驱动部分 4(包括减速机、电动机等)、转矩限制器 5、固定部分 6(包括底板、支架、垫板、螺栓、螺母等)等部分组成。图 2-1a 所示的是平面视图，图 2-1b 所示的是三维模型。

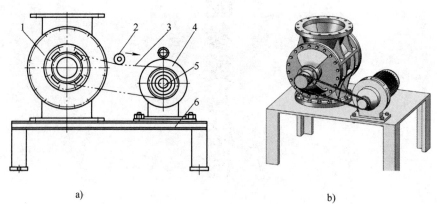

a)   b)

图 2-1 旋转给料器的整机基本构成示意图

a) 平面视图 b) 三维模型

1—旋转给料器主机 2—调节部分 3—传动部分 4—驱动部分 5—转矩限制器 6—固定部分

旋转给料器主机 1 是旋转给料器的主要部分，也是核心部分，旋转给料器主机和驱动部分 4 的减速机及电动机等附属零部件共同固定在固定部分 6 的支架上，旋转给料器主机由减速机和电动机驱动。将电动机和减速机集成到一起，成为减速电动机，减速电动机的驱动力矩由输出轴上联接的主动链轮通过链条传递到主机转子轴的从动链轮上，达到使转子旋转输送物料的目的。为了避免由于减速电动机的驱动转矩过大而造成的旋转给料器各零部件的损伤，一般情况下可以在减速电动机输出轴与主动链轮之间安装一个转矩限制器，也可以将转矩限制器安装在转子轴与从动链轮之间。当链条传递的转矩大于所设定的限定值的情况下，转矩限制器的内部就自动打滑，使链轮传递的转矩不大于设定值，以起到过载保护的作用。一旦过载的转矩恢复到正常值以后，转矩限制器传递转矩的功能自动恢复，使旋转给料器恢复正常工况运行，从而达到保护设备安全运行的目的。

转矩限制器能够传递的最大转矩值可以根据旋转给料器的要求进行调节。一般情况下，转矩限制器设定的最小打滑转矩值要大于旋转给料器所需最大瞬时转矩的 130%，避免传递的转矩值太小而造成不必要的停车。

不同结构类型、适用于不同工况的旋转给料器，其主体结构是不同的，但是其基本构成是相同或相似的。大部分输送化工固体物料用旋转给料器的主机由壳体、端盖、转子、专用轴密封组合件、轴承盖、轴承组、轴承密封件、轴密封气体吹扫系统组件、转子端部密封气体压力平衡系统组件、连接螺栓螺母、物料进口、物料出口等部分组成。根据工况参数和适用物料的不同，转子上可以有 6～20 个数量不等的叶片。旋转给料器在工况运行过程中，转子叶片和壳体之间的容腔将物料从壳体上方的物料进口输送到下方的物料出口。

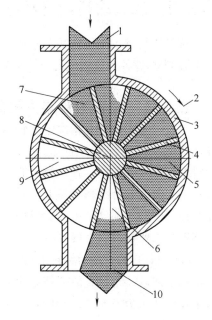

图 2-2　旋转给料器的工作原理示意图
1—物料进口　2—转子旋转方向　3—壳体
4—转子叶片　5—送料容腔　6—转子下部容腔
7—转子上部容腔　8—转子旋转中心　9—返气容腔
10—物料排出口

化工固体物料用旋转给料器的工作原理是，旋转给料器上部容器内储存的化工固体物料依靠重力从壳体进料口进入到体腔内，然后进入到安装于壳体内腔的星形转子叶片与壳体圆柱形内表面共同形成的容腔，在星形转子旋转带动下，化工固体物料从转子上部容腔 7 到达转子下部容腔 6 内，并从壳体的物料排出口 10 排出，然后进入到下游设备中，如图 2-2 所示。其给料量由星形转子的容积和转速高低来控制，对于特定的星形转子在一定的转速范围内，转子的转速越高，输送的物料量就越大。反之，转子的转速越低，输送的物料量就越少。

对于某一种特定型号规格的旋转给料器来说，其星形转子的送料容积是一定的，所输送物料的特性参数是一定的，所以当转速一定时，其给料量(或称输送量)基本上是一定的，因此使用旋转给料器可以实现定量给料或定量输送物料的目的。同时，在旋转给料器进料口和出料口之间的气体压力差一定的条件下，转子叶片顶端与壳体之间的间隙大小决定了旋转给料器的密封性能，其间隙大小既要达到能够保证转子正常旋转，还要保障不能泄漏物料，也要使气体泄漏量尽可能小，即旋转给料器要有很好的琐气功能。琐气功能可以使旋转给料器在壳体进料口和出料口之间存在气体压力差的工况条件下，不至于发生气体泄漏量太大而影响系统正常工况运行的情况。旋转给料器星形转子的连续转动是由减速电动机及链轮链条驱动的，可以通过电缆及相关仪器仪表实现远程、自动化控制。

化工固体物料经过旋转给料器内腔，从壳体出料口进入到加速器(或称混合器)中与一定压力的输送气体混合，通过管道输送到下一工艺过程的设备中。在这一输送过程中，从旋转给料器出料口泄漏到壳体进料口的气体，通过分离器使料气分离，大部分化工固体物料重新进入旋转给料器容腔内，气体则通过管道引入到料仓顶部或经过滤后排放到大气中去。正常工况运行过程中，系统内各区域的气体压力分布均维持在特定工艺要求的范围内，达到特定系统需要的动态平衡状态，从而达到连续输送化工固体物料的目的，其输送量可以根据工艺流程的不同要求进行调节。为了输送不同温度的物料，可调整旋转给料器的相应结构设计，以分别适用于高温或常温化工固体物料。根据被输送物料的特性要求或环境要求可以配防爆电动机、变频调速电动机等，也可以通过机械变速的方式进行调速。同时化工固体物料的特性还决定了旋转给料器的内部结构和旋转给料器的主要性能参数(如物料输送数量、物料输送距离、气体泄漏量、整机运行效率、适用工作介质温度、适用气体工作压力等)。

2.2 旋转给料器的基本参数

旋转给料器由主机和相关附属机构(主要包括驱动部分、传动部分、固定部分、调节部分、转矩限制器)等各部分组成。下面分别介绍旋转给料器的主机和各相关附属零部件的基本参数。

2.2.1 旋转给料器主机的基本参数

主机的基本参数是指决定旋转给料器性能的参数，是在旋转给料器的结构设计、材料选择、设计选型、加工制造、用户的安装、生产运行、维护、保养工作中都有关系的一些参数。旋转给料器有很多种类型，各种类型的旋转给料器其基本参数是不同的，也不是每台旋转给料器都具有下面所述的全部基本参数，对于某一种特定的旋转给料器所具有的基本参数，可能包括下述参数其中的一部分，也可能包括全部下述参数。一般情况下各种类型的旋转给料器所具有的基本参数主要包括以下内容：

(1) 设计压力，是指旋转给料器在设计过程中确定的体腔内气体工作压力理论最大表压力，是实际工艺设计给定参数圆整后的数据，是在化工生产装置工况运行过程中旋转给料器体腔内的工作气体压力所允许达到的理论最大极限值(通常用表压力)，包括压力波动时的瞬时状态值在内，单位为 MPa。例如工艺设计给定的工况压力参数是 0.15～0.19 MPa，圆整后的设计压力就确定为 0.20 MPa。当然，圆整后的设计压力要非常接近实际工作压力，不能相差太多。

(2) 设计温度，是指化工生产装置在工况运行过程中，旋转给料器体腔内所适用物料的温度，单位为℃。旋转给料器的设计温度不是一个定值，允许在一定的范围内变化。对适用于有气体压力差工况的旋转给料器，设计温度不是工作物料的最高允许温度，当物料温度与设计温度差距较大时，此时的物料温度就不是设计温度所包含的范围。例如设计温度是 220 ℃，物料的实际温度是 140 ℃左右，此时的物料温度就不是设计温度所包含的温度范围，即设计温度是 220 ℃的旋转给料器不能应用于物料温度约 140 ℃的工况场合。

(3) 最大允许工作压力，是指旋转给料器工况运行时，体腔内的工作气体表压力最大允许值(含压力波动时的瞬时状态值)，单位为 MPa。对应用于输送工况的旋转给料器，最大工作压力是壳体出料口的输送气体工作压力。一般情况下，最大允许工作压力小于设计压力，从理论上讲，最大允许工作压力的极限值就是设计压力。但是在生产装置运行过程中，考虑到最大工作压力的波动值很难准确预测，所以实际工况中两者还是有一定差别的。

对应用于大料仓底部的排料或给料的旋转给料器，壳体进料口的工作压力是料仓内化工固体物料的静压力，这个静压力作用在壳体进口的物料上，虽然对整机运行有一定的影响，但是对壳体的密封性能 (包括转子轴密封件的密封性能和壳体内腔转子的密封性能两个方面) 影响不大，所以不是考虑的最大允许工作压力。

(4) 最大允许工作压力差，是指旋转给料器壳体进料口和出料口之间的最大允许工作气体压力差值，单位为 MPa。如果实际工况大于这个最大允许工作压力差，旋转给料器的气体泄漏量就会加大，就超出了性能参数表中给出的气体泄漏量数值。

(5) 最高允许工作温度，是指旋转给料器体腔内所允许的物料最高工作温度，单位为℃。

(6) 最大允许工作温度差，是指在正常工况运行过程中，旋转给料器转子和壳体之间的最大允许温度差值，单位为℃。一旦大于这个温度差，旋转给料器可能会出现异常现象，严重时可能会出现故障或损坏。

(7) 正常输送能力，是指旋转给料器在化工生产装置中或其他生产系统中，各种工艺参数均一般性正常的工况条件下，每小时能够达到的输送量，单位为 t/h。输送能力与物料的特性、转子每旋转一圈的容积(L/r)、转子的转速、整机的工作效率有关。

(8) 最大输送能力，是指旋转给料器在化工生产装置中或其他生产系统中，各种工艺参数均十分有利的工况条件下，每小时能够达到的输送量，单位为 t/h。

(9) 工作介质，指旋转给料器工况运行过程中所处理或输送的化工固体物料的具体名称，包括中文名称和英文名称。

(10) 介质物料特性，指旋转给料器工作介质物料的物理特性和化学特性，常用的主要包括物料的堆密度、真密度、休止角、按百分比分布的介质粒度、物料的流态化能力、腐蚀性、搭桥性、磨琢性、含水量、摩擦角、热敏感性、磨削性、黏着性和附着性、吸湿性和潮解性等与旋转给料器结构设计、材料选择及选型设计有关的特性。

(11) 主体材料，是指旋转给料器的壳体、转子、端盖等主要零部件的材料，一般采用奥氏体不锈钢或其他满足工况性能要求的材料。

(12) 转子转速，指在正常工况运行状态下，旋转给料器转子在单位时间内的旋转圈数，经常采用的单位为 r/min。

(13) 容积效率(或称填充系数)，是指在工况运行过程中，旋转给料器转子每旋转一圈所输送的化工固体物料的体积与转子叶片容腔的理论容积之比，用百分比表示。

(14) 整机效率(或称工作效率)，是指在工况运行过程中，旋转给料器在单位时间内实际输送的物料数量与理论输送量之比。

(15) 噪声，旋转给料器的噪声规定要求分为无负载运行时的噪声和有负载运行时的噪声两种情况。

当旋转给料器无负载运行时，即壳体与转子组成的容腔内无气体压力、无化工固体物料的条件下，旋转给料器在设计转速条件下运行时的噪声大小数据。一般情况下噪声 L_{PA} 应低于 70 dB(A)。

当旋转给料器满负载运行时，即壳体与转子组成的容腔内工作气体压力达到或接近设计工作压力、从出料口排出的物料量达到或接近正常输送能力的条件下，旋转给料器在正常工况条件下运行时的噪声大小数据，要求噪声 L_{PA} 应低于 85 db(A)。

(16) 气体泄漏量，一般情况下，人们所说的旋转给料器气体泄漏量，是指旋转给料器在单位时间内消耗的气体总量，也就是下述三个气体泄漏量的总和。

其一称为转子容积泄漏。转子的容腔在旋转过程中，转子的上部装满输送物料从进料口旋转到出料口，当物料在重力作用下从出料口排出时，转子容腔内立即充满输送气体，并随转子叶片从出料口旋转到进料口，同时转子容腔内的气体被带到进料口，这是气体泄漏的第一个途径。

其二称为转子径向间隙泄漏。转子在旋转过程中，转子的叶片外径与壳体内壁之间在转子两侧都是有间隙的，尽管这个间隙很小，但总是要有间隙的，有间隙就会有气体泄漏，这是气体泄漏的第二个途径。

其三称为转子叶片端部间隙泄漏。转子在旋转过程中，转子叶片的端部与端盖内壁之间有间隙，无论是闭式(有侧壁)转子还是开式(无侧壁)转子，转子与端盖之间都是有间隙的，这是气体泄漏的第三个途径。

无论是什么结构的旋转给料器，也无论是适用于什么化工固体物料的旋转给料器，或无论是适用于什么工况参数的旋转给料器，其内部的气体泄漏都不外乎上述三个途径，所不同的只是气体泄漏量而已。关于气体泄漏三个途径的详细叙述见第 3 章的第 3.1.2 节。

(17) 伴温夹套工作压力。对于工作压力和工作介质温度都比较高的旋转给料器来说，要求壳体与转子之间的温度差要控制在一定的范围内，所以壳体要有伴温夹套，夹套内的伴温介质可以是饱和水蒸气，也可以是一定温度的恒温水或热油，还可以是合适的其他介质。

当采用饱和水蒸气伴热时，夹套内饱和蒸汽的表压力即是伴温夹套的工作压力；当采用恒温水或热油伴温时，夹套内恒温水或热油的表压力即是伴温夹套的工作压力。无论是采用水蒸气伴热还是采用恒温水或热油伴温，夹套内恒温水、热油或饱和蒸汽的表压力都称为伴温夹套工作压力，单位为 MPa。

(18) 伴温夹套设计压力。对于要求壳体有伴温夹套的情况，伴温夹套的设计压力要大于夹套内伴温介质的最大允许压力，含压力波动时的瞬时状态，单位为 MPa。

(19) 伴温夹套设计温度。当壳体需要有伴温夹套时，伴温夹套的设计温度是指允许的夹套内工作介质温度，该温度允许在一定范围内波动。但是，对于采用饱和水蒸气伴热或采用恒温水伴温是有细微不同的。

采用饱和水蒸气伴热时，伴温夹套设计温度是指允许的夹套内工作介质的最高温度，含温度波动时的瞬时状态，夹套内工作介质的实际温度要接近最高温度。

对于采用恒温水伴温时，伴温夹套设计温度是允许的夹套内工作介质温度，允许在很小的范围内瞬时状态温度上下波动，夹套内工作介质的实际温度要接近设计温度。

(20) 伴温夹套工作温度。当壳体需要有伴温夹套时，壳体夹套内的恒温水、热油的温度或饱和水蒸气的温度就是要求的伴温夹套工作温度。伴温夹套的工作温度要和旋转给料器的工作温度相适应，要符合旋转给料器工作温度的要求。

(21) 伴温夹套的接管法兰，包括公称尺寸，公称压力，密封面形式和法兰标准名称、标准号及标准发布年号。

(22) 泄漏气体排出管的接管法兰，包括公称尺寸、公称压力、密封面形式和法兰标准名称等。

(23) 其他参数。旋转给料器的安装类型与连接尺寸，以及进料口法兰和出料口法兰的公称尺寸，公称压力，密封面形式，法兰标准名称、标准号及标准发布年号。

2.2.2 旋转给料器辅机的基本参数

(1) 电动机功率、电源电压、电源频率、电动机的变频范围及其他要求。

(2) 电动机的同步转速、防护等级、防爆等级、过热保护等级。

(3) 减速机的结构形式、减速比、选用安全系数、润滑油牌号、每次更换润滑油所需要的数量。

(4) 主动链轮齿数、从动链轮齿数、两个链轮的齿数比、链条型号和节数、链轮和链条的排数。

(5) 驱动旋转给料器所需要的最小转矩。

(6) 驱动旋转给料器所允许的最大转矩。

(7) 转矩限制器的参数。转矩限制器的适用轴径、正常传动转矩和最大传动转矩。

(8) 测速传感器(或称零速传感器)参数。测速传感器的主要参数有：适用温度、防爆等级、防护等级、额定电压、额定动作距离、开关频率、输出信号、连接方式等。

(9) 温度传感器的主要参数有：结构类型、连接方式及规格、测量温度范围、外形尺寸、输出信号类型及数值范围等。

2.2.3 旋转给料器的主要相关设备基本参数

旋转给料器的主要相关设备必须完全满足使用环境的要求，如电源参数、防护等级、防爆等级、过热保护等级等，除此之外还要满足生产装置对各相关设备及其附件的性能参数要求。

(1) 加速器(或称混合器)的主要参数　包括出料口公称尺寸 DN、进料口公称尺寸 DN、进气口公称尺寸 DN、适用法兰标准与公称压力、工作压力 OP、设计压力 DP、适用介质物料、输送物料能力等。

(2) 分离器(或称排气室)的主要参数　包括出料口公称尺寸 DN、进料口公称尺寸 DN、排气口公称尺寸 DN、适用法兰标准与公称压力、设计压力 DP、工作压力 OP、适用介质等。

(3) 插板阀(或称挡板阀、刀形阀等)的主要参数　包括公称尺寸 DN、公称压力 PN、结构长度、适用法兰标准、主体材料、驱动方式、工作压力 OP、适用介质等。

(4) 换向阀(或称三通阀、分路阀)的主要参数　包括阀瓣结构形式、公称尺寸 DN、公称压力 PN、出料口夹角大小、阀瓣旋转角度、结构长度、适用法兰标准、主体材料、驱动方式、工作压力 OP、适用介质、介质粒度及特性。

(5) 放料阀(或称排料阀)的主要参数　包括结构类型、结构形式、公称尺寸 DN、公称压力 PN、结构长度、适用法兰标准、阀芯行程、主体材料、驱动方式、工作压力 OP、适用介质等。

(6) 取样阀的主要参数　包括结构形式、公称尺寸 DN、公称压力 PN、结构长度、适用法兰标准、阀芯行程、主体材料、驱动方式、工作压力 OP、适用介质、适用工况条件、瞬时取样、时间间隔取样等。

(7) 配对法兰的主要参数　包括结构形式、公称尺寸 DN、公称压力 PN、适用法兰标准、密封面形式、主体材料等。

2.3 旋转给料器的分类

化工固体物料用旋转给料器有很多种不同的结构类型，分别适用于不同的工况参数、不同的固体物料和应用于不同的目的。下面分别叙述旋转给料器的各种分类方法。

2.3.1 按工作压力分类

旋转给料器的工作压力是指在工况运行过程中壳体内腔的工作气体压力。对应用于气力输送的旋转给料器，是指壳体出料口输送气体的工作压力。

2.3.1.1 低压旋转给料器

低压密封旋转给料器的概念是，旋转给料器进料口和出料口的设计工作气体压力(表压力)在–0.05～+0.10 MPa。对于某一台应用于特定工况点的旋转给料器来说，进料口或出料口的工作压力可能在–0.05～+0.10 MPa 的某一范围内，比如旋转加料器在真空工况条件下的工作压力在–0.03～0 MPa 或更小的压力范围。在系统中用于给料的旋转给料器壳体内的工作气体压力大部分在 0～0.08 MPa，壳体进料口和出料口之间的工作气体压力差不大于 0.06 MPa。旋转给料器转子的端部密封和轴密封能够满足压差为–0.05～+0.10 MPa 的工作条件，并满足相应的工作温度，旋转给料器的整机性能满足相应的低压工况条件。20 世纪六七十年代化工固体物料生产装置中使用的旋转给料器基本都是这种参数范围。

2.3.1.2 中压旋转给料器

中压密封旋转给料器的概念是，旋转给料器出料口的设计压力(表压力)在 0.10～0.20 MPa。在系统工况运行过程中，中压类旋转给料器出料口的实际工作压力大部分在 0.08～0.18 MPa。旋转给料器转子的端部密封和轴密封能够满足压力差为 0.20 MPa 以下的工作条件，并满足相应的工作温度，旋转给料器的整机性能满足相应的中压工况条件。中压旋转给料器从 20 世纪 80 年代开始出现在大型乙烯深度加工装置中，到 2000 年前后新建化工装置中使用的用于输送工况的旋转给料器，已经有很大部分是这种参数范围。

2.3.1.3 高压旋转给料器

高压密封旋转给料器的概念是，旋转给料器出料口的设计压力(即表压力)在 0.20～0.60 MPa。在系统工况运行过程中，高压类型旋转给料器出料口的实际工作压力大部分在 0.18～0.50 MPa。对于某一台应用于特定工况点的旋转给料器来说，进料口或出料口的工作压力可能在 0.20～0.60 MPa 的某一范围内，转子端部密封和轴密封能够满足压力差为 0.60 MPa 以下相对应的特定压力工作条件，并满足相应的工作温度，整机性能满足相应的高压工况条件。高压旋转给料器主要应用于远距离气力输送系统，从 2000 年到 2010 年之间新建的化工生产装置中，高压远距离输送旋转给料器的设计工作压力大部分在 0.20～0.45 MPa。2010 年以后新建的化工装置中，化工固体物料高压远距离输送旋转给料器的设计工作压力大部分在 0.20～0.60 MPa，都属于高压密封旋转给料器。

2.3.2 按工作介质的温度分类

2.3.2.1 常温旋转给料器

常温旋转给料器一般是指适用于化工固体物料的温度不高于 60 ℃的旋转给料器。

2.3.2.2　中温旋转给料器

中温旋转给料器一般是指工作介质的温度,即适用于化工固体物料的温度在 60～140 ℃的旋转给料器。

2.3.2.3　高温旋转给料器

高温旋转给料器一般是指工作介质的温度,即适用于化工固体物料的温度在 140～220 ℃的旋转给料器。就目前国内的情况来看,各种类型的生产装置或气力输送系统中化工固体物料的温度均不高于 220 ℃。

2.3.3　按工作介质物料的颗粒大小分类

2.3.3.1　粉末物料用旋转给料器

在系统工况运行过程中,旋转给料器的工作介质物料平均颗粒度不大于 1 mm,按颗粒大小分布的百分比例,大于 1 mm 的颗粒所占比例很小,工作物料绝大部分粉末粒度在 0.01～1.0 mm,是各种粒度的粉末混合物,如 PTA 粉末、聚丙烯粉末、聚乙烯粉末、添加剂等。旋转给料器的结构和密封性能满足运行工况条件下的气体工作压力、物料温度等所有性能参数要求,并满足相应的输送工况条件。

2.3.3.2　颗粒物料用旋转给料器

在系统工况运行过程中,旋转给料器的工作介质物料平均颗粒度在 1～4 mm,大部分情况下旋转给料器的颗粒介质粒度是 $\phi3$ mm×3 mm 的圆柱体与少量不规则体的混合物,比如聚丙烯颗粒、聚乙烯颗粒、聚酯颗粒、瓶级切片颗粒等。旋转给料器的结构和密封性能满足运行工况的气体工作压力、物料温度等所有性能参数要求,并满足相应的输送工况条件。

2.3.4　按旋转给料器在系统中的功能和作用分类

2.3.4.1　给料用途的旋转给料器

给料用途旋转给料器或称喂料型旋转给料器,给料器的特点是工作压力都比较低,其工作压力大部分工况都在–0.03～+0.07 MPa 的某一范围内。相对来说,旋转给料器的结构也比较简单,壳体内的密封性能要求也比较容易满足。旋转给料器的典型安装使用位置是在化工固体物料生产装置中相连接的两个设备之间,或者是在相连接的两个生产工艺过程之间。旋转给料器把化工固体物料从上一个设备中按生产工艺要求的量传递到下一个设备中,其给料量可以按生产工艺的要求进行调节。该类旋转给料器包括给料型旋转给料器(如第 1 章 1.3.2、1.3.3、1.3.4 这三节中所述的旋转给料器在系统中的应用)、计量系统中使用的旋转给料器、给料计量系统中使用的旋转给料器等。旋转给料器在系统中的安装使用工艺流程示意图见第 1 章。图 1-8 是给料系统旋转给料器的应用工艺流程示意图,图 1-9 是计量系统旋转给料器的应用工艺流程示意图,图 1-10 所示是给料计量系统旋转给料器的应用工艺流程示意图。给料系统旋转给料器安装应用示意图如图 2-3 所示。

给料系统旋转给料器工况运行过程中,化工固体物料从前道工序容器 10 内经过管道 9、插板阀 8、过渡接管 7、膨胀节 6 进入到旋转给料器 3 的给料容腔 5 内,在转子旋转带动下经过连接短管 2 进入到后道工序容器 14 内。插板阀 8 的作用有两个:其一是在旋转给料器停车或维修其间,关闭插板阀使物料不会向下流动;其二是通过调节插板阀开度的大小可以适度控制下料量。通过取样阀 11 可以按工艺要求即时取样,随时掌握产品质量或中间过程样品质量。通过温度传感器 13 可以把物料温度参数传送到中心控制室。膨胀节 6 的作用是调节和校正各设备的安装位置误差，使旋转给料器不承受来自管道的安装应力，可以确保旋转给料器各项性能参数的正常稳定运行。

图 2-3 所示为比较典型的给料系统旋转给料器安装应用示意图，根据不同的工艺、不同的工艺过程位置、不同的物料，要求的给料系统旋转给料器安装应用示意图是不完全相同的，可能会减少某些部件，也可能会增加某些部件。

根据不同的物料特性、不同的工况参数需要，旋转给料器在应用现场配置的各种相关附属部件也不尽相同。例如，如果物料是常温状态的，就不需要安装测量物料温度的各种元器件。如图 2-4 所示的是某煤化工集团烯烃公司聚丙烯聚合车间从成品料仓送往电子秤的旋转给料器安装在应用现场情况。

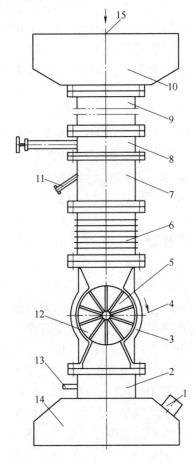

图 2-3　给料系统旋转给料器安装应用示意图

图 2-4　给料系统旋转给料器安装应用现场图

1—进出气口　2—连接短管　3—旋转给料器
4—转子旋转方向　5—给料容腔　6—膨胀节
7—过渡接管　8—插板阀　9—连接长管
10—前道工序容器　11—取样阀　12—返气容腔
13—温度传感器　14—后道工序容器　15—物料进口

2.3.4.2　气力输送用途的旋转给料器

气力输送用途的旋转给料器是使用比较多的一种类型，其内部结构也是最复杂的一种，如

第 1 章 1.3.1 节所述的旋转给料器在系统中的应用。根据不同的使用工况，其转子端部密封组合件结构、轴密封组合件结构、排气形式和排气位置、需要配置的附属零部件各不相同。旋转给料器的特点是工作压力都比较高，其工作压力大部分工况都在 +0.10～+0.50 MPa 的某个范围内，包括中压气力输送系统和高压气力输送系统中使用的旋转给料器都属于这一类。旋转给料器可以把化工固体物料从上一个设备中按生产工艺的要求输送到下一个设备中，其典型应用场合是在生产装置中从干燥机出口把物料输送到班料仓，或者是从班料仓输送到成品料仓，例如在第 1 章 1.3.1 节所述的气力输送系统中正压输送使用的旋转给料器，其中的图 1-5 和图 1-6 都是气力输送系统中旋转给料器安装应用工艺流程示意图。最常用的旋转给料器内部结构主要有开式(不带侧壁)转子高压密封结构和带转子端部密封组合件结构，包括中压径向密封的填料式转子端部密封旋转给料器、中压弹簧式转子端部密封旋转给料器、高中压气力式转子端部密封旋转给料器、高压轴向密封的填料式转子端部密封旋转给料器。典型的气力输送系统旋转给料器安装应用示意图如图 2-5 所示。

气力输送系统旋转给料器工况运行过程中，化工固体物料从供料仓 11 内经过连接长管 10、插板阀 9、膨胀节 8 和分离器(或称抽气室)6 的内腔进入到旋转给料器 3 的给料容腔 5 内，在转子旋转带动下物料到达壳体出料口，在物料重力作用下进入到加速器(或称混合器)2 内。插板阀 9

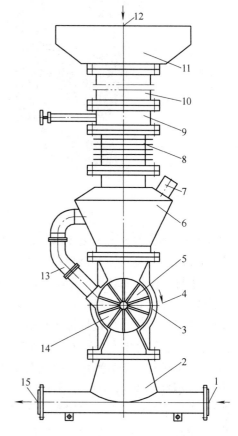

图 2-5　气力输送系统旋转给料器安装应用示意图
1—输送气进口　2—加速器　3—旋转给料器
4—转子旋转方向　5—给料容腔　6—分离器　7—排气管
8—膨胀节　9—插板阀　10—连接长管　11—供料仓
12—物料进口　13—回气管　14—返气容腔　15—料气混合物出口

的作用有两个：其一是在旋转给料器停车或维修其间，关闭插板阀使物料不会向下流动；其二是通过调节插板阀的开度可以很粗略地控制下料量。通过分离器 6 可以使旋转给料器泄漏的气体与化工固体物料分离，并从排气管 7 排出。膨胀节 8 的作用是调节和校正各设备的安装位置误差，使旋转给料器壳体不承受来自管道的安装应力，确保旋转给料器的性能稳定可靠稳定运行。

图 2-5 所示为比较典型的气力输送系统旋转给料器安装应用示意图，根据不同的工艺、不同的工艺过程位置、不同特性的物料，要求的气力输送系统旋转给料器安装应用示意图是不完全相同的，可能会减少某些部件，也有可能会增加某些部件。随着气力输送技术的不断进步与发展，一定时间以后的气力输送系统也可能会有比较大的变化。

如图 2-6 所示的是某石油化工股份有限公司 PTA 生产装置中，从干燥机出口送往班料仓的旋转给料器安装在应用现场情况。

图 2-6　气力输送系统旋转给料器安装应用现场图

2.3.4.3　压力释放用途的旋转给料器

压力释放系统旋转给料器也称除灰旋转给料器或称气锁，人们也习惯于称其除灰系统，一般情况下压力释放用途的旋转给料器的工作压力都在 0.05 MPa 以下或是接近常压。压力释放用途的旋转给料器的工作介质数量都比较少，一般是生产日程中产生的废弃物。由于各种生产装置的工艺不同，除灰量也不同，一般情况下从每小时几十千克到每小时几百千克不等，所以该类旋转给料器都是小规格的。压力释放系统旋转给料器在系统中的安装应用工艺流程示意图见第 1 章的图 1-11 所示，图 2-7 所示为压力释放用途旋转给料器安装应用示意图。

化工生产装置在工况运行过程中，有些产品的某些特定工艺过程是在氮气或空气中生产完成的，氮气与物料分离以后，氮气中会含有一定量的废弃物，就是所谓的"灰"，物料反应容器 10 中的氮气经过旋风分离器 7 除去废弃物，氮气从出口 8 排出可以循环利用，废弃物料从旋风分离器 7 经排灰短管 6 下落到旋转给料器 3 内进入转子的除灰容腔 5 中，随转子旋转废弃物到达壳体出料口，在废弃物重力作用下进入到集灰容器 1 中，过滤除尘软管 2 使废弃物不会外溢，同时使受灰容器保持常压状态。在这一过程中，旋转给料器要及时排出固体废弃物，并尽可能少地使氮气或空气泄漏。

图 2-7 所示为比较典型的压力释放系统旋转给料器安装应用示意图，根据不同的工艺、不同的工艺过程位置、不同的产品，要求的压力释放系统旋转给料器安装应用示意图是不完全相同的，可能会减少某些部件，也可能会增加某些部件。在有些工艺流程特别简单、要求不高的情况下，为节省费用，也有使用两个串联安装的蝶阀或球阀代替除灰旋转给料器的。

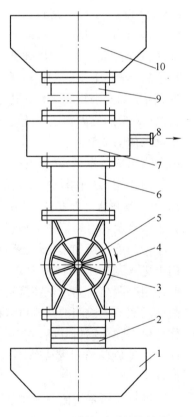

图 2-7　压力释放系统旋转给料器安装应用示意图

1—集灰容器　2—过滤除尘软管　3—旋转给料器　4—转子旋转方向　5—排灰容腔　6—排灰短管　7—旋风分离器　8—氮气出口　9—排灰长管　10—物料反应容器

2.4 旋转给料器主机的基本结构

化工固体物料应用的旋转给料器(或称旋转阀)是从发达国家发展起来的，国外有很多专业生产企业，这些生产企业分布在不同的国家。旋转给料器的结构都是各生产企业自行研究开发的，国内应用的化工固体物料旋转给料器有很大一部分是从国外企业购买的。国内从 20 世纪 80 年代末开始研究开发化工固体物料旋转给料器，到目前为止国内生产这类产品的企业已经有很多家，但是这些企业并没有形成统一的产品结构，各制造企业都有自己的系列产品。所以现在化工生产装置中使用的旋转给料器有很多种类型，结构形式也很多，这里不介绍所有结构类型的旋转给料器，只介绍用户应用比较多的几种结构。

旋转给料器主机的结构有很多种类型，分别适用于不同的工况参数和工作介质化工固体物料。有些结构类型的旋转给料器适用的工作气体压力越高，主机的结构也就越复杂。对于不同类型的旋转给料器，尽管壳体、端盖和转子的结构不完全相同，但还是有很多共同的特点；也还有其各自的不同特点，将在下述各种结构中作简要介绍。

2.4.1 旋转给料器主要零部件的共同特点

不管是哪种结构类型旋转给料器，也不管是多复杂的旋转给料器，最主要的零部件都包括壳体、端盖、转子、轴密封组合件和轴承等。

2.4.1.1 各种类型旋转给料器壳体的共同特点

壳体是旋转给料器的主体，是安装端盖、安放内件、连接上下游设备或管道法兰的重要零部件。把转子安装在壳体内以后，转子在壳体内要能够旋转自如，还要满足系统要求的气体密封性能，而且要求随着工作介质温度的变化，工作特性基本保持稳定。特别是高温工作介质的化工生产装置在开车起动初始阶段的 24 小时内，由于高温物料与旋转给料器内腔各部位的接触是不均匀的，造成旋转给料器的壳体、端盖、转子等各零部件之间的温度不均匀，壳体各部位温度不均匀、端盖各部位温度不均匀、转子各部位温度不均匀等现象。相同材料的零部件各部位的热膨胀系数是相同或接近的，温度不同，各部位的线性热膨胀量就不同，就造成旋转给料器原有的各零部件之间的间隙发生变化，即有的部位壳体与转子之间的间隙大，而有的部位壳体与转子之间的间隙小。在这种情况下，仍然要保障转子在壳体内能够运转自如，还要满足系统要求的壳体内腔气体密封性能。

在旋转给料器的结构设计、机械加工(包括车床、磨床、镗床、铣床、钻床、数控机床、机械加工中心等)、热加工(包括铸造、锻造、焊接、热处理等)、装配、使用现场安装、运行维护与保养、检修等各个环节都要非常重视壳体的强度和刚度问题。比如使用现场安装过程中不能让壳体承受外力，采取必要的保温措施使壳体各部位的温度基本保持均匀等，这些看上去不起眼的细微环节都会严重影响壳体尺寸的稳定性。壳体外表面还要有安装和固定温度传感器的部位和结构、静电导出接线螺纹连接孔等。

适用于不同工作介质的旋转给料器，其结构是有差异的，对适用于工作介质是化工固体颗粒物料的旋转给料器,壳体的进料口与转子叶片交接部位要有防止剪切颗粒物料的结构和功能;

对适用于工作介质是粉末物料的，如果粉末物料在工艺过程中会出现比较大的结晶块状体，在壳体进料口与转子叶片交接部位要有防止卡死的切刀结构和功能；如果粉末物料很细，且其黏附性或粘结性比较强，在壳体内腔要有合适的措施防止物料黏附在内壁表面。

旋转给料器壳体一般采用铸造毛坯的加工件，根据工况参数要求的不同，例如对于特大型规格尺寸的壳体，如果工作气体压力比较低或接近常压的工况场合也可以采用焊接结构加工件，或是采用铸焊结合加工件。根据工况参数不同和物料特性的要求，壳体材料可以是奥氏体不锈钢、双相不锈钢、铸铝或其他满足使用要求的材料。无论壳体采用铸造加工件或是铸焊结合加工件，为了保证整机的工作性能稳定性，都需要进行必要的处理。

对于规格尺寸比较大的旋转给料器，在壳体的适当位置要有用于起吊的吊环或其他适用于起吊的结构，在旋转给料器的生产加工、装配过程、使用现场安装、运输、装卸、检修等各个环节都可能要用到。

2.4.1.2　各种类型旋转给料器端盖的共同特点

端盖是另一个决定旋转给料器整机性能的重要零部件。轴承的安装与定位、转子装配位置的确定(包括转子与壳体之间的同轴度要求、转子与壳体之间的轴向定位要求)、轴密封组合件的安装、转子端部密封气体压力平衡系统的安装及性能、轴密封气体吹扫系统的安装及性能、快速清洗结构性能的相关结构，都是依赖端盖实现的。端盖的刚度和加工精度是满足其设计性能的基础。端盖安装轴承的部分与安装轴密封件的部分采用分开式结构比较好，有利于检查和更换轴密封件。

一般情况下，端盖的材料选择与壳体基本相同，有时也可以选用不同的材料。例如，壳体的材料选用铸造奥氏体不锈钢，端盖的材料可以选用相同的铸造奥氏体不锈钢，也可以选铸造铝合金材料或其他满足使用要求的材料。对于工作压力不是很高的工况场合也可以采用焊接结构加工件，或是铸焊结合加工件。

对于大规格尺寸的旋转给料器，为了在使用现场检修方便，在端盖的适当位置要有用于起吊安装吊环的螺纹孔，在旋转给料器的现场检修过程中可能要用到。

2.4.1.3　各种类型旋转给料器转子的共同特点

转子是决定旋转给料器整机性能的最重要零部件之一。很多性能参数都是通过转子的结构设计来实现的。转子分为开式(无侧壁)结构和闭式(有侧壁)结构两种类型，分别适用于不同的工作介质物料和不同的工况参数。

对适用于工作介质是颗粒物料的旋转给料器，转子叶片要有防止剪切颗粒物料的结构和功能；对适用于工作介质是粉末物料的旋转给料器，如果粉末物料中会出现比较大的结晶块状体，转子叶片要有防止卡死的切刀结构和功能；对适用于工作介质是极细粉末的物料，或是黏附性比较强的粉末物料，还或是堆密度比较小的细粉末物料，旋转给料器的转子结构要防止物料黏附在转子容腔内，即物料在转子容腔内不能依靠重力在短时间内完全自由落下，俗称的防止物料黏附在叶片表面。有的细粉末物料在转子容腔内会产生悬空现象，从表面来看转子容腔内装满了物料，实际上在容腔的底部没有物料，是不规则形状的空洞，即俗称的"搭桥"现象，转子的结构设计要有防止物料产生这种"搭桥"现象的结构和功能。

在工况运行的整个过程中，转子始终要承受各种外力的综合作用，这些外力是交变的、不规则的，所以转子的整体结构要有足够的尺寸稳定性，转子叶片要有很好的强度和刚度，防止在工况运行过程中由于叶片刚度不够而可能造成的危害。转子的轴要有足够的强度和刚度，防止在工况运行过程中由于轴的变形而产生擦壳现象，甚至会使转子卡死在壳体内。

2.4.1.4　各种类型旋转给料器选用轴承的共同特点

选用的轴承一定要有足够的承受外力的能力和运行稳定性，转子的定位、支撑、受力，转子叶片与壳体之间的间隙均匀性控制，转子叶片端面与端盖内表面之间的间隙均匀性控制等都是依靠轴承完成的。

2.4.1.5　各种类型旋转给料器轴密件的共同特点

无论是适用于低压工况条件的成形轴密封件或填料密封件，还是适用于中压或高压工况条件的各种类型的轴密封组合件，其工况介质都是含有粉末物料的气体。工况运行过程中，轴密封件与轴之间始终处于干摩擦状态，没有任何润滑剂或润滑油，而且都是要在每天 24 h 连续运行。

2.4.2　低压开式(无侧壁)转子旋转给料器主机的结构

低压开式(无侧壁)转子旋转给料器主机的工作压力比较低，一般情况下旋转给料器的设计压力不高于 0.10 MPa，考虑到工作压力的波动，实际工作压力不高于 0.08 MPa，大部分工况场合的工作压力在 0.01～0.06 MPa，也有很多工况运行压力是常压或微压。所以旋转给料器内部结构是最简单的，也是零部件最少、出现故障的概率最低、工况运行过程中性能最稳定的一种结构，其内部结构如图 2-8 所示。其中图 2-8a 所示是平面视图，图 2-8b 所示是三维模型。当旋转给料器的工作介质是颗粒物料，或颗粒物料中含有的粉末量比较少的情况下，不需要有轴密封气体吹扫系统，所以轴密封吹扫气体进口 11 就可以取消了。只有当工作介质是粉末物料，或颗粒物料中含有的粉末量比较多的情况下，才有轴密封气体吹扫系统，要在轴密封吹扫气体接管口 11 中充入一定压力的气体。所以有很大一部分低压开式转子旋转给料器没有轴密封气体吹扫接管口，也不需要轴密封气体吹扫系统。

低压开式(无侧壁)转子旋转给料器主要由壳体 1、端盖 2、转子(无侧壁)3、低压轴密封件 4、轴承盖 5、轴承 6、轴承密封件 7、测速罩壳 8、测速轮 9、测速传感器 10、轴密封吹扫气体进口 11、连接螺栓螺母 12、物料进口 13、物料出口 14 等部分组成，如图 2-8a 所示。

工况运行状态下,转子处于连续匀速旋转状态,壳体出料口处的工作压力在 0.08 MPa 以下,也可能是微压或常压状态的工况,物料在重力的作用下,从上部的进料口进入到壳体内转子叶片的容腔中,在转子的旋转带动下从上方到达下方,随后靠物料自身重力从下部的出料口排出到壳体外。

2.4.2.1　低压开式转子旋转给料器主机的结构特点和主要用途

(1) 整机结构比较简单，零部件数量比较少，大部分主要零部件的结构也比较简单。

(2) 工况运行过程中性能稳定，出现故障的概率比较低。

(3) 适用于工作压力在–0.03～0.08 MPa 的某一范围内的微负压、低压工况或是正微压、常压工况条件。

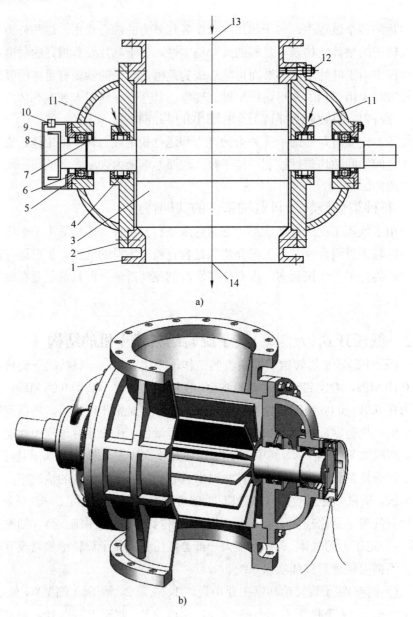

图 2-8　低压开式转子旋转给料器内部结构示意图

a) 平面视图　b) 三维模型

1—壳体　2—端盖　3—转子(无侧壁)　4—低压轴密封件　5—轴承盖　6—轴承　7—轴承密封件　8—测速罩壳　9—测速轮
10—测速传感器　11—轴密封吹扫气体进口　12—螺栓螺母　13—物料进口　14—物料出口

(4) 从应用实例来看，应用的工作介质偏重于粉末物料，也可以用于颗粒物料。

(5) 驱动力矩比较小，转子旋转的阻力主要有工作介质的阻力、轴承和轴密封件的阻力。

(6) 壳体进料口和出料口之间的气体压力差比较小，壳体内腔的气体泄漏通道截面积比较小，壳体内腔的密封性能比较好，气体泄漏量比较小。

(7) 适用于化工生产装置中常温、中温或高温化工固体物料的给料系统、计量系统和给料计量系统、除灰系统等工况场合。

2.4.2.2　低压开式转子旋转给料器的主要零部件特点

(1) 壳体。对于低压开式转子旋转给料器来说,由于大部分使用工况的工作压力在 0.08 MPa 以下,甚至是常压或微压,工作温度有常温、中温和高温三种工况。在这种情况下,壳体内腔气体密封性能要求比较容易满足,保障转子在壳体内能够运转自如是主要的考虑,所以壳体的结构相对于高压旋转给料器是比较简单的。在中温和高温工况条件下运行的旋转给料器,一般没有伴热夹套,只要有外部保温就可以了。在适当的位置还要有安装和固定温度传感器的部位和结构,安装和固定静电导出连接线的部位和结构等。

(2) 端盖。在端盖上安装的零部件主要包括转子、低压轴密封组合件、轴承、轴承盖、轴承密封件等,都是轻型的,属于结构比较简单重量比较轻的结构类型,端盖的结构也是比较简单的,轴向尺寸也比较小,所以,低压开式转子旋转给料器的驱动力矩比较小。

(3) 转子。转子是旋转给料器的最主要旋转零部件,开式(无侧壁)结构的转子,由于叶片的端部没有侧壁连接,所以转子结构最核心的问题就是使转子叶片要有很高的强度和刚度,如果叶片的刚度不够,在运行过程中可能会产生抖动、振颤、叶片瞬时弹塑性弯曲变形等可能危害安全运行的现象,严重的可能会发生擦壳,甚至转子在壳体内卡死。如果转子轴的强度和刚度不足,在工况运行过程中整个转子在壳体内可能会产生抖动现象,使转子与壳体之间的径向间隙发生变化,在整个转子外径圆柱面与壳体之间的间隙各部位不均匀。为了防止在运行过程中由于轴的变形而产生擦壳,或转子卡死的现象,一定要保障转子轴有足够的强度和刚度,也可以适当减小叶片的轴向长度尺寸来增强轴的刚度。

对适用于低压工况的旋转给料器,转子叶片的数量可以适当少一些。一般情况下,气体工作压力在 0.03 MPa 以下的,或是微压和常压工况的,转子的叶片数量是 6 个就可以了;气体工作压力在 0.03～0.06 MPa 范围的,转子的叶片数量是 8 个就可以了。对于转子直径比较大的情况,可以根据转子的直径不同和其他实际情况需要适当增加或减少叶片数量。

(4) 轴承。一定要选用具有足够承载能力和运行稳定性的轴承,对于低压旋转给料器,转子承受的力相对比较小,转子叶片与壳体之间的间隙均匀性控制,转子叶片端面与端盖内表面之间的间隙均匀性控制也相对比较容易做到,所以,一般情况下,对于小规格尺寸的低压旋转给料器大多选用向心深沟球轴承,采用单排安装形式就可以了,对于规格尺寸比较大的低压旋转给料器可以采用双排向心深沟球轴承并列安装形式。

(5) 低压轴密封件。对于低压旋转给料器可以采用的轴密封件有很多种类型,每一种轴密封件都有其自身特点,应当根据工况参数和物料特性选择轴密封件的形式与材料。现在一般情况下使用比较多的是专用单唇低压轴密封件,也可以选用填料轴密封件,或选用普通低压成形轴密封件。

2.4.3　低压闭式(有侧壁)转子旋转给料器主机的基本结构

低压闭式(有侧壁)转子旋转给料器主机与开式转子旋转给料器主机的结构大部分是相同或相似的,很多性能参数和适用工作压力也是比较接近的。一般情况下低压闭式旋转给料器的设计压力不高于 0.10 MPa,考虑到工作压力的波动,实际气体工作压力不高于 0.07 MPa。所以旋转给料器内部结构是最简单的,也是零部件最少、故障率最低、工况运行过程中性能稳定性最好一种旋转给料器,其内部结构如图 2-9 所示,其中图 2-9a 是平面视图,图 2-9b 是三维建模。当旋转给料器的工作介质是颗粒物料的情况下,是不需要有轴密封气体吹扫系统的,所以轴密封吹扫气体进口 11 就取消了。只有当工作介质是粉末物料或颗粒物料中的含粉量比较大的情况下，才有轴密封气体吹扫系统，要在轴密封吹扫气体进口 11 中充入一定压力的气体。所以有很大一部分低压闭式转子旋转给料器没有轴密封吹扫气体进口，也不需要轴密封气体吹扫系统。

低压闭式(有侧壁)转子旋转给料器主要由壳体 1、端盖 2、转子(有侧壁)3、低压轴密封件 4、轴承盖 5、轴承 6、轴承密封件 7、测速罩壳 8、测速轮 9、测速传感器 10、轴密封吹扫气体进口 11、连接螺栓螺母 12、物料进口 13、物料出口 14 等部分组成，如图 2-9a 所示。

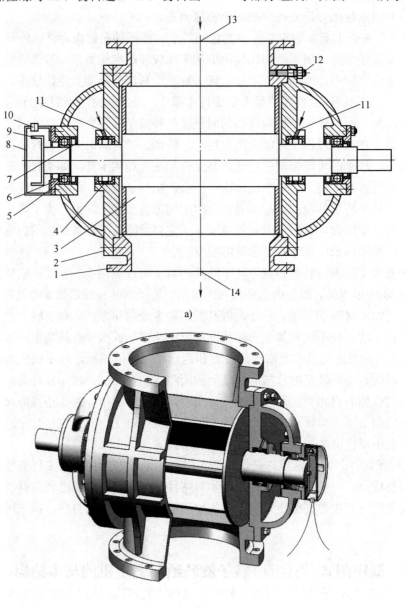

a)

b)

图 2-9　低压闭式(有侧壁)转子旋转给料器内部结构示意图
a) 平面视图　b) 三维模型
1—壳体　2—端盖　3—转子(有侧壁)　4—低压轴密封件　5—轴承盖　6—轴承　7—轴承密封件　8—测速罩壳　9—测速轮
10—测速传感器　11—轴密封吹扫气体进口　12—连接螺栓螺母　13—物料进口　14—物料出口

2.4.3.1　低压闭式(有侧壁)转子旋转给料器主机的结构特点和主要用途

(1) 整机结构比较简单，零部件数量少，零部件的结构也比较简单。

(2) 工况运行过程中性能稳定，出现故障的概率比较低。

(3) 适用于常压工况或–0.03～0.08 MPa 某一范围内的微负压、低压工况或是正微压、常压工况条件。

(4) 适用于化工生产装置中常温、中温或高温化工固体物料的给料系统、计量系统、除灰系统等工况条件。

(5) 从应用实例来看，应用的工作介质偏重于颗粒物料。特别是转子直径尺寸比较小的低压闭式转子旋转给料器，很少在工作介质是粉末物料的工况条件下应用。

(6) 正常工况运行条件下，转子的驱动力矩比较小，转子旋转的阻力主要有工作介质的阻力、轴承和轴密封件的阻力。但是，如果有微量的物料进入到转子侧壁与端盖内平面之间，转子的驱动力矩就会增大，增大的多少与物料的数量、颗粒大小及形状有关。如果有颗粒物料异状体进入到转子侧壁与端盖内平面之间，转子的驱动力矩就会增大很多，甚至几倍。

(7) 壳体内腔的气体泄漏通道截面积比较小，壳体进料口和出料口之间的气体压力差比较小，壳体内腔的密封性能比较好，气体泄漏量比较小，但是比开式转子的气体泄漏量要大些。

2.4.3.2　低压闭式转子旋转给料器主要零部件的特点

(1) 壳体、端盖、轴承、低压轴密封件等主要零部件的结构。与低压开式(无侧壁)转子旋转给料器相比较，选用轴承的结构与型号，选用低压轴密封件的结构都是基本相同的。壳体和端盖的结构没有太大的区别，要求的功能和作用也基本相同。

(2) 转子。转子是旋转给料器的主要旋转零部件，对于闭式(有侧壁)结构的转子，由于叶片的端部有侧壁连接，所以转子的叶片、侧壁和轴就相互连接形成了一个整体，转子的强度和刚度得到很大加强，在运行过程中产生可能危害安全运行的抖动、振颤、叶片弹性瞬时弯曲等的概率就会大大降低。转子其余部分的结构与开式转子基本类似。

2.4.4　高、中压开式(无侧壁)转子旋转给料器主机的基本结构

高、中压开式(无侧壁)转子旋转给料器主机的工作压力比较高，一般情况下某一台特定的旋转给料器设计压力在 0.10～0.55 MPa 的某一特定范围内，例如，可能在 0.10～0.20 MPa，也可能在 0.40～0.55 MPa，考虑到工作压力的波动，实际工作压力在 0.08～0.50 MPa。旋转给料器的内部结构与低压开式旋转给料器相比较为类似，也有些不同，仍然是结构比较简单，零部件比较少，故障率较低，是工况运行过程中稳定性较好的一种结构。如图 2-10 所示，其中图 2-10a 是平面视图，图 2-10b 是三维模型。

高中压开式(无侧壁)转子旋转给料器主要由壳体 1，端盖 2，转子(无侧壁)3，高、中压轴密封组合件 4，轴承盖 5，轴承组件 6，轴承密封件 7，测速罩壳 8，测速轮 9，测速传感器 10，润滑剂入口 11，轴密封吹扫气体进口 12，连接螺栓螺母 13，温度传感器 14，物料进口 15，物料出口 16 等部分组成。工况运行过程中，物料从壳体进料口进入到转子容腔内，随转子旋转到壳体的下部时，在物料自身重力的作用下从出料口排出到壳体外。无论工作介质是粉末物料还是颗粒物料，都要有轴密封吹扫气体接管口 12，如图 2-10a 所示。轴密封吹扫气体的工作压力比壳体出料口的工作气体压力增加大约 0.05 MPa，在吹扫气体压力的作用下，有少量吹扫气体从轴密封件与轴之间的微小间隙进入到壳体内，使壳体内含有粉末物料的气体不会进入到轴密

封件内，保持高压轴密封组合件内无异物，延长轴密封件的使用寿命。在运行维护与保养过程中，根据需要可以在润滑剂入口 11 内添加合适的润滑剂，测速传感器 10 的电信号和测温传感器 14 的电信号可以传输到中央控制室，实现适时测控。

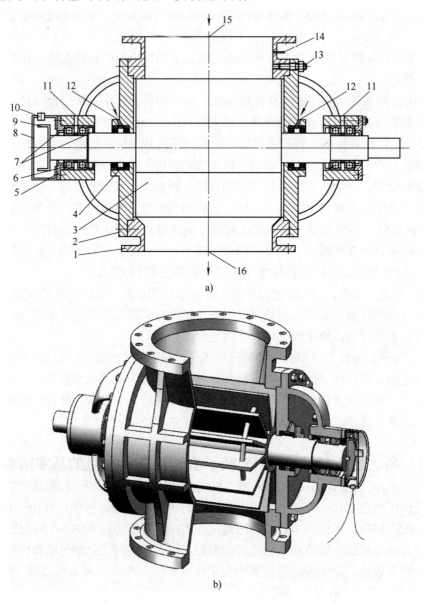

图 2-10　高、中压开式(无侧壁)转子旋转给料器内部结构示意图
a) 平面视图 b) 三维模型

1—壳体　2—端盖　3—转子(无侧壁)　4—高压轴密封组合件　5—轴承盖　6—轴承组件　7—轴承密封件　8—测速罩壳　9—测速轮　10—测速传感器　11—润滑剂入口　12—轴密封吹扫气体进口　13—螺栓螺母　14—温度传感器　15—物料进口　16—物料出口

　　高、中压开式(无侧壁)转子旋转给料器正常工况运行过程中，物料从壳体进料口进入到转子容腔内，当物料随转子旋转到壳体的下部出料口时，在重力的作用下进入到混合器内与高压气体混合，随后进入输送管道随气流一起在管道中运行。物料从壳体内进入到输送管道的过程是从气体压力低的区域进入到气体压力高的区域，所以壳体内腔的气体密封性能必须达到要求

的程度，内腔的气体泄漏量必须小于要求的数值。如果从输送管道进入到壳体内腔的气体泄漏量过大，物料下落过程中的气体阻力就过大，物料下落速度变慢。这种情况下，就可能会有一定量的化工固体物料来不及从壳体出料口下落到加速器内，而被转子带回到壳体进料口。此种情况下，由于转子容腔内已有部分物料，在壳体进料口新进入到转子容腔内的物料数量就会减少，也就是旋转给料器的输送量减少了，或者说就是转子的容积系数降低了。而且内腔的气体泄漏量越大，被转子带回到壳体进料口的物料量越多，转子的容积系数也就越低。所以，对于高压旋转给料器来说，壳体内腔的密封性能要求非常严格，对包括壳体、端盖、转子、高压轴密封组合件、轴承组合件等主要零部件的刚度要求、结构设计要求、加工精度要求、装配调试要求等各方面都很严格，这是高、中压气力输送工况场合对旋转给料器的基本要求。

2.4.4.1　高、中压开式转子旋转给料器主机的结构特点和主要用途

(1) 整机结构相对比较简单，零部件数量比较少，零部件的结构也比较简单。

(2) 工况运行过程中性能稳定，出现故障的概率比较低。

(3) 适用于工作压力在 0.08～0.50 MPa 的高、中压气力输送工况条件。

(4) 适用于化工生产装置中的气力输送系统，或从料仓到下一个加工工艺过程的气力输送系统等，也可以用于长距离气力输送。

(5) 从应用实例来看，应用的工作介质可以是化工固体粉末物料，也可以应用于磨琢性比较小的化工固体颗粒物料。

(6) 驱动力矩比较小，转子旋转的阻力主要有工作介质的阻力、轴承和轴密封组合件的阻力。但是，有些结构的高压轴密封组合件摩擦阻力还是比较大的。

(7) 壳体内腔的气体泄漏通道截面积比较小，因此，虽然壳体进料口和出料口之间的气体压力差比较大，但是壳体内腔的密封性能还是比较好，气体泄漏量相对还是比较小的。

(8) 可以应用于常温、中温或高温化工固体物料气力输送工况条件。

2.4.4.2　高、中压开式转子旋转给料器主要零部件的特点

(1) 壳体。对于气体工作压力在 0.10～0.55 MPa 的高中压工况条件，壳体与端盖、转子等内件的配合精度要求非常高。如果是在高温工况条件下运行的旋转给料器，一般情况下壳体要有伴温夹套，伴温介质可以是饱和水蒸气，也可以是一定温度的恒温水或热油。伴温的目的是在工况运行过程中，使壳体与转子之间的温度差保持在比较小的范围内，进而使壳体与转子之间的间隙保持在某一特定范围内，使壳体内腔气体密封性能满足工况要求。保障转子在壳体内能够运转自如，同时满足化工生产装置对旋转给料器的气力输送量要求和运行稳定性要求。在壳体的回气侧适当位置要有泄漏气体排出管，使泄漏的气体能及时排出到壳体外，使泄漏气体不能够到达壳体进料口，以免影响物料的降落速度和下料量。

(2) 端盖。端盖是安装转子，高、中压轴密封组合件，轴承组合件，轴承定位件，轴承密封件等的重要零部件。由于高、中压开式转子旋转给料器的气体工作压力很高，壳体内腔气体密封性能要求很高，所以端盖的结构要能够满足这些性能要求，采取的手段和方法可以有端盖结构合理设计、外部加强筋、伴热结构、保温手段等。高中压轴密封组合件的结构相对比较复杂，采用双排轴承安装形式承载比较大的径向载荷与轴向载荷，所以端盖的轴向尺寸要大些。

(3) 转子。转子是旋转给料器的最主要旋转零部件，开式(无侧壁)结构的转子，由于叶片的端部没有侧壁连接，所以转子结构最核心的问题就是转子叶片要有很好的强度和刚度。转子的叶片要有足够的厚度，叶片与叶片之间要有合适的连接柱或连接板，使所有的叶片通过连接柱

连结成为一个整体。对于直径尺寸比较大的转子，可以用连接板代替连接柱将叶片与叶片之间相互连接为一个整体，连接板的宽度根据转子的直径需要确定，其核心目的是加强叶片与叶片之间的连接刚度。如果叶片的刚度不够，在运行过程中可能会产生抖动、振颤、叶片弹性瞬时弯曲等可能危害安全运行的现象，严重的可能会发生擦壳，甚至转子在壳体内可能会卡死。转子的轴直径一般都比较大，比如外径是 300 mm 左右的转子轴的直径为 80～120 mm，外径是 500 mm 左右的转子轴的直径为 110～160 mm，外径是 700 mm 左右的转子轴的直径为 150～200 mm。如果转子的轴强度和刚度不足，在运行过程中整个转子在壳体内可能会产生抖动现象，使转子与壳体之间的间隙发生变化，在壳体与转子接触的圆柱面内各部位的间隙不均匀。为了防止在运行过程中由于轴的变形而产生擦壳，甚至使转子卡死在壳体内的现象发生，一定要保障转子轴有足够的强度和刚度，也可以适当减小叶片的轴向长度尺寸来增强轴的刚度，从而可以降低转子的变形量，保证壳体与转子之间的径向间隙。

对适用于高、中压工况的旋转给料器，转子叶片的数量比较多，一般情况下工作压力在 0.25 MPa 左右的，转子的叶片数量为 12～16 个；工作压力在 0.50 MPa 左右的，转子的叶片数量为 14～20 个才能满足要求。当然，确定转子的叶片数量除要考虑工作气体压力外，还要考虑物料的特性及其他因素的影响。

(4) 轴承组合件。一定要选用有足够承载能力和稳定性的轴承，对于高、中压旋转给料器，转子承受的力是很大的，转子叶片与壳体之间的间隙均匀性控制、转子叶片端面与端盖内表面之间的间隙均匀性控制都非常严格，所以一般情况下对于中小规格尺寸的高、中压旋转给料器大多采用单侧两个滚柱轴承并排安装形式，对于大规格尺寸的高、中压旋转给料器可以采用圆锥轴承组合安装形式，采用圆锥轴承来承载巨大的轴向和径向混合负载。

(5) 高压轴密封组合件。对于高、中压旋转给料器可以采用的轴密封组合件，一般都是专用型的高压轴密封组合件，这个组合体可能包含有几个单独的、不同结构的、不同材料的、不同功能的零部件。对于特定的工作介质化工固体物料，特定的工作压力和工作温度，要求选择特定的高压轴密封件的结构形式与材料组合。

2.4.5 径向密封的中压填料式转子端部密封旋转给料器主机的基本结构

径向密封的中压填料式转子端部密封旋转给料器主机的工作压力比较高，一般情况下旋转给料器的设计压力在 0.10～0.25 MPa(也有个别旋转给料器生产单位的资料认为设计压力可以达到 0.10～0.35 MPa，但是，实际能够达到的输送气体工作压力不大于 0.20 MPa)，考虑到工作压力的波动，实际工作压力在 0.08～0.18 MPa。旋转给料器的内部结构比开式转子要复杂得多，零部件也比较多。但是在工况运行过程中其稳定性较好，故障率较低。旋转给料器的内部结构如图 2-11 所示，其中图 2-11a 是平面视图，图 2-11b 是三维模型。

径向密封的中压填料式转子端部密封旋转给料器主要由壳体 1、端盖 2、转子 3(直径比较小的转子，侧壁与端部密封环是一体的；直径比较大的转子，侧壁与端部密封环是分体的)、填料托盘 4、试验气进口 5、泄漏气排出口 6、轴承组件 7、轴承盖 8、轴承密封件 9、中压轴密封组合件 10 和 11、压缩弹簧 12、填料密封件 13、O 形密封圈 14、起重吊环 15、转子端部密封气体压力平衡腔进气口 16、润滑剂入口 17、测速传感器 18、测速轮 19、测速罩壳 20、温度传感器 21、密封气体压力平衡腔 22、物料进口 23、物料出口 24 等部分组成。由壳体、转子端部密封环、填料托盘、压缩弹簧、填料密封件等共同组成的转子端部密封部位详图见第 4 章中的图 4-23 所示。

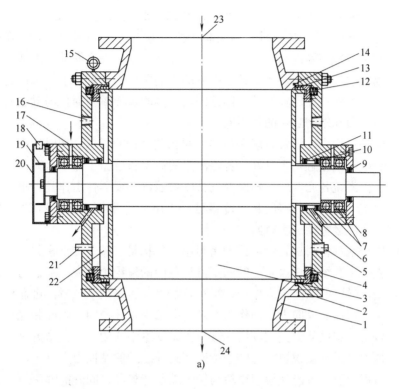

a)

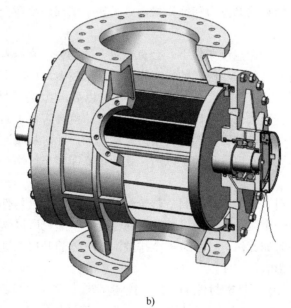

b)

图 2-11　径向密封的中压填料式转子端部密封旋转给料器内部结构示意图
a) 平面视图　b) 三维模型

1—壳体　2—端盖　3—转子(有侧壁)　4—填料托盘　5—试验气进口　6—泄漏气排出口　7—轴承组件　8—轴承盖　9—轴承密封件　10—中压轴密封件　11—中压密封件　12—压缩弹簧　13—填料密封件　14—O 形密封圈　15—起重吊环　16—密封气进口　17—润滑剂入口　18—测速传感器　19—测速轮　20—测速罩壳　21—温度传感器　22—压力平衡腔　23—物料进口　24—物料出口

工况运行过程中，物料从壳体进料口 23 进入到转子容腔内，随转子旋转到壳体的下部时，在物料自身重力的作用下从壳体出料口 24 排出到壳体外。无论工作介质是粉末固体物料还是颗粒固体物料，都要有转子端部密封气体压力平衡腔 22 及进气接管口 16，如图 2-11a 所示。转子端部密封气体压力平衡腔 22 内的气体压力略高于壳体出料口的气体工作压力。在平衡腔内气体压力的作用下，有少量平衡腔内的纯净气体从转子侧壁与密封件之间的间隙泄漏到壳体内，使壳体内含有粉末物料的气体不会进入到转子端部的平衡腔内，保持转子端部压力平衡腔内无异物，使转子的旋转阻力保持在比较低的一定范围内，同时保障轴密封件与轴之间的密封副内无异物，延长轴密封表面和轴密封件的使用寿命。

在现场运行维护过程中，设备管理人员要按照相关规程的要求，按时检查各种元器件的运行情况，包括防静电导线接触是否良好，各测温点的温度传感器工作是否正常，伴温介质工作压力、气体压力平衡系统各元器件和轴密封气体吹扫系统各元器件工作是否正常等。根据需要可以在润滑剂入口 17 内添加润滑剂。测速传感器 18 的电信号和温度传感器 21 的电信号可以传送到中央控制室，实现运行情况实时监控。

中压填料式转子端部密封旋转给料器的密封组件结构是，转子端部密封件是安装在转子 3 的端部密封环、壳体 1 和填料托盘 4 之间的正方形截面的编织填料绳；端盖与填料托盘之间有一组螺旋压缩弹簧，弹簧的轴向推力作用在填料托盘上并压缩编织填料，进而使软质的编织填料发生变形，产生一定量的径向力分别作用在转子端部密封环径向外表面和壳体内表面，从而达到密封气体的效果。整机装配完成以后弹簧推力是基本不变的，弹簧推力过小则不能达到密封的效果，弹簧推力过大则编织填料与转子侧壁密封环之间的摩擦阻力过大，编织填料的摩擦磨损过快。设计过程中要尽可能使编织填料与转子端部密封环之间既能够密封，又不会摩擦阻力过大，尽量减少编织填料的摩擦力和磨损量，延长转子端部密封环径向外表面和编织填料密封件的使用寿命。

日常运行过程中，在一定温度条件下，会有少量介质物料粉末侵入到填料密封件 13 的内部缝隙中，随着运行时间的延长，侵入的粉末物料量越来越多，填料密封件 13 就会逐渐变硬，密封性能逐渐慢慢降低。当侵入的粉末物料达到一定量以后，填料密封件 13 就会变得很硬，密封性能降低很多，甚至变形失去密封性能。这种情况下，就会有化工固体物料进入到转子侧壁与端盖内平面之间的空间内，使转子的旋转阻力急剧增加，此时从减速电动机的电流大小就可以看出。设备维护保养人员发现这种情况以后，就应该立即停车检修，并解体旋转给料器更换新的填料密封件。

径向密封的中压填料式转子端部密封旋转给料器的转子端部密封件是编织填料绳，与转子密封环之间可能会存在一个微小的间隙，使其密封性能差一些，所以这种结构的旋转给料器气体泄漏量比较大。正因为如此，壳体上有一个排放泄漏气体的开口。这个开口对壳体的整体刚度和尺寸稳定性有一定影响。

日常维护过程中，当中压轴密封件 11 的密封性能降低而产生气体泄漏时，泄漏的气体会从排气口 6 排到大气中，而此时中压轴密封件 10 可以防止泄漏气体进入到轴承内，设备维护保养人员发现这种情况以后，就应该立即停车检修，并解体旋转给料器更换新的中压轴密封件。

2.4.5.1 径向密封的中压填料式转子端部密封旋转给料器主机的结构特点和主要用途

(1) 整机结构相对比较复杂，零部件数量比较多，零部件的结构也相对比较复杂。特别是转子端部编织填料密封件、填料托盘、压缩弹簧等零部件安装在端盖内腔部位，虽然不是运动件，但却都是活动件，安装过程中需要一定的技巧，特别是在化工生产装置使用现场检修过程中，由于受现场环境和空间的限制，装配时需要专用的工具和辅助手段。

(2) 工况运行过程中性能稳定，出现故障的概率比较低，稳定运行无故障工作时间一般大于一年，有时可能会达到两年以上。

(3) 适用于工作压力在 0.08～0.18 MPa 的中压气力输送工况条件。

(4) 适用于化工生产装置中的气力输送系统，或从储存料仓到下一个加工工艺过程设备的气力输送系统等。

(5) 从应用实例来看，应用的工作介质可以是粉末固体物料，也可以是颗粒物料。

(6) 驱动力矩比开式转子结构的要大一些，因为转子旋转的阻力除工作介质的阻力、轴承和轴密封件的阻力以外，还有转子端部填料密封件的摩擦阻力。

(7) 壳体内腔的气体泄漏通道比开式转子结构要大一些，特别是增加了转子端部密封气体压力平衡腔的泄漏，所以，壳体内腔的密封性能比开式转子结构要差一些，气体泄漏量要大一些，适用的工作压力要低一些。

(8) 可以应用于常温、中温或高温化工固体物料气力输送工况。

(9) 转子端部密封编织填料就是通用的芳纶编织盘根，属于通用密封件，使用的场合比较多，备品备件比较方便。

2.4.5.2　径向密封的中压填料式转子端部密封旋转给料器主要零部件的特点

(1) 壳体。壳体是旋转给料器的主体，是安装端盖、安放转子和其他相关内件、连接上下游设备或管道法兰的重要零件。对于中压填料式转子端部密封结构的旋转给料器，虽然工作压力在 0.08～0.18 MPa，是属于中压工况条件，但是由于在端盖与转子侧壁之间有密封气体压力平衡腔，组成这个压力平衡腔的几十个零件要占据一定的空间，所以壳体的轴向尺寸要相应加大。由于填料密封件安装在转子端部密封环径向外表面，所以壳体与端盖连接部位的径向尺寸也要相应加大。壳体的尺寸越大，在保证整体刚度的条件下，就要采取相应的加强措施，例如增大端法兰厚度尺寸、增大加强筋的尺寸等。

对于径向密封的中压填料式转子端部密封结构的旋转给料器，转子端部密封气体压力平衡腔内的气体向壳体内泄漏，而且有时泄漏量还比较大，从而加大了整机的气体泄漏量。如果这些泄漏气体都从壳体进料口排出，只能使壳体的进料口直径尺寸很大，否则排出泄漏气体会顶托物料下落，从而降低化工固体物料进入壳体内的数量，使转子装不满物料，降低旋转给料器的工作效率，减少化工固体物料的输送量。为了解决这一问题，必须在壳体的回气侧适当位置开一个尺寸和形状都合适的孔，使泄漏的气体在随转子从出料口向进料口运行过程中，到达壳体上的排气口而排出体外。

对于径向密封的中压填料式转子端部密封结构的旋转给料器，壳体内腔的气体密封性能要求是比较高的。所以壳体的强度和刚度要求很高，壳体尺寸的稳定性要求很高。在高温工况条件下运行的旋转给料器，一般情况下壳体要有伴温夹套，伴温介质可以是饱和水蒸气，也可以是一定温度的恒温水或热油。伴温的目的是在工况运行过程中，使壳体与转子之间的间隙保持在要求的某一特定范围内，使壳体内腔气体密封性能满足工况要求，保障转子在壳体内能够运转自如。在旋转给料器的结构设计、加工、装配、选型设计、使用现场安装、运行维护与保养、检修等各个环节要非常重视这一问题。比如在使用现场安装过程中不允许壳体承受外力，壳体的保温要使壳体各部位的温度均匀等，这些看上去不起眼的环节都会严重影响壳体尺寸的稳定性。还要有安装和固定温度传感器的位置和结构，在合适的部位要有用于起吊的装置。

(2) 端盖。端盖是安装转子、中压轴密封组合件、轴承组、轴承盖、轴承密封件、转子端部编织填料密封件、填料托盘、压缩弹簧、密封气进口接管等的重要零件。由于转子端部编织填料密封件、填料托盘、压缩弹簧等零部件要安装在端盖与转子侧壁之间，所以端盖的内腔和轴向尺寸比较大。中压填料式转子端部密封旋转给料器的工作压力比较高，内腔的气体密封性能要求比较高，所以要求端盖的刚度和稳定性要很好。

(3) 转子。转子是旋转给料器中最主要的旋转零部件，对于中压填料式转子端部密封结构的转子，叶片的端部有侧壁和端部密封环连接，所以转子的叶片、端部密封环、侧壁和轴就形成了一个整体，转子的强度和刚度得到了很大程度的加强，在工况运行过程中产生抖动、振颤、叶片弹塑性瞬时弯曲等可能危害安全运行的现象的概率就会大大降低，旋转给料器整机的运行稳定性和可靠性也得到很大提高。

旋转给料器的最主要的性能参数就是壳体内的气体密封性，也就是要求气体泄漏量小。这里的气体密封性能包括壳体与转子叶片之间的动密封、转子端部密封环与填料密封件之间的动密封、转子轴与轴密封组合件之间的动密封、壳体与端盖之间的静密封。中压填料式旋转给料器的转子端部密封结构中，最大的易损部位就是转子端部密封环的密封面，由于密封件是编织填料绳，其表面粗糙度不如金属加工面好，而且编织填料与转子端部密封环的外表面处于干摩擦状态。在工况运行状态下，该局部的温度会高于其他部位的温度，物料中的粉末也会浸入到编织填料内，使编织填料逐渐变硬。在此情况下，会加剧转子端部密封环的密封面的磨损，所以转子端部密封环的密封面耐磨性能也是一个影响整机性能稳定的非常重要的因素。

(4) 轴承组合件。一定要选用有足够稳定性的轴承组，对于中压填料式转子端部密封旋转给料器，转子承受的力比较大，转子旋转的阻力矩也比较大，包括填料与转子端部密封环之间的摩擦力、工作介质物料的阻力、轴密封件与轴之间的摩擦力、轴承的摩擦力等。转子叶片与壳体之间的间隙均匀性控制要求比较严格，所以一般情况下对于中小规格尺寸的高压旋转给料器大多采用单侧两个深沟球轴承并列安装形式，对于大中规格尺寸的中压旋转给料器可以采用两个圆柱轴承并列安装形式，也可以采用圆锥轴承来承载巨大的混合负载。

(5) 中压轴密封组合件。对于中压旋转给料器可以采用的轴密封件一般都是专用组合型轴密封件。其中安装在内侧的中压轴密封件 11 是双唇单向结构的，即两道密封唇口在同一个方向，分段密封同一个压力腔的气体。安装在外侧的中压轴密封件 10 是双唇双向结构的，即两道密封唇口不在同一个方向，其中一道密封唇口密封泄漏气体不能够进入到轴承内，反方向的一道密封唇口是密封轴承内的润滑剂不外溢。这个轴密封件组合体包含有两个单独的、不同结构，相同材料、不同功能的零部件。对于特定的工作介质物料、特定的工作压力和工作温度，应选择特定的中压组合型轴密封件，根据工况温度的要求选择密封唇口的材料。

2.4.6 高、中压弹簧式转子端部密封旋转给料器主机的基本结构

高、中压弹簧式转子端部密封结构的旋转给料器主机的工作压力比较高，一般情况下，设计压力在 0.10~0.50 MPa，考虑到工作压力的波动，实际工作压力在 0.10~0.45 MPa。旋转给料器的内部结构比开式转子的结构要复杂一些，与径向密封的中压填料式转子端部密封结构的旋转给料器比较，其结构复杂程度基本相当，零部件的结构复杂程度和数量也基本相当。在工

况运行过程中性能比较稳定，出现故障的概率比较低，高、中压弹簧式转子端部密封结构的旋转给料器内部结构如图 2-12 所示，其中图 2-12a 是平面视图，图 2-12b 是三维模型。

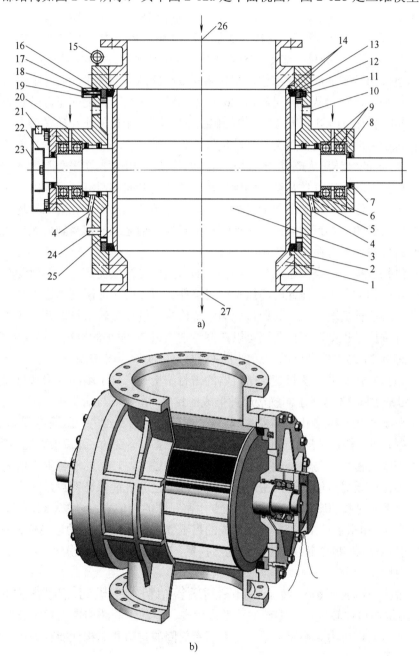

图 2-12　高、中压弹簧式转子端部密封旋转给料器内部结构示意图

a) 平面视图　b) 三维模型

1—壳体　2—端盖　3—转子(带侧壁)　4—泄漏气体排出口　5—高压轴密封组件　6—高压轴密封组件　7—轴承密封件　8—轴承盖
9—轴承组件　10—密封气体进口　11—圆柱压缩弹簧　12—密封圈托环　13—专用密封圈　14—O 形密封圈　15—起重吊环
16—圆柱压缩弹簧　17—指示套　18—指示杆　19—指示罩　20—润滑剂入口　21—测速传感器　22—测速轮　23—测速罩
24—温度传感器　25—密封气体压力平衡腔　26—物料进口　27—物料出口

高、中压弹簧式转子端部密封结构的旋转给料器主要由壳体 1、端盖 2、转子(端部密封环

是侧壁的一部分)3、泄漏气体排出口 4、高压轴密封组件 5 和 6、轴承密封件 7、轴承盖 8、轴承组件 9、密封气体进口 10、圆柱压缩弹簧 11、密封圈托环 12、专用密封圈 13、O 形密封圈 14、起重吊环 15、圆柱压缩弹簧 16、指示套 17、指示杆 18、指示罩 19、润滑剂入口 20、测速传感器 21、测速轮 22、测速罩 23、温度传感器 24、密封气体压力平衡腔 25、物料进口 26、物料出口 27 等部分组成。由壳体、端盖、转子侧壁、专用密封圈、密封圈托环、压缩弹簧、O 形密封圈等共同组成的转子端部密封部位详图见第 4 章中的图 4-24 和图 4-25 所示。

工况运行过程中，物料从壳体进料口 26 进入到转子容腔内，随转子旋转到壳体下部出料口时，在物料自身重力的作用下从出料口 27 排出到壳体外。无论工作介质是粉末物料还是颗粒物料，都要有转子端部密封气体压力平衡腔进气接管口 10，如图 2-12a 所示。转子端部密封气体压力平衡腔 25 内的气体压力略高于壳体出料口的气体工作压力。在平衡腔内气体压力的作用下，有少量平衡腔内的纯净气体从转子侧壁与密封圈之间的间隙泄漏到壳体内，使壳体内含有粉末物料的气体不会进入到转子端部的平衡腔内，保持转子端部平衡腔内无异物，使转子的旋转阻力保持在比较低的一定范围内，同时保障轴密封件与轴之间的密封副内无异物，延长轴密封表面和轴密封件的使用寿命。

日常运行维护过程中，当高压轴密封组件 5 的密封性能降低而产生气体泄漏时，泄漏的气体会从排气口 4 排到大气中，而此时高压轴密封组件 6 可以防止泄漏气体进入到轴承内。设备维护保养人员发现这种情况以后，就应该立即停车检修，解体旋转给料器并更换新的高中压轴密封件。在运行维护过程中，根据需要可以在润滑剂入口 20 添加润滑剂，测速传感器 21 的电信号和温度传感器 24 的电信号可以传送到中央控制室，实现实时控制。

高、中压弹簧式转子端部密封旋转给料器的密封结构是，转子端部专用密封圈安装在托环的止口内，专用密封圈 13 与转子侧壁接触并形成密封副，在托环与端盖底平面之间有一组压缩弹簧 11，依靠弹簧推力形成专用密封圈 13 与转子侧壁之间的密封力。压缩弹簧 11 的推力大小是在设计阶段确定的，整机装配完成以后弹簧的推力是基本不变的，弹簧推力过小则不能密封；弹簧推力过大则专用密封圈与转子侧壁之间的摩擦阻力过大，转子的旋转阻力增大，专用密封圈的摩擦磨损加快。要尽可能使专用密封圈与转子侧壁之间既能保证密封，又不会摩擦阻力过大，尽量减少专用密封圈的摩擦磨损量，延长专用密封圈的使用寿命。在密封圈托环 12 的背面有一组由指示套 17 和指示杆 18 等零部件组成的指示器，在指示套 17 的适当位置有刻度线，通过指示杆 18 的位置就能够确定专用密封圈的磨损量，当专用密封圈磨损到一定程度时，就要更换新的专用密封圈。

2.4.6.1 高、中压弹簧式转子端部密封旋转给料器主机的结构特点和主要用途

(1) 整机结构相对比较复杂，零部件数量比较多，零部件的结构也相对比较复杂。转子端部密封性能与弹簧的作用力大小有关系，与专用密封圈的材料和结构性能有关系，同时也与装配操作者的技术熟练程度和责任心有关系。

(2) 工况运行过程中性能稳定可靠，出现故障的概率比较低。一般情况下，更换一次转子端部专用密封圈可以稳定安全运行的时间能够达到 2～3 年或更长。

(3) 最适用于工作压力在 0.18～0.45 MPa 的高压气力输送工况条件下，也可以应用于 0.10～0.18 MPa 的中压气力输送工况场合。

(4) 适用于化工生产装置中的气力输送系统，或从料仓到下一个加工工艺过程的气力输送系统等，也可以适用于化工固体物料的长距离气力输送。

(5) 从应用实例来看，应用的工作介质可以是化工固体粉末物料，也可以是固体颗粒物料。

(6) 驱动力矩比开式转子旋转给料器要大些，但是比中压填料式转子端部密封结构的旋转给料器要小些，因为转子旋转的阻力除工作介质的阻力和轴密封组件的阻力以外，转子端部密封件的旋转阻力是比较小的。

(7) 壳体内腔的气体泄漏通道截面积比较小，虽然壳体进料口与出料口之间的气体压力差比较大，但是转子侧壁与密封圈之间的间隙很小，壳体内腔的密封性能比较好，所以气体泄漏量比较小。

(8) 可以应用于常温、中温或高温化工固体物料输送工况场合。

(9) 密封圈托环的背面安装有指示器，可以通过指示器的刻度线，观察转子端部专用密封圈的摩擦磨损量，如有需要可以立即更换。

2.4.6.2 高、中压弹簧式转子端部密封旋转给料器主要零部件的特点

(1) 壳体。壳体是旋转给料器的主体，壳体的进料口和出料口法兰连接上、下游设备或管道。对于工作压力在 $0.10\sim0.45$ MPa 的高中压工况条件，壳体内腔的气体密封性能要求是很高的。组成转子端部密封气体压力平衡腔的专用高中压密封圈是采用新材料加工而成的，在工况条件下运行过程中，密封圈与转子侧壁之间始终保持在具有一定接触应力的状态，使密封圈与转子侧壁之间保持很好的密封性能。同时，密封圈与端盖内壁之间有 O 形密封圈，使密封圈与端盖内壁之间的密封性能也很好，所以，壳体内腔的气体泄漏总量就比较小。这样，泄漏的气体就可以在壳体的进料口排出体外，而没必要在壳体的回气侧内壁上开一个排气孔，所以，壳体的强度和刚度就提高了，有利于整机的安全稳定运行。

在壳体的侧面没有排气管结构，因此要及时排出从壳体出料口泄漏到体腔内的气体，就要从壳体进料口排出。所以，壳体的进料口截面积就要比较大，进料口的一部分截面积物料向下流动，同时，进料口的另一部分截面积排出壳体内的泄漏气体，一般情况下壳体进料口的截面积约等于转子叶片的长度乘以转子半径。

在高温工况条件下运行的旋转给料器，一般情况下壳体要有伴温夹套，伴温介质可以是饱和蒸汽，也可以是一定温度的恒温水或热油。伴温的目的是在工况运行过程中，使壳体与转子之间的间隙(这里主要是指径向间隙)保持在某一特定范围内，使壳体内腔气体密封性能满足工况要求。一般情况下，当物料温度大于 100 ℃的条件下，最好有壳体伴温夹套。对于工作物料温度在 100 ℃以下的运行工况，壳体不需要有伴温夹套。此外，还要有安装和固定温度传感器的部位和结构。

(2) 端盖。端盖是安装转子、高压轴密封组合件、轴承组件、轴承盖、轴承密封件、转子端部专用密封圈、密封气体进口接管、指示套、指示杆、指示罩等的重要零件。在端盖内腔的底平面上，环形分布着一组圆柱形盲孔，用于放置圆柱形压缩推力弹簧。在两个高压轴密封件安装孔的中间位置，要有向体外排放泄漏气体的通孔。由于高中压弹簧式转子端部密封旋转给料器的工作压力比较高，壳体内腔的气体密封性能要求非常高，所以要求端盖的刚度、尺寸稳定性要很好。高压轴密封组合件占用的轴向尺寸比较大，而且要使用两个专用轴密封部件组合安装。承载能力大的轴承外形尺寸也比较大，所以端盖的轴向尺寸要大些。

(3) 转子。转子是旋转给料器的主要旋转零部件，对于高中压弹簧式转子端部密封结构的转子，转子的叶片、侧壁和轴形成了一个整体，转子叶片的强度和轴的强度与刚度都得到很大加强，因此在正常运行过程中，转子产生抖动、振颤、叶片弹塑性瞬时弯曲变形等现象的可能

性已大大降低。转子与壳体之间在整个圆柱面内各部位径向间隙的均匀性提高。

专用密封圈与转子之间的密封是在转子侧壁的端部斜面内,由于专用密封圈和转子侧壁之间是环形接触面,两者之间是自动对心结构,在运行过程中密封圈不会有偏移或抖动现象,同时也会提高专用密封圈的密封可靠性。

转子端部密封气体压力平衡腔的关键部位是转子侧壁与专用密封圈之间的接触密封部位,专用密封圈是采用新材料并经过机械加工成形的,密封面的表面粗糙度等级要求是非常高的;转子侧壁的密封面也是经过特殊处理的,密封面的硬度要比奥氏体不锈钢的硬度高很多。密封面经过机械加工成形以后,经过再次处理提高表面粗糙度,使转子侧壁与专用密封圈之间的密封副提高耐摩擦磨损性能,提高密封性能,延长密封副相关零部件的使用寿命。

(4) 轴承组件。一定要选用有足够稳定性的轴承,对于高压旋转给料器,转子承受的力比较大,转子叶片与壳体之间的间隙均匀性控制要求比较严格,所以一般情况下对于小规格尺寸的高、中压旋转给料器大多采用两个深沟球轴承并列安装形式,对于大中规格尺寸的高、中压旋转给料器可以采用两个圆柱轴承并列安装形式,或采用圆锥轴承来承载巨大的径向负载和较小的轴向负载。

(5) 高、中压轴密封组合件。对于高、中压旋转给料器可以采用的轴密封件一般都是专用型的轴密封件组合体,这个组合体可以包含有几个单独的(大多数情况下是两个,也可能是三个或四个)不同结构、不同材料、不同功能的零部件。对于特定的工作介质物料、特定的工作压力和工作温度,选择特定的高压轴密封件结构形式与材料组合。

2.4.7　高、中压气力式转子端部密封旋转给料器主机的基本结构

高、中压气力式转子端部密封旋转给料器主机的工作压力比较高,一般情况下整机的设计压力在 0.10～0.50 MPa,考虑到工作压力的波动,实际工作压力在 0.10～0.45 MPa。旋转给料器的内部结构与高中压弹簧式转子端部密封旋转给料器基本相同,只是转子端部专用密封圈的结构不同,专用密封圈与转子侧壁之间的密封力不是弹簧提供的,而是由气体压力作用在专用密封圈的背面提供密封所需要的推力。旋转给料器内部结构如图 2-13 所示,其中图 2-13a 是平面视图,图 2-13b 是三维模型。

高、中压气力式转子端部密封结构的旋转给料器主要由壳体 1、端盖 2、转子 3(端部密封环是侧壁的一部分)、泄漏气体排出口 4、高压轴密封组件 5 和 6、轴承密封件 7、轴承盖 8、轴承组件 9、转子端部密封气体压力平衡气体进口 10、推力气体进口 11、推力气体容腔 12、转子端部专用密封圈 13、O 形密封圈 14、压缩弹簧 15、指示套 16、指示杆 17、指示罩 18、润滑剂入口 19、测速传感器 20、测速轮 21、测速罩 22、温度传感器 23、转子端部密封气体压力平衡腔 24、起重吊环 25、物料进口 26、物料出口 27 等部分组成。由壳体、端盖、转子侧壁、专用密封圈等共同组成的转子端部密封部位详图见第 4 章中的图 4-26 和图 4-27 所示。

工况运行过程中,无论工作介质是粉末物料还是颗粒物料,转子端部密封气体压力平衡腔进气管内都要充入一定压力的气体,如图 2-13a 所示。转子端部密封气体压力平衡腔内的压力略高于壳体出料口的输送气体工作压力,在平衡腔内气体压力的作用下,有少量平衡腔内的纯净气体从转子侧壁与专用密封圈之间的间隙泄漏到壳体内,使壳体内含有粉末物料的气体不会进入到转子端部的平衡腔内,保持转子端部平衡腔内无异物,使转子的旋转阻力保持在比较低的一定范围内,同时保障轴密封件与轴之间的密封副内无异物,延长轴密封表面和轴密封件的使用寿命。

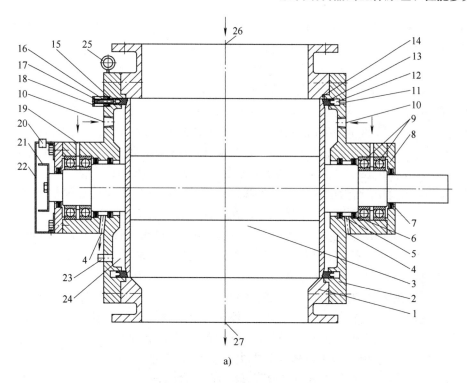

a)

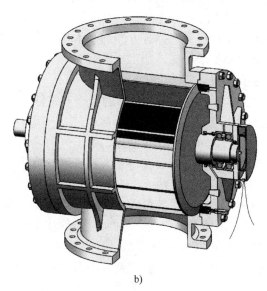

b)

图 2-13 高、中压气力式转子端部密封旋转给料器内部结构示意图

a) 平面视图 b) 三维建模

1—壳体 2—端盖 3—转子(带侧壁) 4—泄漏气体排出口 5—高压轴密封组件 6—高压轴密封组件 7—轴承密封件 8—轴承盖
9—轴承组件 10—转子端部密封气体压力平衡气进口 11—推力气进口 12—推力气容腔 13—专用密封圈 14—O 形密封圈
15—压缩弹簧 16—指示套 17—指示杆 18—指示罩 19—润滑剂入口 20—测速传感器 21—测速轮 22—测速罩
23—温度传感器 24—压力平衡腔 25—起重吊环 26—物料进口 27—物料出口

  高、中压气力式转子端部密封旋转给料器所具有的独特结构是，专用密封圈安装在端盖的环形密封槽内，端盖槽与专用密封圈形成一个密闭容腔 12，在其内充入一定压力的气体，气体的压力略高于体腔内的气体工作压力，依靠这个压力差形成一个推动专用密封圈的力，使专用

密封圈与转子侧壁之间保持接触并密封状态。密闭容腔 12 内的气体压力是随壳体内的气体工作压力变化而变化的，壳体内的工作压力增高，密闭容腔 12 内的气体压力就随着增高，壳体内的工作压力降低，密闭容腔 12 内的气体压力就随着降低，始终保持两者之间的压力差在要求的范围内，使推动专用密封圈的力在要求的范围内，专用密封圈与转子侧壁接触面之间的密封力大小就在要求的范围内浮动。这样就可以保持专用密封圈与转子侧壁之间的密封力既能保持密封，又不会推力过大，尽量降低摩擦阻力和专用密封圈的摩擦磨损量，延长专用密封圈的使用寿命。

在转子端部密封压力平衡腔的专用高压密封圈 13 的背面，有一组由压缩弹簧 15、指示套 16、指示杆 17、指示罩 18 等零部件组成的指示器，在指示套 16 的适当位置有刻度线。工况运行过程中，转子端部侧壁密封面与专用密封圈之间始终保持密封，并且密封面之间处于干摩擦磨损状态，当专用密封圈磨损掉一定量以后，在气体压力差推力的作用下，密封圈向前移动相应的量，在弹簧推力作用下，指示杆 17 同步向前移动，通过指示杆 17 的位置就能够确定专用密封圈的磨损量，当专用密封圈磨损到一定程度时，就要更换新的专用密封圈。

日常运行维护过程中，当高压轴密封组件 5 的密封性能降低而产生气体泄漏时，泄漏的气体会从排气口 4 排到大气中，而此时高压轴密封件 6 可以防止泄漏的气体进入到轴承内，设备维护保养人员发现这种情况以后，就应该立即停车检修，将旋转给料器解体并更换新的高压轴密封件。在运行维护过程中，根据需要可以在润滑剂入口 19 添加润滑剂，测速传感器 20 的电信号和温度传感器 23 的电信号可以传送到中央控制室，实现实时监控。

2.4.7.1 高、中压气力式转子端部密封旋转给料器主机的结构特点和主要用途

(1) 高、中压气力式转子端部密封旋转给料器与中压弹簧式转子端部密封旋转给料器相比较，主要零部件的结构、技术性能和材料选择等方面都基本相同。但是转子端部密封部位的零部件数量要少一些，端盖的结构要复杂一些，加工要求要高一些，转子端部专用密封圈的结构要复杂得多，技术性能要求也要高很多。

(2) 在生产运行过程中性能非常稳定，出现故障的概率非常低，专用密封圈与转子侧壁端部密封面之间的密封力大小非常合理，气体泄漏量非常小。

(3) 适用于工作气体压力在 0.10～0.45 MPa 的高、中压气力输送工况，如果用于输送气体压力比较低的工况场合，对其性能参数方面而言，是大材小用，浪费了设备的潜能。

(4) 适用于化工生产装置中的气力输送系统，或从料仓到下一个加工工艺过程的气力输送系统等，是化工固体物料长距离气力输送系统最理想的旋转给料器结构类型。

(5) 从应用实例来看，应用的工作介质可以是化工固体粉末物料，也可以是化工固体颗粒物料。

(6) 正常运行时的驱动力矩比开式转子结构的要稍大一些，但是比高、中压弹簧式转子端部密封结构的旋转给料器驱动力矩要小，因为转子旋转的力矩除工作物料的阻力和轴密封件的阻力以外，转子端部专用密封圈与转子侧壁之间的摩擦阻力是随输送气体压力浮动的，是比较小的，是所有高压气力输送旋转给料器中驱动力矩比较小的结构。

(7) 壳体内腔的气体泄漏通道截面积比较小，虽然壳体进料口和壳体出料口之间的气体压力差比较大，但由于壳体内腔的密封性能比较好，所以气体泄漏量比较小。

(8) 可以应用于常温、中温或高温化工固体物料气力输送工况。

(9) 转子端部专用密封圈的技术性能要求很高，包括主体材料性能和双唇密封边的密封性能及其内部的不锈钢骨架性能都要求很高，到目前为止，国内还不能够生产，全部依赖进口。

2.4.7.2 高、中压气力式转子端部密封旋转给料器的主要零部件特点

(1) 壳体、转子、高压轴密封组件、轴承组件、测速传感器、测速轮、测速罩、指示套、

指示杆、指示罩、测温传感器等零部件的结构特点、技术要求、材料选择等方面都与高、中压弹簧式转子端部密封旋转给料器基本相同。

(2) 端盖。端盖安装转子、高压轴密封组件、轴承组件、轴承盖、轴承密封件、密封气体压力平衡腔进气口接管、指示套、指示杆、指示罩等重要零部件的方式和位置等方面都与高中压弹簧式转子端部密封旋转给料器相同。所不同的是，转子端部专用密封圈的结构，专用密封圈与端盖的配合方式、密封方式，并增加了密封推力气体进口接管和推力气体容腔，这样就要求端盖要有相应不同的结构与专用密封圈配合。由于专用密封圈是安装在端盖的环形槽内的，既要能够保持密封推力气容腔 12 的密封性，又要在气体压力作用下能够自由轴向移动。所以端盖环形槽的加工精度要求很高，其中包括环形槽及相关部位的尺寸公差、形位公差、表面粗糙度等。特别是端盖环形沟槽与转子端部专用密封圈的配合尺寸加工精度要求、同轴度要求、表面粗糙度要求很高。轴承的安装孔与端盖的安装止口(即端盖与壳体之间的定位止口)的同轴度要求很高。

(3) 转子端部专用密封圈。对于高、中压气力式转子端部密封结构的旋转给料器，转子端部专用密封圈是最核心的专用零部件，它的性能如何决定了整台旋转给料器的性能，正是有了性能优良的转子端部专用密封圈，才有了高、中压气力式转子端部密封结构的旋转给料器。

2.4.8 轴向密封的高压填料式转子端部密封旋转给料器主机的基本结构

轴向密封的高压填料式转子端部密封旋转给料器主机结构是最复杂的，特别是端盖及其附属零部件的结构是所有旋转给料器端盖中最复杂的。一般情况下旋转给料器的设计压力在 0.20～0.35 MPa，考虑到工作压力的波动，实际工作压力在 0.15～0.30 MPa。旋转给料器零部件数量最多，工况运行过程中出现故障的概率相对其他结构比较高，旋转给料器内部结构如图 2-14 所示，其中图 2-14a 是平面视图，图 2-14b 是三维模型。

轴向密封的高压填料式转子端部密封旋转给料器主要由壳体 1、端盖 2、转子 3(侧壁与端部密封环连为一体)、盖板 4、O 形密封圈 5、泄漏气体排出口 6、测速轮 7、轴承组件 8、高压专用轴密封组件 9、测速罩 10、测速传感器 11、润滑剂入口 12、密封气体压力平衡腔进气接管口 13、圆柱压缩弹簧 14、防转螺钉 15、防转块 16、填料托盘 17、填料密封件 18、起重吊环 19、轴承盖 20、轴承密封件 21、温度传感器 22、密封气体压力平衡腔 23、物料进口 24、物料出口 25 等部分组成。由端盖、转子侧壁、填料托盘、压缩弹簧、防转螺钉、防转块、填料密封件、盖板等共同组成的转子端部密封部位详图见第 4 章中的图 4-29 所示。

轴向密封的高压填料式转子端部密封旋转给料器的独特结构是，转子端部密封不是在转子端部外径表面，而是在转子侧壁端面外缘凸出的环形平面内，转子端部密封件是安装在端盖环形槽内的编织填料绳，编织填料位于转子侧壁端面环形密封面、端盖环形槽和填料托盘所组成的空间内。端盖环形槽的底部均匀分布的圆柱形孔内有一组螺旋压缩弹簧，弹簧力作用在填料托盘上并压缩编织填料，进而使编织填料发生变形，产生一定的轴向推力作用在转子侧壁环形密封面上，从而达到密封气体的效果。弹簧推力依次通过填料托盘、编织填料然后作用在转子侧壁环形端面上。对于旋转的转子来说，编织填料就相当于刹车片，所以转子旋转所需的驱动力矩非常大，在各种结构的旋转给料器中，是所需驱动力矩最大的一种结构，这其中转子端部密封填料的摩擦阻力是最主要的一部分。当填料及相关密封部件与端盖装配好以后，弹簧的空间是变化不大的，弹簧推力的大小也是变化不大的。如果弹簧推力过小则达不到密封效果；弹簧推力过大则编织填料与转子侧壁之间的摩擦阻力过大，编织填料的磨损加快。弹簧推力的大小要尽可能使编织填料与转子侧壁之间既能够密封，又不会摩擦阻力过大，并尽可能降低转子旋转所需要的驱动力矩，尽量减少编织填料的摩擦磨损量，延长转子侧壁密封面和编织填料的使用寿命。

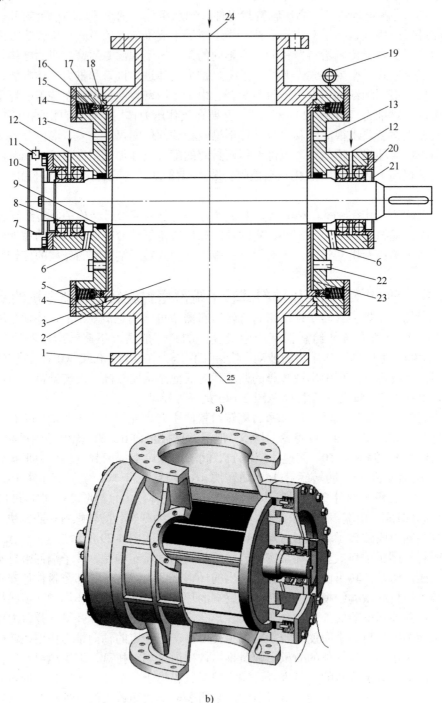

图 2-14　轴向密封的高压填料式转子端部密封旋转给料器内部结构示意图

a) 平面视图　b) 三维模型

1—壳体　2—端盖　3—转子(带侧壁)　4—盖板　5—O形密封圈　6—泄漏气体排出口　7—测速轮　8—轴承组件　9—高压专用轴密封组件
10—测速罩　11—测速传感器　12—润滑剂入口　13—进气接管口　14—圆柱压缩弹簧　15—防转螺钉　16—防转块　17—填料托盘
18—填料密封件　19—起重吊环　20—轴承盖　21—轴承密封件　22—温度传感器　23—密封气体压力平衡腔　24—物料进口　25—物料出口

工况运行过程中，从进气管接口 13 向转子端部密封气体压力平衡腔 23 内充入一定压力的气体，平衡腔内气体的压力略高于壳体出料口的工作压力，在平衡腔内气体压力的作用下，有少量平衡腔内的纯净气体从转子侧壁与填料密封件之间的间隙泄漏到壳体内，使壳体内含有粉末物料的气体不会进入到转子端部的平衡腔内，保持转子端部平衡腔内无异物，使转子的旋转阻力保持在一个比较低的范围内，同时应保障轴密封组合件与轴之间的密封副内无异物，延长轴密封表面和轴密封组合件的使用寿命。

在旋转给料器运转时，转子始终处于旋转状态，编织填料密封件与转子端部环形密封面保持接触密封，转子端部环形密封面的表面粗糙度要求很高，应尽可能降低密封副的摩擦阻力。为了防止编织填料密封件跟随转子旋转，与编织填料密封件接触的填料托盘表面加工有花纹，以增加与填料编织绳之间的摩擦阻力。防转螺钉 15 的作用是将填料托盘 17 和防转块 16 固定在一起，防转块 16 在压缩弹簧 14 的内腔，这样可以有效防止编织填料密封件跟随转子旋转。盖板 4 的作用是支撑压缩弹簧，并压紧 O 形密封圈 5，密封弹簧腔内的少量泄漏气体。

需要说明的是，一旦高压专用轴密封组合件 9 的密封性能降低而产生气体泄漏时，泄漏的气体会从泄漏气体排出口 6 排放到大气中，而此时轴承组件 8 的防尘盖可以防止泄漏气体进入到轴承内，设备维护保养人员发现这种情况以后，就应该立即停车检修，解体旋转给料器并更换新的高压轴密封组合件。根据需要可以在润滑剂入口 12 添加润滑剂，测速传感器 11 的电信号和温度传感器 22 的电信号可以传到中央控制室，实现适时监控。

2.4.8.1　轴向密封的高压填料式转子端部密封旋转给料器主机的结构特点和主要用途

(1) 高压填料式转子端部密封旋转给料器与中压填料式转子端部密封旋转给料器相比较，端盖的结构复杂得多，整机的零部件数量也要多，零部件的结构区别也比较大。

(2) 工况运行过程中，在编织填料性能完好的情况下，性能稳定性是比较好的。随着运行时间的延长，编织填料绳逐渐变硬，在相同的轴向推力作用下，编织填料密封性能逐渐降低，旋转给料器的性能稳定性要差一些，出现故障的概率稍高一些。出现故障的主要表现是编织填料在与化工固体粉末物料长期接触过程中，粉末物料侵入到编织填料机体内部，使编织填料变硬，密封性能降低，气体泄漏量加大，摩擦阻力加大，需要的驱动力矩加大，从而影响旋转给料器的物料输送能力。要保持旋转给料器的整机良好性能，就要使编织填料的性能保持良好，一旦发现编织填料的性能明显降低，就要停车更换编织填料密封件。

(3) 适用于工作压力在 0.15～0.30 MPa 的高、中压气力输送工况场合。

(4) 适用于化工生产装置中的气力输送系统，或从料仓到下一个加工工艺过程的气力输送系统等，也可以用于化工固体物料的长距离气力输送。

(5) 从应用实例来看，应用的工作介质可以是粉末物料，也可以是颗粒物料。

(6) 转子旋转所需要的驱动力矩很大，是本章所述的旋转给料器所有结构中驱动力矩最大的一种结构。弹簧推力通过填料托盘和编织填料作用在转子侧壁上，产生转子端部密封力的同时，编织填料与转子侧壁之间产生摩擦阻力，是转子旋转的阻力矩主要部分，而工作物料的阻力和轴密封组合件的阻力是小部分。

(7) 在编织填料密封性能完好的情况下，壳体内腔的气体泄漏通道截面积比较小，壳体内腔的密封性能也比较好，气体泄漏量比较小。但是编织填料的密封性能下降以后，气体泄漏量就会迅速增加。

(8) 可以应用于常温、中温或高温化工固体物料气力输送工况。

(9) 转子端部密封编织填料是通用的芳纶编织盘根，属于通用密封件，使用的场合比较多，

备品备件的采购与管理比较方便。

2.4.8.2 轴向密封的高压填料式转子端部密封旋转给料器主要零部件的特点

(1) 壳体。对于工作压力在 0.15～0.30 MPa 的高、中压工况条件，壳体内腔气体密封性能要求是比较高的。由于编织填料的密封性能低于气力式专用密封件，再加上编织填料的密封性能受粉末物料的影响比较大，当有一定量的粉末物料侵入到编织填料的结构内部以后，编织填料的密封性能就会明显降低，气体泄漏量就会明显增大。所以，轴向密封的高压填料式转子端部密封结构的气体泄漏量比气力式专用密封件的气体泄漏量要大很多。如果这些泄漏气体都从壳体进料口排出，只能使壳体的进料口直径变得很大，否则排出泄漏气体会顶托物料下落，从而降低物料进入壳体内的数量，使转子装不满物料，降低旋转给料器的工作效率，减少化工固体物料的输送量。为了解决这一问题，必须在壳体的回气侧适当位置增加一个尺寸和形状都合适的排气孔，使泄漏的气体在随转子从出料口向进料口运行过程中，到达壳体上的排气口而使大部分泄漏气体排出体外。这个开口对壳体的整体刚度和尺寸稳定性有一定影响，在壳体结构设计过程中要进行适当处理(如布置加强筋)，增大壳体的整体刚度，保证整机工作性能稳定，如图 2-14b 所示。

由于壳体上的排气口不能将泄漏气体完全排出，所以壳体的进料口直径要足够大，进料口的一部分截面积用于物料向下流动,进料口的另一部分截面积用于排出壳体内的剩余泄漏气体，尽可能减小物料向下流动的阻力，提高整机运行效率。

用于物料温度高于 60 ℃的旋转给料器，还要有安装和固定温度传感器的部位和结构，如固定螺纹孔等。用于物料温度高于 140 ℃的高温工况旋转给料器，最好在壳体外部有伴热夹套。对于大中规格的旋转给料器，在壳体的适当位置要有用于装卸和检修的起重吊环。

(2) 端盖。端盖是安装转子、高压专用轴密封组件、轴承组件、轴承盖、轴承密封件、密封气体压力平衡腔进气口接管、填料托盘、压缩弹簧等重要零部件。在端盖的结构和技术要求方面，与中压填料式转子端部密封旋转给料器大不相同。转子端部密封编织填料、填料托盘、压缩弹簧等重要零部件的安装方式和技术要求都是轴向密封的高压填料式转子端部密封旋转给料器独有的，端盖上有弹簧安装孔、平衡腔进气口连接管、润滑剂注入孔、泄漏气体排出孔、两个端平面上有三个 O 形圈沟槽、螺栓孔等，结构非常复杂。端盖的结构是一个圆柱体，机械加工出各种类型的沟槽、台阶和各种方向、各种直径的通孔、阶梯孔或盲孔而成的，所以端盖的轴向尺寸虽然不大，但是重量却很大，端盖的刚度和尺寸稳定性很好。

(3) 转子。转子是旋转给料器最主要的旋转零部件，对于轴向密封的高压填料式转子端部密封结构的旋转给料器，转子的端部密封面不是转子侧壁外径的圆柱形表面，而是在侧壁端面的凸出环形平面上，因此只有侧壁端面与转子轴线的垂直度要求很高，才能做到转子端部密封面不跳动，才能保障转子端部的密封性能，并适当降低弹簧的轴向推力并使各部位的推力大小基本均匀一致，适当掌握编织填料与转子侧壁端部密封面之间的摩擦力。为了获得旋转给料器的最佳工作性能，防止转子及轴的变形而产生擦壳，一定要适当加大转子轴的直径，尽可能保障转子叶片和轴有足够的强度和刚度、满足要求的加工精度和合理的形位公差等级。

(4) 轴承和高压轴密封组合件等零部件的结构特点、技术要求、材料选择等方面都与气力式专用密封件结构的转子端部密封结构的旋转给料器基本相同。

2.4.9 高压开式转子侧出料旋转给料器主机的基本结构

高压开式(无侧壁)转子侧出料旋转给料器主机的工作压力比较高，一般情况下旋转给料器的设计压力在 0.15～0.35 MPa，考虑到工作压力的波动，实际工作压力在 0.10～0.30 MPa。所以该类旋转给料器内部结构类似于高压开式下出料结构的旋转给料器，其结构比较简单、零部件比较少、出现故障的概率比较低、工况运行过程中性能比较稳。旋转给料器的内部结构如图 2-15 所示，其中图 2-15a 是平面视图，图 2-15b 是三维模型。

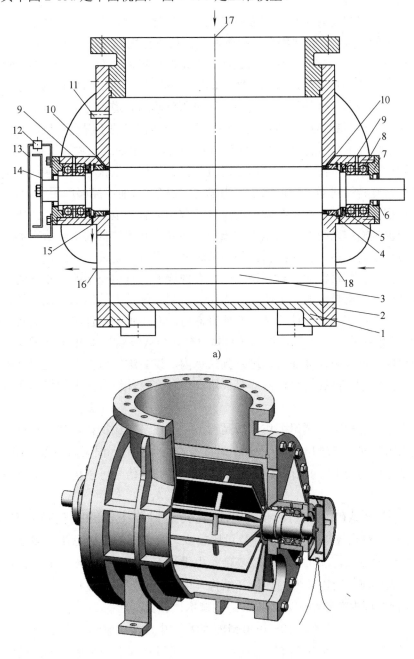

图 2-15　高压开式转子侧出料旋转给料器内部结构示意图
a) 平面视图　b) 三维模型

1—壳体　2—端盖　3—转子(无侧壁)　4—高压专用轴密封组合体　5—内侧轴承密封件　6—外侧轴承密封件　7—轴承盖
8—轴承组件　9—润滑剂入口　10—轴密封吹扫气进口　11—温度传感器　12—测速传感器　13—测速罩　14—测速轮
15—泄漏气体排出口　16—料气混合物出口　17—物料进口　18—输送气体进口

高压开式(无侧壁)转子侧出料旋转给料器主要由壳体 1、端盖 2、转子 3(无侧壁)、高压专用轴密封件组合体 4、内侧轴承密封件 5、外侧轴承密封件 6、轴承盖 7、轴承组件 8、润滑剂入口 9、轴密封吹扫气体进口 10、温度传感器 11、测速传感器 12、测速罩 13、测速轮 14、泄漏气体排出口 15、料气混合物出口 16、物料进口 17、输送气体进口 18 等部分组成。

高压开式转子侧出料旋转给料器的独特结构是，气体和物料混合物的输送通道是旋转给料器壳体与转子容腔的一部分，输送物料的接管和气源接管分别固定在壳体两侧的左、右端盖上，安装转子的壳体内腔不是完整的圆柱形内表面，而是圆柱形内表面与输送管道相贯形成的组合体。物料从壳体上部的物料进口进入到壳体内的转子容腔内以后，当物料随转子旋转到壳体的下半部分时，在高压输送气体的推力作用下很快进入到输送管道中并随气流运行。

高压开式转子侧出料旋转给料器在气力输送化工固体物料的工况运行过程中，不需要使用混合器，化工固体物料在壳体的内腔中与输送气体混合，并很快进入输送管道。正因为这一点，化工固体物料到达壳体下半部分，在高压输送气体推力作用下很快进入到输送管道，所以，高压开式转子侧出料旋转给料器只能适用于气力输送工况条件，而不能够应用于给料等工况场合。

工况运行过程中，壳体内腔下半部分的工作气体压力就是输送系统的气源压力，轴密封件承受的气体压力也是输送系统的气源压力，该压力要高于其他结构的旋转给料器轴密封件承受的气体工作压力。因此，该类旋转给料器使用的轴密封组合件是最复杂的，也是密封组合元件最多的。密封元件中有新材料的、有不锈钢的、有橡胶的、有填充聚四氟乙烯的。聚四氟乙烯在干摩擦工况条件下的密封性能、耐摩擦磨损性能、耐气体压力性能都是优良的。当高压专用轴密封件组合体 4 中任何一个元件的密封性能降低时，专用轴密封件组合体的密封性能就会降低，降低到一定程度时就会产生气体泄漏，泄漏的气体会从泄漏气体出口 15 排到大气中，而此时内侧轴承密封件 5 可以防止泄漏气体进入到轴承内，设备维护保养人员发现这种情况以后，就应该立即停车检修，解体旋转给料器并寻找出高压轴密封件组合体中的受损元器件，然后将其更换。

在实际生产运行过程中，无论工作介质是粉末物料还是颗粒物料，都要有符合要求的轴密封吹扫气体接入到轴密封气进口管 10 中。在运行维护与保养时，根据需要可以在润滑剂入口 9 添加润滑剂，测速传感器 12 的电信号和温度传感器 11 的电信号可以传送到中央控制室，实现实时监控。

2.4.9.1 高压开式(无侧壁)转子侧出料旋转给料器主机的结构特点和主要用途

(1) 整机结构相对比较简单，零部件数量比较少，零部件的结构也比较简单。壳体和端盖之间的配合结构比较复杂，加工程序比较复杂。由于端盖上开有尺寸很大的开孔，其刚度和尺寸稳定性受到很大影响，所以要专门设计其结构，以加强刚度和尺寸稳定性。

(2) 工况运行过程中性能稳定，出现故障的概率比较低。

(3) 适用于气体工作压力在 0.10～0.30 MPa 的高、中压气力输送工况场合。

(4) 适用于化工生产装置中的气力输送系统，或从料仓到下一个加工工艺过程的气力输送系统等，也适用于化工固体物料的长距离气力输送。

(5) 从应用实例来看，应用的工作介质可以是化工固体粉末物料，也可以是固体颗粒物料。

(6) 转子旋转的驱动力矩小，因为转子旋转的阻力主要有工作介质的阻力、轴承和轴密封件的摩擦阻力。

(7) 壳体内腔的气体泄漏通道截面积比较小，因此壳体内腔的密封性能比较好，气体泄漏量比较小。

(8) 可以应用于常温、中温或高温化工固体物料气力输送工况。

(9) 化工固体物料在壳体内与输送气体混合，不需要连接相配合的混合器。

(10) 高压开式转子侧出料旋转给料器只能适用于气力输送工况条件，而不适用于给料及其他工况条件。

(11) 轴密封件的工作条件比较差，承受的压力差比较大，而且气体压力可能会随气源压力波动。

2.4.9.2　高压开式转子侧出料旋转给料器主要零部件的特点

(1) 壳体。壳体是旋转给料器的主体，安放转子和其他相关内件、连接上游设备或管道法兰等零部件，在结构、安装方式、技术要求等方面与其他高压开式转子旋转给料器有很多相同之处，也有很多不同之处。相同之处有壳体进料口、壳体内腔上半部分形状等。不同之处有安装端盖部位的结构、安装方式、安装转子的壳体内腔下半部分形状、壳体出料部分、技术要求等方面。在装配前看一个壳体，只有三个大法兰孔，而不是像其他结构的壳体有四个大法兰孔(指物料进口法兰孔、物料出口法兰孔和两个安装端盖的侧面法兰孔)。即只有一个物料进口法兰孔和两个安装端盖的侧面法兰孔，而出料口在一个端盖上，另一个端盖上有输送气体进口。壳体下半部分没有物料出口法兰孔，所以要有专门的支架或地脚，壳体才有支撑部分，才可以平稳地放在地面或平台上。壳体内腔的下半部分是尺寸近似输送管道的大半个圆柱形内腔与转子外径圆柱形内腔相惯的组合内腔体。所以壳体与端盖之间的定位止口也不是完整的圆周面，壳体与端盖之间的 O 形密封圈沟槽也不是完整的圆形，而是由两个大半圆组合而成的，比其他结构壳体的密封圈沟槽要复杂得多。正是由于结构方面的这些不同，所以，壳体的两侧与端盖连接部分不能够在普通车床上加工，要通过数控机床或加工中心进行加工。无论是加工新壳体，还是对运行旋转给料器的壳体进行修复，都要特别注意这一点，只有对整个检修过程心中有数，才能保证检修工作的顺利进行。用于高温工况物料时，壳体的适当位置要有安装和固定温度传感器的部位和结构，最好要有伴温夹套，还要有可以用于装卸、安装和检修的起重吊环。

(2) 端盖。安装转子、轴承组件、轴承盖、轴承密封件、轴密封吹扫气体接管等零部件的技术要求与其他高压开式旋转给料器基本相同。高压开式转子侧出料旋转给料器使用的高压专用轴密封件组合体的结构非常复杂，元件的数量、包含的材料品种比较多，端盖的结构要有相适应的形状和结构空间与之配合，所以占用的轴向空间比较大。与端盖的配合精度要求非常高，对端盖的尺寸加工精度、形位公差等级要求很高。为了满足这些要求，端盖这些部位的机械加工要通过数控机床或机械加工中心进行加工。

高压开式转子侧出料旋转给料器的壳体与端盖之间的定位止口，不是完整的圆形，而是在下半部分有一个缺口。壳体与端盖之间的密封是氟橡胶 O 形圈结构的，其形状不是一个完整的圆形，而是两个大半圆形的组合，即与壳体的相应结合部位形状是相同的。所以端盖这些部位的机械加工是不能在普通车床或铣床进行的，要通过数控机床或机械加工中心进行加工。一旦端盖这些部位需要维修，也必须在数控机床或机械加工中心进行修复。同时，两个端盖开有尺寸相同的大圆孔分别是物料出口和输送气体进口，所以端盖的刚度和尺寸稳定性受到很大影响，这些都是侧出料旋转给料器的不利因素。因此要特别注意端盖整体的结构布置和加强筋的形状与尺寸，加强端盖的刚度和尺寸稳定性。

(3) 转子，轴承组件、轴承密封件、轴承盖等主要零部件的配合结构、技术要求、材料选用、装配、维护保养等方面与其他高压开式(无侧壁)转子旋转给料器基本相当。

(4) 高压专用轴密封件组合体的结构非常复杂，材料的品种很多，有新材料密封唇口、氟橡胶 O 形密封圈、气体吹扫环及相应的众多槽、孔、定位台肩等。为了适用于高压下的干摩擦工况条件，并满足生产工艺要求的密封性能，其中工作环境最恶劣的是新材料密封唇口的密封圈，其硬度比较高，能够承受的接触应力比较大，具有很好的耐干摩擦性能，与轴的配合精度要求非常高，对轴的尺寸加工精度、形位公差等级要求很高，轴密封件组合体的装配要求有很高的技巧，以确保轴密封件的组合整体密封性能和使用耐久性。

2.4.10 快速解体型旋转给料器主机的基本结构

快速解体型旋转给料器主机的基本结构一般是其他结构开式转子旋转给料器的变形结构，最常见的有低压开式(无侧壁)转子旋转给料器主机的变形结构和高压开式(无侧壁)转子旋转给料器主机的变形结构。所不同的是快速解体部分的功能和相关结构，最主要的相关零部件是转子结构和壳体与端盖之间的连接。快速解体型旋转给料器主机的工作压力可以是低压、中压或高压，可以适用于需要快速解体，处理完毕内腔存在的相关问题以后，立即快速装配并恢复正常运行的工况场合。所以快速解体型旋转给料器的内部结构比较简单，零部件比较少。工况运行过程中性能比较稳定，快速解体型旋转给料器的内部结构如图 2-16 所示，其中图 2-16a 是平面视图，图 2-16b 是三维模型。适用于快速解体型旋转给料器的转子结构如图 3-31 所示。

快速解体型旋转给料器主要由壳体 1、非驱动侧端盖 2、转子主体 3、轴密封组件 4、轴承盖 5、轴承组件 6、轴承密封件 7、测速罩壳 8、测速轮 9、测速传感器 10、润滑剂入口 11、轴密封吹扫气体进口 12、转子快速分离轴段 13、驱动侧端盖 14、温度传感器 15、快速操作螺栓螺母 16、物料进口 17、物料进口 18 等部分组成。

工况运行过程中，化工固体物料从壳体进料口进入到转子容腔内，随转子旋转到壳体的下部时，在物料自身重力的作用下从出料口排出到壳体外。如果工作介质化工固体粉末物料或颗粒物料的状态或性能参数发生波动(如生产工艺参数波动形成的异状体)，也可能化工固体物料中含有其他异物(如废旧塑料袋或编织袋等异物)，造成旋转给料器内部出现异常现象，不能正常运行而需要解体的情况下，可以在很短的时间内快速解体，并在处理完毕存在的问题以后立即迅速复装。转子不是一个整体零部件，而是由转子主体部分 3 和转子快速分离轴段 13 共同组合而成的，两者之间以适当的结构方式连接与配合。当需要解体时，拆去连接壳体与端盖的快速操作螺栓螺母 16，就可以很容易地将转子快速分离轴段 13 和右侧端盖一同取下，可以很容易处理壳体内腔存在的相关问题。此时，壳体 1、转子的主体部分 3 和非驱动侧端盖 2 连接为一个整体，转子快速分离轴段 13 和驱动侧端盖 14 连接为一体，旋转给料器主机分为两部分，其他零部件装配完好。

在运行维护与保养过程中，根据需要可以在润滑剂入口 11 添加符合要求的润滑剂，测速传感器 10 的电信号和温度传感器 15 的电信号可以传送到中央控制室，实现适时监控。

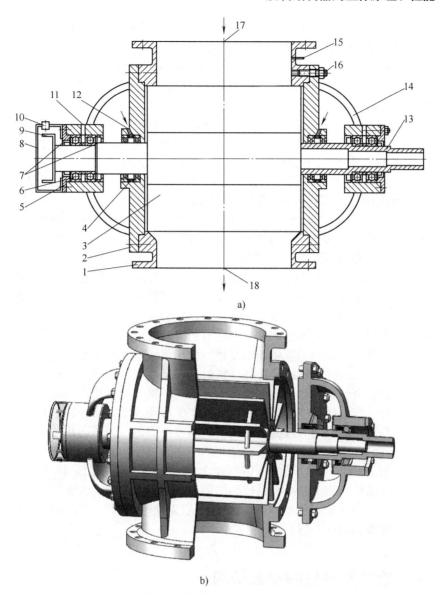

a)

b)

图 2-16　快速解体型旋转给料器内部结构示意图

a) 平面视图　b) 三维模型

1—壳体　2—非驱动侧端盖　3—转子主体　4—轴密封组件　5—轴承盖　6—轴承组件　7—轴承密封件　8—测速罩壳　9—测速轮
10—测速传感器　11—润滑剂入口　12—轴密封吹扫气体进口　13—转子快速分离轴段　14—驱动侧端盖　15—温度传感器
16—快速操作螺栓螺母　17—物料进口　18—物料出口

2.4.10.1　快速解体型旋转给料器主机的结构特点和主要用途

(1) 快速解体型旋转给料器的结构特点是可以适用于需要快速解体的工况场合。在化工装置的给料系统或气力输送系统中，或其他场合的气力输送系统中，如果由于工作介质物料的特性发生变化，或工作介质物料中有异物而造成旋转给料器运行异常的情况下，可以快速解体，处理完毕内腔存在的相关问题以后，立即快速装配并恢复正常运行。所以，对于快速解体型旋转给料器来说，转子主体 3 和转子快速分离轴段 13 之间的相互配合结构和加工精度要求非常严格，并要求保证转子整体的结构和精度要求。对包括壳体、端盖、转子合组件、轴密封组合件等主要零部件的刚度要求、结构设计要求、加工精度要求、装配调试要求等各方面必须符合相关技术要求和规程，这是快速解体型旋转给料器必须具备的特点。

例如，有些小型民营化学纤维生产企业所需的原材料 PTA 是从国外进口的，这些 PTA 粉末物料的来源可能不是很固定，供货质量得不到保证，粉末物料中经常会有各种各样的异物(如废旧塑料袋或尺寸比较大的其他异物)，这些异物进入旋转给料器壳体内腔以后，不一定能够自行排出，很有可能滞留在壳体内，此时就要快速解体旋转给料器，取出异物，然后立即复装并很快恢复旋转给料器正常运行。

(2) 工况运行过程中性能稳定性、适用工作压力、适用工况场合、适用的工作介质物料、驱动力矩、壳体内腔的气体泄漏量等各方面与最常用的低压开式(无侧壁)转子旋转给料器主机结构，或与高压开式(无侧壁)转子旋转给料器主机结构基本相同。

(3) 对于有些结构和某些规格尺寸的旋转给料器，转子轴的直径尺寸可能要大一些。

2.4.10.2 快速解体型旋转给料器主要零部件的特点

(1) 壳体、端盖、轴承组件、轴密封组合件、轴承盖、轴承密封件、轴密封吹扫气体连接管等主要零部件的结构、材料选择、技术要求等与最常用的低压开式(无侧壁)转子旋转给料器主机的结构，或与高压开式(无侧壁)转子旋转给料器主机的结构基本相同。

(2) 转子。转子是旋转给料器的最主要旋转零部件，快速解体型旋转给料器的转子分为转子主体部分 3 和转子快速分离轴段 13 两部分，所以转子结构的强度和刚度将会受到很大影响，使得最核心的强度和刚度问题更为突出。除了像其他结构的转子那样，要强调叶片要有足够的厚度，叶片与叶片之间要有足够连接刚度，使所有的叶片通过连接板成为一个整体之外，转子轴的直径尺寸也要足够大，使转子整体的刚度进一步加强。如果转子整体的刚度不够，在运行过程中可能会产生抖动、振颤、轴或叶片弹性瞬时弯曲变形等可能危害安全运行的现象，严重的可能会发生擦壳，甚至转子在壳体内可能会卡死。转子轴的强度和刚度是影响转子整体刚度的主要因素，在运行过程中如果一旦转子在壳体内产生抖动现象，会使转子与壳体之间的间隙发生变化，在壳体与转子接触的圆柱面内各部位的间隙不均匀，为了防止发生这种现象，一定要保障转子轴有足够的强度和刚度，保证壳体与转子之间的径向间隙各部位均匀。

对于快速解体型旋转给料器，转子主体部分 3 和转子快速分离轴段 13 是最核心的部件，两者之间的相互配合结构和加工精度是最核心的部分，既要能够符合快速解体要求，又要保证两者配合之后的整体结构性能，能够像最常见的开式(无侧壁)转子一样，确保整机的各种性能要求，这是要特别强调的最核心问题。

2.5 旋转给料器整机的安装结构

旋转给料器的整机安装结构一般是指旋转给料器主机与驱动(包括电动机、减速机)部分、固定(包括支架、固定板、固定螺栓螺母等)部分、力矩传动(包括链轮、链条、键、螺栓螺母等)部分、链条松紧调节(可以使用链条张紧器，也可以使用螺栓螺母)部分、转矩限制(当力矩超过设定值以后会自动打滑，防止驱动转子的力矩过大而损坏旋转给料器内件，是一个完整的部件，一般是由专业厂家生产的)部分等安装固定在一起而组成的机构，即所称的整机。

化工固体物料旋转给料器整机的安装固定方法，无论是国外企业生产的，还是国内企业生产的，绝大多数整机的安装结构方式有两种，即所谓底座式安装结构方式和背包式安装结构方式。

不管采用哪种安装方式，旋转给料器的进出口法兰要保持水平状态，不能有肉眼明显可见的倾斜现象，否则会对旋转给料器的安全稳定运行造成不利的影响。

2.5.1 旋转给料器共用底座式整机安装结构

旋转给料器共用底座式整机安装结构如图 2-17 所示，其中图 2-17a 是平面视图，图 2-17b 是整机实物照片。主要包括旋转给料器主机 1、减速电动机 2、测速传感器 3、轴密封吹扫气体进口 4、壳体伴热管 5、测速轮 6、测速罩 7、共用底座 8、旋转给料器固定板 9、减速电动机固定板 10、主动链轮 11、转矩限制器 12、链轮罩 13、链条张紧器 14、链条 15、平键 16、从动链轮 17、泄漏气体排出管 18、防静电导线接线柱 19、物料进口 20、物料出口 21 等部分。

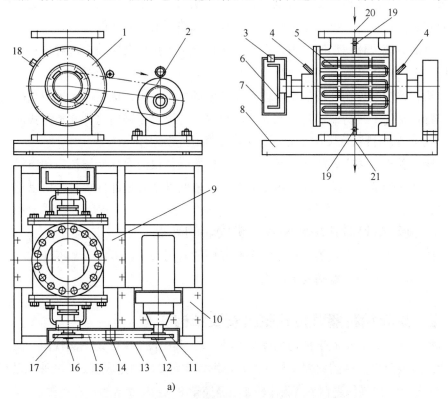

a)

b)

图 2-17　旋转给料器共用底座式整机安装结构示意图
a) 平面视图　b) 整机照片
1—旋转给料器主机　2—减速电动机　3—测速传感器　4—轴密封吹扫气体进口　5—壳体伴热管　6—测速轮　7—测速罩　8—共用底座
9—旋转给料器固定板　10—减速电动机固定板　11—主动链轮　12—转矩限制器　13—链轮罩　14—链条张紧器　15—链条
16—平键　17—从动链轮　18—泄漏气体排出管　19—防静电导线接线柱　20—物料进口　21—物料出口

2.5.1.1 旋转给料器共用底座式整机安装的特点和主要适用场合

共用底座式整机安装的特点是旋转给料器和其他所有辅助设备及零部件分别与共用底座连接，共用底座与支架连接，支架可以牢固地固定在地面、钢板平面或其他特定平台上，因此整台设备的安装稳定性好，重心定位好。共用底座式整机安装方式能够很容易做到旋转给料器不承受任何可能会使壳体变形的外力，在设备运行过程中振动会比较小，对设备的安全稳定运行很有好处。

在旋转给料器安装使用现场的空间位置允许的条件下，应该优先考虑采用共用底座式整机安装方式，特别是用于气力输送目的的旋转给料器，应该尽量采用这种安装方式。

2.5.1.2 旋转给料器共用底座式整机安装的优点

共用底座式整机安装方式的优点是，旋转给料器壳体仅需要承受进料口和出料口法兰传递的可能会使壳体变形的外力，不需要承受驱动力、辅助设备及零部件重力。所以整台设备的运行稳定性很好。

2.5.1.3 旋转给料器共用底座式整机安装的缺点

共用底座式整机安装方式的缺点是，要有专门的共用底座，多出一个零部件，同时占用的空间比较大，需要有专门的地基安装固定。

2.5.2 旋转给料器背包式整机安装结构

旋转给料器背包式整机安装结构如图 2-18 所示，其中图 2-18a 是平面视图，图 2-18b 是整机实物照片。主要包括旋转给料器主机 1、固定螺栓螺母 2、固定底板 3、减速电动机 4、测速传感器 5、轴密封吹扫气体进口 6、测速轮 7、测速罩 8、主动链轮 9、转矩限制器 10、链轮罩 11、链条张紧器 12、链条 13、平键 14、从动链轮 15、泄漏气体排出管 16、静电导出接线柱 17、物料进口 18、物料出口 19 等部分。

2.5.2.1 旋转给料器背包式整机安装的特点和主要适用场合

旋转给料器背包式整机安装的特点是旋转给料器是主体，其他所有辅助设备及零部件分别与旋转给料器连接并固定在其上，包括减速电动机在内的所有辅助设备及零部件都没有支撑。包括驱动力在内，辅助设备及零部件的重力都作用在旋转给料器壳体上，即使旋转给料器不承受壳体进料口和出料口法兰传递的可能会使壳体变形的外力，仍然要承受驱动力、辅助设备及零部件的重力。所以整台设备的安装稳定性不如共用底座式整机安装结构好。

背包式整机安装的主要适用场合。一般情况下，旋转给料器的壳体出料口法兰固定在支架上，支架可以固定在地面、钢板平面或其他特定平台上。安装使用现场一般是给料用途的旋转给料器、计量用途的旋转给料器或除灰用途的旋转给料器，或其他安装空间受到限制，不允许采用共用底座式整机安装方式的场合。在设备运行过程中要及时关注设备固定及连接的牢固情况，保障设备的安全稳定运行。

2.5.2.2 旋转给料器背包式整机安装的优点

背包式整机安装方式的优点是没有专门的共用底座，辅助零部件比较少，同时占用的空间比较小，在允许的条件下可以选用背包式整机安装方式。

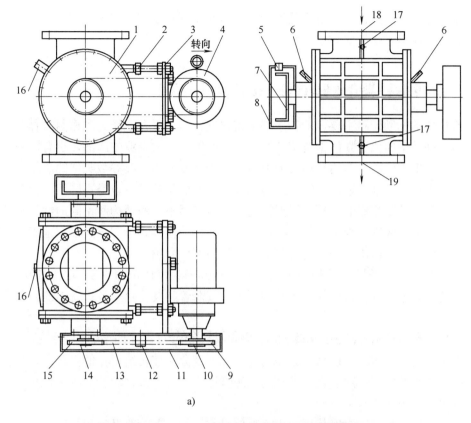

图 2-18 旋转给料器背包式整机安装结构示意图

a)是平面视图 b)是整机照片

1—旋转给料器主机 2—固定螺栓螺母 3—固定底板 4—减速电动机 5—测速传感器 6—轴密封吹扫气进口 7—测速轮
8—测速罩 9—主动链轮 10—转矩限制器 11—链轮罩 12—链条张紧器 13—链条 14—平键 15—从动链轮
16—泄漏气体排出管 17—静电导出接线柱 18—物料进口 19—物料出口

2.5.2.3 旋转给料器背包式整机安装的缺点

背包式整机安装方式的缺点是旋转给料器壳体不仅要承受进料口法兰和出料口法兰传递

的可能会使壳体变形的外力，还要承受驱动力、辅助设备及零部件重力。所以整台设备的运行稳定性不如共用底座式整机安装方式好。

2.6 旋转给料器的辅助管路安装基本结构

旋转给料器的辅助管路主要包括转子端部密封气体压力平衡系统、轴密封气体吹扫系统。用户使用的各种类型的化工固体物料旋转给料器，有国外各大企业生产的，也有国内多家企业生产的产品。由于旋转给料器的结构类型很多，对于某些适用工况参数类似的旋转给料器，其内部结构可能有很大差别，辅助管路的结构和管路中元器件的类型也是不同的。很多辅助管路中元器件的类型是基本相似的，只是根据特定旋转给料器不同的结构和不同的性能参数，这些元器件的选用类型有区别、数量不同、参数范围不同、动作方式不同、显示或输出方式不同。为了叙述的方便，本节以常用的辅助管路基本结构为例作介绍。

旋转给料器的辅助管路一般情况下是指转子端部密封气体压力平衡系统的气源管路及管路中各种功能的元器件，和轴密封气体吹扫系统的气源管路及管路中各种功能的元器件。

2.6.1 转子端部密封气体压力平衡系统的气源管路基本结构

转子端部密封气体压力平衡系统分为两部分：一部分在旋转给料器的内部，就是转子端部密封气体压力平衡腔；另一部分就是外部的气源管道及管道中各种功能的零部件和元器件，也就是本节叙述的气源管路基本结构。

旋转给料器转子端部密封气体压力平衡系统最常用的气源管路及元器件基本结构如图2-19所示，主要包括旋转给料器主机1、流量计后直管段2、气体流量计3、流量计前直管段4、截断阀5、气体进口6、测速部分7、压力安全阀8、电磁通断阀9、过滤减压阀10、现场压力表11、供气管道12、三通管接头13、主动侧活接头14、从动侧活接头15、从动链轮16、物料进口17、物料出口18等部分组成。

2.6.2 转子端部密封气体压力平衡系统气源管路中各种元器件的安装运行要求

转子端部密封气体压力平衡系统气源管路中各种功能的元器件，都有严格的安装和使用要求，在安装前要认真阅读各自的使用说明书并对照检查实物。气体流量计有数字信号等各种类型，要根据气体流量计的结构类型和安装要求，确定是安装在垂直管道中还是安装在水平管道中。例如图2-19所示的气体流量计3是浮子结构类型的，一定要安装在垂直管路中，而且必须是下进上出。为了确保气体流量计的测量正确性，气体流量计的前面要有大于5倍管径长度的直管段，气体流量计的后面要有最少250 mm长的直管段。对于数字式结构的气体流量计，或其他结构的气体流量计具体要求各不相同，要按照使用说明书的要求确定管道的结构，一般都要求气体流量计的前面和后面直管段要分别有符合要求的长度，不同结构的气体流量计要求的直管段长度不同。气体流量计3和平衡气进口6之间要有现场截断阀门5，要求截断阀门可以现场控制，同时还要求有在中央控制室进行远程控制的电磁通断阀9，要严格按照使用说明书的规定进行安装、调试、维护与保养。

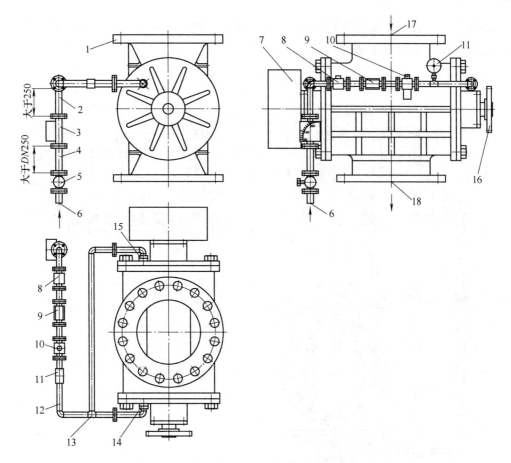

图 2-19　旋转给料器转子端部密封气体压力平衡腔的气源管路及元器件构成示意图
1—旋转给料器主机　2—流量计后直管段　3—气体流量计　4—流量计前直管段　5—截断阀　6—气体进口　7—测速部分
8—压力安全阀　9—电磁通断阀　10—过滤减压阀　11—现场压力表　12—供气管道　13—三通管接头　14—主动侧活接头
15—从动侧活接头　16—从动链轮　17—物料进口　18—物料出口

气体压力平衡系统流程中的过滤减压阀 10 一定要安装在水平管路中,在过滤减压阀的前面一定要有过压保护功能的压力安全阀 8(或称泄放阀),在过滤减压阀的后面要有现场观看的压力表 11,而且要有压力电子信号远传到达中央控制室,压力表的进口端要有防止压力急剧波动的部分。通过连接供气管路 12 和进气活接头 14 和 15 分别接入到旋转给料器的两侧端盖进气口,使气体压力平衡系统的外接管路部分与转子侧壁之间的气体压力平衡腔相连通。

转子端部密封气体压力平衡系统辅助管路中充入气体前,要认真检查各种元器件的初始状态和指针的初始位置或初始数据读数,避免由于误操作而造成错误的结果或损坏元器件。

在旋转给料器工况运行过程中,转子端部密封气体压力平衡系统的供气管道要接入一定压力的气体,气体进口 6 连接气源接管,气源的工作压力的计算方法是:当工作介质是粉末物料或颗粒物料中粉末的含量比较多时,气源的工作压力等于旋转给料器下方加速器内的气体工作压力加 0.05～0.07 MPa,当工作介质是颗粒物料时,气源的工作压力等于旋转给料器下方加速器内的气体工作压力。

2.6.3　转子轴密封气体吹扫系统的气源管路基本结构

转子轴密封气体吹扫系统分为两部分:一部分在旋转给料器端盖的内部,就是转子轴密封段的气体吹扫部分；另一部分就是外部的气源管道及管道中各种功能的零部件和元器件，也就是本节叙述的气源管路基本结构。

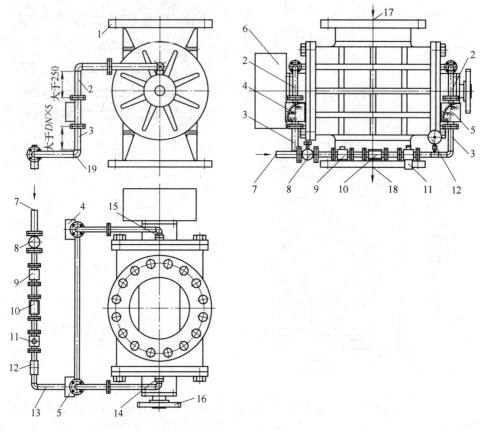

图 2-20　旋转给料器轴密封气体吹扫系统的供气辅助管路构成示意图

1—旋转给料器主机　2—流量计后直管段　3—流量计前直管段　4—从动侧流量计　5—主动侧流量计　6—测速部分　7—气体进口　8—截断阀　9—压力安全阀　10—电磁通断阀　11—过滤减压阀　12—现场压力表　13—供气管道　14—主动侧活接头　15—从动侧活接头　16—从动链轮　17—物料进口　18—物料出口　19—三通管接头与湾头

旋转给料器轴密封气体吹扫系统最常用的气源管路基本结构如图 2-20 所示，主要包括旋转给料器主机 1、流量计后直管段 2、流量计前直管段 3、从动侧流量计 4、主动侧流量计 5、测速部分 6、气体进口 7、截断球阀 8、压力安全阀 9、电磁通断阀 10、过滤减压阀 11、现场压力表 12、供气管道 13、主动侧活接头 14、从动侧活接头 15、从动链轮 16、物料进口 17、物料出口 18、三通管接头或湾头 19 等部分共同组成。

轴密封气体吹扫系统的气源管路基本结构，不同于转子端部密封气体压力平衡系统的气源管路基本结构，但是两种气源管路基本结构是类似的。为了能更清楚地了解转子两端轴密封件的密封状况，气体流量计分别安装在从动侧和主动侧轴密封气体吹扫系统的气源管路中，适时监测两端轴密封件的气体泄漏量。轴密封气体吹扫系统气源管路中各种元器件的性能要求、安装要求、运行要求和气体压力要求与第 2.6.2 节的叙述基本相同。

2.6.4　气体压力平衡系统和气体吹扫系统中元器件主要性能参数

由于不同内部结构的旋转给料器，其气体压力平衡系统和气体吹扫系统的构成是不同的，包含的各种零部件和元器件也是不同的，现在就图 2-19 和图 2-20 所示的最常用的气体压力平衡系统和气体吹扫系统气源管路中的主要元器件简单介绍如下，由于同一种功能类型的元器件有很多种不同的结构，所以每种元器件的性能参数也不完全相同，本节所述的是常用结构的元器件。

(1) 气体流量计。气体流量计的主要参数有：结构形式、公称尺寸(DN)、公称压力(PN)、最大量程、结构长度、安装方位要求、连接法兰标准或连接螺纹标准及规格、主体材料、工作压力(OP)、适用介质等。在安装使用前，还要认真检查并确认下列内容符合要求。

1) 气体流量计的适用气体。旋转给料器的工作介质气体一般是纯净的空气或氮气，不具有易燃易爆等危险。

2) 气体流量计要具有现场观察和电信号远传两种功能。

3) 气体流量计的有效量程。由于刚出厂的旋转给料器气体泄漏量比较小，当工况运行到一定的时间周期以后，随着工况运行时间的延长，气体泄漏量会逐渐增大。所以，气体流量计的量程要适当大些，一般情况下，气体流量计的最大量程是刚出厂的旋转给料器气体泄漏量的 3～5 倍或更大。要注意一定要选择在流量计的量程比之内。

4) 气体流量计出口的工作压力要适合旋转给料器气体压力平衡腔的工作压力，考虑到各种因素的压力损失，可以留有适当的附加余量。

5) 连接法兰尺寸要求与管路系统一致。连接法兰标准要求与整个化工生产装置管道系统的法兰标准一致，以方便于施工、检修和备件采购。

6) 考虑到气体的纯洁性要求，主要零部件材料要求采用奥氏体类不锈钢或其他符合要求的材料。

7) 为了满足自动控制的要求，远传电子信号要与要求的一致，要与二次仪表相适应。

8) 测量结果的精度等级与要求的一致。

9) 工作介质的温度与要求的一致。

10) 防护等级及防护要求与现场要求一致。

11) 要按照产品使用说明书的要求进行安装，包括安装前的准备工作及各参数要求、方位要求、方向要求、接线要求等。

12) 要按照产品使用说明书的要求进行操作，包括操作顺序、操作量的要求、操作注意事项等。

(2) 过滤减压阀。使用的过滤减压阀可以是减压阀和过滤器两个元器件，也可以是两个合为一体的过滤减压阀，不管是两个部件，还是合为一体的部件，其功能和参数大致相当。过滤减压阀的主要参数有：公称尺寸(DN)、公称压力(PN)、结构长度、安装方位要求、适用法兰标准或连接螺纹标准及规格、主体材料、调节方式、工作压力(OP)、适用介质等。除此以外还要确认过滤减压阀下列内容：

1) 进口压力适用范围。与气源压力、安全阀压力匹配，进口压力要高于出口压力的 1.2 倍以上。

2) 出口压力调节范围与要求的一致。

3) 出口流量适用范围与要求的一致。

4) 过滤气体能够达到的洁净程度与要求的一致。

5) 适用工作介质的温度与要求的一致。

6) 主要零部件材料要求采用奥氏体类不锈钢或其他符合要求的材料。

7) 一般不适宜在高温、高湿等环境下安装使用。

8) 要按照产品使用说明书的要求安装，包括安装前的准备工作及各参数要求、方位要求、方向要求等。

9) 要按照产品使用说明书的要求进行操作，包括操作顺序、操作量的要求、操作注意事项等。

10) 出口压力的输出电子信号与要求的一致。

(3) 压力表。压力表主要参数有：适用介质、最大量程、精度等级、表盘外径等。

1) 适用工作介质的特性与要求的一致。

2) 适用工作介质的温度与要求的一致。

3) 适用工作介质的压力与要求的一致，一般情况下，工作介质的实际压力是压力表最大量程的三分之一到三分之二范围内。

4) 表盘的规格尺寸与要求的一致。

5) 连接方式和规格与要求的一致。

(4) 气体压力安全阀。气体压力安全阀的主要参数有：结构形式、公称压力(PN)、排放压力、工作压力(OP)、公称尺寸(DN)、结构长度、适用法兰标准或连接螺纹标准及规格、主体材料、适用介质等。在安装使用前，还要认真检查并确认下列内容符合要求。

1) 适用工作介质的特性与要求的一致。

2) 适用工作介质的温度与要求的一致。

3) 适用工作介质的压力与要求的一致，包括起跳压力范围和精度。

4) 适用工作介质的最大排放流量与要求的一致。

5) 主要零部件材质要求采用奥氏体类不锈钢。

6) 主体结构形式与要求的一致。

7) 连接方式与规格与要求的一致。

(5) 连接管路。连接管路的材料选用奥氏体类不锈钢，连接管路的直径选取原则是，在保障所需要的流量，并且不会有很大压力降的条件下，尽可能选取管路的直径小一点。一般情况下，对于转子端部密封气体压力平衡腔，气体泄漏量比较小的旋转给料器，可以选用 DN20 或 DN15 的连接管路。对于气体泄漏量比较大的旋转给料器选用 DN25 或 DN32 的连接管路。对于特大型旋转给料器也有选用 DN40 或 DN50 直径连接管路的。无论选择多大直径的气体管路，最主要的选择依据是转子端部密封件的气体泄漏量范围。

一般情况下，对于转子轴密封气体吹扫系统，气体泄漏量比较小的旋转给料器选用 DN10 或 DN8 的连接管路。对于气体泄漏量比较大的旋转给料器选用 DN12 或 DN15 的连接管路。对于特大型旋转给料器也有选用 DN20 或 DN25 直径连接管路的。

(6) 电磁通断阀和截断阀。

1) 适用工作介质与要求的一致。

2) 适用工作温度与要求的一致。

3) 适用工作介质的压力与要求的一致。

4) 适用驱动方式与要求的一致。

5) 要求截断阀门可以现场控制。

6) 要求可以在中央控制室进行远程控制。

7) 主要零部件材质要求用奥氏体类不锈钢。

(7) 压力传感器(本例是过滤减压阀输出压力远传信号)。

1) 适用工作介质与要求的一致。

2) 适用工作温度与要求的一致。

3) 输出信号与要求的一致，要与二次仪表相适应。

(8) 进气活接头。

1) 公称直径要与连接管路匹配。

2) 适用工作介质、工作温度、工作压力与要求的一致。

3) 与端盖连接采用 55° 管螺纹按 GB/T 7306-2000 的规定。也可以按 GB/T 12716-2011 的规定采用 60° 密封管螺纹。

2.6.5 测速传感器及主要性能参数

测速传感器是测量转子转速的，用于适时监控旋转给料器的工作状态，采用比较多的是德国 P+F(PEPPERL+FUCHS)公司的产品，使用比较多的电感式圆柱形传感器主要性能参数有：额定动作距离、可靠动作距离范围、工作电压、持续电流、开关频率、空载电流、输出指示、工作温度、防护等级、连接方式等。最常用的型号有：NBB5—18GM50—E2、NJ5—18GK—N—150、NCB5—18GM40—N0 等。

2.7 旋转给料器的铭牌标识和外观要求

铭牌标识包含有旋转给料器的主要信息，是旋转给料器不可缺少的组成部分，外观质量要求也是旋转给料器验收的一部分，这里叙述的是常用一般要求。

2.7.1 旋转给料器的铭牌标识

旋转给料器的标志即在产品铭牌中应该注明的内容，一般情况下主机的注明内容应包括：产品型号、转子结构类型、转子每旋转一转的容积(L/r)、输送能力(T/h 或 kg/h)、主体材料(包括壳体材料、端盖材料、转子材料、轴的材料等)、适用介质物料名称及颗粒大小、适用气体工作压力、适用物料温度、转子旋转方向(用箭头表示)、物料流动方向(用箭头表示)、产品出厂编号、产品生产日期(一般注明是哪年哪月生产的)、生产单位全称、生产商标等，用户要求的其他标志可以标注在壳体上或其他方便观看的位置。

在旋转给料器的交付技术资料中应给出的内容包括：适用环境、伴热夹套工作介质、伴热夹套工作压力、伴热夹套工作温度、壳体进料口和出料口法兰标准及公称尺寸和公称压力、旋转给料器出厂检验和验收标准等。

旋转给料器辅机的铭牌中应该注明的主要内容应包括：电动机的功率和输出转速，电动机的防爆等级和防护等级，减速机的型号、结构形式、减速比、输出转速、输出转矩、工作系数、安装方式、产品编号、生产日期、生产单位全称、生产商标等。

2.7.2 旋转给料器的外观要求

旋转给料器的外观要求分为两个部分：表面处理和涂漆两个方面。而涂漆又分为两部分。一部分是旋转给料器的主体部分(包括壳体、端盖等)，这一部分一般是不锈钢件，不会生锈，涂漆是为了美观，只要涂漆一遍就可以了。如果为了外观更完美，也可以采用烤漆，涂漆的颜色没有统一的规定。另一部分是旋转给料器的辅助件部分(包括链条松紧程度调节部分、链条传递力矩限制部分、共用底座、支架、固定板、链轮护罩或联轴节护罩、地脚、碳钢螺栓螺母等)，这些部位如果是碳钢件，则至少要涂漆两遍，一般要涂一遍防锈漆(或称底漆)，再涂一遍表漆，涂漆的颜色没有统一的规定，但是要与生产装置的颜色谐调一致，要符合用户的要求。如果其中有些部件是不锈钢材料的，则可以不涂底漆。

表面处理主要指旋转给料器主体部分，这一部分在许多情况下是由奥氏体不锈钢一类的材料制成的。为了美观好看，需对不锈钢件进行酸洗、钝化，再经喷丸或喷砂处理以后，就能达到既美观好看又可以防止腐蚀的要求。如果与用户协商好，采用这种表面处理方式，虽然加工成本比较高，但是其外观效果非常好。

此外，对旋转给料器整机的辅助性设备，如电动机、减速机、转矩限制器等，由于这些部件大多都是外购件，一般情况下，原生产厂家都做了涂漆工作，所以，如果不是最终用户有特别的要求，一般不考虑重新涂漆。只有当最终用户有明确要求时，才可以根据用户的具体要求，协商确定是否进行必要的涂漆或烤漆。

第3章 旋转给料器的主要零部件及其结构

　　本章叙述的是旋转给料器的主要零部件在设计过程中要考虑的主要问题，或者说是怎样的结构能够满足工况所要求的性能参数，同时要尽最大努力避免出现对整机性能有不利影响的因素。换句话说就是旋转给料器的性能参数是分别通过怎样的结构实现的，这里不是介绍具体进行结构设计的详细过程，而是定性地介绍怎样的结构可以达到怎样的整机性能，而且只介绍主要的、对整机性能具有很大影响的问题，小问题和次要问题在本章不作介绍。

　　毋庸置疑，旋转给料器的整机性能是由主要零部件的结构确定的，但是旋转给料器的整机性能不仅仅是由主要零部件的结构来确定的，其加工工艺过程和加工质量同样重要。

　　尽管旋转给料器要适用于各种各样的输送介质物料，还要适用于各种各样的工况参数，也有很多种不同的结构类型，但是其主要零部件的材料是按照输送介质的要求选取的。旋转给料器的主要零部件包括壳体、端盖、转子和轴(或称轮毂)，常用的主体材料列于表 3-1 所示。

表 3-1　化工固体物料旋转给料器常用主体材料

材料 类别	板材		锻材		铸材	
	材料牌号	标准号	材料牌号	标准号	材料牌号	标准号
18Cr- 8Ni	06Cr19Ni10	GB 24511-2009	06Cr19Ni10	NB/T 47010-2010	CF8	GB/T 12230-2005
	304、304H	ASTM A240	F304、F304H	ASTM A182	CF10	ASTM A351
	022Cr19Ni10	GB 24511-2009	022Cr19Ni10	NB/T 47010-2010	—	—
	304L	ASTM A240	F304L	ASTM A182	CF3	GB/T 12230-2005
18Cr-10Ni -Ti	06Cr18Ni11Ti	GB 24511-2009	06Cr18Ni11Ti	NB/T 47010-2010	ZG08Cr18Ni9Ti	GB/T 12230-2005
	321、321H	ASTM A240	F321、F321H	ASTM A182	ZG12Cr18Ni9Ti	GB/T 12230-2005
16Cr- 12Ni- 2Mo	06Cr17Ni12Mo2	GB 24511-2009	06Cr17Ni12Mo2	NB/T 47010-2010	CF8M	GB/T 12230-2005
	316、316H	ASTM A240	F316、F316H	ASTM A182	CF10M	ASTM A351
	022Cr17Ni12Mo2	GB 24511	022Cr17Ni12Mo2	NB/T 47010-2010	—	—
	316L	ASTM A240	F316L	ASTM A182	CF3M	GB/T 12230-2005
18Cr- 13Ni- 3Mo	06Cr19Ni13Mo3	GB 24511-2009	06Cr19Ni13Mo3	GB/T 1220-2007	—	
	317H	ASTM A240	F317、F317H	ASTM A182	CF8A	ASTM A351
	022Cr19Ni13Mo2	GB 24511-2009	022Cr19Ni13Mo3	GB/T 1220-2007	—	
	317L	ASTM A240	F317L	ASTM A182		
18Cr-10Ni -Cb	06Cr18Ni11Nb	GB/T 4237-2007	06Cr18Ni11Nb	GB/T 1220-2007	CF8C	GB/T 12230-2005
	347、347H	ASTM A240	F347、F347H	ASTM A182	CF8C	ASTM A351
23Cr- 12Ni	06Cr23Ni13	GB/T 4237-2007	—	—	—	—
	309H	ASTM A240	—	—		
25Cr- 20Ni	06Cr25Ni20	GB 24511-2009	06Cr25Ni20	NB/T 47010-2010		
	310H	ASTM A240	F310H	ASTM A182		

　　旋转给料器的生产企业有很多，每家企业都有自己独特结构的产品，所以各个用户化工生产装置中使用的旋转给料器也有很多种结构类型，这里不能详细介绍每一种结构，只能针对用户生产装置中现场使用比较多的结构类型进行介绍。

3.1　壳体结构尺寸的确定

　　这里叙述的壳体结构尺寸包括：对旋转给料器的工作性能参数有影响的尺寸和与相关设备或法兰连接的尺寸，壳体其他结构尺寸不作叙述。

3.1.1　壳体的结构与受力特点

　　旋转给料器各种不同结构的壳体和转子相互配合，实现各种不同的整机性能以满足各种不同特性化工固体物料的使用要求。一般情况下，无论是哪种结构的旋转给料器，其壳体上均有四个大直径法兰接口，壳体就是一个大四通零件，而且是双向不对称体，如图 3-1 所示。对于大规格尺寸的旋转给料器，特别是转子直径在 500～800 mm 的旋转给料器，壳体内腔直径大，接管法兰直径尺寸大，各个受力点之间的跨度大，相对来说壳体的刚度就是需要解决好的关键问题。要保障转子在壳体内能够运转自如，很重要的一点就是壳体的刚度要好，要能够达到变形量小于要求的允许值，通常的做法是在壳体结构设计中尽可能减小受力点的跨度，以增强壳体刚度，并且在壳体外表面适当位置增加一定数量和规格尺寸的加强筋。图 3-1a 所示的是有伴温夹套壳体，图 3-1b 所示的是无伴温夹套壳体。

a)　　　　　　　　　　　　　　　　　　b)

图 3-1　旋转给料器壳体结构示意图

a) 有伴温夹套壳体　b) 无伴温夹套壳体

　　本节主要介绍壳体在结构设计中要考虑的主要问题，壳体和转子在结构设计中的相互配合，以及与整机性能密切相关的壳体结构问题。

　　壳体是旋转给料器的主体，是安装端盖和转子、安放内件、固定连接附属零部件、连接上下游设备或管道法兰的重要零件。旋转给料器的壳体结构具有如下特点：

　　(1) 旋转给料器的壳体结构具有大掏空的特点，无论是怎样结构的旋转给料器，无论是怎样用途的旋转给料器，也无论壳体有无伴温夹套，壳体都要有上、下、左、右(或称上、下、前、后)4 个大法兰孔，所以壳体的结构尺寸变化很大，尺寸的稳定性比较差。

(2) 对于有伴温夹套的壳体，夹套部分与壳体主要筒壁部分重合，进一步加强了本来就有很好刚度的壳体筒壁部分的刚度，使得因为开孔而刚度变弱的部分进一步弱化，如图 3-1a 所示。对于没有伴温夹套的壳体，壳体主要筒壁部分外表面要有合理结构尺寸的加强筋，尽可能加强壳体筒壁部分的刚度，如图 3-1b 所示。

(3) 壳体与转子之间的间隙很小，因此要求壳体具有非常好的刚度和尺寸稳定性，一般情况下，对于壳体的关键尺寸精度和尺寸的稳定性都要控制在 0.01 mm 范围以内。

(4) 旋转给料器安装在化工生产或输送装置中，无疑会受到各种因素的影响，会使壳体承受各种因素带来的外力，比如管道的热胀冷缩应力或其他有影响的外力等。对于有些合适的结构，也可以将壳体的进料口和出料口法兰厚度尺寸适当减小，如果系统的安装应力作用在壳体上，则由于进出口法兰刚度比较低而首先发生变形，从而尽可能减小对壳体筒壁部分刚度的影响。

(5) 对于背包式组装的旋转给料器，包括减速机和电动机在内的附属设备及其他附属零部件都是固定在主机的壳体上，工况运行过程中壳体要承受这些零部件的重力。

(6) 工况运行过程中，转子旋转的驱动力矩是链传动的，这个驱动力矩的反作用力是通过减速机外壳、固定板、螺栓螺母等零部件最终作用在旋转给料器的壳体上。

(7) 正常输送运行过程中，由于生产装置的设备异常或工艺参数的波动而造成的工况运行异常，导致物料异常而产生的额外作用力也都要由壳体承受。

(8) 壳体的伴温区域有限、伴温面积覆盖率低或保温不均匀等因素，都会造成旋转给料器壳体各部分因为存在温度差而产生内应力，从而导致壳体的尺寸稳定性受到影响。

(9) 壳体安装转子的内腔不是一个完整的圆柱面，在进料口、出料口和排气口(如果有的话)等位置都有开孔，在加工内腔圆柱面的过程中是间断切削，因此加工不连续，对壳体的尺寸稳定性有一定影响。如果在检修过程中需要热加工修复壳体，这个问题就显得尤为突出。

3.1.2　壳体结构设计中的气体泄漏量问题

气体泄漏量是旋转给料器的一个主要性能参数，在第 2 章第 2.2.1 节旋转给料器主机的基本参数部分已有简单叙述。对于不同结构的旋转给料器其气体泄漏途径不同，气体泄漏量也不同。下面分别叙述各种不同结构类型的旋转给料器的气体泄漏问题。

3.1.2.1　旋转给料器内部结构中的气体泄漏途径

应用于气力输送工况的旋转给料器是广泛使用的一种旋转给料器，其内部结构也是最复杂的一种类型。这种旋转给料器工作压力比较高，对气体泄漏量的要求很严格，一旦气体泄漏量超出某一个特定范围，就会严重影响旋转给料器整机的工作性能。

旋转给料器内部结构中的气体泄漏必须存在一定的条件，即要有气体压力差和气源两大因素，对于开式转子的旋转给料器，其气源主要是壳体出料口的输送气体和轴密封吹扫系统的气体。对于有转子端部密封气体压力平衡腔的旋转给料器，其泄漏的主要是壳体出料口的输送气体和转子端部密封压力平衡腔的气体，而轴密封吹扫系统的气体泄漏量比较小。

根据不同的使用工况，其内部转子结构、转子端部密封结构、泄漏气体的排出形式和排出位置各不相同，需要配置的附件也不同。最常用的气力输送旋转给料器气体泄漏有三个主要途径，即转子叶片与壳体共同组成的容腔泄漏、转子叶片和壳体之间的径向间隙泄漏及转子端部的轴向间隙泄漏。

1. 转子叶片与壳体共同组成的容腔泄漏

用于气力输送工况的旋转给料器主机下方是加速器(或称混合器)，在工况运行过程中，壳体进料口在运行初始时一般是常压，壳体出料口的气体压力就是输送物料的工作压力。壳体内有旋转的转子容腔，向下旋转的部分容腔内是化工固体物料，向上旋转的部分容腔内被气体充满，即转子容腔会携带一定容积的气体，从加速器经过旋转给料器内腔泄漏到壳体进料口。

物料从旋转给料器进入加速器以后，在高压气体压力的作用下进入输送管道，加速器内的输送气体经过旋转给料器出料口时，在静压力的作用下，有一部分气体进入到转子与壳体之间的容腔内，随转子旋转泄漏到旋转给料器的进料口，而且转子旋转的速度越快，气体的泄漏量就越大；然后气体进入分离器内，经分离器把气体夹带的化工固体物料分离后，气体由排气管排出。这一部分是气体泄漏量的主要部分之一。

为了更清楚地介绍第一种泄漏的途径和过程，首先介绍一下气力输送旋转给料器的安装应用结构，它的组成主要有加速器 1、旋转给料器主机 2、旋转给料器壳体 3、旋转给料器转子 4、转子旋转方向 5、转子送料容腔 6、泄漏气体排出管 7、泄漏气体排出口 8、壳体与转子之间的径向间隙 9、转子回气容腔 10、泄漏气体流动方向 11、料气混合物出口 12、输送气体进口 13、物料进口 14 等部分。

气力输送系统工况运行过程中，化工固体物料从旋转给料器上部法兰口 14 进入，经过壳体进料口段进入到体腔内转子上部的叶片送料容腔 6 内，随着转子的旋转化工固体物料到达壳体内腔下半部，在自身重力的作用下固体物料从壳体出料口排出，进入到旋转给料器主机下方的加速器 1 中。物料进入加速器以后在高压气体作用下，立即与从进气口 13 进入的输送气体混合，并在输送气流的作用下从料气混合物出口 12 进入到输送管道中，如图 3-2 所示的是气力输送旋转给料器气体容腔泄漏的途径示意图。

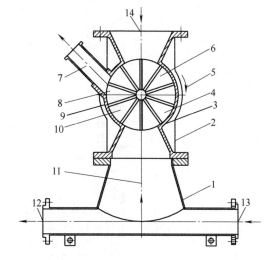

图 3-2　旋转给料器的气体容腔泄漏途径示意图

1—加速器(或称混合器)　2—旋转给料器主机　3—旋转给料器壳体
4—旋转给料器转子　5—转子旋转方向　6—转子送料容腔
7—泄漏气体排出管　8—泄漏气体排出口　9—壳体与转子之间的间隙
10—转子回气容腔　11—泄漏气体流向　12—料气混合物出口
13—输送气体进口　14—物料进口

气力输送工况运行过程中，有一部分高压气体从加速器 1 沿箭头 11 所示的方向进入到转子叶片 4 的回气容腔 10 内，随转子旋转到达壳体的泄漏气体排出口 8，并经过泄漏气体排出管 7 排出或到达工艺要求的容腔。还有一部分剩余高压气体随转子旋转到达壳体进料口 14，然后流入到旋转给料器上方的分离器中，经分离器把夹带的固体物料分离后，气体由排气管排出。这是气体泄漏量中比较大的一部分，也是气体泄漏的主要途径之一。

这一部分气体泄漏量主要与三个因素有关：一是与转子旋转一圈的所具有的容积大小有关，容积越大气体泄漏量也就越大；二是与壳体出料口输送气体的表压力有关，压力越高气体泄漏量也就越大；三是与转子的转速有关，转速越高气体泄漏量也就越大。

2. 转子叶片和壳体之间的径向间隙泄漏

旋转给料器的内部结构如图 3-3 所示，主要组成部分由壳体 1、端盖 2、转子 3、轴密封吹扫气体压力环 5、专用轴密封件 6、轴密封件与端盖内孔密封面 7、轴密封吹扫气体进口 8、转子叶片与壳体之间的径向间隙 13、物料进口 14 和物料出口 15，对于开式转子结构的，还有叶片与端盖之间的轴向间隙 12，如图 3-3 右半部分；对于有转子端部密封件结构的，还有转子端部密封气体压力平衡腔 4、转子端部密封平衡腔气体进口 9、转子端部专用密封圈 10、专用密封圈与侧壁之间的密封面 11，如图 3-3 左半部分。

转子 3 在体腔内是一个旋转体，转子叶片与壳体之间一定要有一个径向间隙，不管这个间隙有多么小，但总是要有间隙，如图 3-3 中所示结构中的 13。在气体压力差的作用下，物料出口的输送气体沿转子叶片与壳体之间的径向间隙向物料进口泄漏。这个间隙的大小确定是在综合考虑各种参数因素的基础上，由加工工艺保证的。这一途径泄漏的气体量是泄漏气体总量中比较大的一部分。

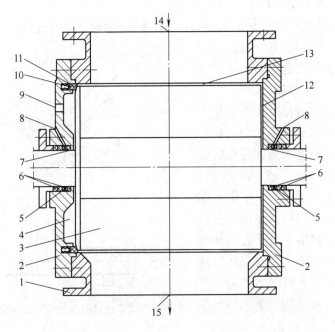

图 3-3　旋转给料器内腔的气体间隙泄漏途径示意图

1—壳体　2—端盖　3—转子　4—气体压力平衡腔　5—轴密封吹扫气体压力环　6—专用轴密封件　7—轴密封件与端盖内孔密封面
8—轴密封吹扫气体进口　9—密封平衡腔气体进口　10—转子端部专用密封圈　11—专用密封圈与侧壁之间的密封面
12—叶片与端盖之间的轴向间隙　13—转子叶片与壳体之间的径向间隙　14—物料进口　15—物料出口

这一部分气体泄漏量主要与几个因素有关：一是与壳体进料口和出料口之间的气体压力差有关，压力差越大气体泄漏量也就越大；二是与转子和壳体之间的径向间隙大小有关，间隙越大气体泄漏量也就越大；三是与壳体出料口输送气体的表压力有关，压力越高气体泄漏量也就越大；四是与物料的颗粒大小有关，介质粒度越大，气体泄漏量越大，介质粒度越小，气体泄漏量也越小，当粉末介质的平均粒度小于 100 μm 时，气体泄漏量会明显减小；五是与物料的物理特性有关。

3. 转子端部的轴向间隙泄漏

转子端部的轴向间隙泄漏是最复杂的一种泄漏通道，对于不同结构的旋转给料器，泄漏通道是不同的，对于转子端部密封件不同的旋转给料器，其气体泄漏通道也是不同的，按不同的转子端部密封结构分别叙述如下：

(1) 开式转子端部的轴向间隙泄漏。转子在体腔内是一个旋转体，转子叶片端面与端盖之间一定要有一个轴向间隙，不管这个间隙有多么小，但总是要有间隙。在压力差的作用下，对于高压工况和中压工况的气力输送开式转子的旋转给料器，出料口的输送气体从转子叶片两端面与端盖内壁之间的轴向间隙向进料口泄漏，即是转子叶片与端盖之间的轴向间隙泄漏通道，如图 3-3 中右半部分所示结构中的 12。这一途径泄漏的气体量是泄漏气体总量中比较大的一部分。

这一部分气体泄漏量主要与几个因素有关：一是与壳体进料口和出料口之间的气体压力差有关，压力差越大气体泄漏量也就越大；二是与转子与端盖之间的轴向间隙大小有关，间隙越大气体泄漏量也就越大；三是与壳体出料口输送气体的表压力有关，压力越高气体泄漏量也就越大；四是与物料的颗粒大小有关，介质粒度越小，气体泄漏量也越小，当粉末介质的平均粒度小于 100 μm 时，气体泄漏量会明显减小；五是与物料的物理特性有关。

对于高中压气力输送工况、输送粉末物料或含粉量比较高的颗粒物料的开式转子旋转给料器，为了保护轴密封件，要有轴密封气体吹扫系统，主要由端盖 2、转子 3 的轴、轴密封吹扫气体压力环 5、专用轴密封件 6、密封件与端盖内孔密封面 7、轴密封吹扫气体进口 8 等部分组成。为了防止体腔内含有粉末物料的气体泄漏进入到密封件与轴之间的密封副内，吹扫气体压力环 5 内的气体压力比壳体内腔的气体压力略高一点，在压力差作用下压力环 5 内的气体会有一定量沿密封面 7 均匀的进入到壳体内腔，这样可以有效保障粉末固体物料不会进入到轴与密封件之间的密封副内，可以确保轴密封副内没有异物，如图 3-3 中的右半部分。这一部分气体泄漏量的大小主要取决于轴密封件的密封性能和吹扫气体压力环 5 内的气体压力，正常情况下泄漏量是比较小的。

(2) 闭式转子端部的轴向间隙泄漏。对于高压和中压工况的气力输送闭式转子旋转给料器，转子端部的轴向间隙是一个环形，即转子端部专用密封圈 10 与转子侧壁之间的间隙 11，此种情况下所密封的是转子端部密封气体压力平衡腔的气体泄漏和轴密封吹扫气体的泄漏，轴密封吹扫气体泄漏到转子端部密封气体压力平衡腔内。转子端部密封气体压力平衡腔的气体和轴密封吹扫气体都是有专门的气源连接管道，并且气源的压力要高于壳体内腔的气体压力。对于闭式(有侧壁)转子旋转给料器的轴密封气体吹扫系统，与开式转子旋转给料器是相同的。

对于高压和中压工况的气力输送闭式转子旋转给料器，为了防止粉末物料进入到转子侧壁与端盖之间的区域内，在转子两端部有专用密封件，由端盖、转子侧壁和专用密封件构成一个气体压力密封腔，即所谓转子端部密封气体压力平衡腔。该密封腔的气源是物料出口处加速器前端管道的输送气体，其工作压力要高于壳体内的气体压力，气体从端盖的密封平衡腔气体进口 9 进入。专用密封圈 10 与转子侧壁之间的密封面 11 是相互接触干摩擦、动密封状态，所以会有一定量的小间隙。由于平衡腔内的气体压力高于壳体内腔的压力，所以有一定量气体沿专用密封圈与转子侧壁之间的密封面从转子端部密封压力平衡腔进入到转子容腔，这样能够有效防止含有粉末物料的气体进入到转子端部，从而防止转子旋转力矩的异常增大，这些泄漏气体随后到达壳体进料口，如图 3-3 中的左半部分。

这一部分气体泄漏量与转子端部密封气体压力平衡腔内的气体压力有关，压力越高气体泄漏量也就越大；与壳体进料口和出料口之间的气体压力差有关，压力差越大气体泄漏量也就越大；与壳体出料口输送气体的表压力有关，压力越高气体泄漏量也就越大；与转子端部专用密封圈和转子侧壁之间的密封性能有关；与物料的物理特性有关。

人们平常所说的气体泄漏量是指旋转给料器在单位时间内消耗的气体总量，也就是上述三个途径泄漏气体量的总和。其中从加速器经过壳体内腔泄漏到进料口的气体量和转子端部密封气体压力平衡腔的气体泄漏量都是比较大的。一般情况下，有转子端部密封件的是指应用在输送系统工况，工作压力在 0.10 MPa 以上的旋转给料器。转子端部密封件的作用是阻止和减少旋转给料器在输送过程中，流向壳体进料口的气体泄漏量。转子端部密封件的结构有各种各样，有编织填料密封结构形式的，有成形的专用密封圈结构形式的，填料密封结构的还分为不同的安装形式，专用密封件的结构形式更多，无论是哪种结构形式的密封件，都不能达到完全密封、气体不泄漏的密封程度，都是尽可能减少气体的泄漏量。

3.1.2.2 气力输送旋转给料器运行过程中气体泄漏的危害

气力输送旋转给料器在运行过程中，气体泄漏始终是存在的，但是气体泄漏量要控制在一定范围内。在特定工况条件下，当气体泄漏量达到一定程度的时候，其危害是很大的，此时旋转给料器的整机性能就有可能不能满足生产装置的工艺要求，最突出的表现就是旋转给料器的输送能力会大大降低，由于泄漏气体向上流动的顶托作用，进入到壳体进料口的物料量会减少，造成转子容腔装不满物料，转子每转一转所带物料的数量减少，输送效率下降，单位时间内物料的输送量会明显减少。同时由于泄漏气体量增加，用于在管道内输送物料的气体就会相对减少，物料的输送距离也会明显缩短。输送系统消耗的气体量就会增加，以下可以通过图 3-4 所示的结构作进一步说明。

气力输送系统主要由加速器(或称混合器)1、旋转给料器主机 2、转子送料容腔3、转子旋转方向 4、料气分离器(或称抽气室)5、泄漏气体排出管 6、回气管 7、物料流动方向 8、泄漏气体流动方向 9、转子回气容腔10、物料进口 11、输送气体进口 12、物料与气体混合物出口 13 等部分组成。

化工固体物料从分离器上部法兰口 11进入，在经过分离器内筒向旋转给料器体腔内转子上部的叶片容腔进料下行过程中(如图 3-4 中的 8 所示)由于有很强的，由下往上运行的气流，其运行方向与物料的下

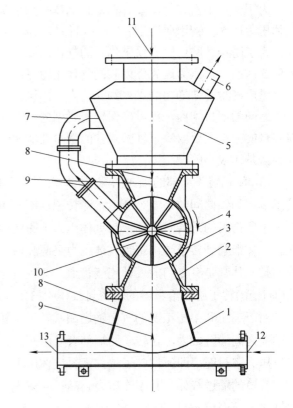

图 3-4 气体泄漏对旋转给料器进料的顶托作用示意图
1—加速器(或称混合器) 2—旋转给料器主机 3—送料容腔
4—转子旋转方向 5—分离器(或称抽气室) 6—泄漏气体排出管
7—回气管 8—物料流动方向 9—泄漏气体流动方向 10—转子回气容腔
11—物料进口 12—输送气体进口 13—料气混合物出口

落方向正好相反，如图 3-4 中的 9 所示，而气流的上行空间和物料的下行空间正好是重叠在一起的，所以在气流的顶托作用下，进入到旋转给料器壳体内腔的物料数量就会减少。当泄漏气

体的数量达到一定程度时，下行的物料就不能装满转子的送料容腔，气力输送系统的容积效率就会明显降低，气力输送的物料数量就会明显减少，就不能满足化工生产装置的工艺要求，形成整个装置的瓶颈，必须降低生产负荷而影响装置的正常生产能力。这是气体泄漏量超过一定范围以后第一个严重的危害性后果。

气体泄漏量超过一定数量以后的第二个危害是增加了输送气体的消耗量。正常工况运行过程中，输送单位质量或体积的化工固体物料所需要的气体(一般是氮气或压缩空气)消耗量是一定的，即所称的料气比是一定的。当气体泄漏量超过一定数量以后，气体的消耗量明显增加，生产成本明显提高。生产氮气要消耗能源，增加设备运行成本、设备磨损成本、管理人员费用成本，对节能环保也是很不利的。

3.1.3 壳体结构尺寸确定的基本原则

壳体是旋转给料器最主要的零部件，壳体结构尺寸中每一个微小的不同都有可能改变整台旋转给料器的技术性能，壳体内腔的化工固体物料流动情况非常复杂，因为物料不是单一的介质流动，还有几股气流汇入其中，使得固体物料在流动过程中不断改变流动速度和流动方向，所以旋转给料器内部结构设计不仅仅是简单的理论设计，而是理论与试验并重得出的最佳结果。对于不同的物料、不同的工况参数，应适用于不同的结构。本节就一般特性的化工固体物料对结构特征的一般要求作简要介绍。

3.1.3.1 壳体进料口和出料口连接法兰的结构尺寸

旋转给料器进料口和出料口的连接法兰一般有圆形法兰和方形法兰两种形式，圆形法兰一般是标准尺寸的法兰，使用比较多的有美国国家标准 ASME B16.25 规定的 150LB 法兰，有德国国家标准 DIN2532-2000 规定的 PN10 法兰，有中国国家标准 GB/T 9113-2010 规定的 PN10 或 PN16 法兰，也可以是制造厂与用户双方协商确定的其他标准法兰。圆形法兰的结构形式如图 3-5a 所示，方形法兰的结构形式如图 3-5b 所示。

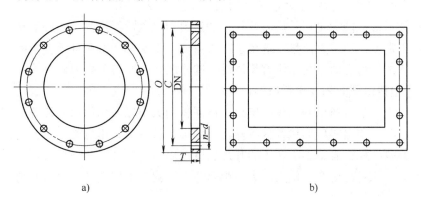

a)   b)

图 3-5 旋转给料器进出料口的连接法兰结构形式示意图
a) 圆形法兰 b) 方形法兰

中国国家标准 GB/T 9113-2010 规定的 PN10 法兰尺寸见表 3-2 所示，美国国家标准 ASME B16.25 规定的 150LB 法兰尺寸见表 3-3 所示，德国国家标准 DIN2532-2000 规定的 PN10 法兰尺寸见表 3-4 所示。

表 3-2　中国国家标准 GB9113 规定的 PN10 法兰尺寸　　　　（单位：mm）

公称尺寸 DN	DN200	DN250	DN300	DN350	DN400	DN450	DN500	DN600
法兰外径 O	340	395	445	505	565	615	670	780
螺栓分布圆直径 c	295	350	400	460	515	565	620	725
螺栓数量-直径 d	8-20	12-20	12-20	16-20	16-24	20-24	20-24	20-27
法兰厚度 T	24	26	26	26	26	28	28	34

表 3-3　美国国家标准 ASME B16.25 规定的 150LB 法兰尺寸　　　　（单位：mm）

公称管径 NPS	8	10	12	14	16	18	20	24
法兰外径 O	345	405	485	535	600	635	700	815
螺栓分布圆直径 c	298.5	362	432	476	540	578	635	750
螺栓数量-直径 n-d	8-20	12-24	12-24	12-27	16-27	16-30	20-30	20-33
法兰厚度 T	29	31	32	35	37	40	43	48

表 3-4　德国国家标准 DIN2532-2000 规定的 PN10 法兰尺寸　　　　（单位：mm）

公称尺寸 DN	DN200	DN250	DN300	DN350	DN400	DN500	DN600	DN700
法兰外径 O	340	395	445	505	565	670	780	895
螺栓分布圆直径 c	295	350	400	460	515	620	725	840
螺栓数量-直径 n-d	8-20	12-20	12-20	16-20	16-24	20-24	20-27	24-27
法兰厚度 T	26	28	28	30	32	34	36	40

　　方形法兰的连接尺寸不是标准法兰尺寸，一般情况下是旋转给料器制造厂根据结构和性能参数的需要设计给定的，用户要根据现场安装的旋转给料器壳体方形法兰尺寸或供应商给定的法兰尺寸配接管法兰。

　　壳体进料口和出料口连接法兰不管是圆形的还是方形的，都要有足够的过流截面积，以保障物料的过流量。壳体圆形连接法兰与整个生产装置管道系统法兰要采用相同的标准，对用户备件管理有很大好处，也可以按用户要求的其他标准确定法兰尺寸。

3.1.3.2　壳体的结构尺寸要满足物料的过流能力要求

　　化工固体物料过流能力是指从旋转给料器的进料口进入，经过壳体内腔后从出料口排出所能流过的物料正常流量和最大流量，这个正常流量要大于实际工况条件下要求的物料输送量，一般要有 20%～30% 的余量，在壳体内腔物料的过流能力主要与下列因素有关。

　　1. 壳体进出料口截面积及出料口的位置

　　旋转给料器壳体的进料口截面积、出料口截面积的大小以及出料口的位置与物料过流能力有关。壳体的进料口和出料口形状各种各样，有圆形、长方形、正方形，不管是什么形状，进料口和出料口的截面积一般不小于转子的叶片长度乘以转子半径。在设计时，是采用等于这个过流截面积数值，还是比这个面积大，大多少合适？这就要根据旋转给料器的结构和气体泄漏量的大小及排气口的位置来确定了。

　　出料口截面积的大小一般与进料口截面积大致相当，出料口的位置一般不是对称于壳体内腔(即转子的旋转轴线)的中心线所在的垂直平面，而是偏向一侧的，即出料口的大部分在壳体内腔中心线下料侧(即出料口的上游侧)，如图 3-6 所示的 1 侧，出料口的小部分在壳体内腔中心线回气侧(即出料口的下游侧)，如图 3-6 所示的 8 侧。如图 3-6 所示的是旋转给料器壳体出料口的位置示意图。出料口偏向下料侧更容易排料，也更能够排卸干净，尽可能减少物料被转子叶片带回到壳体上方进料口的可能性。随着旋转给料器的结构、输送的化工固体物料、工作的工况参数不同，壳体出料口需要偏向下料侧的多少也不同。

2. 壳体内腔的气体泄漏量

旋转给料器工况运行过程中，从壳体出料口经过内腔到达进料口的气体泄漏数量是影响物料过流能力最直接的因素，内腔泄漏气体对进料的顶托作用如图 3-4 所示。所以用于气力输送的旋转给料器要做标准工况条件下的气体泄漏量检测试验。所规定的气体泄漏量标准检测条件是：使旋转给料器进料口和出料口之间的气体压力差为 0.10 MPa，起动旋转给料器电动机，特定转子转速下，加入输送物料(与运行工况相同的化工固体物料)，使旋转给料器处于模拟工况运行状态，测量并标定出每台旋转给料器在每分钟内的气体泄漏量。气体泄漏量是指标准状态(即在 0 ℃，101.325 kPa)条件下，每分钟内泄漏气体的体积，单位：Nm^3/min。标定出每台旋转给料器的气体泄漏量值供用户选用时参考，确定壳体内腔的物料过流能力充分考虑泄漏气体的顶托作用。

3. 泄漏气体的及时排出情况

泄漏的气体从体腔内排出到体腔外，其排出口的大小和位置与化工固体物料的过流能力有关。泄漏的气体从壳体出料口向进料口运行，途经排气口时其中的大部分排出到壳体外。排出口的位置选择一般有两种情况，一种情况是气体排出口在壳体上，如图 3-7 所示，泄漏的气体从旋转给料器出料口向上运行，在回气容腔 7 内随转子旋转向上，泄漏气体到达排气口 6 时，大部分经由排气管 5 到达体腔外，这部分泄漏气体没有到达壳体进料口，没有排出的另外一小部分泄漏气体到达壳体进料口而影响物料的下行，这是对下料影响最小的一种结构，也是高压气力输送旋转给料器采用比较多的一种结构。这种结构的缺点是在壳体上要开一个比较大的圆孔或长方形孔，对壳体的刚度和尺寸稳定性有一定影响。

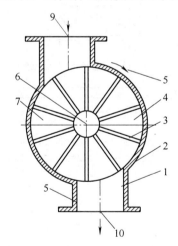

图 3-6　旋转给料器壳体出料口的结构位置示意图
1—壳体出料口下料侧　2—壳体　3—转子叶片
4—转子送料容腔　5—转子旋转方向　6—转子的旋转轴线
7—回气容腔　8—壳体出料口回气侧　9—物料进口　10—物料出口

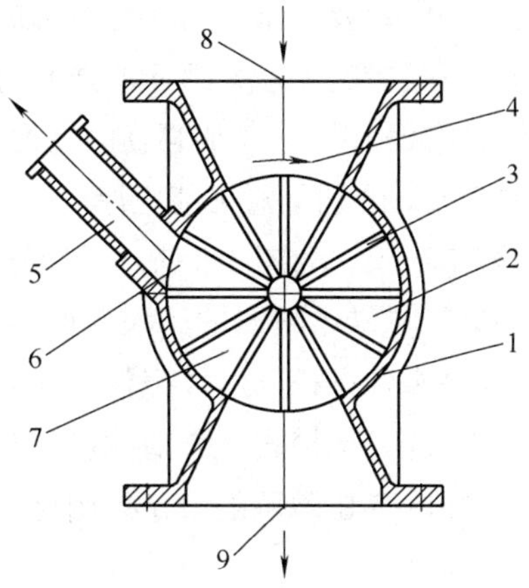

图 3-7　泄漏气体排出管在壳体上的结构示意图
1—壳体　2—送料容腔　3—转子叶片　4—转子旋转方向
5—泄漏气体排出管　6—壳体排气口　7—回气容腔
8—物料进口　9—物料出口

4. 工况参数

旋转给料器的整机工作性能参数主要包括输送气体工作压力、输送物料工作温度、介质物料的粒度大小分布及各种特性、物料输送距离等与物料过流能力有关。

5. 物料的物理特性

旋转给料器工作介质的物料特性包括物料粒子形状、粒子大小和分布、物料的堆密度、物料的真密度、物料的休止角、物料的流态化能力、黏附性、物料的含水量、物料的吸湿性和潮解性、物料的摩擦角、物料的脆性、物料的磨削性、物料的腐蚀性、物料的搭桥性、物料的黏着性和附着性、吸水性等物理特性和化学特性与物料过流能力有关。

对于特定的生产装置中特定工况点的旋转给料器，其整机工作性能参数和工作介质的化工固体物料特性都是固有的，是不会改变的。所以在结构设计过程中，对于特定工况的旋转给料器一定是必须满足这些要求，只有这样才能够满足化工装置的生产工艺参数需要，旋转给料器才能应用于生产装置中，更好地为生产服务。

3.1.3.3 壳体的结构尺寸必须能够充分满足刚度要求

对于气力输送旋转给料器，由于壳体与转子之间的间隙具有导致气体泄漏的可能，所以这个间隙必须控制得很小。同时又要保证转子与端盖之间的结构配合，而转子与壳体之间的结构配合又必须满足所要求的工况性能，即保证旋转给料器的整机性能满足化工生产装置的工况要求，所以就必须保证这个间隙的密封性能在要求的范围之内。这样既能保证转子在体腔内运转自如，又能保证气体泄漏量小于生产工艺的要求。壳体具有很好的刚度是保证这个间隙不发生变化的根本条件，也是在结构设计过程中要充分考虑的首要问题。壳体应尽可能减小受力点的跨度尺寸，尽可能使各部位承受力的能力接近，不能有太单薄的地方，更重要的就是在壳体的适当位置要有结构与尺寸合适的加强筋，并且要布置合理。一般情况下，大部分加强筋的厚度 B 与壳体的壁厚大致相当或稍厚一点，加强筋的高度是厚度的 2.5～3.0 倍或稍高一点，个别位置可能更厚一点，加强筋的位置分布一般呈网格形状，如图 3-8 所示。网格间距 L 在 80～100 mm 比较好。旋转给料器的结构有很多种类型，同样，壳体的结构也是多种多样，所以壳体外表面加强筋的布置与尺寸没有统一的具体模式，合适的就是最好的，合适的就是合理的，如图 3-8 所示的只是采用比较多的众多结构中的一个具体实例。

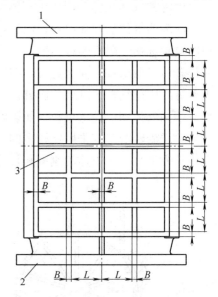

图 3-8　壳体外表面加强筋的布置示意图
1—物料进口法兰　2—物料出口法兰
3—壳体外表面　L—筋之间的距离
B—筋的厚度

3.1.3.4 壳体的结构布置要考虑排气管的位置和截面积、转子叶片与壳体之间的位置配合

在本章前面气体泄漏部分已经叙述过，气体的泄漏途径之一是转子叶片容腔内的气体随转子旋转从壳体出料口到达壳体进料口，在这个过程中如果在壳体上有排气口，气体就可以排出到壳体外，这就是所说的排气管在壳体上的结构。如图 3-9 所示的是转子叶片与壳体进料口密封段和出料口密封段之间的位置配合关系结构示意图。

如图 3-9 所示的转子叶片与壳体结构, 壳体的回气侧就分为进口密封段 6(即从进料口到排气口段)和出口密封段8(即从出料口到排气口段)两部分, 要满足气力输送工况的性能要求, 这两密封段都要达到相应的密封程度, 被称为进口密封段和出口密封段的密封性能。从结构设计角度分析, 要保证进口密封段 6 部分的宽度大于一个叶片间隔的距离, 就是无论转子旋转到任一角度位置, 都要保证有一个叶片处于与壳体接触的状态。其作用有两个: 其一是保证排气口与进料口是隔开的, 尽可能减少流向进料口的泄漏气体; 其二是保证进料口的固体物料不会进入到排气口内。要保证出口密封段 8 部分的宽度大于两个叶片间隔的距离, 就是无论转子旋转到任一角度位置, 都要保证有两个叶片处于与壳体接触的状态。其作用是: 使壳体出料口与排气口之间要有一个完整的回气容腔, 使壳体出料口与排气口之间形成 3 级压力梯度, 即壳体出料口的气体压力最高, 转子叶片容腔内的气体压力降低一个梯度, 壳体排气口的气体压力再降低一个梯度, 尽最大可能减少气体泄漏量。

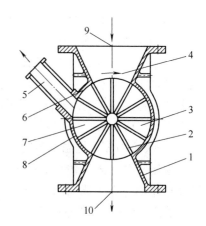

图 3-9 转子叶片与壳体进口密封段和出口密封段之间的结构配合示意图

1—壳体 2—转子叶片 3—送料容腔
4—转子旋转方向 5—泄漏气体排出管
6—进口密封段 7—回气容腔
8—出口密封段 9—物料进口
10—物料出口

壳体的结构尺寸除了要考虑排气管的位置以外, 还要考虑到排气管的过流截面积、排气管的过流截面几何形状等一系列问题, 这些都要根据气体泄漏量和排气管的长度及排气管的布置等情况来确定, 而旋转给料器的结构类型很多, 因为泄漏气体的流量能相差好几倍甚至更多, 排气管的长度及排气管的布置对排气的影响也很大, 所以一定要确定内部结构以后才能知道气体泄漏数量的大概范围。每台旋转给料器的气体泄漏量是在模拟工况试验中测定的。

3.1.3.5 壳体的结构尺寸确定过程中要考虑壳体的伴温问题

所谓壳体伴温就是采用辅助方法使壳体的温度保持在某一个特定范围内。具体的方法是多种多样的, 下面就几种常用方法分别作简要介绍。

1. 夹套内充入恒温液体介质伴温

壳体伴温可以是在夹套内充入恒温液体介质, 夹套式伴热也是应用最早、最广泛的一种方式, 夹套式伴热的介质一般是热油或恒温水。采用恒温水伴温的方式, 就是在壳体的伴温夹套内通过某一特定温度的水(或其他适宜的恒温液体介质), 使壳体的温度始终保持在与水的温度很接近的范围内。如图 3-10 所示的就是带恒温水夹套伴温的壳体结构示意图。

某一特定温度的水从夹套上部的进水口 5 进入, 经过夹套内部循环以后, 从夹套下部的出水口 2 排出, 壳体两侧结构大致相同。伴温的部位、能够包裹壳体的面积、伴温介质的温度等确定以后, 也就有了设计的温度基准, 再进行旋转给料器内部结构设计就以这个温度基准为基础, 壳体的结构及壳体与端盖、转子的配合都是以这个温度为

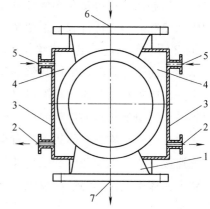

图 3-10 适用于恒温水的壳体伴温夹套结构示意图

1—壳体 2—伴温恒温水出口 3—夹套壁
4—夹套内腔 5—伴温恒温水入口 6—物料进口
7—物料出口

基础的。而且夹套伴温的温度很稳定，基本上能够保持在某一特定值附近的很小范围内，不会有太大的波动，有利于化工生产装置的稳定运行。由于伴温水的温度一般都比较低，所以在旋转给料器的生产制造与调试过程中比较容易控制在室温状态下壳体与转子之间的间隙大小。壳体夹套采用恒温水伴温的方式，其最大的优点是伴温的成本比较低，伴温水可以是生产工艺过程中某一特定设备的冷却水，不用单独的供给设备，省去了供水设备的成本、运行成本、维护成本、人工成本等。

2. 夹套内充入恒温水蒸气伴温

采用夹套方式壳体伴温的另一种介质是水蒸气，水蒸气夹套伴热的特点是：根据输送物料的温度确定伴热夹套水蒸气的工作温度，使伴热夹套水蒸气的温度与输送物料的温度基本相同，按水蒸气的温度确定饱和水蒸气的工作压力。由于伴热水蒸气的温度与输送物料的温度基本一致，所以在控制室温状态下壳体与转子之间的间隙大小时要考虑壳体、转子和端盖三者的工作温度，壳体伴热面积的覆盖率大小，零部件材料的热膨胀系数等因素。水蒸气夹套伴热的优点是工作性能稳定性很好，其缺点是伴热的水蒸气要有单独的来源设备，伴热的成本比较高。图 3-11 所示的就是采用水蒸气壳体伴温夹套结构示意图，夹套内的伴温介质是水蒸气。与恒温水伴温不同，水蒸气伴温时的介质进口和出口位置互换，与输送物料的温度大致相当的饱和水蒸气从夹套下部进

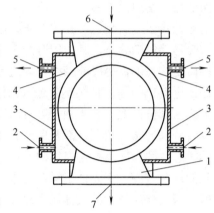

图 3-11　适用于水蒸汽的壳体伴温夹套
结构示意图
1—壳体　2—伴温水蒸汽入口　3—夹套壁
4—夹套内腔　5—伴温水蒸汽出口
6—物料进口　7—物料出口

口 2 进入到壳体夹套内，经夹套内部循环以后，从夹套上部的出口 5 排出，壳体两侧结构大致相同。

3. 壳体外表面布放电加热丝伴热

壳体伴热的第三种方式是采用电阻丝加热式，所谓电阻丝加热式伴热就是在壳体外表面均匀分布适当功率的电加热丝，与壳体外表面紧密贴合并将其牢牢固定。图 3-12 所示的就是带电加热丝伴热的壳体结构示意图。根据要求的工作温度，电加热丝的功率可以大些，也可以小些，电加热丝分布的距离可以大些，也可以小些，很容易控制电加热丝的伴热温度。一般情况下，电加热丝采用分段式结构，壳体的每侧有很多段电加热丝并联方式连接，避免电加热丝的某个部位断路以后，就会造成整个壳体不能伴热的情况发生，减少因壳体伴热故障而影响正常生产的概率。但是，这种伴热方式的缺点是不容易保证壳体各部位温度的均匀性，更重要的是一旦有电加热丝损坏，壳体各部位温度不均匀的差值就会加

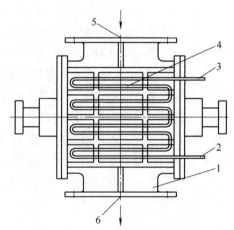

图 3-12　壳体伴热电阻丝分布示意图
1—旋转给料器主机　2—伴温电阻丝接线柱
3—伴温电阻丝接线柱　4—伴温电阻丝
5—物料进口　6—物料出口

大，严重的甚至会使伴热效果很不理想。所以这种伴热方式适用于伴热温度不太高的场合，最近几年使用电加热丝伴热的样机很少了。

4. 壳体外表面布放热媒管伴热

壳体伴热的第四种方式是采用热媒管式，所谓热媒管式伴热就是在壳体外表面均匀分布适当管径和壁厚的热媒管，与壳体外表面紧密贴合并将其牢牢固定。图 3-13 所示的就是带热媒管伴热的壳体结构示意图。根据要求的工作温度，热媒管的直径可以大些，也可以小些，热媒管分布的距离可以大些，也可以小些，通过控制热媒管内的热媒介质的温度和流动速度很容易控制伴热温度。一般情况下，热媒管采用并排式分布结构，壳体的每侧有数根或多根热媒管并联方式连接，避免热媒管某个局部故障影响整个壳体不能伴热的情况发生，尽可能减少因壳体伴热故障而影响正常生产的概率。但是，这种伴热方式的缺点是不容易保证壳体各部位温度的均匀性。壳体各部位温度偏差值有时是比较大的，如果热媒管的某个局部故障比较严重，壳体各部位温度不均匀性的差值就会更大，严重的甚至

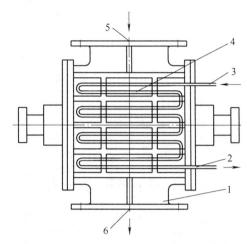

图 3-13　壳体热媒管伴热分布示意图
1—旋转给料器主机　2—伴温热媒出口　3—伴温热媒入口
4—伴温热媒管　5—物料进口　6—物料出口

会使伴热效果很不理想。所以这种伴热方式适用于温度不太高的场合，最近几年在生产装置现场使用热媒管伴热的情况比较少了。

3.1.3.6　壳体结构设计中要考虑壳体的温度测量问题

测量壳体温度是旋转给料器工况运行过程中非常重要的监测手段之一，通过监测可以随时了解壳体的温度，可以知道壳体的伴温系统工作是否正常。无论采用哪种伴温方法，都有出现异常现象的可能性，随时掌握壳体的瞬时状态，进而可以了解各工艺参数的瞬时情况，伴热部分的工作是否正常等，可以最大限度地及时发现各种现象，及时解决生产装置运行过程中可能出现的问题。测量壳体温度的方式方法有很多，一般情况下，测量元器件包括一次感温元件和二次输出元件，到中央控制室进行数据分析、处理、显示、远传输出、打印等。具体安装和固定方式各不相同，但是一次感温元件的安装和固定位置要合理，要能够代表壳体的整体当前瞬时温度。同时安装几个一次感温元件要根据工艺的要求确定。图 3-14 所示的是比较简易的用螺纹固定一次感温元件测量壳体温度装置示意图。螺纹的规格尺寸和深度要符合一次感温元件的要求。

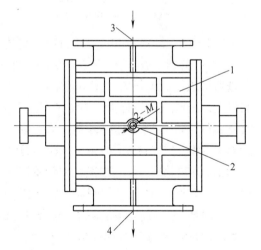

图 3-14　壳体温度测量感温元件固定螺纹示意图
1—旋转给料器主机　2—壳体温度测量感温元件固定螺纹
3—物料入口　4—物料出口

3.1.3.7　壳体结构设计中要考虑壳体的静电导出问题

旋转给料器输送的工作介质是化工固体物料，其特点是具有不导电性，在物料处于输送过程中，由于颗粒之间的摩擦和碰撞，会产生大量的静电。为了保障设备的安全正常运行，必须及时把静电导出，所以旋转给料器的壳体进料口和出料口法兰附近都要有连接导线的接线柱。

图 3-15 所示的是壳体防静电装置示意图。

3.1.3.8　壳体结构设计中要考虑整机起吊问题

旋转给料器整机和大型旋转给料器的壳体、转子、端盖等主要零部件，在制造、加工、装配、检验、运输、装卸、生产现场安装、检维修等过程中随时都需要起吊，常用的结构有起重吊环、吊钩等。起吊部件的吊环位置要合理，要保证在起吊过程中使旋转给料器整机处于水平状态，起吊部件的承受能力要足够大，要大于设备的重量并留有足够的余量。图 3-16 所示的是壳体起吊装置示意图。

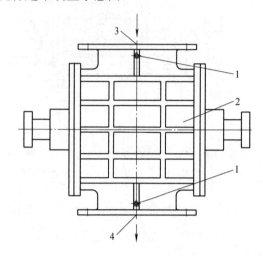

图 3-15　壳体防静电装置示意图
1—防静电装置　2—旋转给料器主机
3—物料进口　4—物料出口

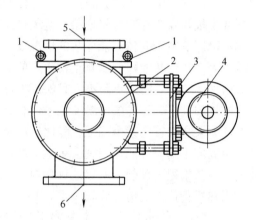

图 3-16　壳体上的整机起吊装置示意图
1—整机起吊装置　2—旋转给料器主机　3—固定部分
4—减速机电动机　5—物料进口　6—物料出口

3.1.3.9　壳体的防止剪切物料结构

剪切物料是指转子叶片旋转到与壳体进料口或出料口相交接的部位时，颗粒物料被夹在壳体进料口边壁或出料口边壁与转子叶片之间，在叶片的冲击作用下，颗粒物料被切开或压扁，也可能被压成其他异样的形状。在化工生产装置中使用的旋转给料器，一般情况下输送的化工固体物料是颗粒物料或粉末物料，颗粒物料一般是指以直径 3 mm、长度 3 mm 左右的规则圆柱体为绝大多数，同时也含有少量不规则体的化工固体物料；粉末物料一般是指颗粒的大小在 1 mm 以下的化工固体物料，也可能是大部分物料粒径尺寸在 0.01～0.50 mm，并含有少量更细的粉末或粒径尺寸在 0.50～1.0 mm 的物料，也可能含有很少量的粒径尺寸在 1.0～1.50 mm 的物料。

一般情况下旋转给料器的工作介质是颗粒物料的工况条件下才可能发生剪切现象，在壳体内腔剪切物料的现象主要发生在壳体的进料口部分和壳体的出料口部分。对于纯粉末物料就不会发生物料被夹在壳体进出料口边壁与转子叶片之间的现象，就不会有剪切发生。但是，旋转给料器输送的物料是多种多样的，物料的生产工艺也是多种多样的，如果化工固体粉末物料在生产过程中偶尔会形成非预期的凝固块状体，这些凝固块状体是不规则的，有各种各样的形状和大小，对于这种粉末物料中含有不规则形状块状体的工况，也要有防止剪切的结构和功能。

1.　壳体进料口部位的防止剪切物料结构

旋转给料器正常工况运行过程中，工作物料是化工固体颗粒时，壳体进料口是剪切物料的主要部位。一般情况下，如果实际运行负荷已经接近或达到旋转给料器的设计能力，或旋转给料器的上游设备供料量大于要求的输送量时，在旋转给料器的进料口部位就会一直堆满颗粒物料，在叶片推动下部分颗粒物料从壳体进料口段进入转子叶片容腔，当转子容腔装满物料的瞬间，还有剩余部分颗粒物料不能挤进转子料腔，要等到下一个叶片旋转到此位置时才能进入转子料腔，所以这部分物料仍停留在叶片与壳体的交接区域，叶片在旋转到壳体入口边缘时就会形成挤压，产生剪切物料的现象。图 3-17 所示的是壳体进料口防剪切结构示意图。其中图 3-17a 所示的是平面视图，图 3-17b 所示的是三维模型。

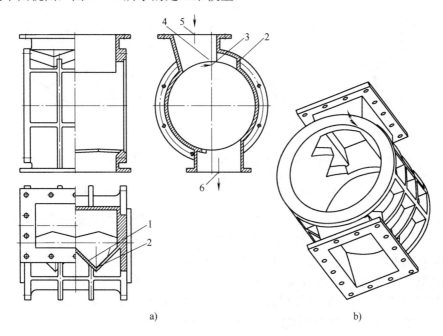

图 3-17　壳体进料口防剪切结构示意图

a) 平面视图　b) 三维模型

1—防剪切"双人字"斜边　2—斜边的交叉点　3—转子旋转方向　4—物料堆积区域　5—物料进口　6—物料出口

　　壳体进料口部位增加"双人字"形防剪切结构，当颗粒物料在壳体进料口段遇到旋转的叶片剪切时，颗粒物料会沿壳体上对称的四个斜边 1 滑动，到达壳体斜边的交叉点 2，使可能发生剪切现象的区域从整个叶片长度范围内减少到只有两个点，大大减少了颗粒物料被剪切的概率。这种防剪切结构适用于外形规则的小颗粒物料，不适用于粉末物料中含有较大的不规则块状体的输送工况。

2. 壳体出料口部位的防止剪切物料结构

　　旋转给料器正常工况运行时出料口是颗粒物料被剪切的部位之一。一般情况下，壳体出料口剪切颗粒物料的原因非常复杂，最主要的两个因素是颗粒物料的排出能力不足和输送气体的泄漏量过大，此外，也与体壳出料口的宽度有关。其一，如果实际工况运行过程中，加速器部位排料效果不理想，就可能会影响颗粒物料下落的速度，造成叶片容腔内的物料不能在要求的时间内排出干净，当旋转的叶片到达壳体回气侧边缘时，物料仍然从叶片容腔内下落，就有可能在出料口下游边缘与叶片夹击颗粒物料而产生剪切现象。其二，如果壳体内部的气体泄漏量比较大，泄漏气体对物料下行的顶托作用就大，物料下行速度变慢，物料排出的时间延长，也有可能在出料口下游边缘与叶片夹击颗粒物料而产生剪切现象。其三，如果壳体出料口的宽度不足，致使排料时间过短，也可能造成剪切现象。为了尽量减少此类现象的发生，除要有足够的出料口宽度以外，壳体排料口要增加"双人字"形防剪切结构，如图 3-18 所示，其中图 3-18a 所示的是平面视图，图 3-18b 所示的是三维模型。

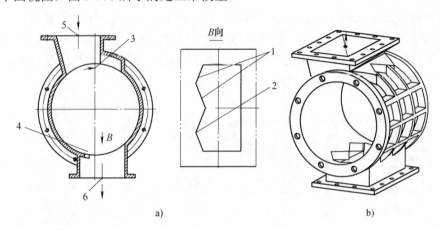

图 3-18　壳体出料口防剪切结构示意图

a) 平面视图　b) 三维模型

1—防剪切"双人字"斜边　2—斜边的交叉点　3—转子旋转方向　4—滞留物料区域　5—物料进口　6—物料出口

当化工固体颗粒物料在壳体出料口遇到旋转的叶片被剪切时，颗粒物料会沿对称的四个斜边 1 滑动，到达斜边的交叉点 2，使整个叶片长度范围的剪切减少到只有两个点，大大减少了颗粒物料被剪切的概率。另外，壳体排料口的位置要向上游侧偏移，使物料尽可能早一点开始排出，当叶片到达出料口下游边缘时，仍未排出而从叶片容腔向下落的颗粒物料尽可能减少，使叶片与出料口下游边缘夹击颗粒物料而产生剪切现象的概率降到最低。

3. 当粉末物料中含有不规则形状凝结块时的防止剪切结构

从生产工艺原理的角度分析，化工生产装置在正常工况条件下运行，在任何一个工艺过程主要节点，都应该是纯的粉末物料或规则的颗粒物料，不应该在粉末物料中含有不规则块状体的情况发生。但是现实生产中就有这种情况，如果化工固体粉末物料在生产过程中偶尔形成非预期的凝固块状体，这些凝固体是不规则的，有各种各样的形状和大小，对于不同的介质物料和不同的生产工艺，其结果是不同的。例如，国内某大型煤化工集团烯烃公司年产 50 万吨聚丙烯装置，在正常生产过程中聚丙烯粉末物料中偶尔可能含有不规则形状块状体，有各种各样的形状和尺寸，比较小的可能在 5～10 mm，比较大的可能在 10～60 mm 甚至更大，其形状有手指样的也有其他不规则体状的，如图 3-19 所示。

对于这种粉末物料中含有不规则块状体的输送物料，防止剪切的结构不同于规则的小颗粒物料，要想尽办法使这种不规则块状体不被夹住，或者在正常运行过程中将不规则块状体剪切断开，这是转子与壳体结构配合的关键点。尽可能避免出现不规则块状体被夹住在叶片与壳体之间的情况，如果一旦不规则块状体被夹住，转子旋转就会遇到非常大的阻力，此时叶片剪切断开块状体是很困难的，切断块状体所需的力是很大的，是正常工况运行的几倍甚至几十倍，很容易造成转子卡死在壳体内，同时也很容易损坏设备，造成不必要的非计划停车。

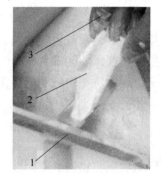

图 3-19　聚丙烯粉末物料中的不规则块状体实拍图

1—转子叶片

2—不规则形状凝结块状体　3—人手

为了防止粉末物料中偶尔含有不规则凝结块状体在壳体进料口被卡住，在壳体进料口需要设置防剪切结构，如图 3-20 所示，在壳体进料口有"入口斜边切刀"结构，其刀口是凸起的，斜置在进料口的下游侧，叶片的形状也类似一个刀片，当叶片旋转到此位置时，在整个叶片长度范围内，叶片与壳体的"入口斜边切刀"依次相剪切，叶片相当于动刀，壳体的"入口斜边切刀" 相当于静刀，动刀和静刀组合相当于剪刀，使不规则形状凝结块不能卡住，达到使转子安全稳定运行的效果，使旋转给料器满足要求的运行工况和气力输送能力。其中图 3-20a 所示的是平面视图，图 3-20b 所示的是实物照片。

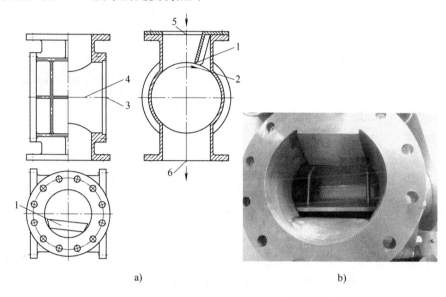

图 3-20 适用于物料中含有不规则凝结块的壳体进料口防剪切结构示意图
a) 平面视图 b) 实物照片
1—防卡料"入口斜边切刀" 2—转子旋转方向 3—安装端盖止口 4—转子旋转轴线 5—物料进口 6—物料出口

3.1.3.10 壳体的防止异物结构

正常生产工况运行过程中，无论化工固体颗粒物料还是粉末物料，都是基本一致的规则颗粒或粒子，即直径 3 mm、长度 3 mm 左右为主体的颗粒物料，或是粒径尺寸在 0.01～0.80 mm 为主体伴有少量其他尺寸粒子的粉末物料。

异物是指在颗粒物料或粉末物料中夹杂有其他固形物，如废旧塑料制品(袋状、带状、块状、条状、管状等)和废旧金属制品(螺栓、螺母、铁条、设备上的零部件等)，规格尺寸都比较大，小则几厘米，大则十几厘米甚至更大，其形状也是各种各样。

一旦物料中混入异物，要及时进行相应处理，否则会严重影响旋转给料器的正常工况运行，甚至造成设备损坏。为了避免该现象，最常用的旋转给料器结构是，在壳体侧面可以开一个能够很容易开启的铰接活门，壳体与活门之间可以用方形法兰连接，沿活门周边布置适当直径与数量的连接螺栓，并有适当的方式密封保证壳体内腔的密封性能，如图 3-21 所示。在正常的操作条件下，活门处于关闭状态，与没有活门的旋转给料器一样正常输送物料，一旦出现异物滞留在转子的容腔(或称料槽)内不能自行依靠重力排出时，就可以很方便地打开活门进行处理，同时还可以进行其他必要的操作，待一切恢复正常状态以后，将活门关闭并用螺栓锁紧。其中图 3-21a 所示的是平面视图，图 3-21b 所示的是三维模型。

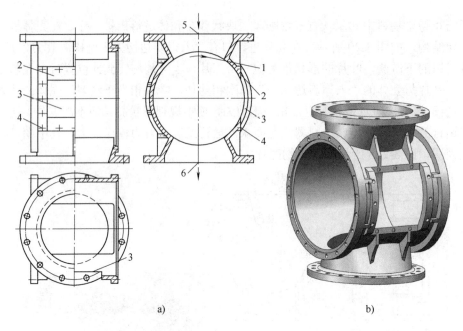

图 3-21 适用于物料中含有异物的壳体结构示意图

a) 平面视图 b) 三维模型

1—转子旋转方向 2—壳体与活门接合面 3—壳体取异物开口 4—壳体与活门连接螺栓 5—物料进口 6—物料出口

3.1.3.11 无污染要求

旋转给料器运行过程中输送的介质是化工固体物料或其中间过程物料，这些物料的纯度和颜色要求是非常高的，其中很多物料是白色的透明体。其最终产品广泛应用于社会的各行各业，如食品工业、饮料行业、医药工业、国防航空航天等重要领域。产品质量稍微有一点污染或其他缺陷，对于下游产品的生产工艺影响、产品质量影响都将是巨大的，甚至有可能是致命的。例如盛装可乐的瓶子就是聚酯瓶级切片做原料生产的，原料如有小黑点，生产的瓶子就不合格。所以介质流经旋转给料器的过程中，要求旋转给料器与介质接触的表面不能对物料造成任何污染，整个旋转给料器与物料接触部分都不能有滞留物料的死腔，要保障每时每刻通过的物料都是新鲜的。壳体等金属件不能有锈蚀现象，不能有使物料受到污染的其他缺陷，所有非金属密封件、垫片、O 形圈等都不能有掉色、掉渣、脱落等现象。

无污染要求包括三个方面：其一是所有零部件选择的材料要求无污染；其二是所有零部件的结构要求无污染，即物料在旋转给料器内腔不能滞留，要随时进随时出；其三是所有加工过程中不能有异物使物料受到污染。

3.2 转子结构尺寸的确定

旋转给料器的转子有很多种结构类型，分别适用于具有不同特性的化工固体物料和不同的工况参数，结构不同的转子与相应不同结构的壳体相配合适用于不同的工况参数，每一种类型的转子结构设计都包含很多内容。虽然转子的结构相对比较简单，但却是旋转给料器最主要的零部件，旋转给料器的很多功能和性能参数都是通过转子的结构实现的。本节要叙述的是各种结构的转子在设计过程中要考虑的主要问题，或者说要满足旋转给料器整机的工况性能参数，必须要考虑各种结构转子的哪些结构问题，即提出性能要求并且在结构上必须满足这个要求。这里不介绍确定结构尺寸的详细过程，更不做具体的数据计算，只简单介绍一些设计要点。

3.2.1　与转子结构设计有关的旋转给料器结构特点

(1) 旋转给料器的转子旋转速度比较低，一般情况下转速范围是 8～50 r/min，在工况参数稳定的情况下，转子的负荷是连续地、均匀地、不间断地长期连续运行，一般要保证在一个大修周期内整机性能稳定可靠。

(2) 壳体与转子之间的正常工作间隙非常小，要求转子的轴和叶片都要具有非常好的刚度和尺寸稳定性。一般情况下，对于转子的关键尺寸精度和尺寸的稳定性都要控制在 0.01 mm 范围以内。

(3) 工况运行过程中，由于生产装置的设备异常或工艺参数的波动而造成的工况运行异常，导致物料异常而产生的额外作用力首先是作用在转子的叶片上，再由叶片依次传递到轴、轴承、端盖、壳体、管道法兰或支架等与外界接触并连接的部分。

(4) 对于直径比较大的转子，特别是对于开式(无侧壁)转子，叶片厚度比较薄的情况下，转子的刚度性能比较差，进而导致叶片的尺寸稳定性比较差。

(5) 在化工生产装置的开车初始阶段，安装在高温工况点的旋转给料器，由于转子与高温介质物料接触的区域是有限的、不均匀的，会使转子各部分的温度差比较大，从而造成转子各部分的线性热胀冷缩量差别很大，进而使旋转给料器转子各部位承受不同的内应力而产生变形，情况严重的有可能会产生擦壳现象等有损设备安全运行的情况。

3.2.2　转子的强度和刚度问题

转子的强度和刚度包括轴的强度和刚度及叶片的强度和刚度，由于旋转给料器的转速比较低，一般情况下应用比较多的转速范围为 8～50 r/min，轴的圆周线速度也不是很高，同时旋转给料器壳体内的工作压力在 0～0.50 MPa，所以轴的直径稍大一点对于轴的密封性能不会造成很大影响，常用旋转给料器转子轴的直径一般都比较大。一般情况下，对于常用结构的旋转给料器，叶片外径在 300 mm 以下的转子，轴的直径在 70～130 mm；叶片外径在 300～650 mm 的转子，轴的直径 100～180 mm；叶片外径在 700 mm 以上的转子，轴的直径 150～220 mm。如果轴的直径小而造成强度和刚度不够的话，在运行过程中整个转子在壳体内可能会产生抖动现象，使转子与壳体之间的间隙发生变化，在整个圆柱面各部位间隙不均匀。为了防止在运行过程中由于轴的变形而产生擦壳，或使转子卡死在壳体内，一定要保障转子轴有足够的强度和刚度，也可以适当减小叶片的轴向长度来增强轴的刚度。

3.2.2.1　开式转子的强度和刚度

转子叶片的强度也很重要，特别是对于开式(无侧壁)转子来说更是显得重要，每个叶片与轴连接在一起，而叶片的大部分是没有固定基点的，相当于叶片处在悬臂梁状态，负载使加的力主要作用在叶片的外缘区域，所以承受负载的能力很不稳定。在旋转给料器工况运行过程中，叶片在圆周方向承受输送固体物料所需施加的力，由于叶片外缘的旋转半径比较大，叶片承受的力也就比较大，而且有可能很不均匀，在这种情况下，需要叶片具有较大的刚度。为了提高叶片的强度和刚度并使其满足工况运行的性能要求，一是可以适当增加叶片的厚度，二是可以在叶片之间增加适当形状和尺寸的连接柱或连接板，使转子的全部叶片在某种程度上串联为一个整体。对于转子直径比较小的情况，或虽然转子的直径比较大，但适用的工作物料是规则的颗粒的情况下，可以采用连接柱的连接方式。如图3-22上半部分所示的是开式(无侧壁)转子叶片之间的连接柱结构示意图。根据转子的直径和叶片长度确定连接柱的组数和连接柱的直径大小，一般情况下，转子直径大些的选用2~3组连接柱，转子直径小些的选用1~2组连接柱。对于转子直径比较大，并且适用

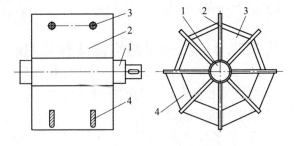

图3-22　开式(无侧壁)转子叶片之间的连接结构示意图
1—转子轴　2—转子叶片　3—叶片连接柱　4—连接板

的工作物料是粉末或具有一定黏附性的情况下，如果采用连接柱的方式不足以使转子达到要求的强度和刚度，可以采用连接板的连接方式使转子的刚度满足整机的性能要求，如图3-22下半部分所示的是开式(无侧壁)转子叶片之间用连接板代替连接柱进行连接的结构示意图。

3.2.2.2　闭式转子的强度和刚度

对于闭式(有侧壁)转子来说，整个转子的所有叶片分别与轴和侧壁组合连接，使叶片、轴和侧壁彼此之间相互连接成一个整体，共同承受作用在转子叶片外缘上的各种力，其连接强度和整体刚度比开式转子要强很多。小直径转子就可以不需要连接柱了，大直径转子连接柱的组数也可以减少。如图3-23所示的是闭式(有侧壁)大直径转子叶片之间的连接柱结构示意图。

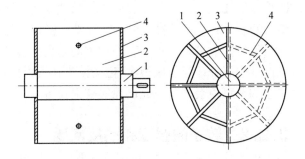

图3-23　闭式(有侧壁)大直径转子叶片之间的连接柱结构示意图
1—转子轴　2—转子叶片　3—侧壁　4—连接柱

3.2.3　转子有无侧壁问题

要确定转子是否需要有侧壁涉及很多因素，最主要的考虑因素是化工固体物料的物理特性。对于一台特定工况点的旋转给料器，最首先面对的是使用于怎样参数的工况条件和输送具有怎样特性的固体物料，其中包括气体工作压力、物料工作温度、固体物料颗粒尺寸、物料是否具有黏附性、物料的安息角(即物料的流动性)等。这些最基本的因素确定以后，还要考虑适应的壳体结构与转子相互配合，对于大部分结构的旋转给料器，开式(无侧壁)转子结构的气体泄漏通道截面积要比闭式(有侧壁)结构转子的气体泄漏通道截面积小很多，也就是在同等工况条件下气体泄漏量要少很多。但是开式(无侧壁)结构的转子刚度和叶片稳定性比较差，最初阶段确定方案过程中最重要的考虑因素是固体物料特性和工况参数要求，在能满足工况参数和物料特性要求的情况下，最好优先考虑选择开式结构的转子。因为开式(无侧壁)结构转子的旋转给料器结构简单、零部件少、工况运行稳定性高。用于粉末物料的工况一般优先选用开式(无侧壁)结构的转子，因为大部分粉末物料对内腔表面的磨损比较轻。用于颗粒物料的工况，由于存在颗粒剪切问题，叶片承受的力会不均匀，而且比较大，所以一般优先选用刚度更好的闭式(有

侧壁)结构的转子。除此之外,闭式结构转子的容腔由叶片和侧壁构成,固体物料对端盖内壁表面的磨损是很轻微的。化工固体颗粒物料的磨琢性比粉末物料大很多,如果颗粒物料采用开式结构转子,固体物料对端盖内壁表面的磨损是比较严重的,会使整机的气体密封性能很快下降,气体泄漏量增大。

3.2.4 转子叶片数量的确定

确定转子叶片数量的原则是:在满足性能要求的前提下要尽量减少转子的叶片数量。至于如何满足性能要求,则要考虑众多因素,首先要看工作参数,特别是气体工作压力。为了适用于高压气力输送工况,就要求气体泄漏量少,叶片数量就要适当增多,反之叶片数量就可以减少。另一个决定叶片数量的参数是化工固体物料的物理特性,特别是物料的流动性、物料的搭桥性、物料的休止角、物料的密度等参数。物料的流动性越好,休止角越小、密度越大,物料越不容易形成搭桥,叶片数量就可以多,反之叶片数量就要少。

总的来说,叶片的数量取多少与两个因素的关系最大,其一是旋转给料器的气体工作压力,或者说是壳体内腔的密封性能要求,即气体泄漏量要求,用于气体工作压力高的工况时叶片的数量应适当增加;其二是化工固体物料的特性,特别是物料的休止角或流动性,用于休止角大的物料时,叶片的数量应尽可能减少。

对适用于低压工况的旋转给料器,转子叶片的数量可以少一些,一般情况下工作压力在 0.05 MPa 以下的,或是微压和常压工况的,根据转子直径的大小,转子的叶片数量选取 6～8 个就比较合适。工作压力在 0.05～0.10 MPa 的,转子的叶片数量选取 8～10 个就比较合适。

对适用于中高压工况的旋转给料器,转子叶片的数量比较多,一般情况下根据转子直径的大小,工作气体压力在 0.10～0.25 MPa 的,转子的叶片数量选取 10～14 个。工作压力在 0.25～0.50 MPa 的,转子的叶片数量选取 12～18 个或更多比较合适。

3.2.5 转子叶片表面处理及叶片边缘形状的确定

对于开式(无侧壁)结构的转子来说,在某些化工固体物料的特定工况条件下,叶片边缘形状对旋转给料器的整机性能有很大影响,叶片边缘形状是指叶片与壳体相互配合边缘的形状和叶片两端面与端盖内壁平面相互配合边缘的形状。一般情况下叶片表面处理及叶片边缘结构形状有下列几种情况。

3.2.5.1 转子叶片边缘形状的确定

一般情况下,叶片边缘的形状有直角式的和背面倒角式的两种结构。叶片边缘的形状如何确定,最主要的依据是旋转给料器适用于输送具有怎样特性的物料。如果物料是没有黏性的粉末或颗粒,采用直角式的叶片边缘形状就可以了,如图 3-24a 下半部分所示的是叶片背面不倒角的结构。如果物料是具有一定黏附性的粉末物料,或由于其他物料特性因素要求叶片倒角的,则应当采用背面倒角的叶片结构形状,如图 3-24a 上半部分所示,其中的主视图是叶片的背面,左视图标示了倒角的角度和尺寸大小。如图 3-24b 所示的是三维模型。

对适用于工作介质是黏性物料的旋转给料器,将叶片边缘的背面(即旋转方向的背面)倒角 30°～45°,但是叶片顶部要保留 3～4 mm 的外缘宽度,使叶片顶部不致过分尖锐且有一定的强度和刚度。这样不仅可以降低摩擦阻力,减少功率消耗,而且叶片在旋转过程中还可以起到刮板的作用,把黏附在壳体和端盖内壁表面的物料刮下来,减少黏附物料对转子旋转的阻力。

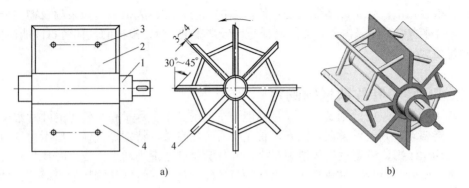

图 3-24　转子叶片边缘结构形状示意图
a) 平面结构视图　b) 三维模型
1—转子轴　2—背面倒角式叶片　3—连接柱　4—直角式叶片

3.2.5.2　转子叶片表面处理

在正常工况输送过程中，对于黏附性比较大的物料，特别是粒子比较小粉末物料，会有物料难以全部从转子叶片容腔中排除干净的现象。为减少这种现象的发生，叶片表面的平面度和粗糙度要求很高，磨床加工可以使叶片表面去掉坑洼和麻点，从大的方面消除缺陷，然后抛光从细微的方面消除缺陷，使叶片表面粗糙度能够达到镜面程度。

也可以预先在叶片表面喷涂一层液体特氟隆，经高温烘干后形成一道光滑涂层，可以大大降低叶片与物料的黏附作用。实践证明，对多数黏附性物料的使用，该涂层效果都很好。随着科学技术的进步，不断出现新材料和新工艺，达到类似效果的方法会越来越多，其效果也会越来越好。

3.2.5.3　转子叶片边缘附加固定密封条

对于壳体内腔密封性能要求很高的旋转给料器，在使用工况和使用介质都允许的条件下，转子叶片的边缘可以附加非金属材料的密封条。密封条与叶片的连接可以采用螺栓固定方式，也可以采用其他方便更换的连接方式。使叶片顶部密封条与壳体之间及叶片端部密封条与端盖之间的间隙保持似接触非接触的状态，尽可能减小壳体与叶片之间的间隙，降低壳体内腔的气体泄漏量，提高旋转给料器的密封性能。密封条的材料可以采用填充聚四氟乙烯密封板，也可以选用其他满足性能要求的材料。工况运行过程中，密封条会逐渐磨损，叶片顶部密封条与壳体之间的间隙及叶片端部密封条与端盖之间的间隙会逐渐增大，当气体泄漏量大到壳体内密封性能不能满足工况要求时，就可以很方便地重新更换新的叶片密封条，使其恢复到原有内腔的密封性能。如图 3-25 所示的是转子叶片边缘附加密封条的结构示意图，其中图 3-25a 上半部分所示的是转子叶片的背面，图 3-25a 下半部分所示的是转子叶片的正面。其中图 3-25a 是平面结构视图，图 3-25b 是三维模型。

3.2.5.4　转子叶片边缘堆焊硬质合金

对于某些磨琢性比较强的化工固体物料，转子叶片的边缘可以堆焊一层硬质合金增加叶片边缘的耐磨性能，使转子与壳体之间的间隙在更长的时间内保持在要求的范围内，提高壳体内腔的密封性能，减少从壳体出料口向壳体进料口的气体泄漏量。但是叶片边缘堆焊硬质合金也有很多限制条件，例如要充分考虑壳体内腔表面金属的耐磨性能，是否适合与叶片堆焊层的金属相互配合。如果壳体内腔表面金属层的硬度很低，而叶片堆焊层的硬度很高，耐摩擦

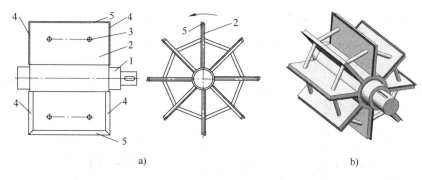

图 3-25　转子叶片边缘附加密封条的结构示意图

a) 平面结构视图　b) 三维模型

1—转子轴　2—转子叶片　3—连接柱　4—叶片端部密封条　5—叶片顶部密封条

磨损性能很好，其结果会使壳体内腔表面金属很快磨损，整机的密封性能也不理想。所以，在叶片边缘堆焊硬质合金之前，一定要充分考虑各种材料的特性，分析利弊，要清楚地知道需要的是什么，应该避免的是什么。

3.2.6　闭式转子两端侧壁之间要留有气体压力平衡孔

对于有转子端部密封气体压力平衡腔的转子，为了避免由于某种原因而导致两端的气体压力不同，从而使转子的轴向力增大的现象。在转子叶片容腔底部和轮毂之间的部位留有一个贯穿于两侧壁之间的通道，通道要有足够大的横截面积，使其能够通过足够量的气体，保持转子两端部气体压力平衡腔内的气体压力始终处于平衡状态。对于高压闭式(有侧壁)转子结构的旋转给料器，转子侧壁与端盖之间有一个密封气体压力平衡腔，其压力略高于壳体内腔的工作压力，可以防止含有粉末物料的气体进入到侧壁与端盖之间的区域内，其一可以使转子的旋转驱动力矩保持在比较低和合理的范围内；其二是不会有含粉末物料的气体进入到轴密封副内，可以保护轴密封件的安全稳定运行。连接通道的作用是连通转子两端的压力平衡腔，使转子两端的气体压力基本保持平衡，一方面是转子两端的密封件处在相同的工作气体压力条件下；另一方面也使转子承受的轴向力处于大小相近方向相反的状态，使转子承受的轴向力尽量小。确定气平衡孔4 的位置时考虑到不能被异物或物料堵塞，要保持气平衡孔的畅通。图3-26 所示的是闭式(有侧壁)转子两端侧壁之间气体压力平衡孔结构示意图。

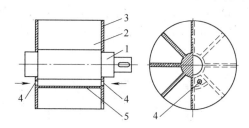

图 3-26　闭式(有侧壁)转子两端侧壁之间气体压力平衡孔示意图

1—转子轴　2—转子叶片　3—侧壁　4—气体压力平衡孔　5—平衡孔护板

3.2.7　转子叶片的结构形式

转子叶片的结构形式有很多种，叶片的形式是根据物料特性确定的，一般情况下叶片在轴上放置的方式有直形叶片（叶片所在平面与轮毂轴线平行或经过轮毂轴线）、斜置式叶片(叶片所在平面与轮毂轴线之间的夹角为 5°～30°)或人字形放置的叶片等几种形式。

3.2.7.1　直形叶片的结构形式

如果工作介质是纯净的化工固体粉末物料，一般情况下采用直形叶片就可以了，因为纯净粉末物料不需要防止剪切。直形叶片是使用最多的一种叶片结构形式，其特点是加工制造容易，轴承需要承受的轴向力小。图 3-27 所示的是直形叶片转子结构示意图。其中图 3-27a 是平面结构视图，图 3-27b 是三维模型。

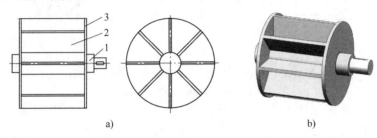

图 3-27　直形叶片转子结构示意图
a) 平面结构图　b) 三维模型
1—转子轴　2—直形叶片　3—侧壁

3.2.7.2　斜置式叶片结构形式

一般情况下，如果输送的粉末物料中含有比较大的不规则形状的块状体，转子叶片就要有相应的结构与壳体进料口部位的结构相互配合。转子的结构可以采用斜置式叶片形式，可以达到防止不规则块状体卡料的效果。当不规则块状体在壳体进料口段遇到旋转的叶片时，斜置的叶片与平置的壳体进料口类似于剪刀的两个切边，会很容易地将不规则块状体剪断，然后分别进入转子的不同容腔，而不会影响正常运行，并且不会产生太大的振动和噪声。在叶片斜边的推动下，不规则块状体更容易脱离叶片顶边而进入转子容腔，大大减少了不规则块状体被卡的概率。

根据不规则块状体的规格尺寸大小、形状和数量，确定采用斜置式叶片的角度为 5°～30°。由于转子采用斜置式叶片，在工况运行过程中，当叶片与壳体之间有不规则块状体而产生剪切现象时，转子产生的轴向力比较大，对于轴承、端盖等定位增加了难度，同时对轴承的安全稳定运行也很不利，而且叶片斜置的角度越大，产生的轴向力也就越大。所以，一定要掌握好叶片斜置的角度。在保证工况运行的条件下，叶片斜置的角度越小越好，一般取 6°～12°。图 3-28 所示的是斜置式叶片转子结构示意图，其中图 3-28a 是平面结构视图，图 3-28b 是三维模型。

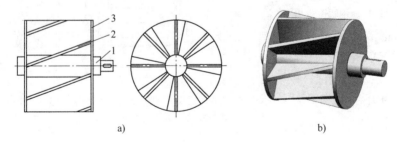

图 3-28　斜置式叶片转子结构示意图
a) 平面结构图　b) 三维模型
1—转子轴　2—斜置式叶片　3—侧壁

3.2.7.3　人字形叶片结构形式

人字形的叶片适用于输送规则的小颗粒物料，如果在壳体进料口部位没有双人字形防剪切结构，转子的结构就可以采用人字形叶片结构形式，同样也可以达到防止剪切颗粒物料的效果。

当颗粒物料在壳体进料口段遇到旋转的叶片剪切时，规则的物料小颗粒会沿叶片对称的两个斜边滑动，到达叶片两个斜边的交叉点，使可能发生剪切现象的区域从整个叶片长度范围内减少到只有一个点，大大减少了颗粒物料被剪切的概率。

人字形叶片的结构特点是：从理论上来讲，颗粒物料作用在转子上的力是双向轴向力，基本是大小相等和方向相反的，可以相互抵消掉，这样其他零部件承受的轴向力就小多了，所以对设备的稳定运行和延长使用寿命都有好处，特别适合应用于大直径转子。其缺点是无论是采用整体式结构还是采用组合式结构，其加工难度都是比较大的。采用人字形的叶片结构，其中心原则是减少壳体与叶片的瞬时接触面积，降低发生剪切颗粒物料的概率。图 3-29 所示的是人字形叶片转子结构示意图，其中图 3-29a 是平面视图，图 3-29b 是三维模型。

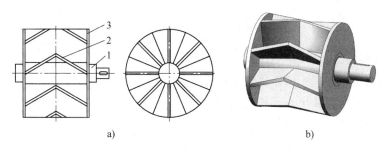

a)   b)

图 3-29   人字形叶片转子结构示意图

a) 平面视图   b) 三维模型

1—转子轴   2—人字形叶片   3—侧壁

对于配置防剪切结构转子的旋转给料器，壳体的进料部位和出料部位都可以是直形结构，与转子防剪切结构的叶片相配合，在正常工况运行时，壳体进料口和出料口的剪切颗粒物料问题都可以大大缓解或在某种程度上不存在了。在旋转给料器的出料口排料的同时，虽然叶片仍然在旋转的过程中有"带料"的可能，但是叶片具有人字形防剪切结构，当颗粒物料在壳体出料口遇到旋转的叶片可能被剪切，颗粒物料会沿对称的两个倾斜叶片滑动，到达叶片的交叉点，使整个叶片长度范围的剪切减少到只有一个点，同样可以大大减少颗粒物料被剪切的概率。

3.2.8   转子的结构设计中要考虑到转子的安装问题

转子的所有零件组装成为一个部件，转子部件装配到壳体中，对于小规格旋转给料器来说不会有太大困难，因为转子的体积比较小，重量比较轻，一个人用双手就能搬动，操作起来也比较方便。但是对于大规格旋转给料器来说就要考虑很多因素，在制造厂内装配可以用桁车吊，特别是在旋转给料器生产运行现场检修过程中的拆卸和组装就不是很容易了，因为旋转给料器使用现场的情况非常复杂。但是不管情况怎样复杂，现场检修是必须进行的，所以转子部件一定要有方便起吊的机构。就目前旋转给料器的一般情况而言，转子的起吊机构是在轴的端部设有一个安装吊环的螺纹孔。有很多旋转给料器的生产企业是采用国家标准 GB/T 145-2001 规定的 C 型中心孔，如图 3-30 所示。

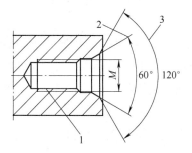

图 3-30   转子轴端部用于定位和起吊的结构示意图

1—安装吊环的螺纹孔   2—定位中心孔加工外形尺寸

3—保护内孔的锥角

这种中心孔的内螺纹部分可以安装吊环，螺纹的规格可以根据转子直径大小确定，外部的 60°锥角可以中心定位加工转子的外形尺寸，正可谓是一举两得，最外部的 120° 锥角用于保护其内部结构，尤其是要保护内部 60° 锥角的完好性，确保修复转子各部位的同轴度要求。

3.2.9　转子结构设计中要考虑到转速测量机构的安装问题

转速测量是指旋转给料器在运行过程中转子的旋转速度要始终处在被监控之中，转速测量机构是由测速轮部件、一次感应元件、二次处理与输出显示部分、控制部件等几部分组成。这其中的测速轮部件要固定在转子轴端部，实现转子与测速轮部件的同步旋转，因此在设计转子结构时要考虑测速轮部件如何与轴固定在一起。现在比较通用的做法是用螺栓固定，可以采用 4 个小螺栓的固定方式，在轴端部加工 4 个螺纹孔，如图 3-31 所示。也可以采用图 3-30 所示起吊螺纹孔固定测速轮部件。两种固定方法相比较各有特点，其中采用 4 个小螺栓的

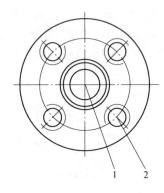

图 3-31　转子轴端部固定测速轮用螺纹孔示意图
1—安装吊环的螺纹孔　2—测速轮固定螺纹孔

固定方式比较可靠，轴与测速轮部件之间不会有相互旋转，测速稳定可靠。采用起吊螺纹孔固定测速轮部件的方式在加工过程中省去了加工 4 个螺纹孔的麻烦，但是如果固定螺栓稍有松动的话，轴与测速轮部件之间可能会有相互旋转，测速稳定性和可靠性受到影响。

3.2.10　转子结构设计中要考虑到转子的返修问题

所谓转子返修问题是指旋转给料器运行一段时间以后，转子的各部分都有可能发生磨损，包括转子的叶片外径、叶片端部密封环部位、轴密封部位、轴承配合部位、安装链轮部位等。一旦出现磨损，首先要检验磨损的程度，也就是磨损的量，检验的基准就是中心孔，所以在设计阶段就要注明加工完成后两端中心孔要完整保留。两端中心孔是精磨加工叶片外径、转子侧壁(或叶片)端面、轴密封段表面、轴承定位与配合表面等所有外形尺寸的基准。在旋转给料器的运行维护、运输、装卸、搬运、检修等过程中要特别注意保护好两端中心孔，使其完好无损。

3.2.11　可以快速解体旋转给料器的转子结构

化工固体物料旋转给料器运行的工况参数是各种各样的，包括工作温度、气体工作压力等。工作介质的物理特性是各种各样的，包括物料的密度、粒子尺寸大小、黏附性、韧性等，还有就是物料中混入异物的可能性，所以在工况运行过程中出现各种情况的概率都存在，在有些情况下需要快速解体旋转给料器。图 3-32 所示的就是可以快速解体的转子结构示意图，其中图 3-32a 是平面结构视图，图 3-32b 是快速分离轴段在安装位置的立体三维模型，图 3-32c 是快速分离轴段在解体位置的三维模型。

可以快速解体的转子主要由非驱动轴端 1、转子叶片 2、叶片连接柱 3、转子轮毂 4、驱动轴端 5、轴承配合段 6、快速分离轴段 7 等部分组成。当需要解体旋转给料器时，把端盖与壳体

之间的连接螺栓螺母去掉，然后就可以将端盖连同固定在端盖上的所有零部件、轴承、轴密封件、快速分离轴段 7 等零部件一同取下来。在现场进行快速操作与处理以后，可以很快复装并投入生产，对生产装置的安全稳定运行很有好处。在这个解体与复装的过程中，转子叶片 2、叶片连接柱 3、转子轮毂 4、驱动轴端 5 等零部件并没有被拆下来。驱动轴端 5 和快速分离轴段 7 之间的结构与配合要满足相应操作的一系列要求，并满足复装以后的整机性能要求。

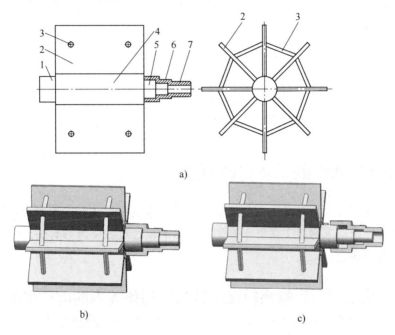

图 3-32　可以快速解体的转子结构示意图

a) 平面结构视图　b) 快速分离轴段在安装位置三维模型　c) 快速分离轴段在解体位置三维模型

1—非驱动轴端　2—转子叶片　3—叶片连接柱　4—转子轮毂　5—驱动轴端　6—轴承配合段　7—快速分离轴段

3.2.12　转子叶片的边缘可以带条形刮刀

在物料特性需要的情况下，在转子叶片与壳体接触的边缘和叶片与端盖接触的边缘可以带条形刮刀。如图 3-33 所示的是叶片外缘带刮刀的转子结构示意图，其中图 3-33a 是平面结构视图，图 3-33b 是立体三维模型。

叶片外缘和端部带刮刀的转子主要有轴 1、转子叶片 2、轴向边刮刀 3、径向边刮刀 4、连接螺栓螺母 5 等零部件组成。刮刀的位置在叶片旋转的前缘，即刮刀在叶片的正面，或称刮刀安装在叶片的边缘前侧。一般情况下，当物料是黏附性比较强的工况条件下，刮刀是需要单独安装使用的，工况运行过程中刮刀将黏附在壳体内腔表面的或端盖内表面的物料刮掉，降低转子的旋转力矩，保障旋转给料器的安全稳定运行。当有些粉末物料中含有某种特性的不规则块状体的工况条件时，刮刀则是成对使用的，即在壳体内腔安装有一个相对应的切刀，当转子叶片上的切刀旋转到与壳体上的切刀相对应的位置时，就形成了相当于剪刀的结构，对减少物料中不规则块状体的卡料现象有一定程度的帮助，对旋转给料器的安全稳定运行有一定好处。

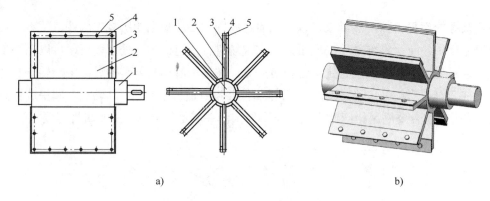

图 3-33　转子叶片外缘和端部带刮刀的转子结构示意图
a) 平面结构视图　b) 三维模型
1—转子轴　2—转子叶片　3—轴向边刮刀　4—径向边刮刀　5—连接螺栓螺母

3.3　主体结构中的防止剪切问题

旋转给料器的工作介质是化工固体颗粒物料或粉末物料，体腔内的剪切现象是输送化工固体颗粒物料过程中或粉末物料中含有不规则块状体的输送过程中所独有的，输送化工固体纯粉末物料时没有剪切问题。

3.3.1　化工固体颗粒物料在旋转给料器体腔内的剪切现象

化工固体颗粒类型的物料中，大部分物料的规格尺寸是规则的 $\phi 3$ mm×3 mm 圆柱体或 4 mm×4 mm×2.5 mm 的椭圆柱体，随着工艺水平的不断提高，有些产品的粉末物料实际也是 1 mm 左右的小圆粒。由于颗粒物料是化工固体物料，具有一定的韧性，不是很容易被切成碎片。颗粒物料在旋转给料器体腔内被剪切的结果有可能是颗粒变形，也有可能被剪切成两半，但是大部分情况下是被压成扁平片状、长条状或各种各样其他形状的碎片等。

颗粒物料在旋转给料器体腔内被剪切的现象是一个复杂的过程，主要因素是壳体进料部位和出料部位的结构、转子的结构和叶片的形状等。除此之外还有很多可能引起剪切颗粒物料的因素，下面分析这些可能造成剪切物料的原因。

3.3.2　旋转给料器壳体内腔剪切颗粒物料的主要原因

从物料进入壳体进料口段开始到物料从壳体出料口排出，有可能剪切物料的区域主要有壳体进料口段与叶片交接处和壳体出料口段回气侧与叶片交接处。剪切颗粒物料的主要原因分析如下。

3.3.2.1　壳体进料口段料位的影响

旋转给料器正常工作时进料口段的料位对于产生剪切颗粒物料有很大影响。一般情况下，如果实际运行负荷量已经接近或达到旋转给料器的过料能力时，在壳体的进料口段就会一直堆满颗粒物料，在叶片推动下，部分颗粒离开进料口进入转子送料容腔，当转子料腔装满颗粒物料以后，还有少部分颗粒不能挤进料腔，仍停留在叶片与壳体交接区域，叶片在旋转到壳体进料口下游边缘时颗粒就会被挤压，产生剪切物料现象。

3.3.2.2　旋转给料器起动方式的影响

旋转给料器的起动方式对于产生剪切颗粒物料也有一定的影响。一般情况下旋转给料器在起动时，要求在壳体进料口边缘区域没有物料。如果在起动时壳体进口段内腔充满物料，在转子叶片顶部与壳体交接区域的颗粒就会受到挤压，在壳体与叶片的相互挤压下，有一部分颗粒物料被剪切，同时也增大了电动机的起动负荷。壳体进料口段堆积的物料越多，物料颗粒之间相互挤压越严重，被叶片顶部与壳体进口段边缘剪切的可能性就越大。在旋转给料器起动时听到的低沉的声音和看到的整个旋转给料器抖动现象就说明了这一问题的存在。一般情况下可以合理使用旋转给料器上方配备的截断阀门，在旋转给料器关机阶段首先关闭截断阀门，使旋转给料器继续运行片刻，等待壳体内的颗粒物料排空以后再关闭旋转给料器的电动机电源。当再次起动时，就可以尽量减少和避免发生剪切现象。

3.3.2.3　转子的转速影响

从设计方面来分析，旋转给料器转子的最高允许转速不是固定值。一般情况下，转子的直径越大，允许的最高转速就越低；转子的直径越小，允许的最高转速就越高。对于特定规格的旋转给料器，其最佳的转子转速范围是固定的。不同的工作介质要求的转速范围也不同，对于大部分化工固体物料，一般情况下转子外径的线速度控制在 30～50 m/min 的范围内。如果旋转给料器的转速过高，特别是应用在输送系统中的旋转给料器，一方面会影响颗粒进入旋转给料器转子物料容腔的充填系数，影响旋转给料器的效率；另一方面则增大了转子叶片顶部与壳体进出口边缘相交会的概率，也就增大了剪切颗粒物料的概率。更重要的一点是转速越高，转子容腔内泄漏的气体就越多，壳体内腔的气体泄漏量也就越大，整机的内腔密封性能就会降低。

3.3.2.4　转子容腔的充填系数与充填系数的影响

旋转给料器的填充系数实际上就是转子容腔的填充系数，也就是转子每转一圈输送的物料体积与转子容腔的理论容积之比。在整机设计和选用时要充分考虑各种因素对物料填充系数的影响，在运行过程中对填充系数影响比较大的是物料特性，如物料的流动性或休止角。一般情况下，若实际运行过程中填充系数比较大，则当输送量接近或达到旋转给料器的设计能力时，容易产生剪切物料现象。

3.3.2.5　正常运行过程中气体工作压力波动的影响

对于高压气力输送工况的旋转给料器，在壳体的出料口段，物料在下落过程中，在加速器内高压输送气体的反吹力作用下，会有部分颗粒物料下落速度减缓，转子旋转过程中壳体出料口边缘与叶片交接处会剪切物料，当气体工作压力的波动比较大时，或者大于旋转给料器的设计工作压力时，输送气的反吹力波动增大，颗粒物料下落速度进一步减缓，转子叶片剪切颗粒物料的概率增加，被剪切的颗粒物料比率升高，形成大量被剪切的颗粒物料。

3.3.2.6　异状颗粒物料(细长颗粒和带尖扁角颗粒)和小粒子颗粒物料的影响

对于旋转给料器来说，由于转子叶片的顶部和壳体之间存在一定的间隙，对于一些不规则的颗粒物料、尺寸偏小的颗粒物料、片状(或皮状)的颗粒物料、细长条的固体物料和带尖角的颗粒物料等，更容易进入转子叶片顶部和壳体之间的间隙内，受到转子转动时的剪切，或被

压扁。

3.3.2.7　非结晶颗粒的影响

在某些类型的化工固体物料生产流程中，在结晶器出口存在一定数量的非结晶颗粒物料。非结晶颗粒物料的玻璃化温度一般是比较低的，而在反应器之前的旋转给料器则承担接受非结晶颗粒物料的任务。而此时的非结晶化工固体颗粒物料的温度一般都高于物料的玻璃化温度，此时非结晶颗粒物料呈"软化"状态，而"软化"状态的颗粒物料更容易停留在转子叶片的顶部而进入转子叶片顶部和壳体之间的间隙内，颗粒物料受到挤压形成压扁颗粒。这种现象在生产线上某些工艺点的旋转给料器壳体内显得较为明显。

3.3.2.8　结块颗粒的影响

结块颗粒容易造成旋转给料器压扁物料比较容易理解。由于生产工艺参数的波动或其他原因，物料中经常会有各种形状、大小的结块，当有结块颗粒进入旋转给料器进料口叶片与壳体交会区域时，块状物料进入到转子容腔所用的时间间隔比较长，同时块状物料的体积比较大，所占的空间就比较大，在转子容腔内凸出转子外径圆周面的概率就比较大，这就使得转子叶片旋转到壳体进料口边缘时产生剪切的概率增大，增加了被剪切物料颗粒的数量。

3.3.3　壳体内腔剪切物料现象的危害

目前，国内正在运行的各类化工固体物料生产装置中，化工固体物料的粒径大小基本上都是 1 mm 以下的粉末或规则的 3 mm 左右的小颗粒，无论是哪一种化工固体物料产品，也无论旋转给料器应用在生产装置中的哪个工艺位置，不管旋转给料器是用于给料用途还是用于长距离气力输送物料，只要在体腔内有剪切颗粒物料的现象存在，无论是对设备的安全稳定运行还是对产品质量都是有危害的，只不过使用的工艺位置、输送的物料、剪切物料的程度不同，其危害程度不同而已。

3.3.3.1　壳体内腔剪切物料的最大危害就是影响产品的质量

随着化工生产工艺技术水平的不断发展，对产品的质量要求越来越高，颗粒物料被剪切以后，可能会被剪碎成为小的颗粒，也可能会被挤压形成不规则体或薄片碎料，这些都是不合格品。这些碎料与其他规则的化工固体物料混合在一起从而影响产品的质量。对于很多种化工固体物料来说，其成品的规格尺寸一致性是产品质量的重要指标，物料中含有碎料成为产品的主要缺陷之一。其结果是产品降级出售，直接影响到企业的经济效益、社会效益以及社会信誉。严重的可能因产品质量引起纠纷或索赔，经济损失更大，社会影响更坏。

3.3.3.2　剪切物料的第二个危害就是影响设备的稳定运行

壳体内腔剪切物料程度比较轻的情况下，剪切物料的第二个危害就是影响设备的稳定运行。在生产装置运行过程中，物料被剪切的同时，整个设备会有剧烈的振动现象和不规则的撞击声。这说明剪切物料的力还是比较大的，而且是不规则的，时而有时而没有，时而剧烈时而轻微。在这样的工况条件下运行，设备的安全稳定运行周期会缩短，出现故障的概率会提高，因故障造成的非计划停车概率也会提高，因非计划停车造成的经济损失也有增加的可能。

3.3.3.3　剪切物料的第三个危害就是设备不能正常运行

如果壳体内腔剪切物料比较严重，就可能会有比较多的物料颗粒同时被剪切的情况发生，一旦出现这种情况，整个旋转给料器连同相关配套设备一起会由振动转变为剧烈抖动，同时不规则的噪声也会突然加大，并有可能出现闷雷般的敲击声，在很短的时间内电动机的电流瞬时迅速增大，甚至有可能超过额定电流而自动跳闸并切断电源，使旋转给料器不能正常运行。

3.3.4　鸭嘴防剪切结构设计与安装

所谓鸭嘴防剪切结构，就是安装在旋转给料器进料口段的一个辅助进料部件，人们习惯称这个辅助进料部件叫鸭嘴。根据物料特性和旋转给料器的工况参数不同，鸭嘴的结构各种各样，但是其基本工作原理和功能大体上是相近的。下面以适用于一般颗粒物料的鸭嘴防剪切结构为例，对鸭嘴的结构和功能进行叙述。图3-34 所示的是壳体进料口段安装鸭嘴防剪切结构示意图。

鸭嘴的结构比较简单，主要由进料口段空腔 6、鸭嘴挡料边 7、鸭嘴安装环形板 8、鸭嘴上游边 9 和鸭嘴出料口 10 组成。鸭嘴挡料边 7的作用是遮挡一部分壳体进料口截面积，并使其形成进料口段空腔 6，鸭嘴的物料过流能力是由鸭嘴出料口 10 的截面积决定的，是固定不变和不能调节的。鸭嘴的主要功能和作用有如下两点。

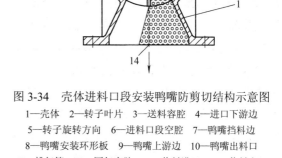

图 3-34　壳体进料口段安装鸭嘴防剪切结构示意图
1—壳体　2—转子叶片　3—送料容腔　4—进口下游边
5—转子旋转方向　6—进料口段空腔　7—鸭嘴挡料边
8—鸭嘴安装环形板　9—鸭嘴上游边　10—鸭嘴出料口
11—排气管　12—回气容腔　13—物料进口　14—物料出口

(1) 限制下料的数量。对于某一种特定工况已经具有确定的工作介质物料及其物理特性，并已知每小时的输送量、输送气体工作压力、物料的输送距离、所输送物料的工作温度等旋转给料器选型所必需的工作参数，就可以选型确定某一台特定型号的旋转给料器。然而对于某些特定物料，在实际应用中有可能需要一些辅助部件，鸭嘴就是应用最广泛的辅助部件之一。在选型过程中，每小时的输送量是按照转子容腔的输送能力计算的，即旋转给料器的最小通过能力点是转子而不是壳体进料口，而在工况运行过程中，物料堆积在壳体进料口段等待进入转子容腔，当转子叶片旋转到进料口段下游边缘 4部位时，就可能会剪切此处堆积的颗粒物料。为了解决这个问题，就要限制进入壳体进料口段的物料数量，依靠改变鸭嘴的过料截面积使旋转给料器的物料最小通过能力点在鸭嘴部位，即由鸭嘴控制旋转给料器的物料输送能力，而不是转子容腔控制物料输送能力，并使鸭嘴的送料能力与转子容腔的输送能力相匹配。

(2) 改变物料进入到转子容腔的位置。鸭嘴的出料口 10 靠近壳体进料口上游边缘 9，此部位的水平位置低于转子的最高点，物料从鸭嘴出料口 10 进入到转子容腔后，物料的堆积高度也必然会不高于转子外径圆周面的最高点。利用合适的鸭嘴结构其效果是使壳体进料口段与叶片交接处有一个无料的区域，即进料口段空腔 6，鸭嘴挡料边 7 与壳体进料口段下游边缘 4 之间的空间始终是一个很小的无料区，这个空间既没有化工固体物料也没有其他任何固形物，在这个条件下运行的转子，其容腔内的化工固体物料处于似满非满的程度，当叶片旋转到与壳体进料口下游边缘 4 相交汇时就不会发生剪切颗粒物料的现象了。

3.3.5　进料分离器防剪切结构设计与安装

所谓进料分离器防剪切结构，就是安装在旋转给料器进口法兰平面上部的一个专用设备，这个专用设备的结构比较复杂，其功能也比较多。根据物料特性的不同有相适应的不同结构的进料分离器。图 3-35 所示的是适用于一般化工固体颗粒物料，在壳体进料口段安装使用的进料分离器防剪切结构安装应用示意图。

进料分离器防剪切结构主要有物料量节流点 4、斜式凹形导料槽 5、过料量调节板 6、调节板固定轴 7、泄漏气体排出通道 8、泄漏气体排出管 9、化工固体物料进口 10 等部分组成。

进料分离器与旋转给料器相互配合工作，进料分离器上法兰连接上游进料管道，下法兰连接旋转给料器进料口法兰。固体物料从物料进口 10 进入后，流经腔体上部截面积逐渐减小的导流部分进入到下部的过流量调节腔内。斜式凹形导料槽 5 和过料量调节板 6 共同组成物料过流通道，调节板 6 可以围绕固定轴 7 旋转一定角度，通过转动调节手柄可以带动调节板 6 旋转，改变调节板 6 下端的位置就可以改变物料过流通道的最小截面积，从而达到控制物料过流量的目的，即由进料分离器控制旋转给料器的物料输送量。旋转给料器体腔内泄漏

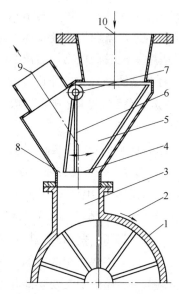

图 3-35　进料分离器防剪切结构安装应用示意图
1—旋转给料器壳体　2—转子旋转方向　3—壳体进料口段
4—物料量节流点　5—斜式凹形导料槽　6—过料量调节板
7—调节板固定轴　8—泄漏气排出通道　9—泄漏气体排出管
10—固体物料进口

的气体从排气通道 8 分流，然后经泄漏气体排出管 9 排放到工艺要求的地方。进料分离器的工作过程与鸭嘴有本质的不同，但是进料分离器的某些功能类似于鸭嘴，所以进料分离器包含鸭嘴的功能，但是在使用过程中其功能要远远优于鸭嘴。其主要功能和作用有如下三点。

(1) 控制和调节下料的速度。进料分离器的控制和调节下料功能与鸭嘴类似，但是进料的速度能够调节。对于某一特定工况点的旋转给料器，在选型过程中每小时的输送量是按转子容腔的输送能力计算的，旋转给料器的最小通过能力点是转子而不是壳体进料口，在工况运行过程中，物料堆积在壳体进料口段等待进入转子容腔，当转子叶片旋转到进料口下游边缘时就会剪切在此区域堆积的颗粒物料。为了解决这个问题，就要限制进入壳体内腔的颗粒物料速度，进料分离器是另一种应用广泛并且可以调节进料数量的相关专用辅助设备。如图 3-35 所示转动固定轴 7 带动调节板 6 可以改变出料口的过流截面积，进而可以控制和调节旋转给料器输送物料的速度。

(2) 改变物料进入到转子容腔的位置。进料分离器的进料口在壳体进料口上游边缘的正上方，物料从进料分离器进入转子容腔后，物料的进料点位于壳体进料口上游侧边，会低于转子

外圆周面，使转子容腔内的颗粒物料接近完全充满，即处于似满非满状态。正常工况运行过程中，合理利用进料分离器控制和调节物料量，当转子叶片旋转到壳体进料口下游边缘时，就不会发生剪切颗粒物料的现象。

(3) 排放泄漏气体。旋转给料器体腔内泄漏的气体，高压输送气体从壳体出料口经回气侧的转子容腔泄漏到壳体进料口，在气体压力差的作用下继续向上运行到达进料分离器内腔，然后从排气通道 8 分流，最后由泄漏气体排出管 9 排放到其他合适的地方。

3.3.6 颗粒物料剪切问题的综合治理

化工固体颗粒物料剪切问题的综合治理是气力输送设备研究的老问题了，从 20 世纪 60 年代最早的化工固体颗粒物料输送设备就存在并研究寻求解决这个问题。虽然从业者们吸纳了很多科学合理的建议，并采取了许多行之有效的措施，但是到现在为止仍然没有完全消除颗粒物料在旋转给料器体腔内的剪切现象。在清楚地知道了物料被剪切的现象和危害以后，对于旋转给料器运行过程中可能产生剪切颗粒物料的主要预防建议措施有如下几点。

(1) 研究开发旋转给料器的新型结构。从旋转给料器的研究开发方面考虑，加强颗粒物料剪切问题的机理性研究，争取在内部结构等方面有大的突破性进展，也可以在输送气流等工艺方面有突破，或者通过设备与气流相结合等方面取得进展，从根本上解决颗粒物料的剪切问题。

(2) 旋转给料器的选型与相关设备配置。从旋转给料器的选型与相关设备配置方面考虑，加强生产工艺运行参数的优化，对于转速比较高的旋转给料器，尽可能地通过优化和调整设备运行参数，适当降低转子的转速，提高旋转给料器的运行稳定性，并降低剪切颗粒物料的概率。

(3) 做好旋转给料器的维护与保养。从旋转给料器的使用维护方面考虑，落实好防止颗粒物料剪切的措施来降低剪切颗粒物料的概率。对于化工生产装置中工况运行的旋转给料器加强巡检和维护力度。发现轴承等各零部件有异常振动、声音、温升，要仔细看、听、闻，认真分析异常的类型、原因、程度，如果有必要立即停机处理，使旋转给料器工作在一个比较完好的工况状态。同时对于端盖的泄漏气体排出孔也要加强巡检，并对可能发生的现象及时进行分析和评估，发现轴密封件损坏有气体泄漏的，随时进行修理或更换，避免设备带病运行。

(4) 提高相关操作人员的技术水平。加强工艺操作人员的技术培训，提高生产装置运行的工艺参数稳定性，尽可能避免因工况参数不稳定而造成的化工固体物料形状异常，减少颗粒物料剪切的概率。

(5) 旋转给料器的开车运行初始状态。在旋转给料器的开车运行初始起动阶段，尽量保证旋转给料器进料口没有物料。对于高温工况的固体物料最好是采用有伴温夹套的壳体。并且在投料前空车运行一段时间，使设备在各方面尽可能达到最佳状态。

(6) 调整优化工艺参数。在旋转给料器的工况运行过程中，通过工艺参数优化调整尽可能避免旋转给料器进料口出现颗粒物料过分堆积现象，使出现剪切的概率降到最低。

(7) 提高操作质量。在正常生产工况运行过程中，通过工艺参数调整和操作质量控制，尽量减少高温非结晶物料颗粒的数量，减少非结晶颗粒物料和其他异常颗粒物料的剪切概率。

3.4 结构设计中要考虑的物料特性

化工固体物料的特性在第 7 章第 7.3 节化工固体物料用旋转给料器及其相关设备选型部分已有详细叙述，这里要介绍的是在考虑化工固体物料特性的前提条件下，旋转给料器各零部件具有怎样的结构才能满足这些特性，怎样能够使旋转给料器具有较好的工作性能。旋转给料器输送的每种特定固体物料都有很多种不同的特性，在这些特性中，有些是要在选型阶段考虑的，有些则要在设计阶段和选型阶段都要考虑的，这其中最突出的是固体物料的密度、物料的安息角、物料的黏附性和物料的黏结性能等。物料的这几个特性都是描述流动性能的，相互之间既有关联又有不同之处。考虑这几个特性分别是为了防止化工固体粉末物料在体腔内产生搭桥现象，防止粉末物料黏附在转子叶片或侧壁等金属表面的现象和防止粉末物料黏结为各种不同的形状、尺寸的"料团"现象产生。

3.4.1 结构设计中要考虑防止物料产生搭桥现象

化工固体物料在体腔内发生搭桥现象主要是指工作介质是粉末物料的工况条件下，在转子容腔或壳体内部的特定环境和有限空间内，粉末物料进入到转子容腔后，由于极细粉末物料的特性作用，致使粉末物料不能完全充满转子的容腔，只是在容腔的外环部分有物料，而在容腔的底部空间则没有物料，从外表面上看转子的容腔是装满物料了，其实各个容腔的内部在不同程度上是空的，就是人们通常所说的假满现象。图 3-36 所示的是化工固体粉末物料在转子容腔内的搭桥现象示意图。

粉末物料形成搭桥现象的机理很复杂，但是普遍认为粉末物料在转子容腔内发生搭桥现象的最主要原因有下列三个方面的因素。

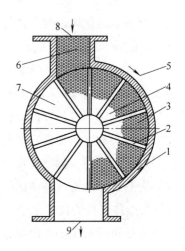

图 3-36 固体粉末物料在转子容腔内的搭桥现象示意图
1—壳体 2—转子叶片 3—转子送料容腔 4—物料搭桥形成的空腔
5—转子旋转方向 6—进料口段的物料 7—转子回气容腔
8—物料进口 9—物料出口

3.4.1.1 固体物料平均粒径尺寸大小

粒子的平均直径大小是粉末物料产生搭桥现象的主要原因。极细的粉末物料(平均粒径小于 10 μm)由于细小微粒之间的作用力大于粒子间充气给予各个微粒的力，而使细小微粒带有黏性，微粒之间极易相互黏结，在物料进入转子容腔的瞬间大量微粒之间相互黏结，使物料很难到达狭小的叶片根部区域，造成靠近转子轮毂的区域一定量的空间没有物料，形成一定程度上的搭桥现象。

3.4.1.2 固体物料的物理特性

物理特性包括物料的含水量、吸湿性和潮解性。适当提高物料的含水量能够降低物料携带的静电，但含水量过大容易黏结在设备体腔的内表面，物料粒子之间相互黏结就很容易形成结块，结块可能是黏附在叶片表面，也可能是与其他结块黏结在一起而形成更大的结块，当大体积结块进入转子容腔后黏结在叶片表面时，在容腔底部就形成空腔，即形成搭桥，这就是常说的所谓搭桥现象。搭桥现象的特点是转子容腔的底部是没有物料的，转子容腔的外环部分容腔装满物料，空腔与物料的分界面是不规则的，如图 3-36 所示。物料的吸湿性和潮解性也有可能会造成物料进入到转子容腔时，由于物料粉末之间相互黏结使物料不能到达转子容腔的底部。

对于具有一定黏附性的粉末物料(平均粒径大于 10 μm)微粒，当粉末物料进入到转子容腔后，与金属表面接触的一小部分粉末物料的微小粒子粘附在转子叶片或侧壁等金属零部件的表面，当转子叶片旋转到壳体出料口时，黏附在叶片表面的粉末物料并不能完全自行下落排出，而有少部分可能会随叶片旋转返回到物料进口，此时有新的粉末物料进入转子容腔，后来的粉末微小粒子又黏附在已经有一层黏附物的叶片表面，就这样一层又一层重叠黏附，使叶片表面黏结的粉末物料越来越多，最后就在叶片表面形成了黏结块。黏结块的位置不一定在叶片根部，距轮毂的距离也不一定，所以黏结块到轮毂之间的部分就可能会形成不能利用的空间。

3.4.1.3 旋转给料器内腔的结构及内表面加工质量

发生搭桥现象的第三个因素是旋转给料器内腔的结构及加工质量，从零部件结构形状要求来看，应该尽量增大转子容腔的开阔度，尽可能不要有狭窄的部位，在满足密封性能要求的情况下，尽量减少叶片数量，增加转子轮毂直径，根据物料的粒径和其他特性，适当调节轮毂直径 d 与转子外径 D 的比值 B，即 $B=d/D$。细粉末物料的搭桥现象越严重，轮毂直径 d 应该越大，反之可以适当减小。细粉末物料的搭桥现象越严重，转子容腔底部的圆弧半径 R 应该越大，反之可以适当减小。图 3-37 所示的是防止搭桥现象产生的转子结构示意图。

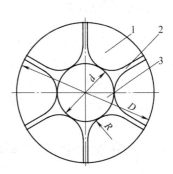

图 3-37 防止产生搭桥现象的转子结构示意图
1—转子容腔 2—转子叶片 3—转子轮毂 D—转子直径
d—转子轮毂直径 R—转子容腔底部圆弧半径

3.4.2 结构设计中考虑防止物料黏附现象

化工固体粉末物料发生黏附现象主要是指具有黏附性的粉末物料在旋转给料器及相关设备内腔表面黏结，并不能依靠重力自行去除掉的现象。粉末物料在转子容腔内黏结后，当转子叶片旋转到壳体出料口时，黏附在叶片表面的粉末物料不能完全自行下落排出，有一部分或有很大一部分会随转子容腔旋转返回到进料口，此时新的粉末物料进入到转子容腔内，又有新的物料黏附在已经有一层黏附物的叶片表面，就这样不断增加黏附物的数量，使转子容腔被黏附物占据的容积越来越大，而使转子的有效容积变得越来越小。

化工固体物料在壳体内腔发生黏附现象主要是细粉末物料黏结在壳体内腔壁表面而形成的，物料在壳体内腔发生黏附现象的主要原因在某种程度上类似于搭桥现象的形成，主要有如下几个方面的因素：

极细的粉末物料(平均粒径小于 10 μm)由于细小微粒间的作用力大于充气给予各个微粒的力而使细小微粒带有黏性，极易在旋转给料器的内腔局部黏结，所以这类物料使用的设备其内腔在改变方向的部位一定要求是大圆角过渡，与物料接触的内表面最终的加工粗糙度要求非常高，特别是转子叶片和侧壁的表面，否则物料极易黏附在过流内腔表面，甚至堵塞物料流经的设备通道。

物料的含水量大小对黏附性也有影响，含水量过大容易黏结在壳体内腔表面。物料的吸湿性和潮解性也会使物料黏壁现象加重，会直接影响到装置的正常运行。

为防止黏附现象的产生，旋转给料器体腔内表面的结构和加工要求类似于防止搭桥现象的结构和加工要求，不能有狭窄的部位，尽量增大转子容腔的开阔度。还有最重要的一点就是表面粗糙度要求非常高，要求叶片表面粗糙度达到 $R_a0.02$ μm 以下，这可以通过适当的加工方法来实现，如通过适当的方法进行合理的精加工或通过镀一层其他适宜的金属材料来实现。

为了防止物料黏附在内腔表面，在有必要的情况下，如果工况参数和物料的其他特性允许，可以将某些部位的内腔表面涂覆适宜的化工材料，如特氟隆等。

3.5 端盖的结构

旋转给料器的端盖是最主要的零部件之一，要通过端盖的结构设计，使整机能够满足工况要求的性能参数。旋转给料器的类型有很多种，分别适用于具有不同特性的物料和不同的工况参数，不同种类的旋转给料器就有不同结构的端盖与相适应的转子和壳体相匹配，通过端盖结构设计能够满足很多种类型整机的性能参数，下面按不同的结构类型分别叙述如下。

3.5.1 端盖与壳体之间的配合定位要求

在机械零部件结构设计中，相互配合的两个零部件之间的定位包括径向定位和轴向定位两部分内容，定位的方式方法也有很多种，不同的定位方法分别适用于不同的结构要求和不同的精度要求。旋转给料器端盖与壳体之间的配合与定位必须满足工况运行的全部要求、安装和检修要求等，旋转给料器端盖与壳体之间的配合结构具有如下特点。

3.5.1.1 定位必须紧固可靠

整机的结构和运行工况都要求壳体和端盖之间的径向定位和轴向定位必须紧固可靠，同心度非常高，不能借助其他辅助零部件定位。例如机械机构中定位常用的销连接是不能满足旋转给料器工作性能要求的，因为销连接增加了一个附件，增加了孔和销的加工误差，更重要的是设备在常年连续工况运行过程中，每间隔一定的时间就要对旋转给料器进行解体检修，经过一定次数的解体与装配操作以后，孔和销都会产生变形而失去应有的定位作用。

3.5.1.2 壳体和端盖的装配与解体要方便

旋转给料器安装在化工生产装置中是常年连续运行的，而且其安装现场的空间位置情况是各种各样的。很多情况下现场安装的空间都很有限，现场解体检修操作受到空间限制，有的安装位置甚至大的工具都无法使用，所以一定要用简单的手动工具就能够进行解体和装配操作，而且要保障设备能够满足各项性能参数要求。

3.5.1.3 适用于多次装配与解体操作要求

壳体和端盖的配合与定位在经过多次装配和解体操作之后定位精度不能下降，整机的各项性能指标不能够降低。尺寸配合精度、两配合面的同轴度和表面粗糙度不能够降低，不能够有损坏和划伤等缺陷。

3.5.2 端盖与壳体之间的配合定位结构

根据旋转给料器的结构特点和工况运行使用特点，选取并确定壳体和端盖之间的配合与定位结构方式。在实际工况运行应用中，一般情况下壳体和端盖的配合与定位有两种形式。

3.5.2.1 圆柱体配合连接定位结构

广泛采用的第一种连接定位结构形式是圆柱体配合。如图 3-38 所示的是壳体和端盖采用圆柱体配合止口连接的结构形式。

在图 3-38 中端盖 1 的圆柱形止口外径 d 和壳体的圆柱形止口内径 D 的公称尺寸相同，只是选取的尺寸公差不同，两者之间的配合公差采用比较松的过渡配合或比较紧的间隙配合。装配完成以后两者之间不能有松动，要保障转子的径向定位位置是唯一的，即使转子圆周分布的各个叶片与壳体之间的径向间隙不一定是完全相同的，但一定是固定不变的。图中壳体止口深度

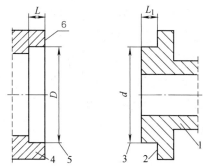

图 3-38 壳体和端盖采用圆柱形配合止口连接的结构形式示意图
1—端盖 2—端盖止口轴向定位面 3—圆柱形止口外径 4—壳体
5—壳体圆柱形止口内径 6—壳体止口轴向定位面
L—壳体止口深度 D—壳体止口直径
L_1—端盖止口长度 d—端盖止口直径

L 比端盖止口长度 L_1 大 0.10～0.15 mm，两者装配好以后端盖的轴向定位面 2 和壳体的轴向定位面 6 紧密贴合，壳体的止口底部与端盖止口之间有 0.10～0.15 mm 的间隙。图 3-39 所示的是采用圆柱体配合止口连接的壳体和端盖装配后的结构示意图。

3.5.2.2 圆锥体配合连接定位结构

第二种是采用圆锥体配合连接定位结构形式，也就是壳体止口的内接触面是圆柱形的，与壳体相配合的端盖止口外接触面是圆锥形的，锥度的大小一般是 2°～3°。锥体的长度根据旋转给料器规格的大小不同而不等，但是大部分规格可以选取 10 mm 左右。如图 3-40 所示的是壳体和端盖采用圆锥体配合止口连接的结构形式示意图。

壳体和端盖采用圆锥体配合止口连接，壳体圆柱形止口内径 D 与端盖止口外接触锥面最大直径 d 之间的过盈量选取是设计成功的核心关键点，过盈量选取太大则会使壳

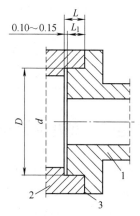

图 3-39 采用圆柱形配合止口壳体和端盖装配后的结构示意图
1—端盖 2—壳体 3—轴向定位贴合面

体与端盖装配好以后端盖的轴向定位面 2 和壳体的轴向定位面 6 不能贴合，过盈量选取太小则会失去定位作用。壳体与端盖装配前，壳体的止口内腔深度 L 比端盖锥体止口长度 L_1 要大 0.10～0.15 mm。

在端盖与壳体装配过程中，当端盖锥体与壳体止口刚好接触时，未能进入到壳体止口内的端盖锥体长度 L_2 要严格控制，L_2 长度的选取原则是既要保障有很好的径向定位，又要保障壳体与端盖装配完全到位，即壳体止口轴向定位面 6 与端盖止口轴向定位面 2 要完全接触。端盖锥体长度要适当，大规格的旋转给料器要稍长一点，小规格的旋转给料器要稍短一点。图 3-41 所示是装配过程中端盖圆锥形止口未进入壳体止口内腔长度 L_2 示意图。

壳体与端盖装配完成以后，端盖止口轴向定位面 2 和壳体止口轴向定位面 6 应紧密贴合，壳体的止口底部与端盖止口之间有 0.10～0.15 mm 的间隙，才能保障壳体端部平面与端盖侧平面之间的密合接触。图 3-42 所示的是采用圆锥体配合止口连接的壳体和端盖装配后的结构示意图。

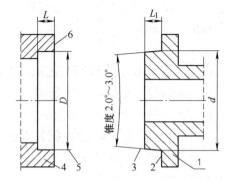

图 3-40　壳体和端盖采用圆锥体配合止口连接的结构形式示意图

1—端盖　2—端盖止口轴向定位面　3—圆锥形止口外径　4—壳体　5—壳体圆柱形止口内径　6—壳体止口轴向定位面　L_1—端盖止口长度　d—端盖止口大径　L—壳体止口深度　D—壳体止口直径

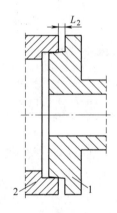

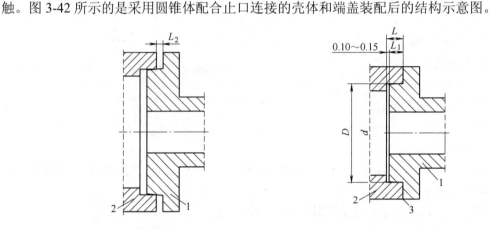

图 3-41　装配过程中端盖圆锥形止口未进入体腔内长度示意图

1—端盖　2—壳体　L_2—未进入止口内的端盖锥体长度

图 3-42　装配后壳体和端盖圆锥形止口连接示意图

1—端盖　2—壳体　3—轴向定位贴合面

3.5.3　低压旋转给料器的端盖结构

20 世纪 60 年代我国开始引进石油化工乙烯深度加工装置，当时的生产工艺参数都是比较低的，广泛应用的大都是适用于低压工况的旋转给料器,适用气体工作压力大都在 0.10 MPa 以下。低压旋转给料器的转子结构分为闭式(有侧壁)转子和开式(无侧壁)转子两种结构，适用于开式转子和闭式转子端盖的主体结构基本类似，在结构上没有太大区别。由于低压旋转给料器结构比较简单，壳体内腔的气体工作压力比较低，所以适用的轴密封件结构类型比较多，因此低压旋转给料器的端盖结构又分为分体式端盖和整体式端盖。

3.5.3.1　低压旋转给料器分体式端盖

低压旋转给料器的端盖比较多地采用分体式结构，适用于开式转子旋转给料器的分体式端盖和适用于闭式转子旋转给料器的分体式端盖结构基本类似，如图 3-43 所示的是盖板部分和轴承座部分用支架连接的分体式端盖结构示意图。

低压旋转给料器分体式端盖的主体结构由盖板部分 1、支架部分 2 和轴承座 3 等部分共同组成。一般情况下，对于这种结构的端盖采用刚度好且尺寸稳定性好的铸件为原材料加工制造。在安装轴承的部位有润滑剂注入口 7，在轴密封件 6 部分有轴密封吹扫气体进口 8，在端盖螺栓分布圆上要有对称分布的两个螺纹通孔 11，用于解体时卸去端盖用，在端盖与壳体之间的密封面的内侧要有 O 形密封件沟槽 10，对于转子直径比较大的旋转给料器，在端盖的上部要有用于安装吊环的螺纹孔 12，在设备的装配、试验、包装、装卸、运输、使用现场安装、检修等过程中都有可能要用到。低压旋转给料器分体式端盖的主体结构是应用比较早的一种结构形式，其最突出的结构特点是：

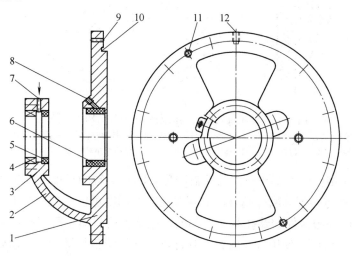

图 3-43　低压旋转给料器的分体式端盖结构示意图
1—盖板部分　2—支架部分　3—轴承座　4—轴承　5—轴承密封件　6—轴密封件　7—润滑剂注入孔　8—吹扫气入口
9—固定用螺栓孔　10—密封件沟槽　11—解体用螺纹孔　12—现场检修吊装用螺纹孔

(1) 端盖的轴向尺寸比较大，与端盖相配合的转子轴向尺寸也要相应增加。在相同直径的条件下，轴越长则其刚度越差，要获得足够的刚度就要适当增加轴的直径。

(2) 端盖的轴密封件安装孔是暴露在外部的，在旋转给料器工况运行过程中，如发现轴密封件有异常现象，可以在使用现场对轴密封件进行适当调整与维护，而不需要解体旋转给料器。

(3) 一旦轴密封件泄漏含有粉末物料的气体，泄漏的气体直接排放到体外，不会危及轴承的正常工况运行。

(4) 低压旋转给料器分体式结构端盖一般可以适用于填料式轴密封件、专用成型轴密封件和其他形式的组合轴密封件，对密封件的适用性比较强。

3.5.3.2　低压旋转给料器整体式端盖

低压旋转给料器的端盖有很多采用整体式结构，适用于开式转子旋转给料器的整体式端盖和适用于闭式转子旋转给料器的整体式端盖结构基本类似。图 3-44 所示的是盖板部分和轴承座部分连为一体的整体式端盖结构示意图。

低压旋转给料器整体式端盖的主体结构由盖板部分 1、加强筋部分 2 和轴承座 3 等部分共同组成，泄漏气体排出孔 13 可以将轴密封件泄漏的含有粉末物料的气体排放到体外。一般情况下，其余各部分的结构与低压旋转给料器分体式端盖的主体结构基本相同，其功能和作用也基本类似。低压旋转给料器整体式端盖结构也是应用比较早的一种结构形式，去掉了端盖的支架部分，盖板部分和轴承座部分连接为一个整体，缩短了端盖的轴向尺寸，其最突出的结构特点如下：

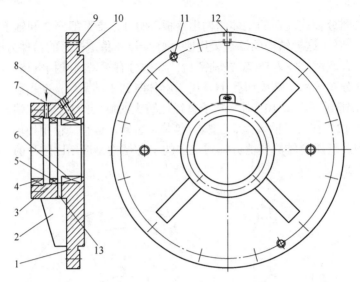

图 3-44　低压旋转给料器的整体式端盖结构示意图

1—盖板部分　2—加强筋部分　3—轴承座　4—轴承　5—轴承密封件　6—轴密封件　7—润滑剂注入孔　8—吹扫气入口
9—固定用螺栓孔　10—密封件沟槽　11—解体用螺纹孔　12—现场检修吊装用螺纹孔　13—泄漏气体排出孔

(1) 端盖的轴向结构尺寸要小些，与端盖相配合的转子轴的长度尺寸也相应短一些。在相同直径的条件下，轴越短则其刚度越好，要获得足够的刚度可以适当确定轴的直径。

(2) 端盖的专用轴密封件安装孔是在内部的，在旋转给料器工况运行过程中，如发现轴密封件有异常现象，不可以在使用现场对轴密封件进行任何调整与维护，而需要停止运行，将旋转给料器解体后才能进行必要的检查维护或更换。

(3) 一旦轴密封件泄漏含有粉末物料的气体,泄漏的气体由泄漏气体排出孔13排放到体外,不会危及轴承的正常工况运行。

(4) 低压旋转给料器整体式结构端盖一般可以适用于专用成型轴密封件和其他形式的组合轴密封件，不适用于填料式轴密封件或其他不适用类型的密封件。

3.5.3.3　低压旋转给料器端盖的结构特点

无论是整体式端盖结构还是分体式端盖结构，两者拥有共同的结构特点是：

(1) 端盖的结构比较简单，只包括盖板、支架(或加强筋)和轴承座3个部分，没有其他的辅助部分及相关的孔、槽、台阶等。

(2) 与端盖相配合的零部件数量很少，低压工况采用的轴承也是结构比较简单的，采用专用轴密封件或普通轴封等，其安装与配合都比较简单。

(3) 端盖的结构尺寸小，壁厚比较单薄，体积小，重量轻，节省材料。

(4) 端盖结构的刚度比较好，尺寸稳定性好，加工工艺性好。

3.5.4　开式转子高压旋转给料器的端盖结构

开式(无侧壁)转子结构的高压旋转给料器分为下出料结构形式的高压旋转给料器和侧出料结构形式的高压旋转给料器，两种旋转给料器的端盖结构也不同。

3.5.4.1　开式转子下出料高压旋转给料器的端盖结构

开式转子下出料高压旋转给料器的端盖一般都是整体式结构的，是在分体式端盖结构的基础上发展而来的。端盖结构局部的或细微的变化都会使其功能发生变化，会使旋转给料器的整机性能参数有很大变化和提高。

随着轴密封件材料的技术发展和进步，轴密封件的结构和技术性能有了很大的提高，端盖的结构也发生了很大变化，为了提高转子的刚度，尽可能缩短转子的轴向长度尺寸，可以将端盖的盖板部分和轴承座部分连接为一个整体，去掉支架部分。如图 3-45 所示的是盖板部分和轴承座部分连为一体的整体式端盖结构示意图。

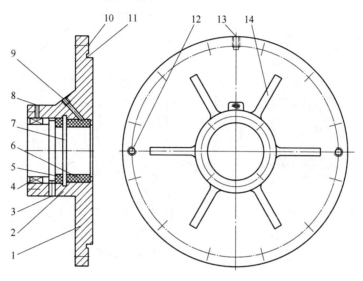

图 3-45　开式转子下出料旋转给料器的端盖结构示意图
1—盖板部分　2—轴承座　3—泄漏气体排出孔　4—轴承组　5—专用轴密封件　6—专用轴密封件　7—轴封定位槽　8—润滑剂注入口
9—轴密封吹扫气进口　10—螺连接栓孔　11—密封件沟槽　12—解体用螺纹孔　13—吊装用螺纹孔　14—加强筋

开式转子下出料旋转给料器整体式端盖的主体结构由盖板部分 1 和轴承座部分 2 及加强筋 14 等部分共同组成。在轴承部位有润滑剂注入口 8，在端盖的专用轴密封组合件 6 部位有轴密封吹扫气体进口 9，在端盖螺栓分布圆上要有对称分布的两个螺纹通孔 12 用于解体时卸去端盖用，在端盖与壳体之间的密封面的内侧要有 O 形密封圈沟槽 11，对于转子直径比较大的旋转给料器，在端盖的上部要有用于安装吊环的螺纹孔 13，加强筋 14 的结构和数量根据不同的结构要求确定。高压旋转给料器的端盖结构大多是整体式结构的，其结构特点与第 3.5.3 节所述的低压旋转给料器整体式端盖类似。

3.5.4.2　开式转子侧出料高压旋转给料器的端盖结构

20 世纪 80 年代我国引进的石油化工乙烯深度加工装置中就有这种开式转子侧出料结构的旋转给料器，当时这种结构仅能够适用于低压工况。由于这种结构具有的某些缺点，所以这种结构的端盖逐步被其他结构所代替。随着气力输送技术的进步和装备制造工业技术水平的提高，最近几年出现了开式(无侧壁)转子侧出料旋转给料器，其适用的工作压力已经大幅度提高，现在这种开式转子旋转给料器适用的工作压力已经达到 0.35 MPa 以上。与这种开式转子相匹配的端盖结构如图 3-46 所示。

端盖的主体结构由盖板部分 11、加强筋部分 16 和轴承座部分 3 共同组成。在安装轴承的部位有润滑剂注入口 9，在轴密封组合件 7 部分要有吹扫气进口 10，两道轴密封件 7 和 6 分级密封，在轴密封件端部有轴封定位环 8，在端盖螺栓分布圆上要有对称分布的两个螺纹通孔 14

用于解体时卸去端盖用，在端盖与壳体之间的密封面内侧要有 O 形密封圈沟槽 13 用于密封端盖与壳体之间的密封面，对于转子直径比较大的旋转给料器在端盖的上部要有安装吊环的螺纹孔 15，在整机的装配、试验、包装、装卸、运输、检修等过程中可能会用到，在端盖的侧壁下部有输送气的进气孔或出料孔 2 和接管法兰面 1，在轴密封件与轴承之间的下部要有泄漏气体排出孔 4。开式(无侧壁)转子侧出料高压旋转给料器的端盖结构特点是：

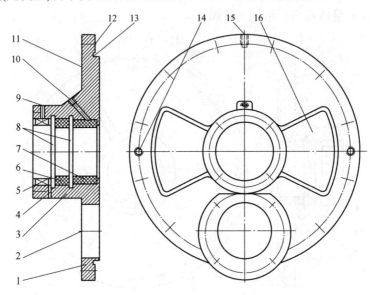

图 3-46　开式(无侧壁)转子侧出料旋转给料器的端盖结构示意图

1—接管法兰面　2—进气或出料口　3—轴承座　4—泄漏气排出孔　5—轴承组　6—专用轴密封件　7—专用轴密封件
8—轴封定位环　9—润滑剂注入口　10—吹扫气进孔　11—盖板部分　12—连接螺栓孔　13—密封件沟槽
14—解体用螺纹孔　15—吊装用螺纹孔　16—加强筋

(1) 端盖的结构包括盖板、加强筋和轴承座 3 个主体部分。在盖板的下部有连接输送物料管道的法兰孔，使端盖的结构变得比较复杂，端盖与壳体之间的配合面不是完整的圆形，而是两个圆形面相贯的形状，所以密封件沟槽也不是单一的圆形，而是两个圆形相贯而形成的形状。

(2) 与端盖相配合的零部件数量很多，仅仅是采用的专用高压轴密封组合体就是由十多个零部件构成的。采用的轴承组合件或是轴承部件能够承受多种力，但是轴承部件所占用的空间是比较小的。

(3) 虽然端盖的结构比较复杂，但是实体部分尺寸小，壁厚及其他部位比较单薄，体积较小，重量较轻，也比较节省材料。

(4) 由于在盖板下部有一个比较大的法兰孔，所以端盖的强度和刚度都受到比较大的影响，因此其刚度在很大程度上要依靠加强筋的合理布置及合理的形状和尺寸来保证。

3.5.5　转子端部专用成型件密封的高、中压旋转给料器的端盖结构

气力输送技术和设备是多种多样的，20 世纪末期我国成套引进的石油化工乙烯深度加工装置中就有这种结构类型的高、中压旋转给料器，这种转子端部密封结构的高、中压旋转给料器适用的工作压力已经能够达到 0.35 MPa 以上，在当时的气力输送系统工艺参数中已经是比较高的工作压力。转子端部专用成型件密封的高、中压旋转给料器主要是指高、中压气力式转子端

部密封旋转给料器和中压弹簧式转子端部密封旋转给料器。转子端部专用成型件密封的高、中压旋转给料器的端盖一般都是整体式结构的，为了提高转子及整机的刚度，要尽可能缩短转子轴的长度。图 3-47 所示的是适用于转子端部专用成型件密封的整体式端盖结构示意图，其中盖板 1 的上半部分适用于转子端部气力式专用密封圈的结构,有推力气体进口 10 和转子端部气力式专用密封圈安装沟槽 13 结构。盖板 1 的下半部分适用于转子端部弹簧式专用密封圈的结构，有专用弹簧式密封圈 18 和密封圈托盘 19 及圆柱压缩弹簧安装孔 20 等组件及相适应的结构。

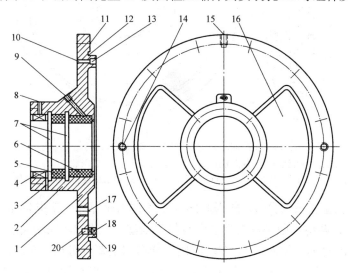

图 3-47　转子端部专用成型件密封的旋转给料器端盖结构示意图

1—盖板部分　2—轴承座　3—泄漏气排出孔　4—轴承组　5—专用轴密封件　6—专用轴密封件　7—轴封定位槽
8—润滑剂注入口　9—轴密封吹扫气进口　10—推力气体进口　11—连接螺栓孔　12—密封件沟槽
13—转子端部气力式专用密封圈安装沟槽　14—解体用螺纹孔　15—吊装用螺纹孔　16—加强筋　17—转子端部密封腔气体进口
18—转子端部弹簧式专用密封圈　19—密封圈托环　20—圆柱压缩弹簧安装孔

转子端部专用成型件密封的高压旋转给料器整体式端盖的主体结构由盖板部分 1 和轴承座 2 及加强筋 16 等部分共同组成。专用轴密封件泄漏的含有粉末物料的气体从泄漏气排出孔 3 排出体外，在轴承部位有润滑剂注入口 8，在端盖的专用轴密封组合件 6 部位有轴密封吹扫气进口 9，在端盖的外侧有推力气体进口 10，在端盖的内腔侧有安装转子端部专用成型密封件的沟槽 13 和转子端部弹簧式专用密封圈 18、密封圈托环 19 及圆柱压缩弹簧安装孔 20，在端盖螺栓分布圆上要有对称分布的两个螺纹通孔 14 于解体时卸去端盖用,在端盖与壳体之间的密封面的内侧要有 O 形密封圈沟槽 12，对于转子直径比较大的旋转给料器，在端盖的上部要有用于安装吊环的螺纹孔 15，加强筋 16 的结构和数量根据不同的结构要求确定。整体式端盖结构的特点与第 3.5.3 节所述的低压旋转给料器整体式端盖类似。

3.5.6　转子端部径向填料密封的中压旋转给料器的端盖结构

随着气力输送技术的进步和气力输送系统各类装备技术水平的不断提高，20 世纪 90 年代我国成套引进的石油化工乙烯深度加工装置中就有这种闭式(有侧壁)转子中压类型的旋转给料器，这种有侧壁转子旋转给料器适用的气体工作压力能够达到 0.20 MPa 左右，在当时的气力输送系统工艺参数中已经是比较高的工作压力。径向填料密封的中压旋转给料器的端盖结构如图 3-48 所示。

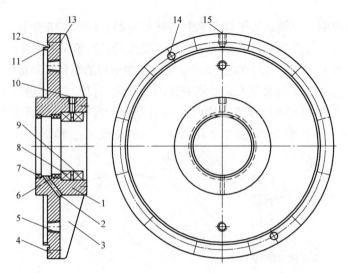

图 3-48　转子端部径向填料密封的中压旋转给料器端盖结构示意图

1—轴承座　2—泄漏气排出孔　3—加强筋　4—盖板部分　5—密封腔气体进口　6—专用轴密封件　7—专用轴密封件　8—轴承组件
9—轴承组件　10—润滑剂注入口　11—定位止口　12—O 形密封圈沟槽　13—连接螺栓孔　14—解体用螺纹孔　15—吊装用螺纹孔

端盖的主体结构由盖板部分 4、加强筋部分 3 和轴承座部分 1 等共同组成。在轴承部位有润滑剂注入口 10，在两道专用轴密封件之间有气体泄漏排出孔 2，在端盖的盖板部分有密封腔气体进口和整机性能检测气体入口 5，在端盖螺栓分布圆上要有对称分布的两个螺纹通孔 14 用于解体时卸去端盖用，在端盖与壳体之间的密封面上要有 O 形密封圈沟槽 12，在端盖的上部有安装吊环的螺纹孔 15，在设备装配、检验、检修等过程中可能会用到。第一道专用轴密封件 7 的作用是密闭壳体内腔，一旦轴密封件 7 损坏产生气体泄漏时，泄漏的气体从排出孔 2 排出到大气中，轴密封件 6 的作用是防止含有粉末物料的气体进入到轴承中去，定位止口 11 与壳体配合。转子端部径向填料密封的中压旋转给料器的端盖结构特点是：

(1) 端盖的主体结构包括盖板 4、加强筋 3 和轴承座 1 等三个部分组成。在端盖的内腔要安装转子端部密封件及其相关辅助零部件，要有很多各种不同的通孔和盲孔，端盖的结构比较复杂，与壳体配合的端盖外环部分轴向尺寸比较大。

(2) 与端盖相配合的零部件数量很多，仅仅是转子端部密封件及其相关辅助零部件就有几十个之多，采用的轴承组合件和高压轴密封组合件也是比较复杂的，所占用的空间也是比较大的。

(3) 端盖的结构比较复杂，实体部分尺寸比较大，壁厚尺寸比较大，体积比较大，重量比较重，使用的材料比较多。

(4) 由于在盖板的轴向布置比较紧凑，端盖的总体轴向尺寸并不大，在盖板和轴承座之间均布有形状、数量和尺寸合理的加强筋，所以端盖的强度和刚度还都是很好的，尺寸稳定性也很好。

3.5.7　转子端部轴向填料密封的高压旋转给料器的端盖结构

在 21 世纪初我国引进的石油化工乙烯深度加工装置中就有这种类型的闭式(有侧壁)转子结构的高压旋转给料器，这种结构的适用气体工作压力已达到 0.40 MPa 以上，在当时的化工固体物料气力输送系统工艺参数中已经是比较高的工作压力了。这种旋转给料器的端盖结构非常复杂,各种各样的孔和槽也非常多。图3-49所示为转子端部轴向填料密封的高压旋转给料器端盖结构。

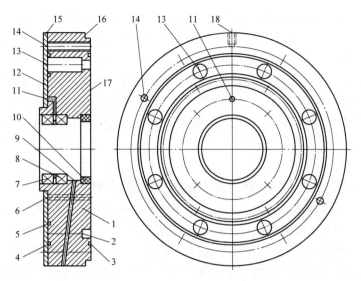

图3-49 转子端部轴向填料密封的高压旋转给料器端盖结构示意图

1—盖板部分 2—密封填料容腔 3—O形密封圈沟槽 4—O形密封圈沟槽 5—O形密封圈沟槽 6—试验气进口 7—轴承组件
8—轴承组件 9—泄漏气排出孔 10—专用轴密封件 11—润滑剂入口 12—与护板配合的侧面 13—弹簧安装孔
14—解体用螺纹孔 15—外侧护板 16—定位止口 17—与转子配合面 18—吊装用螺纹孔

从端盖主体结构的功能来看,仍然是由盖板部分和轴承座等部分共同组成。但是从外形来看盖板和轴承座已经融为一体了,两者都在一个圆柱体内,也就不需要加强筋了。转子端部密封件及其辅助零部件安装在环形槽2内,在轴承部位有润滑剂注入口11,在专用轴密封件与轴承之间有泄漏气体排出孔9,在端盖螺栓分布圆上要有对称分布的两个螺纹通孔14用于解体时卸去端盖,在端盖的右侧端盖与壳体之间的密封面上要有一道O形密封圈沟槽3,在端盖外侧面有多个呈圆形分布的孔用于安装螺旋压缩弹簧,在端盖的外侧面安装有护板用于支撑和固定螺旋压缩弹簧,在外侧面有两个同心圆形环槽4和5放置O形密封圈用于密封端盖与护板之间的接触面,贯穿端盖厚度的通孔6是整机性能试验气进口,此孔也是转子端部密封气体压力平衡腔进气孔,在端盖的上部有用于安装吊环的螺纹孔18。转子端部轴向填料密封高压旋转给料器的端盖结构特点是:

(1) 端盖的结构外形类似于一个圆柱体,包括盖板、加强筋和轴承座部分的功能。在端盖的外表面能看到有很多不同深度,不同用途的沟、槽、孔,内腔要安装转子端部密封件及相关辅助零部件,端盖的结构非常复杂。

(2) 与端盖相配合的零部件数量非常多,仅仅是转子端部密封件及其相关辅助零部件就有几十个之多,还有外侧端面的O形密封圈及其固定护板等。但是,采用的轴承组件和专用轴密封组合件所占用的空间不是很大。

(3) 端盖的结构非常复杂,实体部分尺寸很大,壁厚尺寸和体积很大,是现在使用的各种类型旋转给料器中端盖结构最复杂和重量最重的,所使用的材料也是最多的。

(4) 由于外形类似于一个圆柱体,轴向结构布置比较紧凑使端盖的轴向尺寸比较小,所以端盖的强度和刚度还都是很好的,尺寸稳定性也很好。

3.5.8 旋转给料器对端盖结构的刚度要求

端盖的刚度直接关系到旋转给料器整机性能是否能够满足工况参数的要求，无论是开式(无侧壁)转子的旋转给料器还是闭式(有侧壁)转子的旋转给料器，无论是低压、中压还是高压旋转给料器，也无论是用于气力输送还是用于给料的旋转给料器，端盖的刚度都是至关重要的。各种类型的旋转给料器其端盖结构千差万别，但是其主体结构都是由盖板、支撑(或加强筋)和轴承座等部分组成的。在端盖结构设计过程中要通过各种方法和手段保证刚度，其中包括结构形状控制、尺寸控制、加强筋的形状和位置控制等，使端盖在受力状态下保持尺寸稳定性，其核心点是旋转给料器的端盖与其他零部件一样在负载运行过程中不变形、不颤振、不抖动。

3.5.9 旋转给料器对端盖结构的其他设计要求

各种类型的旋转给料器其整机结构各不相同，与之相配合的端盖的结构形状也是各种各样的。在满足整机性能参数要求的前提下，端盖的结构可以是任意其他的结构形式，本章叙述的只是几种常用的典型结构，供现场检修人员参考使用。在旋转给料器现场检修过程中，检修技术人员可以参考如上所述的常用典型结构进行检修工作，进而可以减少由于不了解端盖结构而多走弯路，以期对尽快修复旋转给料器提供一些帮助。当然，化工生产装置现场使用的旋转给料器其整机结构、端盖结构是多种多样的，绝不是仅仅局限于上述几种结构，这一点必须引起足够注意，希望本章对旋转给料器结构的介绍可以起到抛砖引玉的作用。

3.6 轴承的选型与定位

一般情况下，旋转给料器轴承的选型与定位根据机械设计手册的要求选用就可以了，但是由于旋转给料器有其独特的工作特点，根据现场旋转给料器的使用情况，应做一些有针对性和补充性的说明，以便在维护、修理和保养过程中选用和定位。

3.6.1 轴承的选型

轴承的类型有很多种，但是适用于旋转给料器的轴承类型就不是很多了。各种类型旋转给料器对轴承的运行要求虽然不同，但是有很多共同的要求是大致相当的。轴承选择有如下共同特点：

(1) 转子的转速比较低。旋转给料器转子的转速一般情况下不大于 50 r/min，最常用的基本情况是直径比较小的转子其转速不大于 40 r/min，直径比较大的转子其转速不大于 30 r/min，特大规格直径转子的转速不大于 20 r/min。

(2) 转子轴的直径比较大。与一般其他机械相比较，转子叶片直径相同时，旋转给料器的转子轴比较粗，轴的直径比较大，所选的轴承直径必然也比较大，承载能力也就相应比较大，所以无论选用哪一种类型的轴承其承载能力的安全系数都是比较大的。

(3) 转子的径向负荷比较均匀。化工固体颗粒物料或粉末物料的堆密度一般小于 1，而且其粒径大小是在一定范围内的均匀颗粒或粉末。气力输送系统的工作压力也是均匀的，如遇异常情况也是在瞬时产生并随后很快消失，异常情况只存在于很短的时间间隔内，对轴承的影响不大，所以旋转给料器的轴承选型属于均匀性较轻负荷类型。

(4) 大部分转子的轴向负荷是比较小的。壳体、端盖和转子的结构都是双向对称的，从理论上来看，均匀颗粒或粉末物料作用在转子上的轴向力大小相近方向相反。对于闭式结构的转子，转子的两端有气平衡孔使转子两端部的气体压力始终处于动态平衡状态，不会产生太大的轴向力。即使是由于某种原因使转子两端产生不平衡力，也应该是瞬间的或者是短时间内的，一旦消除了产生不平衡力的原因，轴承的轴向负荷应该是很小的。

(5) 对于斜置式叶片结构的转子，即适用于粉末物料中含有不规则凝结块状体的工况条件，这种工况场合是比较少的，而且出现凝结块状体的概率不是很高，在很短的时间内切断凝结块状体，轴承在瞬时要承受比较大的冲击力。

(6) 轴的刚度要求非常高。为了达到工况要求的整机性能，要求壳体内腔的气体泄漏量尽可能小，所以要求转子与壳体之间的间隙很小，要求包括壳体、转子和端盖等在内的主要零部件的尺寸稳定性非常好，不能有任何可以测量到的变形，转子轴的尺寸稳定性和刚度同样要求非常高。

(7) 要求连续不间断长周期运行。旋转给料器应用于化工固体物料的生产、输送、运输等工艺过程中，这些装置都是 24 小时连续运行的，而且要求的无故障检修周期都比较长，有些化工、石油化工企业都要求无故障检修周期在两年或三年以上，因此轴承的无故障运行时间也应该大于两年或更长。

(8) 有些工况条件下运行的旋转给料器的轴承长期运行温度比较高，运行工况各种各样，情况非常复杂。一般情况下，有一定数量的旋转给料器其工作介质温度在 60～140 ℃，有一部分旋转给料器的工作物料温度在 140～220 ℃，甚至还有更高温度的，所以有时要求轴承具有一定的耐温性。当然大部分旋转给料器的工作物料温度是在 60 ℃ 以下，因此也不必一概而论。需要说明的是工作物料温度是指转子容腔内化工固体物料的温度，轴承部位的温度则相对要低一些。

(9) 现在各类化工生产装置中广泛使用的旋转给料器其结构形式有很多种，但是其选用的轴承类型并不多，大部分或者说是绝大部分旋转给料器选用的轴承仅有几种类型，其中包括滚动轴承中径向接触的单列向心深沟球轴承在我国的国家标准中轴承类型代号为 6。径向接触的不带挡圈单列向心圆柱滚子轴承，在我国的国家标准中轴承类型代号为 NU 和 NJ。角接触单列向心圆锥滚子轴承在我国的国家标准中轴承类型代号为 3。

3.6.2　轴承的游隙

轴承内部游隙的定义是，其中一个轴承套圈相对于另一个轴承套圈相互在径向可移动的总距离称作径向游隙，两套圈相互在轴向可移动的总距离称作轴向游隙。

对于轴承的游隙，必须区分在安装之前的游隙(或称初始游隙)和安装后并达到其工作温度的游隙(或称工作游隙)，轴承的初始游隙一般比工作游隙要大。由于内外套圈选取不同过盈量的配合公差，或由于温度的变化使轴承套圈与邻接部件热膨胀程度不同等，都会导致轴承套圈膨胀或收缩，而使轴承的初始游隙发生变化。

为了使轴承有良好的运行状态，径向游隙十分重要。一般的准则是球轴承的径向游隙和轴向游隙(这里指工作游隙)都应为零，或者有轻微的预紧。但对于圆柱滚子轴承、球面滚子轴承、圆锥滚子轴承，在运行时必须留有一定的剩余游隙，就算是很小的游隙也可以。

如果轴承采用参考文献[14]《机械设计手册》推荐的公差配合，并且在一般的工作条件下运行，选择普通组游隙的轴承就可以有合适的工作游隙。但是，当工作和安装条件与一般的情况有区别时，例如轴承的两个轴套都是采用过盈配合时，轴承的工作游隙会变小，所以要选初始游隙比普通组游隙大的轴承。如果由于轴承套圈温度差别的影响很大时，则应选用轴承的游隙比普通组游隙小的轴承。轴承的游隙也可以按参考文献[17]《SKF轴承综合型录》的规定选取。

对于圆锥滚子轴承、双列角接触球轴承和四点接触球轴承，轴承的游隙是轴向游隙而不是径向游隙，因为在这些轴承的应用设计中轴向游隙更为重要。

3.6.3 单列向心深沟球轴承及其定位

单列向心深沟球轴承一般应用于中小规格的旋转给料器，采用每端成对并列安装方式使用，即每台旋转给料器使用四个轴承，每端用两个并列方式安装。这样可以大大提高转子运行的稳定性和整体刚度，有利于旋转给料器的长期稳定可靠运行。

旋转给料器的径向负荷比较均匀，轴向负荷很小，所以轴承与轴的配合不宜太紧。对于转子直径比较小的情况，轴承与轴的配合要适当紧一些；对于转子直径比较大的情况，轴承与轴的配合要适当松一些。单列向心深沟球轴承的游隙大小要根据工作温度选取，工作介质温度高的场合要求选用较大的径向游隙。

安装过程中单列向心深沟球轴承的轴向定位方式。一般情况下是在转子的非驱动端采用双向定位，如图3-50所示，由定位轴肩6和轴承固定环2把轴承的位置完全固定。而转子的驱动端采用单向定位，轴承的一个侧面靠紧轴的定位轴肩9，轴承的另一个侧面与轴承固定环13不接触，留有一定的轴向位移量。驱动端轴承左侧固定，驱动端轴承右侧的轴向可移动量用C表示，位移量C的大小要根据旋转给料器的转子直径规格大小和工作物料温度等工况参数确定。旋转给料器在运行过程中，如遇到物料的温度发生波动，或由于其他原因致使整体或部分区域的温度发生变化时，在零部件热胀冷缩的影响下，转子可以在轴向可移动量C的范围内自由移动，避免损坏设备。

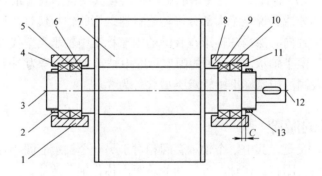

图3-50　旋转给料器向心深沟球轴承的轴向定位示意图

1—端盖轴承座　2—轴承固定环　3—非驱动轴端　4—深沟球轴承　5—深沟球轴承　6—定位轴肩　7—转子叶片
8—驱动端轴承座　9—定位轴肩　10—深沟球轴承　11—深沟球轴承　12—驱动轴端　13—轴承固定环　C—轴向可移动量

3.6.4 单列向心圆柱滚子轴承及其定位

单列向心圆柱滚子轴承一般应用于承受力比较大的情况下，例如转子直径比较大的旋转给料器或是工作压力比较高的使用工况。圆柱滚子轴承一般是配合使用或者称为成对组合使用，即每台旋转给料器用四个轴承，如图3-51所示。非驱动端用的两个轴承，其中内侧一个轴承5采用内圈单挡边圆柱滚子轴承(即NJ型)，外侧一个轴承4采用内圈无挡边圆柱滚子轴承(即NU

型)，由定位轴肩6和轴承固定环2完全固定轴承的轴向位置。驱动端用的两个轴承10和11都是内圈无挡边的圆柱滚子轴承(即 NU 型)。这样依靠非驱动端轴承内圈单挡边圆柱滚子轴承轴向定位，并与内圈无挡边圆柱滚子轴承共同承载径向负荷，驱动端所安装的两个轴承外侧均无挡边，所以当温度变化时轴承内套可以随轴一起有适量轴向位移，圆柱滚子轴承(即 NU 型)承载能力大，可以大大提高稳定性和整体刚度，有利于旋转给料器的长期稳定可靠运行。

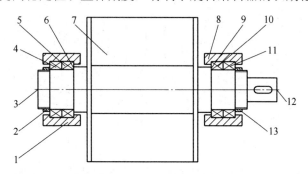

图 3-51　旋转给料器向心圆柱滚子轴承的轴向定位结构示意图

1—端盖轴承座　2—轴承固定环　3—非驱动轴端　4—圆柱轴承 NU　5—圆柱滚承 NJ　6—定位轴肩　7—转子叶片
8—驱动侧轴承座　9—定位轴肩　10—圆柱轴承 NU　11—圆柱轴承 NU　12—驱动轴端　13—轴承固定环

3.6.5　单列向心圆锥滚子轴承及其定位

单列向心圆锥滚子轴承应用范围比较广，不管是带侧壁转子旋转给料器还是不带侧壁转子旋转给料器，也不管是大中直径转子旋转给料器还是中小直径转子旋转给料器，也不管是工作介质温度高的旋转给料器还是工作介质是常温的旋转给料器，都可以使用单列向心圆锥滚子轴承。一般情况下是成对背靠背使用，即每台旋转给料器用两个轴承，转子的每端用一个轴承。这样依靠圆锥滚子轴承的特性内侧轴向定位并承载径向负荷和轴向负荷，轴承外侧用带螺纹的挡圈定位，如图 3-52 所示。

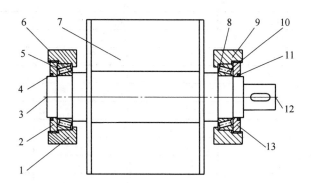

图 3-52　旋转给料器向心圆锥滚子轴承的轴向定位示意图

1—端盖轴承座　2—锁紧螺纹挡圈　3—非驱动轴端　4—轴承密封圈　5—圆锥滚子轴承　6—定位轴肩　7—转子叶片　8—定位轴
肩　9—驱动侧轴承座　10—圆锥滚子轴承　11—轴密封圈　12—驱动轴端　13—锁紧螺纹挡圈

螺纹挡圈2的外螺纹与端盖轴承座1的内螺纹配合，通过调节螺纹挡圈的松紧程度来实现轴承定位，如图 3-53 所示。为了适应轴承的工作温度发生变化时轴承要有适量轴向位移的要求，在安装过程中，首先拧紧螺纹挡圈，如图 3-53a 所示螺纹挡圈的"0°"在中心线位置；然后回

转一定角度 N，如图 3-53b 所示螺纹挡圈的"0°"在中心线左侧。

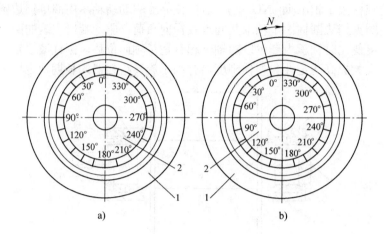

图 3-53　旋转给料器向心圆锥滚子轴承的螺纹挡圈拧紧与回转示意图
a) 螺纹挡圈拧紧位置　b) 螺纹挡圈回转后的位置
1—端盖轴承座　2—锁紧螺纹挡圈

　　回转角度 N 的取值大小与转子的直径、物料的温度、壳体和转子之间的温度差有关。转子直径比较大的旋转给料器，螺纹挡圈的回转角度就大一点，转子直径比较小的旋转给料器，螺纹挡圈的回转角度就小一点。瑞士布勒(BUHLER)公司产品 OKEO-PHP 旋转给料器样本中给出的螺纹挡圈拧紧以后回转角度见表 3-5 所示。

表 3-5　向心圆锥滚子轴承的螺纹挡圈拧紧后回转角度

转子直径，叶片长度/mm	物料最高温度/℃	转子与壳体之间的最大温度差/℃	螺纹挡圈回转角度 N/(°)
180，150	60	20	10
	140	40	22
	220	60	27
220，220	60	20	12
	140	40	26
	220	60	31
280，300	60	20	15
	140	40	33
	220	60	38
360，380	60	20	17
	140	40	39
	220	60	44
450，450	60	20	19
	140	40	41
	220	60	46
520，520	60	20	20
	140	40	45
	220	60	50
600，600	60	20	23
	140	40	51
	220	60	56

螺纹挡圈的松紧程度调节好以后，在螺纹挡圈下部一个规格为 M2 的锁紧螺纹孔 1 中安装锁紧螺钉 7，如图 3-54 所示。

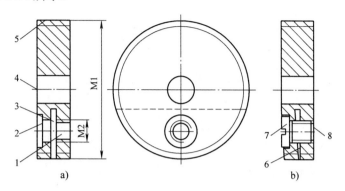

图 3-54　旋转给料器向心圆锥滚子轴承用的锁紧螺纹挡圈结构示意图
a) 螺纹挡圈的初始结构　b) 螺纹挡圈锁紧后的结构
1—锁紧螺纹孔　2—螺钉定位面　3—锁紧开口　4—外侧平面　5—与轴承座连接螺纹 M1　6—锁紧后的开口
7—锁紧螺钉　8—与轴承接触面

螺纹挡圈在厚度方向开一个具有一定深度的槽，如图 3-54a 所示；当螺纹挡圈回转一定角度后用螺钉固定，使螺纹挡圈开槽部分相向靠拢，槽的宽度变窄，螺纹挡圈把轴承锁紧在轴承腔内，如图 3-54b 所示。这种结构的稳定性和整体刚度很好，锁紧防松效果好，有利于旋转给料器的长期稳定可靠运行。

第4章 旋转给料器的密封

旋转给料器

旋转给料器的密封包括转子轴的动密封、转子端部的动密封、气体压力平衡腔的动密封、轴密封气体吹扫系统的动密封、旋转给料器整机的工况运行内部动密封、供气管路系统连接的静密封、壳体压力腔各组成零部件之间的静密封、旋转给料器与各相关设备及零部件之间连接的静密封等。本章介绍的内容主要是提供给旋转给料器的设备运行管理人员和设备检修人员阅读的，不是专门为设计人员提供的，所以只对部分易损件的内容进行简单的设计与计算，大部分内容仅进行定性分析。

4.1 旋转给料器的轴密封

旋转给料器的轴密封使用工况不同于其他机械的轴密封，一般机械结构件轴密封的工作介质是液体或者气体，也可能是气体中带少量液体或是液体中带少量气体，大多数液体具有润滑的特性，有少量液体渗透到轴与密封件之间的密封副中可以降低密封副的摩擦因数，并能在一定程度上降低密封副的工作温升，减少密封件的摩擦磨损，有利于延长密封件的使用寿命。大多数气体虽然没有润滑密封副的特性，但纯净的少量气体渗透到轴密封副中不会增大密封副的摩擦因数，也不会加快密封件的磨损和降低密封件的使用寿命。

然而，旋转给料器轴密封使用工况却不同，旋转给料器轴密封的工作介质是化工固体物料与气体的混合物，或者说是气体介质中含有一定数量的粉末或细小颗粒。一般的化工固体物料是粉末或小颗粒，颗粒物料中含有少量粉末，不管是粉末物料还是颗粒中含有少量粉末的物料，总会有一些粉末物料跟随气体泄漏到轴与密封件之间的密封副中。粉末物料实际上是极微小的颗粒，滞留在轴的密封副内，相当于在密封副中填加了小磨粒，这些小磨粒会增大密封副的摩擦因数，加快密封件和轴的摩擦磨损，进而会大大降低轴密封件的使用寿命，并有可能因此而损坏轴的密封表面。

旋转给料器的轴密封结构形式有很多种类型，分别适用于不同的工况参数，包括不同的工作介质物料、工作压力、工作温度和气力输送距离等，每一种类型的轴密封又有不同的结构和材料。无论是哪种结构的轴密封，也无论是哪种材料的密封唇口，都要求轴的材料耐摩擦磨损，轴与密封件的接触表面粗糙度 $R_a 0.04 \sim 0.02\ \mu m$，并要求轴的表面硬度大于 55 HRC，要求转子轴各不同轴段之间的不同轴度不大于 0.001～0.01 mm，轴的直径小些，轴的不同轴度公差也小些，轴的直径大些，则轴的不同轴度公差也大些，下面分别进行叙述和介绍不同结构和不同材料的轴密封。

4.1.1 编织填料轴密封

国内关于编织填料密封的文献有很多，但是其内容大多是相近或相似的，这里就不再叙述了，这里仅介绍与旋转给料器使用特点有关的编织填料轴密封的相关内容。

密封填料分为编织填料绳轴密封和成型填料密封环两大类。由于成型填料密封环的材料一般是比较软的，在干摩擦的工作状态下很容易损坏，特别是一旦有粉末进入到密封副内，更会加大密封副的摩擦阻力，加快密封环的摩擦磨损，对于含有粉末的气体工况介质很少使用。适用于旋转给料器工况特点的是编织填料绳轴密封件。在长期连续运行过程中，填料密封件一旦损坏，可以在线随时更换编织填料轴密封件，而成形填料轴密封环更换就不方便了。

4.1.1.1 编织填料绳轴密封的结构

为了尽量减少介质中的细小颗粒或粉末在气体压力作用下进入密封副间隙内,旋转给料器的轴密封结构不同于一般普通阀门阀杆的密封结构,也不同于水泵轴密封的结构。在旋转给料器轴密封的结构设计中要有一个中间吹扫压力环,如图4-1所示的是轴的填料密封结构示意图。

转子轴的填料密封主要由填料压盖 1、靠近压盖的软质密封件 2、吹扫气体进口 3、端盖的填料函 4、壳体压力腔 5、转子侧壁 6、中间吹扫气体均压环 7、转子轴 8、靠近转子侧壁的耐摩擦磨损密封件 9 等部分组成。靠近转子侧壁的2~3 圈编织填料是耐摩擦磨损密封件,在转子轴和密封件之间有微小间隙。压缩空气或氮气由吹扫气进口 3 进入到中间吹扫气体均压环 7 的环形槽内,并通过连接孔在环形槽内迅速扩散到整个内槽和外槽,此压缩空气或氮气的压力略高于

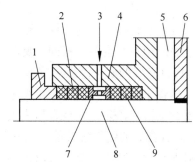

图 4-1 旋转给料器轴的填料密封基本结构示意图
1—填料压盖 2—软质密封件 3—吹扫进口
4—端盖填料函 5—壳体压力腔 6—转子侧壁
7—吹扫气体均压环 8—转子轴 9—耐摩密封件

旋转给料器体腔内的工作压力,在这个气体压力差的作用下,会有少量吹扫气体从均压环 7 的环形槽内沿密封副泄漏到壳体压力腔 5 内。这样体腔内工作介质中的细小颗粒或粉末就不能够进入到编织填料密封件的密封副内。靠近压盖的 3 圈编织填料是密封性能优良的软质密封件,能够密封住压缩空气或氮气不向外泄漏,这样的组合型密封广泛应用于低压旋转给料器的轴密封,使用效果很好。

填料密封件 2 和 9 被安装在端盖 4 的填料函内,其内径与转子轴 8 紧密接触,填料压盖 1 施加一定量的轴向压紧力,依次作用在填料密封件 2 和 9 上,在轴向压紧力的作用下填料密封件发生变形并产生一定量的径向压紧力作用在转子轴密封面上。此时的径向密封力和轴向压紧力的比值称为径向比压系数,就是一定量的轴向压紧力作用在填料密封件上能够产生多大的径向密封压紧力。一般情况下,在一定范围内填料的材料越软,径向比压系数越大,填料的材料越硬,径向比压系数越小。对于绝大部分填料的材料来说,径向比压系数为 0.4~0.8,也就是说,能够产生的径向密封力比作用在填料密封件上的轴向压紧力要小很多。

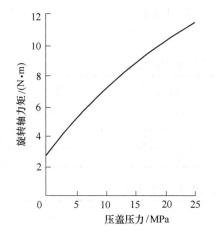

图 4-2 填料密封结构中旋转轴力矩与压盖压紧力的关系

将编织填料安装在填料函内,用填料压盖沿轴向压紧,使编织密封填料变形在径向产生压紧力,编织填料密封件紧紧地贴合在转子轴密封表面,保持编织填料密封件与转子轴之间的密封。填料压盖的轴向压紧力越大,填料对轴的径向比压越大,轴的旋转阻力矩也就越大。如图 4-2 所示的是对于某种特定材料的编织填料密封件,轴的旋转力矩与填料压盖的轴向压紧力的关系。

从图 4-2 中的旋转轴力矩与压盖压紧力的关系曲线可以看出,旋转轴力矩随压盖压紧力的增大而迅速增大。一般情况下,旋转

给料器的工作压力不大于 0.60 MPa，在旋转轴压力密封方面属于低压密封工况，所以压盖的轴向压紧力也不需要很大，旋转轴的力矩也不是很大。

4.1.1.2　旋转给料器对编织填料轴密封件的要求

不同的编织填料密封件是由不同技术性能的材料加工而成的，其自身的性能参数如自润滑性、耐磨性、热传导性、耐热性、耐腐蚀性等不同，适应的工作压力、工作温度、工作介质、转子转速等应用参数也各不相同。旋转给料器轴密封要求密封件材料具有的特性是：

(1) 具有良好的耐干摩擦磨损性能，由于旋转给料器的工作介质是气体和化工固体物料的混合物，尽管采取了各种措施防止粉末进入到转子轴的密封件内。但是，仍然要求具有良好的耐干摩擦磨损性能，防止一旦有粉末进入而使得轴密封件在很短的时间内失去密封性能。

(2) 具有良好的耐腐蚀性能，旋转给料器工作介质是化工产品，虽然化工固体颗粒物料或粉末物料本身的特性不一定具有腐蚀性。但是有些化工产品在生产过程中伴有各种腐蚀性介质。例如 PTA(精对苯二甲酸)生产过程中伴有醋酸，所以 PTA 物料或 CTA(粗对苯二甲酸)物料都具有一定的腐蚀性，特别是中间产品 CTA 的腐蚀性更强。

(3) 具有比较高的密度，尽可能防止化工固体粉末物料侵入到软填料密封件内，使填料密封件保持原有的密封性能。编织的密度越高，抗粉末物料侵入的性能就越好。

(4) 具有良好的耐热性能，化工产品在生产过程中在不同的工艺点有不同的介质温度，例如 PTA 粉末物料生产过程中有工况点的温度可以达到 140～150 ℃，聚酯切片固相缩聚生产过程中有工况点的温度可以达到 210～220 ℃，要求填料密封件能够在不同的工况条件下保持原有的良好密封性能。

(5) 编织填料密封件必须是在各种不同的工况条件下运行不褪色、不掉色的材料，化工产品的成品和中间产品有很大一部分都是白颜色的，要求所有与其接触的设备不褪色、不掉微小粒子，保证在生产过程中不能污染物料。

(6) 编织填料密封件必须具有比较高的抗拉强度，轴密封件的工作条件比较恶劣，没有润滑、始终处于干摩擦状态，所以在有粉末物料的情况下摩擦因数会增大，而且受力很不均匀，轴密封件的受力情况非常复杂。

旋转给料器的转子轴密封组合件中，耐磨密封件大多数情况下采用密度为 1.40～1.45 g/cm³的芳纶纤维编织填料，使用效果很好，芳纶纤维材料与其他纤维材料的力学性能见表 4-1 所示。芳纶纤维材料的耐化学药品腐蚀性能参见表 4-2 所示。芳纶纤维材料适用工作温度在–100～260 ℃，满足化工固体物料生产与输送过程中的使用要求。

表 4-1　芳纶纤维与其他纤维材料力学性能比较

力学性能	芳纶 1414	锦纶 66	聚酯纤维	玻璃纤维	碳纤维	酚醛纤维
抗拉强度/MPa	2.76	0.99	1.15	1.75	2.65	1.8
模量/GPa	120	5.6	13.4	61	227	40
断裂伸长/%	1.9	18	14	2.5	1.0	36
密度/(g/cm³)	1.45	1.14	1.38	2.54	1.7	1.27

表 4-2　芳纶纤维对各种化学药品的耐腐蚀性能

化学药品(常温下浸渍 24 h)		抗拉强度下降/%	化学药品(常温下浸渍 24 h)		抗拉强度下降/%
醋酸	99.7%浓度	没变化	丙酮		没变化
盐酸	37%浓度	没变化	汽油		没变化

(续)

化学药品(常温下浸渍 24 h)		抗拉强度下降/%	化学药品(常温下浸渍24h)	抗拉强度下降/%
氢氟酸	48%浓度	10	甲醇	没变化
氢氧化钠		10	苯	没变化
氢氧化氨		没变化	轻质油	0.5
食盐水		0.5	佛腾水	没变化

根据旋转给料器转子轴密封结构特点对密封件材料特性的要求，在材料的力学性能和对各种化学药品的耐腐蚀性能方面，芳纶纤维都是比较好的密封件材料。芳纶纤维密封件材料强度高、弹性好等优点作为密封件材料是有利的方面，而其自润滑性差、价格高则是不利的方面。由于旋转给料器本身的工作介质就是含有粉末的气体，所以对任何材料的密封件都表现为自润滑性能很差，从这一角度来说，芳纶纤维密封件材料还是能够适合于旋转给料器转子轴密封的。

碳纤维和酚醛纤维等也可以用于旋转给料器转子轴密封的密封件材料，各种材料都有各自的特点，分别适用于不同的工况参数和工作介质条件。

4.1.1.3　编织填料轴密封的特点

旋转给料器的工作介质是化工固体颗粒物料或粉末物料，它们在气体压力作用下流动，虽然轴密封结构中有吹扫气体保护，防止微粒进入编织填料密封副内。但是在工况参数波动或吹扫气体异常的情况下，介质中的细小颗粒或粉末在气体压力作用下可能会进入密封副间隙内，如图 4-3 所示的是颗粒或粉末进入编织填料密封副间隙示意图。

物料的细小颗粒或粉末从转子与端盖之间的压力腔 5 缓慢进入到端盖与轴之间的间隙内并逐渐渗漏到填料与轴之间密封副 9 内，由于密封填料是编织加工件，其表面粗糙度不如机械加工件，填料密封件与轴之间的间隙是不等的，所以细小颗粒或粉末很容易停滞下来，并镶嵌在编织填料密封件与转子轴之间的某个位置，导致编织填料密封件与转子轴之间摩擦因数加大，轴的旋转阻力矩随之增大，随着运行时间的延长，化工固体物料中的细小颗粒或粉末会渗透进入到编

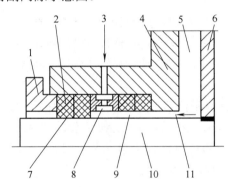

图 4-3　固体颗粒或粉末进入编织填料密封面间隙示意图
1—填料压盖　2—软质密封件　3—吹扫气进口　4—端盖填料函
5—壳体压力腔　6—转子侧壁　7—封气密封副　8—吹扫气均压环
9—密封副微小间隙　10—转子轴　11—微粒缓慢渗漏在缝隙内的运动方向

织填料密封件的结构组织中，这样就使编织填料密封件改变原有的特性，填料的弹性下降而变得硬度很大，填料压盖的轴向压紧力产生的密封比压降低，填料与转子轴之间密封性能降低，进而产生泄漏。所以应用在旋转给料器轴密封的编织填料密封具有如下特点：

(1) 编织填料密封件必须具有良好的耐磨性能，旋转给料器的转子不同于普通阀门的阀杆，转子始终处于旋转状态，而且工作介质中的化工固体物料颗粒或粉末会增大填料的摩擦因数，所以填料要有很好的耐摩擦磨损性能。

(2) 在选择编织填料密封件的材料时，填料必须具有较高的回弹率，当有少许细小颗粒或粉末渗透进入到编织填料密封件内部以后，仍能保持较好的密封性能。

(3) 旋转给料器轴密封采用编织填料密封件，填料压盖的轴向力大小可以调节，现场运行

过程中可以进行适当维护与保养，如压紧填料压盖等操作。

(4) 编织填料密封件如有损坏或失去密封功能，可以在旋转给料器停止运行的状态下在线更换编织填料密封件，不用解体旋转给料器就可以进行操作，可以节省大量时间，对生产装置的连续稳定运行很有好处。

(5) 编织填料密封件的适用温度要比较高，要求适用温度要达到 200 ℃以上，有些生产装置工况要达到 230 ℃左右，以满足旋转给料器在运行位置工况点的工作条件。

(6) 编织填料密封件的缺点是摩擦因数大使转子轴的旋转阻力矩比较大，同时对轴密封表面的磨损也比较大。

4.1.1.4 编织填料型轴密封的适用压力范围

基于以上分析，编织填料轴密封件受介质中细小颗粒或粉末的影响是不可避免的，密封件与轴之间的密封比压越高，轴的旋转力矩也越大，填料与转子轴之间密封性能降低也就越快；相反，密封件与轴之间的密封比压越低，在细小颗粒或粉末的影响下，轴的旋转力矩的变化也比较小，编织填料与转子轴之间密封性能降低也就比较缓慢；所以编织填料轴密封一般适用于旋转给料器的工作压力在 0.10 MPa 以下的工况，现在更多的应用在 0.08 MPa 以下工况条件。

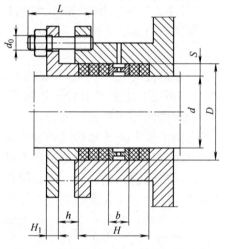

4.1.1.5 编织填料轴密封的设计计算

旋转给料器的编织填料轴密封基本结构类似于阀门的阀杆填料密封结构，其主要结构尺寸设计与计算可以参照参考文献[14]《机械设计手册》给出的方法和程序，旋转给料器转子轴编织填料密封结构尺寸如图4-4 所示，下面举例设计计算转子轴的填料密封主要结构尺寸。

(1) 计算举例基本参数。如图4-4 中所示，轴的直径 d=100 mm、工作压力 p=0.5 MPa、轴的转速为 18 r/min。

(2) 轴的填料密封主要结构尺寸(实例)设计计算(参考文献[14])见表4-3。

图 4-4　旋转给料器转子轴编织填料密封结构尺寸示意图

表 4-3　轴的填料密封主要结构尺寸(实例)设计计算

填料截面边宽 (正方形)S/mm	计算：$S=\dfrac{D-d}{2}=\dfrac{124-100}{2}=12$ mm	计算实例，轴径：100 mm
		填料截面边宽 S: 12 mm
填料高度 H/mm	旋转轴 $H=nS+b=5×12+2×12=84$ mm	计算实例，工作压力：0.5 MPa
		填料圈数：5
填料压盖高度 h/mm	h=(2~4)S, 安装填料压盖前，填料函内必须装满填料，安装填料压盖后才有足够的再压缩行程。h=(2~4)×12=24~48, 取 h=40 mm
填料压盖 法兰厚度 H_1/mm	$H_1≥0.75d_0$=0.75×27.2=20.4 mm　　　取 H_1=25 mm
填料压盖螺栓 螺纹小径 d_0/mm	$d_0^2=\dfrac{12\,660}{25×3.14×2×30}=2.69$ mm　　　d_0=1.64 mm　取螺栓直径 20 mm

(3) 填料压盖螺栓直径计算。

1) 压紧填料所需的力 Q_1 按下式确定

$$Q_1=78.5(D^2-d^2)y$$

式中 Q_1——压紧填料所需的力(N);

  Y——压盖作用在填料上的压紧力(MPa),优质芳纶编织填料与柔性石墨环填料组合填料,Y=3.0 MPa;

  D——填料函直径(cm);

  d——转子轴直径(cm)。

$$Q_1=78.5(D^2-d^2)y=78.5\times(12.4^2-10^2)\times3.0=12\ 660\ (N)$$

2) 使填料达到密封所需的力 Q_2 按下式确定

$$Q_2=235.6(D^2-d^2)p$$

式中 Q_2——使填料达到密封所需的力(N);

  p——工作介质压力(MPa)。

$$Q_2=235.6(D^2-d^2)p=235.6\times(12.4^2-10^2)\times0.5=6\ 332(N)$$

3) 取 12 660 N 和 6 332 N 的较大值计算螺栓直径

$$Q_{max}\leqslant25\times3.14\cdot d_0^2Z\sigma_p=25\times3.14\ d_0^2\times2\times30=12\ 660(N)$$

式中 Q_{max}——Q_1 和 Q_2 的较大值(N);

  σ_p——螺栓材料的许用应力(MPa),不锈钢取 30 MPa;

  d_0——螺栓螺纹小径(cm);

  Z——螺栓数量,取 2 个。

$$Q_{max}\leqslant25\times3.14\ d_0^2Z\sigma_p=25\times3.14\times2\times30d_0^2=12\ 660(N)$$

$$d_0^2=\frac{12\ 660}{25\times3.14\times2\times30}=2.655\ cm \quad d_0=1.63\ cm\ 取螺栓直径\ 20\ mm$$

(4) 摩擦功率。

1) 填料与旋转轴之间的摩擦力 F_m=100×3.14$dHq\mu$

式中 F_m——填料与旋转轴之间的摩擦力(N);

  q——填料的侧压力(MPa),$q=K\times\dfrac{Q_{max}}{25(D^2-d^2)\times3.14}$;

  K——侧压系数,优质芳纶编织填料与柔性石墨环组合填料 K 取 0.7;

  d——转子轴直径(cm);

  D——填料函直径(cm);

  H——填料高度(cm),12×5=60 mm,即 6 cm;

  μ——填料和转子轴之间的摩擦因数,优质芳纶编织填料与柔性石墨环填料组合填料 μ=0.10。

$$q=K\times\frac{Q_{max}}{25(D^2-d^2)\times3.14}=0.7\times\frac{12\ 660}{25\times(12.4^2-10^2)\times3.14}=2.1(MPa)$$

$$F_m=100\times3.14dHq\mu=100\times3.14\times10\times6\times2.1\times0.10=3\ 955\ (N)$$

2) 在填料函的整个填料高度内,侧压力的分布是不均匀的,从填料压盖起到填料函底部的侧压力是逐渐减小的,因此,填料函中的摩擦功率可以按下式近似计算

$$p=F_mv/1\ 000$$

式中 v——圆轴线速度(m/s),v=3.14dn;

  n——轴的转速(r/s),转子的实际设计转速是 18 r/min,即 0.30 r/s;

  d——转子轴直径(m),即 0.1 m。

$$v=3.14dn=3.14×0.1×0.30=0.094\ (m/s)$$
$$p=F_mv/1\ 000=F_mv/1\ 000=3\ 955×0.094/1\ 000=0.37\ (kW)$$

4.1.1.6 编织填料轴密封件的材料组合

在旋转给料器的运行工况条件下，具有良好的耐磨性能是选择编织填料材料的首要条件，具有较高的回弹率是选择编织密封填料的第二个必要条件。如果有单独一种材料的编织填料密封件能够满足以上两个要求，那是最好的，也是最理想的效果。但是，现在使用的编织填料密封件在满足以上两个条件方面都没有达到很理想的效果。所以旋转给料器实际应用中大多采用组合材料配合在一起，其使用效果会比较好，如图 4-1 所示的结构中里面用 3 圈具有耐干摩擦特性的编织填料，用来密封细小颗粒或粉末，均压环外面靠近压盖的 3 圈是具有很好回弹性能的编织填料用来密封空气或氮气，这样组合使用其密封效果很好。

4.1.1.7 编织填料轴密封件的失效形式

应用在化工固体物料工况条件下的编织填料密封件失效方式不同于应用于流体介质工况的编织填料，流体工况失去密封性能的主要表现是填料磨损，而应用于化工固体介质工况的填料密封件失效的主要表现是填料的回弹性降低、变硬、变形和磨损。一旦有粉末进入到密封副内，粉末就会慢慢侵入到编织填料密封件的内部，当侵入粉末的数量达到一定程度以后，编织填料轴密封件就会变得很硬，回弹率就会急剧下降，密封性能就会降低。在此情况下，粉末的侵入量就会进一步加大，密封性能就会加速下降，并会在很短的时间内失去密封功能。如图 4-5 所示的是旋转给料器转子轴的填料密封件失去密封功能后的形状实例。

图 4-5 旋转给料器转子轴的填料密封件失去密封功能后的形状实例

4.1.2 普通型低压轴密封件

在旋转给料器的轴密封结构设计中，橡胶轴密封件的选型设计是很成熟的，针对旋转给料器的工况特点，橡胶轴密封件的适用工作压力在 0～0.05 MPa，考虑到工作压力的波动，实际选用工作压力一般都在 0～0.03 MPa 的低压或常压，转子的转速一般在 7～30 r/min 的低压和低转速工况，橡胶轴密封件的主要设计特点见表 4-4。

表 4-4　橡胶轴密封件的主要设计特点

唇口与轴的过盈量	轴密封件安装后,唇口直径应扩大 3%~4%,轴径 60~120 mm,过盈量应为 2~3 mm
唇口与轴的接触宽度	轴密封件安装后,唇口与轴的接触宽度,轴径 60~120 mm,接触宽度应为 1.5~2.0 mm
唇口与轴的径向力大小	径向力过小,容易产生泄漏,径向力过大,容易导致过大的摩擦磨损量,一般轴的线速度 v≤0.5 m/s,且是干摩擦,径向力不宜过大
轴密封件的材料	旋转给料器所使用的密封件材料一般采用氟橡胶
轴的表面粗糙度和硬度	要求轴的材料耐摩擦,轴与密封件的接触表面粗糙度 R_a=0.04~0.08 μm,并要求轴的表面硬度大于 55 HRC,要求轴的不同轴度不大于 0.02 mm

4.1.2.1　普通型低压轴密封件结构与工作原理

低压轴密封件的结构如图 4-6 所示,轴密封件主要由橡胶件 1、橡胶密封唇 2、弹性预紧件 3、金属骨架 4 等部分组成。

轴密封件的主体是氟橡胶材料构件 1,为了使密封件具有更好的刚性,其内包含有金属骨架 4,轴密封件与轴接触部位是唇口 2,在橡胶构件 1 的唇口外缘有弹簧件 3,使唇口 2 与轴之间的接触力更均匀可靠。安装到旋转给料

图 4-6　普通型低压轴密封件结构
1—主体橡胶件　2—橡胶密封唇　3—弹性预紧件　4—金属骨架

器的轴密封部位以后,它靠橡胶的弹性和弹簧所产生的预紧力来实现初始密封,正常运行过程中体腔内的气体介质压力会作用在轴密封件的唇口内侧,使密封件的唇口与轴之间产生较大的密封比压,获得更好的密封性能,而且这种密封件的摩擦阻力很小,密封件材料一般选用氟橡胶,既能满足使用温度要求,也能满足不污染物料的要求。

这种结构的轴密封件也有用其他材料制成的,如主体结构是不锈钢材料的;其密封唇口是氟橡胶密封件;弹性预紧件是不锈钢丝制成的拉伸弹簧圈。

4.1.2.2　旋转给料器普通型低压轴密封件的安装

普通型低压轴密封件的安装组合如图 4-7 所示,密封结构主要由定位环 1、封气密封件 2、吹扫气进口 3、端盖密封座 4、壳体压力腔 5、转子侧壁 6、气封均压环 7、封粉密封件 8、转子轴 9 等部分组成。

内侧密封含粉尘气体的密封件 8 正向安装,即密封腔在壳体压力腔 5 这一侧,旋转给料器体腔内含有粉末的低压气体首先作用在内侧密封件 8 上,此时压缩空气由进气孔 3 进入到均压环 7 的内环空间和外环空间内,均压环 7 内的气体压力由封气密封件 2 和内侧密封件 8 形成密封腔,均压环 7 内的气体压力略高于旋转给料器体腔内的气体压力,此时在均压环 7 内的气体压力作用下,旋转给料器体腔内的气体不会向外泄漏,体腔内气体中的细小颗粒或粉末就不会进入到低压密封件内。相反,内侧密封件 8 是正向安装,由于低压密封件不具有反向

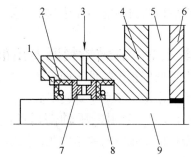

图 4-7　普通型低压轴密封件安装结构示意图
1—定位卡环　2—封气密封件　3—吹扫气进口
4—端盖密封座　5—壳体压力腔　6—转子侧壁
7—气封均压环　8—内侧密封件　9—转子轴

密封性能,所以均压环 7 内的清洁气体会有少量泄漏到体腔内,在有少量气体能渗漏进入到密封件 8 内侧的状态下,含有粉料的气体就不会进入到轴密封副内,从而保证轴密封件的密封性

能稳定和耐久。

4.1.2.3　普通型低压旋转轴密封件具有的特点

(1) 旋转给料器普通型低压轴密封件是成型的独立零部件，密封件与轴表面之间的接触力大小是基本固定的。但是，密封圈的内环有一个弹性件可以辅助增加密封副表面的密封力，而且有密封介质作用在内环表面的唇口外缘，随密封介质的压力不同而浮动，当介质的压力高时，需要的密封力大，密封介质作用在内环表面唇口外缘的力就大，唇口与轴的接触力就大。当介质的压力低时，需要的密封力小，密封介质作用在内环表面唇口外缘的力就小，唇口与轴的接触力就小。这样就可以满足工况条件下密封性能的需要。

(2) 密封件如有损坏或失去密封功能，必须在旋转给料器停止运行的状态下，解体旋转给料器才能进行更换密封件操作。

(3) 密封件的密封唇口材料一般是耐摩擦磨损橡胶，密封件的适用温度要根据橡胶的不同品种而确定，一般选用氟橡胶可以达到 220 ℃。

(4) 密封件的优点是，虽然橡胶密封件的摩擦因数比较大，但是由于轴与密封件之间的接触力比较小，接触面积也比较小，所以轴与密封件之间的摩擦阻力还是比较小的，所增加的轴旋转阻力矩不大。

(5) 这种密封件的缺点是适用工作压力很低。

4.1.2.4　普通低压轴密封件的失效

轴密封件是适用于特定工况的成型产品，在正常运行过程中起密封作用的关键部位是与轴接触的内环密封唇口部分，内环密封唇口既是密封部位，也是摩擦磨损最严重的部位，因此所用材料的耐磨性能是决定密封件使用寿命的关键因素之一。其次是保障密封件的安装正确性，要做到使密封件的位置不歪不斜，密封件与轴的同心度要好，密封件唇口与轴的接触力在圆周方向要均匀，不能出现半边接触力大另半边接触力小的情况。其三是在使用中保障密封气的供应要做到压力平稳、气流连续稳定、管路元件性能优越、管路连接质量可靠，只要能够保障密封腔的气体压力始终高于壳体内的工作压力，就可以有效防止粉末进入到密封件中，最大限度地减少摩擦磨损，使密封件唇口不发生裂纹、缺损等严重缺陷，延长密封件的使用寿命。一旦密封件唇口密封性能不能达到工况要求，必须更换新的密封件。

4.1.3　旋转给料器专用低压型轴密封

专用低压型轴封件不同于普通型低压密封件，是专门适用于旋转给料器的一种轴密封件，其适用工作压力要高于普通型低压密封件，工作性能稳定性也比较好。

4.1.3.1　专用低压轴密封件的结构与工作原理

专用低压轴密封的结构非常简单，主要由不锈钢定位与保持外环 1 和新材料密封唇口环 2 共同组成，如图 4-8 所示。密封件的密封唇口有平面结构的如图 4-8a 所示，斜面结构的如图 4-8b 所示。两种结构虽然不同，但是其使用工况参数和密封效果没有太大区别，都是适用于低压工况参数。

专用低压型旋转给料器轴密封是专门为化工固体颗粒或粉末与气体混合流动工况而研制的，密封件的不锈钢骨架外环面是安装的基准定位面，内圈的非金属密封唇口与轴接触密封，密封唇口的内径与不锈钢骨架外径的同心度要好，不锈钢骨架和非金属密封唇口的材料都要能够抵抗旋转给料器工况介质的腐蚀，材料的耐油性能、耐化工产品腐蚀性能、耐热性能、压缩永久变形性能等都要良好并满足工况要求，密封件的使用寿命要大于化工生产设备的一个检修周期，比如至少要大于一年或者两年。密封件安装到旋转给料器转子的轴上以后，依靠密封件与轴之间的预紧密封比压发挥密封功能，要求材料的基本性能是在不产生异常变形的范围内具有适度的接触应力，而且在旋转轴正常运行使用过程中都能够保持这种基本性能。

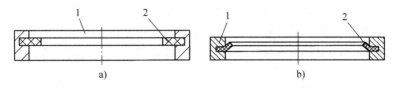

图 4-8　旋转给料器专用低压轴密封件结构示意图

a) 密封唇口呈平面结构　b) 密封唇口呈斜面结构

1—不锈钢定位外环　2—新材料密封唇口环

4.1.3.2　专用低压型旋转轴密封件的安装

专用低压型轴密封件的安装组合结构如图 4-9 所示，密封结构主要由固定圈 1、专用轴密封件 2、端盖密封座 3、壳体压力腔 4、转子侧壁 5、密封唇口 6、转子轴 7 等部分组成。

两个相同的密封件并列安装在端盖与转子轴之间的密封空间内，密封件的外端面用定位环定位，密封件的外径与端盖之间采用过度配合，径向定位性能稳定可靠。密封件的密封唇口采用适用于特定工况材料，密封唇口的密封表面耐摩擦磨损性能和耐温性能好，两个并列安装的密封件分级承担体腔内的压力，每个密封件所承受的压差就比较小，每个密封件可以耐压力 0.05 MPa，并列安装的两个密封件一般情况下可以用于旋转

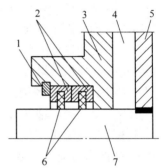

图 4-9　专用低压轴密封件安装组合结构示意图

1—固定圈　2—专用轴密封件　3—端盖密封座

4—壳体压力腔　5—转子侧壁　6—密封唇口　7—转子轴

给料器的工作压力在 0.10 MPa 以下的工况，轴封唇口的密封面宽度比较小，有利于密封件与轴之间形成密封比压，轴密封件一般采用两个并排安装形式密封结构，有利于提高密封件使用的耐久性。

4.1.3.3　专用低压型轴封具有的特点

(1) 专用低压型轴封件是成型的独立零部件，密封件与轴之间的接触力大小在某一范围内是基本固定的，密封件的密封比压是不可以调节的。

(2) 密封件如有损坏或失去密封性能，必须在旋转给料器停止运行的状态下解体旋转给料器进行更换密封件操作。

(3) 密封件的保持架材料是钢质的，密封圈的唇口部分材料一般是以氟类聚合物为基体加一些填充物，不同的填充物使得密封件的性能不同，适用于化工固体物料旋转给料器的干摩擦工况要具有很好的耐摩擦、耐温特性，因为长期处于干摩擦状态的密封副内温度要高于介质物料温度。根据适用温度的不同，添加不同种类的填充物可以获得适用于不同工况的特性，一般情况下密封件的适用温度不大于 180 ℃.

(4) 密封件与轴的接触面比较窄，在获得相同密封比压的条件下需要的正压力比较小，而

且密封件的优点是摩擦因数小，所以轴的旋转力矩非常小。

(5) 密封件的缺点是适用压力比较低，一般情况下只能适用于工作压力在 0.10 MPa 以下的工况。考虑到工况中的压力波动情况，实际选用工况一般是在工作压力 0.07 MPa 以下。

4.1.3.4　专用低压型轴密封的失效形式

虽然专用低压型轴密封的结构和材料都不同于普通低压轴密封，但都属于同一大类的唇口密封件，密封件的唇口材料选择、合理正确安装、保持要求的运行条件及合理使用与维护等方面是保障有效密封性能的主要因素，其失效形式与第 4.1.2.4 节所述的普通低压轴密封类似。

4.1.4　专用中压双唇单向轴密封

中压旋转给料器的轴密封是指适用的工作气体压力在 0.10～0.20 MPa 的工况所使用的密封件及其安装与组合结构。随着气力输送技术的发展，旋转给料器的气体工作压力也在不断提高，介质中的细小颗粒或粉末在压力作用下进入密封副间隙内的可能性就随之增大，要达到理想的密封效果，所需要的密封比压也要相应增大，适用于中压旋转给料器的轴密封常用结构都是专用型的。专用型轴密封件是针对特定工况(包括工作温度、气体的工作压力、物料的颗粒大小、物料的物理特性等)研制的，仅适用于某些特定工况条件，专用中压双唇单向轴密封件只是其中的一个品种。所以选用过程中要真正了解密封件的特点和适用工况，适用的就是最好的，使用效果也是最佳的。从使用效果看，专用中压双唇单向轴密封能够满足现场使用要求。

4.1.4.1　专用中压双唇单向轴密封件的结构

专用中压双唇单向旋转轴密封件如图 4-10 所示，主要由保持与固定骨架 1、密封唇口环 2 和密封唇口环 3 等共同组成。

专用中压双唇单向旋转轴密封件是专门为中压工况气力输送化工固体(颗粒或粉末)物料而研制的，密封件有两道相同的特定非金属新材料密封唇口，轴与唇口之间的密封环形带所在的平面与非金属密封唇根部不在同一个平面内，而是沿轴向偏向压力腔一侧，两道密封唇口在靠近与轴接触的部分

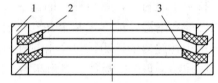

图 4-10　专用中压双唇单向轴密封件结构示意图
1—保持固定骨架　2—密封唇口环　3—密封唇口环

偏向相同的一侧。密封件的不锈钢骨架外环面是安装的基准定位面，内圈的非金属密封唇口与轴接触密封，密封唇口的内径与不锈钢骨架外径的同心度要好，不锈钢骨架和非金属密封唇口的材料都要能够抵抗旋转给料器工况介质的腐蚀，材料的耐油性能、耐化工产品腐蚀性能、回弹性能、耐热性能、压缩永久变形性能等都要良好并满足工况要求，密封件安装到旋转给料器转子的轴上以后，依靠密封件与轴之间的预紧密封比压发挥其密封功能，要求材料的基本性能在不产生异常变形的范围内具有适度的径向接触应力。

4.1.4.2　专用中压双唇单向轴密封件的安装与工作原理

专用中压双唇单向轴密封件的安装使用组合如图 4-11 所示，密封结构主要由固定环 1、双唇密封件 2、端盖密封座 3、壳体压力腔 4、转子侧壁 5、密封唇口 6、密封压力腔 7、密封唇口 8、密封唇口的内翻边密封区域 9、转子轴 10 等部分组成。

密封件安装在端盖密封座内与转子轴之间的空间部分，非金属密封唇口偏向的一侧向里，即面对压力腔 4，密封件安装到旋转轴上，密封唇口与轴接触以后依靠密封件与轴之间的预紧力实现初始密封比压，并达到一定程度的密封性能。旋转给料器正常运行工况条件下，体腔 4

内含有颗粒或粉末的压力气体首先作用在第一道密封唇口 8 上，第一道密封唇口的内翻边区域
(即图中 9 区域)充满压力气体，在气体压力的作用下，唇口与轴之间产生一个附加接触力使密封唇口 8 与轴 10 之间的密封比压加大，密封性能提高。这个附加接触力是气体压力产生并随体腔内的气体压力变化，气体压力高些，附加接触力就大些，产生的密封比压就大些，气体压力低些则相反，这样有利于提高密封副的性能，降低摩擦力矩和表面磨损。当密封件的第一道密封唇口 8 在气体压力的作用下有气体泄漏时，泄漏的气体被第二道密封唇口 6 封住，在两道密封唇口之间就形成一个第二梯度的密封压力腔 7，使体腔内的气体压力分别作

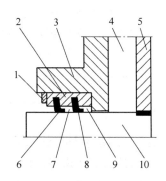

图 4-11 专用中压双唇单向轴密封件安装结构示意图
1—固定环 2—双唇密封件 3—端盖密封座 4—壳体压力腔
5—转子侧壁 6—密封唇口 7—密封压力腔 8—密封唇口
9—密封唇口的内翻边密封区域 10—转子轴

用在两道密封唇口 6 和 8 上，这样对于其中一道密封唇口来说只承受体腔内气体压力的一半左右，即密封唇口 6 和 8 所承受压力的总和是壳体压力腔 4 内的气体工作压力。安装过程中保障密封件的安装正确要做到使密封件的位置不歪不斜，密封件与轴的同心度要好，密封件与轴的接触应力在圆周方向要基本均匀。

4.1.4.3 专用中压双唇单向轴密封具有的特点

(1) 专用中压双唇单向轴密封是成型的独立零部件，密封件唇口与轴之间的初始接触力大小是固定不变的，密封件在气体压力的作用下，唇口与轴之间产生一个附加接触力使密封唇口与轴之间的密封比压加大，提高密封性能。附加密封比压随体腔内的气体压力变化，气体压力高些，产生的附加密封比压就大些，气体压力低些则相反，密封件的密封比压可以在一定范围内自动调节。

(2) 密封件的适用压力比较高，一般适用于工作压力在 0.10～0.20 MPa 工况条件下，考虑到工况中的工作压力波动情况，实际选用工况一般是在工作气体压力 0.08～0.17 MPa。

(3) 泄漏的气体在两道密封唇口之间就形成一个第二梯度的气体压力腔，使体腔内的气体压力分别作用在两道密封唇口上，这样对于其中一道密封唇口来说只承受体腔内气体压力一半左右。当其中一个密封唇口损伤以后，另一个密封唇口还可以在一定程度上密封，对设备的安全运行有好处。

(4) 密封件的运行维护、保养和更换与第 4.1.3.3 节所述专用低压型轴封的特点类似。

(5) 密封件的材料选择、对工况参数的适用性、耐腐蚀性、耐温能力等与第 4.1.3.3 节所述专用低压型轴封的特点类似。

(6) 密封件的密封唇口与轴的接触面比较窄，在获得相同密封比压的条件下需要的正压力比较小，而且密封件的摩擦因数小，所以轴的旋转力矩非常小。

4.1.4.4 专用中压双唇单向轴密封件的选用

密封件的选用依据主要是工况参数，双唇单向轴密封件适用于含粉量比较少的颗粒物料。密封件的固定外圈和非金属密封唇口部分材料都要适用于旋转给料器的工作介质，工作压力、耐油性能、耐化工产品腐蚀性能、耐热性能、耐摩擦磨损性能、压缩永久变形性能等都要满足工况要求。要求材料的基本性能是在不产生异常变形的范围内具有适度的径向接触应力，并且

在旋转给料器正常运行过程中都能够保持这种基本性能。密封件的使用寿命要求大于化工设备的一个检修周期，最少要大于一年。

4.1.4.5　专用中压双唇单向轴密封件的失效

专用中压双唇单向轴密封件与专用低压轴密封的结构和材料都基本相同，其密封唇口也非常类似，密封件的唇口材料选择、合理正确安装、保持要求的运行条件及合理使用与维护等方面都与第4.1.3.4节所述的专用低压轴密封类似。

4.1.5　专用中压双唇双向轴密封

专用中压双唇双向轴密封件是中压双唇单向轴密封结构的变形，只是两个密封唇口的方向相反，其余与中压双唇单向轴密封件的结构基本类似。

4.1.5.1　专用中压双唇双向轴封件的结构

专用中压双唇双向轴密封件的结构如图4-12所示，主要由外部固定环1、密封唇口环2、密封唇口环3等部分组成。

专门适用于中压气力输送化工固体(颗粒或粉末)物料工况条件，密封件外部的不锈钢固定环1的作用是安装定位和固定内部的两道非金属密封唇口环2和密封唇口环3，非金属密封唇口环的结构不是在一个平面内，而是在靠近与轴接触的部位分别偏向相反的一侧，即上面的密封唇口环向上偏，下

图4-12　专用中压双唇双向轴密封件结构示意图
1—外部固定环　2—密封唇口环　3—密封唇口环

面的密封唇口环向下偏。不锈钢固定环要求有足够的刚度，两道密封唇口环与轴接触的密封比压要保证各部位均匀，而且两道密封唇口的密封比压要比较接近。

4.1.5.2　专用中压双唇双向轴密封件的安装组合与工作原理

专用中压双唇双向轴密封件的安装组合如图4-13所示，密封结构主要由轴向定位环1、双唇双向密封件2、双唇单向密封件3、泄漏气排出口4、端盖密封座5、壳体压力腔6、转子侧壁7、反向密封唇口8、正向密封唇口9、泄漏气收集腔10、单向密封唇口11、密封气压力腔12、单向密封唇口13、转子轴14等部分组成。

一般情况下中压双唇双向轴密封件要与中压双唇单向轴密封件组合使用，密封件安装在端盖密封座腔与转子轴之间的空间中，双唇单向轴封件安装在靠近壳

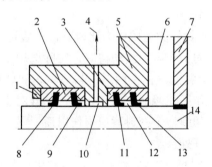

图4-13　专用中压双唇双向轴密封件组合安装结构示意图
1—轴向定位环　2—双唇双向密封件　3—双唇单向密封件
4—泄漏气排出口　5—端盖密封座　6—壳体压力腔
7—转子侧壁　8—反向密封唇口　9—正向密封唇口
10—泄漏气收集腔　11—单向密封唇口　12—密封气压力腔
13—单向密封唇口　14—转子轴

体压力腔6的部位，双唇双向轴封件安装在靠近轴向定位环1的下游部位。双唇单向轴封件的工作原理和密封性能与第4.1.4.2节中叙述的完全相同，只是其外面多了一个泄漏气体收集腔10和一个双唇双向轴密封件，所以使用工况和密封的可靠性大不相同。由于双唇双向轴密封件其两端是相同的，所以安装过程中也就无所谓方向了。安装过程中要保证密封件的位置正确，密

封件与轴的同心度要好，密封件唇口与轴的接触力在圆周方向基本均匀。

双唇双向轴密封件与双唇单向轴密封件组合使用的工作原理是，双唇密封件安装到轴上以后，密封唇口与轴接触，在密封唇口与轴之间的预紧力作用下获得初始密封比压，并达到一定程度的密封性能。旋转给料器正常运行工况条件下，体腔内含有颗粒或粉末的压力气体首先作用在第一道密封唇口 13 上，第一道密封环唇口在气体压力的作用下，唇口与轴之间就产生一个附加接触力使密封唇口与轴之间的密封比压加大，密封性能提高。这个附加接触力是气体压力产生并随体腔 6 内的气体压力变化，气体压力越高附加接触力就越大，产生的密封比压就越大，气体压力越低则相反，这样有利于提高密封副的性能，降低摩擦力矩和表面磨损。当密封件的第一道密封唇口在气体压力的作用下有气体泄漏时，泄漏的气体被第二道密封唇口 11 封住，在两道密封唇口之间就形成了一个第二梯度的气体压力腔 12，使体腔 6 内的气体压力分别作用在两道密封唇口上，这样对于其中一道密封唇口来说只承受体腔内气体压力的一半左右。

旋转给料器正常工况运行条件下，体腔内含有颗粒或粉末的压力气体首先作用在双唇单向轴密封件 3 的密封唇口 11 和 13 上，当有气体泄漏到密封气压力腔 10 内时，这些泄漏的气体会从泄漏气排出口 4 排出，密封唇口 9 使得体腔内含有细小颗粒或粉末的气体不会沿轴密封表面泄漏，防止粉末物料进入到轴承内，从而保证旋转给料器安全稳定工况运行。

双唇双向轴密封件 2 的反向密封唇口 8 主要是用于密封轴承部位的润滑剂不外流，也可以用于密封外部的异物或粉尘进入到轴密封副内。

4.1.5.3 专用中压双唇双向轴密封的特点

一般情况下，专用中压双唇双向轴密封不单独使用，而是与双唇单向轴密封件组合安装使用，在结构和使用性能方面具有如下特点：

(1) 专用中压双唇轴密封件是成型的两个独立零部件组合，既有双唇双向轴密封的功能和作用，又有双唇单向轴密封的功能和作用。两种结构的密封件组合可以充分发挥各自的优势和特点使轴密封的性能达到更高级别的程度。双唇双向轴密封件与双唇单向轴密封件的结构基本类似，轴密封的工作原理也类似，只是密封的工作介质的方向不同而已，在密封唇口内气体压力作用下，唇口与轴之间都产生一个附加接触力使密封唇口与轴之间的密封比压加大，从而提高密封性能，密封件的密封比压可以随着介质工作压力的变化而自动调节。

(2) 密封件的适用压力与第 4.1.4.3 节所述的专用中压双唇单向轴密封基本一致。

(3) 专用中压双唇双向轴密封件与双唇单向轴密封件组合使用改善了密封件的工作条件，专门的泄漏气体收集腔和排出口可以有效防止气体中的粉末进入到双唇双向轴密封件的密封副内。

(4) 两种唇口密封件的适用工作压力和工作温度、摩擦因数与摩擦阻力、维护与保养、维修与更换等内容都是完全相同或类似的。

(5) 两种密封件的材料选择、对工况参数的适用性、耐腐蚀性、耐温能力等基本类似。

(6) 双唇双向密封件的密封唇口的接触面宽度、安装要求，及其特点与第 4.1.4.3 节所述的专用中压双唇单向轴密封基本一致。

4.1.5.4 专用中压双唇双向轴密封件的选用

密封件的选用主要依据是满足工况要求，双唇双向轴密封件与双唇单向轴密封件组合适用于粉末物料或颗粒物料中粉末含量比较高的介质，由于双唇双向轴密封件与双唇单向轴密封件的结构基本类似，所以选型考虑的其他因素与第4.1.4.4节所述的内容基本类似，这里就不再重复了。

4.1.5.5 专用中压双唇双向轴密封件的失效

由于双唇双向轴密封件与双唇单向轴密封件的结构基本类似，所以选型考虑的因素与第4.1.4.5节所述的内容基本类似，这里就不再重复了。

4.1.6 高、中压组合专用轴密封

高、中压组合专用轴密封件是一类密封件的总称，但是在本节特指的是一种专门适用于高压和中压工况、使用效果非常好、结构非常简单的组合型轴密封件，下面就简单介绍一下密封件的基本结构与使用情况。

4.1.6.1 高、中压组合专用轴密封件的结构

高、中压组合专用轴密封件的结构如图4-14所示，主要由内部的耐磨密封环1和外部的保持固定环2组成。

外部的保持固定环2和内部的耐磨密封环1由非金属材料制成，是高、中压旋转给料器的专用轴密封零部件。密封件的性能要求是，外部的保持固定环2要有足够的韧性，在运输、安装过程中不会

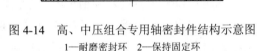

图4-14 高、中压组合专用轴密封件结构示意图
1—耐磨密封环 2—保持固定环

因为承受外力而损坏；保持环和内部的耐磨密封环1结合要牢固可靠，要保证内部耐磨密封环1与轴的接触密封比压周向均匀。耐磨密封环的唇口结构要满足运行工况的参数要求，既要满足要求的密封性能，又要适合于给定的工况，还要具有很好的耐摩擦磨损性能，在化工固体颗粒或粉末与气体混合流动工况条件下具有很好的密封性能和使用耐久性。

4.1.6.2 高、中压组合专用轴密封件的组合安装与工作原理

高、中压组合专用轴密封件的安装结构如图4-15所示，轴密封的安装组合结构主要由端盖密封座1、壳体压力腔2、转子侧壁3、后道密封环4、气体压力腔5、前道密封环6、转子轴7等部分组成。

两个相同的密封件并列安装在端盖密封座1与转子轴7之间的空间内，由于轴密封环4和6没有外面的金属保持固定架，也就是没有保护的外壳，所以一定要在端盖的中心孔内加工出两个密封件安装槽口，安装槽口的加工尺寸、加工精度要满足密封件的安装与运行要求。密封件安装到端盖的槽口内，没有其他的定位与固定零部件，完全依靠密封件与槽口的配合实现两者之间的固定与静密封，要做到既紧密配合又比较容易安装。

密封环4和6与转子轴7安装到位以后，

图4-15 高、中压组合专用轴密封件安装结构示意图
1—端盖密封座 2—壳体压力腔 3—转子侧壁 4—后道密封环
5—气体压力腔 6—前道密封环 7—转子轴

密封件的压缩量是密封性能是否满足工况要求的关键因素之一，密封件的弹性是一定的，密封件的压缩量就决定了密封比压的大小，同时也决定了密封性能和使用的耐久性，如果密封比压

142

太大，摩擦力就大，使用的耐久性就差，如果密封比压太小，密封性能就不能达到工况参数要求，这是专用高、中压组合轴密封件设计选型与安装的核心技术控制点所在。

旋转给料器正常使用工况运行条件下，壳体压力内腔 2 含有颗粒或粉末的压力气体首先作用在第一道密封环 6 上，密封环 6 与壳体等部件共同形成压力腔 2，当密封环 6 在气体压力的作用下有气体泄漏时，泄漏的气体被密封环 4 封住，在密封环 4 和密封环 6 之间就形成一个第二梯度的气体压力腔 5，使体腔内的气体压力分别作用在两道密封环 4 和 6 上，这样对于其中一道密封环来说只承受体腔内气体压力的一半左右，即两道密封环 4 和 6 承受的压力总和是压力腔 2 内的气体压力。两个并列安装的高、中压组合轴密封环分级承担体腔内的气体压力，每个密封件所承受的压力差就比较小，每个密封环可以耐压力 0.16 MPa，并列安装的两个密封环在理论上可以用于旋转给料器的工作压力在 0.32 MPa 以下的工况。轴密封环非金属密封环唇口的密封面宽度比较小，有利于密封环与轴之间形成密封比压，轴密封环采用两个并排安装形式的密封结构降低了单个密封环的密封压力差，有利于密封环的使用耐久性。

4.1.6.3 高、中压组合专用轴密封件具有的特点

(1) 高、中压组合专用轴密封件由外部的保持固定韧性环和内部的耐磨密封环组成，径向尺寸小，轴向尺寸更小，占用的空间非常小，在轴密封部位的结构设计中很容易安排。

(2) 专用高、中压组合轴密封环是成型的软质材料密封部件，密封唇口与轴之间的接触力大小取决于密封件材料的特性和安装槽口尺寸的加工精度，一旦安装好以后，密封件与轴之间的密封比压就固定了，不可以调节。

(3) 密封件保持环材料的耐磨性能较低，其功能主要是固持相连的耐磨密封环，密封环部分的材料一般是以新型材料为基体添加一些填充物，填充物含碳成分较高，所以使得密封件的韧性与耐磨性能兼顾，密封环的耐磨性能很好，其耐磨性能优于聚四氟乙烯为基体的材料，适用温度比较高，也有用其他材料制造的，适用温度一般情况下不大于 220 ℃。

(4) 这种密封件的摩擦因数与摩擦阻力、维护与保养、维修与更换等相关内容都与第 4.1.5.3 节所述的轴密封件类似。

(5) 密封件的适用压力比较高，一般适用于工作压力在 –0.020～0.35 MPa。考虑到工况运行中的压力波动等因素，实际选用工况一般是工作压力在 –0.010～0.30 MPa。

(6) 密封件的材料选择、对工况参数的适用性、耐腐蚀性、耐温能力等与第 4.1.5.3 节所述的轴密封件基本一致。

(7) 专用高、中压组合轴密封件的密封唇口接触面宽度比较小，其摩擦阻力非常小。轴密封件的径向尺寸比较小，安装所需要的空间比较小可以使端盖的轴向尺寸比较小，转子轴的轴向尺寸减小，在相同直径的情况下，轴的刚度就增强了。

4.1.6.4 专用高、中压组合轴密封件的选用

专用高、中压组合轴密封件适用介质是含有化工固体颗粒物料的氮气或空气，一般情况下，不适用于含有化工固体粉末物料工况条件。比较合理的选用工作压力在 0.10～0.30 MPa，也可以用于工作压力在 0.08 MPa 以下的工况，不过用于压力比较低的工况场合，对于专用高、中压组合轴密封件来说是大材小用了，从经济上来说是浪费了。选型考虑的其他因素与第 4.1.5.4 节所述的内容基本类似，这里就不再重复了。

4.1.6.5 专用高、中压组合轴密封件的失效

根据上述特点分析可知，虽然专用高、中压组合轴密封件的密封唇口与其他结构类型的唇

口密封件不同，但是，都属于同一大类的唇口密封件，在密封件的失效方式及使用耐久性方面，以及其他运行条件及合理使用与维护等方面与第4.1.5.4节所述的专用中压双唇双向轴密封件类似。

4.1.7 专用高压轴密封

专用高压轴密封件是高压旋转给料器另一种形式的轴密封结构，适用于工作压力在0.20～0.35 MPa的工况。由于气体介质压力增高，介质中的细小颗粒或粉末在压力作用下进入密封副间隙的可能性也就增大，要达到理想的密封效果需要的密封比压也要相应增大。适用于高压远距离输送旋转给料器的轴密封件要适用于旋转给料器的主体结构要求，本节介绍的专用高压轴密封件的密封性能从使用效果看是能够满足现场使用要求的，是成熟的专用轴密封结构。

4.1.7.1 专用双唇口高压轴密封件的结构

专用双唇口高压轴密封件的结构如图4-16所示，主要由压紧环1、中间支撑环2、密封唇口3、密封唇口4、不锈钢固定外壳5等部分组成。

专用双唇口高压轴密封件外部的不锈钢外壳5的作用是安装定位并保护与定位其他元件，内部的两道密封唇口3和4与轴表面接触密封，支撑环2和压紧环1的作用是轴向压紧并固定两道密封唇口。专用双唇口高压轴密封件是高压旋转给料器的轴密封专用零部件，外部的不锈钢外壳要有足够的刚度和很好的同

图4-16 专用高压轴密封件结构示意图
1—压紧环 2—中间支撑环 3—密封唇口
4—密封唇口 5—不锈钢固定外壳

心度，要保证两道密封唇口与轴的接触密封比压均匀，在化工固体物料(颗粒或粉末)与气体混合物流动工况条件下具有良好的密封性能和使用耐久性。

4.1.7.2 专用高压轴密封件的安装与工作原理

专用高压轴密封件的安装组合结构如图4-17所示，密封结构主要由端盖密封座1、外侧密封件2、内侧密封件3、壳体压力腔4、转子侧壁5、第4道密封唇口6、密封压力腔7、第3道密封唇口8、密封压力腔9、第2道密封唇口10、密封压力腔11、第1道密封唇口12、转子轴13、定位当圈14等部分组成。

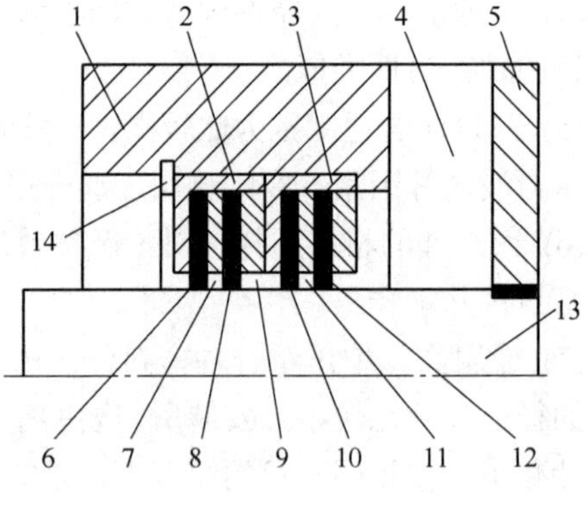

内侧密封件3和外侧密封件2并列安装在端盖密封座1与转子轴之间的空间内，两道密封件之间没有其他定位元件，密封件的轴向定位和径向定位完全靠密封件的不锈钢外壳与端盖密封座内径之间的公差配合来实现，所以在安装密封件的过程中，一定要做好安装前的准备工作，并且是熟练的检修人员操作，不能有任何的安装不当。

图4-17 专用高压轴密封件安装组合结构示意图
1—端盖密封座 2—外侧密封件 3—内侧密封件
4—壳体压力腔 5—转子侧壁 6—第4道密封唇口
7—密封压力腔 8—第3道密封唇口 9—密封压力腔
10—第2道密封唇口 11—密封压力腔 12—第1道密封唇口
13—转子轴 14—定位当圈

每个专用高压轴密封件有两道密封唇口，如图4-17中的内侧密封件3的唇口10和12、外侧密封件2的唇口6和8，两个轴密封件2和3共有四道密封唇口,壳体压力腔4的压力气体首先作用在前道密封件的第一道密封唇口12上，在气体压力的作用下，当第一道密封唇口有气体泄漏的时候，泄漏的气体就作用在第二道密封

唇口 10 上，这样在第一道密封唇口 12 和第二道密封唇口 10 之间就形成了一个新的压力腔 11，压力腔 11 的气体压力低于体腔 4 内的气体压力。同样道理，当第二道密封唇口 10 有气体泄漏的时候，泄漏的气体就作用在第三道密封唇口 8 上，依次形成另一个新的压力腔 9 和压力腔 7，同时各个压力腔的气体压力依次降低，壳体内腔气体压力就以梯度形式分别作用在四道密封唇口上，每道密封唇口承受的压力平均只有壳体内腔气体压力的四分之一，对于每道密封唇口来说是低压密封的工况条件，对于旋转给料器来说是高压密封运行工况。密封唇口承受的压力降低了，密封件的工作条件改善了，密封件的使用寿命也就提高了。

密封件 2 和 3 与转子轴 13 安装到位以后，密封件的压缩量是密封性能是否满足旋转给料器整机性能要求的关键之一，密封件的弹性是一定的，密封件的压缩量就决定了密封比压的大小，同时也决定了密封性能和使用的耐久性，如果密封比压太大，摩擦力就大，使用的耐久性就差，如果密封比压太小，密封性能就不能达到使用工况要求，这是专用高压轴密封件的核心技术之一。

4.1.7.3　专用高压轴密封具有的特点

(1) 专用高压轴密封件具有两道独立的密封唇口，两个双唇口高压轴密封件并列安装到旋转给料器转子轴上，旋转给料器体腔内的压力分布在四道独立的密封唇口上，每道密封唇口上的平均压力就只是体腔内压力的四分之一，密封唇口在低压条件下工作，实现了旋转给料器高压工况的密封，安装后四道密封唇口在转子轴上形成一个整体的密封组合部件。

(2) 专用高压轴密封件在工况运行过程中，在密封件的四道密封唇口之间形成三个压力腔，三个腔内的气体压力依次递减，对保护密封件唇口和提高运行稳定性很有好处。

(3) 专用双唇口高压轴密封件是成型的独立零部件，密封唇口与转子轴之间的接触力大小是固定的，密封唇口的密封比压不可以调节。

(4) 密封件的摩擦因数与摩擦阻力、维护与保养、维修与更换等相关内容都与第 4.1.6.3 节所述的轴密封件类似。

(5) 密封件的外壳和支撑环的材料是不锈钢，密封件唇口部分的材料一般是以新型材料或聚四氟乙烯为基体添加一些填充物，不同的填充物会使密封件的性能参数不同，也可以是填充物含碳成分较高的材料，这样可以使得密封件的韧性和耐磨性能达到合适的程度，所以密封件的耐磨性能很好且适用温度比较高，也可以用其他新型材料制造，其耐磨性能优于聚四氟乙烯为基体的材料。一般情况下聚四氟乙烯为基体材料的密封件适用温度不大于 160 ℃。新型材料为基体的密封件适用温度不大于 220 ℃。

(6) 密封件的优点是适用工作压力高，一般适用于工作压力 0.20～0.35 MPa。考虑到运行工况中的压力波动等因素，实际选用工况一般是在工作压力 0.15～0.30 MPa。

(7) 虽然专用双唇口高压轴密封件的外形尺寸比专用高、中压组合轴密封件大，但是在所有高压轴密封件中仍然是尺寸比较小的。安装所需要的空间比较小，端盖的轴向尺寸就可以小，在相同直径的情况下，转子轴的轴向尺寸减小可以提高轴的刚度。

4.1.7.4　专用高压轴密封件的选用

专用高压轴密封件适用于工作压力 0.20～0.35 MPa、温度在 220 ℃以下、介质是含粉量比较少的化工固体颗粒物料，一般情况下不适用于粉末物料或含粉量比较多的化工固体颗粒物料。也可以用于工作压力在 0.20 MPa 以下的工况，不过用于压力低的工况场合，对于专用高压轴密封件来说有点浪费。对于不同的温度、不同的压力、不同的介质等工况参数，选择好相适用的密封唇口材料是至关重要的。

4.1.7.5 专用高压轴密封件的失效

专用高压轴密封件的失效与第 4.1.6.5 节所述的内容类似。

4.1.8 专用高压轴密封组合体

专用高压轴密封组合体不是一个零部件，而是由几个密封件组合起来形成的密封组合体。适用于工作温度不大于 220 ℃，工作压力在 0.20～0.45 MPa，含有粉末或颗粒化工固体物料的气体介质工况。相对于前述的轴密封件来说，专用高压轴密封组合体的结构要复杂得多，零部件也比较多，所占用的空间也比较大，特别是所占用的轴向空间是前述的轴密封件的几倍。但是使用效果很好，特别是在高压工况条件下可以适用于粉末物料或颗粒物料，密封性能的耐久性也很好，下面详细介绍其结构和特性。

4.1.8.1 专用高压轴密封组合体构成零部件的结构

专用高压轴密封组合体最主要的组成部件之一就是靠近壳体压力腔一侧的内侧密封件，其

详细结构如图 4-18 所示，由内圈的密封环 2 和外圈的不锈钢保持与定位架 1 组成；保持架 1 的端部有一个定位台肩 4 起轴向定位作用，轴肩处的环形凹槽和径向孔 3 是吹扫气体进入的通道，内圈的密封环 2 由新型特殊材料加工制造，可以承受比较大的径向力，并且具有良好的耐磨性和韧性。

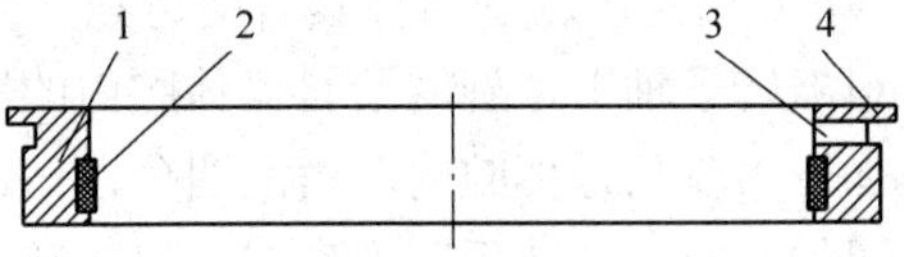

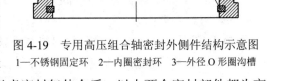

图 4-18 专用高压组合轴密封内侧件结构示意图
1—保持架 2—内圈密封环 3—密封气通过孔槽 4—定位台肩

专用高压轴密封组合体最主要的组成部件之二就是靠近轴承的外侧密封件，其详细的结构如图 4-19 所示，由外部的不锈钢固定环 1 和内圈的两道密封环 2 组成，固定环的外侧面有一个放 O 形密封圈的沟槽 3，密封环 2 接触的介质中化工固体

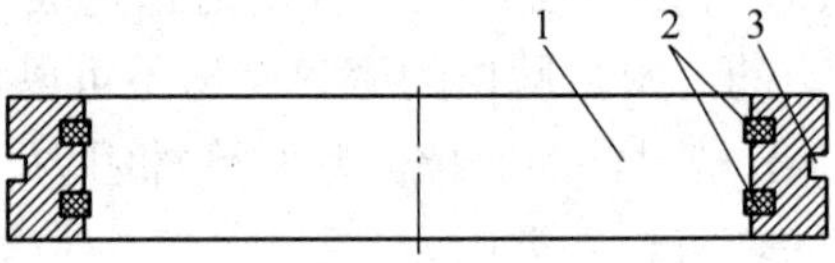

图 4-19 专用高压组合轴密封外侧件结构示意图
1—不锈钢固定环 2—内圈密封环 3—外径 O 形圈沟槽

颗粒或粉末的含量比较少，所以两道密封环主要考虑密封气体介质。以上两个密封部件都为高压旋转给料器工况专门设计制造，是高压旋转给料器的轴密封专用零部件。

4.1.8.2 专用高压轴密封组合体的安装与工作原理

专用高压轴密封组合体由几个零部件组合而成，详细组合结构如图 4-20 所示，密封结构主要由转子侧壁 1、O 形密封圈 2、壳体压力腔 3、专用密封件 4、密封唇口 5、吹扫气压力腔 6、密封唇口 7、专用密封件 8、密封唇口 9、耐磨轴套 10、防尘轴封 11、弹性卡圈 12、弹性卡圈 13、止口定位环 14、端盖密封座 15、泄漏气排出孔 16、吹扫气进口 17、润滑剂入口 18、轴承组件 19、轴承盖 20、定位卡圈 21、转子轴 22 等部分组成。

专用高压轴密封组合体的两个高压轴密封件是两个核心的密封部件，专用密封件 4 安装在靠近壳体压力腔一侧，其止口定位环 14 与端盖内孔端面贴合实现轴向定位，其密封段外径表面与端盖内孔之间依靠配合实现径向定位和静密封。专用密封件 8 紧贴着密封件 4 安装在外面，密封件 8 外径表面沟槽内安装一个氟橡胶材料的 O 形密封圈 2，这样就由专用密封件 4 和专用密封件 8 及 O 形密封圈 2 组成了一个吹扫气体压力腔 6。旋转给料器体腔内的气体压力首先作

用在密封件 4 上，同时吹扫气体由进气口 17 进入到密封件 4 的吹扫气体压力腔 6 内，并通过连接孔在槽内迅速扩散到整个环形空间中，此吹扫气体的压力略高于旋转给料器体腔内的工作压力，在这个气体压力差的作用下，工作介质中的细小颗粒或粉末不能够进入到密封件与轴之间的密封副内，专用密封件 8 的两道密封唇口 7 和 9 则密封住压缩空气或氮气不向外泄漏。弹性卡圈 13 定位专用密封件 8，而轴封 11 由弹性卡圈 12 定位。一旦专用密封件 8 的密封唇口 7 和 9 损坏而产生气体泄漏，轴封 11 的作用是防止含有粉末固体物料的气体进入轴承内，泄漏的气体会从排气孔 16 排出。这样的轴密封组合体是专门应用于高压旋转给料器的轴密封组合件，使用效果很好。专用密封件 4 和专用密封件 8 的外部不锈钢固定环要有足够的刚度和加工精度，要保证两道密封圈与轴的接触密封比压周向均匀，在化工固体颗粒物料或粉末物料与气体混合流动工况下具有很好的密封性能和使用耐久性。

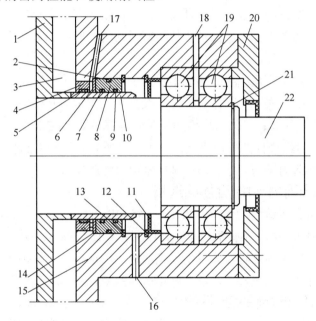

图 4-20　专用高压轴密封组合安装结构示意图

1—转子侧壁　2—O 形密封圈　3—壳体压力腔　4—专用密封件　5—密封唇口　6—吹扫气压力腔　7—密封唇口　8—专用密封件
9—密封唇口　10—耐磨轴套　11—防尘轴封　12—弹性卡圈　13—弹性卡圈　14—止口定位环　15—端盖密封座
16—泄漏气排出孔　17—吹扫气进口　18—润滑剂入口　19—轴承组件　20—轴承压盖　21—定位卡圈　22—转子轴

4.1.8.3　专用高压轴密封组合体具有的特点

(1) 专用高压轴密封组合体由几个独立的零部件共同构成，在本节叙述的所有轴密封件中其结构最复杂，密封组合体的配合与安装要求最高，端盖密封座的轴密封件安装孔加工要求精度最高，所占用的轴向空间和径向空间也最大。

(2) 专用高压轴密封组合体的主要构成部件为图 4-20 中的专用密封件 4 和专用密封件 8，它们是特制的专用密封部件，其密封唇口材料的各种性能比较适中，使用性能稳定且密封性能可靠。目前在各化工生产装置使用旋转给料器产品中，安装使用这种专用高压轴密封结构的旋转给料器还是比较少的。

(3) 专用高压轴密封组合体结构复杂，包含的零部件比较多，其中任何一个零部件出现损坏，轴密封组合体都会失去密封作用，这是需要改进和提高的最大要点。

(4) 密封件唇口与轴表面安装好以后的密封比压固定，不可以调节，密封件唇口与轴之间的接触面积比较大，虽然密封件唇口与轴之间可能有很微小的泄漏，但由于在两个独立的密封部件唇口之间有压力腔中的密封气体反吹保护作用，使体腔内的含有固体粉末的气体不会进入到轴密封件中，所以在很长时间内泄漏量不会加大，密封件的有效使用寿命比较长，正常情况下密封件的有效使用期有 2～3 年，如果工况运行中维护保养得当，有效使用寿命可能会更长。

(5) 密封件的外壳和支撑环材料是不锈钢，密封唇口部分材料一般是以新型材料为基体添加一些填充物，不同的填充物使得密封件的性能不同，可以使得密封唇口的韧性和耐磨性能达到合适的程度，所以密封唇口的耐摩擦磨损性能很好且适用温度比较高，其耐摩擦磨损性能优于聚四氟乙烯为基体的材料。

(6) 专用高压轴密封组合体的主要构成部件为图 4-20 中的专用密封件 4 和专用密封件 8，其密封唇口与前述几种密封件比较，材料硬度要大些、结构有很大不同、与轴之间的接触力要大很多，转子的旋转阻力要大很多。但是比填料密封结构的摩擦因数要小，轴的旋转阻力矩也小。

(7) 密封件的优点是适用压力高，一般情况下适用于工作压力在 0.20～0.55 MPa。考虑到运行工况中的压力波动等因素，实际选用工况一般是在工作压力 0.15～0.45 MPa。

(8) 密封件的维护与保养、维修与更换等相关内容都与第 4.1.7.3 节所述的轴密封件类似。

(9) 专用高压轴密封组合体的外形尺寸比较大，是所有高压轴密封件中尺寸最大的，因此安装所需要的空间、端盖的轴向尺寸、转子轴的轴向尺寸就比较大。

4.1.8.4　专用高压轴密封组合体的选用

专用高压轴密封组合体适用工作压力 0.15～0.45 MPa 的工况条件，适用介质是含有粉末的化工固体颗粒物料或粉末物料。不提倡用于工作压力在 0.15 MPa 以下的工况，因为用于压力低的工况场合，对于专用高压轴密封件来说不仅是浪费，更重要的是维护成本将大大增加。对于不同的温度、压力、介质等工况参数，选择好相适用的密封唇口材料至关重要。

4.1.8.5　专用高压组合轴密封件的失效

专用高压轴密封组合体从发现密封件有泄漏的征兆到密封件损坏产生泄漏，可能需要的时间不会很久。所以及时检查、维护、更换密封件是保障旋转给料器正常工况运行的必要基本条件。

专用高压轴密封组合体是由几个零部件组成的一个整体，其中任何一个零部件出现问题都会导致密封组合体失去密封性能，工况运行过程中的维护就更为重要。专用高压轴密封组合体失效的其他内容与第 4.1.6.5 节所述的内容类似。

4.2　旋转给料器的转子端部密封

旋转给料器的转子端部密封是指体腔内转子端部与端盖之间的密封。从旋转给料器的结构可以看出，旋转给料器的体腔主要由一个壳体和两个端盖共同组成，体腔内有一个能够旋转的转子。在旋转给料器工况运行过程中，壳体出料口的输送气体总是有一部分泄漏到壳体进料口，泄漏的途径主要有三个通道：一是转子在旋转过程中，其叶片容腔把输送气体从壳体出料口带到壳体进料口；二是出料口的气体沿转子与壳体之间的径向间隙泄漏到进料口处；三是气体从转子与端盖之间的轴向间隙泄漏到进料口处，详细内容见第 3 章的第 3.1.2 节所述。这三种途径中的最后一种泄漏量比较大，这也是本节要叙述的转子端部的密封问题。

本节所述的转子端部密封就是尽量减少转子叶片端面与端盖之间的气体泄漏量，这是三个气体泄漏通道中情况最复杂、减少气体泄漏量潜力最大的一部分，在理论上要做到完全不泄漏很困难，在设计中只是考虑如何尽量减少气体的泄漏量，同时要尽可能避免化工固体物料进入到转子端部与端盖之间的间隙内。

从 20 世纪 60 年代以来，旋转给料器的结构已经几次更新换代，旋转给料器的运行工况参数也发生了很大变化，这里仅仅叙述我国化工固体物料生产、运输、输送、装卸等过程中，现在仍然在使用的旋转给料器转子端部密封结构，详细介绍每种结构的特点和适用工况参数等。

4.2.1　低压旋转给料器转子端部密封

低压旋转给料器一般是指工作气体压力在 0.10 MPa 以下，其工作介质输送的距离比较短，用于给料或用于计量的旋转给料器，这一类旋转给料器的工作压力大部分都在 0.05 MPa 左右或更低，也是各种旋转给料器中结构最简单、零部件最少、工作性能最稳定的一种。根据旋转给料器输送的物料特性，低压旋转给料器又分为有侧壁转子和无侧壁转子两种结构。

4.2.1.1　低压旋转给料器转子端部密封的结构

低压旋转给料器开式(无侧壁)转子端部密封结构如图 4-21 所示，壳体出料口的输送气从转子叶片与端盖之间的间隙(图 4-21 中的 3)泄漏到壳体进料口，要减少输送气体的泄漏量就要严格控制转子叶片与端盖之间的轴向间隙大小。由于旋转给料器所有零部件的加工和装配都有误差，而且旋转给料器在工况运行过程中工况会产生波动，所以转子叶片与端盖之间的间隙还不能太小，选取间隙大小的原则是要在满足工况要求的条件下尽量缩小叶片与端盖之间的轴向间隙。

低压旋转给料器闭式(有侧壁)转子端部密封结构图如图 4-22 所示，壳体出料口的输送气体从转子侧壁与端盖之间的轴向间隙(图 4-22 中的 3)泄漏到壳体进料口，要减少输送气体的泄漏量就要严格控制转子侧壁与端盖之间的泄漏通道截面积大小。而转

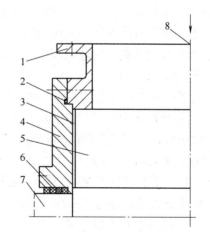

图 4-21　低压旋转给料器开式(无侧壁)
转子端部密封结构示意图
1—壳体　2—O 形密封圈　3—转子叶片与端盖之间的间隙
4—端盖　5—转子叶片　6—轴密封件　7—转子轴　8—物料进口

子侧壁与端盖之间轴向间隙大小的取值要考虑的因素与开式(无侧壁)转子端部密封结构的低压旋转给料器不尽相同。

4.2.1.2　低压旋转给料器转子端部密封的结构确定

低压旋转给料器转子端部密封的结构确定从本质上来说也就是转子端部气体泄漏通道截面积的确定，对于不同的工作介质、工况参数，这个间隙的差距比较大。对于开式(无侧壁)转

子端部密封和闭式(有侧壁)转子端部密封，确定的方式也不同。

对于闭式转子的旋转给料器，在工况运行状态时，转子侧壁与端盖之间的间隙比较大，转子端部泄漏气体的通道最小截面积是转子外径与壳体之间的环形间隙部分，所以转子侧壁与端盖之间的间隙可以控制在 2.0～3.0 mm 或更大些。

一般情况下对于开式转子的旋转给料器，在工况运行状态时(不一定是常温状态条件下)，叶片与端盖之间的轴向间隙控制在 0.08～0.15 mm。设计过程中确定这个间隙时要考虑的因素经归纳主要与下列因素有关：

(1) 转子叶片与端盖之间的轴向间隙取值大小与旋转给料器工作介质的温度有关，温度越高间隙应该越大，相反，间隙应该适当减小。

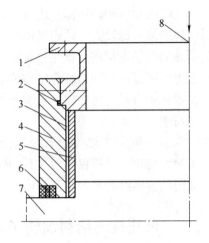

图 4-22　低压旋转给料器闭式(有侧壁)转子
端部密封结构示意图
1—壳体　2—O 形密封圈　3—转子侧壁与端盖之间的间隙
4—端盖　5—转子侧壁　6—轴密封件　7—转子轴　8—物料进口

(2) 转子叶片与端盖之间的轴向间隙取值大小与旋转给料器的转子直径大小有关，转子直径越大间隙也应该越大，相反，间隙应该适当减小。

(3) 转子叶片与端盖之间的轴向间隙取值大小与旋转给料器工作介质的物料粒度尺寸有关，物料的颗粒尺寸越大间隙应该小一点，相反，旋转给料器工作介质物料如果是特别细的粉末，轴向间隙可以适当大一点。

(4) 转子叶片与端盖之间的轴向间隙取值大小与旋转给料器工作介质的物料特性有关，根据物料的具体特性要求合理确定间隙大小。

(5) 转子叶片与端盖之间的轴向间隙取值大小与旋转给料器的工作压力大小有关，工作压力越高间隙也应该越小，相反，间隙可以适当大些。

4.2.1.3　低压旋转给料器转子端部密封具有的特点

(1) 低压旋转给料器转子端部密封没有专门的密封件，只要转子叶片与端盖之间的轴向间隙大小合适，就可以获得满意的工作性能。

(2) 低压旋转给料器的转子端部结构是最简单、零部件最少和工作性能最稳定的一种密封形式，维护保养方便，运行成本低，工况运行的性能稳定性很高。

(3) 低压旋转给料器转子端部密封的适用工作压力在 0.10 MPa 以下，大部分运行工况的工作压力都在 0.07 MPa 左右或更低。

(4) 无论是闭式(有侧壁)转子的低压旋转给料器还是开式(无侧壁)转子的低压旋转给料器，都可以适用于大部分的物料输送，输送的物料特性适用范围比较广。

(5) 开式(无侧壁)转子叶片端部结构的低压旋转给料器，对于具有一定黏附性的细粉末化工固体物料，具有独特的适应能力。

(6) 运行的旋转给料器大部分都是下出料结构形式的。

4.2.1.4 低压旋转给料器转子端部密封的综合分析

本节所述的转子端部密封其作用就是要尽量减小转子叶片端面与端盖之间的轴向间隙，以达到减少气体泄漏量的目的。由于低压旋转给料器的工作压力一般都比较低，大部分工作压力在 0.07 MPa 以下或接近常压，所以减少气体泄漏问题不是很突出。

4.2.2 径向密封的中压填料式转子端部密封

径向密封的中压填料式转子端部密封，即第 2 章中第 2.4.5 节所述的旋转给料器所使用的密封结构，一般是指旋转给料器壳体内的工作气体压力在 0.10～0.20 MPa 的工况条件，利用符合要求的特定编织填料作密封件的密封形式。

4.2.2.1 径向密封的中压填料式转子端部密封的结构与工作原理

中压填料式转子端部密封的结构组合如图 4-23 所示，密封结构主要由壳体 1、填料压盘 2、填料密封圈 3、转子密封环 4、转子侧壁 5、气体压力平衡腔 6、连接螺栓螺母 7、圆柱压缩弹簧 8、端盖 9、导向连接柱 10、填料压盘移动空间 11、平衡气进口 12 等部分组成。

在端盖与转子端部之间有一个很大的空间用于安装转子端部密封填料组件，填料密封圈安装在由转子密封环与壳体和填料压盘共同组成的填料函内，填料密封件的底部是壳体，密封件的前部是填料压盘，压盘的背面有一组圆柱形压缩弹簧，在弹簧轴向推力的作用下填料压盘可以轴向移动并压紧填料，填料密封件受力变形并产生一定比例的径向压紧力作用在转子的密封环径向外表面，使填料与转子密封环之

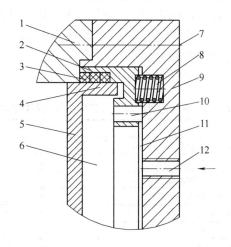

图 4-23 径向密封的中压填料式转子端部密封结构图
1—壳体 2—填料压盘 3—填料密封圈 4—转子密封环
5—转子侧壁 6—压力平衡腔 7—连接螺栓螺母 8—圆柱压缩弹簧
9—端盖 10—导向连接柱 11—压盘移动空间 12—平衡气进口

间和填料与壳体之间都产生一定的密封比压，填料所受的轴向力和其所产生的径向压力之比称为该种密封填料的径向比压系数。填料压盘的最大可移动行程如图 4-23 中的 11。填料组件的密封作用是把端盖与转子端部之间的空间与体腔内的其他区域隔离开，密封填料分别与转子的密封环和壳体配合端面接触密封，使端盖与转子端部之间形成一个密闭的空间并充入一定压力的气体形成一个气体压力平衡腔 6。气体压力平衡腔的作用见第 4.3.1 节的详细叙述。

旋转给料器装配完成以后的最初运行阶段，转子密封环与填料之间是接触状态，由于转子端部密封是软填料密封件，运行一段时间以后，转子密封环与填料之间的接触力会逐渐变小，随着运行时间的进一步延长，转子密封环与填料之间就会形成一个很小的间隙。旋转给料器的所有零部件在加工和装配过程中都可能产生误差，其数值大小与填料密封件的变形量相比都是很小的，可以由软密封件的变形抵消加工和装配过程中可能的误差，所以既不会增加转子旋转的驱动力矩，又能保证转子端部密封性能。旋转给料器在工况运行过程中的密封性比较好且性能比较稳定，填料密封件的可靠运行周期也比较长。

4.2.2.2　径向密封的中压填料式转子端部密封的结构设计

径向密封中压填料式转子端部密封的设计一般采用的填料密封件,其规格是 8 mm×8 mm 正方形截面积编织填料,正常情况下,填料函内的径向宽度与方形截面填料密封件的宽度相同。在本章第 4.1.1 节对各种材料填料密封件的特性进行了分析,编织填料密封件材料芳纶纤维具有适合于大直径、干摩擦的特点,所以密封件的材料一般采用芳纶纤维,其特点一是弹性模量人和抗拉强度高,在受力不均的工况条件下不容易断裂,二是耐干摩擦磨损性能要远远好于其他材料,三是密度大抗粉末物料侵袭的能力强,适宜于填料密封件在粉末介质中工作。正是由于这几个鲜明的特点,在转子端部密封件选择中没有任何其他材料能够与之相比。

实际工况运行中弹簧受力是比较复杂的问题,因为弹簧的工作环境很可能会有不确定因素的影响,可能会有少量的颗粒或粉末介质存在于弹簧空间。但是在弹簧推力计算过程中不能考虑这些物料的影响因素。不同规格的旋转给料器圆柱形螺旋压缩弹簧的结构尺寸基本相同,只是转子的规格不同,每个侧壁端面安装的弹簧数量不同。中压填料式转子端部密封用螺旋弹簧的设计与计算是决定密封性能好坏的核心环节之一,对于一般用途的旋转给料器,弹簧的结构尺寸和数量确定如下:

(1) 中压填料式转子端部密封用圆柱形螺旋压缩弹簧的结构尺寸和参数设计计算见表 4-5。

表 4-5　径向密封的转子端部填料式密封的圆柱形螺旋压缩弹簧的结构尺寸和参数(实例)设计计算

	项目	公式及数值				
原始参数	最小工作负荷 P_1/N	20				
	最大工作负荷 P_n/N	50				
	工作行程 h/mm	15				
	弹簧外径 D_2/mm	20				
	弹簧类型	$N=10^3 \sim 10^6$ 次				
	端部结构	端部并进磨平,支撑圈为 1.5 圈				
	弹簧材料	奥氏体不锈钢 0Cr18Ni9				
参数计算	初算弹簧刚度 P'/(N/mm)	$P' = \dfrac{P_n - P_1}{h} = \dfrac{50-20}{15} = 2.0$				
	工作极限载荷 P_j/N	II 类载荷: $P_j \geq 1.25 P_n = 1.25 \times 50 = 62.5$				
	弹簧材料直径及弹簧中径 D 与有关参数	根据 P_j 与 D 条件得	d	D	P_j	f_j	P_d'
			1.6	18	71.69	6.461	11.1
	有效圈数 n/圈	$n = \dfrac{p_d'}{p'} = \dfrac{11.1}{2} = 5.55$				
	总圈数 n_1/圈	$n_1 = n+2 = 5.55+1.5 = 7.05$				
	弹簧刚度 P'/(N/mm)	$P' = \dfrac{p_d'}{n} = \dfrac{11.1}{5.55} = 2$				
	工作极限载荷下的变形量 F_j/mm	$F_j = n f_j = 5.55 \times 6.461 = 35.86$				
	节距 t/mm	$t = \dfrac{F_j}{n} + d = \dfrac{35.86}{5.55} + 1.6 = 8$				
	自由高度 H_0/mm	$H_0 = nt + 2d = 5.55 \times 8 + 1.6 \times 1.5 = 46.8$　　　取 46.8				
	弹簧外径 D_2/mm	$D_2 = D + d = 18 + 1.6 = 19.6$				
	弹簧内径 D_1/mm	$D_1 = D - d = 18 - 1.6 = 16.4$				
	螺旋角 α/(°)	$\alpha = \arctan \dfrac{t}{3.14D} = \arctan \dfrac{8}{3.14 \times 18} = 8.06$				
	展开长度 L/mm	$L = \dfrac{3.14 D n_1}{\cos a} = \dfrac{3.14 \times 18 \times 7.05}{\cos 8.06} = 402$				

(续)

	项目	公式及数值	
验算	最小载荷高度 H_1/mm	$H_1 = H_0 - \dfrac{P_1}{P'} = 46.8 - \dfrac{20}{2} = 36.8$	
	最大载荷高度 H_n/mm	$H_n = H_0 - \dfrac{P_n}{P'} = 46.8 - \dfrac{50}{2} = 21.8$	
	极限载荷高度 H_j/mm	$H_j = H_0 - \dfrac{P_j}{P'} = 46.8 - \dfrac{62.5}{2} = 15.55$	
	实际工作行程 h/mm	$h = H_1 - H_n = 36.8 - 21.8 = 15$	
	高径比 b	$b = \dfrac{H_0}{D} = \dfrac{46.8}{18} = 2.6 \leqslant 2.6$	不必进行稳定性验算
工作图	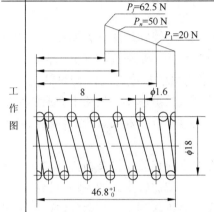	技术要求 1、总圈数 7.05 2、有效圈数 5.55 3、旋向为右旋 4、展开长度：402 5、符合 GB1239 规定的 2 级精度要求	

(2) 不同规格的中压填料式转子端部密封的旋转给料器每侧端盖用圆柱形螺旋压缩弹簧的数量可以参考表 4-6 给出的例子。

表 4-6　径向密封的转子端部填料式密封的转子直径与每侧端盖弹簧参考数量

转子直径/mm	220	300	380	460	540	620	700
弹簧数量/个	6	8	12	16	20	24	32
填料周长/mm	726	967	1 218	1 470	1 721	1 947	2 223
平均填料长度/每个弹簧/mm	120	121	102	92	86	82	70

(3) 德国 WAESCHLE 公司的 ZPH 和 ZVH 型旋转给料器每侧端盖弹簧数量列于表 4-7，供检修使用时参考。

表 4-7　德国 WAESCHLE 公司径向密封的转子端部填料式密封的转子直径与每侧端盖弹簧参考数量

转子直径	200	250	320	400	480	550	630	800
弹簧数量	4	6	8	10	12	15	18	45

4.2.2.3　径向密封的中压填料式转子端部密封气体压力平衡腔耗气量

径向密封的中压填料式转子端部密封的气体压力平衡腔耗气量是很难计算的，耗气量与很多不确定因素有关，但有一点是可以确定的，就是中压填料式转子端部密封结构的耗气量比较大，因为密封填料与转子侧壁之间的密封性能不是很好。在填料密封件装配后的初始阶段，填料与转子密封环之间处于接触状态，运行一段时间以后，两者之间就会形成一定的间隙，随着运行时间的延长，两者之间的间隙可能会加大，所以在工况运行过程中，两者之间会存在一定的间隙，尽管这个间隙可能比较小，但耗气量比较大。实际耗气量最可靠的数据就是旋转给料器安装到使用现场以后，在工况运行状态下获取供气流量计的实际流量读数。通过对一些规格和不同工况条件的实况检验，经过一定时间的数据积累和整理，对相同规格和工况参数的旋转给料器实际耗气量数据进行比较，可以发现其实际耗气量在一定的数据范围内。在已有部分规格参数的基础上，不断经过现场试验与探索来寻找与耗气量有关的因素，经过整理分析得出如下结论：

(1) 转子端部密封气体压力平衡腔耗气量与转子外径成正比关系，转子的外径越大，转子的周长就越大，每圈填料的长度就越长。而且转子的密封环外径越大，旋转给料器各零部件的加工误差就越大，工况运行过程中密封件与转子密封环之间的间隙就可能会越大，平衡腔的耗气量就越大。

(2) 转子端部密封气体压力平衡腔耗气量与气体压力有关，平衡腔气体压力越高，在相同的密封条件下，耗气量就越大，所以这种结构适用于工作气体压力不是很高的工况场合。

(3) 在平衡腔气体压力相同的条件下，耗气量还与粉末物料的粒度有关，物料的粒度在 1.0～0.01 mm 范围内时，粉末物料的颗粒度越细，平衡腔的耗气量就越小。当粉末介质的平均粒度在 0.01～0.001 mm 范围内时，压力平衡腔的耗气量可以减少一半。相反，粉末物料的粒度越粗，平衡腔的耗气量就越大。

(4) 转子端部密封压力平衡腔的耗气量与物料中的含粉末比例有关。如果物料是 2.0～3.0 mm 的颗粒，压力平衡腔内气体压力可以是输送压力，其耗气量就比较少。如果颗粒物料中含有比较多的粒度小于 1.0 mm 的粉末时，为了确保粉末介质不会进入到压力平衡腔内，要求平衡腔的气体压力比输送压力略高。物料中粉末的比例越高，平衡腔内气体压力越高。粉末物料工况平衡腔的气体压力要高于颗粒物料工况平衡腔的气体压力，平衡腔压力越高，耗气量就越大，所以粉末物料工况平衡腔耗气量就要大些，相反，颗粒物料工况平衡腔耗气量就要小些。

(5) 转子端部密封气体压力平衡腔耗气量与运行工况的稳定性有关，如果运行工况有波动，不管是物料的温度波动还是输送气体压力波动，都会使平衡腔耗气量增大。相反，长期在稳定的工况条件下运行，平衡腔耗气量就要小些。

(6) 转子端部密封气体压力平衡腔耗气量与设备的维护与保养情况有关，做好设备的维护保养使旋转给料器处于良好的工作状态，在平衡腔压力相同的情况下，能够适当降低压力平衡腔的耗气量。

(7) 转子端部密封气体压力平衡腔的实际耗气量是上述各因素综合作用的结果，要想减少氮气消耗量，就要从以上各个方面寻找突破口，从而节约氮气、节约能源和降低成本。

国内从 20 世纪 80 年代末期开始研制生产各种类型、结构和适用于各种物料的旋转给料器，经过二十多年的努力，不断开发新技术和进行结构改造与产品技术升级，通过在各种物料、参数等不同工况条件下的现场运行试验与检验，通过调节密封腔的气体压力或改变进气阀的流量等各种方法，观察测量密封腔耗气量的变化，收集了一部分规格旋转给料器填料式转子端部密封压力平衡腔的耗气量数据，这些数据不是一个定值，而是在一定的范围内，甚至有些数据相差得还很大，经过整理和分析，根据已有数据的相关规律推算得出其他规格耗气量的大概范围，与实际耗气量可能会有比较大的差别，供使用现场参考，耗气量数据范围见表 4-8。德国 WAESCHLE 公司的 ZVH、ZPH 型旋转给料器转子端部密封压力平衡腔耗气量见表 4-9。

表 4-8　径向密封的填料式转子端部密封压力平衡腔的耗气量

转子直径		220	300	380	460	540	620	700
耗气量/ (Nm³/h)	粒料	14～39	19～46	23～58	29～71	32～87	43～95	45～75
	粉料	23～51	34～65	41～76	52～91	63～113	72～141	84～168

注：粒料平衡腔气体压力=工作压力；粉料平衡腔气体压力=工作压力+0.05～0.07 MPa。

表 4-9　德国 WAESCHLE 公司的 ZVH、ZPH 型旋转给料器转子端部密封压力平衡腔耗气量

转子直径		200	250	320	400	480	550	630	800
耗气量/ (Nm³/h)	粒料	16	20	28	30	30	36	40	55
	粒料含粉尘	32	40	56	60	60	72	80	110
	粉料	48	60	84	90	90	108	120	160

注：粒料平衡腔压力=工作压力；粒料含粉尘平衡腔压力=工作压力+0.05 MPa；粉料平衡腔压力=工作压力+0.10 MPa；耗气量误差为±50%。

4.2.2.4　径向密封的中压填料式转子端部密封具有的特点

(1) 中压填料式转子端部密封是利用软编织盘根做密封件，并不是专门成型的密封件，转子端部密封的工作压力一般都在 0.08～0.20 MPa，与其他机械中填料密封的工作压力相比属于比较低的。由于中压填料式转子端部密封要求填料对转子的摩擦阻力不能太大，同时填料密封件与轴之间是干摩擦运行工况，所以不同于其他机械(如阀门、泵等)中的填料密封工况要求。

(2) 中压填料式转子端部密封结构比较复杂，零部件也比较多，但是工作性能比较稳定。弹簧施加的是轴向推力，在弹簧力的作用下填料密封件变形产生径向力作用在转子密封环上形成密封比压，从而达到密封的效果。所以这个密封比压是基本稳定的，如果说有波动的话也是比较小的。

(3) 在初始状态下，填料密封件与转子密封环之间有一定的密封比压，但是比压值比较小，在稳定运行过程中密封件与转子密封环之间处于干摩擦状态，伴随温度升高和摩擦，填料密封件会逐渐磨损，在稳定运行一段时间以后，填料密封件与转子密封环之间的密封比压进一步降低，并可能会逐渐形成一个很小的间隙，两者之间的摩擦阻力逐渐减小，所以转子的转动阻力矩比较小，所需要的电动机功率也比较小。

(4) 中压填料式转子端部密封结构适用于工作气体压力在 0.10～0.20 MPa，考虑到运行工况的压力波动，大部分运行工况的工作压力都在 0.08～0.17 MPa。

(5) 中压填料式转子端部密封结构的旋转给料器可以适用于输送大部分干燥化工固体物料，即可以用于输送颗粒物料，也可以用于输送粉末物料，输送的物料特性适用范围比较广。

(6) 中压填料式转子端部密封结构不适于具有较强黏附性的细粉末物料。因为细粉末物料黏附在填料密封件表面会降低密封性能，并有可能使密封件发生异常。

(7) 中压填料式转子端部密封结构的旋转给料器一般都是下出料结构形式，为了防止物料进入到轴密封件内，必须要有压力平衡腔，这就增加了氮气的泄漏量，从而增加了氮气的消耗量和装置运行的生产成本。所以一般要有排气管和旋风分离器使旋转给料器进料口的气体压力尽量降低，以防泄漏气体顶托物料而影响下料量。

(8) 中压填料式转子端部密封结构的旋转给料器要有为压力平衡腔系统和轴密封气体吹扫系统供气的气源和管路及元器件，其整体结构增加了很多附件，同时也增加了出现故障的概率。

4.2.2.5 径向密封的中压填料式转子端部密封的综合分析

本节所述的转子端部密封就是适当掌握作用在填料上的弹簧力大小，使填料与转子密封环之间接触比压既能起到密封作用又不会摩擦阻力太大，其目的是尽量减少气体泄漏量。在设备检修、保养维护过程中可能会有各种工况参数的旋转给料器，在确定工况参数之前不可能给出一个确定的完整结果，因为要考虑的因素很多，同时不确定的因素还有很多，一旦工况参数确定下来就可以进行特定的分析。气体泄漏量小、工作性能稳定、工况运行平稳周期长是从设计到机械加工、装配、试验与检验整个过程很多种因素综合作用的结果。

4.2.2.6 径向密封的中压填料式转子端部密封的失效

径向密封的中压填料式转子端部密封件是耐磨编织芳纶填料，虽然具有很好的耐磨损特性、耐物料侵入性能和抗拉断性能，但是在工况运行一定的时间以后，填料密封件会以各种各样的形式失去密封性能，最主要的失效形式就是填料密封件在粉末物料中同时承受转子密封环的摩擦，长时间干摩擦条件下温度会升高，少量粉末物料侵入到编织填料件内部使编织填料件的密封性能降低。久而久之，侵入到编织填料件内部的粉末物料逐渐增多，编织填料件的密封性能逐渐降低。如果运行工况有某些异常，如物料的特性异常，或在检修过程中填料件的安装不符合规范要求，如填料件截取的长度稍有差异、填料横截面截取不整齐、填料件接头不合适等，都会使安装在一个环形截面填料函内的填料密封件有不稳固的倾向，填料件在填料函内就可能会蠕动，甚至会被挤出填料函。当转子旋转时，在转子的密封环反复撞击下，密封填料件有可能会变成扁平状、弯曲状、蛇形状等各种各样的奇形怪状形式，进而失去密封性能。也有可能密封填料件黏结在填料函内不能动弹，弹簧力无法将填料压紧在转子密封面上，从而失去密封性能。

一般情况下编织芳纶填料密封件每更换一次能够工况运行 1～2 年。运行工况的稳定性、填料密封件的制造质量和装配质量等因素对密封件的使用寿命影响很大。

4.2.3 中压弹簧式转子端部密封

中压弹簧式转子端部密封是比较理想的高压气力输送转子端部密封结构，即第 2 章中第 2.4.6 节所述的旋转给料器所使用的密封结构，密封件的底部有圆柱形螺旋压缩弹簧，弹簧力的大小是可以控制的，而且弹簧力的大小不受工况条件波动的影响，所以密封件与转子端部密封环之间的密封力大小很容易控制。弹簧力的大小是在设计阶段就计算确定的，既能达到密封的效果，又不会摩擦阻力过大。

4.2.3.1 中压弹簧式转子端部密封的结构与工作原理

中压弹簧式转子端部密封的结构如图 4-24 所示，密封部分结构主要由壳体 1、O 形密封圈 2、专用转子端部密封圈 3、转子侧壁 4、导向柱 5、气体压力平衡腔 6、密封圈托盘 7、螺旋压缩弹簧 8、端盖 9、托盘轴向移动空间 10 等部分组成。

在端盖与转子端部之间有一个很大的空间用于安装转子端部密封组件，专用转子端部密封圈 3 安装在转子侧壁 4 的端面部位，转子侧壁 4 与专用密封圈 3 的接触面呈斜角方式，专用密封圈 3 的外侧面上有一道凹槽用于安装 O 形密封圈，用于密封转子密封圈 3 与端盖内腔之间的间隙，专用密封圈 3 与转子侧壁 4 之间的密封比压由一组弹簧提供，压缩弹簧定位于端盖的安装孔内，专用密封圈 3 与弹簧之间有一个托盘 7，在弹簧推力的作用下密封圈保持与转子侧壁之间达到要求的密封比压，在导向柱 6 的控制下托盘 7 可以有一定的前后移动量，如图 4-24 中的 10。密封圈的密封作用是把端盖与转子端部之间的空间与体腔内的其他区域隔离开来，密封圈分别与转子侧壁和端盖内表面接触密封使端盖与转子端部之间形成一个密闭的空间，并充入一定压力的气体而成为一个气体压力平衡腔 5。气体压力平衡腔的作用见第 4.3.1 节所述。

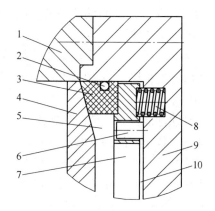

图 4-24　中压弹簧式转子端部密封结构示意图
1—壳体　2—"O"形密封圈　3—专用密封圈　4—转子侧壁
5—气体压力平衡腔　6—导向柱　7—密封圈托盘　8—螺旋压缩弹簧
9—端盖　10—托盘轴向移动空间

　　由于转子端部专用密封圈的外径表面有橡胶 O 形密封圈，旋转给料器所有零部件在加工和装配过程中所产生的可能误差都可以由 O 形密封圈的变形量抵消，专用密封圈与端盖内腔的密封性能很好，所以旋转给料器在工况运行过程中的气体泄漏量比较小，工作性能很稳定，专用密封圈的工况运行周期也比较长。

　　旋转给料器工况运行过程中，专用密封圈 3 与转子侧壁 4 之间是滑动密封工况，转子侧壁 4 始终处于旋转状态，而专用密封圈 3 则是与端盖连接在一起而不旋转。所以专用密封圈与转子侧壁之间的密封面有摩擦磨损，而且在无润滑的干摩擦状态下，其摩擦磨损自始至终都有，摩擦磨损的量要根据弹簧的力大小确定。

　　转子端部密封部分有专门的结构部件，在正常工况运行过程中，可以观察到专用密封圈的摩擦磨损情况，其结构如图 4-25 所示，指示部件主要由壳体 1、O 形密封圈 2、转子端部专用密封圈 3、转子侧壁 4、导向柱 5、密封圈托盘 6、端盖 7、指示器垫片 8、指示器外壳 9、指示器护罩 10、指示杆 11、指示杆压缩弹簧 12、指示杆位置观察孔 13 等部分组成。

　　当转子端部专用密封圈磨损掉一定量以后，在弹簧推力的作用下托盘 6 向前移动来保持专用密封圈 3 与转子侧壁 4 之间的接触密封，同时在指示杆弹簧 12 的作用下指示杆 11 同步向前移动相同的位移量，指示杆 11 的顶端在指示器护罩内的位置就发生变化,通过指示器外壳 9 的观察孔 13 就可以看到在指示器护

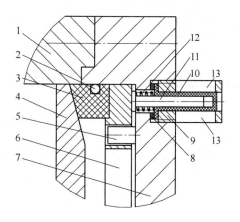

图 4-25　中压弹簧式转子端部密封指示器结构示意图
1—壳体　2—O 形圈　3—专用密封圈　4—转子侧壁
5—导向柱　6—密封圈托盘　7—端盖　8—指示器垫片
9—指示器外壳　10—指示器护罩　11—指示杆
12—指示杆弹簧　13—指示杆位置观察孔

罩 10 的适当位置有刻度线，标示出了专用密封圈 3 的磨损程度，一旦磨损到需要更换的程度，必须立即更换。

4.2.3.2　中压弹簧式转子端部密封的设计

中压弹簧式转子端部密封的设计一般是采用以聚四氟乙烯材料或其他新型材料为基体,填充玻璃纤维或其他合适材料的成型密封件,但不能填充深色的成分,如柔性石墨等,因填充这些成分的聚四氟乙烯材料会褪色,在磨损后其深色的微粒会污染化工固体物料,这是贯穿于整个系统全过程的注意要点。聚四氟乙烯材料具有下列优异特性:

(1) 适用温度范围广,可在−200～+260 ℃范围内使用,对于受压密封件,能有效用于−200～+150 ℃范围内。

(2) 耐腐蚀性能优异,能耐包括王水在内的一切强腐蚀性介质,不溶于任何有机溶剂。

(3) 摩擦因数小,约为 0.05,并有良好的自润滑性能。

(4) 塑性好并具有一定的弹性,在密封面间只需要施加比较小的力即能达到密封效果。

(5) 几乎不吸水和不溶胀。因此以聚四氟乙烯为基体的材料可以做成各种各样的密封件,如很多种阀门的阀座密封圈、O 形密封圈、"V" 形密封圈、平垫密封圈、生料密封胶带等。

聚四氟乙烯材料具有下列缺点:

(1) 在载荷作用下有 "冷流倾向",容易产生永久变形和压塌现象。

(2) 机械强度低,耐摩擦磨损性能差和刚性差。

(3) 导热性差和线膨胀系数大,在温度急剧变化时不能保持尺寸稳定。

因此为了改善聚四氟乙烯材料的物理力学性能而满足各种工况的需要,大多数情况下采用聚四氟乙烯中添加各种填充材料,如玻璃粉、玻璃纤维、青铜粉、二硫化钼等。一般来说,聚四氟乙烯中添加二硫化钼可以提高自润滑性能,添加青铜粉或其他金属粉可以提高导电性能,适用于在易燃易爆工况介质中使用。当加入 40%以上青铜粉末时可以提高耐磨性能,加入玻璃粉末或二氧化硅时可以改善制件的尺寸稳定性和耐磨性能,当需要同时改善几种性能时,可以同时加入几种填充材料。表 4-10 所列的是纯聚四氟乙烯(F-4)及填充各种材料的 F-4 的物理力学性能。

表 4-10　聚四氟乙烯及填充各种材料后 F-4 的物理力学性能

性能	填充剂配比					
	无	玻纤 20%	玻纤 25%	锡青铜 60%	碳纤 15%	碳纤 20%
密度/(g/cm³)	2.18	2.26	2.27	3.92	2.09	2.01
抗拉强度/(MPa)	27.6	17.5	17.0	12.7	22.6	18.9
断裂伸长/%	233	207	223	101	280	92
压缩变形/24h	15.44	11.9	11.2	4.63		5.73
抗弯强度/MPa	20.7	21	21.8	28.0		32.0
抗压强度/MPa	12.9	17.2	19.8	21.3	27.6	19.7
洛氏硬度/HR	3.2	5.8	13.4	33.8		32.1
摩擦因数(表面粗糙度为 R_a0.2μm 对钢)	0.05	0.24	0.24	0.20	0.18	0.18

大量的试验表明,适宜的密封件材料是:①聚四氟乙烯填充玻璃纤维 15%～25%,②聚四氟乙烯填充二氧化硅或玻璃粉 10%～25%;③聚四氟乙烯填充青铜粉 40%以上;④聚四氟乙烯添加两种以上填充材料时,耐磨性和润滑性的填充材料之比宜为 4:1。

从表 4-10 中聚四氟乙烯及填充各种材料以后的 F-4 物理力学性能可以看出,聚四氟乙烯添加一定比例的填充材料后其性能能得到很大改善,中压弹簧式转子端部密封件的材料就是聚四氟乙烯添加了一定比例的其他材料制成的。根据不同的工况所适用的密封件材料配方各不相同。

在中压弹簧式转子端部密封的结构设计中，转子侧壁与转子密封圈的接触面一般呈 15° 斜角，两者之间的接触面环形宽度一般在 10～12 mm，大部分专用密封圈宽度都在 10 mm 左右。转子侧壁与转子专用密封圈的接触面呈 15° 斜角的好处主要有：

(1) 旋转给料器在工况运行过程中转子始终处于旋转状态，转子侧壁与密封圈采用 15° 斜角接触面可以使转子侧壁与转子专用密封圈之间的相对位置自动对心，可以有效防止转子与专用密封圈之间有径向颤动或抖动，从而提高两者之间的密封性能和密封效果。

(2) 转子侧壁与转子专用密封圈之间始终处于干摩擦磨损状态，在此工况条件下，专用密封圈的局部温度会高于其他部位，专用密封圈的硬度会降低并可能伴有"状态失稳倾向"发生，转子侧壁与专用密封圈采用 15° 斜角接触面可以使专用密封圈趋于稳定，使专用密封圈径向外侧表面的 O 形密封圈被挤压，密封性能达到更好的效果。

转子侧壁与转子专用密封圈之间的接触密封比压由弹簧施加一定的轴向推力实现，其弹簧力大小的确定原则是在某种程度上能够密封体腔内的工作压力气体即可，要想达到完全密封比较困难，也没有必要。弹簧推力的计算与确定对密封副的密封性能具有重要的决定性作用。不同规格、性能参数的旋转给料器所使用的圆柱形螺旋压缩弹簧结构尺寸相同或相近，只是弹簧的数量不同。弹簧的结构尺寸和数量确定如下：

(1) 中压弹簧式转子端部密封的旋转给料器中螺旋弹簧材料一般选用奥氏体不锈钢，弹簧参数设计与计算实例见表 4-11。

表 4-11 中压弹簧式转子端部密封的圆柱螺旋压缩弹簧参数(实例)设计与计算

	项目	公式及数值				
原始参数	最小工作负荷 P_1/N	16				
	最大工作负荷 P_n/N	40				
	工作行程 h/mm	12				
	弹簧外径 D_2/mm	18				
	弹簧类型	$N=10^3 \sim 10^6$ 次				
	端部结构	端部磨平，支撑圈为 1.5 圈				
	弹簧材料	奥氏体不锈钢 0Cr18Ni9				
参数计算	初算弹簧刚度 P'/(N/mm)	$P' = \dfrac{P_n - P_1}{h} = \dfrac{40-16}{12} = 2.0$				
	工作极限载荷 P_j/N	II 类载荷：$P_j \geqslant 1.25 P_n = 1.25 \times 40 = 50$				
	弹簧材料直径及弹簧中径 D 与有关参数	根据 P_j 与 D 条件得	d	D	P_j	f_j	P'_d
			1.4	16	55.62	6.006	9.26
	有效圈数 n/圈	$n = \dfrac{P'_d}{P'} = \dfrac{9.26}{2} = 4.63$				
	总圈数 n_1/圈	$n_1 = n + 1.5 = 4.63 + 1.5 = 6.13$				
	弹簧刚度 P'/(N/mm)	$P' = \dfrac{P'_d}{n} = \dfrac{9.26}{4.63} = 2$				
	工作极限载荷下的变形量 F_j/mm	$F_j = n f_j = 4.63 \times 6.006 = 27.81$				
	节距 t/mm	$t = \dfrac{F_j}{n} + d = \dfrac{27.81}{4.63} + 1.4 = 7.406$				
	自由高度 H_0/mm	$H_0 = nt + 1.5d = 4.63 \times 7.406 + 1.5 \times 1.4 = 36.4$ 取 36.4				
	弹簧外径 D_2/mm	$D_2 = D + d = 16 + 1.4 = 17.4$				

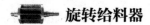

(续)

	项目	公式及数值
参数计算	弹簧内径 D_1/mm	$D_1=D-d=16-1.4=14.6$
	螺旋角 α/(°)	$\alpha=\arctan\dfrac{t}{3.14D}=\arctan\dfrac{7.406}{3.14\times16}=8.39$
	展开长度 L/mm	$L=\dfrac{3.14Dn_1}{\cos\alpha}=\dfrac{3.14\times16\times6.13}{\cos8.39°}=311$
验算	最小载荷高度 H_1/mm	$H_1=H_0-\dfrac{P_1}{P'}=36.4-\dfrac{16}{2}=28.4$
	最大载荷高度 H_n/mm	$H_n=H_0-\dfrac{P_n}{P'}=36.4-\dfrac{40}{2}=16.4$
	极限载荷高度 H_j/mm	$H_j=H_0-\dfrac{P_j}{P'}=36.4-\dfrac{50}{2}=11.4$
	实际工作行程 h/mm	$h=H_1-H_n=28.4-16.4=12$
	高径比 b	$b=\dfrac{H_0}{D}=\dfrac{36.4}{16}=2.275\leqslant2.6$　不必进行稳定性验算

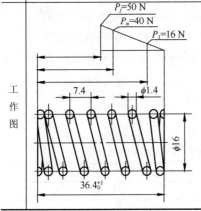

技术要求
1、总圈数 6.13
2、有效圈数 4.63
3、旋向为右旋
4、展开长度：311
5、符合 GB1239 规定的 2 级精度要求

(2) 不同规格的中压弹簧式转子端部密封结构的旋转给料器每侧端盖中使用圆柱形螺旋压缩弹簧的数量可以参考表 4-12 的数量。对于不同工作压力的工况条件，同一规格旋转给料器所安装的弹簧数量可能不同，要根据其他参数综合考虑。

表 4-12　中压弹簧式转子端部密封旋转给料器转子直径与每侧端盖弹簧参考数量

转子直径/mm	220	300	380	460	540	620	700
弹簧数量/个	6	8	10	12	16	20	24
密封圈周长/mm	660	910	1 162	1 413	1 664	1 915	2 167
平均长度/每个弹簧/mm	110	114	116	118	104	96	90

4.2.3.3　中压弹簧式转子端部密封结构的气体压力平衡腔耗气量

中压弹簧式转子端部密封结构的旋转给料器压力平衡腔的耗气量比第 4.2.2 节所叙述的结构要少，因为弹簧式转子端部密封结构的密封性能要好于填料式密封结构，专用密封圈与转子侧壁端面始终处于接触状态，并有弹簧力保持一定的密封比压，所以在工况运行过程中，两者之间保持接触密封状态，耗气量比较小。平衡腔的气体压力与第 4.2.2 节所叙述的结构基本类似，在平衡腔内的气体压力略高于体腔内的工作压力，虽然耗气量与很多不确定因素有关，但是密封性能是耗气量少的直接因素，在相同的气体压力条件下，密封性能提高了，所以压力平衡腔的耗气量就少了。

最可靠的耗气量数据就是旋转给料器安装到生产装置现场使用以后流量计实际的流量读数，这种转子端部密封结构的实际流量测量数据不是很多，经过多年的数据积累，与相同规格、工况参数的旋转给料器实际耗气量数据比较，可以发现其实际耗气量在一定的数据范围内。经过不断的现场试验、观察、记录与探索来寻找与耗气量有关的因素，最后整理分析发现，从定性角度来说与第 4.2.2 节所叙述的结构相类似，仅是在定量的气体泄漏量数值上有差别，大致是第 4.2.2 节叙述的结构耗气量的一半左右。

在旋转给料器使用现场通过对各种物料、参数等不同工况条件下的现场运行情况的观察与记录，通过调节密封气体平衡腔的气体压力或改变进气阀的流量等各种方法，观察测量密封气体压力平衡腔耗气量的变化，收集了一部分规格的旋转给料器中压弹簧式转子端部密封压力平衡腔的耗气量数据，这些数据不是一个定值，而是在一定的范围内，甚至有些数据相差还比较大，经过整理和分析，根据已有数据的相关规律推算得出其他规格中压弹簧式转子端部密封压力平衡腔耗气量的大概范围，供现场使用参考，耗气量数据范围见表 4-13。

表 4-13　中压弹簧式转子端部密封气体压力平衡腔的耗气量

转子直径		220	300	380	460	540	620	700
耗气量/ (Nm³/h)	粒料	9~23	11~27	16~35	19~41	21~47	23~52	27~56
	粉料	12~31	14~35	19~36	22~48	27~59	32~71	44~88

注：粒料平衡腔压力=工作压力；粉料平衡腔压力=工作压力+0.04~0.07 MPa。

从表 4-13 压力平衡腔的耗气量参考数据可以看出，中压弹簧式转子端部密封结构的实际密封效果要大大好于填料式转子端部密封结构。从图 4-24 中可以看出，中压弹簧式转子端部密封结构的圆柱形螺旋压缩弹簧直接作用在密封圈的背面，使得密封圈和转子侧壁端面始终处于相互接触状态，密封圈和端盖之间的密封有 O 形密封圈，所以中压弹簧式转子端部密封的气体泄漏量要小，只是对转子端部专用密封圈的性能要求比较高。

4.2.3.4　中压弹簧式转子端部密封具有的特点

(1) 中压弹簧式转子端部密封是利用专门成型的专用密封件，在弹簧推力的作用下达到密封的效果，专用密封圈和端盖内壁之间有 O 形密封圈，其密封效果好于中压填料式密封结构。

(2) 中压弹簧式转子端部密封结构相对比较复杂和零部件比较多，但密封性能好，工作性能比较稳定。弹簧的轴向推力作用在专用密封件上，使密封件的耐摩擦面紧紧贴合在转子侧壁端部密封环上形成密封比压，从而达到密封的效果。弹簧施加的轴向力基本稳定，所以这个密封比压也基本稳定，如果密封比压有波动，也是在比较小的范围内变化。

(3) 在长期工况运行过程中，专用密封件与转子端部密封环之间始终保持一定的密封比压，但是比压值比较小，由于密封件与转子密封环之间处于干摩擦状态，伴随温度升高和摩擦磨损，专用密封件会逐渐磨损，在稳定运行一段时间以后，专用密封件会磨损掉一部分，在弹簧推力的作用下专用密封件随之向前移动，并保持与转子密封环之间的密封比压基本不会降低。并且专用密封件与转子密封环之间的摩擦力比较小，所以转子的转动阻力矩比较小，所需要的电动机功率也比较小。

(4) 中压弹簧式转子端部密封结构适用于工作压力在 0.08~0.25 MPa 的工况，考虑到运行工况的压力波动，选用运行工况的工作压力大部分都在 0.08~0.20 MPa。

(5) 中压弹簧式转子端部密封结构的旋转给料器可以适用于绝大部分干燥的化工固体输送

物料，既可以用于输送颗粒物料，也可以用于输送粉末物料，对输送的物料特性适用范围比较广。

(6) 中压弹簧式转子端部密封结构的旋转给料器一般都是下出料结构形式，由于专用密封件的气体泄漏量比较小，在旋转给料器的进料口的排气管和旋风分离器中排气量就少，对旋转给料器的物料下行很有好处，不会使泄漏气体顶托物料而影响卜料量。

(7) 中压弹簧式转子端部密封结构虽然相对比较复杂和零部件比较多，但出现故障的概率还是很低的，旋转给料器整体结构增加了一些小附件，对制造成本影响很小。

(8) 工况运行过程中，中压弹簧式转子端部密封结构要进行必要的维护与保养，如果密封性能不能满足工况要求，要停车解体旋转给料器，更换转子端部专用密封圈及其他相关附件，不能在线进行检修与更换。

(9) 当专用密封件磨损以后，在弹簧推力的作用下专用密封件随之向前移动，并保持与转子密封环之间的密封比压基本不降低。在端盖部位有指示密封圈磨损情况的专门部件可以随时观察密封圈的磨损程度。

4.2.3.5 中压弹簧式转子端部密封的综合分析

本节所述的转子端部密封就是适当掌握作用在密封件上的弹簧推力大小，使密封件与转子端部密封环之间接触的密封比压既能起到密封作用，又不会摩擦阻力太大，其目的是尽量减少气体泄漏量，在设计过程中工况参数是最主要的决定因素，最重要的元件就是转子端部专用密封圈，密封圈的性能由其结构设计、材料选择、机械加工等全过程各种因素决定，密封圈的气体泄漏量小、工作性能稳定、工况运行平稳周期长才能保证整机性能。与密封圈相关的零部件设计、加工、关键零部件选用与采购、装配、试验与检验等整个过程都有可能存在影响密封性能的因素。

4.2.3.6 中压弹簧式转子端部密封的失效

中压弹簧式转子端部密封的失效主要有如下几种形式：

(1) 专用密封圈摩擦磨损失去密封性能。工况运行过程中，化工生产是 24 小时连续运行的，专用密封圈与转子侧壁始终处于干摩擦状态，旋转给料器运行一段时间以后，专用密封圈的温度会高于工作介质物料的温度，在高温下干摩擦工况条件下工作，专用密封圈的磨损不可避免，当磨损到一定程度以后，弹簧的推力就降低了，密封性能就差了，就要更换新的密封件。

(2) O 形密封圈损坏。工况运行过程中，有可能发生专用密封圈跟转子旋转的现象，这里说的专用密封圈跟转子旋转不是两者同步旋转，而是专用密封圈在转子的带动下有比较小的可能性处于很慢的旋转状态，或时而跟转时而不转，所以 O 形密封圈有可能磨损坏。

(3) 中压弹簧式转子端部密封结构所有的组成零部件都有可能损坏，包括导向柱、专用密封圈托盘、指示器垫片、指示器外壳、指示器护罩、指示杆、指示杆圆柱螺旋压缩弹簧等，其中任何一个零件损坏都要及时更换。

一般情况下中压弹簧式转子端部密封件每换一次能够工况运行 2～3 年。运行工况的稳定性、专用密封件的制造质量和装配质量等因素对密封件的使用寿命影响很大。

4.2.4 高、中压气力式转子端部密封

气力式专用密封圈是最理想的转子端部密封结构形式，即第 2 章中第 2.4.7 节所述的旋转给料器所使用的密封结构，气力式转子端部密封结构在某种程度上类似于弹簧式转子端部密封

的结构，所不同的是用气体压力的作用力代替了弹簧的推力，通过改变气体压力就可以改变作用在专用密封圈上的轴向推力大小，从而改变专用密封圈与转子侧壁之间的密封比压，即改变了专用密封圈与转子侧壁之间的密封性能和密封气体的消耗量，同时也调节了驱动转子旋转所需要的最小力矩。

4.2.4.1　高、中压气力式转子端部密封的结构与工作原理

高、中压气力式转子端部密封的结构如图 4-26 所示，主要由转子侧壁 1、专用密封圈 2、壳体 3、端盖 4、密封圈外侧边 5、推力气体压力腔 6、推力气体进口 7、密封圈内侧边 8、转子端部气体压力平衡腔 9 等部分组成。

在端盖与转子端部之间的外部环形部分有一个很大的空间，用于安装转子端部密封组件，转子端部专用密封圈 2 安装在端盖 4 的环形槽内，槽的径向宽度与密封件的宽度相同。转子侧壁 1 与专用密封圈 2 之间的密封面呈斜角形式紧密接触，专用密封圈 2 的背面上有一道很深的"U"形开槽，此"U"形开口槽的两侧边 5 和 8 分别紧密贴合在端盖 4 的环形槽的两侧内表面并达到密封气体的效果。当旋转给料器处于工作状态时，推力气体从进气口 7 进入到推力气体压力腔 6 内，在气体压力的作用下，专用密封圈 2 向转子侧壁 1 的密封面施加压力，使专用密封圈 2 与转子侧

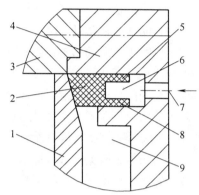

图 4-26　高、中压气力式转子端部密封结构示意图
1—转子侧壁　2—专用密封圈　3—壳体　4—端盖
5—密封圈外侧边　6—推力气体压力腔　7—推力气进口
8—密封圈内侧边　9—转子端部密封气体压力平衡腔

壁 1 之间的密封副产生一定的密封比压，从而达到密封气体的效果。使经过壳体内腔从物料出口泄漏到物料进口的输送气体尽可能减少。

专用密封圈 2 与转子侧壁 1 之间的密封比压由气体压力提供，气体压力的大小很容易控制，所以密封比压的大小很容易控制在需要的范围内，推力气体压力腔 6 内的压力高于输送气体的工作压力也会高于旋转给料器转子端部气体压力平衡腔 9 内的气体压力，这样既能够达到密封的效果，又不会使摩擦阻力过大。当壳体出料口的输送气体工作压力发生变化时，推力气体压力腔 6 内的压力也随之发生变化，使壳体出料口的输送气体压力与推力气体压力的差值保持在要求的一定范围内，这样密封件的有效密封性能容易保证，而且使用寿命长。这种结构对专用密封件的性能要求非常高，要求密封件与端盖密封槽之间既要密封效果好，又要能够滑动自如，这就要求专用密封圈的两侧边具有很好的弹性和密封性。在专用密封圈 2 的轴向移动过程中，端盖的环形安装槽可以起到导向的作用。专用密封圈的密封作用是把端盖与转子端部之间的空间与体腔内的其他区域隔离开来，专用密封圈分别与转子侧壁和端盖环形槽内表面接触密封，使端盖与转子端部之间形成一个密闭的空间并充入一定压力的输送气体，就成了一个气体压力平衡腔 9。气体压力平衡腔的作用见第 4.3.1 节所述。

专用密封圈 2 与转子侧壁 1 之间是滑动密封工况，旋转给料器工况运行过程中，转子侧壁 1 始终处于旋转状态，而专用密封圈 2 的开槽外侧壁 5 和开槽内侧壁 8 紧密贴合在端盖的环形槽内壁表面，专用密封圈 2 与端盖 4 之间的摩擦力要远大于专用密封圈 2 与转子侧壁 1 之间的摩擦力，所以专用密封圈 2 基本不旋转。专用密封圈与转子侧壁之间是滑动的密封副，会有摩擦磨损，而且在无润滑的干摩擦状态下，其摩擦力还比较大，其摩擦磨损的量要根据气体的作

用力大小确定。

在高、中压气力式转子端部密封的结构组合中，类似于中压弹簧式转子端部密封，有专门的指示器可以观察到专用密封圈的磨损情况，但是指示器的结构不完全相同，如图 4-27 所示。指示器主要由转子侧壁 1、专用密封圈 2、壳体 3、端盖 4、指示器垫片 5、指示器外壳 6、指示器护罩 7、指示杆 8、指示杆螺旋压缩弹簧 9、指示杆位置观察孔 10 等部分组成。

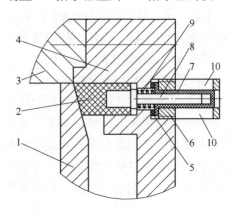

图 4-27　高、中压气力式转子端部密封指示器结构示意图
1—转子侧壁　2—专用密封圈　3—壳体　4—端盖
5—指示器垫片　6—指示器外壳　7—指示器护罩
8—指示杆　9—指示杆弹簧　10—指示杆位置观察孔

旋转给料器工况运行过程中，当专用密封圈 2 磨损掉一定量以后，在气体压力的作用下专用密封圈 2 向前移动，保持专用密封圈 2 与转子侧壁 1 之间的接触密封，同时在指示杆螺旋压缩弹簧 9 的作用下指示杆 8 同步向前移动相同的位移量，指示杆 8 的顶端在指示器护罩内的位置就发生变化，通过指示器外壳 6 的观察孔 10 就可以看到在指示器护罩 7 的适当位置有刻度线，标示出了专用密封圈 2 的磨损程度，一旦磨损到需要更换的程度，必须立即更换。

4.2.4.2　高、中压气力式转子端部密封的设计

高、中压气力式转子端部密封的设计一般是采用与第 4.2.3 节相同的以聚四氟乙烯材料为基体，填充玻璃纤维或其他合适材料的成型密封件，但是不能填充会污染物料的材料，这是所有种类密封件共同的注意要点。密封件除具有第 4.2.3 节所述的聚四氟乙烯优异特性以外，还要具有很好的弹性，以实现密封圈的外侧边和内侧边与端盖环形槽内表面之间的有效密封。为了能够使密封圈具有这一特性，密封圈的"U"形开口内要有一个不锈钢的金属支撑骨架，如图 4-28 所示，专用密封圈主要由密封圈基体 1、与转子接触密封表面 2、密封圈内侧边 3、金属支撑骨架 4、密封圈外侧边 5 等部分组成。

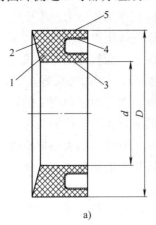

a)　　　　　　　　　　　　　　b)

图 4-28　气力式转子端部专用密封圈结构示意图
a) 断面结构　b) 实物照片
1—密封圈基体　2—与转子接触密封表面　3—密封圈内侧边　4—金属支撑骨架　5—密封圈外侧边

专用密封圈的性能好坏在某种程度上取决于专用密封圈的两个侧边3和5的弹性、金属支撑架4的性能、专用密封圈的内径d和外径D的加工精度，专用密封圈在端盖的环形槽内既要能够密封气体，又要能够轴向移动自如，这一点正是保证专用密封圈性能的技术核心所在，也正是加工制造专用密封圈的技术难点所在。

在高、中压气力式转子端部密封的结构设计中，转子侧壁与转子专用密封圈的接触面一般是呈15°斜角，两者之间的接触面环形宽度一般在10～12 mm，大部分密封圈宽度都在10 mm左右。转子侧壁与转子密封圈的接触面呈15°斜角的好处在第4.2.3节中已叙述，内容大致相同，此处不赘述。

转子侧壁与专用密封圈之间的接触密封比压由推力气体压力腔6内的气体压力施加轴向推力实现，其气体作用力大小的确定原则是，在某种程度上能够密封旋转给料器体腔内的工作压力气体即可，要想达到完全密封比较困难，也没有必要。一般情况下的设计原则是推力气体压力腔6内的气体压力要高于输送压力0.07～0.10 MPa即可。

4.2.4.3　高、中压气力式转子端部密封气体压力平衡腔的耗气量

高、中压气力式转子端部密封与第4.2.3节叙述的密封结构相比，压力平衡腔耗气量大致相当或略低一些，因为气力式转子端部密封气体压力平衡腔的气体压力略高于输送气体工作压力，两种密封件结构的壳体内腔工作气体压力与平衡腔内的气体压力之差也基本相同，由于平衡腔内的气体压力随输送气体压力浮动，所以平衡腔内的气体压力有时可能要低一些。虽然耗气量与很多不确定因素有关，但是压力差和密封圈的密封性能是决定耗气量的直接因素，所以气力式转子端部密封与弹簧式转子端部密封压力平衡腔的耗气量很接近或稍低。

气力式转子端部密封结构的实际密封效果如何，最可靠的数据就是旋转给料器安装到生产装置使用现场以后流量计实际的流量读数，由于现场运行的这种转子端部密封结构的旋转给料器型号规格比较少，实际耗气量数据比较少，所以只能是定性的分析而没有定量的耗气量数据表。

经过不断的现场观察与探索来寻找与耗气量有关的因素，可以发现其实际耗气量在一定的数据范围内。与气体泄漏量有关的物料粒子尺寸、气体压力平衡腔工作压力、推力气体压力腔内的工作压力和壳体内腔工作压力之间的关系如下：

(1) 颗粒物料，平衡腔工作压力=壳体出料口工作气体压力的最大值。

(2) 粉末物料，平衡腔工作压力=壳体出料口工作气体压力最大值+0.05～0.07 MPa。

(3) 推力气体压力腔内的工作压力=平衡腔内气体压力+0.10～0.15 MPa。

从图4-26中可以看出，气力式转子端部密封结构的推力气体压力腔内的气体压力直接作用在专用密封圈的背面"U"形槽内，使得专用密封圈和转子侧壁始终处于相互接触并达到密封效果的状态，专用密封圈的两侧边和端盖环槽壁之间的密封形成气体压力平衡腔。随着旋转给料器输送气体工作压力的变化，压力平衡腔和推力气体压力腔的气体压力也相应浮动，保持推力气体压力腔内的气体压力始终高于压力平衡腔内的气体压力，密封压力平衡腔内的气体压力稍高于旋转给料器体腔内其他区域的工作气体压力，所以气力式转子端部密封的气体泄漏量要小些，驱动旋转给料器转子旋转所需的力矩也比较小。

4.2.4.4　高、中压气力式转子端部密封具有的特点

(1) 高、中压气力式转子端部密封是利用专门成型的密封件在气体压力的作用下达到密封的效果，适用于转子端部密封腔的工作压力比较高，专用密封圈和端盖环形安装槽之间有"U"

形侧边密封，并有不锈钢金属支撑架加强其密封效果保证气体压力有足够的推力，从而使专用密封圈与转子侧壁之间获得更好的密封效果。

(2) 高、中压气力式转子端部密封结构相对比较复杂和零部件比较多，但密封性能非常好，工作性能非常稳定。气体压力施加的轴向推力作用在专用密封件的背面，使密封件的耐摩擦面紧紧贴合在转子侧壁密封环上形成密封比压，从而达到密封的效果。气体压力施加在密封圈上的轴向推力可以随体腔内的工作压力变化而浮动，保持密封压力平衡腔内的气体压力稍高于旋转给料器体腔内工作压力，所以气力式转子端部的密封效果非常好，气体泄漏量很小。

(3) 在长期工况运行过程中，推力腔的气体压力随气力输送工作压力浮动，使专用密封件与转子密封环之间始终保持一定的密封比压，但是比压值比较小，并且专用密封件与转子侧壁密封环面之间的摩擦力、驱动旋转给料器转子旋转所需的力矩以及所需要的电动机功率都比较小。

(4) 高、中压气力式转子端部密封结构适用于工作压力在 0.08～0.55 MPa 工况条件，考虑到工况压力的波动，大部分运行工况的工作压力都在 0.08～0.45 MPa，基本上包括了现阶段绝大部分气力输送工况要求的旋转给料器。

(5) 高、中压气力式转子端部密封结构旋转给料器对物料的适用性与第 4.2.3 节的叙述相同。

(6) 对于高、中压气力式转子端部密封结构旋转给料器，气体的泄漏量与第 4.2.3 节的中压弹簧式转子端部密封结构的旋转给料器基本相同或稍低。

(7) 高、中压气力式转子端部密封结构虽然相对比较复杂、零部件比较多，但是与其他转子端部密封结构相比较，是具有转子端部压力平衡腔最简单的一种结构，而且出现故障的概率非常低，工况运行稳定性非常高。

(8) 工况运行过程中，日常的维护与保养、检修、更换转子端部专用密封圈及其他相关附属零部件等内容与第 4.2.3 节的中压弹簧式转子端部密封结构的旋转给料器基本相同。

(9) 当专用密封件磨损以后，观察密封圈磨损程度的内容与第 4.2.3 节的叙述基本类似。

4.2.4.5　高、中压气力式转子端部密封的综合分析

本节所述的转子端部密封就是适当掌握作用在密封件上的气体压力大小，使专用密封件与转子侧壁之间的接触密封比压既能起到密封作用，又不会摩擦阻力太大，其目的是尽量减少气体泄漏量。

在设计过程中工况参数是最主要的决定因素，最重要的元件就是转子端部专用密封圈，密封圈的性能是整个转子端部密封气体压力平衡腔设计成败的关键所在，到目前为止，只有不多的几家单位能够生产这种密封圈。

4.2.4.6　高、中压气力式转子端部密封的失效形式

高、中压气力式转子端部密封的失效主要有如下几种形式：

(1) 专用密封圈的使用工况和第 4.2.3.6 节所述的相同。

(2) "U" 形金属支撑架损坏。工况运行过程中，专用密封圈的 "U" 形开口部分密封面(图 4-28a 中的 3 和 5 部分)始终处于密封状态，其中的 "U" 形金属支撑骨架始终处于受力状态。运行一定时间以后，"U" 形金属支撑骨架有可能弹性降低而使 "U" 形部分的密封性能下降，当不能满足工况要求时就要更换新的密封圈。

(3) 高、中压气力式转子端部密封结构所有组成的零部件都有可能损坏，其包括的零部件及处理方法与第 4.2.3.6 节所述的相同。

一般情况下高、中压气力式端部密封件每换一次能够工况运行 2～3 年或更长。运行工况

的稳定性、专用密封件的制造质量和装配质量等因素对密封件的使用寿命影响很大。

4.2.5　轴向密封的高压填料式转子端部密封

轴向密封的高压填料式转子端部密封结构，即第 2 章中第 2.4.8 节所述的旋转给料器所使用的密封结构，是一种与第 4.2.2 节所述的填料密封结构不同的密封形式，适用于工作压力 0.20~0.40 MPa。

4.2.5.1　轴向密封的高压填料式转子端部密封的结构与工作原理

轴向密封的高压填料式转子端部密封的结构见图 4-29 所示，密封结构主要由端盖 1、气体压力平衡腔 2、转子侧壁 3、防转块 4、填料压环 5、编织填料圈 6、O 形密封圈 7、壳体 8、连接螺栓 9、螺旋压缩弹簧 10、环形盖板 11 等部分组成。

在端盖 1 的环形槽内并列安装有两圈编织填料密封圈 6，填料与转子侧壁 3 的环形端面接触并形成密封副，编织填料密封圈 6 采用两根并排安装方式，适当增大密封面宽度，其背面是填料压环 5，一组环形分布的弹簧 10 安装在填料压环背面的圆柱形孔内，在弹簧推力的作用下填料压环压紧填料，使填料与转子端部密封环面之间产生一定的密封比压。填料组件的密封作用是把端盖与转子端部之间的空间与体腔内的其他区域隔离开来，使端盖与转子端部之间形成一个密闭的空间

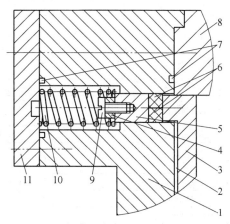

图 4-29　轴向密封的高压填料式转子端部密封结构示意图

1—端盖　2—压力平衡腔　3—转子侧壁　4—防转块
5—填料压环　6—编织填料圈　7—O 形圈　8—壳体
9—连接螺栓　10—螺旋压缩弹簧　11—环形盖板

并充入一定压力的气体，就成为一个气体压力平衡腔 2。气体压力平衡腔的作用见第 4.3.1 节。

4.2.5.2　轴向密封的高压填料式转子端部密封的设计

轴向密封的高压填料式转子端部密封的结构设计一般采用的填料密封件规格是截面尺寸 8 mm×8 mm 编织填料，这种密封结构是填料密封件安装在一个环形截面填料函内，填料函内的径向宽度可以有 1 根或 2 根方形截面填料密封件的宽度，密封件与转子侧壁的端面接触并形成密封副。密封件的底部是转子密封环的端面，密封件的外部有压环和圆柱形螺旋压缩弹簧，在弹簧的轴向推力作用下，密封件受力变形压紧在转子的轴向环形密封面上，从而达到密封的效果。由于弹簧的轴向推力直接作用在转子端部密封面上，所以作用在转子密封面上的正压力大小就约等于弹簧推力的大小，选用适当硬度的密封件和具有适当大小推力的弹簧可以实现适当的密封比压，达到最佳的密封效果。

选用的编织填料密封件材料与本章第 4.2.2 节所述的相同，弹簧推力的设计与计算是一个主要的问题。不同规格的旋转给料器圆柱形螺旋压缩弹簧的结构尺寸基本相同，只转子直径不同，旋转给料器的工况参数不同，每个侧壁端面安装的弹簧数量不同。弹簧的结构尺寸和数量确定如下：

(1) 一般情况下，弹簧材料大多选用奥氏体不锈钢，弹簧设计要考虑的因素很多，最主要有密封填料所需的压紧力、安装弹簧所需要的空间位置等，应用设计实例的弹簧参数设计与计算见表 4-14。

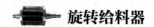

表 4-14　轴向密封的高压填料式转子端部密封弹簧参数(实例)设计与计算

	项目单位	公式及数值				
原始参数	最小工作负荷 P_1/N	45				
	最大工作负荷 P_n/N	120				
	工作行程 h/mm	25				
	弹簧外径 D_2/mm	27.5				
	弹簧类型	$N=10^3 \sim 10^6$ 次				
	端部结构	端部并进磨平，支撑圈为 2 圈				
	弹簧材料	奥氏体不锈钢 0Cr18Ni9				
参数计算	初算弹簧刚度 P'/(N/mm)	$P' = \dfrac{P_n - P_1}{h} = \dfrac{120-45}{25} = 3.0$				
	工作极限载荷 P_j/N	II 类载荷：$P_j \geqslant 1.25P_n = 1.25 \times 120 = 150$				
	弹簧材料直径及弹簧中径 D 与有关参数	根据 P_j 与 D 条件，从表得	d	D	P_j	f_j	P'_d
			2.5	25	177.9	7.206	24.7
	有效圈数 n/圈	$n = \dfrac{P'_d}{P'} = \dfrac{24.7}{3} = 8.23$				
	总圈数 n_1/圈	$n_1 = n+2 = 8.23+2 = 10.23$				
	弹簧刚度 P'/(N/mm)	$P' = \dfrac{P'_d}{n} = \dfrac{24.7}{8.23} = 3$				
	工作极限载荷下的变形量 F_j/mm	$F_j = n f_j = 8.23 \times 7.206 = 59.3$				
	节距 t/mm	$t = \dfrac{F_j}{n} + d = \dfrac{59.3}{8.23} + 2 = 9.2$				
	自由高度 H_0/mm	$H_0 = nt + 2d = 8.23 \times 9.2 + 2.5 \times 2 = 80.7$				
	弹簧外径 D_2/mm	$D_2 = D + d = 25 + 2.5 = 27.5$				
	弹簧内径 D_1/mm	$D_1 = D - d = 25 - 2.5 = 22.5$				
	螺旋角 α/(°)	$\alpha = \arctan \dfrac{t}{3.14D} = \arctan \dfrac{9.2}{3.14 \times 25} = 6.68$				
	展开长度 L/mm	$L = \dfrac{3.14 D n_1}{\cos\alpha} = \dfrac{3.14 \times 25 \times 10.23}{\cos 6.68°} = 808$				
验算	最小载荷高度 H_1/mm	$H_1 = H_0 - \dfrac{P_1}{P'} = 80 - \dfrac{45}{3} = 65$				
	最大载荷高度 H_n/mm	$H_n = H_0 - \dfrac{P_n}{P'} = 80 - \dfrac{120}{3} = 40$				
	极限载荷高度 H_j/mm	$H_j = H_0 - \dfrac{P_j}{P'} = 80 - \dfrac{150}{3} = 30$				
	实际工作行程 h/mm	$h = H_1 - H_n = 65 - 40 = 25$				
	高径比 b	$b = \dfrac{H_0}{D} = \dfrac{80}{25} = 3.2$　弹簧安装在 $\phi 28$ mm 的孔内，不必进行稳定性验算				
工作图		技术要求 1、总圈数 10.23 2、有效圈数 8.23 3、旋向为右旋 4、展开长度：808 5、符合 GB1239 规定的 2 级精度要求				

(2) 对于不同规格、工况参数的高压填料式转子端部轴向密封的旋转给料器，转子的每个侧壁端面安装的圆柱形螺旋压缩弹簧的数量可以参考表 4-15 给出的数量。

表 4-15 轴向密封的高压填料式转子端部密封转子直径与每侧端盖弹簧参考数量

转子直径/mm	220	300	380	460	540	620	700
弹簧数量/个	6	8	12	16	20	24	28

从表 4-15 可以看出，对于相同直径的转子每侧端盖弹簧数量与第 4.2.3 节所述的相近，但是弹簧的直径比第 4.2.3 节所述的大些，弹簧的钢丝直径要大些。

4.2.5.3 轴向密封的高压填料式转子端部密封气体压力平衡腔耗气量

轴向密封的高压填料式转子端部密封压力平衡腔耗气量很难计算，因为耗气量与很多不确定因素有关，而且，这种结构的密封性能与装配密封件操作者的熟练程度有关。同时，随着工况运行时间的增加，密封件的密封性能会下降，耗气量会增加。

轴向密封的高压填料式转子端部密封与第 4.2.2 节叙述的密封结构相比较，压力平衡腔耗气量要大一些，因为轴向密封的高压填料式转子端部密封结构的弹簧推力直接作用在转子侧壁端平面上，新安装的编织填料与工况运行一段时间之后的编织填料其硬度相差很多，弹簧力的大小很难做到适用于两种硬度的编织填料，所以轴向密封的高压填料式转子端部密封的气体泄漏量要大于径向密封的中压填料式转子端部密封。

最可靠的数据就是旋转给料器安装到化工装置使用现场以后流量计实际的流量读数，经过数据积累，与相同规格、工况参数的旋转给料器实际耗气量数据比较，可以发现其实际耗气量的数据范围。然而，轴向密封的高压填料式转子端部密封结构的旋转给料器在我国的用户中使用得比较少，暂时没有相关的统计数据。

4.2.5.4 轴向密封的高压填料式转子端部密封具有的特点

(1) 轴向密封的高压填料式转子端部密封是利用软编织盘根做密封件，并不是专门成型的密封件，转子端部密封的工作压力一般都比较高，其他内容与第 4.2.2.4 节的叙述类似。

(2) 高压填料式转子端部密封结构最复杂、零部件最多。但是能够适用于工作压力 0.40 MPa 高压工况，并且工作性能比较稳定。弹簧施加轴向推力，在弹簧力的作用下填料密封件紧紧贴合在转子端部密封环轴向端面上形成密封比压，从而达到密封的效果。工况运行过程中弹簧力一定，直接作用在密封面上，所以密封件与转子端面之间的密封比压基本稳定，如果说有波动的话也比较小。控制弹簧力的大小就可以达到既满足密封的性能要求，又不会使密封件与转子端面之间的摩擦阻力过大。

(3) 在初始状态下，填料密封件与转子密封环之间有一定的密封比压，在稳定运行过程中密封件与转子密封环之间处于干摩擦状态，伴随温度升高和摩擦磨损，特别是粉末物料慢慢侵入到填料密封件内部微小缝隙以后，填料密封件会逐渐变硬，严重的可能会变形，所以在稳定运行一段时间以后，填料密封件与转子密封环之间的密封效果会变差。特别是当粉末物料侵入到密封件的数量达到一定程度之后，填料密封件与转子密封环之间的密封比压会明显降低，由于填料已变得很硬，所以填料密封件与转子密封环之间的摩擦力会增大，转子的转动阻力矩比较大，所需要的电动机功率也比较大。

(4) 轴向密封的高压填料式转子端部密封结构适用于工作压力在 0.20～0.40 MPa 的工况，考虑到工况压力的波动，大部分选用运行工况的工作压力都在 0.15～0.35 MPa。

(5) 轴向密封的高压填料式转子端部密封结构的旋转给料器适用的输送物料及不适用具有较强黏附性的细粉末物料与第 4.2.2.4 节的叙述相同。

(6) 轴向密封的高压填料式转子端部密封结构的旋转给料器与第 4.2.2.4 节的叙述类似，要有转子端部密封气体压力平衡腔和轴密封气体吹扫系统供气的气源和管路及元件，其整体结构增加了很多附件，同时也增加了出现故障的概率。

4.2.5.5　轴向密封的高压填料式转子端部密封的综合分析

本节所述的转子端部密封就是适当掌握作用在编织填料上的弹簧力大小，使填料与转子轴向密封环之间的接触比压既能起到密封作用，又不会使摩擦阻力太大，其目的是尽量减少气体泄漏量。其余内容与第 4.2.2.5 节所述的基本类似。

4.2.5.6　轴向密封的高压填料式转子端部密封的失效

轴向密封的高压填料式转子端部密封的失效与第 4.2.2.6 节所述的内容基本类似。

4.2.6　高压开式(无侧壁)转子端部密封

高压开式转子端部密封即第 2 章中第 2.4.4 节和第 2.4.9 节所述的旋转给料器所使用的密封结构，高压旋转给料器一般是指工作压力在 0.25～0.55 MPa 的工况参数，气力输送的距离比较长，或其他用于工艺参数要求高压气力输送的旋转给料器，这种旋转给料器虽然结构比较简单、零部件比较少，但是能够适用于高压工况，而且工作性能很稳定。在 20 世纪 60 年代就有开式(无侧壁)转子结构的旋转给料器，当时的结构只能适用于 0.10 MPa 以下的低压工况，随着化工生产装置工艺参数的变化与提高，要求有适用于较高工况压力的旋转给料器。在科学技术不断进步和装备制造业取得长足发展的情况下，旋转给料器从设计、材料、制造加工等各环节都有了显著的提高，最近几年开发出适用于高压工况参数的气力输送用开式(无侧壁)转子旋转给料器，由于开式转子有其独特的优越性，所以高压工况开式转子旋转给料器的应用提高了化工生产装置的气力输送压力，开式结构的高压工况旋转给料器能够应用于 0.20～0.55 MPa 的工作气体压力，而且开式转子结构的旋转给料器可以适用于各种特性的工作介质物料。

4.2.6.1　高压旋转给料器开式转子端部密封结构

高压旋转给料器开式(无侧壁)转子端部密封结构如图 4-30 所示，主要由壳体 1、端盖 2、O 形密封圈 3、叶片与端盖之间的轴向间隙 4、转子叶片 5、轴密封吹扫气体进口 6、轴密封吹扫气体均压环 7、专用高压轴密封组合件 8、转子轴 9、物料进口 10 等部分组成。

壳体出料口的输送气体从转子叶片与端盖之间的轴向间隙(如图 4-30 中的 4)泄漏到壳体进料口，要减少出料口气体的泄漏量就要严格控制转子叶片与端盖之间的轴向间隙大小。在旋转给料器工况运行过程中，转子始终处于旋转状态，而且旋转给料器所

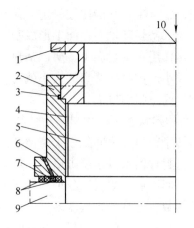

图 4-30　高压旋转给料器开式转子端部密封结构示意图

1—壳体　2—端盖　3—O 形密封圈
4—叶片与端盖之间的间隙　5—转子叶片
6—轴密封吹扫气体进口　7—吹扫气体均压环
8—专用高压轴密封组合件　9—转子轴　10—物料进口

有零部件的加工和装配都有误差，运行工况的工作温度、工作压力等参数都会产生波动，所以转子叶片与端盖之间的间隙还不能过小，间隙的大小必须满足工况运行要求，高压旋转给料器开式(无侧壁)转子端部密封结构与低压结构相比有很大不同，其一是要求加工装备水平提高，各零部件的加工和装配误差降低，叶片与端盖之间的间隙可以控制在更小的范围内。其二是旋转给料器的整体结构与低压结构相比有很大变化，所以才适用于高压运行工况。其三是轴密封件的结构和材料都发生了根本性变化，有了适用于高压工况的轴密封组合件，这是设计和制造高压旋转给料器的基础，有了这个基础才可能有侧出料高压旋转给料器。旋转给料器在工况运行过程中，轴密封吹扫气体从进气口 6 进入到轴密封吹扫气均压环 7 内并均匀分布在均压环的内环和外环一圈，轴密封吹扫气体压力稍高于体腔内的工作气体压力，保障不会有粉末物料进入到专用高压轴密封组合件内。

4.2.6.2 高压旋转给料器开式(无侧壁)转子端部密封的设计

高压旋转给料器转子端部密封的设计方面，其中很重要的内容也就是转子叶片与端盖之间的轴向间隙确定，对于不同的工作介质、工况参数，这个间隙的差距比较大。对于清爽的均匀干燥粉末物料所使用的开式(无侧壁)转子端部密封，一般情况下这个间隙的大小取值原则是：旋转给料器工况运行过程中保持的间隙范围在 $0.08 \sim 0.12$ mm，至于加工过程中保留多大间隙，在确定这个间隙时要考虑的因素有很多，转子叶片与端盖之间的轴向间隙取值与下列因素有关：

(1) 考虑到各零部件的热胀冷缩，转子叶片与端盖之间的轴向间隙取值大小与旋转给料器工作介质化工固体物料的温度有关，温度越高，间隙应该越大，相反间隙应该适当小些。

(2) 考虑到各零部件的加工误差，转子叶片与端盖之间的轴向间隙取值大小与旋转给料器的转子直径大小有关，转子直径越大，间隙也应该越大，相反转子直径越小，间隙应该适当小些。

(3) 考虑到物料的特性，转子叶片与端盖之间的间隙取值大小与旋转给料器工作介质的固体物料尺寸大小有关，物料的粒度尺寸越大，间隙应该小一点，相反，旋转给料器工作物料是特别细的粉末，间隙可以适当大一点。

(4) 转子叶片与端盖之间的轴向间隙取值大小与旋转给料器工作介质的物料特性有关，根据物料的具体特性要求合理确定间隙大小。

(5) 转子叶片与端盖之间的轴向间隙取值大小与旋转给料器的壳体保温或伴温情况有关，如果壳体有伴温能够保证壳体与转子之间的温度差控制在要求的一定范围内，间隙可以适当小些，否则间隙应该适当大些。

(6) 转子叶片与端盖之间的轴向间隙取值大小与旋转给料器输送介质固体物料的工况稳定性有关，如果化工固体物料的工况参数不稳定，特别是温度不稳定，温度波动越大，间隙应该适当大些，否则，间隙可以适当小些。

(7) 转子叶片与端盖之间的轴向间隙取值大小与旋转给料器工作压力的高低有关，输送气体压力越高，间隙应该适当小一点，相反，间隙可以适当大一点。

(8) 虽然上述 7 条中有些与第 4.2.1.2 节所述的内容相近，但是其范围和程度有很大不同，所以这里将相关内容全部列出。

4.2.6.3 高压旋转给料器开式(无侧壁)转子端部密封的气体泄漏量

在上述各种转子端部密封结构中，利用间隙密封的高压开式(无侧壁)转子端部密封结构是气体泄漏量最小的结构之一。虽然在端高内壁表面与转子叶片端面之间存在一定的间隙，但是在工况运行过程中，由于转子容腔内充满物料，固体物料会阻挡一部分泄漏气体的通道，或者说是固体物料阻碍并减缓气体的泄漏速度，其结果是减少了气体的泄漏量。从另一方面分析，间隙密封的高压开式转子端部密封结构没有气体压力平衡腔导致密封的气体压力降低，所以气体泄漏量就降低。

利用间隙密封的高压开式转子端部密封结构的实际密封效果如何，最可靠的数据就是旋转给料器安装到生产装置使用现场以后流量计实际的流量读数，由于现场运行的这种转子端部密封结构的旋转给料器型号规格比较少，实际耗气量数据比较少，所以只能是定性的分析，没有定量的气体泄漏量数据表。

4.2.6.4 高压旋转给料器开式(无侧壁)转子端部密封具有的特点

(1) 高压旋转给料器开式转子端部密封是利用间隙密封，并没有专门的密封件，转子端部密封设计的过程就是综合考虑各种因素确定合适的转子叶片与端盖之间的轴向间隙大小。

(2) 利用间隙密封是结构最简单、零部件最少、工作性能最稳定的一种密封形式，不存在密封件摩擦磨损问题和转子旋转的摩擦阻力问题，维护保养方便和运行保养成本低，出现故障的概率很低，只要使用现场的维护保养完好，尽管工况运行参数存在一定程度的波动，间隙密封结构的性能稳定性还是很高的。

(3) 开式转子端部利用间隙密封适用于工作压力在 0.20～0.55 MPa 的工况条件，考虑到工况参数的波动，实际选择运行工况的工作气体压力大部分都在 0.17～0.45 MPa。

(4) 开式转子的高压输送旋转给料器可以适用于绝大部分的输送化工固体物料，对气力输送的物料特性适用范围很广。

(5) 对于具有一定黏附性的细粉末物料具有独特的适用能力。

(6) 无侧壁开式转子的高压气力输送旋转给料器一般情况下可以是下出料结构形式，也可以把旋转给料器的整体结构设计成为侧出料形式，对于侧出料形式的旋转给料器，要求轴密封组合件的密封性能更好。

(7) 转子端部密封是一个局部结构，旋转给料器的整体结构设计、主要零部件制造加工，或者关键的辅助零部件技术水平一旦有了突破性进展，转子端部利用间隙密封的结构适用于更高的工作气体压力一定会成为现实。

4.2.6.5 高压旋转给料器开式转子端部密封的综合分析

本节所述的转子端部密封与第 4.2.1 节所述的结构有相类似的地方，就是尽量减小转子叶片端面与端盖之间的间隙。对于高压工况旋转给料器，减少气体泄漏量是非常重要的问题，这是两者之间的最大区别。在这里不能给出一个确定的数值，因为要考虑的因素很多，同时不确定的因素还有很多，只能给出考虑的因素和确定原则。还有最重要的一点就是各零部件的机械加工情况也是不确定因素，而且是很难掌握的不确定因素。所以做到不泄漏气体很困难，只能尽量减少气体泄漏量。转子端部密封结构设计是旋转给料器设计过程中最重要的核心技术之一，旋转给料器设计的成功与否在很大程度上取决于转子端部密封结构设计与实际达到的密封性能。

4.3 转子端部密封气体压力平衡系统

转子端部密封气体压力平衡系统分为两部分：一部分在旋转给料器的内部，就是转子端部密封气体压力平衡腔，也就是本节叙述的内容；另一部分就是为其提供气体的外部气源管路及所包含的各种零部件和元器件。气体压力平衡系统外供气源的作用就是为转子端部密封气体压力平衡腔提供适量并符合要求的优质、可控、瞬时流量和气体压力参数可以远传的合格气体。气源管路部分在第 2 章的第 2.6.1 节转子端部密封气体压力平衡系统的气源管路基本结构中已有叙述，本节不再赘述。

4.3.1　转子端部密封气体压力平衡系统的作用

转子端部密封气体压力平衡系统内充一定压力的纯净气体，转子端部密封气体压力平衡系统的作用主要有下列几点：

(1) 防止化工固体粉末物料或颗粒物料进入转子侧壁与端盖之间的区域。压力平衡腔内的纯净气体压力略高于体腔内其他区域的气体压力，就是阻止壳体内腔含有细小颗粒或粉末物料的气体进入到转子端部与端盖之间的空间，这样可以使转子旋转的驱动力矩不会增大，其作用是尽可能降低转子的驱动力矩，同时含有粉末介质的气体不会进入到转子端部密封副内，进而可以保护转子端部密封件的工作运行稳定性和延长密封件的使用寿命。

(2) 压力平衡腔内是纯净气体，可以防止含有粉末介质的气体流入到轴密封副的内表面，进而可以保护轴密封件的工作运行稳定性和尽可能延长轴密封件的使用寿命。

(3) 压力平衡腔与体腔内其他区域的隔离阻断了壳体出料口的输送气体向进料口泄漏的一部分通道，减少了泄漏到壳体进料口的气体数量。

4.3.2　转子端部密封气体压力平衡腔的基本结构

对于不同性能参数、不同内部结构、适用于不同化工固体物料和工况参数的旋转给料器，其气体压力平衡系统的流程不完全相同，组成气体平衡系统的零部件和元器件也不完全相同，为了叙述的方便，以常用的气体压力平衡系统的流程作介绍。

气体压力平衡系统在旋转给料器内部的气体压力平衡腔如图 4-31 所示，主要包括旋转给料器主机 1、转速测量部分 2、气体压力平衡腔 3、端盖 4、进气管活接头 5、平衡气体进口 6、转子端部专用密封件 7、转子侧壁 8、驱动链轮 9 等部分。

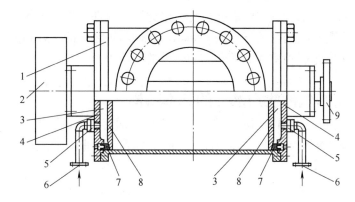

图 4-31　气体压力平衡系统转子端部密封气体压力平衡腔示意图

1—给料器主机　2—转速测量部分　3—压力平衡腔　4—端盖　5—进气管活接头　6—平衡气体进口　7—专用密封件
8—转子侧壁　9—驱动链轮

从图 4-31 所示的内部结构可以看出，旋转给料器内部的转子端部密封气体压力平衡腔就是由转子侧壁 8、端盖 4 的内平面和转子端部专用密封件 7 共同组成的密闭气体容腔。洁净的气体从平衡气体进口 6 进入，经过进气管活接头 5 到达平衡腔 3 内，平衡腔内的气体压力略高于壳体内其他区域的气体压力，在压力差的作用下，有少量洁净气体从专用密封件 7 与转子侧壁之间泄漏到壳体内，使壳体内含有粉末物料的气体不会进入到平衡腔内，从而保障在工况运行过程中转子的旋转力矩均匀和运行平稳。

4.3.3　转子端部密封气体压力平衡系统的基本要求

气体压力平衡系统的气体品质与输送气体相同。转子端部密封气体压力平衡系统的基本要求主要包括下列几点：

(1) 工况运行过程中其控制方式必须是：壳体内有气体压力时就要开启气体压力平衡系统的气源；如果气力输送系统中有几个旋转给料器是串联方式安装的，只要其中有一台旋转给料器处于工况运行状态，就要保障所有旋转给料器的平衡气管路的气源压力保持工况运行时的参数。

(2) 转子端部密封气体压力平衡系统的气体压力必须符合本章中第 4.2 节所述的各种转子端部密封结构所要求的气体压力。

4.4　转子轴密封气体吹扫系统

转子轴密封气体吹扫系统分为两部分：一部分在旋转给料器端盖的内部，就是转子轴密封段的气体吹扫部分，也就是本节叙述的内容；另一部分就是为其提供气源的外部气源管路及所包含的各种功能零部件和元器件，气源部分的作用就是为其提供适量、符合轴密封气体吹扫系统性能要求、优质、可控、瞬时流量和气体压力参数可以远传的合格气体。气源管道部分在第 2 章的第 2.6.3 节转子轴密封气体吹扫系统的气源管路基本结构中已有叙述，本节不再赘述。

4.4.1　轴密封气体吹扫系统的作用

轴密封气体吹扫系统的作用就是在工况运行状态下，有一定压力的气体进入到轴密封组成构件的气体压力腔内，这部分气体中的微量部分会通过密封件与轴之间的微小缝隙进入到壳体内腔中，从而防止含有粉末物料的气体进入到轴密封件与轴之间的密封副内，保护轴密封件的正常工况运行并尽可能延长轴密封表面和轴密封件的使用寿命。

4.4.2　轴密封气体吹扫部分的基本结构

轴密封气体吹扫部分的结构如图 4-32 所示，主要包括旋转给料器主机 1、转速测量部分 2、气体压力容腔 3、轴密封组合件 4、轴密封均压环 5、端盖 6、进气管活接头 7、进气管道 8、吹扫气进口 9、驱动链轮 10 等部分。

从图 4-32 所示的内部结构可以看出，旋转给料器端盖内部的轴密封气体吹扫部分是由转子轴密封表面、轴密封组合件 4、轴密封均压环 5 和端盖 6 的密封件安装孔共同组成的密闭气体压力容腔 3。洁净的气体从吹扫气体进口 9 进入，经过进气管道 8 和进气管活接头 7 到达密闭气体压力容腔 3 内，密闭压力容腔 3 内的气体压力略高于壳体内的气体压力，在压力差的作用下，有少量洁净气体从轴密封组合件 4 与转子轴密封面之间泄漏到壳体内，使壳体内含有粉末物料的气体不会进入到轴密封副内，从而保障在工况运行过程中转子轴安全可靠稳定运行。

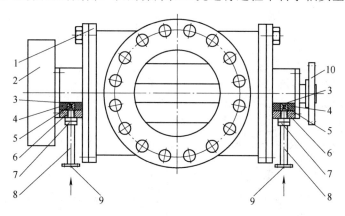

图 4-32　轴密封气体吹扫系统的气体压力腔示意图

1—给料器主机　2—转速测量部分　3—气体压力容腔　4—轴密封组合件　5—轴密封均压环　6—端盖　7—进气管活接头

8—进气管道　9—吹扫气进口　10—驱动链轮

4.5　旋转给料器整机的内部密封

旋转给料器整机的内密封指的是旋转给料器在工况运行过程中，包括壳体出料口的输送气在内的气体通过体腔内的泄漏通道向壳体进料口泄漏的密封程度。气体泄漏的主要通道有转子在旋转过程中的容积泄漏、转子叶片外径与壳体内壁之间的径向间隙泄漏和转子端部的轴向间隙泄漏三个途径。一般情况下，人们所说的旋转给料器气体泄漏量是指旋转给料器在单位时间内消耗的气体总量。

无论是什么结构的旋转给料器，也无论是适用于什么化工固体物料的旋转给料器，或无论是适用于什么工况参数的旋转给料器，其内部的气体泄漏都是上述三个途径，所不同的是气体泄漏量不同而已。关于气体泄漏三个途径的详细叙述见第 3 章的第 3.1.2 节。

4.5.1　下出料开式(无侧壁)转子旋转给料器的内部气体泄漏通道

下出料开式(无侧壁)转子旋转给料器包括高压开式转子旋转给料器和低压开式转子旋转给料器。虽然内部结构不完全相同，适用介质和工况参数不同，但是其内部气体泄漏的通道基本相同。开式转子旋转给料器的内部气体泄漏通道如图 4-33 所示。主要由壳体 1、叶片与壳体之间的径向间隙 2、转子叶片 3、转子送料容腔 4、端盖 5、叶片与端盖之间的轴向间隙 6、转子旋转方向 7、转子回气容腔 8、物料进口 9、物料出口 10 等部分组成。

4.5.1.1　旋转过程中转子叶片容腔气体泄漏量的计算

工况运行过程中，转子的上部装满固体物料从壳体进料口旋转到出料口，当装有物料的转子容腔到达物料出口以后，在重力的作用下物料从出料口排出，转子容腔内立即被输送气体充满并随即由出料口旋转到物料进口，与此同时转子容腔内气体被带到进料口，气体泄漏的这一途径主要与三个设计参数有关，就是转子的容积、转子的旋转速度和物料出口的气体工作压力三个参数，即与每分钟提供的转子理论总容积和气体压力有关。

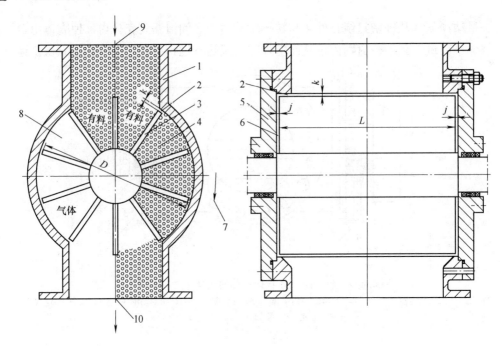

图 4-33　下出料开式(无侧壁)转子旋转给料器的内部气体泄漏通道示意图

1—壳体　2—叶片与壳体之间的径向间隙 k　3—转子叶片　4—转子送料容腔　5—端盖　6—叶片与端盖之间的轴向间隙 j
7—转子旋转方向　8—转子回气容腔　9—物料进口　10—物料出口

(1) 转子的容积即转子每转一圈气体泄漏量的体积。这是旋转给料器最基本的参数，也是在设计过程中最优先确定的参数。在旋转给料器选型过程中要掌握一个原则，就是在满足输送量要求的条件下尽量选取容积小一点的转子，尽量减少气体泄漏量。

(2) 转子的旋转速度。在很多情况下，转子的旋转速度和转子的每转容积是一起综合考虑的，因为在理论上转子的每转容积乘以转子的旋转速度就是转子在每分钟内提供的理论总容积，这是输送要求的物料数量所必需的容积，根据特定工况输送介质的特性、工艺要求、制造费用等具体情况而定。转子的转速取多少比较好，一般情况下转子的直径越大，转子的转速要低一点，相反，转子的直径越小，转子的转速可以高一点。对于某一特定工况选型旋转给料器来说，如果转子的容积小一点，转子的转速就要高一些，相反如果转子的容积大一点，转子的转速就要低一些。如果转子的容积小一点，整个旋转给料器的体积和重量就小一些，旋转给料器的成本就低一些，但是伴随而来的是转速增高了，旋转给料器的运行稳定性就可能会降低。如果转子的转速高于某一特定值，工况运行过程中物料的填充系数就会下降，同时，出现故障的概率就增大。相反如果转子的容积大一点，整个旋转给料器的体积和重量就大一些，旋转给料器的成本就高一些，而此时转速降低了，旋转给料器的运行稳定性提高了，工况运行过程中物料的填充系数提高，出现故障的概率就降低了。转子的最佳转速确定请参见第 7 章旋转给料器选型部分。

(3) 壳体出料口的气体工作压力。旋转给料器的气体工作压力是化工生产装置工艺要求的参数，旋转给料器必须适用于工艺要求的参数才能满足生产装置的要求。转子容积泄漏的气体是体腔内的工作压力条件下的气体，气体泄漏量的常用单位要换算成标准状态下气体的体积，即在 0 ℃，101.325 kPa 大气压力条件下的气体，其单位为 Nm^3/h(N 为标准)。

(4) 转子容腔的气体泄漏量计算式就是

$$V_1=0.785(D^2-d^2)Lnp60\times10\times10^{-6}$$

式中　V_1——转子容腔的气体泄漏量(Nm^3/h);

　　　　D——转子外径(cm);

　　　　d——转子轮毂直径(cm);

　　　　L——转子叶片长度(cm);

　　　　n——转子转速(r/min);

　　　　p——体腔内的气体工作压力(MPa)。

4.5.1.2　转子叶片外径与壳体内壁之间的径向间隙气体泄漏通道

在工况运行过程中旋转给料器转子不间断旋转,转子在壳体进料口部位装满物料,然后旋转到出料口部位时物料排出,转子继续旋转返回到进料口部位。在这一循环过程中,转子在没有物料的状态下从出料口部位旋转到进料口部位,此时转子叶片容腔内没有物料,转子叶片外径与壳体内壁之间的接触区域内也没有物料,气体泄漏的过流截面积就是转子叶片外径与壳体内壁之间的径向间隙宽度乘以转子叶片长度。转子在装满物料的状态下从进料口部位旋转到出料口部位,此时转子叶片外径与壳体内壁之间的径向间隙被物料部分填充,特别是物料很细的情况下,此间隙被物料填充的部分就大一些,气体泄漏的间隙就小一些。转子叶片外径与壳体内壁之间的气体泄漏通道截面积计算式

$$m_1=(k\cdot L+k\cdot L\cdot \eta)$$

式中　m_1——径向间隙气体泄漏的过流截面积(cm^2);

　　　　k——转子叶片外径与壳体内壁之间的径向间隙宽度(cm);

　　　　L——转子叶片长度(cm);

　　　　η——物料影响系数,对颗粒直径在 $1\sim3$ mm 的物料,$\eta=1$;对粉末粒子直径 $0.01\sim0.001$ mm 的物料,$\eta=0.5$。

工况运行生产过程中,物料的颗粒大小可能不一致,而是多种大小不等尺寸颗粒的混合物,只能是区分某一尺寸范围的颗粒所占的百分比,所以只能根据工况物料情况分析确定物料影响系数 η 的取值。

特定工况条件下径向间隙的气体泄漏量用 V_2 表示,单位:Nm^3/h,由于径向间隙的气体泄漏量 V_2 的计算过程在很多设定条件下,所以这里就不进行计算了,只给出径向间隙气体泄漏的过流截面积 m_1 的计算方法。

4.5.1.3　转子叶片轴向端面与端盖内壁之间的轴向间隙气体泄漏通道

在工况运行过程中旋转给料器转子在旋转的同时,在进料口部位装满物料然后旋转到出料口部位时物料排出,转子继续旋转返回到进料口部位。在这一循环过程中,从出料口部位旋转到进料口部位,此时转子叶片端面与端盖内壁之间的接触区域内没有物料,气体泄漏的过流截面积就是转子叶片端面与端盖内壁之间的轴向间隙宽度乘以转子直径。在充满物料的半边泄漏通道被物料部分填充,特别是物料很细的情况下,此泄漏通道被物料填充的部分就大一些,气体泄漏的间隙就小一些。转子叶片端面与端盖内壁之间的轴向间隙气体泄漏通道截面积的计算式

$$m_2=(j\cdot D+j\cdot D\cdot \eta)$$

式中　m_2——轴向间隙气体泄漏的过流截面积(cm^2)；

　　　　j——转子叶片端面与端盖内壁之间的轴向间隙宽度(cm)；

　　　　D——转子直径(cm)；

　　　　η——物料影响系数，对颗粒直径 $1\sim3$ mm 的物料，$\eta=1$；对粉末粒子直径 $0.01\sim0.001$ mm 的物料，$\eta=0.5$。

工况运行生产过程中，物料的颗粒大小可能不一致，而是多种大小不等尺寸颗粒的混合物，只能是区分某一尺寸范围的颗粒所占的百分比，所以只能根据工况物料情况分析确定物料影响系数 η 的取值。

特定工况条件下轴向间隙的气体泄漏量用 V_3 表示，单位为 Nm^3/h，由于轴向间隙的气体泄漏量 V_3 的计算过程在很多设定条件下，所以这里就不进行计算了，只给出轴向间隙气体泄漏的过流截面积 m_2 的计算方法。

4.5.1.4　下出料开式(无侧壁)转子旋转给料器的内部气体泄漏量计算

气体泄漏量应该就是上述三种途径泄漏量之和，即转子容腔在旋转过程中的气体泄漏量，转子叶片外径与壳体内壁之间的径向间隙气体泄漏量和转子叶片端面与端盖内壁之间的轴向间隙气体泄漏量之和，就是

$$V=V_1+V_2+V_3$$

式中　V——气体泄漏量(Nm^3/h)。

4.5.2　低压闭式(有侧壁)转子旋转给料器的内部气体泄漏通道

低压闭式(有侧壁)转子旋转给料器的内部气体泄漏通道如图 4-34 所示。主要由物料进口 1、壳体 2、叶片与壳体之间的径向间隙 3、转子叶片 4、转子送料容腔 5、转子侧壁与端盖之间的轴向间隙 6、端盖 7、转子旋转方向 8、物料出口 9、转子回气容腔 10 等部分组成。

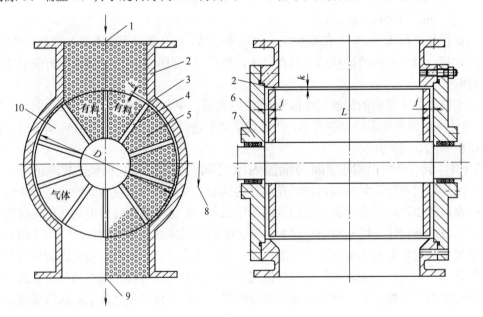

图 4-34　闭式(有侧壁)转子旋转给料器的内部气体泄漏通道示意图

1—物料进口　2—壳体　3—叶片与壳体之间的径向间隙 k　4—转子叶片　5—转子送料容腔　6—转子侧壁与端盖之间的轴向间隙 j
7—端盖　8—转子旋转方向　9—物料出口　10—转子回气容腔

4.5.2.1 旋转过程中转子叶片容腔气体泄漏量计算

计算方法与第 4.5.1.1 节叙述的相同。转子容腔的气体泄漏量计算式

$$V_1=0.785(D^2-d^2)L \cdot n \cdot p \cdot 60 \times 10 \times 10^{-6}$$

式中　V_1——转子容腔的气体泄漏量(Nm^3/h)；

　　　　D——转子外径(cm)；

　　　　d——转子轮毂外径(cm)；

　　　　L——转子叶片长度(cm)；

　　　　n——转子转速(r/min)；

　　　　p——体腔内的气体工作压力(MPa)。

4.5.2.2 转子叶片外径与壳体内壁之间的径向间隙气体泄漏通道的计算

计算方法与第 4.5.1.2 节叙述的相同。转子叶片外径与壳体内壁之间的气体泄漏通道截面积计算式

$$m_1=k \cdot L+k \cdot L \cdot \eta$$

式中　m_1——径向间隙气体泄漏的过流截面积(cm^2)；

　　　　k——转子叶片外径与壳体内壁之间的径向间隙宽度(cm)；

　　　　L——转子叶片长度(cm)；

　　　　H——物料影响系数，对颗粒直径 1～3 mm 的物料，$\eta=1$；对粉末粒子直径 0.01～0.001 mm 的物料，$\eta=0.5$。

4.5.2.3 转子侧壁端面与壳体内壁之间的间隙气体泄漏通道的计算

一般情况下，低压闭式(有侧壁)转子旋转给料器就是转子侧壁端部没有密封件的结构。闭式转子的侧壁与端盖内壁之间的间隙是 2.5～3.0 mm，比开式转子叶片端面与端盖内壁之间的轴向间隙要大很多。在闭式转子旋转给料器结构中，转子侧壁端面与端盖内壁之间的间隙要远远大于叶片与壳体之间的径向间隙，所以最小的气体泄漏截面积应该是转子侧壁外径与壳体之间的环形截面积。其近似计算公式是

$$m_2=3.14D \cdot k$$

式中　m_2——转子侧壁外径与壳体之间的环形截面面积(cm^2)；

　　　　D——转子直径(cm)；

　　　　k——转子叶片外径与壳体内壁之间的径向间隙宽度(cm)。

4.5.3　转子侧壁有密封件的旋转给料器内部气体泄漏通道计算

转子侧壁有密封件的旋转给料器主要包括高、中压气力式转子端部密封结构、中压弹簧式转子端部密封结构、中压填料式转子端部密封结构、高压填料式转子端部密封结构的旋转给料器。下面以高、中压气力式转子端部密封结构的旋转给料器为例进行计算，其内部泄漏通道见图 4-35 所示。主要由壳体 1、叶片与壳体之间的径向间隙 2、转子叶片 3、转子送料容腔 4、专用密封件与转子侧壁之间的轴向间隙 5、密封气进口 6、端盖 7、转子旋转方向 8、转子回气容腔 9、物料进口 10、物料出口 11 等部分组成。

4.5.3.1 旋转过程中转子叶片容腔气体泄漏量计算

计算方法与第 4.5.1.1 节叙述的相同。转子容腔的气体泄漏量计算式

$$V_1=0.785(D^2-d^2)L \cdot n \cdot p \cdot 60 \times 10 \times 10^{-6}$$

式中　V_1——转子容腔的气体泄漏量(Nm³/h);

　　　　D——转子外径(cm);

　　　　d——转子轮毂外径(cm);

　　　　L——转子叶片长度(cm);

　　　　n——转子转速(r/min);

　　　　p——体腔内的气体工作压力(MPa)。

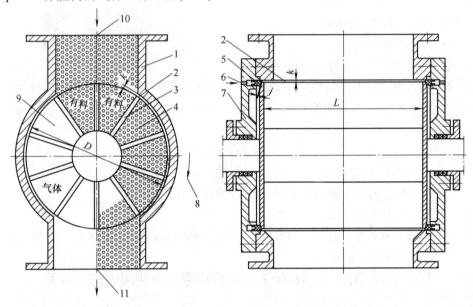

图 4-35　转子侧壁有密封件的旋转给料器内部气体泄漏通道示意图

1—壳体　2—叶片与壳体之间的径向间隙 k　3—转子叶片　4—转子送料容腔　5—转子侧壁与密封件之间的轴向间隙 j
6—密封气进口　7—端盖　8—转子旋转方向　9—转子回气容腔　10—物料进口　11—物料出口

4.5.3.2　转子叶片外径与壳体内壁之间的径向间隙气体泄漏通道计算

计算方法与第 4.5.1.2 节叙述的相同。转子叶片外径与壳体内壁之间的气体泄漏通道截面积计算式

$$m_1 = k \cdot L + k \cdot L \cdot \eta$$

式中　m_1——径向间隙气体泄漏的过流截面积(cm²);

　　　　k——转子叶片外径与阀体内壁之间的间隙宽度(cm);

　　　　L——转子叶片长度(cm);

　　　　η——物料影响系数,对直径 1～3 mm 的颗粒物料,$\eta=1$;对直径 0.01～0.001 mm 的粉末物料,$\eta=0.5$。

4.5.3.3　转子侧壁密封面与密封件之间的间隙气体泄漏通道计算

对于转子侧壁有密封件的高压气力式转子端部密封结构的旋转给料器和中压弹簧式转子端部密封结构的旋转给料器,密封件是成型的专用密封圈,密封圈的密封表面经过机械加工,尺寸精度和表面粗糙度都很高。在工况运行过程中,转子侧壁密封面与专用密封件之间基本处于相互接触状态,密封副之间的间隙很小,所以气体泄漏量比较小。专用密封件另一端面、端盖与专用密封件之间的气体泄漏量一般都比较小,计算过程中可以适当考虑。

对于转子侧壁有密封件的径向密封的中压填料式转子端部密封结构的旋转给料器和轴向密封的高压填料式转子端部密封结构的旋转给料器,密封件是编织成型的方形截面填料密封件,填料的密封表面经过编织加工成型，尺寸精度和表面粗糙度比较低。而且编织填料是软的，在一定的外力作用下会变形，所以在工况运行过程中，转子侧壁密封面与填料密封件之间有一定间隙，而且间隙的大小受工况的稳定性影响，当工况运行到一定的时间以后，填料密封件有可能变成不规则，甚至可能产生位置异动，所以密封副之间的间隙可能会比较大，气体的泄漏量也比较大。

对于填料式转子端部密封结构的旋转给料器，编织填料与端盖之间的气体泄漏量通道可能也比较大，所以在计算时要根据具体情况适当考虑编织填料与端盖之间的泄漏通道大小，也可以与转子侧壁密封面与填料密封件之间的环形间隙宽度 j 的大小一并考虑。

关于转子侧壁密封面与密封件之间的间隙气体泄漏通道计算，转子侧壁端面与端盖内壁之间的间隙一般比较大，所以最小的气体泄漏通道截面积就是转子侧壁密封面与专用密封件之间的环形截面积，近似计算得到

$$m_2 = 3.14D \cdot j$$

式中　　m_2——转子侧壁密封面与专用密封件之间的环形截面面积(cm^2)；

　　　　D——转子直径(cm)；

　　　　j——转子侧壁密封面与专用密封件之间的环形间隙宽度(cm)。

4.5.4　侧出料开式(无侧壁)转子旋转给料器内部气体泄漏通道计算

侧出料开式(无侧壁)转子旋转给料器其特点是在输送物料过程中，当物料进入到转子容腔内从旋转给料器进料口旋转到壳体内的下半部分时，从连接在旋转给料器端盖侧面的管路中吹过来的高压气体把物料带走，而不是等物料排出到壳体以外的管路中以后再由高压气体吹走。侧出料开式(无侧壁)转子旋转给料器的内部气体泄漏通道如图 4-36 所示。主要由壳体 1、叶片与壳体之间的径向间隙 2、转子叶片 3、转子送料容腔 4、叶片与端盖之间的轴向间隙 5、端盖 6、转子旋转方向 7、转子回气容腔 8、物料进口 9、输送气体进口 10、物料出口 11 等部分组成。

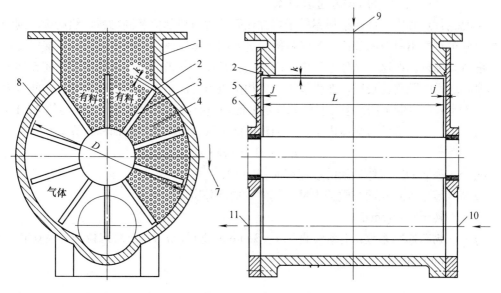

图 4-36　侧出料开式(无侧壁)转子旋转给料器的内部气体泄漏通道示意图

1—壳体　2—叶片与壳体之间的径向间隙 k　3—转子叶片　4—转子送料容腔　5—转子叶片与端盖之间的轴向间隙 j　6—端盖
7—转子旋转方向　8—转子回气容腔　9—物料进口　10—输送气体进口　11—物料出口

4.5.4.1 旋转过程中转子叶片容腔气体泄漏量计算

计算方法与第 4.5.1.1 节叙述的相同。

$$V_1=0.785(D^2-d^2)L \cdot n \cdot p \cdot 60 \times 10 \times 10^{-6}$$

式中 V_1——转子容腔的气体泄漏量(Nm^3/h);

　　　D——转子外径(cm);

　　　d——转子轮毂直径(cm);

　　　L——转子叶片长度(cm);

　　　n——转子转速(r/min);

　　　p——体腔内的气体工作压力(MPa)。

4.5.4.2 转子叶片外径与壳体内壁之间的径向间隙气体泄漏通道计算

从实际工况分析,侧出料开式(无侧壁)转子旋转给料器的转子叶片外径与壳体内壁之间的径向间隙气体泄漏通道计算,与下出料开式转子旋转给料器的转子叶片外径与壳体内壁之间的径向间隙气体泄漏通道计算是不同的。但是两者之间的结构区别对于气体泄漏的影响比较小,所以计算方法与本章第 4.5.1.2 节叙述的相同。转子叶片外径与壳体内壁之间的径向间隙气体泄漏通道截面积计算式

$$m_1=k \cdot L+k \cdot L \cdot \eta$$

式中 m_1——径向间隙气体泄漏的过流截面积(cm^2);

　　　k——转子叶片外径与壳体内壁之间的径向间隙宽度(cm);

　　　L——转子叶片长度(cm);

　　　η——物料影响系数,对颗粒直径 1~3 mm 的物料,$\eta=1$;对粉末粒子直径 0.01~0.001 mm 的物料,$\eta=0.5$。

4.5.4.3 侧出料开式(无侧壁)转子旋转给料器的转子叶片端面与端盖之间的轴向间隙气体泄漏通道计算

在工况运行过程中,旋转给料器转子容腔在壳体进料口部位装满物料,然后旋转到壳体内的下半部分正对着出料口的部位,此时从侧面进入的高压气体把物料吹出,转子继续旋转返回到壳体进料口部位。在这一循环过程中,高压气体是在壳体内的下半部分而不是在壳体外,所以气体泄漏通道的距离比较短,在壳体进出口相同压力差的条件下,每两个叶片之间压力差变大了,气体泄漏量可能不同,但是其泄漏通道截面积没有改变。所以计算方法与第 4.5.1.3 节叙述的相同。转子叶片端面与端盖内壁之间的轴向间隙气体泄漏通道截面积计算式

$$m_2=j \cdot D+j \cdot D \cdot \eta$$

式中 m_2——径向间隙气体泄漏的过流截面积(cm^2);

　　　j——转子叶片端面与端盖内壁之间的轴向间隙宽度(cm);

　　　D——转子直径(cm);

　　　η——物料影响系数,对颗粒直径 1~3 mm 的物料,$\eta=1$;对粉末粒子直径 0.01~0.001 mm 的物料,$\eta=0.5$。

4.5.5 旋转给料器的各种转子端部密封结构的气体泄漏通道分析与气体泄漏通道截面积比较

本章所述的各种转子端部密封结构是我们所了解的当今在我国石油化工深度加工装置中,

化工固体物料在生产、储存、输送、运输等过程中所使用旋转给料器的几种典型结构，这些旋转给料器产品大部分都是国外大公司生产的。对于应用于相同或相近的工况，不同生产厂家、不同品牌的旋转给料器其转子端部密封结构不同，在工况运行过程中的气体泄漏量也不同。按照密封原理和结构，各种转子端部密封的气体泄漏通道截面积分析如下：

(1) 能够适用于 0.20～0.45 MPa 工况的转子端部密封结构，应该是气体泄漏通道截面积最小的密封结构，这其中主要包括高中压气力式转子端部密封结构、中压弹簧式转子端部密封结构的旋转给料器。以上两种转子端部密封结构的专用密封圈与转子端部密封环之间始终处于接触状态，转子径向气体泄漏通道的长度等于两倍的叶片长度，转子端部气体泄漏通道的长度等于两倍的转子直径乘以 π，气体泄漏的通道截面积很小，所以是气体泄漏量最小的转子端部密封结构。

(2) 能够适用于高压工况的另一种气体泄漏通道截面积比较小的转子端部密封结构就是下出料开式(无侧壁)转子高压旋转给料器，这种旋转给料器的气体泄漏通道间隙很小，工况运行状态下的径向间隙和轴向间隙的有效保障宽度分别只有 0.08～0.12 mm 和 0.12～0.18 mm。气体泄漏通道的长度等于两倍的叶片长度加两倍的转子直径。

(3) 另一种气体泄漏通道截面积比较小的转子端部密封结构就是侧出料开式(无侧壁)转子高压旋转给料器，工况运行状态下的径向间隙和轴向间隙的有效保障宽度都与下出料开式转子高压旋转给料器基本一致，气体泄漏通道的长度等于两倍的叶片长度加两倍的转子直径。但是其工况条件与下出料开式转子高压旋转给料器略有不同，壳体内的气体压力要高于下出料结构的旋转给料器，其气体泄漏量可能要大些，所适用的工作压力要低一些。

(4) 低压闭式(有侧壁)转子旋转给料器的内部气体泄漏通道截面积要稍大一点。这种旋转给料器的气体泄漏通道间隙也比较小，工况运行状态下的径向间隙和轴向间隙的有效保障宽度稍大些。气体工作压力低时气体泄漏通道的宽度尺寸稍大些，气体泄漏通道的长度等于两倍的叶片长度加上两倍的转子直径再乘以 π。

(5) 内部气体泄漏通道截面积比较大的就是径向密封的中压填料式转子端部密封结构和轴向密封的高压填料式转子端部密封结构的旋转给料器。这两种转子端部密封结构的气体泄漏通道在工况运行状态下径向间隙的有效保障宽度是 0.08～0.10 mm。但是气体泄漏通道轴向间隙大小靠软填料密封件保障，软填料是变形的，在转子旋转过程中的不断撞击下，软填料与转子端部密封环的间隙可能会比较大，气体泄漏通道的宽度尺寸也要大些，径向气体泄漏通道的长度等于两倍的叶片长度，轴向气体泄漏通道的长度等于两倍的转子直径再乘以 π，所以填料式转子端部密封结构的内部气体泄漏通道截面积比较大，也是本章所述几种结构中气体泄漏通道截面积最大的。

🧪 4.6 各零部件之间的静密封

对于旋转给料器整机来说，最基本的要求就是刚度一定要好、内部结构尺寸稳定，因为旋转给料器内部运动件与非运动件之间的间隙要求非常严格，所以主要零部件之间的接触一定要是刚性的，不允许采用非金属材料大面积的接触密封，只允许在局部结构采用非金属材料接触密封，这是旋转给料器主机区别于其他机械的最大特点。

4.6.1 壳体与端盖之间的密封

壳体与端盖之间的密封不同于一般的阀门密封，虽然工作压力不是很高，但是要求密封结构不能对整机的刚度有影响，不能由于压紧密封件而造成壳体内部某些部位的间隙发生变化，下面简单介绍常用的密封结构。

4.6.1.1 壳体与端盖之间的密封结构要求

壳体与端盖之间的密封一定要采用刚性接触的结构密封形式，绝对不能采用如图4-37所示的结构形式，在壳体与端盖接触的环形区域内垫一个非金属垫片。因为非金属垫片是柔软的，使壳体与端盖之间的接触刚度不足，会影响旋转给料器的整机刚度，从而影响整机的性能和工作稳定性，严重的甚至会使旋转给料器不能正常工作。特别是开式结构的旋转给料器，叶片端面与端盖之间的轴向间隙要求非常严格，软质垫片的压缩量将会影响轴向间隙，也就影响了整机的性能。

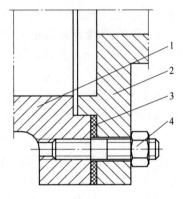

图4-37　壳体与端盖静密封不能采用的结构示意图
1—壳体　2—端盖　3—非金属软质密封垫片　4—连接螺栓螺母

壳体与端盖之间的静密封一定要采用局部凹凸的结构形式，具体形式可以根据旋转给料器的结构和具体情况确定，最常用的结构形式如图4-38所示。采用O形密封圈密封具有结构简单、适应性强、密封性能好和性能稳定可靠等特点。非金属O形密封圈一般选用氟橡胶材料制造，工作压力完全满足旋转给料器的要求，工作温度可以满足从常温到220 ℃工作范围要求。

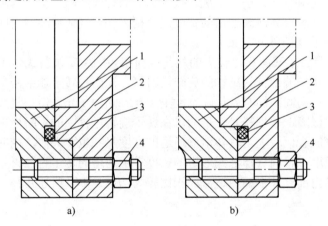

a)　　　　　　　　　　b)

图4-38　壳体与端盖静密封可以采用的结构示意图
(a) 密封圈沟槽在壳体上　(b) 密封圈沟槽在端盖上
1—阀体　2—端盖　3—O形密封圈　4—连接螺栓螺母

旋转给料器的工作压力一般不高于0.60 MPa，所以采用最基本的O形密封圈结构就可以满足密封性能要求。O形密封圈的密封沟槽位置可以选择在壳体止口的底平面上，如图4-38a的结构，也可以按图4-38b的结构，即密封圈沟槽位置选择在端盖止口的底平面上。无论采用图4-38a的结构或是图4-38b的结构都可以达到相同的密封效果。O形密封圈的截面直径不宜过大，其选择原则是在满足密封性能要求的条件下截面直径尽可能小。一般情况下，根据旋转给料器规格的大小不同，O 形密封圈截面直径取 2.65～3.55 mm 就可以了。安装后的 O 形密封圈压缩变形量取 25%左右，O 形密封圈是最简单的，也是最常用的密封结构，O 形密封圈的密封原理这里不再赘述。

4.6.1.2　壳体与端盖之间 O 形密封圈沟槽

一般情况下，壳体与端盖之间 O 形密封圈的沟槽尺寸及公差按 GB/T 3452.3-2005《液压气动用 O 形橡胶密封圈　沟槽尺寸》规定的轴向密封 O 形圈沟槽尺寸。壳体与端盖之间 O 形橡胶密封圈是静密封，承受的是内压并且压力都在 0.60 MPa 以下，一般采用的沟槽形式是长方形，在合适的场合也可以采用三角形沟槽，如图 4-39 所示。

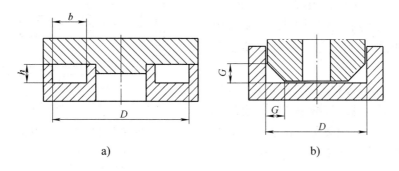

图 4-39　轴向密封 O 形圈沟槽示意图

a) 轴向密封长方形沟槽　　　　　　　　　b) 轴向密封三角形沟槽

长方形沟槽的尺寸如图 4-39a 所示，沟槽截面的宽度 b 是 O 形圈截面直径 d 的 1.39～1.44 倍，沟槽截面的深度 h 是 O 形圈截面直径 d 的 0.71～0.82，具体尺寸见表 4-16 所示。

表 4-16　壳体与端盖之间 O 形圈轴向密封长方形沟槽尺寸　　　　　　　　（单位：mm）

O 形圈截面直径 d	1.8	2.65	3.55	5.30	7.00
沟槽截面的宽度 b	2.60	3.80	5.00	7.30	9.70
沟槽截面的深度 h	1.28	1.97	2.75	4.24	5.72
沟槽底圆角半径	0.2～0.4		0.4～0.8		0.8～1.2
沟槽棱圆角半径	0.1～0.3				

注：尺寸来源于 GB/T 3452.3-2005 的规定。

三角形密封沟槽结构简单、加工容易、安装方便，有些适宜的场合在保证满足性能要求并有足够连接刚度的条件下，允许采用三角形沟槽密封结构，沟槽的形状是等腰直角三角形，直角边长度 G 是 O 形密封圈截面直径 d 的 1.30～1.40 倍，如图 4-39b 所示。

4.6.2　气路系统的连接密封

气路系统是指气源管道、排气管道、端盖与气源管路连接部件等部分，包括转子端部密封气体压力平衡系统、转子轴密封气体吹扫系统及其气源管路系统等。旋转给料器的气路系统是比较稳定的安装结构，一次安装可以长期使用。根据旋转给料器的工作介质要求没有污染的特点，管路材料可以选择奥氏体不锈钢或其他符合要求的材料，有些场合不能使用有机合成材料的管子，由于使用环径条件的限制，一般不使用铜质管。旋转给料器与气源管路连接包括转子端部密封气源接管、轴密封气体吹扫气源接管等，都要采用规范、符合国家相关标准要求的方式方法，一般采用 GB/T 7306-2010 规定的 55° 密封管螺纹连接，也可以按 GB/T 12716-2010 的规定采用 60° 密封管螺纹连接。转子端部密封气体压力平衡系统的供气管道连接方式要符合连接与解体方便、快捷、适合反复多次操作的要求。最常用的供气管道连接方式是采用管接头与端盖进气口连接，如图 4-40 所示，主要由端盖的进气管接口圆锥内螺纹 1、圆锥外螺纹 2、扩口管接头 3、旋转给料器端盖 4、气体压力平衡腔供气管 5、气源进口 6 等部分组成。

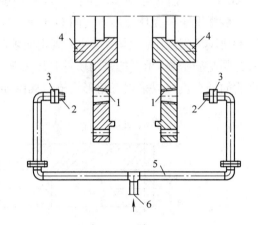

图 4-40　供气管接头与端盖连接静密封结构示意图
1—端盖的圆锥内螺纹　2—圆锥外螺纹　3—扩口管接头
4—旋转给料器端盖　5—平衡腔供气管　6—气源进口

旋转给料器的轴密封气体吹扫系统供气管接头与端盖进气口的连接类似于图 4-40 所示的结构，只是轴密封气体吹扫系统的供气接管位置在端盖的轴密封部位而不是在端盖平面上。

气源管路系统的连接与密封可以采用焊接形式，也可以采用法兰连接形式，在安装方便的前提下，应尽量采用焊接管路连接，工作性能稳定和减少泄漏的概率，对安全生产很有好处。对于采用锥螺纹密封连接的部位，在安装操作过程中一定要采用适当的方式和顺序，保证连接部位的密封性能符合设计要求。

4.6.3　旋转给料器与相关主要设备的连接密封

旋转给料器与相关主要设备的连接密封主要包括旋转给料器上法兰与旋风分离器、旋风分离器与插板阀、旋转给料器下法兰与加速器、加速器与输送管道、系统中其他附属件的连接密封等。这里仅以旋风分离器、旋转给料器和加速器三者之间相互连接静密封为例，说明旋转给料器与相关主要设备的连接密封要求及注意事项。在图 4-41 所示的旋转给料器与旋风分离器和加速器的连接示意图中，气力输送物料从旋风分离器上方的入口进入到体腔内，经旋转给料器和加速器再从出料口排出。在这一过程中物料要分别接触到旋风分离器内腔、分离器与旋转给料器之间的密封垫片、旋转给料器内腔、旋转给料器与加速器之间的密封垫片、加速器内腔。上述五个设备或部件的内腔都不能污染物料，所以垫片必须是不会污染物料的材料。

一般情况下密封垫片可以按下列要求选取确定：

(1) 如果密封的工作温度不大于 150 ℃，可以选取白色的纯聚四氟乙烯，或其他不会污染物料的材料制造的密封平垫片，其规格尺寸和技术要求可以按相关标准的规定，如 GB/T 9126-2008《管法兰用非金属平垫片尺寸》和 GB/T 9129-2003《管法兰用非金属平垫片技术条件》等。

(2) 如果密封的工作温度大于 150 ℃，可以选取有不锈钢金属内环和不锈钢金属外环保护的缠绕垫片，其内的密封材料不接触物料，也就不会污染物料，比如机械行业标准 NB/T 47025-2012《缠绕垫片》、石化行业标准 SH3407-2013《管法兰用缠绕式垫片》、国家标准 GB/T 4622.2-2008《缠绕式垫片管法兰尺寸系列》、GB/T 4622.3-2008《缠绕式垫片　技术条件》的规定。

(3) 无论选取哪种材料的密封垫片，不能污染物料都是最重要的基本原则。

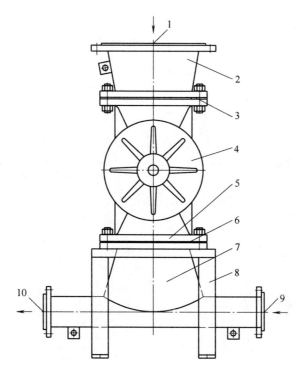

图 4-41　旋转给料器与相关设备的连接密封结构示意图

1—物料进口　2—旋风分离器　3—分离器与旋转给料器之间的密封垫片　4—旋转给料器　5—给料器下法兰
6—旋转给料器-与加速器之间的密封垫片　7—加速器　8—固定支架　9—输送气体进口　10—料气混合物出口

第 5 章 旋转给料器及相关设备的安装、驱动和控制

旋转给料器

旋转给料器及相关设备的安装、驱动和控制是非常重要的，这些环节直接决定着旋转给料器及相关设备在投入运行后能否正常运行，也决定着今后在现场生产中系统设备运行的可靠性和稳定性，它与整个生产装置的运行质量密切相关。

5.1　旋转给料器及相关设备的安装

旋转给料器的安装是指在化工固体物料的生产、运输、输送现场，将旋转给料器及相关设备固定在合适的位置，并与整个系统的其他设备相互连接与固定、电源连接、气源连接的过程。

5.1.1　旋转给料器整机安装的基本要求

旋转给料器的安装要求是指在实施具体安装工作前、安装操作过程中或在设备安装完成以后，各方面必须达到的最基本要求。

5.1.1.1　旋转给料器的安装环境要求

旋转给料器可以根据需要在室内或室外安装，其安装位置与其他设备或固定物(如墙壁、柱子等)之间的距离至少要在 0.85 m 以上，要留有足够的运行维护、检修空间。对于大型旋转给料器，检修空间要更大，要保证壳体内的转子、端盖等零部件的拆卸与装配操作空间。

5.1.1.2　旋转给料器的固定要求

旋转给料器必须固定在建筑物或牢固的公共结构上，要有稳定、可靠的支撑以保障工况运行性能的稳定性。

5.1.1.3　检修用起吊要求

在适当的位置要有合适的检修用起吊点，如设置手动、电动或气动葫芦的导轨，对尺寸较小的旋转给料器则仅需要设置手动葫芦的吊点即可，用于在检修过程中起吊减速机电动机、端盖、转子等主要零部件。

5.1.1.4　有关标准规范要求

要了解并遵守各类有关的国家标准、行业标准、使用规范等文献的规定，同时也要符合旋转给料器生产厂家的安装使用规范。

5.1.1.5　安装无异物要求

旋转给料器安装操作过程中或安装完成以后决不能有异物进入到体腔内，更不能有异物碰到旋转的转子，安装完成以后要认真检查。

5.1.1.6　适当防护要求

对于大多数旋转给料器采用的是背包式整机装配结构，由于没有专门的底座，在运至现场准备安装前，往往都是主法兰面着地，因此，为避免损伤法兰面，必须在法兰面底部垫放枕木或厚橡胶垫等软质材料。安装工作完成以后要按照设计规定进行包覆保温层并合理固定。

5.1.1.7　传动部分要求

传动部分包括链轮、链条等，在装配过程中已经将链轮的位置和链条的松紧程度调整好，在安装到使用现场时不需要调整链轮和链条，要保持链条的松紧度合适。如有必要可以检查链条的松紧程度，不同规格的旋转给料器链条长度不同，一般情况下，对于中小规格的旋转给料器，用手指在单侧链条中部按压，挠度达到 10~15 mm 为长度正常的链条。

5.1.1.8 电动机减速机安装要求

要认真阅读电动机和减速机的安装使用说明书，并严格遵守电动机制造厂和减速机制造厂商的有关规定。

5.1.2 旋转给料器主机的安装要求

旋转给料器主机的安装要求是指安装到化工固体物料的生产、运输、输送等装置现场以后，旋转给料器工况运行过程中能够满足生产需要的基本要求。

5.1.2.1 安装操作人员要求

旋转给料器的安装操作人员必须具有相应的技术知识和操作经验，必须熟悉并严格遵守有关的国家标准和行业标准及相关操作规程，操作者的熟练程度对安装质量有很大的直接关系。

5.1.2.2 参数核对要求

认真核对旋转给料器的设计工况参数，其中包括输送气体最大工作压力、物料工作温度、输送介质、输送能力、环境温度、电动机参数、防爆性能、防护等级、电源参数等是否与要求一致。同时要认真检查旋转给料器位号的要求参数，旋转给料器的设计参数一定要与位号的要求参数相一致，绝对不要放错位号。

5.1.2.3 旋转给料器的水平安装要求

旋转给料器的主机安装位置应该使壳体的进料口和出料口法兰平面保持水平状态。旋转给料器安装必须保证是无应力安装状态，即不允许任何能够使壳体变形的力作用在壳体上，进料部分和出料部分管道必须有相应的支撑，热膨胀的应力必须有膨胀节承受，以避免影响旋转给料器的整机性能。法兰密封面垫片采用聚四氟乙烯平垫片或带金属环的聚四氟乙烯金属缠绕式垫片，如图 5-1 所示，也可以采用其他满足要求的垫片。对于输送介质为 PTA 粉末或聚酯切片之类的化工固体物料不能采用黑颜色的垫片，特别是不能采用会掉颜色的垫片，诸如橡胶类垫片和石墨类垫片等。

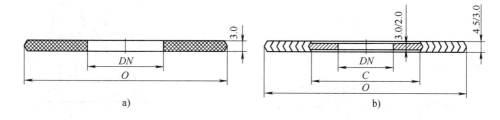

图 5-1 旋转给料器与相关设备连接使用的垫片示意图

a) 聚四氟乙烯平垫片 b) 带金属环的金属缠绕垫片

5.1.2.4 方向要求

旋转给料器只能安装在管道的封闭系统内，要特别注意转子的旋转方向(如图 5-2 所示)，转子的旋转方向必须与箭头所标示的方向一致。同时必须使旋转给料器的介质流动方向与箭头标示的介质流动方向一致。

5.1.2.5 人身及设备安全要求

不要用手指接触敞口的地方，特别是壳体与转子结合部位，避免夹住手指和造成可能的人身伤害危险，也不能用任何异物接触敞口的地方以免损坏设备。

5.1.3 电气安装要求

5.1.3.1 相关标准与规范要求

要认真核对并确认安装的所有电气部件及相关元器件符合当地国家电源参数要求、相关国家标准及有关规定,并和用户生产装置对设备的要求一致。

5.1.3.2 内部连锁要求

旋转给料器电气控制部分要求安装内部连锁的现场安全按钮,就是在旋转给料器的附近固定位置安装一个连锁开关,当进行检修和维护时或在故障处理中,这个按钮可以保证旋转给料器不会被意外起动。

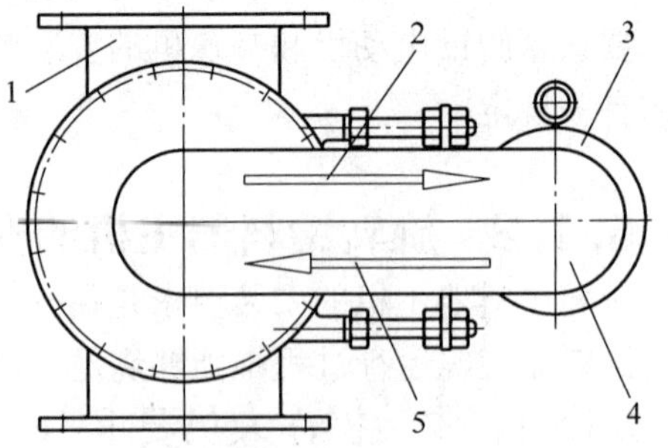

5.1.3.3 静电导出要求

旋转给料器及相关设备和阀门的安装应有良好的接地导线固定螺栓孔,包括插板阀、分离器(或称排气室)、旋转给料器(或称旋转阀)、加速器(或称混合器)、放料阀等都要有专门的接地导线螺栓孔,并用导线良好接地以防止静电。对适用于给料工况条件的旋转给料器,壳体的防静电导线连接孔如图 5-3 所示,安装后要与相连的其他设备用导线连接。

对适用于气力输送工况条件的旋转给料器,壳体的防静电导线连接孔如图 5-4 所示,安装后将相连接的设备用导线连接好。

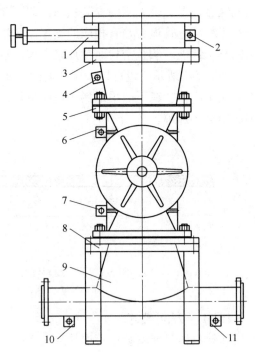

图 5-2 旋转给料器的旋转方向标示示意图
1—旋转给料器主机 2—链条驱动边运动方向
3—电机减速机 4—链轮链条罩壳 5—链条返回边运动方向

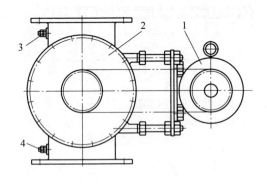

图 5-3 旋转给料器主机的防静电导线连接
螺栓示意图
1—电动机减速机 2—旋转给料器主机
3—进料口接线螺栓螺母 4—出料口接线螺栓螺母

图 5-4 旋转给料器及相关设备防静电导线
连接示意图
1—插板阀 2—插板阀导线连接孔 3—分离器
4—分离器导线连接孔 5—旋转给料器主机 6—进料口导线连接孔
7—出料口导线连接孔 8—安装固定支架 9—加速器
10—料气出口导线连接孔 11—进气口导线连接孔

5.1.3.4　电动机安装要求

要按照减速机、电动机制造厂家的技术资料要求进行认真检查，确认无误后按电动机接线盒封盖背面的接线图要求接线。

5.1.3.5　安全保护要求

减速电动机必须通过内部的安全保护装置(在操作现场也有人称作观察狗)来保护运行，防止由于电源故障而造成二次损害，在电动机的起动或运行过程中，保护电动机过载或过热、起动失败、短路或两相操作等。

5.1.3.6　电源参数要求

在电动机接线前要检查并确认提供的主电压、频率要与减速电动机铭牌上要求的电源数据一致。

5.1.3.7　防护与防爆要求

安装在有潜在爆炸危险环境中的旋转给料器要求符合国家有关防爆要求的规定。要认真检查电动机铭牌的防爆等级是否与生产装置特定安装区域的设计要求一致，并检查电动机的防护等级是否与要求一致。

5.1.4　旋转给料器的仪表系统安装要求

旋转给料器的仪表系统主要是指转子端部密封气体压力平衡系统和轴密封气体吹扫系统的仪表元器件。

5.1.4.1　旋转给料器的仪表系统元器件

旋转给料器的仪表系统元器件可以分为气体压力平衡系统用附属元器件和轴密封气体吹扫系统用附属元器件。根据旋转给料器的参数和用途不同，其仪表系统元器件的配置各不相同，随着旋转给料器技术的发展，其仪表系统元器件的配置也在变化，现阶段用于输送的旋转给料器一般情况下气体压力平衡系统用仪表系统元器件有气体流量计、气体流量调节阀、气体压力调节阀、电磁截断阀、手动截断阀、压力释放安全阀、止回阀等，如第 2 章的图 2-19 所示。气体压力平衡系统仪表系统元器件的安装要求参考第 2 章中第 2.6.2 节的相关部分叙述。

对于现阶段用于气力输送的旋转给料器，一般情况下轴密封气体吹扫系统仪表系统元器件有气体流量计、气体压力调节阀、电磁截断阀、手动截断阀、压力释放安全阀等，如第 2 章的图 2-20 所示。气体吹扫系统仪表元器件的安装技术要求参考第 2 章中第 2.6.2 节的相关部分叙述。

除用于输送工况以外的旋转给料器，比如用于给料工况的旋转给料器、计量工况的旋转给料器、排灰的旋转给料器等，一般情况下旋转给料器工况参数中的工作气体压力都比较低，所以仪表系统元器件的工作压力比较低，在这种情况下，仪表系统元器件中的某一部分可以省去不用，比如气体流量计、压力释放安全阀等。具体工况要求按设计施工资料的规定。

转子零速传感器及相关二次仪表等附属仪表件的参数和防护要求按设计施工资料的规定确认。传感器应安装牢固可靠，其感应探头与测速轮之间的距离应按使用说明书的要求调整恰当，过大或过小都会影响旋转给料器的正常运行。

5.1.4.2　仪表系统元器件的参数要求

压力表或压力传感器的量程大小要合理，一般情况下所选压力表的量程其工作压力应在表计满量程刻度的 1/3～2/3 为宜。安装前要检查其量程是否符合要求，认真检查流量计、减压阀、零速检测仪等仪表系统元器件的性能参数是否与要求的一致。设计要求应该与仪表元器件产品

"使用说明书"的规定相一致。

5.1.4.3　防护与防爆要求

如果旋转给料器的电动机具有防爆特性，所有仪表系统元器件及连接件也要求具有防爆特性，并且要求其防爆等级与电动机的防爆等级相同。

5.1.4.4　仪表系统气源品质要求

仪表系统元器件的精度是很高的，所以要求仪表系统使用的气体品质与旋转给料器的输送气体一致，一般情况是采用纯净的氮气。

5.1.4.5　元器件的电源要求

有些仪表系统的元器件需要电源，安装前要检查是否与要求的一致。如电磁换向阀适用的电源可以是 24 V 的直流电源，也可以是 220 V 的交流电源或适用符合要求的其他电源。

5.1.5　旋转给料器的相关设备安装要求

旋转给料器的相关设备安装要求是指除旋转给料器以外的化工固体物料气力输送系统中各种设备和阀门的安装要求。

5.1.5.1　主要相关设备

对于用于输送工况的旋转给料器，一般情况下其主要相关设备有分离器(或称排气室)、插板阀(或称挡板阀)、加速器(或称混合器)、排气管路、放料阀、取样阀等，其安装位置的相互关系如图 5-4 所示。

5.1.5.2　设备性能参数确认要求

要认真检查并确认所有相关设备的性能参数，如许用工作压力和工作温度等所有性能参数必须与要求的相一致，并符合设备的"安装使用说明书"规定。

5.1.5.3　加速器结构类型确认要求

旋转给料器配合的加速器(或称混合器)结构类型要与工况参数的要求和所输送的介质相匹配，如所适用的物料类型、物料特性、输送距离、输送气体工作压力等。

5.1.5.4　分离器结构类型确认要求

旋转给料器的相关设备中，分离器结构类型要与工况参数的要求相匹配，要适用于工况物料，特别是物料的物理特性，比如物料的密度、安息角等。

5.1.5.5　插板阀结构类型确认要求

旋转给料器的相关设备中，插板阀结构类型要与工况参数的要求相匹配，要适用于相关工况点的工况物料，特别是物料的颗粒大小，要防止物料的卡阻、黏附等。如果插板阀采用手轮操作，手轮的位置要方便操作，如果插板阀采用气缸操作，要考虑气源参数和所有的气动元器件参数是否匹配，要求能够保障设备安全稳定操作，还要考虑插板阀的结构类型是否适用于现场的安装方位，有些结构的插板封只能适用于垂直管道安装，不能用于水平管道安装。

5.1.5.6　排气系统结构类型确认要求

旋转给料器的相关设备中，排气系统结构类型要与生产装置的工况要求相匹配，特别是排气管的管径要适用于工况参数要求，排气管的布置要尽量减少转弯，而且绝不能有急转弯现象，要尽可能缩短排气管达到排气通畅的目的。

5.2 旋转给料器的驱动

一般情况下，旋转给料器主机由减速电动机驱动，采用的电动机大部分都是三相异步四极电动机，它的输出轴转速一般在 1 450 r/min 左右，而旋转给料器转子的转速一般在 10～30 r/min，两者之间的转速差距比较大，所以，电动机的输出轴要连接具有合适减速比的齿轮减速机。减速机输出轴和转子驱动轴之间用链轮和连条连接并驱动。

5.2.1 驱动部分的现场使用要求

驱动部分的现场使用要求首先是电源要求，现在的电源情况是在全世界范围内存在着两种频率的电源，即 50 Hz 和 60 Hz 两种频率，我国的电源频率是 50 Hz，而且每个国家都有自己规定的电源电压等级。所以电动机的电源电压、频率等参数要满足国家的有关规定，满足生产装置现场有关设计要求。使用现场的其他要求包括电动机的防护等级、防爆等级、过热保护等级，要确认与用户设计资料的规定一致。选用比较多的防护等级有 IP55、IP56、IP65 等几种，选用比较多的防爆等级有隔爆型 dIIBT3、dIIBT4，增安型 ExEII 等。

5.2.2 旋转给料器的驱动力矩

旋转给料器的驱动力矩确定要考虑的因素有很多，要保证旋转给料器在工况条件下的正常运行，还要保证旋转给料器及其他设备的安全，即旋转给料器的驱动力矩必须限制在最小驱动力矩和最大允许力矩之间的范围内。

5.2.2.1 旋转给料器驱动力矩选择

驱动部分的功率选择最直接的依据是转子的旋转力矩大小，选择电动机的功率大小与多种因素有关，物料的特性、转子的结构、转子的转速、转子端部密封件的结构和安装方式、转子端部密封气体压力平衡腔的结构、转子轴密封组合件的结构、适用工况参数、物料的气力输送距离、最大允许气体工作压力、最大允许气体工作压差等参数都影响驱动力矩大小。

对于转子是固定转速的，即不带变频器或机械调速的旋转给料器，当转子端部有密封件时，各种密封件的结构、材料不同产生的旋转阻力矩大小差距比较大，所以没有统一的转子直径与所需电动机功率之间的数据关系。在表 5-1 中给出的电动机功率数值是转子端部密封件的旋转阻力矩比较低、输送的物料没有黏滞性的条件下选用的功率值，只能作为电动机功率大小的参考数据。当旋转给料器转子端部没有密封件时，转子的旋转力矩可以小一些。电动机功率大小如何选取，要根据制造厂某一特定内部结构的实际情况确定。

表 5-1　旋转给料器转子直径与电动机功率选择参考数据

转子直径/mm	220	300	380	460	540	620	700
转子容积/dm³	5.5	17	36	63	98	150	220
电动机功率(转子端部有密封件)/kW	1.1	1.5	2.2	3.0	3.0	4.0	5.5
电动机功率(转子端部无密封件)/kW	0.75	1.1	1.5	2.2	2.2	3.0	3.0
转子正常转速/(r/min)	25～35	22～32	20～30	18～28	15～25	12～22	10～20
最高限制转速/(r/min)	50	45	40	35	32	28	25

有变频调节转子转速或有机械调速装置的旋转给料器要满足变频电动机的参数要求和所需驱动转矩的要求，无论是变频调速还是机械调速都要消耗一定的功率。一般情况下，不同结构、相同直径转子的旋转给料器所需要的驱动力矩不同，有些情况下可能差别还比较大，特别是有些转子端部密封结构的摩擦力比较大，所需要的驱动力矩也就比较大，或其他因素致使转子的旋转力矩比较大的情况下，电动机的功率要比表 5-1 中给出的数值大很多。在有些特殊的工况场合，驱动部分的功率甚至可以是表 5-1 给出数值的两倍或更大。

旋转给料器的电动机功率大小是在特定转子转速条件下确定的，表 5-1 中的电动机功率也是在相对应转子转速条件下的参考数据。旋转给料器的减速机与电动机相互配合使用，以便得到合适的输出转速。旋转给料器的驱动力矩、转子的转速、减速机的减速比和电动机功率是相互配合的整体。一般情况下，根据要求的转子转速，按照减速机生产厂家提供的选型资料，旋转给料器的减速机常用安全系数选取 1.2~2.5，负载比较小和间歇性运行的可以选小一点；负载比较大和连续性运行的可以选大一点。例如 SEW 传动设备有限公司 R 系列锥齿轮减速机样本中的安全系数 f_B，此使用安全系数一般不应该小于 1.5。电动机功率按照减速机选型资料确定，根据减速机的输出扭矩、减速机使用安全系数、输出轴转速就可以确定电动机功率。

5.2.2.2 旋转给料器驱动力矩的安全保护

如果有需要的话，可以在旋转给料器的转子轴和减速机输出轴之间的传动部分安装一个转矩限制器，结构图见第 2 章的图 2-17a 的 12 和图 2-18a 的 10，转矩限制器可以安装在转子轴与减速机输出轴之间的某一个部位。转矩限制器是一种力矩过载保护装置，当旋转给料器负载波动、超载、异物进入或故障等原因导致所需要的驱动力矩超过设定值时，转矩限制器内部以滑动方式限制传递的力矩值，而当传动的力矩异常情况消失以后，会自动恢复传动设定的转矩，而无须另行设定，能够避免异常机械损坏和减少非计划停车造成的损失。

转矩限制器可以与链轮配合安装使用，可以安装在转子轴与链轮之间，即将转矩限制器安转在转子的驱动轴上，然后将从动链轮安转在转矩限制器上，也可以将转矩限制器安装在减速机输出轴上，将主动链轮安装在转矩限制器上。转矩限制器可以提供永久性保护，不是一次性使用的部件，而是可以多次重复使用。在选用转矩限制器之前，一定要确定好所需传动力矩的大小，一般情况下，链轮传递的力矩大小是波动的，为了保证设备的平稳运行，转矩限制器的设定转矩值应该是旋转给料器所需最大转矩峰值的 1.30~1.35 倍。转矩限制器的结构有很多种，根据所传递的转矩范围和安装结构要求选择所需要的转矩限制器，要特别注意的是，不要因为设定转矩值的选择不当而造成不应有的非计划停车。

从国内各种类型的化工固体物料生产与输送装置中使用的旋转给料器来看，其中有很大一部分不安装转矩限制器，分析其中的原因，主要是转矩限制器的可靠性和耐久性有待于提高，安装使用初期阶段比较理想，能够满足过载保护的要求。正常工况运行一定的时间以后，就会经常出现不应有的打滑现象，造成非计划停车比较多，对生产造成一定影响。

5.2.3 德国 Coperion 公司旋转给料器的驱动力矩

德国 Coperion 公司生产的旋转给料器结构类型比较多，其中的 ZVH 型适用于中压工况，转子端部密封采用编织填料密封件径向密封结构形式，采用圆柱螺旋弹簧压紧密封的结构，针对特定内部结构和型号规格给出最大驱动转矩和最小驱动转矩，这里考虑了减速机的减速比，也考虑了主动链轮与从动链轮之间的减速比，具体驱动转矩数据见表 5-2 所示。

表 5-2　德国 Coperion 公司 ZVH 型旋转给料器与驱动转矩参考数据

壳体型号	200	250	320	400	480	550	630	800
转子容积/dm^3	4	8	18	39	71	102	160	320
最小驱动转矩/(N·m)	130	180	250	350	500	600	1 000	2 000
最大驱动转矩/(N·m)	300	450	600	1 000	1 250	1 500	2 500	5 000
允许转速/(r/min)	5~75	3.8~60	3~45	2.4~38	2~32	1.8~28	1.5~24	1.2~19
最高限速/(r/min)	—	—	50	40	37	35	30	24

5.2.4　瑞士 Buhler 公司旋转给料器的驱动力矩

　　瑞士 Buhler 公司生产的旋转给料器有多种结构类型，其中的 OKEO-PHP 型适用于高压工况参数，其转子端部密封采用专用气力式密封件，用输送气体压力的推力实现转子侧壁与密封件之间的动密封。这种结构的特点是所需要的驱动力矩小而且均匀，针对特定型号规格给出的是最大允许转矩，这里考虑了减速机的减速比，也考虑了主动链轮与从动链轮之间的减速比，瑞士 Buhler 公司 OKEO-PHP 型旋转给料器的最大驱动转矩参考数据见表 5-3 所示。

表 5-3　瑞士 Buhler 公司 OKEO-PHP 型旋转给料器的最大驱动转矩参考数据

壳体型号	18/15	22/22	28/30	36/38	45/45	52/52	60/60
转子容积/dm^3	2.5	6.2	14.1	31.4	61.4	92.1	146
最大允许转矩/(N·m)	650	650	650	900	900	1 300	1 300

5.2.5　旋转给料器驱动力矩的传动

　　减速机的输出力矩通过链条和链轮传递到转子轴端，从而驱动旋转给料器运行，链条和链轮根据中国国家标准 GB/T 1243-2006《传动用短节距精密滚子链、套筒链、附件和链轮》的规定设计制造，本标准采用了国际标准 ISO606:2004《传动用短节距精密滚子链、套筒链、附件和链轮》的内容。ISO606:2004 标准包括了两个系列，一个系列是源自美国 ASME 标准的链条(用后缀 A 标记)，另一个系列是源自欧洲的链条(用后缀 B 标记)，这两个系列的链条相互补充，覆盖了最广泛的应用领域。A 系列的链条和链轮与 B 系列的链条和链轮不能混用，中国的链条和链轮一般都按 A 系列设计制造。当需要更换国外进口设备上的链条或链轮时，首先要搞清楚原链条或链轮是哪个国家生产的，是属于 A 系列或是 B 系列，如果链轮和链条是 B 系列的，可以更换 B 系列的链轮或链条，也可以将链条或链轮同时更换为在我国广泛应用的 A 系列。

　　按照 GB/T1243-2006 的规定，根据旋转给料器的驱动力矩、链条的承载能力和链轮直径(与链轮齿数和节距有关)选择链条的链号及排数。对于转子端部密封件的旋转阻力矩比较小的情况，选用链条的规格型号可以见表 5-4 所示，对于转子端部没有密封件的情况，链条规格可以小一些，表 5-4 仅供选择链条型号规格时参考。

表 5-4　旋转给料器的链条规格选用参考

转子直径	220	300	380	460	540	620	700
链条规格	12A-1	12A-2	16A-1		16A-2		20A-2

5.2.6 德国 Coperion 公司旋转给料器驱动力矩的传动

在我国各种化工固体物料生产与气力输送装置中正常运行的旋转给料器，最大的供应商就是德国 Coperion 公司，其中有很大一部分旋转给料器不安装转矩限制器。在工况运行过程中，设备的稳定性、可靠性都很高，不会由于转矩限制器而造成非计划停车。

德国 Coperion 公司的旋转给料器有很多种结构类型，这里给出的是在我国用户中普遍使用的 ZVH 型、ZKH 型、ZPH 型、ZGH 型旋转给料器驱动力矩的传动链条规格型号，见表 5-5 所示。

表 5-5　德国 Coperion 公司 ZVH、ZKH、ZPH、ZGH 型旋转给料器驱动力矩的传动链条规格

转子直径	200	250	320		400	480	550	630	800
链条规格	12B-1		≤300 N·m: 12B-1,	≥300 N·m: 12B-2	16B-1		16B-2		24B-2

5.2.7　瑞士 Buhler 公司旋转给料器驱动力矩的传动

在我国聚酯切片增黏生产与输送装置中正常运行的化工固体物料旋转给料器，有很大部分都是瑞士 Buhler 公司提供的。如国内某大型化纤生产基地瓶片生产中心的 SSP 生产装置使用的旋转给料器就是瑞士 Buhler 公司提供，在转子轴与从动链轮之间安装有转矩限制器，这些旋转给料器在工况运行过程中，由于转矩限制器造成的非计划停车比较多。所以用户重新更换了链轮并去掉了转矩限制器，提高了生产装置工况运行的可靠性。

瑞士 Buhler 公司旋转给料器的驱动链轮直径比较大，齿数比较多，按照驱动转矩等于链轮半径与链条传递力的乘积的道理，链轮的齿数越多，链条的规格型号就可以小一些。所以，旋转给料器的规格越大，驱动链轮的直径也越大，而选取的链条则是同一种规格的。瑞士 Buhler 公司 OKEO-PHP 系列旋转给料器驱动力矩的传动链条规格列于表 5-6 中。

表 5-6　瑞士 Buhler 公司 OKEO-PHP 旋转给料器驱动力矩的传动链条规格

转子直径	18/15	22/22	28/30	36/38	45/45	52/52	60/60
链轮齿数	20	25	30	38		57	
链条	10B-2	10B-2	10B-2	10B-2		10B-2	

5.3　旋转给料器用电动机

石油化工工业是能源工业，又是主要的原材料工业，随着国民经济的快速发展，我国对石油及石油化工附属产品的需求也在不断增加。然而，石油化工工业的生产作业现场可能存在一定的易燃易爆物质，这就要求某些生产场合需要防爆，在这些需要防爆的场合参与生产的设备也必须具有防爆功能，根据作业现场的实际工艺，在达到一定的技术参数要求后这些设备才能安装使用。

电动机作为主要动力设备，是石油化工工业生产过程中用量比较大的驱动设备，它可以用于驱动石油化工工业中的泵、阀、风机、压缩机、减速机和其他传动机械等，所以，在石油化工工业生产的相应危险区域有防爆要求，为了安全生产，必须选用防爆电动机，以防止意外发生。旋转给料器是化工生产过程中用来输送物料的重要设备，在具有防爆要求的特定危险区域其驱动电动机应该选用防爆型电动机，本章重点介绍旋转给料器用防爆电动机的选用。

5.3.1 电动机种类的选择

驱动电动机的种类如表 5-7 所示。

表 5-7 驱动电动机的种类

驱动电动机	直流电动机	永磁式直流电动机		
		电磁式直流电动机	他励直流电动机	
			并励直流电动机	
			串励直流电动机	
			复励直流电动机	
	交流电动机	同步电动机(单相或三相)	永磁式同步电动机	
			凸极式同步电动机	
			隐极式同步电动机	
		异步电动机	单相异步电动机	
			三相　笼型	普通笼型
				高转差率式
				深槽式
				双鼠笼型
				多速电动机
			绕线型	

在易爆气体存在的特殊场合和粉尘多的石油化工工业生产活动现场，为防止爆炸可选用交流电动机。在所有的交流电动机中，鼠笼式交流异步电动机的结构简单、价格便宜、运行可靠、维护方便，性价比非常高。

近些年来，随着异步电动机变频调速技术的发展，交流电动机又具备了很好的调速性能。因此，鼠笼式交流异步电动机在工业现场得到了广泛应用。

旋转给料器通常应用于粉尘密集的易燃易爆环境，以旋转给料器拖动为例，考虑到旋转给料器应用的特殊场合(化工工业现场)、经济性及调速性能指标，其驱动电动机通常选用鼠笼式交流三相异步电动机，同时，在需要防爆的场合，该电动机必须具备防爆功能。

根据以上选择，旋转给料器的电动机参数相对来说还比较简单。一般情况下，其参数范围是同步转速 1500 r/min 的三相异步四极电动机，功率一般不大于 22 kW。根据现场使用需要，有些带有变频装置，有些需要具有防爆功能。

5.3.2 防爆电动机

5.3.2.1 防爆的原因

易爆物质：很多生产场所都会产生某些可燃性物质，如煤矿井下约有 2/3 的场所存在爆炸性物质；化学工业中约有 80% 以上的生产车间区域存在爆炸性物质。

氧气：空气中的氧气是无处不在的。

点燃源：在生产过程中大量使用电气仪表，各种摩擦的电火花、机械磨损火花、静电火花、高温等不可避免，尤其当仪表、电气发生故障时。

客观上，很多工业生产、活动现场满足爆炸条件。当爆炸性物质与氧气的混合浓度处于爆炸极限范围内时，若存在点燃源，将会发生爆炸。因此，为了安全生产，这些工业生产、活动现场必须做到有效防爆。

如何防爆呢？防止爆炸的产生必须从爆炸产生的三个必要条件来考虑，限制了其中的一个必要条件就限制了爆炸的产生。

在工业生产过程中，通常从下述三个方面着手对易燃易爆场合进行处理：

(1) 预防或最大限度地降低易燃物质泄漏的可能性；

(2) 不用或尽量少用易产生电火花的电器元件；

(3) 采取充氮气之类的方法维持惰性状态。

控制了以上三个方面就能最大限度地消除安全隐患，有效防止爆炸的产生。

5.3.2.2 危险场所危险性划分

要做到有效防爆必须对产生爆炸的危险场所有清晰的认识。在认识了危险源后，对危险源进行合理划分，我们再有针对性地进行有效防爆，做到有的放矢。

1. 危险气体、粉尘

如表 5-8 所示，国家标准已经将工业生产、活动现场的危险气体、粉尘进行划分，并定义。

表 5-8　国家标准对危险气体、粉尘进行划分和定义

爆炸性物质	区域定义	中国标准	北美标准
气体(CLASS Ⅰ)	在正常情况下，爆炸性气体混合物连续或长时间存在的场所	0 区	Div.1
	在正常情况下爆炸性气体混合物有可能出现的场所	1 区	
	在正常情况下爆炸性气体混合物不可能出现，仅仅在不正常情况下，偶尔或短时间出现的场所	2 区	Div.2
粉尘或纤维(CLASS Ⅱ/Ⅲ)	在正常情况下，爆炸性粉尘或可燃纤维与空气的混合物可能连续、短时间频繁地出现或长时间存在的场所	10 区	Div.1
	在正常情况下，爆炸性粉尘或可燃纤维与空气的混合物不能出现，仅仅在不正常情况下偶尔或短时间出现的场所	11 区	Div.2

2. 防爆方法对危险场所的适用性

根据危险区域的危险性不同，国家标准也给出了相对应的防爆方法，如表 5-9 所示。

表 5-9　防爆方法

序号	防爆型式	代号	国家标准	防爆措施	适用区域
1	隔爆型	d	GB3836.2	隔离存在的点火源	1区,2区
2	增安型	e	GB3836.3	设法防止产生点火源	1区,2区
3	本安型	ia	GB3836.4	限制点火源的能量	0-2区
	本安型	ib	GB3836.4	限制点火源的能量	1区,2区
4	正压型	p	GB3836.5	危险物质与点火源隔开	1区,2区
5	充油型	o	GB3836.6	危险物质与点火源隔开	1区,2区
6	充砂型	q	GB3836.7	危险物质与点火源隔开	1区,2区
7	无火花型	n	GB3836.8	设法防止产生点火源	2区
8	浇封型	m	GB3836.9	设法防止产生点火源	1区,2区
9	气密型	h	GB3836.10	设法防止产生点火源	1区,2区

在表 5-9 中，我们可以很清晰地知道各种防爆型式适用的危险区域，同时，对照表 5-9，可以查询出相应的防爆措施。

3. 爆炸性气体混合物分类

我国和欧洲及世界上大部分国家和地区将爆炸性气体分为四个危险等级，如表 5-10 所示。

表 5-10　爆炸性气体分为四个危险等级

工况类别	气体分类	代表性气体	最小引爆火花能量/mJ
矿井下	I	甲烷	0.280
矿井外的工厂	ⅡA	丙烷	0.180
	ⅡB	乙烯	0.060
	ⅡC	氢气	0.019

爆炸性气体危险等级是根据爆炸性气体可能引爆的最小火花能量来分类的。

同时，爆炸性气体混合物引燃温度是有差异的，按照引燃温度，我们又可以将爆炸性气体混合物分为T1、T2、T3、T4、T5、T6六种不同的组别，引燃温度用 t 表示，具体分类如表5-11所示。

表 5-11　爆炸性气体温度分组

组别	引燃温度 $t/℃$
T1	$450<t$
T2	$300<t≤450$
T3	$200<t≤300$
T4	$135<t≤200$
T5	$100<t≤135$
T6	$85<t≤100$

气体或蒸汽爆炸性混合物分级、分组如表5-12所示。

表 5-12　气体或蒸汽爆炸性混合物分级和分组

序号	物质名称	分子式	组别
		ⅡA级	
	一、烃类		
	链烷类		
1	甲烷	CH4	T1
2	乙烷	C2H6	T1
3	丙烷	C3H8	T1
4	丁烷	C4H10	T2
5	戊烷	C5H12	T3
6	己烷	C6H14	T3
7	庚烷	C7H16	T3
8	辛烷	C8H18	T3
9	壬烷	C9H20	T3
10	癸烷	C10H22	T3
11	环丁烷	CH2(CH2)2CH2	—
12	环戊烷	CH2(CH2)3CH2	T3
13	环己烷	CH2(CH2)4CH2	T3
14	环庚烷	CH2(CH2)5CH2	—
15	甲基环丁烷	CH3(CH(CH2)2CH2	—
16	甲基环戊烷	CH3(CH(CH2)3CH2	T2
17	甲基环己烷	CH3(CH(CH2)4CH2	T3
18	乙基环丁烷	C2H5CH(CH2)2CH2	T3
19	乙基环戊烷	C2H5CH(CH2)3CH2	T3
20	乙基环己烷	C2H5CH(CH2)4CH2	T3

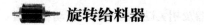

(续)

序号	物质名称	分子式	组别
	ⅡA级		
21	萘烷(+氢化萘)	CH2(CH2)3CHCH(CH2)3CH2	T3
	链烯类		
22	丙烯	CH3CH=CH2	T2
	芳烃类		
23	苯乙烯	C6H5CH=CH2	T1
24	异丙烯基苯(甲基苯乙烯)	C6H5C(CH3)=CH2	
	荤类		
25	苯	C6H6	T1
26	甲苯	C6H5CH3	T1
27	二甲苯	C6H4(CH3)2	T1
28	乙苯	C6H5C2H5	T2
29	二甲苯	C6H3(CH3)3	T1
30	萘	C10H3	T1
31	异丙苯(异丙基苯)	C6H5(CH(CH3)2)	T2
32	甲基·异丙基苯	(CH3)2CHC6H4CH3	T2
	混合烃类		
33	甲烷(工业用)*		T1
34	松节油		T3
35	石脑油		T3
36	煤焦油石脑油		T3
37	石油(包括车用汽油)		T3
38	洗涤汽车		T3
39	燃料油		T3
40	煤油		T3
41	柴油		T3
42	动力苯		T1
	二、含氧化合物		
	氧化物(包括醚)		T1
43	一氧化碳**	CO	
44	二丙醚	(C3H7)2O	
	醇类和酚类		T2
45	甲醇	CH3OH	T2
46	乙醇	C2H5OH	T2
47	丙醇	C3H7OH	T2
48	丁醇	C4H9OH	T3
49	戊醇	C5H11OH	T3
50	己醇	C6H13OH	—
51	庚醇	C7H15OH	—
52	辛醇	C8H17OH	—
53	壬醇	C9H19OH	T3
54	环己醇	CH2(CH2)4CHOH	T3
55	甲基环己醇	CH3CH2(CH2)4CHOH	T1
56	苯酚	C6H5OH	T1
57	甲酚	CH3C6H4OH	T1
58	4-羟基-4-甲基戊酮(双丙酮醇)	(CH3)2C(OH)CH2COCH3	
	醛类		

(续)

序号	物质名称	分子式	组别
	ⅡA 级		
59	乙醛	CH3CHO	T4
60	聚乙醛		—
	酮类	(CH3CHO)n	
61	丙酮	(CH3)2CO	T1
62	2-丁酮(乙基甲基酮)	C2H5COCH3	T1
63	2-戊酮(甲基-丙基甲酮)	C3H7COCH3	T1
64	2-己酮(甲基-丁基甲酮)	C4H9COCH3	T1
65	戊基甲基甲酮	C5H11COCH3	—
66	戊间二酮(乙酰丙酮)	CH3COCH2COCH3	T2
67	环己酮	CH2(CH2)4CO	T2
	酯类		
68	甲酸甲脂	HCOOCH3	T2
69	甲酸乙酯	HCOOC2H5	T2
70	醋酸甲酯	CH3COOCH3	T1
71	醋酸乙酯	CH3COOC2H5	T2
72	醋酸丙酯	CH3COOC3H7	T2
73	醋酸丁酯	CH3COOC4H9	T2
74	醋酸戊酯	CH3COOC5H11	T2
75	甲基丙烯酸甲酯	CH2=C(CH3)COOCH3	T2
	(异丁烯酸甲酯)		
76	甲基丙烯酸乙酯	CH2=C(CH3)COOC2H5	—
	(异丁烯酸乙酯)		
77	醋酸乙烯酯	CH3COOCH=CH2	T2
78	乙酰基醋酸乙酯	CH3COCH2COOC2H5	T2
	酸类		
79	醋酸	CH3COOH	T1
	三、含卤化合物		
	无氧化合物		
80	甲基氯	CH3Cl	T1
81	氯乙烷	C2H5Cl	T1
82	溴乙烷	C2H5Br	T1
83	氯丙烷	C3H7CL	T1
84	氧丁烷	C4H9Cl	T3
85	溴丁烷	C4H9Br	T3
86	二氯乙烷	C2H4Cl2	T2
87	二氯丙烷	C3H6Cl2	T1
88	氯苯	COH5Cl	T1
89	苄基氯	C6H5CH2Cl	T1
90	二氯苯	C6H4Cl2	T1
91	烯丙基氯	CH2=CHCH2Cl	T2
92	二氯乙烯	CHCl=CHCl	T1
93	氯乙烯	CH2=CHCl	T2
94	三氟甲苯	C6H5CF3	T1
95	二氯甲烷(甲叉二氯)	CH2Cl2	T1
	含氧化合物		
96	乙酰氯	CH3COCl	T3

 旋转给料器

(续)

序号	物质名称	分子式	组别
ⅡA级			
97	氯乙醇	CH2ClCH2OH	T2
	四、含硫化合物		
98	乙硫醇	C2H5SH	T3
99	丙硫醇-1	C3H7SH	—
100	噻吩	CH=CH. CH=CHS	T2
101	四氢噻吩	CH2=(CH2)=2CH2=S	T3
	五、含氮化合物		
102	氨	NH3	T1
103	乙腈	CH3CN	T1
104	亚硝酸乙酯	CH3CH2ONO	T6
105	硝基甲烷	CH3NO2	T2
106	硝基乙烷	C2H5NO2	T2
	胺类		
107	甲胺	CH3NH2	T2
108	二甲胺	(CH3)2NH	T2
109	三甲胺	(CH3)3N	T4
110	二乙胺	(C2H5)2NH	T2
111	三乙胺	(C2H5)3N	T1
112	正丙胺	C3H7NH2	T2
113	正丁胺	C4H9NH2	T2
114	环己胺	CH2(CH2)4CHNH2	T3
115	2—乙醇胺	NH2CH2CH2OH	—
116	2—二乙胺基乙醇	(C2H5)NCH2CH2OH	—
117	二氨基乙烷	NH2CH2CH3NH2	T2
118	苯胺	C6H5NH2	T1
119	NN—二甲基苯胺	C6H5N(CH3)2	T2
120	苯胺基丙烷	C6H5CH2CH(NH2)CH3	—
121	甲苯胺	CH3C6H4NH2	T1
122	吡啶[氮(杂)苯]	C5H5N	T1
ⅡB级			
	一、烃类		
123	丙炔(甲基乙炔)	CH3C=CH	T1
124	乙烯	C2H4	T2
125	环丙烷	CH2CH2CH2	T1
126	1，3-丁二烯	CH2=CHCH=CH2	T2
	二、含氮化合物		
127	丙烯腈	CH2=CHCN	T1
128	异丙基硝酸盐	(CH3)2CHONO2	—
129	氰化氢	HCN	T1
	三、含氧化合物		
130	二甲醚	(CH3)2O	T3
131	乙基甲基醚	CH3OC2H5	T4
132	二乙醚	(C2H5)2O	T4
133	二丁醚	(C4H9)2O	T4
134	环氧乙烷	CH2CH2O	T2
135	1，2环氧丙烷	CH3CHCH2O	T2

(续)

序号	物质名称	分子式	组别
	IIB 级		
136	1，3-二恶戊烷	CH2CH2OCH2O	—
137	1，4-二恶烷	CH2CH2OCH2CH2O	T2
138	1，3，5—三恶烷	CH2OCH2OCH2O	T2
139	羧基醋酸丁酯	HOCH2COOC4H9	—
140	四氢糠醇	CH2CH2CH2OCHCH2OH	T3
141	丙烯酸甲酯	CH2=CHCOOCH3	T2
142	丙烯酸乙酯	CH2=CHCOOC2H5	T2
143	呋喃	CH=CHCH=CHO	T2
144	丁烯醛(巴豆醛)	CH3CH=CHCHO	T3
145	丙烯醛	CH2=CHCHO	T3
146	四氢呋喃	CH2(CH2)2CH2O	T3
	四、混合气		
147	焦炉煤气		T1
	五、含卤化合物		
148	四氟乙烯	C2F4	T4
149	1-氧-2，3-环氧丙烷	OCH2CHCH2Cl	T2
150	硫化氢	H2S	T3
	IIC 级		
151	氢	H2	T1
152	乙炔	C2H2	T2
153	二碱化碳	CS2	T5
154	硝酸乙酯	C2H5ONO2	T6
155	水煤气		T1

注：*甲烷(工业用)包括含 15%以下(按体积计)氢气的甲烷混合气；**一氧化碳在异常环境温度下可以含有使它与空气的混合物饱和的水分。

　　一般工业生产、活动现场的爆炸性混合气体分级、分组可以通过表 5-12 查询，明确了分级、分组情况就能明确防爆等级，就能根据防爆等级选择相应的防爆设备。

5.3.2.3　防爆电动机的防爆等级

　　通过前面的讲述，我们已经分析了各类危险源，如果不能有效地控制危险源中的动设备势必发生爆炸安全生产事故。由此可见，作为工业生产、活动现场的重要驱动设备，电动机必须做到可靠防爆。

　　防爆电动机是一种可以在易燃易爆场所使用的电动机，运行时不产生电火花。由于限制了电火花的产生就有效地控制了点燃源，从而有效地控制爆炸的产生，为安全生产提供了保障。有时，旋转给料器因为使用在特定的防爆工作环境中，所以要求其拖动电动机必须具有防爆功能。

　　该如何根据工业现场环境来选择防爆电动机呢？其中，防爆等级是关键。在选用防爆电动机之前，我们必须了解防爆等级的三个重要组成部分。

　　(1) 在爆炸性气体区域(0 区、1 区、2 区)不同电气设备使用的安全级别的划分，如旋转电动机选型分为隔爆型(代号 d)、增安型(e)、正压型(p)、无火花型(n)。各类型电动机在对应的适用危险区域按第 5.3.3 节的表 5-8 查询。

　　(2) 气体或蒸汽爆炸性混合物等级的划分，可分为 IIA、IIB、IIC 三种。根据 GB 50058 可知，这些等级的划分主要依照最大试验安全间隙(MESG)或最小点燃电流(MICR)来区分，如

表 5-13 所示。

表 5-13 爆炸性混合物等级的划分

级别	最大试验安全间隙(MESG)/mm	最小点燃电流比(MICR)
ⅡA	≥0.9	>0.8
ⅡB	0.5<MESG<0.9	0.45<MICR≤0.8
ⅡC	≤0.5	<0.45

注：分级的级别应符合现行国家标准(爆炸性环境用防爆电气设备通用要求)；最小点燃电流比(MICR)为各种易燃物质按照它们最小点燃电流值与实验室的甲烷最小电流值之比。

(3) 引燃某种介质的温度分组的划分。详细分组如表 5-11 所示。

选择好防爆电动机的种类后，再根据现场使用情况，确定防爆电动机使用现场的危险气体混合物的危险等级和引燃该介质的温度组别，这就是我们需要的防爆电动机型号。

5.3.2.4 防爆电动机的分类

防爆电动机的分类主要有如下几种方法：

(1) 按电动机原理：可分为防爆异步电动机、防爆同步电动机及防爆直流电动机等。

(2) 按使用场所：可分为煤矿井下用防爆电动机及工厂用防爆电动机。

(3) 按防爆原理：可分为隔爆型电动机、增安型电动机、正压型电动机、无火花型电动机及粉尘防爆电动机等。

(4) 按配套的主机：可分为煤矿运输机用防爆电动机、煤矿绞车用防爆电动机、装岩机用防爆电动机、煤矿局部扇风机用防爆电动机、阀门用防爆电动机、风机用防爆电动机、船用防爆电动机、起重冶金用防爆电动机及加氢装置配套用增安型无刷励磁同步电动机等。

此外，还可按额定电压、效率等技术指标来分，如高压防爆电动机、高效防爆电动机、高转差率防爆电动机及高起动转矩防爆电动机等。

通常情况下，大多数客户都是按照防爆电动机的防爆原理来选择电动机种类，因此下文将按防爆原理的分类方法来详细介绍各类型防爆电动机。

1. 隔爆型电动机(d)

隔爆型电动机是指采用隔爆外壳及相关措施防爆的电动机。该类电动机应能承受通过外壳任何接合面或间隙渗透到外壳内部的可燃性混合物在内部爆炸而不损坏，并且不会引起外部爆炸性环境的点燃。

隔爆型电动机的特点是采用隔爆外壳把可能产生火花、电弧和危险温度的电气部分与周围的爆炸性气体混合物隔开。但是，这种外壳并非是密封的，周围的爆炸性气体混合物可以通过外壳的各部分接合面间隙进入电动机内部。当与外壳内的火花、电弧、危险高温等引燃源接触时就可能发生爆炸，这时电动机的隔爆外壳不仅不会损坏、变形，而且爆炸火焰或炽热气体通过接合面间隙传出时，也不会引燃周围的爆炸性气体混合物。

我国当前广泛应用的低压隔爆型电动机产品的基本系列是 YB3 系列隔爆型三相异步电动机，它是 Y 系列(IP44 防护等级)三相异步电动机的派生产品，由 YB、YB2 不断改良而来。防爆性能符合 GB3836.1-2010《爆炸性气体环境用电气设备 第 1 部分 通用要求》和 GB 3836.2-2010《爆炸性环境 第 2 部分：由隔爆外壳"d"保护的设备》的规定。目前我们可选用的隔爆型电动机其功率范围为 0.55～200 kW，相对应的机座号范围 80～315，机座中心高为 80～315 mm，防爆标志为 dI、dIIAT4、dIIBT4，分别适用于煤矿井下固定式设备或工厂 IIA、IIB 级，温度组别为 T1~T4 组的可燃性气体或蒸汽与空气形成的爆炸性混合物的场所；主体外壳防护等级为 IP44，接线盒防护等级为 IP54；额定频率为 50 Hz，额定电压为 380、1660、1140、380/660、660/140 V；电动机绝缘等级为 F 级，但按 B 级考核定子绕组的温升，具有较大的温升裕度。

在此之前，低压隔爆型三相异步电动机派生系列的主要型号有：YB 系列（机座中心高为 80~315 mm），YBSO 系列（小功率，机座中心高为 63~90 mm），YBF 系列（风机用，机座中心高为 63~160 mm），YB-H 系列（船用，机座中心高为 80~280 mm），YB 系列（中型，机座中心高为 355~450 mm），YBK 系列（煤矿用，机座中心高为 100~315 mm），YB-W、B-TH、YB-WTH 系列（机座中心高为 80~315 mm），YBDF-WF 系列（户外防腐隔爆型电动阀门用，机座中心高为 80~315 mm）及 YBDC 系列（隔爆型电容起动单相异步电动机，机座中心高为 71~100 mm）和 YBZS 系列起重用隔爆型双速三相异步电动机。另外，还有 YB 系列高压隔爆型三相异步电动机（机座中心高为 355~450 mm，560~710 mm）。

需要说明的是，YB 系列电动机经二次设计及三次设计的延伸，派生出 YB2 系列电动机和 YB3 系列电动机，根据国家标准 GB 18613-2006《中小型三相异步电动机能效限制定值及能效等级》规定，2011 年 7 月 1 日后，中小型电动机能效必须符合 GB18613-2006 中规定的 2 级效率等级，相当于欧盟标准的 EFF1 效率。由于 YB2、YB 系列电动机能效等级为 3 级或更低，因此该两系列电动机目前已被或正在被全部淘汰更新。

近年来，欧美工业发达国家对节约能源及环境保护非常关注。电动机受电气传动中带动负载机械做功的同时也耗用大量的电能，因此提高电动机的运行效率对节能意义重大。YB3 系列低压隔爆型三相异步电动机是在现代化工业中发展起来的最新型高效、环保、节能型产品。外形上美观和结构上兼顾标准化、系列化、通用化，使企业能在基本系列的基础上派生出各个行业部门需要的产品，便于国际接轨，即按最大限度满足目前国内用户及出口的要求。

YB3 系列低压防爆电动机不仅满足 GB 18613-2006 中的 2 级效率要求，还同时兼顾了国际标准 IEC 60034-30 中 IE2 效率指标，目前正成为我国隔爆型三相异步电动机的基本系列。

2. 增安型电动机(e)

增安型电动机的特点是在正常运行条件下不会产生电弧、火花或危险高温，同时在电动机结构上再采取一些机械、电气和热的保护措施，使其进一步提高安全程度，防止在正常或允许的过载条件下出现危险高温、电弧和火花的可能性，从而确保电动机防爆安全性。我国当前应用的低压增安型的基本系列是 YA 系列增安型三相异步电动机，它是 Y 系列(IP44)三相异步电动机的派生产品。防爆性能符合 GB3836.1-2010《爆炸性气体环境用电气设备 第 1 部分 通用要求》和 GB 3836.3-2010《爆炸性环境 第 3 部分：由增安型"e"保护的设备》的规定。

一般情况下，增安型电动机的功率范围为 0.55~90 kW，相对应的机座中心高为 80~280 mm；防爆标志为 eIIT1、eIIT2、eIIT3，分别适用于工厂中具有温度组别为 T1~T3 组爆炸性混合物并具有轻微腐蚀介质的场所。

增安型电动机采取一系列可靠的防止火花、电弧和危险高温的措施，可以安全运行于 2 区爆炸危险场所。增安型电动机的防爆性能低于隔爆型电动机，它必须和专用开关配合使用，否则不能保证安全。

一般情况下，增安型防爆电动机会设置增安型防潮加热器，固定在电动机底部的罩内，用于停机时加热防潮用。

增安型电动机的保护除常规的保护之外，最重要的一点就是温度保护。通常情况下，温度保护有两种方式：一种是直接保护；一种是间接保护。间接保护是用过流断路器或过流继电器对电动机进行过载和堵转保护，它借助电动机的电流监视绕组的发热情况，通过电流的变化来控制继电器的断开，从而切断电源起到温度保护作用。这种间接保护的方法是大家普遍采用的，但其缺点是当频繁起动、电网异常或负载突变时，就不能很好地保护电动机了。

直接保护是在定子绕组中埋置测温元件，并配合控制设备对增安型电动机进行有效的温度保护。这种方法可以对电动机定子进行很好的保护，但是整机的安全保护存在一定的风险。

目前常见的增安型电动机经常会设置完善的监控措施，例如在主接线盒内设置用于差动保护的增安型自平衡电流互感器；在定子绕组埋设工作和备用的铂热电阻，分度号为 Pt100；设漏水监控仪监控水冷却器的泄漏；两端座式滑动轴承分别设现场温度显示仪表和远传信号端子等，为增安型电动机的安全、稳定运行提供了技术支持。

随着计算机和自动控制技术的不断发展，DCS/PLC 技术为电动机的保护提出了解决方案，通过计算机在线监控可以实时地保护增安型电动机和其他电动机。

3. 正压型电动机(p)

正压型电动机是指电动机密闭的外壳内通入大量洁净的空气或者惰性气体作内部保护气体，并使该气体压力相对于周围爆炸性环境的压力维持在规定过压值，从而防止有爆炸性的危险气体或粉尘进入电动机内部来实现防爆。

正压型电动机一般情况下会具备以下结构：

(1) 配置有一套完整的通风系统，电动机内部不存在可能影响通风的结构死角。

(2) 外壳和管道由不燃材料制成，并具有足够的机械强度。

(3) 外壳及主管道内相对于外界大气保持足够大的正压。

(4) 电动机配有安全保护装置(如时间继电器和流量监测器)以保证足够的换气量，还必须有壳内气压欠压的自动保护或报警装置。

(5) 外壳上的快开门或盖须有与电源联锁的装置。

4. 无火花型电动机(n)

是指在正常运行条件下，或在相关标准规定的异常状态下不会点燃周围爆炸性混合物，且一般又不会发生点燃故障的电动机。与增安型电动机相比，除对绝缘介电强度试验电压、绕组温升、t_e(在最高环境温度下达到额定运行最终温度后的交流绕组，从开始通过启动电流时计起至上升到极限温度的时间)以及启动电流比不像增安型那样有特殊规定外，其他方面与增安型电动机的设计要求一样。

无火花型电动机符合 GB3836.1-2010 和 GB3836.8-2003《爆炸性气体环境用电气设备第 8 部分："n"型电气设备》的规定。设计上注重电动机的密封措施，一般情况下，主体外壳防护等级为 IP54、IP55，接线盒为 IP55。对于额定电压在 660 V 以上的电动机，其空间加热器或其他辅助装置的连接件应置于单独的接线盒内。

目前，国内已研制、生产了 YW 系列无火花型电动机产品(机座中心高度为 80～315 mm)，防爆标志为 nIIT3，适用于工厂含有温度组别为 T1～T3 组的可燃性气体或蒸汽与空气形成的爆炸性混合物的 2 区场所，额定频率为 50 Hz，额定电压为 380、660、380/660 V，电动机采用 F 绝缘，但按 B 级考核定子绕组的温升限值，具有较大的温升裕度及较高的安全可靠性，功率为 0.55～200 kW。

5. 粉尘型防爆电动机

指其外壳按规定条件设计制造，能阻止粉尘进入电动机外壳内或虽不能完全阻止粉尘进入，但其进入量不妨碍电动机安全运行，且内部粉尘的堆积不易产生点燃危险，使用时也不会引起周围爆炸性粉尘混合物爆炸的电动机。

粉尘型防爆电动机具有以下特点：

(1) 外壳具有较高的密封性，以减少或阻止粉尘进入外壳内，即使进入，其进入量也不至于形成点燃危险。

(2) 控制外壳最高表面允许温度不超过规定的温度组别。目前，已用于国家粮食储备库的机械化设备上。粉尘防爆电气设备的国家标准为 GBl2476.1-1990《爆炸性粉尘环境用防爆电气设备》。

在了解掌握隔爆型电动机、增安型电动机、正压型电动机、无火花型电动机及粉尘防爆电动机等各类防爆电机的特点后，根据电动机选型原则：

1) 认定应用场所的性质种类。

2) 对于气体爆炸性场所应根据危险程度认定分区。

3) 认定应用场所的危险源的引燃温度对应的温度组别。

我们就能很容易选择适合所用场所的防爆电动机了。

由表 5-12 可知，旋转给料器工作现场气体或蒸汽爆炸性混合物分级分组为ⅡB，T4 组。由于旋转给料器一般转速为 10~30 r/min，考虑经济性，建议选择隔爆型同步转速为 1500 r/min 的四极防爆电动机，它采用隔爆外壳的方式，把可能产生火花、电弧和危险温度的电气部分与周围的爆炸性气体混合物隔开，起到防爆作用。

5.3.3　变频调速电动机

在生产线的运行过程中，有时对物料输送量的要求是各异的。多数情况下，旋转给料器只要给定一个特定的转速就行了，但有时工艺部门根据生产物料输送的要求，会要求给料器的输送量随生产负荷的变化而作相应调整。这时，由于是在生产运行中，为了使生产不致中断而连续运行，就只能通过改变给料器的转速来实现。一般情况下，通过改变旋转给料器电动机转速是简单而最直接的方法，因此，选用变频电动机成了首选方案。通过变频调速系统改变旋转给料器驱动电动机的转速，进而达到改变旋转给料器的转速，实现旋转给料器输送量随生产负荷而变化的要求。

旋转给料器用电动机变频调速系统的核心部件是变频器。变频器是将固定电压、固定频率的交流电变换为可调电压、可调频率的交流电的装置。在了解旋转给料器用变频电动机之前，我们先简单介绍一下变频调速。

5.3.3.1　交流异步电动机变频调速的基本原理

异步电动机的变频调速属于转差功率不变型调速方法，是异步电动机各种调速方案中效率最高和性能最好，具有一定节能效果的调速方法。

由电动机学可知，异步电动机的转速表达式

$$n = \frac{60 f_1}{p}(1-s) = n_0(1-s)$$

式中　f_1——定子供电的频率；

　　　p——电动机的磁极对数；

　　　n——转子转速；

n_0 ——同步转速。

异步电动机的转速 n 与定子供电频率 f_1 成正比，只要平滑地调节电源电压的频率 f_1，就可以实现异步电动机的无级变速。

如果将电源频率调节为 f_x，则异步电动机变频后的转速 n_x 的表示式为

$$n_x = \frac{60 f_x}{p}(1-s) = n_{0x}(1-s)$$

在实际调速过程中，由于异步电动机在运行时必须使其磁通处于一个合适的水平，磁通太弱或太强都会破坏功率因数使电动机不能正常运行，而磁通是由定子和转子的磁势合成产生的，因此为了保持磁通的不变，应采取对异步电动机定子电流、电压和频率的协调控制。

基频以下调速方法即定子电压的频率从额定频率(一般是工作频率 50 Hz)向下调节。由电动机学相关理论知识可知，为了保证磁通的恒定，必须降低三相异步电动机定子每相电动势 E_g 的有效值，使 E_g/f_1=常数，定子绕组电压 $U_1 \approx E_g$，可以认为，U_1/f_1=常数。因此，在额定频率以下，即 $f_1 < f_{额定}$ 频率调频时，同时下调加在定子绕组上的电压，即恒 U/f 控制，属于"恒转矩调速"。

在额定频率以上调频时，U_1 就不能跟着上调，因为电动机定子绕组上的电压不允许超过额定电压。定子电压保持不变属于"恒功率调速"。

5.3.3.2 普通交流异步电动机变频调速系统

普通交流异步电动机都是按恒频恒压设计，不可能完全适应变频调速要求。当需要实现调速功能时，主要是通过加装减速器调速，另外就是加装变频器实现变频调速。

然而，当普通电动机加装变频器后，变频器对电动机会存在以下影响：

(1) 电动机效率和温升问题。无论哪种形式的变频器，运行中均产生不同程度谐波电压和电流使电动机在非正弦电压、电流下运行。据资料显示，以目前普遍使用正弦波 PWM 型变频器为例，其低次谐波基本为零，剩下的比载波频率大一倍左右高次谐波分量为：$2u+1$(u 为调制比)。高次谐波会引起电动机定子铜耗、转子铜(铝)耗、铁耗及附加损耗增加，最为显著的是转子铜(铝)耗。因为异步电动机以接近于基波频率所对应的同步转速旋转，因此，高次谐波电压以较大的转差切割转子导条后会产生很大的转子损耗。除此之外，还需考虑因集肤效应所产生附加铜耗。这些损耗都会使电动机额外发热，效率降低，输出功率减小，如将普通三相异步电动机运行于变频器输出非正弦电源条件下，其温升一般要增加 10%～20%。

(2) 电动机绝缘强度问题。目前中小型变频器不少是采用 PWM 的控制方式。它的载波频率为几千到十几千赫兹，这就使电动机定子绕组要承受很高电压上升率，相当于对电动机施加陡度很大的冲击电压，使电动机的匝间绝缘承受较为严酷考验。另外，由 PWM 变频器产生的矩形斩波冲击电压叠加在电动机运行电压上，会对电动机对地绝缘构成威胁，对地绝缘在高压的反复冲击下会加速老化。

(3) 谐波电磁噪声与振动。普通异步电动机采用变频器供电时，会使由电磁、机械、通风等因素所引起的振动和噪声变得更加复杂。变频电源中含有的各次时间谐波与电动机电磁部分的固有空间谐波相互干涉，形成各种电磁激振力。当电磁力波的频率和电动机机体的固有振动频率一致或接近时，将产生共振现象，从而加大噪声。由于电动机工作频率范围宽，转速变化范围大，各种电磁力波的频率很难避开电动机的各构件的固有振动频率。

(4) 电动机对频繁起动、制动的适应能力。由于采用变频器供电后，电动机可以在很低的频率和电压下以无冲击电流的方式起动，并可利用变频器所供的各种制动方式进行快速制动，为实现频繁起动和制动创造了条件，因而电动机的机械系统和电磁系统处于循环交变力的作用下，给机械结构和绝缘结构带来疲劳和加速老化问题。

(5) 低转速时冷却问题。首先，异步电动机阻抗不尽理想，当电源频率较低时，电源中高次谐波所引起的损耗较大，其次，普通异步电动机在转速降低时，冷却风量与转速的三次方成比例减小，致使电动机低速冷却状况变坏，温升急剧增加，难以实现恒转矩输出。

综上可知，普通异步电动机采用变频器调速存在诸多问题，因此，变频器专用电动机随之产生。为了使电动机调速系统更加稳定，可以选用专用变频电动机。

5.3.3.3 变频电动机的特点

变频电动机采用"专用变频感应电动机+变频器"的交流调速方式。变频电动机系统使机械设备自动化程度和生产效率大为提高。同时，变频电动机又具备小型化特点，目前正取代传统的机械调速和直流调速方案。

我们将从变频电动机的电磁设计和结构设计方面介绍其特点。

(1) 电磁设计。对普通异步电动机来说，在设计时主要考虑的性能参数是过载能力、起动性能、效率和功率因数。而变频电动机由于临界转差率反比于电源频率，可以在临界转差率接近 1 时直接起动，因此，过载能力和起动性能不再需要过多考虑，而要解决的关键问题是如何改善电动机对非正弦波电源的适应能力。方式一般如下：

1) 尽可能减小定子和转子电阻。减小定子电阻即可降低基波铜耗以弥补高次谐波引起的铜耗增。

2) 为抑制电流中的高次谐波，需适当增加电动机的电感。但转子槽漏抗较大其集肤效应也大，高次谐波铜耗也增大。因此，电动机漏抗的大小要兼顾到整个调速范围内阻抗匹配的合理性。

3) 变频电动机的主磁路一般设计成不饱和状态，一是考虑高次谐波会加深磁路饱和，二是考虑在低频时，为了提高输出转矩而适当提高变频器的输出电压。

(2) 结构设计。在结构设计时，主要也是考虑非正弦电源特性对变频电动机的绝缘结构、振动、噪声冷却方式等方面的影响，一般注意以下问题：

1) 绝缘等级。一般为 F 级或更高，加强对地绝缘和线匝绝缘强度，特别要考虑绝缘耐冲击电压的能力。

2) 对电动机的振动、噪声问题，要充分考虑电动机构件及整体的刚性，尽量提高其固有频率以避开与各次力波产生共振现象。

3) 冷却方式：一般采用强迫通风冷却，即主电动机散热风扇采用独立的电动机驱动。

4) 防止轴电流措施，对容量超过 160 kW 电动机应采用轴承绝缘措施，主要是易产生磁路不对称，也会产生轴电流，当其他高频分量所产生的电流结合一起作用时，轴电流将大大增加，从而导致轴承损坏，所以一般要采取绝缘措施。

5) 对恒功率变频电动机，当转速超过 3 000 r/min 时，应采用耐高温的特殊润滑脂，以补偿轴承的温度升高。

变频电动机可以当作普通电动机使用，但普通电动机一般不做变频电动机使用。变频电动机的散热条件、温升设计要求高一些，因为低转速(风扇冷却效果变差)及谐波电流会使电动机发热比普通电动机严重。变频电动机能在 5~100 Hz 范围内运转，普通电动机一般只能在 50~60 Hz 下运转，变频电动机后面带一个轴流风机对电动机进行强迫风冷。

变频调速目前已经成为主流的调速方案。选用变频调速电动机实现旋转给料器的变频调速，降低了旋转给料器运行速度，使其在允许范围内低速运行，并节约了能源。

5.4 旋转给料器的电动机保护及功率选择

电机的保护包括过热保护和过载保护。过热保护是指在非正常工作情况下，防止电动机升温过高从而引起电动机燃烧等严重损坏。过热保护不但具有保护电动机的功能，还可以增强电动机的工作寿命。

电动机过热的原因有很多，主要分为：① 电源电压不正常造成电动机过热；② 过载造成电动机过热；③ 绕组故障造成电动机过热；④ 安装错误造成电动机过热；⑤ 安装环境使电动机过热。

5.4.1 旋转给料器电动机的过热保护

目前，电动机常用过热保护主要有两种方案：

(1) 通过在电动机绕组中预埋热电偶直接测量绕组温度值的方式来实现过热保护。采用三选二冗余，即三相绕组中每相有三个热电阻，各相电阻反映的温度如有二个超温就认为是超温。超温信号送到工艺的自控分散控制系统(Distributed control systems, DCS)，DCS 发停机信号到高压柜，电动机停机。关于具体的温度监控原理，我们将在旋转给料器温度监控中详细介绍。

由于现代控制理论和技术的迅速发展，电动机的过热保护技术也更加合理和更加完善。DCS 控制系统在化工工业生产的广泛应用也将为电动机的过热保护提供可靠的保障。

DCS 系统将过程工艺中的重要参数、数据实时显示，实现实时监控，如电动机的温度、旋转给料器的温度及转速、旋转给料器相关压力等。其中，监控电动机的温度和旋转给料器的温度可以对电动机进行过热保护。

DCS 又称为分散型控制系统和集散控制系统，行业内也称 4C 技术，即：Control 控制技术、Computer 计算机技术、Communication 通信技术、Cathode ray tube(CRT)显示技术。

分散式控制系统是由多台计算机分别控制生产过程中多个控制回路，同时又可集中获取数据、集中管理和控制的自动控制系统。分布式控制系统采用微处理机分别控制各个回路，而用中、小型工业控制计算机或高性能的微处理机实施上一级的控制。各回路之间和上下级之间通过高速数据通道交换信息。分布式控制系统具有数据获取、直接数字控制、人机交互以及监控和管理等功能。分布式控制系统是在计算机监督控制系统、直接数字控制系统和计算机多级控制系统的基础上发展起来的，是生产过程的一种比较完善的控制与管理系统。在分布式控制系统中，按地区把微处理机安装在测量装置与控制执行机构附近，将控制功能尽可能分散，管理功能相对集中。这种分散化的控制方式能改善控制的可靠性，不会由于计算机的故障而使整个系统失去控制。当管理级发生故障时，过程控制级(控制回路)仍具有独立控制能力，个别控制回路发生故障时也不致影响全局。与计算机多级控制系统相比，分散式控制系统在结构上更加灵活，布局更为合理和成本更低。

随着现代计算机和通信网络技术的高速发展，DCS 正向着多元化、网络化、开放化、集成管理方向发展，使得不同型号的 DCS 可以互连，便于进行数据交换，并可通过以太网将 DCS 系统和工厂管理网相连，实现实时数据上网，成为过程工业自动控制的主流。

(2) 采用热继电器或者热模型的过热保护。生产厂家根据各自的设计算法：基于采样的电流值(分析其正序、负序分量)建立一个所谓的热存储桶，可以理解为一个用于存储热量的容器，在某个电流水平下这个热存储桶开始积累热量,当这个桶的热量积累满的时候就产生过热保护。热量积累的速度或者说这个桶要多长时间才可以积累满，取决于等效发热电流值的大小，整定时需综合考虑电动机使用系数、转子锁定的电流水平(堵转电流)、在转子锁定电流水平下的允许时间常数(堵转时限)等。

普通小电动机一般只采用第二种，即仅根据电流来设置保护。大功率电动机通常两种方案同时采用，一般在 DCS 中实现第一种方案，在综合保护装置内实现第二种方案，过电流保护、过负荷报警、过热保护联合实现完整的电动机过负荷保护。

过热保护中关于过热的监控将在电动机状态监控章节做详细介绍。

5.4.2　旋转给料器电动机的过载保护及功率选择

电动机运行时，一般允许短时间过载(输出功率超过额定值称为过载)，但是，如果负载时间太长，电动机的温升超过允许值，就会造成绝缘老化和缩短使用寿命，严重时甚至烧毁绕组。因此，为了防止电动机长时间过载运行而造成损坏，过载时间必须加以限制，这种保护就是过载保护，通常也称之为过负荷保护。过热保护包含过载保护，可见，功率是电动机选择的一个重要参数。

从经济方面考虑，选择合适功率的电动机并使电动机输出功率得到充分利用非常关键，在选择旋转给料器的电动机时，需要考虑功率这一参数。

电动机的功率应根据生产机械所需要的功率来选择，尽量使电动机在额定负载下运行。选择时应注意以下两点：

(1) 如果电动机功率选得过小，就会出现"小马拉大车"现象，造成电动机长期过载，使其绝缘因发热而损坏，甚至电动机被烧毁。

(2) 如果电动机功率选得过大，就会出现"大马拉小车"现象，其输出机械功率不能得到充分利用，功率因数和效率都不高，不但对用户和电网不利，而且还会造成电能浪费。

对于旋转给料器来说，物料输送量(即负载大小)和旋转给料器本身因素决定了拖动电动机的额定功率的大小。

额定功率选择的原则是：所选额定功率要能满足生产机械在拖动的各个环节(起动、调速、制动等)对功率和转矩的要求并在此基础上使电动机得到充分利用。

额定功率的选择方法是：根据生产机械工作时负载(转矩、功率、电流)大、小变化特点，预选电动机的额定功率，再根据所选电动机额定功率校验过载能力和起动能力。

电动机额定功率大小根据电动机工作发热时其温升不超过绝缘材料的允许温升来确定，其温升变化规律与工作特点有关，同一台电动机在不同工作状态时的额定功率大小也不相同，为了在不同情况下方便用户选择电动机功率并使所选的电动机得到充分利用，根据电动机工作时的发热特点把电动机分为连续、短时、周期断续三种工作制式。

5.4.2.1　普通电动机额定功率选择

可以根据生产机械对转速和转矩的要求确定电动机的额定功率值。

(1) 连续工作制时电动机额定功率选择。连续工作时电动机负有恒定负载和变负载两种情况，以下将分别介绍。

1) 恒定负载下电动机额定功率的计算。某些生产机械连续工作时间长，其起动时间占整个工作时间的极少部分，起动发热少，不影响稳态温升，这类生产机械适合选用连续工作制电动机来拖动，根据负载特性，计算出负载功率 P_Z，然后选择电动机额定功率 P_N

$$P_N \geqslant \frac{P_Z}{\eta_1 \eta}$$

式中，η_1 为生产机械效率；η 为传动装置效率；直接传动时 $\eta = 1$。

注意：若电动机实际运行条件符合规定(标准的散热条件和标准的环境温度为 40 ℃)，即运行中稳态温升不超过允许的最高温升条件，电动机不必要进行发热计算，当环境温度与标准温度相差较大时，应对电动机的额定功率进行修正。

2) 变负载下电动机额定功率的计算。变负载下电动机额定功率选择一般分为三步：首先，计算并绘制生产机械负载曲线，计算平均负载功率 P_Z；其次，根据平均负载功率 P_Z，预选电动机的额定功率 P_N，应该使 $P_N \geqslant P_Z$；最后，校核预选电动机。一般先校核发热温升，再校核过载能力，必要时校核起动能力，如果校核通不过，则从第二步开始重新进行，直到校核通过为止。

平均负载功率计算方法有平均功率法和平均转矩法，校核方法主要有平均损耗法、等效电流法、等效转矩法和等效功率法。

化工生产线上，旋转给料器属于长期连续不间断工作，为了保证整体生产线的稳定运行，其驱动电动机功率必须满足连续不间断工作要求。

(2) 短时工作制时电动机额定功率选择。与功率相同的连续工作定额的电动机相比，短时工作定额的电动机最大转矩大、质量小和价格低。因此，在条件许可时，应尽量选用短时工作定额的电动机。国家标准中有专供短时工作制使用的电动机，其标准工作时间 t_g 分为 15 min、30 min、60 min 和 90 min 四种，每一种又有不同的功率和转速。因此，可以按生产机械的功率、工作时间及转速的要求，由产品目录直接选用不同规格的电动机。在没有合适的短时工作制电动机时，也可以用连续工作制的电动机代替。

(3) 周期断续工作方式电动机额定功率选择。对于周期断续工作定额的电动机，其功率的选择要根据负载持续率的大小，选用专门用于断续运行方式的电动机。负载持续串 F_s 的计算公式为

$$F_s = t_g/(t_g + t_o) \times 100\%$$

式中，t_g 为工作时间；t_o 为停止时间(min)；$t_g + t_o$ 为工作周期时间(min)。

5.4.2.2　变频调速电动机额定功率选择和变频器功率的选择

变频调速电动机的功率计算公式如表 5-14 所示。

各类负载功率不再详细介绍。依据各种不同负载确定电动机功率，进而选择变频器的容量。通常情况下变频器的容量应大于电动机功率的 1.1 倍为宜，这是由于变频器输出电压、电流中含有高次谐波，对于同一电动机负载，电网供电与变频器供电相比，后者电流约增加10%。

旋转给料器电动机的运行电流超过其额定电流但小于 1.5 倍额定电流的运行状态，此运行状态在过电流运行状态范围内。若电动机长期过载运行，就存在损坏电动机的危险。过载保护要求不受电动机短时过载冲击电流或短路电流的影响而瞬时动作，通常采用热继电器作过载保护元件。

表 5-14　变频调速电动机的功率计算

	负载类别	配用电动机容量 P_N /kW	参数说明	配用交流变频器功率 P_V /kW
三相交流变频调速异步电动机	恒转矩负载(如传送带)	$P_N \geqslant \dfrac{n_N T_Z}{9\,550}$	n_N ——额定转速(r/min) T_Z ——负载转矩(N·m)	$P_V \geqslant P_N$
	平方律负载(如风机水泵)			
	恒功率负载(如切削机床)	$P_N \geqslant i\,\dfrac{n_N T_Z}{9\,550}$	n_N ——额定转速(r/min) T_Z ——负载转矩(N·m) i ——系数,等于电动机额定转速/电动机变频后的工作转速	

　　由于当 6 倍以上额定电流通过热继电器时,需经 5 s 后才动作,可能在热继电器动作前,热继电器的加热元件已烧坏,所以在使用热继电器作过载保护时,必须同时装有熔断器或低压断路器等短路保护装置来实现双保护,当电动机过载时,电动机电流就会增大,电流增加时,使热继电器里的元件发热量加大,达到额定值时断开控制电路使电动机停机。当过载电流超过熔断器的额定电流时,熔断器烧断,断开主电源并使电动机停止运转。

　　(1) 失压保护。电动机正常运转时如因为电源电压突然消失,电动机将停转。一旦电源电压恢复正常,有可能自行起动从而造成机械设备损坏,甚至造成人身事故。失压保护是为防止电压恢复时电动机自行起动或电器元件自行投入工作而设置的保护环节。采用接触器和按钮控制的起动、停止控制线路就具有失压保护作用。因为当电源电压突然消失时,接触器线圈就会断电而自动释放,从而切断电动机电源。当电源电压恢复时,由于接触器自锁触头已断开,所以不会自行起动。但在采用不能自动复位的手动开关、行程开关控制接触器的线路中,就需采用专门的零电压继电器,一旦断电,零电压继电器释放,其自锁电路断开,电源恢复时,就不会自行起动。

　　(2) 欠电压保护。当电源电压降至 60%~80%额定电压时,将电动机电源切断而停止工作的环节称为欠电压保护环节。除了采用接触器有按钮控制方式本身的欠电压保护作用外,还可采用欠电压继电器进行欠电压保护。将欠电压继电器的吸合电压整定为 0.80~0.85 UN(额定电压)、释放电压整定为 0.5~0.7 UN。欠电压继电器跨接在电源上,其常开触头串接在接触器线圈电路中,当电源电压低于释放值时,欠电压继电器动作使接触器释放,接触器主触头断开电动机电源实现欠电压保护。

5.5　旋转给料器电气控制系统

5.5.1　旋转给料器电气控制系统原理图

旋转给料器电气控制系统如图 5-5 所示。工作原理:

(1) 通过 DCS 系统、减速机构和变频器共同作用实现旋转给料器的调速。

(2) 按下 SB5(现场启动按钮),交流接触器 1 KM 吸合,电动机起动。

(3) 或者在控制中心,DCS 系统下达启动指令(即 SB4 吸合),交流接触器 1 KM 吸合,电动机起动。

(4) 按下 SB3(现场停止按钮),交流接触器 1 KM 断电,电动机停止工作。

(5) 或者在控制中心，DCS 系统下达电动机停止指令(即 SB2 断开)，交流接触器 1KM 断电，电动机停止工作。

(6) 当电动机系统需要检修时，断开 SB1(系统锁)，电动机停止工作，电动机现有条件下所有起动方式失效，便于安全检修。

(7) DCS 系统同时监控系统的主要运行参数：温度、压力和转速，相关参数的监控详见第 5.5.2 节中旋转给料器运行状态的监控。

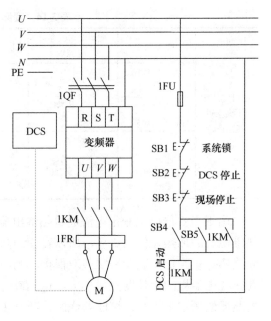

图 5-5　控制原理图

5.5.2　旋转给料器运行状态监控

旋转给料器的性能除了取决于给料器本身的温度和压力参数以外，旋转给料器用电动机性能也同样重要。

为了保证旋转给料器在一定周期内持续运转，生产线不因为旋转给料器故障而停机，旋转给料器及其电动机日常运行的相关参数监控非常重要。通过二次仪表和 DCS，用户可以实时监控旋转给料器的关键运行参数，如电动机转速、温度、压力等。

5.5.2.1　温度监控

电动机在运行时都会产生损耗，这些损耗一方面降低了电动机工作效率，一方面使电动机发热，电动机绕组温度升高，而温度过高，绕组绝缘材料就会加速老化，材料绝缘性能急剧降低，大幅缩短电动机使用寿命，甚至导致电动机着火和人员触电危险。缺乏监控和及时的维护危害巨大。

温度监控主要是包括旋转给料器本体温度监控、旋转给料器用电动机温度监控(包含壳体和绕组温度等)，伴热温度等，其中尤为重要的是旋转给料器用电动机温度监控。温度监控可以实时表征旋转给料器本体、电动机冷热程度，在一定程度上，用户可以根据温度判断旋转给料器或其电动机的工作状态，防止系统故障。

对于旋转给料器，通常选用的是三相异步电动机，该电动机在使用中经常出现自身工作温度升高直至不能工作的现象，分析其温升原因，可以概括如下：

(1) 电源方面使电动机过热的原因。

1) 电源电压过高。当电源电压过高时，电动机的反电动势、磁通及磁通密度均随之增大。由于铁损耗的大小与磁通密度平方成正比，则铁损耗增加，导致铁心过热。而磁通增加又致使励磁电流分量急剧增加，造成定子绕组铜损增大致使绕组过热。因此，电源电压超过电动机的额定电压时，会使电动机过热。

2) 电源电压过低。电源电压过低时，若电动机的电磁转矩保持不变，磁通将降低，转子电流相应增大，定子电流中负载电源分量随之增加，造成绕线的铜损耗增大，致使定、转子绕组过热。

3) 电源电压不对称。当电源线一相断路、保险丝一相熔断，或闸刀起动设备角头烧伤致使一相不通都将造成三相电动机缺相，致使运行的二相绕组通过大电流而过热，及至烧毁。

4) 三相电源不平衡。当三相电源不平衡时，会使电动机的三相电流不平衡，引起绕组过热。

由上述可见，当电动机过热时，应首先考虑电源方面的原因。确认电源方面无问题后，再去考虑其他方面因素。

(2) 负载使电动机过热的原因。

1) 电动机过载运行。如果旋转给料器与拖动系统不配套，当电动机的负载功率大于电动机的额定功率时，电动机会长期过载运行(即小马拉大车)导致电动机过热。所以，电动机选型时，应先搞清负载功率，使电动机功率与其相匹配。

2) 旋转给料器工作不正常。系统设备虽然配套，但是电动机驱动的旋转给料器工作不正常，运行时负载时大时小也会造成电动机过载而发热。

3) 旋转给料器机械故障。当旋转给料器出现机械故障，如转动不灵活或被卡住，都将使电动机过载，造成电动机绕组过热。

所以，监控电动机时，负载方面的因素也不能忽视。

(3) 电动机本身造成过热的原因。

1) 电动机绕组断路。当电动机绕组中有一相绕组断路，或并联支路中有一条支路断路时，都将导致三相电流不平衡，使电动机过热。

2) 电动机绕组短路。当电动机绕组出现短路故障时，短路电流比正常工作电流大得多，使绕组铜损耗增加，导致绕组过热甚至烧毁。

3) 电动机接法错误。当三角形接法电动机错接成星形时，电动机仍带满负载运行，定子绕组流过的电流要超过额定电流，导致电动机自行停车，若停转时间稍长又未切断电源，绕组不仅严重过热，甚至于烧毁。

当星形连接的电动机错接成三角形，或若干个线圈组串成一条支路的电动机错接成二支路并联，将使绕组与铁心过热，严重时将烧毁绕组。

4) 电动机的机械故障。电动机轴弯曲、装配不好、轴承有毛病等均会使电动机电流增大，铜损耗及机械摩擦损耗增加致使电动机过热。

(4) 通风散热不良使电动机过热的原因。

1) 环境温度过高使进风温度高。

2) 进风口有杂物挡住使进风不畅，造成进风量小。

3) 电动机内部灰尘过多影响散热。

4) 风扇损坏或装反造成无风或风量小。

5) 未装风罩或电动机端盖内未装挡风板造成电动机无一定的风路。

由此可见，温度这一参数在电动机设计和使用过程当中都非常重要，同样的，影响到温度这一参数的因素也很多，电动机温度关系到负载和电动机系统的正常工作与否。

在电动机选型时，其允许温升即电动机的绝缘等级至关重要。

电动机的热分级是指其所用绝缘材料的耐热等级，绝缘材料按耐热能力分为 Y、A、E、B、F、H、C 共 7 个等级，其极限工作温度分别为 90、105、120、130、155、180 ℃及 180 ℃以上。

我们常用的 B 级电动机内部的绝缘材料往往是 F 级的,而铜线可能使用 H 级甚至更高来提高其质量。

为提高电动机使用寿命，往往规定高一级绝缘等级要求，但是可以按低一级来考核。比如，常见的 F 级绝缘的电动机按 B 级来考核，即其温升不能超过 120°(留 10°作为余量，以避免工艺不稳定造成个别电动机温升超差)。

所谓绝缘材料的极限工作温度是指电动机在设计预期寿命内，运行时绕组绝缘中最热点的温度。根据经验，A级材料在105 ℃、B级材料在130 ℃的情况下寿命可达10年，但在实际情况下环境温度和温升均不会长期达设计值，因此一般寿命在15~20年。如果运行温度长期超过材料的极限工作温度，则绝缘的老化加剧，并致寿命大大缩短。所以电动机在运行中，温度是寿命的主要因素之一。

电动机的绝缘等级是指其所用绝缘材料的耐热等级，分A、E、B、F、H级。允许温升是指电动机的温度与周围环境温度相比升高的限度。绝缘材料尤其容易受到高温的影响而加速老化并损坏。不同的绝缘材料耐热性能有区别，采用不同绝缘材料的电动机其耐受高温的能力就不同。因此，电动机需要规定其工作的最高温度。温度等级如表5-15所示。

表5-15　温度等级

绝缘的温度等级	A	E	B	F	H
最高允许温度/℃	105	120	130	155	180
绕组温升限值/K	60	75	80	100	125
性能参考温度/℃	80	95	100	120	145

电动机温度包含与绕组接触的铁心温度、滚动轴承温度、外壳温度和鼠笼转子温度等，在之前分析的引起电动机温升的原因中已经了解到，电动机这些点的温度异常升高势必造成电动机故障和影响生产，因此，温度监控非常重要。

以下我们将以旋转给料器为例来详细介绍温度监控。

(1) 一次仪表的选择。在生产过程中，对测量仪表往往采用按换能次数来定性称呼，能量转换一次的称一次仪表，转换两次及以上的称二次仪表。就电动机温度测量而言，测量温度的仪器、元件都是一次仪表。

温度测量仪表按测温方式可分为接触式和非接触式两大类。

通常来说接触式测温仪表比较简单、可靠且测量精度较高，但因测温元件与被测介质需要一定的时间进行充分的热交换才能达到热平衡，所以存在测温的延迟现象，同时受耐高温材料的限制，不能应用于很高的温度测量。非接触式仪表测温是通过热辐射原理来测量温度，测温元件不需与被测介质接触，测温范围广且不受测温上限的限制，也不会破坏被测物体的温度场，反应速度一般也比较快，但受到物体的发射率、测量距离、烟尘和水汽等外界因素的影响，其测量误差较大。

旋转给料器温度监控系统适合选用接触式测温仪器，目前工业上最常用的接触式测温仪器有热电偶和热电阻两种。

热电偶的优点是：① 测量精度高。因热电偶直接与被测对象接触，不受中间介质的影响；② 测量范围广。常用的热电偶从-50~+1 600 ℃均可连续测量，某些特殊定制的热电偶最低可测到-269 ℃(如金铁镍铬)，最高可达+2 800 ℃；③ 构造简单且使用方便。热电偶通常是由两种不同的金属丝组成，不受大、小限制并且外有保护套管，使用起来非常方便。

根据物理学相关原理可知，将两种不同材料的导体或半导体A和B焊接起来构成一个闭合回路，当导体A和B的两个执着点1和2之间存在温差时，两者之间便产生电动势形成一个电流回路，这种现象称为热电效应，热电偶就是利用这一效应来工作的。

常用热电偶可分为标准热电偶和非标准热电偶两大类。

标准热电偶是指国家标准规定了其热电势与温度的关系和允许误差，并有统一的标准分度表的热电偶，它有与其配套的显示仪表(二次仪表)可供选用。

非标准化热电偶在使用范围或数量级上均不及标准化热电偶，一般也没有统一的分度表，主要用于某些特殊场合的测量。

我国指定 S、B、E、K、R、J、T 七种标准化热电偶为我国统一设计型热电偶。

由于热电偶的材料一般都比较贵重(特别是采用贵金属时)，而测温点到仪表的距离都很远，为了节省热电偶材料，降低成本，通常采用补偿导线把热电偶的冷端(自由端)延伸到温度比较稳定的控制室内，连接到仪表端子上。必须指出，热电偶补偿导线的作用只起延伸热电极，使热电偶的冷端移动到控制室的仪表端子上，它本身并不能消除冷端温度变化对测温的影响，不起补偿作用。因此，还需采用其他修正方法来补偿冷端温度对测温的影响。在使用热电偶补偿导线时必须注意型号相配，极性不能接错，补偿导线与热电偶连接端的温度不能超过 100 ℃。

另外一种温度测量仪器是热电阻。热电阻是中低温区最常用的一种温度检测器，它的主要特点是测量精度高，性能稳定。其中铂热电阻的测量精确度是最高的，它不仅广泛应用于工业测温，而且被制成标准的基准仪。

热电阻测温是基于金属导体的电阻值随温度的增加而增加这一特性来进行温度测量的。热电阻大都由纯金属材料制成，目前应用最多的是铂和铜，此外，现在已开始采用镍、锰和铑等材料制造热电阻。热电阻测温系统一般由热电阻、连接导线和显示仪表等组成，必须注意以下两点：① 热电阻和显示仪表的分度号必须一致；② 为了消除连接导线电阻变化的影响，必须采用三线制接法。

热电阻的 RT 曲线图如图 5-6 所示。

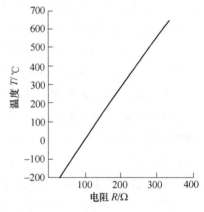

图 5-6　Pt100 铂热电阻 RT 曲线

通常，旋转给料器用电动机温度的上限约为 400 ℃，结合目前工业生产对温度的测控技术提出的更高要求，由于 Pt100 铂热电阻温度传感器具有精度高、稳定性好和使用方便等优点，测温范围为–200～650 ℃，可以选用 Pt100 作为温度监控系统的一次仪表。

当需要测量旋转给料器本体温度和旋转给料器用电动机壳体温度时，可以考虑将 Pt100 铂热电阻做成贴片，根据需要固定在本体或电动机壳体的几个点上用来测量该点温度，并将测量到的信号送至二次仪表(图 5-7)。

测量电动机绕组温度可以采用在电动机绕组中预埋铂热电阻 Pt100，直接测量并送至二次仪表来实现保护。一般情况下，采用三选二冗余，即三相绕组中每相有三个热电阻，各相电阻反映的温度如有二个超温，就认为是超温，提示系统报警。

图 5-7　温度用二次仪表

(2) 二次仪表的选择。二次仪表用以指示、记录或积算来自一次仪表的测量结果，即：一次仪表发出电信号，二次仪表直接显示参数值。

一次仪表与二次仪表是仪表安装工程的习惯用语，确切名称应为测量仪表和显示仪表。测量仪表是与介质直接接触，就地安装，显示仪表多在控制室表盘上安装。

二次仪表与各类传感器、变送器配合使用，数字显示仪可对温度、压力、液位、流量、重量等工业过程参数进行测量、显示、报警控制、数据采集及通信。同时配以变送器将信号变送输出至 PLC(可编程控制器)或者 DCS(分散式控制系统)用于组态监控。

二次仪表选用原则如下：

1) 根据设备对温度的要求选用。了解设备对温度和控温的具体要求是什么，其中包括测量温度范围以及系统性能指标对温度的敏感程度等，以便为选择仪表的测量和控制精度提供最基本的数据。

2) 根据系统的自动化程度对仪表的要求来选择。为了提高产品质量和减轻工人劳动强度，应尽可能选用自动测量、自动控制和连续调节的仪表。

3) 根据工业生产中需要测温和控温的范围来选择合适量程的温度仪表。在不同的生产过程和工艺要求中，其要求测温的范围和控制精度也不一样。因此，要根据实际需要来选择合适的仪表。此外，在选用仪表的精度和量程时，要同时考虑并尽量选用仪表的测量上限与被测温度相近的仪表，在使用仪表测温时，同精度不同量程的仪表所产生的绝对误差不同。

4) 要根据经济合理并有利于计量、维修和管理的原则来选择仪表。在实际生产中，在保证产品质量的前提下应尽量选用结构简单、价格低廉和稳定可靠的仪表。

温度用二次仪表种类、品牌众多，已广泛应用于各类测温工业现场。一般情况下，温度用二次仪表输入信号类型用户可选择，测量量程可变换。智能型的二次仪表甚至可以实现简单的智能控制，可以输出电压、电流信号，带多路报警并可以编辑程序进行自动升温、保温、降温多温度点操作。

旋转给料器系统需要实时监测温度变化情况，在温度过高时实现简单的报警输出，因此，当选择好一款合适的二次仪表后，需要进行参数设置。设置输入信号种类(即一次仪表的种类)，如上节我们提到的旋转给料器选用 Pt100 铂热电阻，需要将二次仪表的信号输入规格设置为对应的参数，根据所选用的 Pt100 测温上、下限设置对应的二次仪表量程，根据报警需要设置仪表报警上限或下限，如果系统不仅需要在现场显示测量到的温度，同时需要在 DCS 系统或 PLC 系统中监控该参数，可以设置二次仪表的信号输出类型，一般选用 4～20 mA 电信号输出，将一次仪表测量到的温度信号通过 4～20 mA 电信号输出到 DCL/PLC 标准模拟接口，或通过其他通信协议送至上位机等，实现组态监控。

(3) 温度监控结构图。按照之前分析的温度监控过程，下面给出三种温度监控方案，示意图如图 5-8、5-9、5-10 所示。

方案一如图 5-8 所示，每个铂热电阻传感器配置一个二线制温度变送器，分别用二芯屏蔽电缆引至计算机标准模拟接口，在中央控制室监控。

方案二如图 5-9 所示，每个铂热电阻传感器分别用三芯屏蔽电缆引至计算机铂热电阻接口，在中央控制室监控。

方案三如图 5-10 所示，每个铂热电阻传感器连接到现场二次仪表来实时显示，再用一根二芯屏蔽电缆变送输出(4～20 mA)至计算机标准模拟接口，在中央控制室监控。

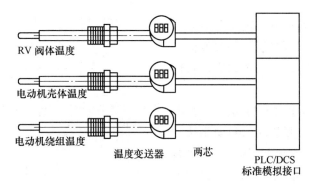

图 5-8　方案一

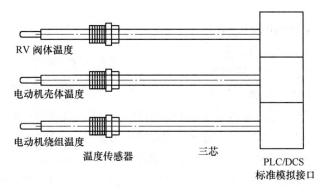

图 5-9　方案二

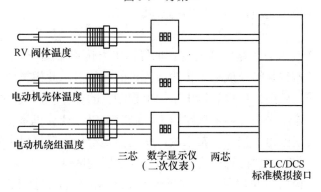

图 5-10　方案三

　　前面两个方案的共同特点是各个测温点自成一个独立的回路，在中央控制室屏幕上都有显示，而且在现场没有温度显示，不能给现场一个实时提示。方案一现场变送器最多，增加了安装和日常维护。方案二省掉了变送器，但是其所应用的计算机接口电路不是一般压力变送器、温度变送器电流变送通用的 4～20 mA DC 标准模拟接口电路，是专用的热电阻接口电路，价格昂贵、通用性差，它使得计算机系统的硬件及软件变得复杂，给系统安装、调试及维护带来更多的工作。

　　比较三个方案，方案三比较合理。现场通过一块二次仪表显示每个铂热电阻传感器的温度，同时通过 4～20 mA 电信号输出将信号传递到中央控制室监控，在中央控制室可以通过组态软件同步实时显示。方案三中，我们选用的二次仪表为单路测量二次仪表，我们也可以通过将现场所有温度信号同时接入到一块具有多路测量功能的二次仪表中来优化设计,使温度信号循环显示在同一块二次仪表中,该方案最省仪表、电缆、计算机接口。

温度监控接线原理如图 5-11 所示,根据选用的二次仪表接线。衡量旋转给料器系统发热程度是用"温升"而不是用"温度",当"温升"突然增大或超过最高工作温度时,说明电动机已发生故障,此时必须对电动机进行故障检修。

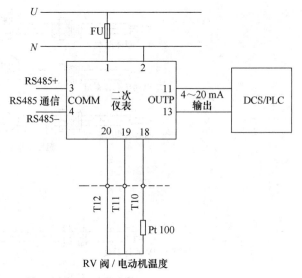

图 5-11　温度监控原理图

5.5.2.2　压力监控和转速监控

旋转给料器系统中,除了温度参数,另外两个重要的系统参数是压力指标和旋转给料器转速指标,其中压力指标包含伴热压力和输送气压力,二者关系到运行周期内旋转给料器的稳定性和送料的稳定性。转速指标同样关系到旋转给料器系统的稳定性,转速决定了物料输送量,同时,转速过低,旋转给料器用电动机必将运行在低速状态,当电动机的转速过低时,冷却状况会变差,温升急剧增加可能引起电动机故障。因此,系统必须时刻监控伴热压力、输送气压力和旋转给料器转速。

压力监控系统和转速监控系统的关键也是一次仪表和二次仪表的选择,类似于温度监控,本节主要介绍压力监控和转速监控的系统结构及其原理。

1. 压力监控

在伴热压力和输送气压力管路中各安装一个气体压力传感器(即一次仪表)准确地测量气路压力,再通过压力变送器将其转换成适于传输或测量的电信号,此模拟电信号经现场二次仪表采集后显示并处理,处理后由二次仪表输出至中央控制室的计算机系统(DCS/PLC 系统),经过计算机系统的组态软件连续采集、显示气路压力,同时可以在计算机系统(DCS/PLC 系统)中根据需要设定报警值来实现压力监控。通常来说,变送器是给传感器提供电源和放大信号的,而传感器只是采集信号。此时需要注意压力传感器与变送器的区别。

压力变送器外形结构如图 5-12 所示。选择压力变送器的时候需要注意一些问题,比如,压力变送器的量程、精度、温度特性和化学特性。

旋转给料器伴热压力和输送气压力监控接线原理图如图 5-13 所示。

压力变送器选用时,必须注意接线方式,一般有两线制、三线制、四线制。

工业应用中一般选用两线制 4~20 mA 输出压力变送器,一般情况下,旋转给料器系统可以选用 4~20 mA 输出的二线制压力变送器,其原因又是什么呢?

采用电流信号输出的原因是因为电流信号不容易受干扰,并且电流源内阻无穷大,导线电阻串联在回路中不影响精度,在普通双绞线上可以传输数百米。上限取 20 mA 是因为防爆的要求:20 mA 的电流通断引起的火花能量不足以引燃危险气体。下限没有取 0 mA 的原因是为了能检测断线:正常工作时不会低于 4 mA,当传输线因故障断路,环路电流降为 0。

电流型变送器将物理量转换成 4~20 mA 电流输出,必然要有外电源为其供电。最典型的是变送器需要两根电源线,加上两根电流输出线,总共要接 4 根线,称之为四线制变送器。当然,电流输出可以与电源公用一根线(公用 VCC 或者 GND)，可节省一根线，称之为三线制变送器。

图 5-12　压力变送器

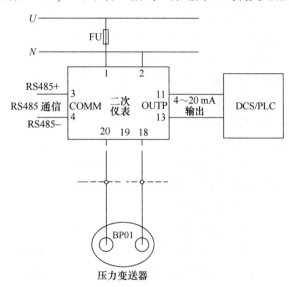

图 5-13　压力监控接线原理

其实大家可能注意到，4～20 mA 电流本身就可以为变送器供电。变送器在电路中相当于一个特殊的负载，特殊之处在于变送器的耗电电流在 4～20 mA 根据变送器输出而变化，显示仪表只需要串在电路中即可。这种变送器只需外接 2 根线，因而被称为两线制变送器。工业电流环标准下限为 4 mA，因此只要在量程范围内，变送器至少有 4 mA 供电。这使得两线制变送器的设计成为可能。在工业应用中，测量点一般在现场，而显示设备或者控制设备一般都在控制室或控制柜上。两者之间距离可能数十至数百米。按一百米距离计算，省去 2 根导线意味着成本降低些，因此在应用中两线制变送器必然是首选。压力变送器两线制比较简单，一根线连接电源正极，另一根线也就是信号线经过仪器连接到电源负极，这种接线方式最简单实用。

所以在选择的时候一般都是 4～20 mA 信号输出，这样信号不容易受干扰而且安全可靠，两线制 4～20 mA 输出更可以节省变送器成本，这些原因使得变送器在工业上普遍使用的是两线制 4～20 mA 输出。当然现在很多变送器还有其他样式的输出，例如 0～5 V，RS485/RS232 等，这些都是为了能够更好地处理变送器信号。

在使用压力变送器时，同时需要注意以下事项：① 检查安装孔的尺寸是否与变送器连接尺寸一致，并保持安装孔的清洁；② 正确安装和选择恰当的位置；③ 仔细清洁、保持干燥；④ 避免高、低温干扰，高、低频干扰，静电干扰；⑤ 选好量程，同时要防止压力过载。

这样，既保证了压力数据的准确性，也能增加压力变送器的使用寿命和提高了经济性。

2. 转速监控

为了能在 DCS/PLC 系统中实现转速的监控，一般选用转速传感器(一次仪表)来测量旋转给料器转速。转速传感器是将旋转物体的转速转换为电量输出的传感器。转速传感器属于间接式测量装置，可用机械、电气、磁、光和混合式等方法制造。按信号形式的不同，转速传感器可分为模拟式和数字式两种。前者的输出信号值是转速的线性函数，后者的输出信号频率与转速成正比，或其信号峰值间隔与转速成反比。转速传感器的种类繁多、应用极广，其原因是在自动控制系统和自动化仪表中大量使用各种电动机，在不少场合下对低速、高速、稳速和瞬时速度的精确测量有严格的要求。常用的转速传感器有光电式、电容式、变磁阻式以及测速发电机等。

测量旋转给料器转速时，一般选用非接触式转速传感器(图 5-14)，其主要技术特点：无接触、无磨损、无须保养、适于任何高速测量、对被测对象无负载、安装方便、节省空间、性价比高。旋转给料器一般转速为 10～30 r/min，当转速传感器检测到旋转给料器转速后，通过转速变送器以 4～20 mA 模拟量输出信号送至现场二次仪表，与温度、压力参数一样在现场显示，再通过二次仪表将转速以 4～20 mA 的电信号送至中央控制室，实现实时监控。

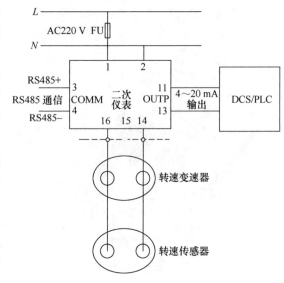

图 5-14 转速监控原理

有了转速变送器，可以在 DCS/PLC 系统中同步显示旋转给料器转速，同时可以通过电动机停止开关方便地实现转速过低报警，第 5.5.1 节的旋转给料器电气控制原理图中介绍了该开关，即 SB2。

具体是如何实现的呢？在 DCS/PLC 设计时，开发人员也可以在 DCS/PLC 系统中设置一个 I/O 开关，该开关对应的就是转速下限报警输出。为了保证旋转给料器不因转速过低而产生系统故障，其转速下限值为 2 r/min，当旋转给料器转速≤2 r/min 时，该输出开关为 1，DCS/PLC 系统可以自动下达停机指令，使旋转给料器用电动机断电和停止运行，旋转给料器停转，同时，DCS/PLC 系统以蜂鸣或其他方式报警，监控人员得到报警指令后立刻通知专业人员进行旋转给料器系统检修维护。

5.6 换向阀、插板阀和放料阀的驱动与控制

换向阀、插板阀和放料阀的驱动与控制就是以适当的驱动方式及时、准确地改变阀瓣(或插板)的位置或方位，并使换向阀、插板阀和放料阀的功能分别满足相应工况点的接通或截断及改变物料流通方向等生产工艺要求。

换向阀、插板阀和放料阀的驱动装置是把动力源(包括人力、气压推动力、电力和液压推动力)的能量转变成阀瓣的运动。适用于换向阀的驱动装置可以改变阀瓣出料口在阀体内的方位从而改变出料通道。适用于插板阀和放料阀的驱动装置可以改变阀瓣与阀体的相对位置从而使插板阀和放料阀开启或关闭。

换向阀、插板阀和放料阀应用于化工固体物料的生产或输送系统中，一般情况下，考虑到整个系统的自动化控制要求和化工生产装置区域内有完备的控制气源等因素，大部分或绝大部分换向阀、插板阀和放料阀都是采用气力驱动方式，也有一小部分是采用手动驱动方式，很少采用电动驱动方式或液力驱动方式。

气力驱动装置动作快，工作可靠和控制简便，因此，广泛应用于各种遥控和自控的气力输送系统的换向阀、插板阀和放料阀中。一般用途的气力驱动装置的气源压力 0.40～0.60 MPa。因此，可以用外形尺寸很小的气力驱动装置来驱动转矩比较大的换向阀或推力驱动的插板阀和

放料阀,气力驱动装置的工作环境温度一般为-15~50 ℃。一般情况下,在气动控制系统中,通常用压缩空气来作为气源。在工作环境温度比较低的场合,通常采用氮气来作为工作气源,因为氮气的纯度很高,不会含有各种影响驱动性能稳定的杂质及水分。

5.6.1 换向阀的驱动

所有结构类型的换向阀都必须有驱动装置,有直接用人力(手柄或手轮)操作的,也有通过机械传动机构把动力转换成驱动阀瓣的推力或转矩的。但是,应用最多的是气缸驱动,采用其他驱动方式的比较少。

5.6.1.1 换向阀的人力驱动

在满足驱动力要求的条件下,人力驱动应尽可能采用结构最简单的手轮或手柄直接操作,当手轮的驱动力不能满足换向阀要求的情况下,为了提高驱动装置的输出力矩,可以采用涡轮蜗杆或其他适合的传动方式作为辅助性操作,蜗轮蜗杆驱动装置的传动比就是驱动装置输出力矩增大的倍数。手动驱动装置是最基本的操作机构,它的显著特点是一个人就可以进行操作,受其他因素影响比较小。无论是用手轮操作还是用蜗杆驱动装置操作,都与普通球阀或蝶阀所使用的驱动装置相类似,也就是俗称的部分回转手动驱动装置,即驱动装置输出轴的输出是角行程。所不同的是球阀或蝶阀的阀瓣旋转90°,而换向阀的阀瓣旋转角度则是在40°~150°的某一角度。当采用蜗杆蜗轮驱动装置操作时,要根据所需操作力矩的大小选择蜗杆驱动装置的传动比。确定蜗杆驱动装置传动比的原则是操作力矩不能超过一个人的能力,使一个人能够用不大于360 N 的轮缘力就能轻松进行操作阀门。

对于换向阀来说,手轮的轮缘上应有明显的指示阀瓣通道移动方向的箭头和字样,阀瓣通道移动的方向与手轮旋转的方向应该一致。当采用蜗杆蜗轮驱动装置操作时,在蜗轮的旋转轴部位应有固定可靠的指针,在驱动装置壳体表面要有指示阀瓣通道移动位置的标示线和字样。

5.6.1.2 换向阀的气缸驱动

如果需要在长期的工况运行过程中每间隔一定的时间就要反复对换向阀进行换向操作,或换向阀的安装位置不适合于手动操作,就要选用气力驱动方式。

1. 换向阀的驱动气缸结构

气缸的结构类型有很多种,每种结构的特点不同,适用的场合也不同。根据换向阀的工作特点,最适用于换向阀的是角行程气缸,其输出是小于180°的角行程。为了提高气缸的驱动力矩,进而尽可能减小驱动气缸的直径,一般情况下最广泛使用的是双作用、双活塞、双齿条结构的气缸,活塞向两个方向运动都是由压缩空气驱动的,活塞行程可以根据实际换向角度需要确定,活塞正反方向的两个进气内腔的容积相等,所以活塞的双向作用力和运动速度都相等。

对于化工固体物料气力输送系统中应用的换向阀,应用比较多的驱动气缸输出轴旋转角度分别有40°~50°,90°~100°,135°~145°等几种。如图5-15所示的是最广泛使用的双作用、双活塞、双齿条结构的驱动气缸示意图。

双作用、双活塞、双齿条气力驱动装置的结构主要由缸体1、缸盖2、带齿条活塞3、活塞行程调节螺钉4、带输出轴齿轮5、齿条6、活塞内腔进出气口7、活塞外腔进出气口8等部分组成。两个活塞3的结构和尺寸完全相同,并且同轴安装,在同一个圆柱形缸体内前后移动,两个齿条6成对称布置在带输出轴齿轮5的两侧,齿条背面靠缸体1的内壁导向,活塞的行程由调节螺钉 4 控制。这种气力驱动装置的结构比较合理，从图 5-15 的结构图可以看出，活塞同轴布置可以得到最紧凑、工艺性良好的结构。

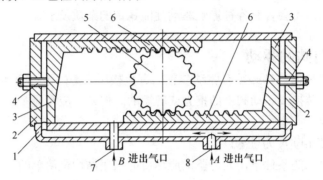

图 5-15　双作用、双活塞、双齿条气力驱动装置结构示意图

1—缸体　2—缸盖　3—带齿条活塞　4—行程调节螺钉　5—带输出轴齿轮　6—齿条　7—内腔进出气口　8—外腔进出气口

对于双作用气力驱动装置，当压缩气体从 A 口进入到两个活塞外端部腔体内时，在气体压力的作用下，两个活塞向中间方向移动，由齿条带动齿轮和输出轴旋转，阀瓣的出料口逐渐靠近并最终对准阀体的斜置出料口。当压缩气体从 B 口进入到两个活塞中间部位的内腔时，在气体压力的作用下，两个活塞向两端方向移动，由齿条带动齿轮和输出轴旋转，阀瓣的出料口逐渐靠近并最终对准阀体的直出料口，按照工况的要求实现换向。

如果换向阀所需要的驱动力矩比较大，用角行程气缸驱动所需要的缸径比较大的情况下，也可以采用直行程气缸驱动，因为采用直行程气缸驱动时，可以选择合适的驱动力臂长度，从而可以合理选择气缸直径。当然驱动力臂越长，气缸的行程就越大，根据气缸推力乘以驱动力臂长度等于输出转矩的道理合理控制驱动力臂的长度和气缸的直径。

2. 换向阀驱动气缸的输出转矩

活塞同轴布置的双齿条气力驱动装置一般适用于小型气缸，驱动气体的工作压力一般在 0.40～0.60 MPa 或 0.60～0.80 MPa，最大瞬时允许工作压力 1.0 MPa，工作过程中不允许超过最大允许工作压力(包括瞬时状态)，计算输出转矩时按最低气体工作压力选取。同轴双活塞、双齿条气力驱动装置的输出转矩按公式(5-1)计算

$$M=0.785D^2 \cdot P \cdot d \cdot \eta \tag{5-1}$$

式中　D——活塞直径(mm)；

　　　P——气缸内工作介质的压力(MPa)；

　　　d——齿轮分度圆直径(mm)；

　　　η——气力驱动装置的整机效率；

　　　M——计算的输出转矩(N·mm)。

对于不同的气力驱动装置，其整机效率不同，整机效率与加工精度(包括尺寸精度、表面粗糙度和形位公差等)的关系很大。有些生产单位的产品样本中给出了气力驱动装置的输出扭矩实测值，可以供选用时参考。

现在化工固体物料气力输送系统中使用比较多的是采用压铸铝合金材料，经过阳极氧化处理后作为主体材料。密封件材料选用适用工况要求的橡胶，导向套采用低摩擦因数的聚合材料，螺栓螺母等标准件选用不锈钢。

3. 换向阀驱动气缸的主要性能参数

换向阀适用的是双作用、双活塞、双齿条结构的驱动气缸，其主要性能参数有：

(1) 气缸内径，可以按公式(5-1)计算输出转矩，也可以按生产厂家产品样本的输出转矩表查取，按气缸的输出转矩值稍大于所需要的驱动转矩值确定气缸内径。

(2) 输出轴的输出角度，要大于换向所需要的阀瓣旋转角度。

(3) 输出角度的可调范围，换向阀换向所需要的旋转角度与输出轴的输出角度之差就是输出角度可调范围的最小极限值，实际可调范围要大些。

(4) 输出转矩，在气源工作压力下限值时的输出转矩，要大于所需要的驱动转矩。

(5) 适用工作压力，正常工作时的气体工作压力一般是 0.40～0.60 MPa 或 0.60～0.80 MPa，最常用的是 0.60 MPa。

(6) 最大允许气体压力，就是气缸体能够承受的最大气体压力，一般是 1.0 MPa。

(7) 工作温度，工作气体温度或环境温度。

(8) 动作时间，即在规定的条件下一个行程所需要的时间。

(9) 安装形式，是指气缸体与固定部分的连接。

(10) 主体材料，是指缸体、端盖和活塞的材料。

(11) 连接端口形式及标准，是指气体连接管的连接形式及加工尺寸所依据的标准，如卡套式、螺纹式等。

5.6.2 插板阀和放料阀的驱动

插板阀和放料阀的驱动可以直接采用人力(手轮或手动锥齿轮)操作，也可以电动装置驱动或液力驱动，但是更多的还是采用气缸驱动。不管是人力(手动锥齿轮)操作还是采用气缸驱动或是电动装置驱动，插板阀和放料阀都必须是直行程驱动装置，也就是俗称的多回转阀门驱动装置。

用气动或液力装置驱动时，其工作气缸或液缸应有缓冲机构，以防止关闭结束的瞬间阀瓣以过快的速度冲击阀体底部，造成某些零部件变形或损坏。

5.6.2.1 插板阀和放料阀的人力驱动

在长期的工况运行过程中，如果插板阀和放料阀是长时间处于完全开启或完全关闭的状态，进行操作的概率比较低的情况下，同时插板阀和放料阀的安装位置有适合于人力操作平台和空间的条件下，可以选用人力驱动方式。

人力驱动可以采用手轮直接操作，也可以采用锥齿轮传动辅助操作，如果所需要的操作力矩超过一个人的能力，就要在手轮和插板阀或放料阀之间加一个传动比(或称减速比)合适的齿轮传动机构，要使一个人能够用不大于 360 N 的轮缘力就能够轻松进行操作阀门。手轮的轮缘上应有明显的指示阀瓣开启或关闭旋转方向的箭头和字样。

5.6.2.2 插板阀和放料阀的气缸驱动

在长期的工况运行过程中，如果需要每间隔一定的时间就要反复对插板阀或放料阀进行操作，就要选用电动装置驱动或气力驱动方式，在化工固体物料生产装置中使用的插板阀和放料阀更多的是采用气力驱动方式。

1. 插板阀和放料阀的驱动气缸结构

气缸的结构有很多种类型，对于适用于插板阀和放料阀的工作特点，气缸的行程比较长，大部分行程内所需要的推力不是很大，一般情况下，最广泛使用的是单活塞杆、双作用气缸。压缩空气驱动活塞向两个方向运动，活塞行程可以根据插板阀和放料阀的开启高度实际需要确定，由于在气缸内活塞的一侧有活塞杆，而另一侧没有活塞杆，所以，双向作用力的大小和活塞运动速度不完全相同。图5-16所示的是单活塞杆、双作用气力驱动装置结构示意图。

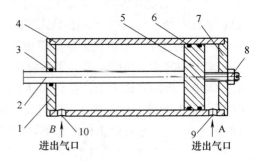

图5-16　单活塞杆、双作用气力驱动装置结构示意图
1—下缸盖　2—活塞杆　3—活塞杆密封圈　4—气缸体
5—活塞　6—活塞密封圈　7—上缸盖　8—行程调节螺栓
9—上腔进出气口　10—下腔进出气口

　　单活塞杆、双作用气力驱动装置的结构主要由下缸盖1、活塞杆2、活塞杆密封圈3、气缸体4、活塞5、活塞密封圈6、上缸盖7、行程调节螺栓8、上腔进出气口9、下腔进出气口10等部分组成。当气体从上腔进出气口9进入到气缸的上部腔体内时，活塞从上向下运动，带动活塞杆并驱动阀瓣向下运动，将插板阀关闭。当气体从下腔进出气口10进入到气缸的下部腔体内时，活塞从下向上运动，带动活塞杆并驱动阀瓣向上运动，将插板阀开启。

　　2. 插板阀和放料阀的驱动气缸输出推力

　　单活塞杆、双作用气力驱动装置适用于插板阀和放料阀，气缸的行程可以根据阀门的开启高度要求确定，驱动气体的工作压力一般在0.40～0.60 MPa，气缸体的最大瞬时允许气体压力1.0 MPa，工作过程中不允许超过最大允许工作压力(包括瞬时状态)，在计算活塞杆的输出推力时，按最低气体工作压力选取0.40 MPa。单活塞杆、双作用气力驱动装置的输出推力按公式(5-2)和公式(5-3)计算

$$T_1=0.785(D^2-d^2)P\eta \tag{5-2}$$
$$T_2=0.785D^2P\eta \tag{5-3}$$

式中　D——活塞直径(mm)；
　　　　d——活塞杆直径(mm)；
　　　　P——气缸内工作气体压力(MPa)；
　　　　η——气力驱动装置的整机效率；
　　　　T_1——有活塞杆一侧的气缸输出推力(MN，相当于10^6 N)；
　　　　T_2——无活塞杆一侧的气缸输出推力(MN)。

　　活塞杆与阀杆相互连接并驱动阀瓣运动，所以对于插板阀和大部分放料阀来说，有活塞杆一侧的气缸输出推力驱动阀瓣开启，无活塞杆一侧的气缸输出推力驱动阀瓣关闭。气缸输出推力T_1和T_2两者相差活塞杆截面积的气体推力，在输出推力中所占的比例比较小，所以可以按有活塞杆一侧的气缸输出推力进行选型计算。气力驱动装置的整机效率与活塞密封圈的材料和结构关系很大，气缸的整机效率还与加工精度(包括尺寸精度、缸体内腔表面粗糙度和形位公差等)有关系。有些生产单位的产品样本中给出了输出推力实测值，可以供选用时参考。

　　3. 插板阀和放料阀的驱动气缸主要性能参数

　　插板阀和放料阀使用的单活塞杆、双作用结构的驱动气缸主要性能参数有：

　　(1) 气缸内径，按驱动阀门所需的推力选取，可以按式(5-2)和式(5-3)计算输出推力，也可以按产品样本的输出推力表查取，按气缸的输出推力值要大于所需要的驱动推力值确定气缸

内径。

(2) 活塞杆的有效输出长度，要大于插板阀或放料阀的开启高度。

(3) 适用工作压力，正常工作时的气体工作压力，一般是 0.40～0.60 MPa。

(4) 最大允许工作压力，就是气缸体能够承受的最大气体压力，一般是 1.0 MPa。

(5) 输出推力，在气源工作压力下限值时的输出推力，要大于所需要的驱动推力。

(6) 工作温度，工作气体温度或环境温度。

(7) 动作时间，即在规定的条件下一个单行程所需要的时间。

(8) 安装形式，是指气缸体与固定部分的连接。

(9) 主体材料，是指缸体、端盖和活塞的材料。

(10) 连接端口形式及标准，是指气体连接管的连接形式及加工尺寸所依据的标准，如卡套式、螺纹式等。

5.6.3 双作用气力驱动装置的控制

无论是适用于驱动换向阀的角行程气力驱动装置，还是适用于驱动插板阀和放料阀的直行程气力驱动装置，都是在气体压力的作用下驱动阀瓣进行移动或旋转，从而改变阀门的工作状态，实现阀门的正常开启或关闭。所使用的都是双作用气力驱动装置，所以两种结构类型气缸的进出气体管路和控制部分基本是类似的。

5.6.3.1 双作用气力驱动装置的气源管路及其主要控制元器件

在驱动装置中应配备操作和限位控制机构(如电磁阀和行程开关等)，实现全开和关闭的动作转换，行程开关和过扭矩保护机构动作应准确可靠。

气力驱动装置的气源管路控制系统中，安装有精度很高的电磁换向阀、电磁通断阀、减压阀、流量调节阀、过滤器、压力传感器等元器件。因此，对动力气源的纯度和含水量等方面都提出了非常严格的要求。当任何一种微粒进入到上述元器件的结合面或密封面时，都会引起故障或使整个装置的密封性能遭到破坏。所以，气源管路进口内的过滤网目数应不大于 5 μm。

1. 双作用气力驱动装置的气源管路

在气源管路控制系统中要具有各种气体处理功能的元器件，包括气体品质处理元器件、气体压力控制元器件、气体流量控制元器件、气体流动方向控制元器件。由于气源不同，某个特定气源管路系统中具有的元器件也不同，可能减少其中的某些元器件，随着气力控制技术的发展和进步，也可能增加某个特定功能的元器件。如图 5-17 所示的是一般用途的双作用气力驱动装置的气源连接管路，及所包含的元器件示意图。

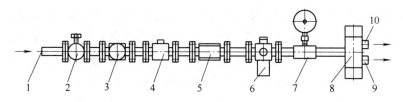

图 5-17 双作用气力驱动装置气源连接管路示意图

1—气源进口 2—手动截断阀 3—气体流量计 4—压力安全阀 5—电磁通断阀 6—过滤减压阀 7—压力传感器
8—电磁换向阀 9—换向阀气体出口 10—换向阀气体出口

双作用气力驱动装置的气源连接管路主要包括气源进口 1、手动截断阀 2、气体流量计 3、压力释放安全阀 4、电磁通断阀 5、过滤减压阀 6、压力传感器 7、电磁换向阀 8、换向阀气体出口 9 和气体出口 10 等部分,电磁换向阀的气体出口 9 和 10 分别连接气缸的上、下进出气口。气体由进气口 1 进入气源管道,经过各元器件后进入电磁换向阀 8 的内腔,最后从电磁换向阀的气体出口 9 和 10 分别进入到气缸的上部内腔和下部内腔。

用于驱动气缸的气体湿度大小也会影响控制系统的正常操作,当压缩气体通过控制系统中有缩径的管路元器件时,由于会产生局部节流,温度和压力会降低,气体中所含的液体可能结霜或结冰,特别是当冬季气温寒冷时,如果气体中含湿量较高,就特别容易结冰。结冰后也会使元器件的密封性能下降或完全失去密封性,也可能会将运动件冻住使气缸无法动作。空气的湿度允许值可以用露点来确定,实践表明,对于这类控制系统,空气的露点以不高于–55 ℃为适宜。

减压阀是控制气源压力的,由于生产装置中的气源是公用性质的,对于某一台特定用气设备不一定合适,所以要通过减压阀使气源压力符合某一台特定的换向阀、插板阀或放料阀的使用要求。流量调节阀是控制进入气力驱动装置内腔的气体流量,从而控制气力驱动装置的动作速度。电磁换向阀是控制进气方向的,从而改变活塞的运动方向带动阀瓣实现开启或关闭,是双作用气力驱动装置所必须配置的附件。压力传感器的作用是适时监控气源的压力,当气源压力的实测值不在要求的压力范围内时,通过电信号告知中心控制室,以适当的方式及时调控工作压力使其保持正常。

2. 双作用气力驱动装置的气路元器件主要性能参数

双作用气力驱动装置气源管道中各种功能的气源处理元器件和控制元器件的主要性能参数简单介绍如下:

(1) 电磁换向阀的主要性能参数。一般情况下,电磁换向阀安装在驱动气缸的侧面,在气体管路中控制驱动气缸的进气方向,可以改变活塞的运动方向,从而改变换向阀的阀瓣通道方位,即驱动阀瓣实现哪个通道接通或关闭,并可以使阀瓣保持在相应的位置;或改变插板阀或放料阀的阀瓣位置,实现开启或关闭。

1) 型号,参照确定的产品样本,按气体管路的需要选择二位三通或二位五通电磁换向阀。

2) 接管方式,有管接式和板接式两种结构,现场使用板式连接结构比较多。

3) 控制方式,有双线圈电控和单线圈电控弹簧复位两种,选用双线圈电控比较多。

4) 控制电压,最常用的有直流电压 24 V,也有少部分用交流电压 220 V 或 110 V。

5) 接线型式,按确定的产品样本选择。

6) 防爆等级,标准型、隔爆型、增安型或其他,按生产装置区域内要求确定。

(2) 感应式位置开关的主要性能参数。位置开关有适用于角行程和直行程的两种结构类型,一般情况下,位置开关安装在角行程驱动气缸的顶部,现场指示换向阀的阀瓣通道位置,即指示哪个通道处于接通状态或关闭状态。位置开关安装在直行程驱动气缸活塞杆的侧面,现场指示插板阀或放料阀的阀瓣处于开启位置或关闭位置,并将信号传送到控制中心。

1) 型号,各生产厂家型号不同,参照产品样本和相配合的气缸连接端口选择。

2) 接线端子,根据实际需要满足系统的要求即可。

3) 接线型式,按确定的产品样本要求选择。

4) 电流输出信号，一般是 4~20 mA 比较多。

5) 微型开关，可以是机械式、感应式或磁性开关。

6) 防护等级，指防水、防雨等，按生产装置区域内统一要求确定。

7) 防爆等级，按国家相关标准的规定和生产装置区域内统一要求确定。

8) 角行程位置指示，主要有 40°~50°、90°~100°或 135°~145°三种行程，通道开启用绿灯表示，通道关闭用红灯表示。

9) 直行程位置指示，根据阀门开启高度确定行程的止点位置，阀门开启止点用绿灯表示，阀门关闭止点用红灯表示。

10) 适用温度范围，是指环境温度范围。

(3) 流量调节阀的主要性能参数。流量调节阀的主要功能是控制进入气缸内腔的气体流量和控制气缸活塞的运动速度，从而控制阀瓣的换向或启闭操作时间。气体流量调节阀的主要参数有：结构形式、公称尺寸、公称压力、结构长度、适用法兰标准或连接螺纹标准及规格、阀芯行程、主体材料、驱动方式、气体流量调节范围、工作压力、适用介质等。在安装使用前，还要认真检查并确认下列内容符合要求。

1) 公称压力，即壳体耐压试验压力。

2) 公称尺寸，即公称配管连接尺寸。

3) 工作压力范围，是指调节的压力范围，即气体进口和气体出口的压力范围。

4) 额定流量调节范围，是在 0 ℃和 101.325 kPa 基准状态条件下的体积流量。

5) 流量调节特性，一般有线性、对数曲线和双曲线三种，最常用的是线性流量特性。

6) 适用介质，一般是干燥纯净的空气或氮气。

7) 适用电源参数，按产品样本和设计规范要求。

8) 压力损失，是指流量调节阀的内部压力损失，越小越好。

9) 适用环境条件，如防护等级、适用温度范围、耐振动、耐冲击、耐噪声等。

(4) 连接管路。连接管路的材料可以选用奥氏体类不锈钢，也可以选用合适材料的软管。连接管路的直径选取原则是，在保障所需要的流量并且不会有很大压力降的条件下，尽可能选取直径小一点管路。一般情况下，选取与元器件公称尺寸相同的连接管路，例如，选用 DN10 或 DN15 的连接管路，或选用 DN12 的连接管路。

(5) 过滤减压阀、压力安全阀(或称压力泄放阀)、电磁通断阀和截断阀(如手轮操作的截止阀或手柄操作的球阀)、压力传感器等元器件的主要性能参数参见第 2 章的第 2.6.4 节的叙述。

5.6.3.2 双作用气力驱动装置的电气控制原理

双作用气力驱动装置的控制系统包括进气控制元器件部分和电气控制元件部分，其中的电气控制部分控制机械元器件，适用于换向阀的角行程气力驱动装置和插板阀、放料阀的直行程气力驱动装置，其电气控制原理相同，所不同的只是位置的标示。

在换向阀的驱动气缸侧面安装有控制系统进气方向的小型电磁换向阀、气体过滤器、压力传感器等元件，在气缸的输出轴端配置限位开关来实现自动控制的限位与换向操作，并伴有相应阀瓣通断位置的指示灯。换向阀电气控制原理如图 5-18 所示，与插板阀和放料阀的电气控制原理图相类似，只是位置的标示不同。

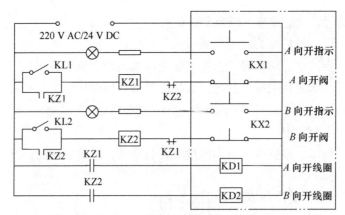

注: 1. 两位五通电磁换向阀，双电控。
　　2. 双点画线内的元器件在换向阀内，其余元件在控制部分。

图 5-18　双作用气力驱动装置电气控制原理图

5.6.3.3　气力驱动装置工作环境注意事项

除各种控制元器件的性能参数以外，应特别注意气力驱动装置的工作环境条件，因为有些元器件的工作性能受其工作环境影响很大。一般情况下，要考虑的环境因素有：

(1) 安装使用位置在室内的，是否有其他影响因素。

(2) 户外露天安装的，有风、砂、雨、雾、阳光等侵蚀。

(3) 具有易燃、易爆气体或粉尘的环境。

(4) 湿热带、干热带地区环境。

(5) 环境温度低于–20 ℃以下的。

(6) 易遭水淹或浸水中。

(7) 具有放射性物质环境。

(8) 具有剧烈振动的场合。

(9) 易于发生火灾的场合。

对于以上工作环境的控制元器件，特别是电器元件(如电磁换向阀等)，其结构、材料和防护措施应根据具体环境要求进行选择。

5.6.3.4　双作用气力驱动装置安装、使用与维护注意事项

(1) 安装前认真检查元器件在运输过程中是否有损坏、连接部位是否松动。并检查各元器件及其连接管子的内部和外表面是否有金属细颗粒、粉末、油污等。

(2) 安装前认真检查元器件的性能参数与要求是否一致，并认真阅读各元器件的使用说明书和注意事项等，确认无误后方可进行下一步的工作。

(3) 元器件的进出口、连接管子或连接件如有缩径，元器件的流量将会相应减小；过滤器的滤网过滤精度每提高一级，流量将会相应减小。

(4) 带防护罩的元器件使用前一定要将防护罩固定好，避免发生危险。

(5) 确认各元器件是否有安装方位要求或其他要求。

第 *6* 章 旋转给料器输送系统的相关设备

旋转给料器

化工固体物料的输送方式有很多种，不同的输送方式所使用的设备不同，所组成的输送系统也不同，本章介绍的是化工固体物料旋转给料器输送系统的相关设备，主要包括化工、石油化工固体物料在生产加工、气力输送、散料运输装卸等过程中具有截断、分流、改变物料流动方向、给料(或称送料)、料气分离、料气混合、物料取样、排料(或称放料)等功能的设备和阀门，比较常用的有换向阀、插板阀、放料阀、取样阀、分离器、混合器等。

6.1 化工固体物料阀门及其通用技术要求

旋转给料器输送系统中所使用的换向阀、插板阀、放料阀、取样阀等都是适用于化工固体物料的阀门，所以也称作化工固体物料阀门。其技术要求不同于适用于液体或气体的各种阀类，也不同于一般工业管道阀门，而要适用于化工固体物料的各种物理特性、流动特性、密封特性和颗粒度要求。化工固体物料阀门的检验与验收内容也体现了这一特点。

6.1.1 化工固体物料阀门

为了能够更好地对化工固体物料阀门有一个最基本的了解，包括常用主体结构、工作原理、功能和作用、通用技术要求、结构特点、适用范围、驱动与控制(在第 5 章叙述)、主要零部件材料选用，以及阀门的检验与验收。以便能够在选型、安装、操作使用、维护与保养、检修等过程中更合理地进行相关操作，下面将这类阀门的阀座密封原理、影响阀座密封的因素、阀座密封比压的计算、阀座密封副常用材料、常用阀杆密封及材料选择、常用密封垫片及材料选择等内容作一简要介绍。

6.1.2 化工固体物料阀门的阀座密封

在上述的化工固体物料阀门中，其中的插板阀、取样阀、放料阀都是截断类阀门，是通过改变其内部通道截面积来控制管道内介质流动的。而换向阀是通过改变阀瓣通道的方位来控制气力输送物料流动方向的阀门。不管是截断类阀门还是改变介质流动方向的阀门，其共同特点之一是要保证阀座有足够的密封性能；特点之二是保证阀门的壳体有足够承受内压的能力，并有足够的强度和刚度承受各种外力；特点之三是阀门的运动部件要有足够的灵活性，以保证阀门的开启与关闭动作灵活可靠，或换向动作及时到位。

由此可见，不管是截断类阀门，还是改变介质流动方向的换向阀，其阀座密封性能都是非常重要的性能参数之一。

6.1.2.1 阀座的密封原理

阀座密封的功能是阻止渗漏，阀座与阀瓣相互接触并达到密封，两个密封面就形成了密封副，当阀瓣处于关闭位置时，密封副应达到规定的(或者称为低于要求的渗漏量)密封性能。造成渗漏的因素很多，最主要有两个：一个是密封副间存在着间隙；二是密封副两侧存在着压力差。前者是影响密封性能的最主要因素，密封的基本原理是通过不同途径阻止流体渗漏。

上述因素对密封性能及泄漏量的影响可以用毛细孔原理进行解释。研究结果表明：密封副单位长度内的泄漏量与毛细孔直径的 4 次方成正比，与密封副两侧的压力差成正比，与密封面的宽度成反比。此外，泄漏量的大小与流体的性质有关。但是在实际应用过程中，还有制造质量、材料缺陷等多种因素的影响。

化工固体物料用阀门的阀座密封原理如图 6-1 所示，换向阀的阀瓣处于阀体直通出口接通状态，同时阀体斜通出口处于关闭状态。阀体内腔的工作压力是 P_1，处于关闭状态的阀体斜通出口工作压力是 P_2，阀座承受的压力差就是$\Delta P=P_1-P_2$，即在阀座与阀瓣形成的密封副之间要具有一定的密封比压(单位面积内的正压力称为比压)，此比压将引起阀座产生弹塑性变形，填塞密封面上的微观不平度以阻止流体从密封副间通过。当阀座采用金属材料制造时，相同的密封比压将不能完全密封，此时必须加大密封的正压力，即加大密封副之间的密封比压。密封比压所引起的密封副变形应在材料的弹性范围内，并有不大的残余塑性变形。如果密封副表面粗糙或阀体密封面的圆柱度误差较大，则保证密封所需的比压就大，残余塑性变形也大。

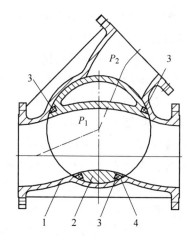

图 6-1　化工固体物料用阀门的阀座
密封原理示意图
1—阀体　2—阀瓣　3—阀座　4—密封副

换向阀、插板阀、放料阀、取样阀等化工固体物料阀门的阀座，有些是采用金属材料制造的，有些是采用弹性和韧性都比较好的非金属材料制造的。无论是金属阀座还是非金属材料阀座，都是在一定的外力作用下使阀座密封副相互靠紧、接触甚至嵌入，以减小或消除密封面之间的间隙，从而达到接触型密封。

非金属材料制造的阀座密封圈比金属材料制造的阀座密封圈更容易满足密封要求，尽管如此，保证绝对密封仍然是很困难的，即使试验时不渗漏，经过一定的使用周期也可能产生一定程度的渗漏或泄漏。因此，应根据不同的阀门结构、阀座密封副配对材料、使用工况参数、使用场合提出不同的密封性能要求。如用于化工装置内的高温高压工况点，则要求阀门有严密的可靠密封，而对于有些场合，例如输送管道尾端的阀门，可适当降低密封要求。因为提高阀门的密封性能要求不仅会提高阀门的制造成本，还会使阀门的密封副摩擦磨损加快，从而降低阀门的使用寿命。

6.1.2.2　影响阀座密封的因素

阀瓣和阀座之间的密封性能是对阀门的基本要求，影响阀座密封性能的因素有很多也很复杂，但是，其中最主要的有如下几个方面。

6.1.2.2.1　密封面上的比压

比压是作用于密封面单位面积上的正压力。产生比压的力有两部分，第一部分是阀瓣前后压力差作用在密封面上的力，第二部分是外部施加的作用在密封面上的力。对于有些结构的阀门(例如浮动式球阀、单闸板闸阀等)是以阀瓣前后压力差作用在密封面上的力为主要密封力，外部施加的作用在密封面上的力仅是补充其不足的部分。对于有些结构的阀门(例如取样阀、换向阀、插板阀、放料阀等)是以外部施加的作用在密封面上的力是主要密封力，阀瓣前后的压力差不能产生足够密封比压。比压的大小直接影响到阀门的密封性、可靠性及使用寿命。

如上所述，泄漏量与阀瓣前后的压力差成正比，试验证明，在其他条件相同的情况下，泄漏量与阀瓣前后的压力差的平方成正比。因此，泄漏量的增大速率超过压力差的增大速率。

6.1.2.2.2　密封副的质量

密封副的质量主要包括以下几个方面：密封副材料的质量、密封副零部件(主要指阀体、阀瓣和阀座)加工制造的表面粗糙度、密封副零部件加工的形状和位置公差,即阀瓣和阀座之间的吻合度等。如果吻合度高,则增加了流体沿密封面运动的阻力,因而提高了密封性。一般要求换向阀圆柱形阀瓣的圆柱度公差为 GB/T 1184-1996《形状和位置公差》规定的 9 级,插板阀的插板平面度公差要求为 GB/T 1184-1996《形状和位置公差》规定的 10 级。

粗糙度对密封性能的影响也是很大的,当粗糙度等级比较低和比压小时,渗漏量比较大。而当比压逐渐增大时,粗糙度对渗漏量的影响显著减少,这是因为密封面上的微观锯齿状尖峰被压平了。非金属材料的阀座密封面比较软,粗糙度对密封性能的影响就比较小,金属材料的阀座是金属对金属的"刚性"密封面,粗糙度对密封性能的影响就要大得多。

有一种理论分析认为,只有当密封副之间的间隙小于流体分子直径时,才能保证流体不渗漏,由此可以认为,防止流体渗漏的间隙值必须小于 0.003 μm。但是,即使经过精细研磨的金属表面凸峰高度仍然超过 0.1 μm,即比水的分子直径要大 30 倍。由此可见,只依靠降低密封表面粗糙度的方法来提高密封性是难以做到的。密封表面粗糙度和表面形状偏差对密封性能影响的程度迄今尚无数据可查。

密封副质量除了影响密封性能以外,还直接影响阀门的使用寿命,因此,加工制造时必须提高密封副的质量。

6.1.2.2.3　流体的物理性质

与渗漏有关的流体物理性质主要包括黏度、温度、表面亲水性等,现就这三个方面分别叙述如下:

(1) 黏度的影响。被密封流体的渗透能力与它的黏度紧密相关。在其他条件相同的情况下,流体的黏度越大,其渗透能力越小,几何分析常用气体与液体的黏度可以得出以下结论:

1) 液体的黏度比气体的黏度大几十倍,故气体的渗透能力比液体强。但是饱和蒸汽除外,饱和蒸汽容易保证密封。

2) 压缩气体比液体更容易泄漏。

(2) 温度的影响。流体的渗透能力与黏度有关,随着流体温度的变化,流体的黏度也随之变化。气体的黏度随温度的升高而增大,它与 $\sqrt{T}$ 成正比,T 是气体的绝对温度,单位为 K。液体的黏度则相反,它随温度的升高而急剧减小,它与 T^3 成反比。

此外,因温度变化而引起零件尺寸的改变将造成密封副内接触应力的变化,并可能引起密封的破坏,对于低温或高温流体的密封其影响尤为显著。因为与流体接触的密封副通常比受力零件(如法兰、螺栓)的温度更低些(或更高些),这就更容易引起密封副部件的松弛。

在低温条件下工作,其形成密封比压的条件是复杂的,多种密封材料,如橡胶、塑料(聚四氟乙烯除外)在 77~20 K 的低温下,因丧失塑性而变脆。而在高温条件下,这些材料又会受到高温的限制。因此,在选择密封材料时要考虑温度的影响。

(3) 表面亲水性的影响。表面亲水性对渗漏的影响是毛细孔特性所引起的,当表面有一层很薄的油膜时,破坏了接触面间的亲水性,并且堵塞流体通道,这样就需要较大的压力差才能使流体通过毛细孔。因此,在工况条件允许的情况下,可以在阀门密封副添加适当密封油脂以提高密封性和使用寿命。在采用油脂密封时,应注意工作过程中若油膜减少,须及时补充油脂。所采用的油脂不能溶于工作介质中,也不应该蒸发、硬化或有其他的化学变化。

6.1.2.2.4　密封副的结构和尺寸

(1) 密封副结构的影响。软密封阀门的密封副由阀体、阀座和阀瓣(或闸板)三者形成,硬密封阀门的阀体和阀座是一体的，所以密封副是阀瓣(或闸板)和阀体二者形成的。阀体和阀瓣在承受密封所需的力作用以外，还要承受流体压力的作用力。在温度变化或其他因素的影响下，结构尺寸必然产生变化，这便会改变密封副之间的相互作用力，其结果是密封性能降低。为了补偿这种变化带来的密封比压下降，应使密封副组成的零件具有一定的弹性变形。采用非金属阀座就是利用非金属具有弹性补偿的特性，有些金属密封阀门采用弹性支撑结构形式，这些都是改善密封性能的一种积极措施。

(2) 密封面宽度的影响。从理论上来讲，密封面的宽度决定毛细孔的长度，当宽度加大时，流体沿毛细运动路程成正比例地增加，而泄漏量则成反比例地减少。但实际上并非如此，因为密封副的接触面不能全部吻合，当产生变形以后，密封面的宽度不能全部有效地起到密封作用。另一方面，密封面宽度越宽，所需要的密封力也要越大，因此，合理选择密封面宽度成为设计者所关心的非常重要的问题。

6.1.2.3 阀座密封比压的计算

阀座密封比压的大小必须在一个合适的范围内，如果密封比压太小，则不能达到密封的效果，同时如果密封比压太大，则有可能会破坏密封副的结构，所以阀座密封的实际密封比压值要在要求的最小值和允许的最大值之间。

6.1.2.3.1 阀座密封的必需密封比压

必需密封比压是为了保证密封所必需的密封面单位面积上最小正压力，用 q_b 表示。由于流体压力(进口和出口之间的压力差)或附加外力的作用，在密封副内产生压紧力，于是阀座密封圈产生弹塑性变形补偿密封副表面微观不平度和形位公差，使密封面上的间隙减小以阻止流体泄漏，从而达到密封的目的。

必需密封比压是产品设计中最基本的参数之一，它直接影响产品的性能及结构尺寸，必需密封比压与很多因素有关，最主要的是与工作温度、工作压力、阀门规格尺寸、工作介质特性、零件加工质量等因素有关。

必需密封比压一般根据实验来确定，阀门研究工作者为了寻求合理的数值及合理的计算方法，曾进行了大量的研究工作，但是由于研究结果与实际情况差异很大，所以无法确定一个统一的计算标准，设计中往往采用经验公式，下述是常用的经验公式。

根据不同的压力、密封面宽度及材料进行密封试验，得出经验计算公式

$$q_b = m\frac{a-cP}{\sqrt{b}} \tag{6-1}$$

式中　q_b——特定密封面材料所需要的必需密封比压(MPa)；

　　　m——与流体性质有关的系数，常温液体，$m=1$；常温汽油、煤油、空气、蒸汽等气体以及高于 100 ℃的液体，$m=1.4$；氢气、氮气及其他密封要求高的介质，$m=1.8$。

　　　P——流体的工作压力(MPa)；

　　a,c——与密封面材料有关的系数，见表 6-1；

　　　b——密封面在垂直于流体流动方向上的投影宽度(mm)，$b=t\cos\varphi$，对于平面密封的插板阀，$\varphi=0°$；

　　　t——密封面宽度(mm)。

表 6-1　常用密封面材料的 a,c 系数值

密封面材料	a	c
钢、硬质合金	3.5	1.0
铝、铝合金、硬聚氯乙烯、聚四氟乙烯、尼龙	1.8	0.9
中硬橡胶	0.4	0.6
软橡胶	0.3	0.4

表 6-1 是以平面接触密封进行试验所取得的结果，适用于表面粗糙度为 $R_a0.4$ μm～$R_a0.2$ μm，特定材料必需密封比压 $q_b \leqslant 80$ MPa 的比压值计算，对低于 $R_a0.2$ μm 的刚性密封面，q_b 按公式计算值降低 25%。密封面采用两种不同材料时，按硬度比较低的材料计算。该式适用于换向阀、插板阀、取样阀、放料阀的阀座密封副必需密封比压的计算。

6.1.2.3.2　阀座的许用密封比压

密封面单位面积上允许承载的最大正压力称为该材料的许用密封比压，用(q)表示。为了保证阀门密封可靠，在阀瓣与阀座的接触面上应有足够的密封比压，但不能超过密封副材料的许用比压。

目前普遍采用的许用比压值及其概念有一定的片面性，因为它不能全面描述阀门许用比压的真正含义。表 6-2 所列出的各种材料的许用比压值没有反映出在该数值下阀门的启闭次数，而要求结构紧凑，设计时比压值可以超过许用值。又如，对于大通径的插板阀，事实上并非频繁地起闭，如果按许用比压值进行设计，则结构要比较大。若按照实际使用要求，合理设计一台大通径插板阀，就必须通过试验研究求得密封比压与起闭次数之间的关系，根据所得到的关系选择合理的密封比压，只要该比压大于必需密封比压，就能得到满意的结果，设计者也能由此大致地估算出所设计阀门的使用寿命。

目前所应用的许用密封比压数值可以看作某一额定起闭次数下的密封比压值，而此额定起闭次数可以认为是最低限度的使用周期。在还没有可靠的比压与起闭次数之间的关系数据之前，可以按照表 6-2 中常用的密封面材料选择许用密封比压。

表 6-2　常用密封面材料的许用比压〔q〕数值

密封面材料		材料硬度	〔q〕/MPa	
			密封面间无滑动	密封面间有滑动
奥氏体不锈钢	06Cr18Ni9、06Cr17Ni12Mo2	≤HB187	150	40
堆焊硬质合金	CoCr-A	HRC38～42	250	80
硬表面	Ni-Cr	HB350	—	—
蒙乃尔合金	Ni-Cu 合金	—	—	—
马氏体不锈钢	20Cr13	HB200～300	250	45
中硬橡胶	—	—	5	4
聚四氟乙烯	SFB-1、SFB-2、SFB-3	—	20	15
尼龙	—	—	40	30

6.1.2.3.3　阀座密封副的设计密封比压

设计过程中确定的密封面单位面积上的正压力称为设计密封比压，用 q 来表示。选择密封比压的原则应该是阀门密封可靠、使用寿命长、结构紧凑。因此，合理选择设计密封比压是设计中一个至关重要的问题。此值对摩擦因数、摩擦磨损和使用寿命具有很大的影响。当然，摩擦副的材料、材料配对及吻合度等对使用寿命也有影响，但是在相同条件下，密封比压对使用

寿命是一个直接的影响因素。试验表明，密封比压的增加将大大地降低擦伤次数或使用寿命。由此可见，在一定的密封面宽度范围内，力求降低比压值是提高阀门使用寿命的一种可行途径。但是必须保证实际密封比压大于必需密封比压，同时要小于材料的许用密封比压，即

$$q_b < q < [q] \tag{6-2}$$

式中　q_b——保证阀座密封的必需密封比压(MPa)；

　　q——阀门在工作状态下阀座密封副的实际密封比压(MPa)；

　　$[q]$——阀座密封材料的许用密封比压(MPa)。

上述保证阀座密封所要求的必需密封比压 q_b 和阀座密封材料的许用密封比压 $[q]$，除表6-1 和表 6-2 所列出的以外，还可以从参考文献 2 《阀门设计手册》中查取。

式(6-2)是保证密封和有足够使用周期的条件，但是，对于开启和关闭次数都不多的大直径阀门，设计时往往使实际密封比压 q 远大于材料的许用密封比压 $[q]$。如果将聚四氟乙烯环(例如圆柱式换向阀的阀座)压入金属阀瓣或阀座的槽内，同时控制密封面至槽口距离在 0.3～0.6 mm 范围内，实测比压大大地超过许用比压值，阀门仍能安全使用，聚四氟乙烯环也不会产生冷流现象。因此对于大通径阀门的阀座密封设计，还有待于进一步试验。

6.1.2.4　阀座密封副常用材料

化工固体物料阀门的阀座密封副材料可以是金属对金属的硬密封，也可以是金属对非金属的软密封，只要能够满足使用工况的密封性能要求，满足化工固体物料输送系统的所有要求，就是符合使用要求的材料。根据化工固体物料阀门的特点，对于金属密封的阀门，阀体一般比较多地采用不锈钢铸件，阀体的阀座密封面可以由基体材料直接加工而成，也可以在基体材料表面堆焊某种耐摩擦磨损性能比较好的材料加工而成，此种情况下堆焊层厚度不小于 2 mm。阀瓣密封面的材料一般是不锈钢板材、锻件或棒材，可以是基体材料直接加工而成，也可以在基体材料表面堆焊某种耐磨材料加工而成。但是，当阀座和阀瓣都采用堆焊耐磨材料时，阀瓣表面堆焊的耐磨材料硬度要与阀座的硬度不同，两者之间要有一定的硬度差，一般选取 50 HB 或 3～5 HRC 为宜。当阀座和阀瓣都采用基体材料直接加工而成时，阀门的主体材料就是阀座密封面材料，铸件材料阀座表面的硬度可能会稍大于阀瓣表面材料的硬度，对于工作压力比较低和操作频率不是很高的阀门，阀座密封副材料没有硬度差也可以。对于非金属密封的阀门，非金属材料的硬度比较低，容易保证密封，阀座密封副常用材料如表 6-2 所示。

6.1.3　化工固体物料阀门的阀杆密封

本节介绍的阀门常用阀杆密封是指与旋转给料器配合使用或单独使用的化工固体物料气力输送相关设备，主要包括换向阀、插板阀、放料阀、取样阀等使用的阀杆密封结构、密封件材料特性、耐腐蚀情况、耐温情况以及适用工况等。

6.1.3.1　阀杆编织填料密封

化工固体物料阀门的阀杆编织填料密封结构与第 4.1.1 节所述的编织填料密封基本类似，所不同的是旋转给料器转子的轴径比较大，应用于旋转给料器的编织填料轴密封件规格比较大，而阀门的阀杆直径一般相对来说比较小，应用于阀杆的编织填料密封件规格比较小。旋转给料器的编织填料轴密封与阀杆的编织填料密封最大的不同点是，旋转给料器的轴始终处于旋转状态，所以填料密封件的摩擦磨损比较严重；而阀杆的运动则很少，而且运动的速度很缓慢，在比较短的时间内就完成阀门的开启或关闭过程而停止运动，所以阀杆的编织填料密封摩擦磨损

要轻很多。阀杆编织填料的密封结构与第 4 章的图 4-1 和图 4-4 所示的填料密封结构示意图基本一致,只是阀杆编织填料密封结构没有吹扫气体进口,有些工况要求有填料隔环,有些工况要求可以没有填料隔环。

密封填料编织绳的截面规格一般都是方形的,其正方形边长的规格有 3.0、4.0、5.0、6.0、8.0、10.0、12.0、14.0、16.0、18.0、20.0、22.0、24.0、25.0 mm 等尺寸。

聚四氟乙烯编织填料的规格型号、技术要求、试验方法和检验规则按机械行业标准 JB/T 6626-2011《聚四氟乙烯编织填料》的规定。本标准还适用于聚四氟乙烯纤维编织填料、聚四氟乙烯割裂丝编织填料、膨体聚四氟乙烯带编织填料、膨体聚四氟乙烯石墨带编织填料。聚四氟乙烯编织填料的最高工作温度是 250 ℃。

芳纶纤维、酚醛纤维编织填料的规格型号、技术要求、试验方法和检验规则按机械行业标准 JB/T 7759-2011《芳纶纤维、酚醛纤维编织填料》的规定。本标准还适用于芳纶纤维、酚醛纤维浸渍聚四氟乙烯液及润滑剂编织填料。芳纶纤维编织填料的最高工作温度是 200 ℃,酚醛纤维编织填料的最高工作温度是 120 ℃。

柔性石墨编织填料的规格型号、技术要求、试验方法和检验规则按机械行业标准 JB/T 7370-2011《柔性石墨编织填料》的规定。本标准适用于非金属纤维增强型柔性石墨、内部非金属和金属增强型柔性石墨和外部金属增强型柔性石墨编织盘根及柔性石墨编织盘根模压填料环。柔性石墨与金属材料复合编织填料的最高工作温度是 450 ℃,柔性石墨与非金属材料复合的编织填料最高工作温度要根据具体复合材料确定。

碳纤维、碳化纤维Ⅰ型和碳化纤维Ⅱ型浸渍聚四氟乙烯编织填料的型号分类、技术要求、试验方法、检验规则等内容,按机械行业标准 JB/T 6627-2008《碳(化)纤维浸渍聚四氟乙烯 编织填料》的规定。

6.1.3.2 阀杆成型填料密封

密封填料分为编织填料密封和成型填料密封两大类。由于成型填料密封件的材料一般比较软,在干摩擦的工作状态下很容易密封,根据化工固体物料阀门的适用特点,大部分工况的工作压力都在 0.60 MPa 以下,而且,有些阀门的阀杆运动很少,例如有些结构的换向阀和取样阀,选用成型填料密封件可以减小摩擦阻力和减小填料组合件的轴向尺寸。成型填料密封件按机械行业标准 JB/T 1712-2008 的规定,每组密封件分为上填料、中填料和下填料(或称填料垫),其中上填料和中填料可以采用填充聚四氟乙烯材料或对位聚苯材料,也可以采用其他合适的材料,下填料的材料可以与上填料相同,也可以是不锈钢材料。成型填料密封件的结构如图 6-2 所示。

成型填料密封件的安装组合,一般情况下,采用 1 圈上填料、2～3 圈中填料、1 圈下填料的组合结构,很少采用 1 圈中填料组合。成型填料密封件的安装组合如图 6-3 所示。

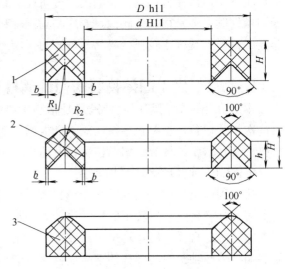

图 6-2　成型填料密封件的结构示意图

1—上填料　2—中填料　3—下填料(或称填料垫)

成型填料密封件的上填料下部开 90°角度，中填料上部是 100°角度，中填料下部开 90°角度，下填料上部是 100°角度。当安装到阀门填料函内以后，上填料的下部与中填料的上部接触，中填料的下部与下填料的上部接触，在填料压盖的轴向力作用下，上填料的下部被中填料的上部挤压向两侧扩张，中填料的下部被下填料的上部挤压向两侧扩张，此扩张的唇口与阀杆表面和填料函内壁紧密接触并达到一定的密封比压，从而达到密封的效果。

成型填料密封件的结构尺寸和性能要求按机械行业标准 JB/T 1712-2008《阀门零部件 填料和填料垫》的规定，成型填料密封件的材料可以是填充聚四氟乙烯或对位聚苯，有些资料介绍填充

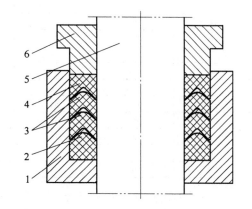

图 6-3 成型填料密封件的安装组合结构示意图
1—填料函 2—下填料 3—中填料 4—上填料
5—阀杆 6—填料压套

聚四氟乙烯的长期工作温度可以达到 250 ℃，对位聚苯的长期工作温度可以达到 350 ℃。实际工况应用中填充聚四氟乙烯的长期工作温度可以达到 150 ℃，对位聚苯的长期工作温度可以达到 250 ℃。

6.1.3.3 阀杆锥形填料密封

一般阀门的阀杆密封很少采用锥形填料密封结构，因为锥形填料密封结构很简单，适用的工作压力比较低。根据化工固体物料阀门的适用特点，大部分工况的工作压力都在 0.60 MPa 以下，而且，有些阀门的阀杆运动很少，在某些特定工况条件下运行的阀门可以选用比较简单的锥形填料密封结构，即可以达到密封的效果，同时也可以使阀门的密封结构更简单。常用锥形填料密封件的结构形式如图 6-4 所示。

锥形填料密封件没有国家标准或机械行业标准，是企业内部的技术产品，内圈密封件和外圈密封件接触环形锥面呈 24°～30°锥角，外圈密封件的小端内径比内圈密封件的小端外径小 0.3～0.5 mm，同样外圈密封件的大端内径比内圈密封件的大端外径小 0.3～0.5 mm，内圈密封件在轴向压力的推动下，当两个密封圈的锥面接触以后，还有一定的再压紧行程空间，如图 6-5

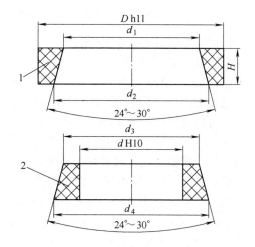

图 6-4 锥形填料密封件的结构示意图
1—外圈密封件 2—内圈密封件

中的 4，使两个锥形环面紧密接触并产生一定的密封比压，使内圈密封件向内挤压并与阀杆之间产生一定的密封比压，外圈密封件向外挤压并与填料函内壁之间产生一定的密封比压，从而达到阀杆密封的目的，下面是几个典型规格密封件的主要结构尺寸列于表 6-3 中。

表 6-3　阀杆用锥形填料密封件主要结构尺寸　　　　　　　(单位：mm)

阀杆直径 d	D	$d_1(-0.1)$	$d_2(-0.1)$	$d_3(+0.1)$	$d_4(+0.1)$	H
16	28	19	22	19.3	22.3	7
20	33	24	27	24.3	27.3	8
25	38	28	33	28.3	33.3	10
30	46	35	40	35.3	40.3	12
40	58	46	52	46.4	52.4	14
50	60	54	65	54.4	65.4	14
60	82	68	75	68.5	75.5	16
65	88	73	81	73.5	81.5	16
70	95	79	87	79.5	87.5	18
78	105	89	97	89.5	97.5	18

　　锥形填料密封件的安装组合，一般情况下，采用 1 圈内圈填料、1 圈外圈填料、1 个填料压套的组合结构。锥形填料密封件的常用安装组合结构如图 6-5 所示。

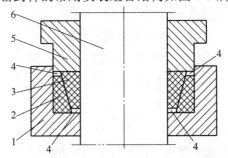

图 6-5　锥形填料密封件的安装组合结构示意图
1—填料函　2—外密封填料　3—内密封填料　4—再压紧行程空间　5—填料压套　6—阀杆

6.1.3.4　阀杆 O 形圈密封

　　根据化工固体物料阀门大部分工况的工作压力都在 0.60 MPa 以下的特点，为了使阀门的密封结构更简单，在可以满足密封性能要求的条件下，可以选用比较简单的 O 形圈密封的基本型结构，不需要带挡圈的密封沟槽形式。常用 O 形圈密封沟槽的结构形式如图 6-6 所示。

　　阀杆采用 O 形圈密封结构的沟槽主要尺寸列于表 6-4 中。此表数据来源于国家标准 GB/T 3452.3-2005《液压气动用 O 形橡胶密封圈沟槽尺寸》的规定，如要查看更详细的内容，可以直接参考 GB/T 3452.3-2005。

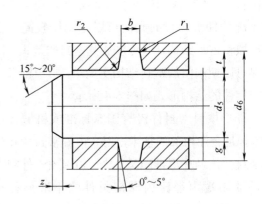

图 6-6　阀杆 O 形圈密封的沟槽结构型式示意图

　　橡胶材料的 O 形密封圈安装后的预压缩率在国家标准 GB/T 3452.3-2005 中也有规定，现将数据列于表 6-5 中。

　　关于阀杆 O 形圈密封结构的详细内容可以按国家标准的规定，GB/T 3452.1-2005 规定了用于液压气动的 O 形橡胶密封圈(下称 O 形圈)的内径、截面直径、公差和尺寸标识代号，适用于一般用途(G 系列)和航空及类似的应用(A 系列)。如有适当的加工方法，本部分规定的尺寸和公差适合于任何一种合成橡胶材料。

表 6-4　阀杆(或轴)用 O 形密封圈安装沟槽尺寸　　　(单位：mm)

O 形圈截面直径			1.80	2.65	3.55	5.30	7.00
沟槽深度 t	阀杆密封，计算 d_6 用	液动动密封	1.35	2.10	2.85	4.35	5.85
		气动动密封	1.40	2.15	2.95	4.50	6.10
		静密封	1.32	2.00	2.90	4.31	5.85
沟槽宽度 b	气动动密封		2.20	3.40	4.60	6.9	9.30
	液压动密封或静密封		2.40	3.60	4.80	7.10	9.50
最小导角长度 Z_{min}			1.1	1.5	1.8	2.7	3.6
阀杆与壳体之间的单边间隙 g							
沟槽底圆角半径 r_1			0.2~0.4		0.2~0.4		0.8~1.2
沟槽楞圆角半径 r_2			0.1~0.3				

注：t 值考虑了 O 形橡胶密封圈的压缩率，允许沟槽尺寸按实际需要选定。

表 6-5　阀杆用 O 形密封圈预压缩率

O 形圈内圈直径 d_1	3.75~10	≥10~25	≥25~60	≥60~125	≥125~250
预压缩率	8%	6%	5%	4%	3%

GB/T 3452.2-2005 标准规定了液压气动用 O 形橡胶密封圈外观质量检验的判定依据。本部分适用于 GB/T 3452.1-2005《液压气动用 O 形橡胶密封圈　尺寸系列及公差》规定的 O 形圈。工作压力超过 10 MPa 时，需要采用带挡圈的结构形式。

6.1.3.5　阀杆密封件常用材料

阀杆密封件材料的选取依据是满足密封性能要求，满足化工固体物料要求的都能使用，化工固体物料阀门的阀杆密封件常用材料及相关标准列于表 6-6 中。

表 6-6　阀杆用填料密封件材料

填料类型	材料种类	材料品种	适用温度/℃	耐腐蚀	标准号
编织填料	聚四氟乙烯	—	≤250	耐酸、耐碱	JB/T 6626-2011
	柔性石墨	—	≤450	耐酸、耐碱	JB/T 7370-1994
	芳纶纤维	—	≤200	耐酸、耐碱	JB/T 7759-2008
	碳(化)纤维浸聚四氟乙烯	—	≤250	耐酸、耐碱	JB/T 6627-2008
	酚醛纤维	—	≤120	耐酸、耐碱	JB/T 7759-2008
成型填料	填充聚四氟乙烯	SFT-1、SFT-2、SFT-3	≤150	耐酸、耐碱	JB/T 1712-2008
	对位聚苯	—	≤350	耐酸、耐碱	JB/T 1712-2008
	石墨环	—	≤450	耐酸、耐碱	JB/T 6617-1993
锥形填料	填充聚四氟乙烯	SFT-1、SFT-2、SFT-3	≤150	耐酸、耐碱	—
	对位聚苯	—	≤350	耐酸、耐碱	—
O 形圈	氟橡胶	—	≤220	耐酸、耐碱	GB/T 3452.1-2005

6.1.4　化工固体物料阀门的垫片密封

化工固体物料阀门的常用密封垫片大部分是非金属密封材料的平垫片，也可以是金属包覆非金属的复合材料垫片、缠绕式垫片或金属垫。

6.1.4.1　垫片的密封原理

阀门零部件连接的静密封处泄漏有两种形式：界面泄漏和渗透泄漏，如图 6-7a 所示。所谓界面泄漏，就是介质从垫片表面与连接件接触的密封面之间渗漏出来的一种泄漏形式。界面泄漏与静密封面的形式、密封面的粗糙度、垫片的材料性能及垫片安装质量(位置与比压)等因素有关。

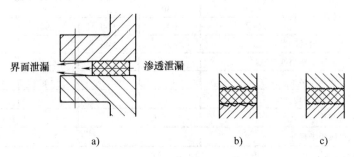

图 6-7　垫片的密封原理示意图
a) 垫片的泄漏途径　b) 压紧前的密封副　c) 压紧后的密封副

如图 6-7b 是压紧前的密封副，图中的密封面和垫片是放大了的微观几何图形，当垫片在密封面之间，未压紧之前，垫片没有塑性变形和弹性变形，介质很容易从界面泄漏。

如图 6-7c 是压紧后的密封副。当垫片被压紧后，垫片开始变形，随着压紧力的增加，垫片承受的比压增大，垫片的变形越大，开始逐渐使垫片表面层变形，挤压进连接件密封面的波谷中去，并填满整个波谷，阻止介质从界面渗透出来。垫片中间部分在压紧力的作用下，除有一定的塑性变形外，还有一定的弹性变形，当两密封面受某些因素的影响产生松弛而间距变大时，垫片具有回弹力，随之反弹变厚而填补密封面间距变大的空间，阻止介质从界面泄漏，这个过程表明了垫片的密封机理。

所谓渗透泄漏就是指介质从垫片的毛细孔中渗透出来的一种泄漏形式。产生渗透泄漏的垫片是以植物纤维、动物纤维和矿物纤维材料制作的垫片。它们的组织疏松、介质容易渗透，一般用上述纤维材料制作密封垫片，事先都做过浸渍处理以防止渗透泄漏。浸渍的原料有油脂、橡胶和合成树脂等。即使经过这种浸渍处理，也不能保证垫片绝对不渗透，我们平时所讲的"阻止渗透"、"无泄漏"，只不过渗透量非常微小，肉眼看不到罢了。

垫片的渗透泄漏与介质的压力、介质的渗透能力、垫片材料的毛细孔大小、毛细孔长短、对垫片施加压力的大小等因素有关。介质的压力大而黏度小，垫片的毛细孔大而短，则垫片的渗漏量大，反之，则垫片的渗漏量小。被连接件压得越紧，垫片中的毛细孔也将逐渐缩小，介质从垫片中的渗透能力将大大减小，甚至认为阻止了介质的渗透泄漏。适当地对垫片施加预紧力是保证垫片不产生或迟产生界面泄漏和渗透泄漏的重要手段。当然，给垫片施加的预紧力不能过大，否则将使垫片被压坏和失去密封效能，其结果是适得其反。

6.1.4.2　化工固体物料阀门用垫片选型

化工固体物料阀门常用密封垫片不同于管法兰用的垫片，因为管法兰的尺寸是标准的，不能随意改变，而阀门各零件之间的密封垫片，包括阀体与阀盖之间的中法兰垫片，其尺寸是阀门设计者根据实际需要确定的，所以阀门用的中法兰垫片要根据工况参数要求、工作介质、阀门结构、密封性能等条件进行设计，考虑的内容主要包括垫片的宽度、厚度等尺寸和材料特性等。

由于化工固体物料阀门的工作压力比较低，所以比较多的场合使用非金属平垫片，非金属平垫片的形式和尺寸可以参照 GB/T 9126-2008《管法兰用非金属平垫片　尺寸》的规定。适用于公称压力 PN2.5～PN63 和 Class150～Class600 的全平面、突面、凹凸面和榫槽面的中法兰密封。

非金属平垫片的技术要求、检验、标志、包装和储存按 GB/T 9129-2003《管法兰用非金属平垫片 技术条件》的规定。

中法兰密封用非金属平垫片的形式、尺寸及公差、技术条件、检验和试验等要求也可以参照中国石化标准 SH/T 3401-2013《石油化工钢制管法兰用非金属平垫片》的规定。

为了满足化工固体物料不受污染或其他要求，阀门的中法兰垫片也可以选用聚四氟乙烯包覆垫片。聚四氟乙烯包覆垫片的形式、尺寸及公差、技术条件、检验和试验等要求参照采用管法兰的垫片标准 SH/T 3402-2013《石油化工钢制管法兰用聚四氟乙烯包覆垫片》的规定。所适用的公称压力小于或等于 Class300、工作温度小于或等于 150 ℃。

中法兰密封用垫片可以采用金属环垫，金属环垫的形式、尺寸及公差、技术条件、检验和试验等要求参照采用管法兰的垫片标准 SH/T 3403-2013《石油化工钢制管法兰用金属环垫》的规定，适用于公称压力 PN20～PN420 或 Class 150～Class 2500 的环槽面用金属环垫。

中法兰密封用垫片可以采用缠绕式垫片，缠绕式垫片的形式、尺寸及公差、技术条件、检验和试验等要求参照采用管法兰的垫片标准 SH/T 3407-2013《石油化工钢制管法兰用缠绕式垫片》的规定，适用于公称压力 PN20～PN420 或 Class 150～Class 2500 的缠绕式垫片。

6.1.4.3 化工固体物料阀门用垫片材料

密封垫片材料的选取依据是满足密封性能要求和满足化工固体物料的要求，化工固体物料阀门的密封垫片常用材料列于表 6-7 中。

表 6-7 化工固体物料阀门用密封垫片材料

垫片类型	材料种类	适用温度/℃	耐腐蚀	标准号
平垫片	聚四氟乙烯板	≤150	耐酸、耐碱	GB/T 9126-2008、SH/T 3401-2013
	柔性石墨	≤450	耐酸、耐碱	GB/T 9126-2008、SH/T 3401-2013
	石棉板	≤450	耐酸、耐碱	GB/T 9126-2008、SH/T 3401-2013
	对位聚苯	≤350	耐酸、耐碱	—
包覆垫片	聚四氟乙烯包覆	≤150	耐酸、耐碱	NB/T 47026-2012、SH/T 3402-2013
金属环垫	奥氏体不锈钢	≤450	耐酸、耐碱	NB/T 47024-2012、SH/T 3403-2013
缠绕垫片	SS+石墨	≤450	耐酸、耐碱	NB/T 47025-2012、SH/T 3407-2013

6.2 化工固体物料阀门的检验与验收

化工固体物料阀门的检验与验收内容包括：密封性能、动作性能、材料的化学成分与力学性能、安装尺寸与连接尺寸、关键零部件几何尺寸、外观、标志标识、各种文件资料的检验等。

6.2.1 各种文件资料的审验

如果用户在订货合同中没有规定其他附加检验要求，买方资料的审验主要包括如下内容：

(1) 审查主要零部件的"原材料记录"、外购件的合格证、质量保证书、标准件的合格证等资料。

(2) 审查"机械加工记录"、"热处理记录"、零部件的加工检验记录等。

(3) 检查阀门的操作、使用、维护说明书，供需双方协商确定的其他资料是否齐全。

(4) 检查阀门的详细易损件清单、备品备件清单(包括规格型号、生产厂家等)。

(5) 检查卖方提供的产品质量合格证，每台阀门1份。

(6) 必要的阀座密封性能试验报告、壳体密封性能试验报告和动作性能试验报告，及其他要求的试验报告。

6.2.2　性能检验要求

(1) 化工固体物料阀门的基本要求按 GB/T 12224-2015《钢制阀门　一般要求》的规定进行检验。

(2) 动作性能试验。壳体试验和密封试验合格之前应进行动作性能试验，使用阀门所配置的驱动装置(包含手动)操纵阀瓣，额定行程启闭(或换向)动作不少于三次，要求每次启闭(或换向)操作过程中动作应灵活、无卡阻、运动件起止位置符合要求、控制部分无异常(如气体泄漏等)现象，控制信号无异常。

(3) 阀门的壳体压力试验。即壳体的承压能力检验，按制造厂和用户共同协商确定的壳体压力试验标准，例如 GB/T 26480-2011《阀门的检验和试验》，GB/T 13927-2008《工业阀门　压力试验》等，包括阀门的试验方法、试验压力、试验最短持续时间、是否合格的判定依据等要求。

(4) 阀座密封性能试验。进行密封试验时，应使用其所配置的驱动装置(包含手动)启闭操作阀门进行密封试验检查。在密封试验的最短持续时间内，通过阀座密封面泄漏的最大允许泄漏率应符合制造厂和用户协商确定的验收标准的要求，例如 GB/T 26480 的规定，也可以按产品标准的要求。

(5) 阀门主要零部件的刚度要求。换向阀、取样阀、插板阀、放料阀的壳体强度试验以后，各个部位不得有结构变形，不允许有结构损伤。

(6) 壳体夹套密封试验。对有伴温夹套的壳体，应在壳体压力试验前进行粗加工，在壳体压力试验后进行精加工，壳体的夹套在设计压力下(一般夹套工作压力在 0.40~0.60 MPa)应无可见泄漏。

(7) 对适用于化工颗粒物料的阀门，防剪切、防卡阻结构是否符合使用工况的要求。

(8) 对适用于化工粉末物料的阀门，防黏附、防搭桥结构是否符合使用工况的要求。

(9) 换向阀、取样阀、插板阀、放料阀应逐台进行出厂试验和检验，合格后方可出厂。

6.2.3　外观检查

(1) 外观。换向阀、取样阀、插板阀、放料阀的壳体表面应光洁平整，不得有可见缺陷，如果是焊接结构的壳体，焊缝应饱满(含带包温夹套的壳体焊缝)无缺陷。如果铸件、锻件表面有缺陷需要补焊时，焊后应进行打磨，必要时要进行表面无损检测。

(2) 目测阀体表面铸造或打印标记的公称尺寸、公称压力等内容要清晰、美观、完整。

(3) 铸件外观质量检验与验收按 JB/T 7927-2014《阀门铸钢件　外观质量要求》的规定。

(4) 外观和涂漆验收按合同规定的要求进行检验。

(5) 防护要求。要能够防止污物进入阀内腔，防雨、防水、防振等。

6.2.4 标识和标志

阀门的标识和标志在世界各国是不同的，我国与其他国家的阀门标识和标志也是不同的，现分别介绍国内阀门的标识和标志及国外阀门的标识和标志。

6.2.4.1 国内阀门的标识和标志

对于按照我国标准生产的阀门，或在国内生产的按我国标准验收的阀门，我国阀门行业有比较完整的检验和验收标准做依据。

(1) 标志标识。对标志标识铸字钢印等应清晰完整，标识要有足够的信息量，标识内容按GB/T 12220-2008《通用阀门的标志》的规定，阀座结构和密封面材料往往是限制阀门工作参数的主要原因，所以要特别注明阀门的允许最高工作压力和允许最高工作温度。

(2) 阀门铭牌要标识的内容主要包括：产品型号、公称尺寸、公称压力、基准温度时的最大允许工作压力、最高允许工作温度、最高允许工作温度对应的最大允许工作压力、适用介质、主体材料、阀座材料、阀杆材料、端法兰连接尺寸执行标准、依据产品标准号、产品生产系列编号、生产单位名称、出厂日期等。对于不同型号的产品，上述内容不一定全部标志在铭牌内。

(3) 标刻在阀体上的内容有：物料的流动方向(用红色箭头标在阀体上)、公称尺寸、公称压力、熔炼炉号或锻打批号、产品的生产系列编号、特种设备压力管道元件制造许可标识等。

6.2.4.2 国外阀门的标识和标志

对于外国各大公司生产的阀门，或在国内生产的按国外标准验收的阀门，其他国家没有统一的阀门型号编制方法，各大公司的阀门型号编制方法都是只适用于本公司的产品，阀门的标识和标志也是各大公司自行规定。对于这种情况，一般要根据某个特定阀门生产公司的产品样本或其他技术资料，进行对比与识别。

我国化工固体物料在生产、运输、输送装置中使用的阀门非常繁杂，有很多公司的产品，如要介绍需用的篇幅太多，这里就不详细叙述了。

6.2.5 主要零部件几何尺寸检测

(1) 阀体壁厚测量。用测厚仪或专用卡尺量具测量阀体流道和中腔部位的壁厚，实际测量的壁厚尺寸要符合 GB/T 12224-2015《钢制阀门 一般要求》的规定，并考虑各种因素增加附加余量，或按产品标准的规定。

(2) 阀杆直径和阀座流道直径测量。用游标卡尺测量阀杆与填料接触区域的阀杆直径及阀杆梯形螺纹的外径，用游标卡尺测量阀座的流道内径。放料阀的阀杆直径和阀座流道直径要符合产品标准 JB/T 11489-2013《放料用 截止阀》的规定。插板阀的阀杆直径和阀座流道直径要符合产品标准 JB/T 8691-2013《无阀盖刀形闸阀》的规定。取样阀的阀杆直径和阀座流道直径参照 JB/T 11489-2013《放料用 截止阀》的规定。换向阀的阀杆直径和阀座流道直径参照 GB/T 12237-2007《石油、石化及相关工业用的钢制球阀》的规定。

(3) 阀体结构长度检测。阀体结构长度是阀门专业的一个术语，是指阀体进口端法兰面与阀体出口端法兰面之间的距离，一般按 GB/T 12221-2005《金属阀门 结构长度》的规定，也可以按用户与制造厂协商确定的其他结构长度尺寸。

(4) 阀体法兰连接尺寸检测。一般情况下，法兰连接尺寸按照国家的有关标准规定，换向阀、取样阀、插板阀、放料阀产品中采用最广泛的有：中国 GB/T 9113-2010《整体钢制管法兰》规定的 PN10、PN16 或 PN25 法兰尺寸、中石化行业标准 SH3406-2013《石油化工钢制管法兰》

规定的 PN20 法兰尺寸等，也可以按用户与制造厂协商确定的其他法兰连接标准规定的尺寸。

(5) 法兰连接密封面的检测。按国家标准 GB/T 9124-2010《钢制管法兰　技术条件》的要求加工法兰密封面、螺母承载面、外径、厚度和钻螺栓孔。需要时，可以用螺纹孔代替法兰上的连接螺栓孔，螺纹孔的旋合部位应该有足够的有效螺纹旋合长度，不包括倒角的螺纹长度，至少要等于螺纹的公称直径。

6.2.6　材料检验与分析

输送化工固体物料的阀门要承受一定的内部气体工作压力，也属于工业管道阀门大类的一种特殊结构形式，其阀体、阀瓣和阀盖等承压件的材料在 GB/T 12224-2015《钢制阀门　一般要求》表 1A 和表 1B 中选取，并符合相关要求。材料的化学成分和力学性能按相关材料标准的规定。

对于阀体、阀瓣、阀盖和阀杆等主要零件材料，采用直读光谱分析或在本体上取样分析，钻屑取样应在表面 6.5 mm 之下处。阀体材质力学性能用阀体相同炉号、相同批次热处理的试棒按 GB/T 228.1-2010《金属材料　拉伸试验　第 1 部分：室温试验方法》的规定进行试验。

6.3　换向阀(或称分路阀)

换向阀是化工固体物料气力输送系统必不可少的关键设备，换向阀的功能是切换物料在气力输送管道内的流通方向，从而实现将物料从一个料仓改送到另一个料仓，或分别送往多个料仓，或从多个料仓汇集到一个料仓的作业，所以称之为换向阀。

6.3.1　换向阀的基本技术要求

换向阀有很多种不同的结构类型分别适用于各种不同的工况介质物料，或适用于各种性能要求的工况参数。虽然各种结构类型的换向阀其基本技术要求不完全相同，但是很多内容都是类似的。基本技术要求主要包括换向阀的主要性能参数、结构类型划分、整机检验主要内容等。除此之外，还有公称尺寸 DN、公称压力 PN、适用法兰标准、主体材料、驱动方式等。

6.3.1.1　换向阀的主要性能参数

各种不同结构类型的换向阀所具有的性能参数虽然不同，但是其主要的参数基本类似。换向阀主要技术性能参数有：

(1) 额定工作压力，即在工况运行条件下换向阀壳体内工作气体压力的最大允许值，一般情况下工作气体压力不是一个定值，而是在低于额定工作压力一定范围内的气体压力(MPa)。设计确定的额定工作压力主要有：0.10 MPa、0.25 MPa、0.40 MPa、0.60 MPa 等几个压力级。

(2) 输送介质，换向阀工作介质有化工固体颗粒物料和化工固体粉末物料两大类。一般情况下，大部分物料粒子的粒径尺寸小于 1 mm 的称为粉末物料，例如聚丙烯粉、聚乙烯粉、PTA 粉等；大部分物料粒子的粒径尺寸在 1~4 mm 的称为颗粒物料，例如聚酯颗粒、聚乙烯颗粒、聚丙烯颗粒等。

(3) 转子旋转角度，现在生产装置中使用比较多的一般在 30°~145°。

(4) 适用温度，即在工况运行条件下工作物料的温度(℃)，对于大部分换向阀来说工作物料的温度是常温，即不大于 60 ℃。

(5) 驱动方式，一般情况下有气缸驱动、电动机驱动、手柄驱动、齿轮驱动等几种方式。对于化工生产装置中使用的换向阀来说，气缸驱动的比较多。

(6) 介质粒度，工作物料的规格尺寸，如 $\phi3$ mm×3 mm 的颗粒物料。

(7) 驱动气缸的进气管道控制附件参数，如电磁换向阀参数：二位五通、双电磁铁、220 V、防护级别 IP54 等。

6.3.1.2　换向阀的分类

在化工固体物料气力输送系统中应用的换向阀有很多种结构类型，品种规格更是极其繁多，而且新产品、新结构仍在不断涌现，根据目前化工装置中使用比较多的几种结构，换向阀按照不同的分类方法可以分为：

(1) 按照换向阀的阀瓣结构不同可以分为：圆柱式换向阀、球形换向阀、旋转板式换向阀、翻板式换向阀、双通道式换向阀等几种。

(2) 按照阀体上两个出料通道的夹角不同，可以分为：30°、45°、60°、90°等几种角度。

(3) 按照工作气体压力可以分为：低压(工作压力小于 0.10 MPa)、中压(工作压力在 0.10～0.20 MPa)和高压(工作压力大于 0.20 MPa)。

(4) 按适用的工作介质可以分为适用于化工固体颗粒物料和化工固体粉末物料。

无论哪种结构，也无论适用于高压工况还是低压工况，虽然换向阀的结构和性能参数不同，但是换向阀的功能和作用都基本相同。

需要特别指出的是，本章所述的几种结构的换向阀其内部结构不同，但是其与管道安装的要求是基本一致的，都可以很容易地实现任意位置安装，当气力输送管道要求换向阀反向安装时，即在换向阀的进料口和出料口位置对调时，可以将上部的传动轴、支架和驱动气缸安装在阀瓣轴的另一端，使换向阀的进出口方位实现互换。

6.3.1.3　换向阀的整机检验主要内容

由于换向阀的结构特点不同于其他阀门，除第 6.2 节规定的检验内容以外，换向阀的整机检验补充如下内容：

(1) 在壳体压力试验过程中使阀瓣与两个阀座都处于分离状态，在换向阀的壳体内通入 1.5 倍设计压力的压缩空气或氮气，检查整个壳体，特别是各连接部位是否漏气。

(2) 阀瓣密封性能检验，对于气缸驱动的，用确定的驱动方式在气缸内通入 0.40～0.60 MPa 的压缩空气，由气缸驱动阀瓣进行换向操作，在阀瓣换向的两个终点位置状态，分别在壳体的进口侧通入与设计压力相同的压缩空气或氮气，分别检验两个方向出口阀瓣与阀座之间的密封性能，达到合同规定的设计要求即为合格。

(3) 换向阀两个出料通道之间的夹角与生产装置要求的一致，是指 45°、60°、90°等或用户与制造厂协商确定的其他角度。

6.3.2　换向阀的工作原理

换向阀的工作原理是，在驱动气缸(或其他驱动方式)的作用下阀瓣在阀体内旋转一定角度，通过改变阀瓣通道的方位从而使阀体进料通道与不同的出料通道相互接通，实现改变固体物料气力输送的出料通道。根据阀瓣的结构不同，相适应的阀体、端盖等主要零部件结构也不同。

对于大部分常用换向阀来说，阀体有一个进料通道和两个出料通道，其中应用最多的是两个出料通道之间的夹角是 45°，所以阀瓣旋转 135°就可以改变出料通道的方位，如图 6-8 所示。

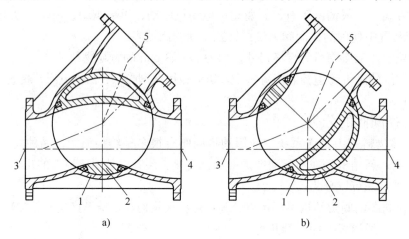

图 6-8　换向阀工作原理示意图
a) 阀瓣通道位于直线侧通　b) 阀瓣通道位于斜线侧通
1—壳体　2—阀瓣　3—物料进口　4—物料直线出口　5—物料斜线出口

　　换向阀的结构类型有很多种，两个出料通道的夹角也可以是其他可行的角度，换向阀的主体结构也可能是其他形式的，主体结构不同相适应的阀瓣结构就不同，实现换向所需要阀瓣旋转的角度也就不同。

　　换向阀应用于化工固体物料气力输送系统中，是气力输送管道中的主要组成部分，要保证管道的正常输送就需要保证有足够好的密封性能。换向阀的阀座密封一般都采用软密封面材料，相互接触的两个密封面可以单独或全部使用非金属材料，如填充聚四氟乙烯类、填充对位聚苯类或其他新型材料，也可以采用氟橡胶等密封材料。由于这些材料质地柔软，材料的必需密封比压比较小，相同的密封面面积所需要的密封力比较小，而且密封面的重复使用性能很好，使用寿命可以达到 10 000 次以上甚至更高。

　　阀瓣的结构不同将使换向阀的整体结构产生重大变化，从而影响性能和适用工况条件。无论是换向阀的加工制造阶段结构设计还是选型设计，通常都是根据使用物料的特性、粒子尺寸大小、公称尺寸大小、气力输送系统工作气体压力、工作温度等工况条件确定换向阀的阀瓣结构，然后选择合适的阀座密封结构。

　　换向阀的阀座泄漏导致含有一定粉末的输送气体泄漏到管道内，虽然不会污染环境，也没有流体泄漏到大气中，但是其危害仍然十分严重，轻则使系统的物料输送量下降，影响整个化工生产装置的正常生产能力，重则将会使气力输送系统的气体压力低于正常输送工作压力，造成一部分化工固体物料在管道中由于浮力不足而下沉，沉降在管道底部的物料堵塞部分管道截面积而使输送量进一步明显下降，甚至不能正常输送。对于不同结构的换向阀，其阀座密封结构不同，对于相同结构的换向阀，其阀座密封结构可以相同，也可以不同，下面就常用的换向阀的主体结构、阀座密封结构及特点、密封性能以及适用工况范围等分别作简单介绍。

6.3.3　圆柱式(或球型)换向阀

圆柱式(或球型)换向阀的阀瓣是圆柱式(或球型)结构，圆柱式换向阀的阀瓣由圆柱体改为球体就是球型换向阀，两者的主体结构、适用物料特性、适用工况参数等基本类似，所以在这里把两种结构放在一起介绍。圆柱式换向阀主要由阀体 1、端盖 2、阀瓣位置指示器 3、轴承压盖 4、阀瓣 5、阀座密封圈 6、传动轴 7、支架 8、驱动气缸 9、调心轴承 10、O 形密封圈 11、定位销 12、密封垫片 13 等零部件和驱动部分组成，如图 6-9 所示。

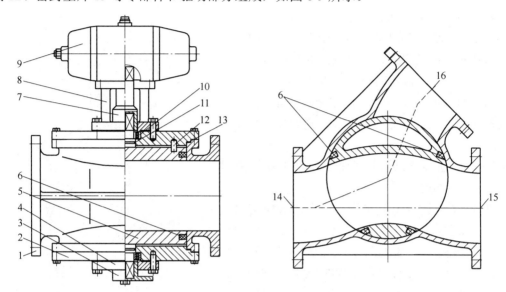

图 6-9　圆柱式换向阀结构示意图

1—阀体　2—端盖　3—阀瓣位置指示器　4—轴承压盖　5—阀瓣　6—阀座密封圈　7—传动轴　8—支架　9—驱动气缸
10—调心轴承　11—O 形密封圈　12—定位销　13—密封垫片　14—物料进口　15—物料直出口　16—物料斜出口

圆柱式(或球型)阀瓣的上轴和下轴分别安装有向心推力球轴承，能够实现自动调心和对心的功能，轴承的外套分别固定在上、下端盖的轴承安装孔内，传动轴与阀瓣的主轴相连接，支架固定在上端盖上，支架的上部连接驱动气缸及其气路控制部分附件(主要包括：电磁换向阀、定位器、过滤减压阀等)。

传动轴的功能和作用是：其一是传递驱动力矩使阀瓣旋转一定角度，实现直出料口和斜出料口通断互换；其二是可以使换向阀很容易地实现任意位置安装。当气力输送管道要求换向阀反向安装时，即在图 6-9 圆柱式换向阀的进料口 14 和直线出料口 15 安装方位对调时，可以将上部的传动轴 7、支架 8 和驱动气缸 9 及下部的阀瓣位置指示器 3 分别取下来，然后对调位置组合安装，即把传动轴 7、支架 8 和驱动气缸 9 安装在下部，把阀瓣位置指示器 3 安装在上部，这样换向阀的直线出料口和进料口方位就可以实现互换。本章所述的其他几种结构的换向阀与圆柱式换向阀的直线出料口和进料口方位对调相类似，也可以实现直线出料口和进料口方位对调。

6.3.3.1　圆柱式(或球型)换向阀的阀瓣结构

阀瓣的结构尤为重要，阀瓣的结构决定了阀体、端盖等主要零部件的结构，同时阀瓣的结构决定了换向阀适用的工况参数，特别是决定了适用的工作气体压力、工作介质等性能参数。圆柱式换向阀的阀瓣结构如图 6-10 所示，阀瓣与上主轴和下主轴连接为一体，对于公称尺寸比较大的圆柱式阀瓣，也可以将阀瓣与两段轴分别制造，然后再连接成为一体结构。

圆柱式阀瓣在阀体内可以沿阀门通道相垂直的轴线在一定角度内旋转，但是，阀瓣不能沿通道轴线移动，也不能在其他任何方向移动。因此，圆柱式换向阀在工况运行过程中，包括体腔内工作介质的作用力和各种结构之间的力都传递在轴承上，不会使阀座密封圈承受附加外力，阀座密封圈的密封比压不会发生太大变化，密封性能比较稳定。所以圆柱式换向阀的驱动力矩比较小，而且在任何工况条件下变化不大。阀座密封圈的变形小和使用寿命长。阀瓣在阀体内腔中旋转，靠气缸的行程定位阀瓣的位置。为了防止阀瓣旋转错误，在阀瓣的两侧端部有限位槽，如图图 6-10 中的 5，在端盖上有定位销，依靠限位槽和定位销保证阀瓣安装位置的唯一性和正确性。

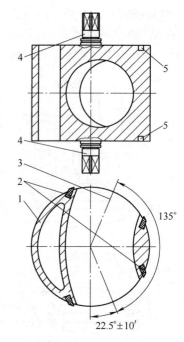

图 6-10　圆柱式换向阀的阀瓣结构示意图
1—阀瓣的圆柱形部分　2—阀座密封圈　3—圆形通道
4—两端固定轴　5—阀瓣旋转限位槽

6.3.3.2　圆柱式(或球型)换向阀的阀座密封结构

圆柱式(或球型)换向阀采用比较多的阀座密封结构是成形环密封阀座，是将粉末原料用一定形状的模具成形，并且经过在特定的温度和压力下加工而成的。成形环密封阀座可以是柱形环结构的，固定在阀瓣上，也可以是在背面加工成斜面结构的，固定在阀体上，无论是固定在阀瓣上还是固定在阀体上，都要有专门的结构和手段防止阀座脱落，并且要保证两者之间的接合面要满足工况要求的密封性能。成形环密封阀座的结构如图 6-11 所示。

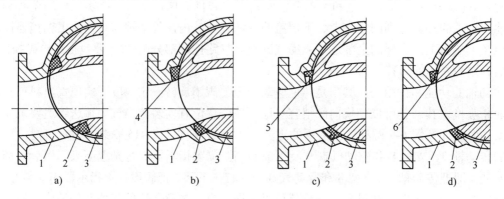

图 6-11　换向阀成形环阀座密封圈结构示意图
a) 柱形环阀座密封圈固定在阀瓣上　b) 斜面结构阀座密封圈固定在阀体上
c) "V"形阀座密封圈固定在阀体上　d) 双唇结构阀座密封圈固定在阀体上
1—壳体　2—阀座密封圈　3—阀瓣　4—阀座底部非接触部分　5—阀座底部"V"形开口部分　6—阀座双唇密封面部分

成形环密封阀座的特点是：在预紧力的作用下，阀体、阀座和阀瓣三者之间紧密接触，并使阀座产生弹塑性变形从而使密封副达到密封的目的。密封的效果取决于阀体、阀座和阀瓣三者之间在预紧力的作用下能够补偿阀瓣或阀体加工精度和表面微观不平度的程度。因此，阀瓣或阀体与阀座之间必须具有足够大的密封比压 q，并应满足式(6-2)的工作条件。

对于图 6-11a 所示的柱形环阀座密封圈，结构最简单，加工制造最方便和应用最普遍。但是，这种阀座的密封关键是正确设计和选用阀座密封圈的尺寸和材料，在装配过程中巧妙处理和控制阀体、阀座和阀瓣三者之间的尺寸公差，从而控制三者之间的密封比压。调试和控制过程中，在很大程度上要依靠尺寸加工精度和表面粗糙度来保证阀座的密封性能。如果阀座密封圈装配在阀瓣的沟槽内，装配时首先将阀座和阀瓣装配并固定在一起，然后再与阀体装配。如果阀座密封圈装配在阀体的沟槽内，装配时首先将阀座和阀体装配并固定在一起，然后再与阀瓣装配。

对于图 6-11b 所示斜面结构的阀座密封圈，阀座的底部不是整个平面完全与阀体接触，而是有一部分悬空。当阀瓣的压紧力作用在阀座上时，阀座可以有一定程度的弹性变形，密封副之间的预紧力，除使阀座密封圈材料产生弹塑性变形以外，还会使阀座本身特殊结构产生变形。这种结构的阀座密封圈也可借助弹性元件，例如在阀座内的金属弹性骨架、在阀座与阀体之间放置蝶形弹簧等办法，在预紧力或工况条件下产生弹性变形，以补偿温度、压力、磨损等外界条件变化对阀瓣密封性能产生的影响。

特殊结构的弹性阀座密封圈最初是从球阀借鉴到换向阀的，是针对特定工况条件而设计的，其结构种类特别多，斜面阀座密封圈结构简单，加工制造方便，有一定量的预紧力补偿能力，阀座密封圈与阀体固定在一起，装配时首先将阀座和阀体装配在一起，然后将阀瓣装配到阀体内。

图 6-11c 所示 "V" 形结构的阀座密封圈以普通阀座为基础，在与阀体接触的一面加工出一道 "V" 形结构的截面环形槽而成。在换向阀装配过程中，要合理控制阀瓣、密封圈、阀体三者之间的尺寸公差使过盈量略大于普通阀座密封圈，从而使装配后的预紧力不要过大。这种结构的阀座不但可以适用于在较高的工作压力下能够保证密封，而且还可以适用于 0.05 MPa 的低压工况也能保证密封，这正是 "V" 形结构阀座密封圈的最大优点。

在加工制造 "V" 形阀座密封圈的过程中，如果在 "V" 形部分加一个金属骨架，就会提高密封圈的刚度，可以增加密封面的密封比压和提高阀门的适用工作压力，这种结构就是所谓的金属骨架弹性密封阀座。

图 6-11d 所示双唇结构的阀座密封圈也叫作异形槽弹性密封圈，在普通型密封圈的基础上，在密封副表面加工出一个环形槽来减小密封副的接触面积，增加密封副的密封比压和提高密封副的密封性能，适用于工作压力在 0.6 MPa 以下，公称尺寸 DN400 以下的阀座密封圈。

对于不同结构的换向阀，其阀座密封结构不同，上述几种成形环密封阀座主要应用于圆柱式阀瓣结构的换向阀、球形阀瓣结构的换向阀和双通道式阀瓣结构的换向阀。

6.3.3.3 圆柱式换向阀的结构特点

圆柱式(或球型)换向阀是化工固体物料气力输送系统中应用最广泛的一种结构形式的换向设备，这是因为圆柱式(或球型)阀瓣的结构特点与其他结构相比较，有许多突出的优点受到人们的欢迎，其主要特点如下：

(1) 内部通道结构对化工固体物料的流动阻力小。圆柱式(或球型)换向阀的整个通道都是圆形的，包括阀体的进料通道和出料通道和阀瓣的通道，而且一般不缩径，就是输送管道的内径和阀瓣的通道直径基本一致，在壳体内腔的通道中没有急拐弯，只是在阀瓣内腔通道中有一个 135° 的大曲率圆弧。所以换向阀内腔的局部阻力与同等长度管道的摩擦阻力相比较是很接近的，在所有结构的换向阀中，这种结构的摩擦阻力最小。在气力输送系统管道中，化工固体物料悬浮在高速流动的氮气流中，如果阀内流道截面积有过大的变化或流道的截面形状变化比较大，气流的流束将会变化比较大，气流的速度也将会有很大的变化，悬浮在气流中的化工固体物料将会相互碰撞，一方面会有物料沉积在管道内，造成输送能力下降，另一方面化工固体物料相互碰撞将会使物料的产品质量受到影响。所以圆柱式换向阀是非常适用于高压气力输送的一种结构。

(2) 阀座密封性能好。目前，绝大多数成型环密封阀座材料都是用聚四氟乙烯材料为基体，或适用的新材料为基体，根据不同的性能参数要求添加不同的其他辅助材料加工而成。金属与非金属材料组成的密封副通常称为软密封。一般来说，软密封副保证密封性能所需要的密封比压比较小，而且对密封副表面的加工尺寸精度与表面粗糙度的要求比金属对金属的硬密封阀座密封副要低很多。

(3) 阀座使用寿命长。阀座密封圈是易损件，密封圈的使用寿命长决定着最长的无故障工作周期就长。填充聚四氟乙烯材料或其他新型材料的阀座密封圈安装在沟槽内，只有不足 1 mm 的高度凸出来，阀座承受外力的能力会大大提高。填充聚四氟乙烯(PTFE 或称 F-4)具有良好的自润滑性能，因此与圆柱形阀瓣的摩擦因数很小，摩擦磨损量也很小。而且圆柱形阀瓣外表面的加工工艺很容易保证圆柱形外表面的形状与位置公差和表面粗糙度，从而提高了换向阀的使用寿命。据相关资料介绍，安装成形环密封阀座的圆柱式换向阀在试验室进行寿命试验的换向次数可以超过 7 万次。

(4) 工作性能稳定可靠。圆柱式(或球型)换向阀的密封性能可靠主要是因为：

1) 成型环密封阀座与圆柱形(或球形)阀瓣之间的密封副发生急剧性擦伤、磨损等突发性故障的概率很低，甚至可以说是极低。

2) 圆柱形(或球型)阀瓣的转动轴通过轴承将作用在阀瓣上的各种外力依次传递到端盖和阀体上，阀瓣与密封阀座之间的密封副不会承受突如其来的外力。

3) 采用防静电密封结构，阀体上有连接导出静电的接线柱可以适用于各种工况的要求。

(5) 阀体和阀瓣的通道内平整光滑，阀体与阀瓣通道的对接性好，化工固体物料相互之间、固体物料与内腔壁之间的碰撞、摩擦概率很低。

(6) 阀瓣换向迅速、方便。由于一般结构的圆柱式(或球形)换向阀，两个出料通道的夹角是 30°、45°和 60°等，换向过程只需要阀瓣旋转 120°～150°就可以实现从一个出料口换到另一个出料口，很容易实现快速换向工艺要求。

(7) 圆柱式(或球形)换向阀与其他结构相比较，单台整机的结构尺寸和重量比较大。

6.3.3.4 圆柱式(或球型)换向阀的适用范围

从以上分析可以看出，安装成形环密封阀座的圆柱式(或球型)换向阀可以适用的范围很广，适用的参数也比较高，详细的适用参数范围如下：

(1) 由于阀座密封性能好，所以适用于工作气体压力高的工况条件，连接法兰可以是公称压力 PN10 或 PN16，气体工作压力可以是 0～0.60 MPa。

(2) 由于化工固体物料相互之间、固体物料与内腔壁之间的碰撞、摩擦概率很低，所以适用于输送颗粒或粉末化工固体物料。

(3) 对于尺寸比较大的阀瓣结构不受限制，所以可以适用于公称尺寸比较大的场合，可以到公称尺寸 DN250 或更大。

(4) 在化工固体物料气力输送系统中，工作温度一般都不会很高，圆柱式(或球形)换向阀的阀座密封圈是填充聚四氟乙烯材料或其他新型材料加工制造的，可以适用于150 ℃条件下长期工作，已经超过了气力输送过程中的化工固体物料温度，满足化工固体物料气力输送要求。

6.3.4　旋转板式换向阀

旋转板式换向阀的阀瓣是平板形的，主体结构由阀体1、端盖2、轴承压盖3、阀瓣位置指示器4、阀瓣5、传动轴6、支架7、驱动气缸8、调心轴承9、O形密封圈10、阀座密封圈11、密封圈压板12等零部件和驱动部分组成，如图6-12所示。

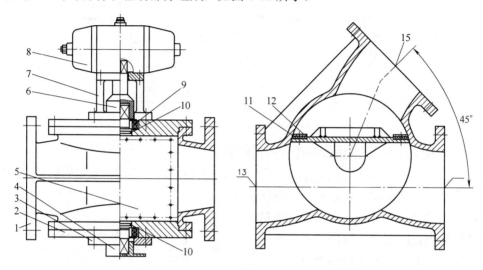

图6-12　旋转板式换向阀结构示意图

1—阀体　2—端盖　3—轴承压盖　4—阀瓣位置指示器　5—阀瓣　6—传动轴　7—支架　8—驱动气缸　9—调心轴承
10—O形密封圈　11—阀座密封圈　12—压板　13—物料进口　14—物料直出口　15—物料斜出口

除去阀瓣以外，其他零部件的结构与圆柱式换向阀基本类似，但是相同规格的阀瓣尺寸要小很多，所以旋转板式换向阀的外形尺寸和整机重量都比较小，封座的密封性能也相对要差一点。旋转板式阀瓣的上轴和下轴分别安装有向心推力球轴承，能够实现自动调心的功能，轴承的外套分别固定在上下端盖的轴承安装孔内，传动轴与主轴相连接，支架固定在上端盖上，支架的上部连接驱动气缸及其附件(主要包括：电磁换向阀、定位器、过滤减压阀等)。

6.3.4.1　旋转板式换向阀的阀瓣结构

阀瓣的结构决定着换向阀的结构，旋转板式阀瓣的结构比较简单，不同结构的阀体、端盖等主要零部件与之相匹配，同时阀瓣的结构决定了换向阀适用的工况参数，特别是决定了适用的工作压力、工作介质等性能参数。旋转板式换向阀的阀瓣结构如图6-13所示，阀瓣与上主轴和下主轴连接为一体，阀瓣与阀体密封的部分是在一个平面内的长方形(或正方形)，密封圈是一个用填充聚四氟乙烯平板加工出来的长方形平面工件。由于阀瓣与阀体之间的密封圈固定在阀瓣侧面，而不是像圆柱式阀瓣的密封圈固定在沟槽内，而且密封圈的位置不是相对于固定轴对称分布，所以密封圈能够承受的外力比较小，密封副的实际密封比压要小一些。

旋转板式阀瓣在阀体内可以沿阀门通道相垂直的轴线在一定角度内旋转，但是，阀瓣不能沿通道轴线移动。因此，旋转板式换向阀在工况运行过程中，包括体腔内工作介质的作用力和各种结构之间的作用在阀瓣上的外力都传递到轴承上，不会使阀座密封面承受附加外加载荷，阀座密封板的密封比压不会发生太大变化，密封性能比较稳定。一般情况下，密封板的厚度比较小，受力后容易密封，在任何工况条件下密封比压变化不大，所以驱动力矩比较小，使用寿命长。同时，正是由于密封板的厚度比较小，受力后容易变形，所以适用的工作压力比较低。

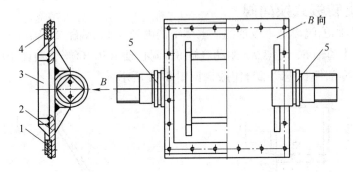

图 6-13　旋转板式换向阀的阀瓣结构示意图
1—阀座密封圈　2—旋转板式阀瓣　3—加强筋　4—方形压板　5—固定轴

6.3.4.2　旋转板式换向阀的阀座密封结构

旋转板式换向阀采用填充聚四氟乙烯板作为阀座密封件，用不锈钢板将聚四氟乙烯板固定在阀瓣的外侧面，填充聚四氟乙烯板与阀体接触密封的两侧边呈斜面形状，可以增加密封板与阀体接触的吻合度来提高阀座的密封性能。填充聚四氟乙烯板与端盖接触的上下两端边呈平面结构，适当调节两者之间的接触松紧程度可以获得合理的密封比压，聚四氟乙烯板阀座密封圈的结构如图 6-14 所示。

非金属材料板阀座密封圈可以是填充聚四氟乙烯板的，也可以用符合要求的新型材料板加工制造。其特点是：在预紧力的作用下，阀体、阀座密封圈和阀瓣三者之间紧密接触，并使阀座密封圈产生弹塑性变形从而使密封副达到密封。密封的效果取决于阀体、阀座密封圈和阀瓣三者之间在预紧力的作用下，能够补偿阀体加工精度和表面微观不平度的程度。因此，

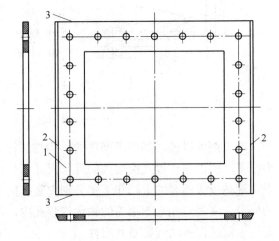

图 6-14　换向阀非金属材料板阀座密封圈结构示意图
1—平板形阀座密封圈　2—与阀体接触的两侧边呈斜面
3—与端盖接触的上下两端边呈平面

阀体与阀座密封圈之间必须具有足够大的密封比压 q，并应满足式(6-2)的工作条件，才可以取得很好的密封效果。

6.3.4.3　旋转板式换向阀的结构特点

旋转板式换向阀是化工固体物料气力输送系统中应用非常广泛的一种结构形式，这是因为旋转板式阀瓣的结构特点有许多是其他结构所不具有的突出优点，深受广大用户的欢迎，其主要特点如下：

(1) 旋转板式换向阀的最大优点是，在整个换向操作过程中，从一个通道接通到另一个通道接通没有截断物料流动状态的"堵死"现象出现，在一个出料通道逐渐截断过程中，另一个通道已经部分接通。悬浮在气流中的化工固体物料流动状态变化比较小，可以实现在线不停车

切换操作。

(2) 阀座密封性能比较好。聚四氟乙烯板的阀座密封性能与圆柱式换向阀比较要差些，但是在各种类型的换向阀中还是比较好的。一般来说，聚四氟乙烯板保证密封性能所需要的比压比较低，而且对密封表面的加工精度与表面粗糙度要求也不很高。

(3) 使用寿命长。填充聚四氟乙烯板(PTFE 或称 F-4)或新材料密封板具有良好的自润滑性能，旋转板式阀瓣的密封圈摩擦因数很小，摩擦磨损量很小。阀体的内腔表面加工很容易保证表面的形状和位置公差及表面粗糙度，从而提高了换向阀的使用寿命。

(4) 旋转板式换向阀与其他结构相比较，单台整机的结构尺寸比较小，同规格的重量比圆柱式结构换向阀要轻很多。

(5) 阀体的通道是圆形的，阀瓣部分的通道内腔不是完整的圆形，从阀体进口到阀体出口，经过阀体进口段的圆形通道和阀瓣段的非圆形通道及阀体出口段的圆形通道，化工固体物料悬浮在高速流动的气流中，阀内流道的截面积或形状都有一定变化，气流的速度也将会有一定的变化，悬浮在气流中的固体物料将会有相互碰撞的概率。所以，旋转板式换向阀最好应用于工作压力比较低的气力输送工况场合。

(6) 换向迅速和方便。两个出料通道的夹角是 30°、45°或 60°等，其余与第 6.3.3 节的叙述类似。

(7) 工作性能稳定可靠。旋转板式换向阀密封性能可靠主要因为：

1) 填充聚四氟乙烯板阀座被夹在固定板和平板形阀瓣之间，具有很好的稳定性，密封面材料耐摩擦磨损，不会发生急剧性擦伤、磨损等突发性故障。

2) 旋转板阀瓣与阀座之间的密封副不会承受突如其来的外力，与第 6.3.3 节的叙述类似。

3) 采用防静电密封结构可以适用于各种工况的要求，与第 6.3.3 节的叙述类似。

6.3.4.4　旋转板式换向阀的适用范围

从以上分析可以看出，安装填充聚四氟乙烯板密封圈的旋转板式换向阀可以适用的范围比较广，适用的公称尺寸比较大，也可以适用于低压参数，详细的适用参数范围如下。

(1) 密封性能比较好，所以可以适用于工作压力比较低的工况条件，设计压力可以是 0.15 MPa，考虑到气力输送系统工作气体压力的波动，即最大瞬时工作压力要小于 0.15 MPa。当适用于粉末物料工况时，选用的设计工作压力可以在 0~0.12 MPa，大部分实际工作气体压力在 0~0.10 MPa。

(2) 化工固体物料相互之间、固体物料与内腔壁之间的碰撞和摩擦概率比较低。当适用于固体颗粒物料气力输送工况时，设计工作压力最好在 0.10 MPa 左右或以下，现场使用比较多的是实际工作气体压力在 0.08 MPa 以下。

(3) 对于尺寸比较大的阀瓣结构不受限制，可以适用于公称尺寸比较大的场合，可以到公称尺寸 DN350 或更大。

(4) 旋转板式换向阀的阀座密封圈可以采用填充聚四氟乙烯或其他新型材料，可以长期应用于 150 ℃工况条件下。

6.3.5　翻板式换向阀

翻板式换向阀的阀瓣是平板形的，而且旋转轴在阀瓣的一侧边，在换向过程中阀瓣的旋转角度在 45°~60°比较多，一般不大于 95°。主体结构由阀体 1、端盖 2、阀瓣 3、旋转轴 4、轴密封件 5、轴套 6、O 形密封圈 7、防尘圈 8、压盖 9、支架 10、驱动气缸 11、阀瓣密封件 12、阀瓣位置指示器 13 等零部件和驱动部分元器件组成，如图 6-15 所示。

翻板式换向阀与其他结构的换向阀相比较，阀瓣的结构、阀瓣密封件的结构、阀瓣旋转轴的结构位置、换向过程中阀瓣的旋转角度不同。但是，换向阀的基本结构是类似的。翻板式换向的阀瓣上轴和下轴分别安装有耐磨合金轴套，轴套分别固定在上、下端盖的滑动轴承安装孔内，主轴与驱动气缸相连接，支架固定在上端盖上，支架的上部固定驱动气缸及其附件(主要包括电磁换向阀、定位器、过滤器等)。

6.3.5.1　翻板式换向阀的阀瓣结构

翻板式换向阀的阀瓣是方形平板结构，旋转轴与阀瓣的一个侧边连接使两者成为一个整体，轴的一个侧边与阀体接触并有密封件在两者之间，即阀瓣轴是阀瓣的一个密封边，无论阀瓣旋转到哪个位置，阀瓣轴、密封件和阀体三者始终贴合在一起并保持密封。特定结构的阀体、端盖等主要零部件与之相匹配。阀瓣的结构决定了换向阀适用的工况参数，特别是决定了适用的工作压力、工作介质等性能参数。翻板式换向阀的阀瓣结构如图 6-16 所示，阀座密封件分为两部分，阀瓣的侧边与阀体接触密封，阀瓣的上、下端面与端盖配合并密封，这三个边采用固定

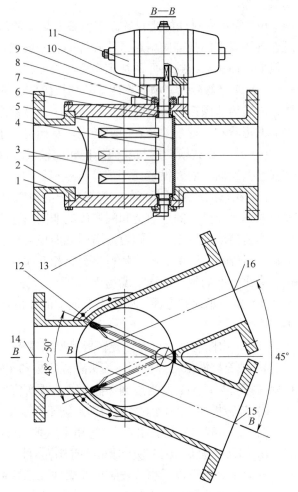

图 6-15　翻板式换向阀结构示意图

1—阀体　2—端盖　3—阀瓣　4—旋转轴　5—轴密封件
6—轴套　7—O 形密封圈　8—防尘圈　9—压盖　10—支架
11—驱动气缸　12—阀瓣密封件　13—阀瓣位置指示器
14—物料进口　15—物料直出口　16—物料斜出口

板将密封件与阀瓣联结在一起，密封件呈 "U" 形结构套在阀板上，然后用压板压住并用螺栓锁紧。轴与阀体之间的密封件可以固定在阀体上，也可以固定在旋转轴上，可以是单独的密封件，也可以采用热加工的方法使密封件黏附在旋转轴上。由于阀座密封件与阀体之间的接触密封比压比较小，而不是像圆柱式阀瓣那样可以实现比较大的密封力，而且密封圈的位置不是相对于固定轴对称分布的，所以密封件能够适用的工作气体压力比较低。

截面呈 "U" 形的阀瓣密封圈 4 是三边密封的，由固定压板 5 将其固定在阀瓣上，旋转轴与阀体之间的密封件固定在阀体上或旋转轴上。翻板式阀瓣在阀体内可以沿与阀门通道相垂直的阀瓣侧边的旋转轴 1 在一定角度内旋转，但是，阀瓣不能沿通道轴线移动，阀瓣密封圈 4 与阀体接触并密封，当阀瓣从一个出料通道位置旋转到另一个出料通道位置时，阀瓣密封圈 4 的侧边接触到阀体并密封，即到达所需的工作位置。因此，翻板式换向阀在工况运行过程中，包括体腔内工作介质作用在阀瓣上的力和各种结构之间的作用力都传递在轴套上，不会使阀座密

封面承受附加外加载荷，阀瓣密封件的密封比压不会发生太大变化，工作性能比较稳定。一般情况下，密封板的厚度比较小，受力后容易密封，在任何工况条件下密封比压变化不大，所以驱动力矩比较小，使用寿命比较长。

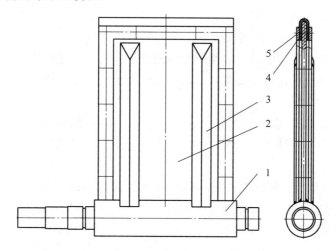

图 6-16　翻板式换向阀的阀瓣结构示意图

1—旋转轴　2—翻板式阀瓣　3—加强筋　4—阀瓣密封圈　5—固定压板

6.3.5.2　翻板式换向阀的阀座密封结构

翻板式换向阀采用氟橡胶作为阀瓣密封件，可以是氟橡胶密封条固定在阀瓣上，但是更多的是采用热加工的方式将氟橡胶与阀瓣结合成一体，或使氟橡胶固定在阀体与轴接触的部位。氟橡胶比较软，所能够承受的正压力比较小，可以增加密封件与阀体之间的接触吻合度，有利于保证阀瓣的密封性能。氟橡胶与端盖接触的上、下两端边呈"U"形结构，通过调节壳体与端盖之间的垫片厚度，可以适当控制阀瓣与端盖之间的松紧程度，即可以获得合理的密封比压，在预紧力的作用下，端盖和阀瓣之间紧密接触，并使氟橡胶密封件产生弹塑性变形从而达到密封的目的。阀瓣与阀体之间的密封是依靠驱动装置的作用力在密封副内产生所需的密封比压。阀瓣与阀体(或端盖)之间的密封效果取决于两者之间在预紧力的作用下能够补偿加工精度和表面微观不平度的程度。因此，阀体(或端盖)与密封件之间必须具有足够大的密封比压 q。并应满足式(6-2)的工作条件，可以取得很好的密封效果。

6.3.5.3　翻板式换向阀的结构特点

翻板式换向阀是化工固体物料气力输送系统中常用的一种换向结构形式，这是因为翻板式换向阀有许多其他结构所不具有的突出优点，深受广大用户的欢迎。翻板式换向阀的主要特点如下：

(1) 翻板式换向阀的最大优点是在整个换向操作过程中，从一个出料口通道接通到另一个出料口通道接通，没有截断物料流动状态"堵死"的现象出现，在一个出口通道逐渐截断时，另一个通道已经部分接通。悬浮在高速气流中的化工固体物料流动状态变化比较小，可以实现在线不停车切换操作。

(2) 在使用现场，翻板式换向阀更多的是安装在大料仓底部的出料口，用于出料管道的切换。

(3) 使用寿命长。氟橡胶具有良好的弹性和耐温性，翻板式阀瓣与阀体之间的密封副相互摩擦的行程很短，摩擦磨损量很小。阀瓣与端盖之间的密封比压比较小，摩擦磨损量也比较小。

从而可以提高换向阀的使用寿命。

(4) 翻板式换向阀与其他结构相比较,单台整机的结构尺寸很小和同规格的重量很轻。

(5) 阀座的密封性能容易保证,但是适用工作气体压力比较低。一般来说,氟橡胶保证密封性能所需要的比压比较低,而且对密封表面的加工精度与表面粗糙度要求也比较低。

(6) 阀体的通道是圆形的,阀瓣部分的通道内腔不是完整的圆形,从阀体进料口到阀体出料口经过了阀体圆形通道和阀座部分非圆形通道的变化。所以,翻板式换向阀最好应用于压力比较低的工况条件,从现场使用情况来看,大部分应用于工作压力很低的场合,有些场合是常压工况。

(7) 换向迅速和方便。一般结构的翻板式换向阀两个出料通道之间的夹角是45°、60°和90°等,换向过程只需要阀瓣旋转45°~95°就可以实现从一个出料口到另一个出料口,很容易实现快速换向的工艺要求。

(8) 工作性能稳定可靠。翻转板式换向阀密封性能可靠主要因为:

1) 氟橡胶与阀瓣结合在一起而具有很好的稳定性,密封面材料耐摩擦磨损,不会发生急剧性擦伤、磨损等突发性故障。

2) 翻板式阀瓣的转动轴是通过轴套将作用在阀瓣上的各种外力依次传递到端盖和阀体上,阀瓣与阀座之间的密封副不会承受突如其来的外力。

3) 采用防静电密封结构可以适用于各种工况的要求。

6.3.5.4　翻板式换向阀的适用范围

从以上分析可以看出,氟橡胶密封面的翻板式换向阀可以适用的范围比较小,适用的公称尺寸比较大,可以适用于低压工况条件,详细的适用参数范围如下。

(1) 阀瓣的密封性能等级比较低,可以适用于工作气体压力比较低的工况条件,设计压力一般小于 1.0 MPa,考虑到物料输送系统的气体压力波动,实际选用工作压力可以在 0~0.05 MPa,很多应用场合是常压工况。

(2) 可以适用于公称尺寸比较大的场合,可以到公称尺寸 DN400 或更大。

(3) 在化工固体物料生产、输送系统中,翻板式换向阀的阀座密封件是氟橡胶材料,可以长期适用于工作温度 220 ℃工况条件下,可以应用于生产过程中化工固体物料温度比较高的工况场合。

6.3.6　双通道式换向阀

双通道式换向阀的阀瓣有两个并列在一起的管状通道,物料通过不同的阀瓣通道对应于不同的阀体出料口。双通道式换向阀主体结构由阀体 1、端盖 2、阀瓣位置指示器 3、轴承压盖 4、阀瓣 5、阀座密封圈 6、传动轴 7、支架 8、驱动气缸 9、调心轴承 10、O 形密封圈 11、限位销 12、密封垫片 13 等零部件和驱动部分组成,如图 6-17 所示。

除去阀瓣以外,其他零部件的结构与圆柱式换向阀基本类似,但是相同公称尺寸的换向阀的阀瓣直径尺寸要大很多。双通道式阀瓣的上轴和下轴分别安装有向心推力球轴承,能够实现自动调心的功能,轴承的外套分别固定在上、下端盖的轴承安装孔内,传动轴与主轴相连接,支架固定在上端盖上,支架的上部连接驱动气缸及其附件(主要包括电磁换向阀、定位器、过滤器等)。

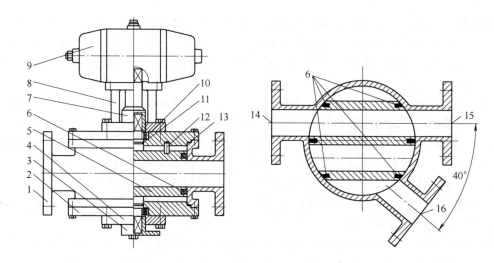

图 6-17　双通道式换向阀结构示意图

1—阀体　2—端盖　3—阀瓣位置指示器　4—轴承压盖　5—阀瓣　6—阀座密封圈　7—传动轴　8—支架　9—驱动气缸
10—调心轴承　11—O 形密封圈　12—限位销　13—密封垫片　14—物料进口　15—物料直出口　16—物料斜出口

6.3.6.1　双通道式换向阀的工作原理

双通道式换向阀的工作原理是，当阀瓣的双通道与阀体进料通道和直通出料通道处于平行位置时，阀瓣的一个通道与阀体进料通道 1 和直通出料通道 2 相互接通，如图 6-18a 所示。在气缸或其他外力的驱动下，双通道阀瓣环绕固定轴旋转 40°～45°以后，阀瓣的另一个通道与阀体进料通道 1 和斜通出料通道 3 相互接通，如图 6-18b 所示，从而实现改变物料输送通道方向的目的。

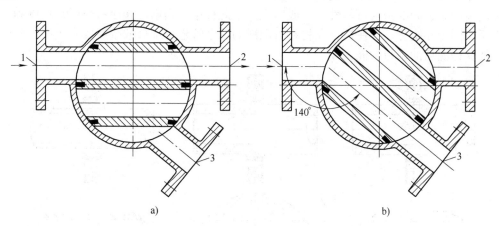

a)　　　　　　　　　　　　　　　　　　b)

图 6-18　双通道式换向阀的工作原理图

a) 直通出料口接通　b) 斜通出料口接通。

1—物料进口　2—物料直通出口　3—物料斜通出口

6.3.6.2　双通道式换向阀的阀瓣结构

阀瓣的结构决定着换向阀的整体结构，双通道式阀瓣的结构比较简单，所适用的阀体、端盖等主要零部件的结构也比较简单。同时阀瓣的结构不同决定了换向阀适用的工况参数，特别是适用的工作压力、工作介质等性能参数。双通道式换向阀的阀瓣结构如图 6-19 所示，阀瓣与上主轴和下主轴连接为一体。阀瓣与阀体之间的密封部位是在阀瓣与阀体配合的圆柱形接合面内的阀瓣圆柱形通道口外沿部位，两个阀瓣通道有四个小圆形通道口，阀座密封圈是四个独立的密封件，分别镶嵌在阀瓣通道口与阀体接触的部位。阀座密封圈可以固定在阀瓣上，也可以固定在阀体上，类似于圆柱式阀瓣的密封圈固定结构，密封圈固定在沟槽内，所以密封圈能够承受的比压比较大，密封性能比较好，适用的工作压力比较高。

图 6-19a 所示的结构是密封圈固定在阀瓣上的整体式双通道阀瓣，阀瓣的两个通道和上下旋转轴是一个整体加工而成的零部件,在阀瓣两个通道的进出口分别固定有四个独立的密封圈，阀座密封圈固定在阀瓣外表面的沟槽内，密封圈与阀瓣之间没有相对运动，而密封圈与阀体之间则有相对运动，所以阀瓣主体部分的前、后两部分切掉也不会影响阀瓣在阀体内的运动和密封圈的密封性能。这种结构的阀瓣密封性能可靠，可以适用于中压和高压工况条件，其缺点是结构尺寸和重量都比较大。为了减轻整机的重量，在不影响整机性能的前提下，此种结构的阀瓣可以将通道两侧的部分加工掉。

图 6-19b 所示的结构是密封圈固定在阀体上的整体式双通道阀瓣，由于阀座密封圈固定在阀体上，所以密封圈与阀体之间没有相对运动，而密封圈与阀瓣之间则有相对运动，为了使阀座密封圈始终处于阀体与阀瓣之间，阀瓣必须是完整的圆柱形在阀体内腔旋转，阀瓣要保持一个完整的圆柱形外表面与阀座密封圈接触，因此阀瓣的前、后两部分不能切掉，阀座密封圈不会产生异常或异动和卡阻现象，阀瓣的旋转阻力矩是均匀的。否则，一旦切掉阀瓣的前、后两部分，就会有可能使密封圈与阀瓣之间脱离接触，进而就会影响阀瓣在阀体内的运动和阀座的密封性能。这种结构的阀瓣密封性能可靠，可以适用于中压和高压工况条件，其缺点是结构尺寸大，其重量也是最重的。

图 6-19c 所示的结构是管道式双通道阀瓣，阀瓣的两个通道和上下旋转轴是由四个各自独立的部分加工而成，所以阀瓣没有前、后两部分，阀瓣的重量减轻了很多，这是优点。其中的两个通道是由管件并列焊接在一起而成，由于管件的壁厚尺寸比较小，为了保证阀体、阀座密封圈和阀瓣三者之间的密封可靠性，一般情况下，此种结构阀瓣的阀座密封圈只可以固定在阀瓣上，不能固定在阀体上。在选择原材料时阀瓣的两个管道形部分的壁厚要有足够的厚度，否则将不能获得满意的密封性能。

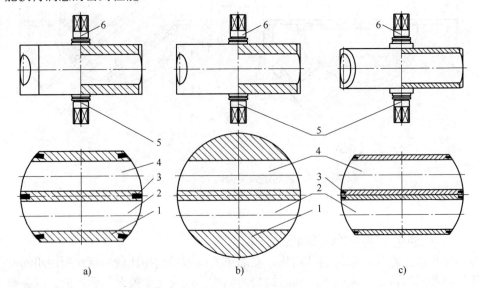

图 6-19　双通道式换向阀的阀瓣结构示意图

a) 密封圈在阀瓣上的整体式阀瓣　b) 密封圈在阀体上的整体式阀瓣　c) 管道式双通道阀瓣

1—阀瓣主体　2—通道 2　3—阀瓣密封圈　4—通道 1　5—下固定轴　6—上固定轴

上述双通道式阀瓣的三种结构分别是一体式结构和管道式结构，双通道式阀瓣在阀体内可以沿与阀门通道相垂直的轴线在一定角度内旋转，但是，阀瓣不能沿通道轴线移动。因此，双通道式换向阀在工况运行过程中，包括体腔内工作介质的作用力和各种结构之间的作用力都传递在轴承上，不会使阀座密封面承受附加外加载荷，阀座密封副的密封比压不会发生太大变化，密封性能比较稳定。一般情况下，密封圈固定在沟槽内具有很好的稳定性，受力后密封性能好，在任何工况条件下密封比压变化不大，所以驱动力矩比较稳定，使用寿命长。

6.3.6.3 双通道式换向阀的阀座密封结构

双通道式换向阀的阀座密封结构类似于圆柱式换向阀的阀座结构，阀座密封圈可以固定在阀瓣的沟槽内(如图 6-11a 所示)，也可以固定在阀体的沟槽内(如图 6-11b 所示)。阀座密封圈的材料选择也类似于图 6-11 中的几种结构，包括背面加工成斜面结构的阀座密封圈固定在阀体上、柱形环阀座密封圈固定在阀瓣上、"V"形阀座密封圈固定在阀体上、双唇结构阀座密封圈固定在阀体上等几种结构，其他详细内容见第 6.3.3.2 节的叙述。

6.3.6.4 双通道式换向阀的结构特点

(1) 化工固体物料的流动阻力比较小。双通道式换向阀的整个通道都是圆筒形的，包括阀体的进料通道和出料通道及阀瓣的通道，而且一般不缩径，就是输送管道的内径和阀瓣的通道直径基本一致，在直通出料通道的局部阻力与等长度管道的流动阻力基本相同。在斜通出料通道，壳体内腔的通道中有大约 40° 的拐弯，即管道成 140°折角。所以双通道换向阀斜通道出料口内腔的局部阻力比同等长度管道的摩擦阻力要大些。在气力输送系统管道中，化工固体物料悬浮在高速流动的气流中，换向阀内流道截面积没有变化，气流的速度也不会有变化。气流拐弯会使悬浮在气流中的化工固体物料相互碰撞，由于拐弯处气流的角度变化比较小，所以对物料输送的影响也比较小。

(2) 阀座密封性能好。阀座密封圈的材料大部分是用聚四氟乙烯为基体，根据不同的性能参数要求添加不同的其他辅助性材料加工而成的，或用其他新材料为基体，添加不同的辅助材料加工合成的。这种金属与非金属材料组成的密封副通常称为软密封。一般来说，软密封副保证密封性能所需要的比压比较低，而且对密封副表面的加工精度与表面粗糙度要求也相对要低一些。

(3) 阀座密封圈使用寿命长。填充聚四氟乙烯具有良好的自润滑性能，与金属阀瓣的摩擦因数很小，摩擦磨损也很小。而且双通道阀瓣的外部密封面是圆柱形的，阀瓣外表面的加工工艺性好，很容易保证圆柱形外表面的形状与位置公差和表面粗糙度，从而提高了换向阀的密封性能和使用寿命。

(4) 工作性能稳定可靠。密封阀座与圆柱形阀瓣之间的密封副不会发生急剧性擦伤、磨损等突发性故障。阀瓣的转动轴是通过轴承将作用在阀瓣上的各种外力依次传递到端盖和阀体上，阀瓣与密封阀座之间的密封副不会承受突如其来的外力。

(5) 阀体和阀瓣的通道内腔平整光滑和对接性好，化工固体物料相互之间和固体物料与内腔壁之间的碰撞、摩擦概率比较低。

(6) 阀瓣换向迅速。一般情况下，双通道式换向阀的阀体结构是：两个出料通道中心线的夹角是 35°～45°，换向过程只需要阀瓣旋转 35°～45°就可以实现从一个出料口通道转换到另一个出料口通道，很容易实现快速换向的工艺要求。

(7) 双通道式换向阀与其他结构相比较，单台整机的结构尺寸和重量都是最大的，所以适用的公称尺寸比较小,现场使用的一般在 DN150 以下,大部分在 DN100 以下。

6.3.6.5　双通道式换向阀的适用范围

从以上分析可以看出,双通道式换向阀可以适用的范围比较广,适用的工作压力参数也比较高,详细的适用参数范围如下:

(1) 由于密封性能好,可以适用于工作气体压力比较高的工况条件,当用于输送粉末化工固体物料时,公称压力可以是小于 PN4.0,即工作气体压力在 0.40 MPa 以下,考虑到输送系统压力波动,选用工作压力可以在 0~0.35 MPa。

(2) 由于在阀体斜出口工作状态下化工固体物料的运动方向要有一个折弯,使化工固体颗粒物料相互之间和固体颗粒与内腔壁之间存在一定程度的碰撞、摩擦,所以在适用于输送颗粒化工固体物料时,气体工作压力在 0~0.20 MPa,考虑到输送系统压力波动,实际选用工作气体压力在 0~0.15 MPa。

(3) 尺寸比较大的阀瓣结构受到限制,所以可以适用于公称尺寸比较小,目前广泛使用的公称尺寸都在 DN150 以下。

(4) 在化工固体物料气力输送系统中,双通道式换向阀的阀座密封圈是填充聚四氟乙烯材料,可以长期应用于 150 ℃ 的工况条件。

6.3.7　换向阀的主要零部件材料选用

换向阀的工作介质是成品的粒子或粉末物料,要保证不能污染物料,所以,采用的所有材料都必须符合这一最基本的要求,换向阀的材料选择与旋转给料器类似,与第 3 章表 3-1 中给出的材料基本一致。为了在检修工作中的方便,材料表中分别给出了不同年份的 GB/T 1220-2007 和 GB/T 1220-1992 标准中的材料牌号。对于同一种牌号的材料,上述两个版本的标准中所采用的表示方法不同。GB/T 1220-1992 标准中的材料牌号表示方法人们比较熟悉,但却是被新标准所代替的材料牌号表示方法,GB/T 1220-2007 标准中的材料牌号表示方法是现行国家标准规定的材料牌号表示方法,人们还有一个熟悉的过程。主要零部件的材料按表 6-8 所给出的材料选取。

表 6-8　换向阀的主要零部件常用材料

零件名称	材料		
	材料名称	材料牌号	标准号
阀体、阀盖	奥氏体不锈钢	CF8、CF3、CF8M、CF3M	GB/T12230-2005
		表 3-1 中的铸材或锻材	按表 3-1 的规定
阀瓣(转子)	奥氏体不锈钢	表 3-1 中的板材或锻材	按表 3-1 的规定
		1Cr18Ni9、0Cr17Ni12Mo2	GB/T 1220-1992
轴	铬不锈钢、铬镍不锈钢	2Cr13、1Cr18Ni9、1Cr17Ni2	GB/T 1220-1992
	铬不锈钢、铬镍不锈钢	20Cr13、12Cr18Ni9、14Cr17Ni2	GB/T 1220-2007
主体结构中双头螺柱、螺栓	铬不锈钢	0Cr18Ni9、1Cr17Ni2	GB/T 1220-1992
	铬镍不锈钢	06Cr18Ni10、14Cr17Ni2	GB/T 1220-2007
螺母	铬不锈钢和铬镍不锈钢	2Cr13、0Cr18Ni9	GB/T 1220-1992
	铬不锈钢和铬镍不锈钢	20Cr13、06Cr18Ni10、	GB/T 1220-2007
键	优质碳素结构钢	45	GB/T 699-2006
垫片	按表 6-7 的规定	按表 6-7 的规定	按表 6-7 的规定
轴密封件	按表 6-6 的规定	按表 6-6 的规定	按表 6-6 的规定

6.3.8 换向阀在使用和保管过程中的维护保养与安装注意事项

工况运行过程中的换向阀在绝大部分时间段内处于静止状态，只是在换向操作过程中很短的时间内在动作，所以要根据换向阀的结构特点，在安装使用过程中进行必要的维护与保养。换向阀的安装注意事项及使用过程中维护、保养主要有下列内容。

6.3.8.1 不允许任何能使阀体变形的外力作用在阀体上

安装时不允许任何能使阀体变形的外力作用在阀体上，由于化工固体物料的输送管道有一定的长度，各种安装误差、运行振动、环境温度变化、管道重力等的影响都可能会使管道对换向阀产生一定的作用力，所以，在必要的情况下，要在适当的位置安装能够消除外力的元器件，如膨胀节等。

6.3.8.2 起动前要进行必要的检查

起动前必须认真检查各连接部位是否可靠、驱动部分供气管路是否漏气、气路系统元器件是否正常、阀瓣位置与阀位指示器是否一致，待一切检查正常后，才能起动驱动气缸使阀瓣处在需要的位置。

6.3.8.3 运转过程中的检查

运转过程中如果发现声音、振动、温升、内腔气体压力异常等现象，必须立即停车检查，查明原因和排除故障。

6.3.8.4 其他注意事项

物料内不允许夹有硬质异物，例如，上游设备的螺栓螺母或其体小型零部件随时都有可能混入物料中，为了避免损坏设备，在需要的适当位置可以安装过滤器。

6.3.9 换向阀在使用中的常见故障与处理方法

换向阀的结构比较简单，工况运行过程中阀瓣处于间歇运动状态，而且阀瓣的动作时间远小于静止时间，在使用中出现故障的概率比较低，换向阀在使用中的常见故障与处理方法如下所述。

6.3.9.1 阀瓣(或称转子)在阀体内被卡住

在运行过程的间隙进行保养与维护可以发现阀瓣(或称转子)在阀体内被卡住和在工况运行中转子被卡住等现象，这些现象有时是提前有征兆的，有时也可能是突然性的，常见的故障原因有下列三种情况。

(1) 在运行过程中发现了某些征兆或异常，有可能是轴承损坏，在阀体内的转子失去支撑，造成转子外表面与阀体内腔表面之间产生擦壳现象，情况严重时会使阀瓣(或称转子)在阀体内被卡住。

(2) 在长期运行过程中，也可能有小粒子进入到壳体与阀瓣的缝隙中，就可能会有小粒子被卡在某个位置，当被卡住的粒子达到一定数量的情况下，会使阀瓣(或称转子)在阀体内不能转动，并使阀瓣与阀座之间不能很好接触，也就不能达到密封的效果。

(3) 在运行过程中没有发现任何征兆或异常，机械故障或其他异物混入物料中也有可能会使阀瓣卡住而无法转动，此时要消除卡阻阀瓣的原因，使换向阀恢复正常运行。

6.3.9.2 气缸负荷增加

换向阀在使用中如果气缸负荷突然增加，常见故障原因有两种情况：阀体内粉尘黏壁或机械故障，检查并处理即可；气缸故障，可以按气缸使用说明书的规定进行处理。

6.3.9.3　阀座过度漏气

阀瓣与阀座之间的密封性能不能满足要求，检查是否有异物在密封面上并消除之，如果是密封圈损坏，就要解体更换新的阀座密封圈。

6.3.9.4　轴密封件漏气

如果轴密封件漏气严重，很可能是轴密封件损坏，要更换新的轴密封件。

6.4　插板阀

插板阀(或称刀形闸阀、平板阀)是化工固体物料生产装置中和输送系统中的重要设备，插板阀的作用是截断或接通物料流通的通道，截断的零件是平板形的阀瓣，在阀杆的带动下作直线运动，改变阀座与阀瓣之间的相对位置，实现开启和关闭阀座通道，所以称之为插板阀。

6.4.1　插板阀的基本技术要求

基本技术要求主要包括插板阀的主要性能参数、插板阀的分类、在管道或设备中采用的连接安装方式与尺寸、整机主要检验内容等。除此之外，还有公称尺寸 DN、公称压力 PN、主体材料等。

6.4.1.1　插板阀的主要性能参数

插板阀的结构有很多种类型，有些插板阀没有阀盖，阀体的上部与闸板之间有密封件形成容腔，其启闭件为薄形平板。有些特定条件下应用的插板阀其阀座没有密封性能要求。各种结构类型的插板阀性能参数虽然不完全相同，但是其主要参数基本类似。插板阀的主要性能参数有：

(1) 工作压力，即工况运行条件下插板阀壳体内的工作气体压力，一般情况下不是一个定值，而是在小于设计压力的一定范围内波动，单位用 MPa。

(2) 输送介质，插板阀工作介质有化工固体颗粒物料和粉末物料两大类。对适用于颗粒物料的要有防止剪切结构，即防卡料结构。要求给出物料的主要特性，例如堆密度、腐蚀性等，并给出物料的尺寸大小，例如 $\phi3$ mm×3 mm 颗粒物料。

(3) 安装方式，根据插板阀的结构不同，有适用于水平管道安装的，也有适用于垂直管道安装的；还有些可以适用于水平管道安装，也适用于垂直管道安装。

(4) 适用温度，即在工况运行条件下工作物料的温度，一般用℃表示。

(5) 驱动方式，一般情况下采用气缸驱动比较多，也有用手轮驱动或齿轮驱动的。

(6) 驱动气缸的进气管道控制附件参数，如电磁换向阀参数：二位五通、双电磁铁、220 V、防护级别 IP54 等。

6.4.1.2　插板阀的分类

在化工固体物料生产装置或气力输送系统应用的插板阀有很多种结构类型，品种规格更是极其繁多，而且新产品、新结构仍在不断涌现，根据目前使用比较多的结构类型，按照不同的分类方法可以分为：

(1) 按照插板阀的主体结构不同可以分为刀形平板无导流孔插板阀、刀形平板带导流孔插板阀和刀形平板自动清扫型插板阀等几种类型。

(2) 按照阀座密封面的材料不同可以分为金属对金属材料的硬密封阀座和非金属对金属材料的软密封面阀座。

(3) 按照额定压力可以分为低压(工作压力不大于 0.25 MPa)、中压(工作压力大于 0.25～0.6 MPa)和高压(工作压力大于 0.6～1.0 MPa)。

(4) 按适用的工作介质可以分为适用于化工固体颗粒物料和适用于化工固体粉末物料。

(5) 按照插板阀阀体与管道连接的方式不同可以分为对夹式连接和法兰式连接两种类型。

(6) 按驱动方式分为手轮驱动、齿轮驱动、气缸驱动和电动装置驱动。在插板阀的使用现场，大部分是气缸驱动的，还有一部分是手轮驱动的，电动装置驱动的比较少。

对于不同结构、不同密封副材料的插板阀，可能分别适用于化工固体颗粒物料或化工固体粉末物料、不同的工作压力(低压工况或高压工况)、不同的安装方式(垂直管道安装或水平管道安装)。

6.4.1.3　插板阀在管道或系统中的安装方式与尺寸要求

插板阀在管道或系统中安装采用对夹式连接或法兰式连接，插板阀与管道或设备连接的法兰尺寸是特定压力等级的标准法兰，采用比较多的是国家标准 GB9113 规定的 PN10 或 PN16 法兰尺寸，也可以采用中国石化行业标准法兰 SH3406-2013 规定的 PN20 法兰尺寸，或用户与制造厂协商确定的其他标准法兰尺寸。

由于插板阀的工作压力相对于其他阀门来说都比较低，设计工作压力并不能够与连接法兰的公称压力相一致，按照我国机械行业标准 JB/T8691-2013《无阀盖刀形闸阀》的规定，引入了额定压力的概念，根据工作温度和工作压力，钢制壳体材料按 GB/T12224-2015 的规定确定相应材料 38 ℃的额定工作压力，并取下列接近的可用压力值确定额定压力，额定压力是最高允许(含瞬时)工作压力，公称尺寸 DN50～DN600 的额定压力分别是 0.25 MPa、0.60 MPa、1.0 MPa 三个压力等级。例如，特定工作温度 150 ℃下的实际工作压力 0.13～0.17 MPa，根据 GB/T12224-2015 的规定，确定特定材料 CF8 在工作温度 150 ℃下的最大工作压力 0.183 MPa，CF8 材料常温下的相应额定工作压力 0.245 MPa，则该插板阀的额定压力就确定为 0.25 MPa。

上述说明，与插板阀相连接的设备或法兰的公称压力等级与插板阀的额定压力等级不一定相同，插板阀工作过程中的实际压力要符合额定压力的规定。阀门的公称压力只是提供阀门和管道连接法兰的通配性，公称压力不是最高工作压力，阀门的额定压力应在铭牌中注明。例如，某一台插板阀的额定压力是 0.25 MPa，插板阀与管道或设备连接的法兰尺寸是 GB9113 规定的 PN10 或 PN16，两者的压力等级不一致。

6.4.1.4　插板阀的整机主要检验内容

插板阀的结构特点不同于其他阀门，除第 6.2 节规定的检验内容以外，插板阀的整机检验补充如下内容：

(1) 壳体耐压性能检验，根据铭牌中标示的额定压力使闸板与阀座处于半分离状态，在壳体内通入 1.5 倍额定压力的气体，检查整个壳体，特别是各连接部位是否漏气。值得注意的是，一定要弄清楚额定压力和公称压力的区别。

(2) 阀座密封性能检验，用插板阀规定的驱动机构及参数进行操作，如果是气动驱动的，其气缸压力要符合相关规定，进行开启和关闭往返三个循环操作，要求动作灵活无卡涩。然后按插板阀工作状态的介质流向使阀座密封面承受 1.1 倍额定压力，闸板与阀座之间的密封性能要达到 JB/T8691-2013《无阀盖刀形闸阀》的要求，即为合格，泄漏量的检验与判定依据是：

密封副是非金属密封的插板阀，密封试验压力按 1.1 倍额定压力，要求无可见泄漏；密封副是金属密封的插板阀，对有密封性能要求的，密封试验的泄漏量不大于按 $26 \times DN$ mm^3/s 计算的结果，没有密封性能要求的不需要检验泄漏量。

(3) 插板阀的适用安装方式与系统要求的是否一致，是指适用于水平管道安装或垂直管道安装等。

(4) 插板阀的驱动方式与系统技术文件要求的一致，是指气动、电动或手动等。

(5) 插板阀的其他要求按供货合同的规定，或按 JB/T8691-2013《无阀盖刀形闸阀》的要求。

6.4.2 插板阀的主体结构

插板阀有很多种结构类型，这里介绍几种在化工固体物料生产与输送装置中常用的结构。不同的固体物料处理管道其工况参数、管道布置方式、前后配合的设备不同，所需要的插板阀结构类型和性能参数也不同。

6.4.2.1 无导流孔刀形插板阀

无导流孔刀形插板阀有很多种不同的结构，阀体可以是整体结构的，也可以是分体结构的，其密封面材料有橡胶的，有聚四氟乙烯的或新材料的，也有金属密封面材料的，下面分别介绍几种常用结构的化工固体物料用无导流孔刀形插板阀。

1. 分体式阀体侧面密封的刀形插板阀

分体式阀体侧面密封的刀形插板阀的阀体是由两部分组成的，闸板与阀座之间的密封面在闸板的厚度方向，即闸板的两侧面和前端部位的半圆形弧面。这种结构的插板阀主体结构由阀体 1、阀座密封件 2、闸板(或称插板)3、密封填料 4、填料压盖 5、支架 6、阀杆 7、阀杆螺母 8、手轮 9(也可以用气缸驱动)等零部件组成，如图 6-20 所示。

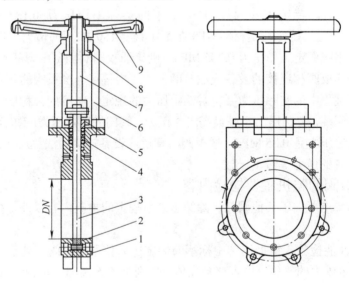

图 6-20 分体式阀体侧面密封的刀形插板阀示意图

1—阀体 2—阀座密封件 3—插板(闸板) 4—密封填料 5—填料压套 6—支架 7—阀杆 8—阀杆螺母 9—手轮

该种结构类型的插板阀在分开的两部分阀体之间夹有非金属材料的阀座密封件，分别与闸板的两侧平面和底部弧面相互接触并密封，密封件只承受密封比压所需要的力，不承受堆积化工固体物料的重力。在关闭或开启操作过程中，刀形插板在阀体侧面导向槽内滑动升降，当刀形插板与阀座密封件脱离以后，操作力矩只需要克服零部件之间的摩擦力，所以操作力矩很小，用很小的手轮或气缸就可以进行开关操作。这种结构的插板阀其阀座的密封性能比较差，所以适用的工作压力很低，广泛应用于工作压力为常压或微压的工况场合，这种结构的插板阀也叫作挡料阀。可以用手轮操作，为了系统自动控制的需要也可以用气缸驱动或电力驱动方式。

2. 整体式阀体有楔形块的刀形插板阀

整体式阀体有楔形块的刀形插板阀的阀体是一个整体铸造加工而成的零件，闸板与阀座之间的密封面在闸板的大平面内，即闸板的平面与阀座的端平面之间形成密封副，在阀座密封面内嵌入适当尺寸的填充聚四氟乙烯(或其他适用的新材料)密封条，或硫化一层氟橡胶作密封件，可以达到较高的密封性能。这种结构的插板阀主体结构由阀体1、楔块2、闸板3、阀座密封圈4、密封填料5、填料压盖6、支架7、阀杆8、阀杆螺母9、手轮10(也可以用气缸驱动)等零部件组成，如图6-21所示。

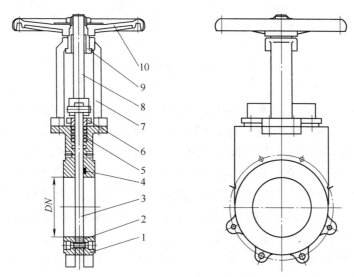

图 6-21　整体式阀体有楔形块的刀形插板阀示意图

1—阀体　2—楔块　3—闸板　4—阀座密封圈　5—密封填料　6—填料压套　7—支架　8—阀杆　9—阀杆螺母　10—手轮

该种结构类型的插板阀在阀体的闸板滑动槽底部有楔形块或楔形面，刀形闸板的半圆形前部端面呈斜边形状，开启或关闭过程中刀形闸板在阀体侧面导向槽内滑动，当关闭操作过程进行到刀形闸板的前部与楔形块接触时，底部的楔形块与刀形平板的斜面接触，底部楔形块逐渐压紧刀形闸板，在楔形块和闸板斜面的相互作用下使刀形闸板与阀座之间的密封比压逐渐增大，密封性能逐渐提高，使刀形闸板与阀座之间产生必需的密封比压，从而达到截断化工固体物料和密封气体的效果。

3. 整体式阀体金属密封的刀形插板阀

整体式阀体金属密封的刀形插板阀的阀体是一个整体铸造加工而成的零件，闸板与阀座之间的密封面在闸板的大平面上，即闸板的平面与阀体上加工出的阀座端平面之间形成密封副，依靠闸板的重力(垂直管道安装时还有物料的重力)使密封面上产生必需的密封比压。这种结构的插板阀主体结构由阀体 1、闸板 2、阀座密封圈 3、密封填料 4、填料压盖 5、支架 6、阀杆 7、阀杆螺母 8、手轮 9(也可以用气缸驱动)等零部件组成，如图 6-22 所示。

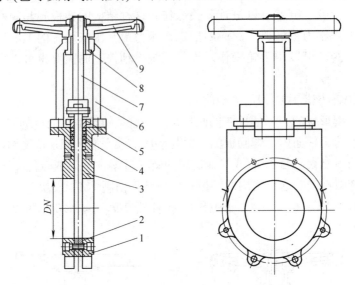

图 6-22　整体式阀体金属密封刀形插板阀示意图

1—阀体　2—闸板　3—阀座密封圈　4—密封填料　5—填料压套　6—支架　7—阀杆　8—阀杆螺母　9—手轮

　　该种结构类型的插板阀的阀座密封圈是固定在阀体沟槽内的耐摩擦磨损金属件，密封件与闸板接触并密封。刀形闸板与阀座密封面之间的吻合度依靠机械加工的尺寸公差和形位公差来实现，开启或关闭过程中刀形闸板在阀体侧面导向槽内滑动，刀形闸板的平面与阀座之间形成一定的密封比压，从而达到截断化工固体物料和密封气体的效果。这种结构的插板阀其阀座的密封性能不是很好，适用的工作压力很低，广泛应用于工作压力为常压或工作压力在 0.05 MPa 以下的微压工况场合，所以这种结构的插板阀也适用于作挡料阀。可以采用手轮操作驱动方式，为了生产系统自动控制的需要，也可以采用气缸驱动或电动机驱动方式。

　　金属密封插板阀的阀座可以是单独零部件与阀体连接，也可以在阀体上堆焊耐磨层加工，对于奥氏体不锈钢阀门也可以在阀体上直接加工。

　　上述三种结构类型的插板阀，阀体内不存在死腔，不会有化工固体物料滞留其中，刀形闸板在阀体侧面导向槽内滑动升降，在关闭操作过程中，刀形闸板的前部铲去滞留在阀座密封面上的固体物料，使刀形闸板与阀座密封面良好接触。这种结构类型的插板阀应用范围非常广泛，既可以适用于颗粒物料也可以适用于粉末物料；既可以适用于垂直管道安装也可以适用于水平管道安装；既可以适用于给料系统也可以适用于气力输送系统。但是，这三种结构的插板阀都不适用于工作压力比较高的工况场合，只能适用于常压或微压的使用工况。

6.4.2.2　带导流孔刀形插板阀

　　带导流孔刀形插板阀有很多种不同的结构，阀体可以是整体结构的，也可以是分体结构的，有采用填充聚四氟乙烯材料或其他新材料做密封面的，也有采用金属材料做密封面的，下面介绍的是一种常用结构的化工固体物料用带导流孔刀形插板阀。

　　带导流孔刀形插板阀的阀瓣是一个薄形平板加工而成的，在平板的平面上有一个与阀座直径尺寸相同的通孔，即物料导流孔。插板阀主体结构由底盖 1、下阀体 2、排料容腔 3、闸板导流孔 4、主阀体 5、阀座 6、闸板 7、阀座密封圈 8、阀体密封圈 9、闸板与阀杆连接件 10、上阀体 11、阀杆 12、支架 13、驱动气缸 14、观察吹扫孔 15、闸板位置观测孔 16 等部分组成，如图 6-23 所示。

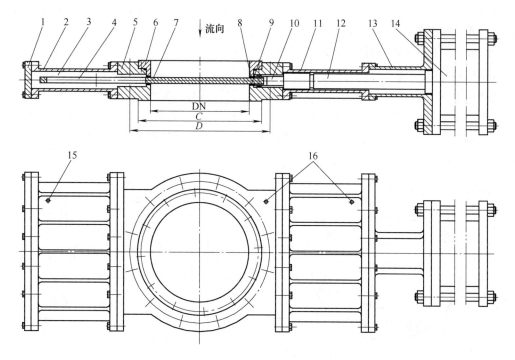

图 6-23　带导流孔整体式阀体金属密封刀形插板阀示意图

1—底盖　2—下阀体　3—排料容腔　4—闸板导流孔　5—主阀体　6—阀座　7—闸板　8—阀座密封圈　9—阀体密封圈
10—连接件　11—上阀体　12—阀杆　13—支架　14—驱动气缸　15—观察吹扫孔　16—闸板位置观测孔

　　带导流孔的刀形插板阀其阀座 6 是独立的零部件，阀座底面的沟槽内有阀座密封圈 8 与闸板 7 接触密封，闸板的下面在主阀体的环形沟槽内镶嵌有阀体密封圈 9。阀体密封圈 9 要支撑闸板并承受闸板上部堆积的物料重力，同时要有足够的比压达到要求的密封性能。所以，阀体密封圈 9 既要有足够的承压能力，又要有很好的密封性能。闸板 7 与阀体密封圈 9 之间的初始密封比压由阀体、阀座和密封圈的加工精度配合公差决定，在工况运行条件下，工作介质物料施加一定的辅助力。密封圈 8 和 9 的材料有金属和非金属两种，非金属材料是具有高弹性的合成橡胶或填充聚四氟乙烯材料及其他新材料，金属材料是奥氏体类不锈钢。刀形闸板 7 采用不锈钢制成，刀形闸板的下部有一个和阀座 6 通道尺寸相同的圆形导流孔 4。当阀门处于完全开启状态时刀形闸板上的圆形导流孔就与阀座孔完全吻合，这样刀形闸板密封了主阀体与下阀体之间的通道而防止化工固体物料进入到下阀体的排料容腔中。当闸板处于开启或关闭操作过程中的短时间内，化工固体物料会进入到下阀体的排料容腔中，当下阀体的腔体内积存的化工固体物料达到一定程度时，可以将底盖 1 打开排出固体物料或污物。

　　插板阀的阀座密封形式是浮动的，浮动阀座的密封特点是平板两侧都能够达到密封的效果。如果在检验过程中发现阀座的密封性能不能满足使用要求，则可以通过调整阀座密封垫片的方式加以调整和补偿，进而可以达到修复阀座密封性能的效果。填料密封件与阀杆形成密封副，密封件与阀杆之间的接触面积比较小，摩擦力也比较小，而且还可以向密封副内加入适量密封脂，这样既可以保证阀杆的可靠密封，又增加了刀形闸板的润滑，当然，所加适量密封脂的颜色和特性要与工艺介质相适应。该阀门密封性能良好，操作方便、灵活、省力，流阻系数很小，便于清扫管道和使用寿命长。这种结构的插板阀应用范围非常广，既可以适用于颗粒物料也可以适用于粉末物料；既可以适用于垂直管道安装也可以适用于水平管道安装；既可以适用于给料系统也可以适用于气力输送系统有一定工作压力的工况条件。

6.4.2.3　自动排料刀形插板阀

自动排料(或称自动清扫型)刀形插板阀(也有资料称作自动清洗型插板阀)的阀体内腔结构能够将散落在体腔内各部位的化工固体物料自动清洗(应称自动收集)并排放到管道内。这种类型的插板阀主体结构由阀体 1、支撑块 2、闸板 3、阀座密封面 4、闸板与阀杆连接块 5、阀杆 6、自动清扫斜面 7、阀杆密封组件 8、支架 9、阀杆螺母 10、锁紧螺母 11、手轮 12、闸板位置观察孔 13 等部分组成，如图 6-24 所示。

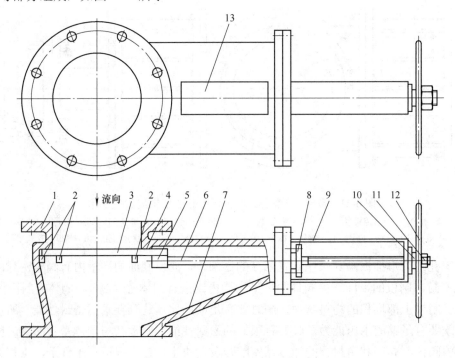

图 6-24　自动清扫形刀形插板阀示意图

1—阀体　2—支撑块　3—闸板　4—阀座密封面　5—连接块　6—阀杆　7—清洗斜面　8—阀杆密封组件　9—支架
10—阀杆螺母　11—锁紧螺母　12—手轮　13—闸板位置观察孔

自动排料型插板阀最大的特点就是具有自动清洗壳体内各部位散状化工固体物料的功能，阀体可以采用不锈钢铸造加工而成，也可以采用不锈钢板焊结构制成。一般情况下，比较多的闸板与阀座之间是金属对金属的硬密封结构，也可以采用合适的非金属材料做密封件，刀形闸板采用不锈钢制成，所以金属硬密封结构阀座的密封性能等级比较低。

自动排料型插板阀的阀座密封形式是固定式的。其密封形式是靠其他外力把刀形闸板推向阀座密封面，切断物料通道并达到密封的效果。在安装使用过程中，阀座密封面向下，刀形闸板的上表面与阀座密封面接触密封。刀形闸板的底部有三个或四个支撑块承受闸板的重量和密封所需要的推力，以及闸板上部堆积固体物料的重力。在插板阀关闭过程中，刀形闸板的上表面与阀座始终处于接触状态，闸板上部的物料被阀座楞边清扫掉，不会进入到闸板与阀座之间的密封面上，使刀形闸板与阀座有良好的接触，在阀体底部的支撑块和凸耳与闸板底部的相互作用下，刀形闸板压紧阀座密封面达到刀形闸板与阀座之间的密封效果，属于单面强制密封阀门。在开启和关闭过程中，化工固体物料落入阀体内壁的倾斜面上，在重力的作用下滚入管道中起到清扫和收集固体物料的作用。这种结构插板阀的应用范围受到一定限制，可以适用于固体颗粒物料也可以适用于粉末物料，但是仅适用于垂直管道安装和物料由上向下流动的管道，不适用于水平管道安装，仅可以用于固体物料从阀座一侧向平板一侧单向流动，不能够向相反的方向安装运行使用，可以适用于常压或微压的给料系统，由于阀门内腔有一段是倾斜的波面，不是规则的等直径圆筒形状，所以不适用于有一定压力的气力输送系统工况条件。

6.4.3　插板阀的功能和作用

在化工生产装置的区间内化工固体物料处理系统管道中，或者在固体物料气力输送系统中，插板阀的功能和作用主要有如下几点：

(1) 插板阀的最主要的功能是截断物料的流动。无论是在化工生产装置的区间内系统管道中还是气力输送系统管道中，工作介质的主体是化工固体物料。物料从上一工艺过程的设备中经插板阀、分离器进入旋转给料器，当下游设备分离器和旋转给料器出现异常需要停车检查维护时，为了防止上一工艺过程设备中的物料流出，就要关闭插板阀和截断管道内的固体物料才能进行检查维修。当整个装置停车时也要关闭插板阀，插板阀关闭以后再让旋转给料器运行大约两分钟，使旋转给料器内部的物料完全排空，有利于装置下次开车时旋转给料器的起动。根据工作介质性能参数的不同选择合适结构的插板阀。

(2) 插板阀的第二个主要功能是调节物料下料量。正常情况下可以依靠分离器调节旋转给料器的下料量，如果有一些结构的分离器不具有调节下料量的功能，或者没有安装分离器的场合，此种情况下就可以用插板阀的开度大小来粗略地调节和控制物料的下料量，这样可以很好地满足工艺要求，提高物料的输送效率，选型过程中要根据系统的要求选择插板阀的类型和性能参数。插板阀的开度调节有如下特点：由于插板阀安装在输送管道中，在圆形流道内横向运动的头部圆形平板只有当它处在阀门关闭位置的50%以上时，才对物料流量的控制比较敏感。而且，刀形平板在切断高速流动的化工固体颗粒物料流过程中，如果刀形平板移动的速度太快，当刀形平板接近关闭位置时，会产生一定程度的振动和噪声，所以在操作过程中要适当放慢刀形平板移动的速度。

(3) 插板阀的第三个主要功能是密封气体。在处理化工固体物料的管道系统中，工作介质是输送气体与化工固体物料的混合物。在运行过程中，也就是插板阀处于开启状态时，要保证系统内的气体不向外泄漏。当插板阀处于关闭状态时，要保证系统内插板阀一侧的气体不向另外一侧泄漏。插板阀的特点是工作介质的压力比较低，当采用金属材料阀座密封面时，由于密封力不足以达到满意的密封效果，所以这种结构的插板阀只适用于化工装置中的给料系统。如果需要安装在远距离气力输送系统中，就要选用在阀座密封面内嵌入填充聚四氟乙烯或其他新材料的密封条，或硫化一层氟橡胶作密封面的插板阀。

6.4.4　插板阀的主要零部件材料选用

插板阀主要零部件的材料选用包括材料的名称、材料的牌号、材料所属标准号等内容，可以参照机械行业标准 JB/T8691-2013《无阀盖刀形闸阀》的规定，结合插板阀的使用介质(化工固体物料)和工作压力特点，将主要零部件材料列于表6-9供使用者参考，其中壳体、闸板的材料也可以参照表3-1所给出的材料选取。

表 6-9　插板阀主要零部件材料选用参考

零件名称	材料名称	材料牌号	材料标准号
阀体 填料压盖	奥氏体不锈钢	CF8、CF3、CF8M、CF3M、06Cr19Ni10 022Cr19Ni10	GB/T12230、GB/T4237
		304、316、304L、316L	ASTM A182、ASTM A240
闸板	奥氏体不锈钢	06Cr19Ni10、022Cr19Ni10、06Cr17Ni12Mo2	GB/T4237
		304、316、304L、316L	ASTM A240
阀杆	不锈钢棒	12Cr13、20Cr13、06Cr19Ni10、022Cr19Ni10 06Cr17Ni12Mo2、022Cr17Ni12Mo2	GB/T1220
		304、316、304L、316L	ASTM A479
支架	碳素钢	WCB	GB/T12229
		25	GB/T12228
阀杆螺母	铜合金	ZCuZn38Mn2Pb2、ZCuSn5Pb5Zn5	GB/T12225
	含镍铸铁	D-2	ASTM A439
上密封件 或填料	聚四氟乙烯	填充聚四氟乙烯	HG/T2903
	石墨编织绳		JB/T7370
密封圈或 密封条	聚四氟乙烯	填充聚四氟乙烯	HG/T2903
	橡胶	氟橡胶	—
手轮	碳素钢	25、Q235A	GB/T12228、GB/T700
	球墨铸铁	QT400-15、QT450-10	GB/T12227

6.4.5　插板阀在使用和保管过程中的维护保养与安装注意事项

插板阀的结构比较简单，运动部件比较少，维护与保养主要注意事项有：

(1) 插板阀在安装时应考虑其操作和维修上的方便。

(2) 在气力输送系统中，插板阀在使用时只可以是全开或全闭位置；在其他工况场合(如给料系统中)可以是全开或全闭位置，也可以仅部分开启作调节流量之用。

(3) 手轮驱动的插板阀应靠旋转手轮来开启或关闭，不得借助于其他辅助杠杆，气缸驱动或电动机驱动的插板阀应靠气缸驱动或电动机驱动来开启或关闭。

(4) 插板阀在吊起时，吊索不允许系在手轮上或驱动气缸部分，应系在阀体两端的法兰颈部或中法兰颈部位。

(5) 安装前应清洗阀体内腔和密封面上的污垢、泥沙，清洗时应注意不能损伤密封面，未清洗前不要做启闭闸板。安装前应检查各部分连接螺栓是否均匀拧紧。

(6) 在使用后需要定期检查以下各处：

1) 密封面磨损情况。

2) 阀杆螺母磨损情况。

3) 阀杆密封填料是否失效。

4) 阀体内腔是否有污垢堆积。

5) 插板阀检修后应进行密封性能试验，并将其检修情况详细记录，以备考察。

(7) 插板阀应存放在室内干燥地方，阀体的通道两端须封堵，不得露天存放或堆叠存放。

(8) 长期存放的插板阀每年应检查一次，清除污垢，在加工面上涂抹防锈油以防生锈。

6.4.6 插板阀可能发生的故障及其处理方法

6.4.6.1 阀杆密封填料处泄漏的处理方法

(1) 检查填料压盖是否压紧，如未压紧，应均匀压紧填料压盖，不得歪斜。

(2) 如果填料变硬，在填料压盖的压力作用下仍不能达到要求的密封性能，则填料已过时失效，应更换新的填料。

(3) 如果填料压缩变形过量，其回弹性等密封性能已明显下降，则填料已失效，应更换新的填料。

6.4.6.2 阀座密封面泄漏的处理方法

(1) 如密封面上有污物附着，应清除干净。

(2) 如密封面有磨损现象，且造成过量泄漏时，应重新加工或更换阀座密封圈。

(3) 如密封面有其他异常现象应消除之。

6.4.6.3 主阀体与上阀体和下阀体法兰连接面泄漏的处理方法

(1) 检查所有连接螺栓是否拧紧，如未拧紧，应对称、均匀地拧紧螺栓。

(2) 如法兰间垫片已经失去密封性能或损坏，应更换新的垫片。

6.4.6.4 手轮旋转不灵活的处理方法

(1) 阀杆密封填料压得过紧时，应适当放松填料压盖。

(2) 填料变干、变硬已失去密封性能时，应更换填料密封件。

(3) 检查阀杆是否有弯曲等变形现象，或检查阀杆密封面情况，并恢复阀杆表面粗糙度。

6.4.6.5 插板(或称闸板)不能升降的处理方法

(1) 检查阀杆、阀杆螺母的梯牙螺纹部分是否严重磨损或断裂，否则应更换阀杆和阀杆螺母。

(2) 插板与阀杆连接部分是否折断，阀杆头部是否损坏和插板是否卡死。

(3) 如有杂物卡住闸板时，应清除杂物。

6.5 放料阀(或称排料阀)

化工固体物料适用的放料阀主要是指安装在反应釜、储罐和其他容器的底部用于放料或排料等用途的一种特殊阀门，所以人们习惯称之为放料阀。放料阀的公称压力PN6～PN25，公称尺寸32～300 mm，工作温度–50～220 ℃，其中大部分工作温度为0～150 ℃，放料阀和罐底连接形式主要为法兰连接，也有用其他连接形式的。

6.5.1 放料阀的基本技术要求

放料阀基本技术要求主要包括性能参数、分类、整机检验主要内容等。除此之外，还有公称尺寸DN、公称压力PN、适用法兰标准、主体材料等。

6.5.1.1 放料阀的主要性能参数

放料阀的结构有很多种类型，有阀瓣式、柱塞式、上展式、下展式、金属对金属硬密封阀座、非金属对金属软密封阀座。各种结构类型的放料阀性能参数虽然不完全相同，但是其主要参数基本类似，主要性能参数有：

(1) 结构类型，即主体结构是阀瓣式或柱塞式、上展式或下展式，主体结构决定了适用的化工固体物料类型、工况场合和工况参数。

(2) 输送介质，放料阀工作介质有化工固体颗粒物料和粉末物料两大类。放料阀的内部结构要适用于工作物料的特性。例如物料堆密度、黏附性、腐蚀性和物料粒子的尺寸大小等。

(3) 适用温度，即在工况运行条件下工艺要求的物料温度及操作过程中物料温度的波动范围，一般用℃表示，阀内所有零部件材料都要适用于这个温度。在这个温度下物料的特性要适用于阀内腔通道的结构。

(4) 阀芯外伸行程，即阀芯露出法兰平面的长度，这个长度与相连接的反应器连接孔深度应该一致，使阀瓣顶部平面与反应器内表面基本保持在同一个平面内。

(5) 驱动方式，一般情况下采用气缸驱动比较多，也有手轮驱动或电动机驱动。

(6) 工作压力，工况运行条件下，当阀瓣处于关闭状态时阀座密封的工作气体压力，即当阀瓣处于开启状态时阀体内腔承受的工作气体压力。一般情况下不是一个定值，而是在小于设计压力的一定范围内波动，单位用MPa。

(7) 驱动气缸的进气管道控制附件参数，如电磁换向阀参数：二位五通、双电磁铁、220 V、防护级别IP54等。

6.5.1.2　放料阀的分类

在化工固体物料生产装置和气力输送系统中应用的放料阀有很多种结构类型，品种规格更是极其繁多，而且新产品、新结构仍在不断涌现，根据目前化工生产装置中使用比较多的结构类型，按照不同的分类方法可以分为：

(1) 按照放料阀的主体结构不同可以分为阀瓣式放料阀和柱塞式放料阀等几种类型。其中阀瓣式放料阀又可以分为上展式结构和下展式结构。

(2) 按照阀座密封面的材料不同可以分为：金属对金属材料的硬密封阀座密封面和非金属对金属材料的软密封阀座密封面。

(3) 按照公称压力可以分为：PN6、PN10、PN16、PN25、150LB等压力级。

(4) 按照适用的工作介质可以分为适用于化工固体颗粒物料和适用于化工固体粉末物料。

(5) 按照驱动方式分为：手轮驱动、链轮驱动、气缸驱动和电动装置驱动。在放料阀的使用现场，大部分是气缸驱动或手轮驱动，链轮驱动和电动装置驱动的比较少。

6.5.1.3　放料阀的整机主要检验内容

由于放料阀的结构特点不同于其他阀门，除第6.2节规定的检验内容以外，放料阀的整机检验补充如下内容和说明：

(1) 壳体耐压性能检验，根据铭牌中标示的设计压力使阀瓣(或柱塞)与阀座处于分离状态，在壳体内通入1.5倍设计压力的气体，检查整个壳体，特别是各连接部位是否漏气。值得注意的是设计压力不一定是公称压力。

(2) 阀座密封性能检验，用规定的驱动机构及参数进行开启和关闭往返三个循环操作，要求动作灵活无卡涩，然后按放料阀工作状态的介质流向使阀座密封面承受1.1倍设计压力，阀瓣(或柱塞)与阀座之间的密封性能要达到JB/T 11489-2013《放料用截止阀》规定的要求才为合格。

(3) 放料阀的出料通道与阀杆(或称阀瓣运动方向)之间的夹角与生产装置要求的是否一致，

一般比较多是 45°、50°、60°等或其他。

(4) 放料阀的驱动方式与系统要求的要一致，是指气动、手轮驱动或电动等。

(5) 放料阀的其他要求按 JB/T 11489-2013《放料用截止阀》的规定或按供货合同的规定。

6.5.2 放料阀的主体结构

放料阀的结构有很多种类型，而且随着社会的进步和科学技术水平的不断提高，各种各样的新结构不断出现，这里介绍的是在化工固体物料处理工况现场使用比较多的几种结构，主要包括阀瓣式放料阀和柱塞式放料阀，其中阀瓣式放料阀分为上展式和下展式。

6.5.2.1 阀瓣式放料阀的主体结构

阀瓣式放料阀的阀瓣类似于截止阀的阀瓣，在阀杆的作用下阀瓣沿轴线做直线运动，改变阀座与阀瓣之间相对位置可以改变阀座通道的过流截面积，从而实现启闭操作过程。阀瓣式放料阀的上展式结构是指放料阀打开时阀杆和阀瓣的运动方向与介质的流动方向相反，如图 6-25b 所示；下展式结构是指放料阀打开时阀杆和阀瓣的运动方向与介质流动方向一致，如图 6-25a 所示。阀瓣式放料阀主要由阀座 1、阀瓣 2、阀体 3、阀杆 4、填料隔环 5、支架 6、行程开关 7、气缸活塞 8、气缸套 9、复位弹簧 10、弹簧护盖 11、电磁换向阀 12、行程调节螺杆 13、电动装置 14、手轮 15 等零部件组成，如图 6-25 所示。

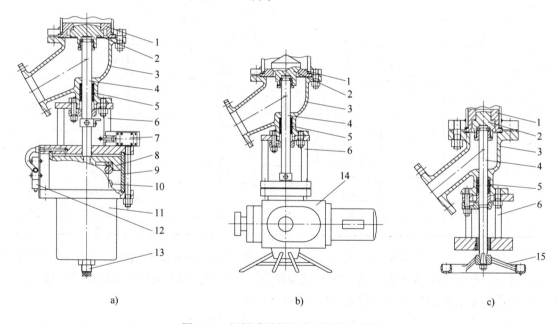

a)   b)   c)

图 6-25　阀瓣式放料阀典型结构示意图

a) 气动下展式放料阀　b) 电动上展式放料阀　c) 手动下展式放料阀

1—阀座　2—阀瓣　3—阀体　4—阀杆　5—填料隔环　6—支架　7—行程开关　8—气缸活塞　9—气缸套　10—复位弹簧
11—弹簧护盖　12—电磁换向阀　13—调节螺杆　14—电动装置　15—手轮

对于阀瓣式放料阀，无论是上展式还是下展式结构，当阀瓣处于完全开启位置时，化工固体物料环绕阀瓣进入阀座通道内，或固体物料经过阀座孔后环绕阀瓣进入排放通道，固体物料的排放通道内都有一个阀瓣，虽然没有能够滞留物料的死腔，但是，在不同的过流截面上通道的截面积不同，当工况参数有波动或其他因素有变化的情况下，这种结构的阀瓣式放料阀有滞留物料的可能性，正是这一原因，所以这种放料阀不适用于取样目的。

无论是上展式还是下展式结构，当阀瓣处于完全关闭位置时，在进料方向一侧观察到的应该是，都要尽最大可能将阀座通道孔腔用阀瓣塞满，以避免化工固体物料积存在体腔内影响化工固体物料的产品质量，这是放料阀结构设计过程中的最大注意要点。

阀体可以采用不锈钢整体铸造或锻造，也可以采用不锈钢锻件组焊而成。阀体的结构应为"V"字形，体腔内没有任何能够滞留物料的死腔，流道表面光滑、流畅，保证物料流通能力的最大值，体腔流道各处截面积应不小于阀门的阀座过流截面积且便于放料和排料。机械行业标准 JB/T 11489-2013《放料用截止阀》规定的阀体结构如图 6-26 所示，排料通道的中心线与阀体中腔中心线之间的夹角α和排料段长度 L 按表 6-10 的规定。

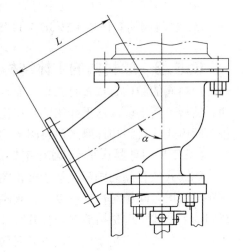

6-26 阀瓣式放料阀的阀体外形结构示意图

表 6-10 放料阀的结构尺寸 L 和 α

公称尺寸 DN	公称压力							
	PN6		PN10		PN16		PN25	
	L/mm	α/(°)	L/mm	α/(°)	L/mm	α/(°)	L/mm	α/(°)
32	150	45	150	45	150	50	150	50
40	155	45	155	45	160	50	160	50
50	170	45	170	45	170	50	170	50
65	180	45	190	45	200	50	200	50
80	200	45	220	45	220	50	230	50
100	230	60	230	60	245	60	245	60
125	260	60	260	60	280	60	280	60
150	300	60	300	60	320	60	320	60
200	340	60	340	60	380	60	380	60
250	400	60	400	60	460	60	460	60
300	460	60	460	60	500	60	500	60

放料阀的密封性能要求应符合 JB/T 11489-2013 的规定，应使用其所配置的驱动装置(包含手动、气动、电动)启闭操作阀门进行密封试验检查。在密封试验的最短持续时间内，通过阀座密封面泄漏的最大允许泄漏率应符合 GB/T 26480 的规定。

在额定行程启闭过程中，放料阀要动作灵活、无卡阻现象和控制信号无异常(如泄漏)现象。

6.5.2.2 柱塞式放料阀的主体结构

柱塞式放料阀的阀瓣类似于柱塞阀的阀瓣，所不同的是阀瓣沿轴线做直线运动的行程比较大，阀瓣要脱离开第一道阀座密封组件 4，并继续行程直至接通出料通道，从而实现启闭操作过程。柱塞式放料阀主体结构由阀体 1、阀瓣 2、不锈钢组环 3、密封组件 4、阀座套筒 5、定位螺钉 6、阀杆 7、密封件压环 8、支架 9、锁紧螺钉 10、阀杆螺母 11、导向螺钉 12、定位对开环 13、轴承组 14、轴承压盖 15、油封 16、手轮 17、物料进口 18、物料出口 19 等部分组成，如图 6-27 所示。

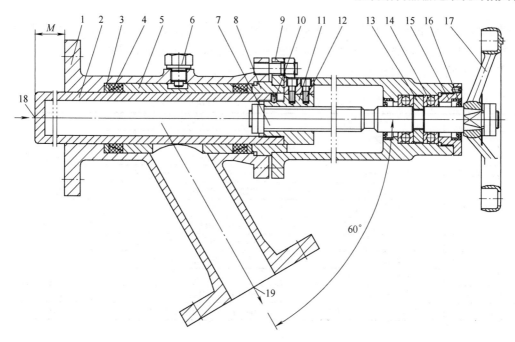

图 6-27　柱塞式放料阀典型结构示意图

1—阀体　2—阀瓣　3—不锈钢组环　4—密封组件　5—阀座套筒　6—定位螺钉　7—阀杆　8—密封件压环
9—支架　10—锁紧螺钉　11—阀杆螺母　12—导向螺钉　13—定位对开环　14—轴承组　15—轴承压盖
16—油封　17—手轮　18—物料进口　19—物料出口

柱塞式放料阀的工作过程是：手轮驱动阀杆旋转，通过梯形螺纹阀杆螺母轴向移动，并带动阀瓣沿轴线做直线运动，并脱离开第一道阀座密封组件 4，之后继续行程直至接通进料通道 18 和出料通道 19，从而实现开启放料状态。柱塞向相反方向运行，密封组件 4 与柱塞接触并密封，继续运行并使柱塞伸出阀体外要求的长度，实现关闭操作过程。

柱塞式放料阀的进料口法兰与储罐或容器的底部相连接，当阀瓣处于完全关闭位置时，阀瓣的一段长度为 M 的部分(如图 6-27 中的 M 段)伸出在阀体外部，伸出部分的长度与相连接的储罐或容器的壁厚相同，当安装到储罐或容器的底部以后，阀瓣的顶部平面与容器的内表面基本平齐，使阀体进口处不会有积存物料的死腔，也不会伸进容器内产生其他不利的影响。柱塞式阀瓣在阀体内有一段比较大的空行程，使阀瓣开启或关闭过程的总行程比较长，这是柱塞式放料阀的最大特点，也可以说是缺点。

柱塞式放料阀的阀瓣 2 是一个很长的杆状体，一般情况下，阀瓣的直径与阀体进料口的直径是基本一致的，并且通道的形状也不会有异样变化，不存在变径现象，从阀体入口到出料口的整个物料通道内，直径是基本一致的，没有任何可以滞留物料的死腔，所以在通道内流过的都是新鲜物料。出料口的中心线与阀杆中心线之间的夹角一般采用 60° 的比较多。

柱塞式放料阀的密封组件 4 大部分是填充聚四氟乙烯材料的，也可以采用满足使用性能要求的其他新型材料。在压环 8 的轴向推力作用下，密封组件 4 的侧面与阀瓣外表面接触形成密封比压，并达到使用工况所需的密封性能。

6.5.3　放料阀的主要零部件材料选用

放料阀的主要零部件材料选用包括材料的名称、材料的牌号、材料所属标准号等内容。可

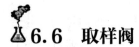

以参照机械行业标准 JB/T 11489-2013《放料用截止阀》的规定，结合放料阀的工作物料和工作压力特点，将主要零部件材料列于表 6-11 供使用者参考，其中壳体、阀瓣、阀座的材料也可以参照表 3-1 所给出的材料选取。

表 6-11　放料阀的主要零部件材料选用参考

零件名称	材料名称	材料牌号	材料标准号
壳体	不锈钢铸件	CF8、CF3、ZG08Cr18Ni9 等	GB/T 12230
	不锈钢锻件	S30408、S30403 等	NB/T 47010
阀座、阀瓣	铬镍不锈钢	06Cr19Ni10、022Cr19Ni10 等	GB/T 1220
密封面	钴铬钨合金	PT2101、PT2102	JB/T 7744
	锡基轴承合金(巴氏合金)	—	—
	聚四氟乙烯	SFBN-1、SFBN-2	QB/T 3626
阀杆	铬镍不锈钢	06Cr19Ni10、022Cr19Ni10 等	GB/T 1220
填料	聚四氟乙烯	SFT-1、 SFT-2、 RPTFE	—
	柔性石墨	—	—
垫片	聚四氟乙烯	SFB-1、 SFB-2	QB/T 3625
紧固件	铬镍或铬镍钼不锈钢	06Cr19Ni10、06Cr17Ni12Mo2 等	GB/T 1220

6.5.4　放料阀在使用和保管过程中的维护保养与安装注意事项

放料阀的安装、使用和保管中的维护与保养及注意事项，放料阀可能发生的故障及其消除办法类似于第 6.4.5 节插板阀使用和保管中的维护与保养及安装注意事项部分内容。

6.6　取样阀

化工固体物料的生产、输送等操作过程中，由于受原材料来源的不同、工艺参数的稳定性或设备完好性的影响，物料的产品质量随时都有可能发生这样或那样的变化，包括检查罐装运输的装卸操作过程中是否有污染等现象。对于工艺操作人员来说，都要及时在掌控之中，适时取样是最好的监测方法，取样阀就是生产装置中不可缺少的必需附属部件。

取样阀的连接法兰、整机检验主要内容等部分可以参照放料阀相应内容。

6.6.1　取样阀的结构

从功能来看，取样阀也是另一种结构的放料阀，但是比放料阀的要求更高。取样阀的结构有很多种，驱动方式也有手动、气动、电磁驱动等多种，按照取样的方式可以分为瞬时取样所用的取样阀和时间间隔内取样所用的取样阀两大类。

所谓瞬时取样所用的取样阀，一般是手动操作取样的比较多，主要是应用于化工固体物料在生产或输送过程中的瞬时取样，即在工艺要求的短时间内取样阀完成开启、取样和关闭等一个循环动作过程，所取物料样品排放到收集瓶中，此样品只能代表取样瞬间的物料产品质量。

不同的供应商提供的取样阀结构不同，但是其功能基本一致，都能够满足生产工艺的要求。这里介绍一种常用的化工固体颗粒物料取样阀，主体结构类似于柱塞式放料阀，但是比柱塞式放料阀要简单很多，主体结构由阀体 1、阀瓣 2、密封组件 3、阀座套筒 4、定位螺钉 5、密封件压套 6、阀杆 7、轴承组 8、轴承座 9、定位对开环 10、轴承压盖 11、锁紧螺钉 12、手轮 13、球阀组件 14、接管螺纹 15、物料进口 16、物料进口 17 等部分组成，如图 6-28 所示。

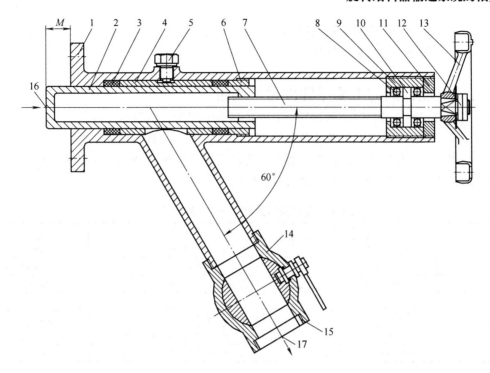

图 6-28　取样阀的典型结构示意图

1—阀体　2—阀瓣　3—密封组件　4—阀座套筒　5—定位螺钉　6—密封件压套　7—阀杆　8—轴承组　9—轴承座
10—定位对开环　11—轴承压盖　12—锁紧螺钉　13—手轮　14—球阀组件　15—接管螺纹　16—物料进口　17—物料出口

取样阀的工作过程是，手轮驱动阀杆旋转，在阀杆的带动下阀瓣沿轴线做直线运动，并脱离开阀座密封组件 3，之后继续行程直至接通进料通道 16 和出料通道 17，从而实现开启取样状态。阀瓣向相反方向运行，密封组件 3 与柱塞接触并密封，继续运行并使阀瓣伸出阀体外要求的长度，实现关闭操作过程。在生产装置中，取样阀的进料口安装在反应器或输送管道的底部，也可以安装在垂直输送管道的侧面，取样阀的出料口安装有一个螺纹连接的球阀组件，球阀组件出口的螺纹 15 连接物料样品收集瓶。在反应器内或输送管道内的物料是与氮气混合在一起的，当需要取样时，首先关闭球阀组件，防止空气进入到取样阀内腔，然后开启取样阀的阀瓣，此时取样阀内腔中充满氮气和化工固体物料。然后关闭取样阀的阀瓣，开启球阀组件将固体物料排放到收集瓶内，当固体物料全部排放到收集瓶内以后，要及时关闭球阀组件，可以防止空气进入到取样阀。在上述取样操作过程中，尽可能减少空气进入到取样阀内，或者说可能有极少量空气进入到取样阀内，这样可以避免空气进入到反应器内或输送管道内。

所谓时间间隔内取样所用的取样阀，一般是气动或电磁驱动操作取样的，主要是应用于化工固体物料在生产或输送过程中，在规定的某一特定时间段内，每间隔一定的时间自动取样一次，即取样是在规定的时间间隔内连续完成的，并将取出的物料样品自动收集到备好的样品收集瓶中，样品能代表取样时间段内的平均物料质量。例如，在工业生产中每个班的生产时间是 8 小时，每个班的产品质量都必须是合格的，要检验产品质量是否合格，首先就要有能代表 8 小时内产品质量的物料样品。假定在 8 小时内每间隔 10 min(也可以按工艺要求设定为 15 min 或其他时间间隔)自动取样一次，在 8 小时内取出的所有物料样品自动收集到物料瓶中，这些物料样品代表 8 小时内的物料平均质量。

时间间隔内取样所用的取样阀主体结构类似于瞬时取样阀，主要区别在于取样阀的操作取样是气动或电磁驱动的，而且物料出口的球阀组件也要是气动或电磁驱动的，通过自动控制系统实现远程自动控制和实现自动化生产。

6.6.2 取样阀的主要零部件材料选用

取样阀的主要零部件材料包括材料的名称、材料的牌号、材料所属标准号等内容。由于取样阀类似于放料阀，所以参照机械行业标准 JB/T 11489-2013《放料用截止阀》的规定，结合取样阀的工作物料和工作压力特点，将主要零部件材料列于表 6-12 供使用者参考，其中壳体、阀瓣、阀座的材料也可以参照表 3-1 所给出的材料选取。

表 6-12　取样阀的主要零部件材料选用参考

零件名称	材料名称	材料牌号	材料标准号
壳体	不锈钢铸件	CF8、CF3、ZG08Cr18Ni9 等	GB/T 12230
	不锈钢锻件	S30408、S30403 等	NB/T 47010
阀座、阀瓣	铬镍不锈钢	06Cr19Ni10、022Cr19Ni10 等	GB/T 1220
密封组件	对位聚苯	—	—
	聚四氟乙烯	SFBN-1、SFBN-2	QB/T 3626
阀杆	铬镍不锈钢	06Cr19Ni10、022Cr19Ni10 等	GB/T 1220
紧固件	铬镍或铬镍钼不锈钢	06Cr19Ni10、06Cr17Ni12Mo2 等	GB/T 1220

6.6.3 取样阀在使用和保管过程中的维护保养与安装注意事项

取样阀的安装、使用和保管中的维护与保养及注意事项，取样阀可能发生的故障及其消除办法参照放料阀相关部分内容。

6.7 分离器与排气系统

在化工固体物料的气力输送系统中，根据不同生产工艺的具体要求选用的设备也不完全相同，当生产工艺需要时，可以在排气系统配置分离器。化工固体物料从上部设备(例如料仓、反应器、干燥机等)进入管道，随后进入到分离器的体腔内筒中，再进入到旋转给料器壳体进料腔，经过旋转给料器壳体出料口进入混合器。分离器、旋转给料器和混合器三者之间的安装位置关系如图 6-29 所示。

分离器或称抽气室安装在旋转给料器的上部，在化工固体物料的气力输送过程中，下部混合器内的输送气体有一定的压力，旋转给料器的进料口区域是没有气体压力的，所以会有一部分气体在压力差的作用下进入到旋转给料器壳体内，进而向上泄漏进入分离器内。经过分离器将化工固体物料与气体分离，并通过管道将气体排出到料仓顶部或其他罐类设备中，使气体的流动速度进一步大幅度降低，气体中含有的剩余少量化工固体物

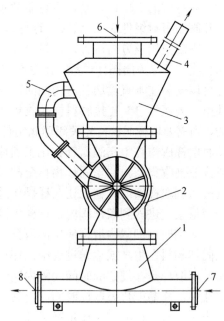

图 6-29　分离器、旋转给料器和混合器
三者之间的安装位置示意图

1—加速器(或称混合器)　2—旋转给料器　3—分离器
4—泄漏气体排出管　5—泄漏气体回气管
6—物料进口　7—输送气进口　8—物料输送出口

料被分离出来。根据化工生产装置、生产工艺的不同，从分离器排出的气体也可能通过管道进入其他设备，一般使用氮气输送的可以回收再利用，使用压缩空气输送的也可以最终排空。

分离器的结构有很多种，最常用的有带挡板式分离器和旋风式分离器，这两种结构各有特点，下面分别进行简单介绍。

6.7.1 带挡板式分离器

带挡板式料气分离器是从泄漏气体中分离化工固体物料效果比较好、结构设计比较合理的一种，其主体基本结构如图6-30所示，适用于一般化工固体颗粒物料或粉末物料。主体结构由下法兰1(与旋转给料器连接)、下部外壳2、调节手柄3、导料槽4、上法兰(与进料管连接)5、排气通道6、物料下行最小过流截面积调节点7、调节板8、调节板固定轴9、上部外壳10、排气管11、物料进口12、物料出口13、静电导出接线柱14等部分组成。

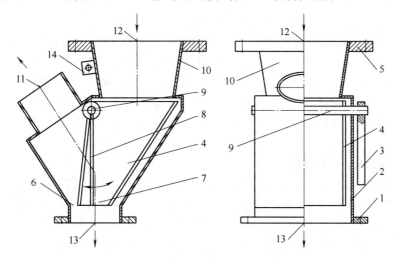

图 6-30　带挡板式分离器结构示意图

1—下法兰　2—下部外壳　3—调节手柄　4—导料槽　5—上法兰　6—排气通道　7—物料量节流点　8—调节板
9—调节板固定轴　10—上部外壳　11—排气管　12—物料进口　13—物料出口　14—静电导出接线柱

带挡板式料气分离器的工作原理是上法兰5连接上游进料管道或储料仓，下法兰1与旋转给料器进料口法兰相连接。气力输送过程中，化工固体物料从进料口12进入后，流经腔体上部截面积逐渐缩小的导流部分进入到下部的过流量调节腔内。导料槽4和调节板8共同组成物料过流通道，调节板8可以围绕固定轴9旋转一定角度，通过转动调节手柄3可以带动调节板8旋转，可以改变调节板8下端的位置，从而改变物料过流通道的最小截面积，达到控制物料过流量的目的。同时旋转给料器体腔内泄漏的气体到达分离器内腔后从排气通道6分流，然后经过排气管11排放到设计要求的设备中去或排空。带挡板式进料分离器的进料特点是进料通道在中心部位，进料通道的四周是泄漏气体排出通道，当泄漏气体进入分离器壳体内部以后，三面的气体流向排出口并从排气管11排出。从带挡板式进料分离器的结构和工作原理可以看出，其主要功能和作用有下列几点。

(1) 排放泄漏气体，尽最大可能降低物料下行的气流阻力。旋转给料器体腔内泄漏的气体的泄漏路径是从出料口经壳体内腔泄漏到壳体进料口，在不断泄漏的气体压力作用下继续向上运行到达进料分离器内腔，然后大部分从排气通道6分流，其余小部分从下料通道四周向上流动，并在分离器壳体内向排气管 11 汇流，并由排气管 11 排放到其他设备中或排空。

(2) 控制和调节化工固体物料的下料量。化工固体物料的进料量主要由进料通道的截面积确定，从分离器、旋转给料器壳体进料口、转子容腔、出料口到混合器的整个物料运行通道中，化工固体物料的输送量在很大程度上由通道最小截面积决定。带挡板式进料分离器的物料量节流点 7 就是物料通道最小过流截面积，可以通过控制和改变下料截面积实现调节进料数量的目的。

对于某一特定工况点的旋转给料器，在选型过程中，每小时的物料输送量是按转子容腔的输送能力计算的，旋转给料器的最小通过能力点是转子而不是壳体进料口。在工况运行过程中，物料堆积在壳体进料口段等待进入转子容腔，当转子叶片旋转到进料口下游边缘时，就会剪切在此区域堆积的颗粒物料。为了解决这个问题，就要限制进入壳体的物料数量使此区域的堆积物料量保持合理的程度。控制和改变进料分离器的下料最小截面积使进料分离器节流点成为整个过流通道的最小截面积。如图 6-30 中的 7 所示，转动手柄带动调节板可以改变出料口的过流截面积，进而可以控制旋转给料器输送物料的数量。

(3) 改变物料进入到旋转给料器壳体内腔的位置。进料分离器的进料口在旋转给料器壳体进料口上游边缘的正上方，物料从进料分离器进入壳体容腔后，物料的进料点位于壳体进料口上游侧边，此处低于转子外圆周面，即转子容腔没有完全充满物料，当此转子容腔旋转到壳体进料口下游边缘时，颗粒物料被剪切现象可以减轻或者可以消除。正常运行过程中，合理利用进料分离器控制物料数量和进料位置就可以最大限度地防止发生剪切颗粒物料的现象。

6.7.2　旋风式分离器

旋风式料气分离器是另一种常用结构的化工固体物料与气体分离器，分离效果比较好、结构设计比较合理，其主体基本结构如图 6-31 所示，适用于一般化工固体颗粒物料或粉末物料。其主体结构由上法兰 1(与进料管连接)、进料筒 2、排气窗口 3、进料内胆 4、外壳 5、环形排气通道 6、下法兰(与旋转给料器壳体连接)7、回气管 8、进料通道 9、料气分离腔 10、排气管 11、物料进口 12、物料出口 13、静电导出接线柱 14 等部分组成。

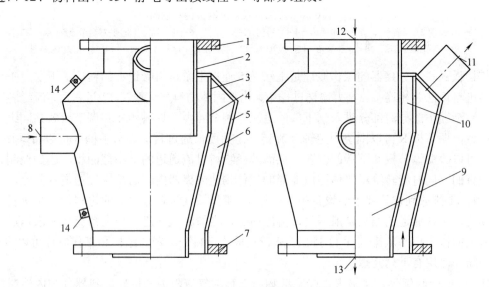

图 6-31　旋风式分离器结构示意图

1—上法兰　2—进料筒　3—排气窗口　4—进料内胆　5—外壳　6—环形排气通道　7—下法兰　8—回气管
9—进料通道　10—料气分离腔　11—排气管　12—物料进口　13—物料出口　14—静电导出接线柱

旋风式料气分离器的工作原理是上法兰 1 连接上游进料管道或储料仓，下法兰 7 与旋转给料器进料口法兰相连接。气力输送过程中，化工固体物料从物料进口 12 进入到进料筒 2 内，流经进料内胆 4 下部的进料通道 9 进入旋转给料器的体腔内，经过转子容腔输送到达壳体出料口，在重力作用下固体物料进入混合器。同时，混合器内的输送气体经转子与壳体之间的容腔和间隙泄漏到旋转给料器的进料口，随后，大部分气体进入旋风式料气分离器的环形排气通道 6 内，在环绕运行到达排气口的过程中，气流速度逐渐变慢，固体物料分离下落，气体从排气管 11 排出体外。另一小部分气体经进料通道 9 在固体物料的缝隙之间逆流而上，到达料气分离腔 10 后流速进一步降低，固体物料分离下落，气体经过排气窗口 3 和排气管 11 排出。另外一部分从回气管 8 进入环形排气通道 6 内的气体，流通截面积迅速扩大，同时流速迅速下降，在环形排气通道内环绕进料内胆 4 流动，气流中的化工固体物料分离降落到旋转给料器进料腔，气体从排气管 11 排出，从而达到化工固体物料与气体分离，排出泄漏气体和回收固体物料的目的。从旋风式进料分离器的结构和工作原理可以看出，其主要功能和作用有下列几点。

(1) 将泄漏气体中的化工固体物料分离开来。从混合器经转子与壳体之间的容腔和间隙泄漏到旋转给料器进料口的气体中含有一定量的化工固体物料，当用于输送粉末固体物料时，泄漏气体中的含料量要大些，当用于输送颗粒固体物料时，泄漏气体中的含料量要小些。但是，含料量多与少，泄漏气体中总要含有一定量的化工固体物料。在旋风式料气分离器内尽最大可能将物料与气体分离并回收物料。

(2) 排放泄漏气体和尽最大可能降低物料下行的气流阻力。旋转给料器体腔内泄漏的气体其泄漏路径是从出料口经壳体内腔泄漏到壳体进料口，在不断泄漏的气体压力作用下继续向上运行到达进料分离器内腔，然后第一部分泄漏气体从环形排气通道 6 经排气管 11 排出。第二部分从进料通道 9 经排气窗 3 和排气管 11 排出，第三部分从回气管 8 进入环形排气通道 6 内，在环形排气通道内环绕进料内胆 4 流动，流速减慢，气流与固体物料分离，气体从排气管 11 排出，从而达到固体物料与气体分离、排出泄漏气体和回收固体物料的目的。

6.8 混合器

在化工固体物料的气力输送系统中，罐类储存设备(例如料仓、反应器、干燥机等)中的化工固体物料流经管道和分离器进入到旋转给料器壳体进料腔，从旋转给料器壳体出料口进入混合器。分离器、旋转给料器和混合器三者之间的安装位置关系如图 6-29 所示。

混合器或称为加速器，安装在旋转给料器的下部，在化工固体物料的气力输送过程中，混合器内的输送气体有一定的压力，当固体物料从旋转给料器的出料口进入混合器，此时，化工固体物料顶风下行，物料要在尽可能短的时间内尽可能均匀地与输送气体混合并迅速进入输送管道，同时，要使输送气体尽可能少地泄漏到旋转给料器进料口。根据化工生产装置、固体物料数量、生产工艺和气力输送距离的不同，所选用混合器的规格尺寸有所不同，内部结构也有所不同，特别是物料发射器的结构更是有所不同。

混合器的结构有很多种，最常用的有带孔板式发射器的混合器、带管式发射器的混合器、带文丘里式发送器的混合器、带气体冲击式发送器的混合器和直通型混合器，这几种结构的混合器在化工固体物料输送系统中普遍使用，下面分别进行简单介绍。

6.8.1 带孔板式发送器的混合器

带板式发送器的混合器也称作带有均发器的高压工况气力输送混合器，是一种常用结构的化工固体物料与气体混合并加速物料前行的设备，混合效果比较好、结构设计比较合理，其主体基本结构如图6-32所示，适用于一般化工固体颗粒物料或粉末物料。其主体结构主要由物料出口法兰1、物料输送管2、物料进口法兰3、孔板式发送器4、进料段外壳5、进气口法兰6、静电导出接线柱7、输送气进口8、物料出口9等部分组成。

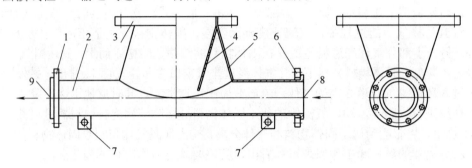

图 6-32　带板式发送器的混合器结构示意图

1—物料出口法兰　2—物料输送管　3—物料进口法兰　4—孔板式发送器　5—进料段外壳　6—进气口法兰
7—静电导出接线柱　8—输送气进口　9—物料出口

混合器的结构比较简单，带孔板式发送器的混合器工作原理是当化工固体物料从旋转给料器进入混合器以后，在孔板式发送器发出的高速气流作用下，固体物料迅速松散并与输送气体均匀混合，在后续气体的压力作用下进入输送管道。固体物料连续进入混合器，发送器连续发出高速气流。当化工固体物料数量增加时，所需要的气体推力随之增加，输送气体压力也随之提高。当化工固体物料数量减少时，所需要的气体推力随之减小，输送气体压力也随之降低。随着化工固体物料数量和输送气体压力变化的波动，形成在一定压力范围内基本稳定的动态气-固两相输送流，现在使用最多的就是这种结构的混合器。

6.8.2　带管式发送器的混合器

带管式发送器的混合器是另一种常用结构的化工固体物料与气体混合并加速物料前行的设备，混合效果比较好、结构设计也比较合理，其主体基本结构如图6-33所示，适用于一般化工固体颗粒物料或粉末物料。其主体结构主要由物料出口法兰1、物料输送管2、物料进口法兰3、进料段外壳4、管式发送器5、进气口法兰6、静电导出接线柱7、输送气进口8、物料出口9等部分组成。

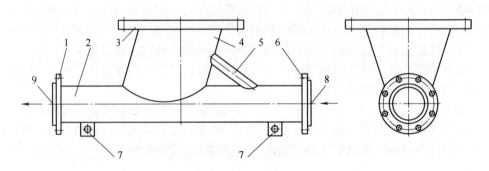

图 6-33　带管式发送器的混合器结构示意图

1—物料出口法兰　2—物料输送管　3—物料进口法兰　4—进料段外壳　5—管式发送器　6—进气口法兰
7—静电导出接线柱　8—输送气进口　9—物料出口

带管式发送器的混合器工作原理与带孔板式发送器的混合器基本类似，只是发送器的结构不同。这种结构的混合器在结构上的设计要点就是控制好管式发送器的结构尺寸和安装角度，即物料下落的中心点与管式发送器的中心点要相互匹配。这种结构的混合器在几年前使用比较多，最近几年逐步被带孔板式发送器的混合器所取代。

6.8.3　带文丘里式发送器的混合器

混合器的发送部位采用文丘里管的原理，在进料处管道的横截面积减小，使输送气体的流速加快，此处的气体静压力降低，进入壳体的泄漏气体流速降低，使固体物料下落的阻力减小，有利于物料自由下落。壳体出料口与进料口之间的气体压力差降低，壳体内腔的气体泄漏量减少，如图 6-34 所示。

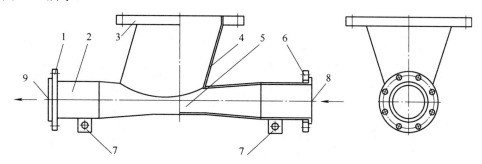

图 6-34　带文丘里式发送器的混合器结构示意图

1—物料出口法兰　2—物料输送管　3—物料进料法兰　4—进料段外壳　5—文丘里管发送器　6—进气口法兰
7—静电导出接线柱　8—输送气进口　9—物料出口

6.8.4　带气体冲击式发送器的混合器

混合器的底部有气体冲击式发送器，如图 6-35 所示，在冲击式发送器的作用下，输送压力气体快速进入叶片内腔，在压力气体的冲击力作用下，物料与气体迅速混合并随气体一起快速进入输送管道，这种结构的混合器适用于流动性比较差、具有一定黏附性的化工固体物料或极细的粉末固体物料。

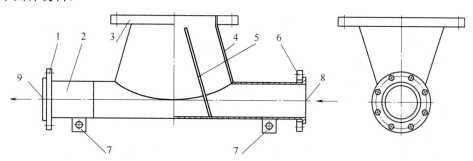

图 6-35　带气体冲击式发送器的混合器结构示意图

1—物料出口法兰　2—物料输送管　3—物料进料法兰　4—进料段外壳　5—冲击式发送器　6—进气口法兰
7—静电导出接线柱　8—输送气进口　9—物料出口

6.8.5　直通型混合器

所谓直通型混合器就是不带发射器的结构，对于输送工作压力小于 0.10 MPa 的工况条件，可以选用结构比较简单的直通型混合器。

第 7 章　旋转给料器及相关设备的应用选型

旋转给料器具有旋转阀、星形给料机、星形给料器、旋转给料机、星形阀、旋转气琐等人们俗称的众多名称。旋转给料器广泛应用于处理各种类型的化工固体物料，应用于气力输送系统、给料系统和计量系统中，其特点是结构简单、体积小，适合于安装在生产装置工艺过程中、输送管道上或料仓底部出料口，不但可以均匀地将物料添加到气力输送设备或气力输送系统的管道中，而且还可以使生产装置中反应器的出料口或输送管道的进料口具有比较好的密封性能，使气体泄漏量能够满足生产工艺的要求，从而保证生产装置的正常运行或远距离输送。保证化工固体物料在输送过程中的产品质量，使固体物料在旋转给料器体腔内不易因破碎而降级，同时还可以通过改变转子转速的方式，在一定范围内控制固体物料的输送量。旋转给料器可以处理粉末物料或颗粒物料，有助于减少粉尘极易散播带来的危险。

化工固体物料用旋转给料器有很多种类型，每种类型有很多种不同的结构形式，每一种结构形式的旋转给料器又有多种不同的规格尺寸。正确选择旋转给料器的结构类型就必须充分考虑工作介质的物料特性、生产工艺要求、工况参数要求、生产能力(即输送数量)和生产装置工作环境等多种因素。其中对工作介质物料特性的考虑是最重要的，工作介质的物料特性不仅直接决定着旋转给料器的结构类型，而且还影响到化工装置的工况参数设计，如果选择的旋转给料器结构类型与工作物料的特性不匹配，就会引起各种故障甚至无法正常工作，即使其他因素都很合理可能也难以正常输送运行。

7.1 旋转给料器选型要考虑的基本问题

选型设计者必须认识到并不存在一种"万能的"或"通用的"化工固体物料用旋转给料器，每一台特定的旋转给料器只能适用于在一定条件下工况运行。选型设计首先要考虑的因素主要有：在特定工况参数条件下选用怎样结构的主机、特定物料的各种特性适用于怎样的内部结构、壳体内腔气体泄露量的最大值是否低于工艺参数的允许值、在特定工作温度条件下是否需要伴温要求、壳体进料口和出料口的连接法兰标准和压力等级及规格尺寸、气体压力平衡腔和轴密封气体吹扫系统元器件的选择要求、减速电动机的选择要求及转子转速调节参数要求、旋转给料器附属相关设备选择要求等。

7.1.1 旋转给料器的整体结构形式选择

旋转给料器可以实现定量给料、密封气体，同时可以防止物料从料斗中无序地自由卸落，在众多结构形式的各种给料方式中，旋转给料器是最适合处理化工固体物料的一种特定设备。旋转给料器有很多结构形式，应用的范围也很广，按照应用工况条件可以分为给料用途的和琐气与给料双重功能的旋转给料器以及除灰用途的旋转给料器。旋转给料器的整体结构形式包括主机的结构形式和减速电动机与主机配合的安装结构形式，主机的结构形式决定了适用的工况参数和物料的各种特性，例如最主要的工况参数是工作气体压力，根据工作气体压力就确定了是选择琐气与给料双重功能的旋转给料器，还是选择单纯给料的旋转给料器。

在各种结构类型的旋转给料器中，只有壳体内部密封性能达到气体泄漏量很小的旋转给料器，才能适用于气力输送系统中，因为这种旋转给料器能够将物料从料斗或储存料仓中均匀地送入气力输送系统的管道内，能够达到连续、均匀地气力输送固体物料的目的。如果气体泄漏量明显增大，气力输送物料数量和输送距离将会受到很大影响。这种工况的旋转给料器结构形式选择对被输送物料的特性(如粒度大小、黏附性、腐蚀性等)考虑就显得更为重要,壳体进料口与料气混合区域之间的气体压力差(即旋转给料器进料口和出料口之间的气体压力差+混合器进料段的部分压力降)、要求输送的物料体积数量、输送距离等都是最直接、最重要的选型依据。

选型设计的主要依据是被处理的化工固体物料特性和生产工艺要求的工况参数,根据工作介质固体物料的流动特性,选择合适的旋转给料器整机结构,特别是开式转子结构与闭式转子结构的选择要合理。对于闭式结构的转子,各种转子端部密封结构的选择要合理。可以参照第2章的结构介绍进行合理选择,采用尽可能结构简单的旋转给料器,可以使设备的维护、保养和维修更容易。对于流动性很好的化工固体粉末物料,可以适用的旋转给料器结构形式有很多种,使用最多的结构形式就是我们所熟悉的开式转子旋转给料器。为了处理极易流动的物料,而物料又具有倾泻的倾向时,如流动性很好的化工固体颗粒物料或磨削性比较强的化工固体物料,转动的叶片可以封闭在壳体中,即叶片两端用侧壁封起来,固体物料与端盖不接触,这就是我们所说的闭式转子旋转给料器,又称作闭式转子旋转阀。

减速电动机与主机配合的安装结构形式在很大程度上与生产现场的环境条件和工况位置有关系,选型设计过程中要根据旋转给料器的运行工况点,如果有固定共用底座的平台或空间位置,要尽可能选用共用底座式结构,否则就可以选用背包式安装结构。

旋转给料器的结构可以随着使用工况条件的不同而改变,当物料需要远距离输送或需要在氮气中输送时,或旋转给料器的上游是负压容器的工况点时,严格控制并尽可能减少气体的泄漏量非常重要。此时就要求叶片与壳体之间的间隙控制得非常小,这种结构的优点是能够使料仓底部与旋转给料器出料口之间达到某种程度的密封,不会使输送系统的压力气体穿过壳体内腔进入到反应器或料仓系统内。在旋转给料器的选型过程中,要认真确认旋转给料器的结构类型是否与被处理的物料和工况条件相适应至关重要。

随着科学技术的不断进步和发展,无论闭式转子的旋转给料器,还是开式转子的旋转给料器,其壳体的结构形式、轴密封的结构形式和材料、转子的结构形式、端盖的结构形式都在不断改进和变化。一般情况下,某一种结构的旋转给料器,在特定的历史条件下,适用于某种特定的物料或工况参数条件。但是一旦出现一种具有某种特性的新材料,当这种新材料应用于旋转给料器的某个特定零部件,解决了某一个或几个元器件的结构或其他方面存在的问题时,就提高了这个元器件的性能,进而提高了旋转给料器整机的工况运行性能。对于旋转给料器来说,最典型的元器件就是轴密封元件。例如,在第2章第2.4节中介绍的高压开式转子侧出料结构的旋转给料器(或称吹扫式旋转给料器),由于输送气源管道的气体压力直接作用在旋转给料器体腔内,对转子的轴密封件性能要求非常高。所以在20世纪七八十年代,此种结构的旋转给料器只能应用于工作压力在0.10 MPa以下的气力输送工况。正是由于科学技术的不断进步和发展,出现了一种具有在干摩擦状态下具有很好耐摩擦磨损性能的轴密封件新型材料,使得轴密封件的适用工作压力大幅度提高,所以才有了能应用在化工装置高压气力输送系统中的高压开式转子侧出料结构的旋转给料器。

7.1.2 旋转给料器在工况运行条件下的工作效率

旋转给料器可以应用的工况条件主要有两类情况:第一种情况是旋转给料器的进料口和出料口之间不存在气体压力差的工况场合,例如化工固体物料生产装置中的给料系统和计量系统等的工况条件，此种情况下旋转给料器的填充系数最高，在物料特性的影响和工况参数变化的条件下，填充系数可以达到 0.85～0.95 或更高。第二种情况是旋转给料器进料口和出料口之间存在一定气体压力差的工况场合，也就是具有给料和琐气两种功能的旋转给料器。例如化工生产装置中或料仓底部的气力输送系统工况条件。此种情况下旋转给料器的填充系数要低于第一种工况，在物料特性的影响和工况参数变化的情况下，填充系数可以达到 0.65～0.90 或更低，有些情况下填充系数甚至可能只有 0.55～0.65。由于旋转给料器进料口和出料口之间的气体压力差变化范围比较大，所以物料的填充系数变化范围也比较大，对于工作压力在 0.10 MPa 以下的工况条件，在各种参数的综合作用下以及加上最有利的工况条件，其填充系数可以达到 0.90 左右。

旋转给料器的填充系数不仅与适用气体压力、物料的特性有关，更与气体的泄漏量及排出方式有关，当然，还与物料的工作温度、转子的转速有关，以及与整机的维护与保养情况有关。其中气体的泄漏量对整机的填充系数影响最大，壳体出料口的气体压力高于进口的压力，气体通过间隙与固体物料混合而使物料的堆密度降低，从而使旋转给料器的容积系数降低，如果气体泄漏量增大，填充系数会进一步降低。反之，如果旋转给料器出料口气体压力低于进料口的压力，壳体内物料中的气体会逸出而使物料的堆密度增大，从而使旋转给料器的容积系数提高，因此在旋转给料器选型设计时应注意这种现象的存在。其次，对整机填充系数影响比较大的因素就是固体物料的特性，特别是对流动性影响比较大的特性，比如物料的堆密度、休止角、黏着性、附着性、搭桥性、物料的含水量、吸湿性和潮解性等。

7.1.3　旋转给料器的壳体结构形式选择

对于适用于粉末物料的旋转给料器，可以选择没有防剪切结构的壳体。根据粉末物料粒子尺寸的大小不同，对壳体的内腔表面要求也不同，包括壳体进料口段和出料口段与物料接触的内表面，所有可能与物料接触的金属表面要光滑，表面粗糙度要好。对适用于细粉末物料的工况，内腔表面的粗糙度要求更高，需要考虑的问题还有壳体内腔不能有积存物料的死腔。

对于适用于颗粒物料的旋转给料器，在选型时就要尽最大可能消除物料被剪切的现象，包括壳体进料口段和出料口段都要有合适的结构与转子的结构相匹配，可以选择"人"字形壳体进料口切边结构。壳体的第二个结构特点就是进料口的位置要偏离壳体中心线，即物料下落的位置不是在转子的最高点，而是在转子最高点的前侧，即物料的下落点低于转子的最高点，这样可以有效减少固体颗粒物料被剪切的现象，例如图 3-17 所示的结构。壳体出料口防止颗粒物料被剪切的结构如图 3-18 所示。

对于适用于粉末物料中可能含有不规则凝结块的旋转给料器，在选型时就要尽最大可能消除不规则凝结块的影响，根据不规则凝结块的尺寸大小，可以选择将其推入转子的料槽内或者将其切断后再推入转子的料槽内，可以选择在壳体进料口段配置合适的结构与转子相匹配，也可以采用专门的切刀结构将凝结块切断，例如图 3-20 所示的结构。要根据凝结块的尺寸、出现概率、硬度和是否容易切断等情况选择相应的处理方式。

对于需要快速解体的工况场合，例如物料中可能会含有各种形状和尺寸的异物，或生产工艺参数的波动对固体物料特性有很大影响的工况条件下，在工况运行过程中，颗粒物料或粉末物料中可能会有废旧包装袋的残片、废旧塑料块，也可能有其他块状或条状的异物，这些异物进入到旋转给料器壳体内，不能够保证一定会自行排出来，一旦这些异物滞留在壳体内，就必须人工从壳体内取出异物。在工况运行过程中，如果固体物料的特性发生变化，物料的流动性和黏附性有可能会发生变化，并有可能黏附在壳体内不能依靠重力自行排出，需要通过人工辅助操作后才能恢复正常工况运行。对于处理上述物料的工况场合，在应用选型设计过程中，可以选择分体式结构壳体，即在壳体的侧面设计一个比较大的开孔，正常运行时有侧盖将开孔封闭，一旦壳体内腔有异常现象需要处理，可以快速进行适当操作，例如图 3-21 所示的结构。

7.1.4 旋转给料器的转子结构形式选择

转子的叶片数量与工作气体压力、物料的特性有关，当输送管道内的气体经过旋转给料器下方的出料口时，都会向壳体内泄漏，并在壳体内腔的回气侧每个转子叶片容腔内按压力梯度方式产生压降，因此，减少气体泄漏的方法之一就是适当增加转子的叶片数量。然而，在处理某一种特定化工固体物料时，转子轮毂上可以安装的叶片数量有限，这种限制在很大程度上与物料特性有关，因为在轮毂上分布叶片的总角度数始终是 360°，增加了叶片数量必然会减小叶片之间的夹角，对于某些物料来说，必然会影响物料的填充系数，填充系数(或称容积系数)是要特别慎重考虑的重要参数。对化工固体物料，特别是粉末物料，由于其本身的性质(如流动性)在不同的工况参数条件下会有明显的不同。所以一般情况下，应用于化工固体物料的旋转给料器转子叶片数量最好设计在 6～20 个。

叶片与壳体之间的径向间隙决定着旋转给料器的性能，在工况参数需要的情况下，要尽最大可能缩小此间隙，以便使气体泄漏对输送能力的影响降低到最小。用于长距离高压输送工况的新出厂的旋转给料器，在工况运行状态下的径向间隙应该控制在 0.08～0.12 mm。如果是常温物料，主要要考虑转子的直径尺寸大小、转子、壳体和端盖等零部件加工制造的精度等因素。如果是高温物料，除了要考虑转子的直径大小、加工制造精度等因素以外，还要考虑主体材料的热膨胀系数及不同材料之间的差异因素、壳体的保温情况、壳体的伴温情况、泄漏气体排出方式、排出位置、排出效果等诸多因素。泄漏气体的排出方式、排出位置要以不影响转子的容积效率(或称填充系数)为原则。由于排出的气体含有夹带的固体物料，一般将其直接返回到供料仓或送到过滤分离器中。

旋转给料器的主要运动部件是转子，转子的类型有两种，即闭式(或称有侧壁)转子和开式(或称无侧壁)转子；转子的容腔(或称料槽)形式也有两种结构，即深槽形和浅槽形。

开式(或称无侧壁)转子的叶片是直接焊接在轮毂轴上，虽然开式转子省去了侧壁的材料，制造成本或许能够降低一点。但其缺点是，在处理有较大磨琢性的物料时，由于物料与端盖内壁表面长期接触并摩擦，端盖会产生比较大的磨损，会使转子叶片与端盖之间的间隙在比较短的时间内增大，使旋转给料器的性能发生变化。开式转子的叶片仅有一条边固定在轮毂轴上，因此叶片刚度不如闭式转子，必须采用适当的方式加固，如图 3-22 所示的方式。

闭式(或称有侧壁)转子的侧壁焊接在轮毂轴上及叶片的两端，而形成一个完整的料槽。闭式转子较为坚固，叶片的刚度也好，因此更适用于有磨琢性的物料，比如塑料颗粒物料和树脂类颗粒物料，聚乙烯颗粒物料、聚丙烯颗粒物料、聚酯切片颗粒物料等都属于这一类，如果有必要，可以采用如图 3-23 所示的方式进行加固。对于有些结构的旋转给料器，侧壁除增加了转子刚度外，对轴密封件和轴承也提供了一定的附加保护作用。

对于磨琢性比较强的物料应使用可以更换叶片边缘密封条的转子结构，这样可以延长转子的使用寿命。叶片边缘密封条可以是不锈钢板、聚四氟乙烯、尼龙、聚氨酯及其他符合要求的柔性材料制造的边口刮板。如第 3 章中的图 3-25 和图 3-33 所示。

对于具有一定黏附性的物料,可以使用叶片边缘背面斜切 30°～45° 导角的结构,如图 3-24 所示,减小叶片顶部与壳体的接触面积,有利于刮掉黏附在壳体内壁表面的物料,降低转子的旋转力矩,有利于提高运行稳定性。

转子的容腔(或称料槽)形式也有两种结构,即深槽形和浅槽形。深槽形转子具有最大的容积,最适合用于处理流动性比较好的物料;浅槽形转子具有较小的容积,适合用于处理流动性比较差的物料,例如,堆密度比较小的细粉末物料或超薄片形式的碎料。

对于处理具有黏附性物料的旋转给料器,在应用选型设计过程中要特别注意不能够使物料黏附在转子叶片间的容腔(或称星形料槽)内。应用于黏附性物料的转子,转子叶片之间的料槽要浅而且间距要宽,叶片与轮毂之间不能有可能滞留物料的死腔,要采用大圆弧过渡,如图 3-37 所示。叶片、侧壁和轮毂与物料接触的所有金属表面都要特别光滑,表面粗糙度要求非常高,也可以通过其他方式方法使黏附性物料不容易黏附在侧壁、叶片和轮毂的表面。在处理具有黏附性物料的情况下,旋转给料器的物料输送量也将大幅度降低,有时可能只有正常输送能力的一半左右。

对于适用于粉末物料的旋转给料器,由于不存在剪切物料问题,所以可选择直型叶片结构的转子,如图 3-27 所示。根据粉末粒子尺寸大小的不同,对转子的要求也不同。对于细粉末物料需要考虑的问题是物料在转子容腔内的搭桥和黏附现象,所以,与物料接触的金属表面要光滑,表面粗糙度要求很高。

对于适用于颗粒物料的旋转给料器,就要尽最大可能消除剪切物料现象,转子的结构与壳体的结构要相匹配,可以选择"人"字形叶片结构的转子,如图 3-29 所示。

对于需要快速解体的工况场合,例如物料中可能含有各种形状和尺寸的异物,或生产工艺参数的波动对固体物料特性有很大影响的情况下,在工况运行过程中,可能需要快速解体旋转给料器进行适当处理,然后迅速复装并恢复正常工况运行,可以选择分体式转子,即转子是由主体部分和可以快速分离的轴端共同组成的,如图 3-32 所示的结构。

旋转给料器选型另一个需要认真考虑的重要问题是物料的磨琢性,虽然转子的叶片可以采用耐磨损的材料,或采用可以更换叶片边缘耐磨条的结构。但是对于硬度比较大的颗粒物料,采用这种耐磨结构措施也会有比较大的摩擦磨损,物料坚硬可以使转子与壳体之间的间隙迅速加大,从而导致气体泄漏量随之加大,输送的化工固体物料量也随之减少,输送的距离缩短,旋转给料器的整机性能大幅度降低。

7.1.5 旋转给料器的气体泄漏量

有关旋转给料器的气体泄漏量问题,在第 10 章中的图 10-2 给出了特定结构形式的旋转给料器,不同的转子直径在不同的工作气体压力条件下,单位时间内的气体泄漏量。在气力输送系统选型设计阶段,气体泄漏量的数据非常重要,旋转给料器整机的气体消耗量占整个气力输送系统气体消耗量的比重还是比较大的。对于新出厂的高压气力输送旋转给料器,壳体内腔的气体消耗量占整个气力输送系统气体消耗量的比重为 20%～30%或更小,如果旋转给料器运行时间较久,正常的运行维护保养又不是很好的情况下,气体消耗量会明显加大,据不完全统计,这要占整个气力输送系统气体消耗量的比重为 35%～45%甚至更高。当然气力输送工艺、输送距离、被输送物料的特性不同,气体消耗量也有很大不同。如果气力输送系统的气源量过大,化工固体物料在管道内的输送速度将增大，如果物料有磨琢性，输送速度增大就会引起输送管道的磨损加快，以及管道弯头、管件过早损坏。而且还有可能会使物料破碎降级，最重要的是输送相同数量的化工固体物料所消耗的气体数量增加了很多，使运行成本也随之增加。反之，如果气力输送系统的气源流量过小，气体的工作压力就会过低，气流速度就不能有效地使化工固体物料悬浮在输送管道内或推动料栓前行，其结果就有导致管道阻塞的可能，使输送系统不能正常运行，所以选型设计的关键之一就是合理确定气力输送系统的气源流量。

一般情况下，旋转给料器的气体泄漏量随气力输送系统工作压力的提高而迅速增大，当气力输送系统的工作压力在 0.10 MPa(表压)及以下时，旋转给料器的气体泄漏量比较小，当超过此压力时，转子叶片与壳体之间的间隙气体泄漏量就要大大增加，新出厂的旋转给料器都要测定在规定条件下的气体泄漏量并标示在铭牌中。

7.2　旋转给料器选型设计中要考虑的工况参数

在旋转给料器的选型设计过程中，确定工况参数是根据生产工艺要求寻找合适设备的一个过程，有些情况下，也可以说是设备制造水平与生产工艺要求相互融合的一个过程。设备制造水平和生产工艺参数之间是相互促进又相互依赖的关系，也就是说，在用户需要的同时，制造厂要能够设计制造出满足相应工况性能参数的设备。由化工生产装置的设计单位或用户根据工艺要求提出旋转给料器需要达到的性能参数，然后由设备制造厂想办法满足用户的这些工况参数要求，并加工制造出合格、工况运行性能稳定、耐久性符合要求的旋转给料器及相关设备产品。

旋转给料器工况参数的概念参见第 2 章中第 2.2 节的叙述。旋转给料器的工况参数分为主机部分、辅助部分及气源管道元器件、旋转给料器相关设备的工况参数三部分。本节主要介绍主机的工况参数，主机的基本工况参数是指决定旋转给料器工况性能的参数，和旋转给料器的结构设计、材料选择、加工制造、设计选型、用户使用现场的安装、化工装置生产工况运行过程中的维护、保养工作中都有关系的参数。旋转给料器有很多种类型，各种类型的旋转给料器其基本工况参数是不同的，不是每台旋转给料器都具有下面所叙述的全部基本工况参数，对于某一台特定的旋转给料器所具有的基本工况参数，可能包括下述参数其中的一部分，也可能包括全部下述参数。一般情况下各种类型的旋转给料器在选型过程中包括的基本工况参数有以下内容。

7.2.1　设计压力

从理论上讲，设计压力是最大允许工作压力的极限值，要高于工作压力。一般定义是，在考虑气力输送系统气体压力波动的情况下，系统的工作压力再加上可以预见的气力输送系统气体压力波动的最大峰值，经过圆整后的数据就定义为该气力输送系统的设计压力，单位为 MPa。用户设计条件中给出的是壳体进料口工作压力和壳体出料口工作压力，一般情况下，其中壳体出料口工作气体压力要高于壳体进料口工作气体压力，此时的壳体出料口的工作气体压力再加上可以预见的气力输送系统气体压力波动最大峰值圆整后就定为设计压力。例如：某气力输送系统的工况输送气体压力为 0.21～0.26 MPa，可以预见的气体压力波动的最大峰值为 0.03 MPa，

此时 0.26 MPa +0.03 MPa =0.29 MPa，0.29 MPa 圆整后的数据为 0.30 MPa，而 0.30 MPa 就定义为该气力输送系统的设计压力。

7.2.2 最大允许工作压力

最大允许工作压力是指旋转给料器体腔内的表压力最大允许值(含压力波动时的瞬时状态值)，单位为 MPa。正常工况运行条件下的工作气体压力要低于最大允许工作压力，最大允许工作压力不能够大于设计压力。

旋转给料器壳体是一个密封腔，这个腔体最薄弱的密封点就是转子的轴密封部位，所以最主要考量的就是转子轴密封部位的最大耐压承受能力，其次还有混合器、分离器、气体流量计、气体流量调节阀的适用工作压力等，都是指旋转给料器壳体内腔整体能够长期适用的工作气体压力。金属壳体承受内腔压力的能力要远远大于最大允许工作压力值。

7.2.3 最大允许工作压差

最大允许工作气体压力差是指旋转给料器壳体进料口和出料口之间的最大允许工作气体压力差值，单位为 MPa。这个压力差值对气体泄漏量有很大的直接关系，是旋转给料器最主要的工况参数，如果大于这个允许的最大工作气体压力差，旋转给料器的气体泄漏量就会迅速增大，就超出了性能参数中给出的气体泄漏量数值。

7.2.4 壳体进料口工作压力

壳体进料口工作压力是指正常工况运行条件下，旋转给料器壳体进料口的工作气体表压力值，单位为 MPa。一般情况下，壳体进料口的气体工作压力很低，很多情况下表压力接近于零或略有真空。但是在有些工况条件下，旋转给料器前道设备本身带有一定的气体压力，或者由于进料口的料仓比较大和料的位置比较高，用户或设计单位在招标书中给出的壳体进料口的工作压力不是气体压力，而是料位形成的静压力。壳体进料口的料位静压力对旋转给料器的气体泄漏量是没有太大影响的，对于流动性很好的物料，在料位静压力(在此特定条件下的壳体入口压力)的作用下，进料量会有一定量的增加而不会减少。但是，对于某些特性的粉末物料，要防止料位静压力会造成物料堆的板结或"架桥"而使流动性下降，进而使进料量减少。

7.2.5 壳体出料口工作压力

壳体出料口工作压力是指正常工况运行条件下，旋转给料器壳体出料口的工作气体表压力值，单位为 MPa。一般情况下，如果旋转给料器是用于给料或计量的工况，壳体出料口的工作气体压力是很低的，表压力一般不大于 0.05 MPa 或接近于零。如果旋转给料器是用于气力输送工况，壳体出料口的工作气体压力就是物料气力输送管道的气源压力。现在采用比较多的气力输送压力是表压力在 0.10～0.45 MPa，随着输送技术的发展和设备设计制造水平的提高，气力输送压力也在不断提高，所以也有超过这个压力范围的。这个气体压力与壳体进料口之间有一定的压力差，这个压力差对壳体内腔的气体泄漏量有很大的直接关系，是旋转给料器最主要的选型设计参数。

7.2.6　允许工作温度

允许工作温度是指旋转给料器体腔内被输送物料所允许的实际温度，单位为℃。但是这里的允许工作温度与其他场合的定义不同，这个允许工作温度不是最高允许工作温度限值，而是指在接近给定温度的一定范围内是允许的工作温度范围。例如，允许工作温度是 220 ℃ 的旋转给料器，其允许的工作温度范围是接近 220 ℃ 的一定范围内，究竟允许温度范围是 30 ℃ 或是 40 ℃ 还是 50 ℃ 要由旋转给料器制造厂确定，就是说这个旋转给料器的允许工作温度是 180～220 ℃ 还是 190～220 ℃ 或者是 170～220 ℃ 要由这个旋转给料器的制造厂确定。一旦工况条件低于制造厂确定的最低允许工作温度，就不适合使用这台旋转给料器。例如，如果物料的实际温度是 130℃，就不适宜选用工作温度是 220 ℃ 的旋转给料器。允许工作温度还要考虑所有零部件材料耐温性能的含义，特别是轴密封件和转子端部密封件的适用工作温度。

7.2.7　最大允许工作温度差

旋转给料器的最大允许工作温度差是指旋转给料器在工况运行过程中，转子和壳体之间的最大允许工作温度差值，是由制造厂根据内部结构给出的一个特定值。例如，瑞士 BUHLER 公司给出的最大允许工作温度差是这样的：对常温旋转给料器(也即适用于物料温度不大于 60 ℃ 的旋转给料器)，其转子和壳体之间的温度差值控制在 15 ℃ 以内；对中温旋转给料器(也即适用于物料温度 60～140 ℃ 的旋转给料器)，其转子和壳体之间的温度差值控制在 30 ℃ 以内；对高温旋转给料器(也即适用于物料温度 140～220 ℃ 的旋转给料器)，其转子和壳体之间的温度差值控制在 60 ℃ 以内。要通过各种方式严格控制转子和壳体之间的温度差不能大于所要求的允许值，严格控制转子和壳体之间的间隙，气体泄漏量是在此基础上给出的。否则，旋转给料器转子和壳体之间的间隙值将有可能超出允许的正常范围，也可能会使转子和壳体之间出现擦壳现象甚至卡死。或者相反，当间隙过大时，气体泄漏量也随之增大，这将导致达不到所要求的密封性能参数。

7.2.8　正常输送能力

正常输送能力是指旋转给料器安装在化工装置的使用现场，在各种工艺参数的综合作用下，在各工艺参数一般性符合要求的工况条件下，每小时能够达到的化工固体物料输送量，单位为：kg/h 或 T/h。

旋转给料器选型设计中最主要的工况参数就是物料的输送量，输送量与转子的容积和转速有关，转子的最佳转速是以转子外径的线速度来衡量的，一般情况下，转子外径的线速度应控制在 30～50 m/min 比较合适。转子外径比较小的，转子的转速可以适当高一些，可取 25～35 r/min；转子外径比较大的，转子的转速可以低一些，比如转子直径 700 mm 的选用转速是 10～20 r/min。根据输送量要求和物料特性就可以计算出所需要的转子容积，即可以确定转子的直径和叶片长度，根据其他参数要求确定旋转给料器的型号。旋转给料器选型的输送能力要有一定的富余量。

为了提高输送质量，在气力输送系统工况运行过程中，防止壳体与叶片之间发生剪切颗粒物料，可以控制进入到壳体内的物料数量，在工况运行时，使转子的料槽不完全充满，转子叶片与壳体之间剪切物料的概率就可以大大降低。为了避免剪切物料，还可以选用转子叶片呈"倾斜式"或"人"字形排列的结构，也可以选择在壳体上加工出"V"形口的结构，都可以减少

剪切颗粒物料的现象。

一般情况下，物料输送能力的选型原则是：旋转给料器安装在化工生产装置中，在正常连续运行的工况条件下，每小时能够达到的化工固体物料输送量，应在前道工序生产能力的120%～130 %为宜。

旋转给料器在工况运行过程中，假设转子的容腔完全被物料充满，旋转给料器的给料量可以用下列公式进行简单计算

$$Q=60\ Vn\rho \tag{7-1}$$

式中　Q——旋转给料器的化工固体物料输送量(kg/h)；

　　　V——转子每转的容积(L/r)；

　　　ρ——物料的堆密度(kg / L)；

　　　n——转子转速(r / min)。

对于一台特定的旋转给料器来说，除转子的转速以外，其他因素都是一定的，因此上述公式表明对于某个特定工况点来说，旋转给料器的给料能力仅仅和转子的转速有关。当把物料添加到输送管道时，壳体出料口具有一定压力的气体经过壳体内腔向壳体进料口泄漏，对物料进入到壳体内腔形成一定的顶托阻力，料仓内的物料进入到转子容腔内的数量就会减少，旋转给料器的给料能力就会下降。在极端情况下，其实际给料能力要大大低于由上述公式计算的结果，这显然是转子与壳体之间的间隙及系统的工作气体压力对进料与排料产生影响的结果。因此，实际上旋转给料器的给料能力与以下因素有关：被输送物料的特性、壳体内腔的气体泄漏量、转子的转速、转子与壳体之间的间隙及系统的工作气体压力。在工况运行过程中，考虑到旋转给料器在各种因素的综合影响下，转子容腔的填充系数会降低，整机的工作效率会下降，旋转给料器的物料输送量计算式(7-1)应改为如下计算式

$$Q=60\ Vn\rho\eta \tag{7-2}$$

式中　Q——旋转给料器的化工固体物料输送量(kg/h)；

　　　V——转子每转的容积(L/r)；

　　　ρ——物料的堆密度(kg/L)；

　　　n——转子转速(r/min)；

　　　η——转子的容积系数或称填充系数。

旋转给料器的气体泄漏量与转子的转速、壳体和转子之间的间隙、转子端部的密封形式、转子的直径有关。在满足输送能力的条件下，应该尽量选择比较小的转子直径，尽可能降低转子的转速，也可以采用变频器调节转子的转速。所以，要尽可能选择内腔气体泄漏量比较小的旋转给料器。

7.2.9　最大输送能力

最大输送能力一般情况下是指旋转给料器安装在化工生产装置中，在各种工艺参数的综合作用比较有利的工况条件下，每小时能够达到的化工固体物料输送量。由于化工装置的生产工艺参数不是一个定值，而是在一定的范围内浮动，所以最大输送能力不是选型设计出来的，是在保证正常输送能力的条件下，实际工况运行的最大输送能力，一般情况下要大于正常输送能力的120%～130%或更大，单位为 kg/h 或 T/h。

7.2.10　转子转速

转子转速不能太快，特别是用于输送颗粒物料的旋转给料器，转子的转速更需要控制在一定的合理范围内。但是，如果转子的转速太低，就会造成旋转给料器输送能力的潜力浪费，使整个输送系统的效率降低。选用的转子转速与转子直径有关，一般情况下，转子转速应在表 7-1 规定的选用转速范围内，不允许超过规定的最高转速。

表 7-1　选型设计中旋转给料器的转子转速

转子直径/mm	220	300	380	460	540	620	700
选用转速/(r/min)	25～35	22～32	20～30	18～28	15～25	12～22	10～20
最高转速/(r/min)	50	45	40	35	32	28	25

如果旋转给料器的工况运行转速低于表中给定的选用转速，会造成旋转给料器输送能力的浪费，即形成大马拉小车的现象，使整个输送系统的效率降低。同时，转子的转速越低，旋转给料器运行稳定性就越好，所以当被输送物料是比较硬的颗粒介质时，适当降低转子的转速是可以接受的。

德国 Waeschle 公司生产的旋转给料器其转子的转速要求按表 7-2 的规定，其中的允许转速范围比较大，转子直径比较大的规格允许的最低转速只有 1～2 r/min，实际选取应用的可能性比较小。

表 7-2　德国 Waeschle 公司的旋转给料器转子转速

转子直径/mm	200	250	320	400	480	550	630	800
允许转速/(r/min)	5～75	4～60	3～45	3～38	2～32	2～28	2～24	1～19
最高转速/(r/min)	—	—	50	40	37	35	30	24

注：最高转速是指在生产区域内应用的旋转给料器，其转子转速最高限定值。

7.2.11　气体泄漏量

气体泄漏量也就是气体消耗量，系统设计过程中要确定输送气源的总流量，其中要包括旋转给料器消耗的气体流量。一般人们所说的旋转给料器的气体泄漏量，是指在气力输送系统工况运行的旋转给料器在单位时间内所消耗的气体总量。这是选型设计过程中最重要的依据，直接关系到输送气源的供给量和排气系统的排出能力设计。无论是气源供气不足或是泄漏气体排出不畅，都会影响到旋转给料器的正常工作性能，是关系到整个气力输送系统能否正常运行、选型设计是否成功的大事。旋转给料器的气体消耗量也就是下述三部分气体泄漏量的总和，选型设计过程中要分别进行考虑。无论是什么结构的旋转给料器，也无论是用于怎样工况的旋转给料器，气体泄漏量都是越小越有利。整机的气体泄漏量计算见第 4 章中第 4.5 节的叙述。

7.2.11.1　旋转给料器壳体内腔的气体泄漏量

壳体内腔的气体泄漏是旋转给料器气体泄漏最主要的途径。旋转给料器壳体出料口下部是加速器(或称混合器)，物料从旋转给料器出料口进入到加速器内以后，在高压气流的作用下物料进入输送管道内。输送气体在一定压力下以高速气流状态从加速器内流过，此时加速器内的静压力高于旋转给料器进料口的静压力。在压力差的作用下有一部分气体从加速器进入旋转给料器壳体内，经过转子容腔和转子与壳体之间的间隙泄漏到旋转给料器的进料口，然后流入分离器内，经分离器把固体物料分离后气体由排气管排出，这一部分是气体泄漏量的主要部分，详细内容见第 3 章第 3.1.2 节的叙述。旋转给料器的制造厂要给出确切的气体泄漏量数值，其精确程度要求达到基本准确，以便工艺设计人员进行系统设计。

7.2.11.2 旋转给料器转子端部密封气体压力平衡腔的气体泄漏量

旋转给料器转子端部密封气体压力平衡腔的气体泄漏见第 4 章中第 4.3 节的叙述，由转子端部专用密封件、转子侧壁和端盖组成一个腔，通过端盖壁上的管道向其内充入一定压力的洁净气体，形成气体压力平衡腔。这部分气体的压力略高于加速器内的气体压力，在气体压力差的作用下可以防止化工固体物料进入到转子端部。在转子侧壁与专用密封件之间的密封副内会有一定量的气体从压力平衡腔泄漏到壳体内其他区域，然后到达壳体进料口，这一部分是单独管道进气的，气体泄漏量也比较大，选型设计过程中要知道这部分气体的消耗量，以便进行相关部分及元器件的选型。

7.2.11.3 转子轴密封气体吹扫系统的气体泄漏量

转子轴密封气体吹扫系统的气体泄漏见第 4 章中第 4.4 节的叙述，转子两端的轴密封件有很多种结构形式，有成型填料密封件结构、低压专用密封件结构、中压专用密封件结构、高压专用密封件结构、高压组合型专用密封件结构。高压组合型专用密封件又包含各种不同的结构和材料组合，也有低压工况下采用普通成型密封件结构的。不管密封件的结构如何变化和适用的工况压力有多高，对适用于粉末物料工况的轴密封件和适用于含粉量比较高的颗粒物料工况的轴密封件，其轴密封件组合体之间必定有一个充满气体的容腔，此容腔内的气体压力略高于旋转给料器壳体内的压力，在此气体压力的作用下，保障化工固体物料粉末不能够进入到轴密封组合件内。此时在轴与密封件之间的密封副内有一定量的气体泄漏到壳体内腔，然后到达壳体进料口，这一部分气体泄漏量相对比较小。

7.2.12 两台旋转给料器上、下组合安装应用

一般情况下，旋转给料器都是单台使用或与其他相关设备配合使用。但是，在旋转给料器的进料口和出料口之间气体压力差比较大的情况下，或旋转给料器的进料口所连接的反应器内部是负压力的情况下，为了使反应器内的负压力保持在要求的一定范围内，就要求旋转给料器的气体泄漏量非常小。此时可以采用两台旋转给料器上下组合安装的方式，使每台旋转给料器进料口和出料口之间的压力差降低到原来的二分之一，减少气体的泄漏量。两台旋转给料器的规格型号是相同的，但是，上部一台旋转给料器的转速要稍低一些，下部旋转给料器的转速要稍高一些，两者之间的转速相差 10% 左右，使上部旋转给料器的输送量小于下部旋转给料器的输送量，保证下部旋转给料器的输送量满足两者配合要求，生产工艺要求的整体输送量由上部旋转给料器来控制，如图 7-1 所示。

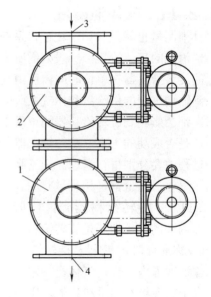

图 7-1　两台旋转给料器上、下组合安装应用示意图
1—下部旋转给料器　2—上部旋转给料器
3—物料进口　4—物料出口

7.3 旋转给料器选型设计中要考虑的化工固体物料特性

用旋转给料器处理的化工固体物料一般分为粉末物料和颗粒物料两大类。粉末物料是指粒子的外形尺寸在 1 mm 以下，可能包括不同分布比例的 0.1～1 mm，0.01～0.1 mm，0.001～0.01 mm 的化工固体物料粒子。颗粒物料是指粒子的外形任意方向尺寸大小在 1～5 mm，而且大部分粒子的尺寸是约 ϕ3 mm×3 mm 的规则圆柱体，也有一些是 4 mm×4 mm×2.5 mm 的椭圆柱体，很少有粒子的外形大于 5 mm 的。按照化工装置生产工艺参数的要求，粉末物料和颗粒物料都应该是规则尺寸的粒子。但是，如果化工装置生产工艺参数有波动，或生产装置中某些设备有异常，都有可能导致产生不规则的物料粒子或外形尺寸偏大的粒子。

虽然说化工固体粉末物料或颗粒物料就整体来说可以看成是个连续的物料流体，实际上粉末物料或颗粒物料所呈现的物料特性是由每个颗粒所具有的物理化学性质累积的结果，但是整体的物料特性与构成它的各个独立因素的强弱程度并不成比例。即使是同样的化学成分、相同的密度和粒径大小的粉末物料或颗粒物料，不同的颗粒形状、硬度甚至放置状态，其物料特性也会有所不同，这是粉末物料或颗粒物料的一个特性。粉末物料或颗粒物料的特性对旋转给料器的合理选用至关重要。在长期与最终用户及工艺设计单位的技术交流过程中，气力输送系统常用部分化工固体物料的物理特性见表 7-3 所示。

表 7-3 常见化工固体物料的物理特性

物料名称	粒子尺寸/mm	堆密度/(kg/L)	真密度/(kg/L)	休止角/(°)	洛氏硬度
聚丙烯粉末 PP	ϕ0.15～0.95	0.35～0.45	0.91～0.94	35～38	—
聚丙烯颗粒 PP	ϕ3×3	0.52～0.56	0.91～0.94	38～40	—
聚乙烯粉末 PE	0.1～1.5	0.35～0.45	0.91～0.93	35～40	—
低密度聚乙烯粒 PE	ϕ3×3	0.52～0.56	0.91～0.93	35	—
高密度聚乙烯颗粒 PE	ϕ2～5×2～5	0.52～0.60	0.94～0.97	35	—
聚酯颗粒 PET	ϕ3×3	0.80～0.85	—	40	—
PTA 粉末	0.035～0.15	0.82～0.96	1.53	30～35	—
CTA 粉	0.035～0.15	0.82～0.96	1.53	30～35	—
聚氯乙烯 PVC	0.03～0.35	0.50	1.4	—	—
聚乙烯醇 PVA	0.15～0.85	0.35～0.70	—	—	—
聚乙烯醇 PVA	5×5×5 7×7×7	0.35～0.70	—	—	—
聚酯瓶级切片	ϕ3×3	0.80～0.85	—	40	—
ABS 塑料	ϕ3×3	0.33～0.64	—	40	—
聚苯乙烯 PS 颗粒	ϕ3×3	0.55～0.65	—	22	—
聚苯乙烯 PS 粉		0.50～0.60	—	30～35	—
塑料(多数)	ϕ3×3	—	—	35～38	3

7.3.1 物料的堆密度

化工固体物料自然形成的料堆其单位体积所具有的质量称为物料的堆密度，是确定化工固体物料用旋转给料器及相关设备性能参数的重要依据，物料的堆密度越大，对于特定旋转给料器来说，单位时间内所输送的物料质量就越多，反之就越少。化工固体物料处理系统中，计算转子每转输送能力时采用物料的堆密度和旋转给料器转子内腔的容积。

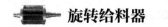 **旋转给料器**

在散状化工固体物料处理系统的选型设计中，用来计算旋转给料器转子的容积、加料斗、储料仓、料槽等设备的容量时，所采用的是化工固体物料含气堆密度，这样更接近旋转给料器的工况运行状态。

7.3.2 物料的真密度

化工固体物料的真密度是指在某一标准温度下密实的化工固体物料其单位体积具有的质量，物料的真密度越大，越容易从气流中分离出来，混合器和分离器的选型也就不同，混合器和分离器最主要的选型依据之一就是化工固体物料的真密度。

7.3.3 物料粒子形状、大小和分布

颗粒的形状对它的悬浮速度有比较大的影响，同一种物料球形颗粒的悬浮速度最大，其他各种不规则形状颗粒的悬浮速度都比较小。化工固体物料在生产过程中，要使物料成为球形颗粒比较困难，物料粒子的尺寸是直径 2～5 mm 和长度 2～5 mm 的规则圆柱体比较容易，圆柱体与球形体比较接近，也比较容易气力输送。多角形颗粒的摩擦阻力比较大，表面凸起的颗粒容易破碎，且易磨损旋转给料器及相关设备的内壁，混合器和分离器的选型与化工固体物料的颗粒形状有关。

化工固体物料大多采用规则的颗粒输送，无论采用稀相或密相都容易输送，并且在密相输送时不会堵塞旋转给料器及相关设备和管道，这类物料往往能够自然形成栓状流，即使旋转给料器及相关设备内充满物料而停车，也能够随时再起动输送，开始阶段输送速度有可能会较低，但却需要较高的输送气体压力。

颗粒越细就越容易结块，所以粉末物料容易黏附和搭桥，颗粒较大且粒度分布均匀的物料有利于流动，因而也容易输送。粒度分布不均也就是多种尺寸大小颗粒混合的物料，不仅输送压力损失大，也容易堵塞旋转给料器及相关设备。颗粒大小对稀相输送的影响比较小，对密相输送的影响要大得多。分离器和加速器的选型与化工固体物料的颗粒大小和分布有关。

7.3.4 物料的流态化能力

将空气以一定速度渗入粉末料层时，粉料的细小颗粒因受气流包围而彼此分开并在气流中运动，于是料层出现均匀膨胀，呈现出类似于流体可以流动的性质，称为流态化。物料的流态化同它保留空气的能力有关，并且化工固体物料在充气流态化状态下的流动性对气力输送影响很大，流动性好的物料容易输送，转子的叶片数可以多些，黏度大的物料则输送较为困难，转子的叶片数就要少些。关于物料的流态化能力一般分为以下四种类型。

7.3.4.1 极细的粉末物料

极细的粉末物料(平均粒径小于 10 μm)由于细小微粒间的作用力大于充气给予各个微粒的力而带有黏性，常常难以流态化，空气会从形成的通道流走，物料极易在化工固体物料旋转给料器及相关设备的内腔局部黏结，所以这类物料使用的化工固体物料旋转给料器及相关设备其内腔改变方向的部位一定是大圆角过渡，采用尽可能大的曲率半径使含有物料的气流缓慢改变运动方向。不能有滞留物料的死角或死腔(如局部小盲孔等)，而且与物料接触的内壁表面要很光滑，否则极易黏壁并逐渐堵塞流道。

7.3.4.2 细的粉末物料

细的粉末物料(平均粒径在 10～100 μm)由于小微粒间隙多并随运动空气的膨胀而增大,因此极易流态化,即使对料层停止充气,空气流出缓慢,这类物料使用的化工固体物料旋转给料器及相关设备其结构可以比较紧凑,现阶段的 CTA(粗对苯二甲酸)和 PTA(精对苯二甲酸)就属于这一类物料。

7.3.4.3 粗的粉末物料

粗的粉末物料(平均粒径在 100～1 000 μm)易于流态化,但是物料保留空气的能力比较差,很容易气力输送,聚乙烯粉和聚氯乙烯粉、聚丙烯粉等都属于这一类物料。

7.3.4.4 均匀颗粒物料

均匀颗粒物料(平均粒径大于 1 000 μm)需要比较多的物料才能使其流态化,由于颗粒物料可以充满化工固体物料旋转给料器及相关设备内腔而不至于阻碍空气穿过,因此当化工固体物料旋转给料器及相关设备内腔充满物料时停止输送,可以很顺利、很容易地重新开始输送,聚乙烯颗粒和聚酯颗粒、聚丙烯颗粒就属于这一类物料。颗粒的形状为圆柱状或扁圆状,粒子的尺寸在任意方向上应为直径 2～5 mm×2～5 mm。

7.3.5 物料的含水量

含水量直接影响到物料的特性,影响到化工生产装置的正常运行,含水量过大容易黏结在化工固体物料旋转给料器及相关设备内腔表面。在一定范围内,物料的含水量过量升高,装置的输送量就下降。但在某些情况下,物料的含水量适当提高也有一定的好处,可以降低粉尘的飞扬性、物料输送时产生的静电和爆炸的潜在危险性。所以 CTA 和 PTA 物料从干燥机出口以后,含水量降低到一定的程度才可以用化工固体物料旋转给料器及相关设备输送。现在也有用不同的工艺及设备进行输送的,可以输送含有比较高水分的 PTA 或 CTA 物料,一般情况下,含水量用固体物料中水的质量百分比来表示。

7.3.6 物料的吸湿性和潮解性

物料具有吸湿性就容易结块,会影响旋转给料器的输送能力,不少塑料粉如尼龙、聚碳酸酯、酚醛树脂等都能从大气中吸收大量湿气。如果物料不仅容易吸收水分,并且还会潮解的话,情况就会更严重,最好的办法是用干燥的氮气输送,这样对化工固体物料旋转给料器及相关设备的选择就没有太多的特殊要求。

7.3.7 物料的摩擦角

物料的摩擦角或摩擦因数是表示粉末和颗粒物料静止和运动的力学特性的物理量,与气力输送最有关的是物料与壁面之间的壁面摩擦因数和物料颗粒之间的内摩擦因数。

稀相输送时的料气比很低,颗粒之间的距离相对比较大,因此内摩擦因数可以忽略,壁面摩擦因数也很小。分离器和加速器的选型与化工固体物料的摩擦角没有太大关系。

在密相输送时颗粒密集成团或栓状,摩擦因数就成为极其重要的因素,摩擦因数越大,需要的输送气体压力越高,化工固体物料旋转给料器及相关设备的各个参数都要相适应,特别是换向阀(或称分路阀)的阀座密封性能,内腔表面不能有突起和增加摩擦阻力的部位,阀瓣通道口与阀体通道口之间的相对位置要非常准确的定位,阀座与阀瓣的密封面吻合度要很好。加速器的内壁表面和接合部位要有很好的平整度和表面粗糙度。

7.3.8　物料的脆性

物料的脆性也会影响到装置的正常运行，在气力输送过程中粒子高速运行，由于碰撞导致物料破碎，致使细粉增多和产品质量等级下降，至今尚无简单的试验方法来测出粉粒物料的脆性，需要依靠工程经验或事先通过输送试验来获得相关数据。如果物料易破碎，在化工固体物料旋转给料器及相关设备内腔产生碎料主要是剪切造成的，所以选型设计时要尽可能减少剪切现象的发生，以减少物料的破碎量。输送过程中物料粒子之间相互碰撞而造成的碎料可能是属于设备方面的问题，即内腔拐角处要采用大圆角过渡，尽可能减少对物料流动速度和流动方向的影响，也可能是属于工艺参数设计范畴的因素，这里不做介绍。

7.3.9　物料的磨削性

物料的磨削性影响着化工固体物料旋转给料器及相关设备的材料选择，壳体内部结构、旋转部件、加速器和分离器等都要采用耐磨材料或附加耐磨材料。

7.3.10　物料的热敏感性

有些化工固体物料(如某些塑料)粒子对热很敏感，在气力输送过程中粒子高速运行，由于摩擦和冲击致使温度升高，使熔点低的颗粒表面出现融化现象，物料结块或者黏附于壳体内壁，如果严重的话会使输送系统堵塞，所以旋转给料器及相关设备选型时要根据物料的具体情况做相应的处理。

7.3.11　物料的腐蚀性

物料的腐蚀性即物料腐蚀各种金属的程度，对于强腐蚀性物料，要求旋转给料器及相关设备要选用特殊的材料制造，如粗对苯二甲酸(CTA)粉末物料，因含有生产过程中残留的少量醋酸，就要采用316 L或CF3 M不锈钢制造。

7.3.12　物料的休止角

休止角是最常用的干燥化工固体物料的流动特性，物料自然堆成的圆锥状料堆表面与水平面之间的夹角就叫做该物料的休止角。该夹角是这样形成的，即集中的小流量自由状态落下的化工固体物料自然堆积形成的一个定角 C，如图7-2所示。

休止角表示物料流动的特性，可用于转子容腔的设计，确定转子叶片的数量及叶片与轮毂之间接合部位的形状和转子容腔的深浅。休止角是料仓底部或料斗的设计重要依据，确定料仓或料斗底部的形状和尺寸，它能

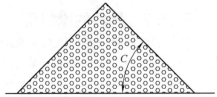

图 7-2　干燥化工固体物料的休止角示意图

相应衡量在料仓或料斗中物料的流动，也可以用于其他辅助设备内腔表面设计的依据，避免出现死腔，防止滞留物料的现象。也是物料其他特性(例如物料的均匀程度、形状、孔隙度、黏着性、流动性等)的快速间接衡量方法。干燥化工固体物料的流动性和休止角之间的关系列于

表7-4 中。

表7-4　化工固体物料的流动性与休止角之间的关系

休止角/(°)	物料的特征	休止角/(°)	物料的特征
25～35	颗粒状物料，非常易于自由流动，不黏着	35～45	粒状物料，能自由流动，稍有黏着性
25～35	流体化粉状物料，易于喷流	45～55	不能自由流动，会黏着的物料
35～45	可流体化粉状物料，易于喷流；稍有黏着性；具有中等的流动性	55～65	非常不能自由流动，十分黏着的物料
		65～75	极端不能自由流动，极其黏着的难搬运的物料

旋转给料器的壳体内腔、转子容腔、加速器和分离器的内部结构等都与固体物料的休止角有关系，特别是换向阀的阀座部分结构和壳体内部结构与固体物料休止角的关系尤其明显。

7.3.13　物料的搭桥性

化工固体物料的搭桥性是指物料在旋转给料器及相关设备的内腔或在料斗中形成拱或桥的能力，这是物料在旋转给料器及相关设备的内腔或料斗中流动的主要障碍，拱的强度主要和下列物理特性有关：

堆密度：较高的密度会具有较大的拱或桥强度；

压缩性：较高的压缩性会具有较大的拱或桥强度；

黏着性：黏的或软的物料会形成比较结实的拱或桥；

吸水性：如果物料颗粒有吸水性，就可能具有较大的拱或桥强度；

喷流性：流体状的物料会形成很脆弱的拱，并易于塌落变成含气物料；

拱或桥的顶部物料重量：储仓内拱顶部物料的重量和拱的强度成正比；

物料在储仓内储存时间：储存的时间越长，则拱的强度越大；

化工固体物料旋转给料器及相关设备的内腔结构中，转子容腔狭小和死角的部位容易搭桥。

由上可知，物料的搭桥性在旋转给料器及相关设备的内腔设计过程中是一个重要的考虑因素。旋转给料器的壳体内腔、转子容腔、加速器和分离器的内部结构等都与固体物料的搭桥性有关系，特别是转子的叶片数量与固体物料搭桥性的关系尤其明显。

7.3.14　物料的黏着性和附着性

化工固体物料的黏着性和附着性是决定固体粉末物料流动性的因素，其大小对固体物料在旋转给料器及相关设备的内腔能否形成搭桥、空洞和结块有直接影响。黏着性和附着性的产生是由于粒子之间的聚结、固体粉末粒子层之间的聚结以及粒子对过流内壁表面的附着等不同因素，其程度视物料本身的种类、周围的环境和被附着的形式而定，且与温度、湿度及内壁表面的几何形状等均有关系。

化工固体颗粒物料或粉末物料的种类很多，对于同一种产品来说，各种不同的生产工艺生产的产品也不尽相同，而且技术在不断进步，化工固体物料的生产工艺也在不断发展，不断出现衍生产品或新产品，化工固体物料旋转给料器及相关设备选型要考虑的因素很多，有时候某些特定工况条件下的设备选用可以参照经验确定，有时候某些新品种的物料可以通过试验确定旋转给料器，但是无论如何都要满足系统设计中对旋转给料器及相关设备提出的各种要求。

7.4 旋转给料器辅助部分的技术特征与选型

　　旋转给料器的辅助部分参数包括了驱动(主要包括减速机、电动机)部分、传动部分、转矩限制部分、壳体伴热部分、壳体保温部分、各种介质的进口和出口连接端、转子端部密封气体压力平衡系统、轴密封气体吹扫系统等。各辅助部分参数选型依赖于旋转给料器主机参数,是由化工生产装置的设计单位或用户根据工艺参数提出选型总体要求,对于新生产工艺要求的参数,由设备制造厂与用户共同协商确定;对于成熟工艺要求的参数,按工艺设计院或用户提出的选型参数要求由旋转给料器制造厂具体实施,满足化工生产装置对设备的所有要求即可。

7.4.1　壳体伴热与保温

　　旋转给料器壳体伴热是指在壳体外部附加一个辅助部分,可以是伴温夹套或伴热管,也可以采用电加热方式,使壳体的温度保持在要求的特定范围内。这个夹套有伴热介质进口和出口,伴热介质可以是某一个特定温度范围内的水、水蒸气或其他适合的气体或液体,从而使旋转给料器能够满足正常工况性能参数要求。壳体伴热的结构形式见第 3 章中第 3.1.3.5 节的叙述。

　　确定壳体伴热方式是旋转给料器设计的一部分,无论选用哪种壳体伴热方式,都是在旋转给料器设计过程中就确定的,和旋转给料器的主体部分是一个整体,旋转给料器的性能参数以特定的壳体伴热方式为基础设计确定,选型设计过程中要根据各种伴热方式的特点和现场实际条件与设备制造厂进行合理沟通与选择。

　　一般情况下,用于在化工生产装置中给料、计量、除灰的旋转给料器不需要伴热,只要有比较好的保温措施就可以了,因为旋转给料器进料口和出料口之间的气体压力差比较小,实际运行中的气体泄漏量比较小。对适用于高温高压气力输送工况的旋转给料器要采用伴热的方式,当物料工作温度小于 60 ℃时,是属于常温的范畴,旋转给料器不需要伴热。当物料工作温度大于 90 ℃时,对于大部分旋转给料器来说,采用保温的比较多,采用伴热的比较少,如果其他工况参数要求的话,也可以采用伴热的方式。当物料工作温度大于 140 ℃时,旋转给料器采用有伴热方式比较好,特别是壳体内腔密封性能要求很高的工况场合,最好采用伴热效果好的水蒸气伴热或恒温水伴热。当物料工作温度大于 180 ℃时,旋转给料器最好采用有伴热方式。是否采用有伴热方式或采用哪种伴热方式要考虑多种因素,除工作物料的温度以外,还要考虑旋转给料器的其他性能参数要求,特别是气体泄漏量要求,如果旋转给料器所在工况点的气体泄漏量对其他参数的影响很大,为了尽可能减少气体泄漏量,就必须采用壳体有伴热,壳体伴热有如下几种方式。

7.4.1.1　水蒸气夹套伴热

　　水蒸气夹套伴热的结构见第 3 章中 3.1.3.5 节所述,当壳体伴热采用水蒸气伴热时,夹套包覆了壳体除进料口和出料口以外的绝大部分外表面面积,伴热效果比较均匀,也很稳定。此时夹套入口水蒸气的表压力即是伴热夹套工作压力,根据工作温度确定工作压力,工作温度下的饱和水蒸气压力即确定为伴热夹套的工作压力。例如采用杜邦工艺路线的年产 45 万吨 PTA 装置氧化工段干燥机出口的工作物料温度在 145～148 ℃,此温度下的饱和水蒸气压力为 0.43 MPa,所以此 PTA 装置干燥机出口的旋转给料器伴热夹套工作压力即是 0.43 MPa。根据这一温度，旋转给料器的加工制造设计和选型设计过程中所有参数的确定都要以这一温度为基础。采用水蒸气伴热的优点是壳体各部位伴热比较均匀，容易保证壳体温度保持在要求的范围内，比较有利于满足设备的性能参数要求，有利于设备稳定、可靠运行。但是壳体外表面要采取保温措施，还要有专门的水蒸气来源和输送设备，包括水蒸气输送管、减压阀、流量计、压力表、截断阀等管道元器件，选型设计过程中要备好相应的水蒸气源及辅助设备。

7.4.1.2　恒温水夹套伴热

恒温水夹套伴热的结构见第 3 章中第 3.1.3.5 节所述，人们常称为水伴热，由于水的温度比较低，所以也可以称为水伴冷，就是在壳体夹套内通入一定温度的恒温水，使壳体保持在某一个特定温度范围内，如果在壳体伴热温度确定为 30 ℃，壳体夹套内通入流量足够的温度是 30 ℃的恒温水，使壳体的温度基本恒定在 30 ℃左右的很小范围内。根据这一恒温范围，旋转给料器在设计、加工制造、外购外协件的技术要求、装配与调试等全过程中所有参数的确定都要以这一温度为基础。这种伴热方式不需要特别准备蒸汽，也不需要另行准备水源，借用生产过程中某一特定设备的冷却水就可以了，伴热系统设备少，因此设备成本和运行成本都比较低，操作简单，不容易出故障，壳体各部位伴热均匀，有利于满足设备的性能参数要求，有利于设备稳定、可靠运行，是比较好的伴热方式。

7.4.1.3　热媒盘管伴热

热媒盘管伴热的结构见第 3 章中第 3.1.3.5 节所述，所谓热媒管式伴热就是在壳体外表面均匀分布适当管径和壁厚的管道，使其紧贴在壳体外表面并将其牢牢固定。这种伴热方式的缺点是不容易保证壳体各部位温度的均匀性，壳体各部位温度不均匀的差值有时可能会比较大，所以这种伴热方式应用于工作温度不太高的场合比较多，例如工作物料温度在 90～110 ℃的工况场合。

7.4.1.4　电阻加热丝伴热

电阻丝加热的结构见第 3 章中第 3.1.3.5 节所述，就是在壳体的外表面用电阻丝加热来代替热媒管伴热，采用这种伴热方式要准确计算好伴热电阻丝的功率，确定好电阻丝的分布位置、丝间距离、电阻丝长度、壳体的覆盖面积等，而且要有良好的保温措施。这种伴热方式设备少和成本低。但是电阻丝发出的热能有多少被壳体吸收要受到很多因素的影响，在设备的常年运行过程中，壳体外表面与电阻丝接触是否良好就是比较难保证的因素。一般情况下，壳体各部位温度均匀性比较差，一旦局部电阻丝损坏，会造成壳体各部位的温度差加大，所以这种伴热方式适用于工作物料温度在 110 ℃以下的工况场合。

7.4.1.5　壳体保温

一般情况下，工作物料温度小于 60 ℃的旋转给料器不需要保温；工作物料温度在 60～90 ℃的旋转给料器需要采用适当的方式保温，这样可以使旋转给料器的工作性能更稳定，对化工装置的安全运行很有好处。

工作物料温度在 90～220 ℃的旋转给料器必须要保温，适用于化工装置中用于给料工况时，在壳体的进料口和出料口之间没有气体压力差或压力差很小，气体泄漏量可能也很小，为了得到比较满意的旋转给料器工况运行效果，可以采用壳体保温的方式。如果旋转给料器适用于化工装置中或料仓之间的气力输送工况，此时在壳体的进料口和出料口之间存在一定的气体压力差，特别是远距离气力输送工况，或其他因素要求壳体内腔气体泄漏量很小、密封性能很好的工况场合，为了减少气体泄漏量，最好采用在伴热夹套的外围进行保温，能够得到比较满意的旋转给料器工作性能参数。但是有些装置中的旋转给料器也不伴热，此时保温措施要很好，化工生产装置在起动的初始阶段，要采取提前预热的方法使旋转给料器各部位均匀缓慢升温，避免由于壳体各部位温度差太大而造成转子擦壳甚至卡死。

对于高温旋转给料器来说，特别是高温高压旋转给料器，壳体保温是必须采取的保障安全稳定运行的有效措施，无论壳体是否有伴热，都必须要有保温。如果没有任何伴热方式，仅有保温措施，则壳体保温的效果远不如有伴热的情况，旋转给料器设计过程中所有参数的确定所依据的基准温度范围就要大一些，对工作性能参数的要求就要低一些。采用壳体保温的方式其优点是省去了壳体伴热所需要的所有设备和水蒸气源或恒温水输送管道，减少了设备运行过程中出现故障的概率，减少了设备运行过程中维护和保养工作量，大大降低了运行成本，从某个侧面来讲更容易保障设备的正常运行，但是旋转给料器工作性能参数的要求降低了。

壳体保温的具体要求包括保温材料的选取、保温材料的型号规格和厚度、旋转给料器壳体的包覆面积、端盖的包覆面积、其他部位的包覆、保温材料的外部保护等，按化工装置的使用单位与设计单位共同拟定的技术规范执行，也可以按有关国家标准或行业标准的规定。

7.4.2 驱动转矩限制器

旋转给料器主机与减速电动机等附属零部件的连接，可以是旋转给料器主机与减速电动机等附属零部件共同固定在底板上，一般称作底座式连接；也可以是减速电动机等附属零部件固定在主机上，一般称作背包式连接。旋转给料器主机由减速电动机驱动，减速电动机的驱动力矩由输出轴的主动链轮通过链条传递到主机转子轴的从动链轮上，达到使转子旋转实现连续运行的目的。

从减速电动机输出轴的主动链轮到主机转子轴的从动链轮部分是传递转矩的，传动部分包括链条、主动链轮、从动链轮、转矩限制器、链条链轮罩壳等零部件。为了避免减速电动机的驱动转矩过大而造成旋转给料器各零部件可能的损伤，一般情况下可以在减速电动机输出轴与主动链轮之间，或转子轴与从动链轮之间安装一个转矩限制器，当链条传递的转矩大于设定的某一个特定值的情况下，转矩限制器的内部就打滑，可以起到过载保护的作用，从而达到保护设备安全运行的目的。在转矩限制器内部打滑的同时，其限位开关就会自动切断电动机的动力电源，同时向生产装置的中央控制室发出信号。设备维护人员可以及时处理故障，消除转矩过大的原因，重新起动旋转给料器，恢复正常生产运行。

转矩限制器能够传递的最大转矩值可以根据旋转给料器的要求进行调节，一般情况下，转矩限制器设定的最小打滑转矩值是旋转给料器所需最大转矩的130%～150%为宜。要注意避免传递的转矩值太小而造成生产装置不必要的停止运转。我们选用的国内某机械科技有限公司的产品可以安装在减速机轴与主动链轮之间，也可以安装在转子轴与从动链轮之间，产品性能可以满足生产的需要。

7.4.3 旋转给料器电动机要求

旋转给料器电动机要求、电动机选型的详细内容，请参见第5章的相关内容。

7.4.4　进出料口连接法兰要求

旋转给料器进口和出口连接法兰包括壳体进料口与上方的分离器或管道之间的连接法兰、壳体出料口与下方的加速器或管道之间的连接法兰、壳体伴温夹套的伴温介质进口和出口法兰、转子端部密封腔气体压力平衡系统的气体进口连接法兰、转子轴密封气体吹扫系统的气体进口连接法兰，以及供气管道中各元器件的连接法兰或其他连接方式的连接端部尺寸等。

旋转给料器壳体进料口和出料口连接法兰有圆形和长方形两种形式，对圆形连接法兰，在用户生产装置中应用比较多的有中国国家标准 GB9113 规定的 PN10 或 PN16 法兰尺寸、我国石油化工行业标准 SH3406-2013 规定的 PN20 法兰尺寸、德国国家标准 DIN2501 规定的 PN10 法兰尺寸、美国国家标准 ANSI B 16.5 规定的 150 LB 法兰尺寸等，在用户提出要求的情况下，也可以商议采用其他标准的法兰尺寸。长方形连接法兰一般没有国家标准或行业标准设计依据，一般情况下，是设备制造厂根据物料的流动要求确定连接尺寸，但是长方形连接法兰更有利于物料的流动与转子容腔的填充，特别是更有利于出料口排料更顺畅和更迅速，也有利于旋转给料器性能参数的长期稳定运行。

无论是旋转给料器进料口和出料口连接法兰，还是壳体伴温夹套伴温介质进口和出口法兰，选用的法兰标准最好要与整个化工生产装置管道系统的配套法兰标准相一致，如无特殊要求，建议选用在我国使用面最广泛和在社会上最容易选到管道系统配件的法兰标准。

7.4.5　转子端部密封腔气体压力平衡系统元器件的选型

旋转给料器转子端部密封气体压力平衡腔的辅助管路安装基本结构见第 2 章中第 2.6.1 节的叙述，气平衡系统作用见第 4 章中第 4.3.1 节的叙述，气体压力平衡系统各种元器件的安装运行要求见第 2 章第 2.6.2 节的叙述，旋转给料器的附属零部件和元器件主要包括测速传感器、气体流量计、温度传感器、气体压力安全阀等部件。详细组成气体压力平衡系统的零部件和元器件主要性能参数见第 2 章中第 2.6.4 节的叙述。旋转给料器气体压力平衡系统附属零部件和元器件的性能必须完全满足使用环境的要求，如电源参数、防护等级、防爆等级、适用压力等级等，除此之外还要满足各附件的参数要求。

由于各制造厂生产的旋转给料器其结构不同，气体压力平衡系统的构成、组成气体压力平衡系统的各种零部件和元器件也不同，而且科学技术在不断发展和进步，旋转给料器的结构也在不断变化着，所以最常用的气体压力平衡系统的构成和主要元器件也要与时俱进，不断吸收新的科技成果，采用具有更优良性能的新结构和新材料。

气体压力平衡系统的纯净气体压力略高于旋转给料器壳体内腔其他区域的气体压力，其作用就是可以阻止体腔内含有颗粒或粉末物料的气体进入到转子端部与端盖之间的空间，这样就不会使转子旋转的驱动力矩增大，同时可以防止含有粉末物料的气体进入到轴密封件与轴之间的密封副内，保护轴密封的正常工况运行，尽可能延长轴密封件的使用寿命。

气体压力平衡系统的气体品质与输送气体相同，气体压力平衡系统是用管路分别连接到两侧端盖上的进气接口，其控制方式必须是：旋转给料器壳体内有气体压力时就要开启气体压力平衡系统的气源；如果有几个旋转给料器是串联方式安装的，只要其中有一台旋转给料器处于工况运行状态，就要保障所有旋转给料器的平衡气管路中气体压力保持在工况运行时的参数。

7.4.6 转子轴密封气体吹扫系统元器件的选型

旋转给料器转子轴密封气体吹扫系统的辅助管路安装基本结构见第 2 章中第 2.6.3 节的叙述,轴密封气体吹扫系统的作用见第 4 章 4.4.1 节的叙述,轴密封气体吹扫系统的气源管路基本结构见第 2 章第 2.6.3 节的叙述,详细组成轴密封气体吹扫系统的零部件和元器件主要性能参数见第 2 章第 2.6.4 节的叙述,轴密封气体吹扫系统常用的主要元器件和技术参数及技术要求与第 7 章第 7.4.5 节介绍的基本相同。

7.5 典型旋转给料器产品介绍

化工固体物料用旋转给料器及其相关设备的生产厂家有很多,本书不可能介绍过多生产厂家的产品。这里选择介绍旋转给料器及其相关设备的原则是,在我国的化工固体物料生产、销售、运输、输送等各个环节中,应用比较广泛、产品质量比较可靠、性能比较稳定、信誉比较好的产品。介绍这些产品的目的有两个:其一是方便用户选择时参考;其二是这些产品在我国的化工生产装置中应用的数量比较多,方便使用这些产品的设备运行维护管理人员在设备的维护、保养、检修等过程中,查找有关外形尺寸、安装尺寸、连接尺寸、主要性能参数等。

7.5.1 合肥通用机械研究院旋转给料器产品介绍

7.5.1.1 旋转给料器的用途

参见第 1 章第 1.1 和 1.3 节的叙述。

7.5.1.2 旋转给料器的工作原理和结构

参见第 2 章第 2.1 节的叙述。

7.5.1.3 旋转给料器的型号编制方法

旋转给料器的型号由六个单元组成,各单元的含义见表 7-5 的规定。

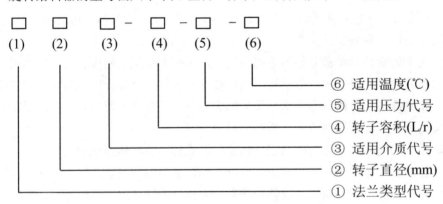

表 7-5　合肥通用机械研究院旋转给料器型号组成各单元的含义

法兰类型代号		物料代号			工作压力 p/MPa			工作温度 t/℃		
方法兰	圆法兰	粉末	颗粒	灰	≤0.10	0.1~0.20	>0.20	≤	60~140	140~220
RV	GM	F	L	H	1	2	3	60	140	220

气体工作压力不是一个定值,而是一个压力范围,当气体工作压力 p≤0.10 MPa 时称为低

压，气体工作压力 0.10 MPa＜p≤0.20 MPa 时称为中压，气体工作压力 0.20 MPa＜p≤0.50 MPa 时称为高压。

物料工作温度不是一个定值，而是一个温度范围，物料的工作温度 t≤60 ℃时称为常温，物料的工作温度 60 ℃＜t≤140 ℃时称为中温，物料的工作温度 140 ℃＜t≤220 ℃时称为高温。

旋转给料器的型号组合及含义举例说明：例如型号 GM300F-15-2-220 表明的含义是：旋转给料器的进料口和出料口法兰是圆形的，转子的直径是 300 mm，适用的工作介质是化工固体粉末物料，转子每旋转一圈的容积是 15 L，适用的工作压力是 p=0.10～0.20 MPa，适用的工作温度是 200～220 ℃。订货时应注明壳体进料口和出料口法兰的规格尺寸及相应的标准号与年号，如：SH3406-2013-PN20-DN250。

对用于除灰系统的旋转给料器，例如型号 RV180H-3-1-120 表明的含义是：旋转给料器的进料口和出料口法兰是方形的，转子的直径是 180 mm，适用的工作介质是化工过程的固体灰粉，转子每旋转一圈的容积是 3 L，适用的工作压力是 p≤0.10 MPa，适用的工作温度是 120 ℃。订货时应注明进料口和出料口法兰的详图与详细尺寸。

7.5.1.4 旋转给料器的气体泄漏量

参见第 10 章中第 10.1 节的叙述。

7.5.1.5 旋转给料器的主体材料选择

主体材料有适用于各种工作物料的不锈钢。例如中国国家标准 GB/T12230-2005《通用阀门不锈钢铸件技术条件》规定的 CF8(304)、CF3(304L)、CF8M(316)、CF3M(316L)等。可以参照第 3 章中表 3-1 给出的材料选取。

7.5.1.6 旋转给料器的分类

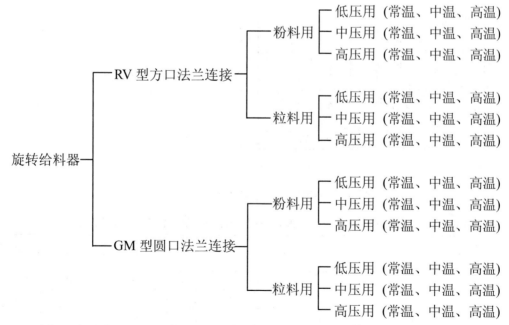

RV 型方口法兰连接和 GM 型圆口法兰连接旋转给料器的壳体结构、转子结构、端盖结构、转子端部密封结构、转子轴密封结构又各不相同。旋转给料器的主体结构有标准型、快速解体型、耐磨型、侧出料型等。

7.5.1.7 GM 型圆形连接法兰的低压旋转给料器

GM 型圆口法兰连接的化工固体物料用低压旋转给料器，分为颗粒物料用和粉末物料用两种类型，其内部结构和辅助结构各不相同。各不同温度下采用的密封结构和材料选用也不相同，但是外形尺寸和连接尺寸基本相同。上部进料口和下部出料口法兰连接尺寸可以按 GB9113 规定的 PN10 或 PN16、SH3406-2013 规定的 PN20、ASME B16.5 规定的 class150、JIS B2212 规定的 5K 等标准的要求，也可以按制造厂与用户协商确定的其他法兰尺寸加工制造。GM 型圆形连接法兰的低压旋转给料器的外形结构如图 7-3 所示，主要参数及外形尺寸和连接尺寸见表 7-6 的规定。

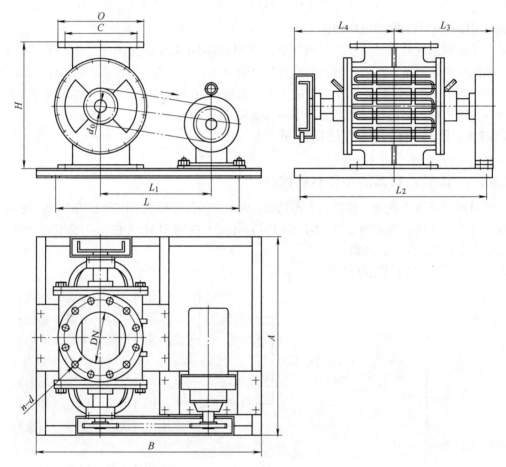

图 7-3 GM 型旋转给料器外形结构示意图

表 7-6 合肥通用机械研究院 GM 型低压旋转给料器的主要参数及外形尺寸和连接尺寸

型号		GM220	GM300	GM380	GM460	GM540	GM620	GM700
法兰尺寸 DN/mm		200	250	300	350	400	500	600
转子容积/L		7	16	35	62	95	145	200
电动机功率/kW		0.75	1.1	1.5	2.2	2.2	3.0	4.0
轴端直径 d_0/mm		40	50	55	60	70	80	90
连接尺寸	O/mm	343	406	483	533	596	700	815
	C/mm	298	362	432	476	540	635	750
	$n\text{-}d$/mm	8-22	12-25	12-25	12-29	16-29	20-32	20-35

（续）

型号		GM220	GM300	GM380	GM460	GM540	GM620	GM700
外形尺寸	H/mm	480	540	660	800	920	1 060	1 200
	A/mm	650	760	870	950	1 020	1 110	1 250
	B/mm	880	990	1 150	1 280	1 380	1 500	1 650
	L/mm	760	870	1 030	1 130	1 230	1 350	1 500
	L_1/mm	410	460	520	600	680	780	920
	L_2/mm	530	640	750	800	870	970	1 100
	L_3/mm	365	410	470	520	560	610	670
	L_4/mm	285	350	400	430	460	510	580

7.5.1.8　GM 型圆形连接法兰的中压、高压旋转给料器

GM 型圆口法兰连接的中压($P=0.10\sim0.20$ MPa)和高压($P=0.20\sim0.50$ MPa)旋转给料器分为颗粒物料用和粉末物料用两种类型，其内部结构和辅助结构各不相同。各不同温度下采用的密封结构和材料选用也不相同，但是外形尺寸和连接尺寸基本相同。上部进料口和下部出料口连接法兰采用的标准与第 7.5.1.7 节叙述的低压旋转给料器相同，GM 型圆形连接法兰的中压和高压旋转给料器外形结构如图 7-3 所示，主要参数及外形尺寸和连接尺寸见表 7-7 的规定。

表 7-7　合肥通用机械研究院 GM 型中高压旋转给料器主要参数及外形尺寸和连接尺寸

型号		GM220	GM300	GM380	GM460	GM540	GM620	GM700
法兰尺寸 DN/mm		200	250	300	350	400	500	600
转子容积/L		7	16	35	62	95	145	200
电动机功率/kW		1.1	1.5	2.2	3.0	3.0	4.0	5.5
轴端直径 d_0/mm		40	50	55	60	70	80	90
连接尺寸	O/mm	343	406	483	533	596	700	815
	C/mm	298	362	432	476	540	635	750
	n-d/mm	8-22	12-25	12-25	12-29	16-29	20-32	20-35
外形尺寸	H/mm	480	540	660	800	920	1 060	1 200
	A/mm	700	820	930	1 010	1 100	1 200	1 350
	B/mm	880	990	1 150	1 280	1 380	1 500	1 650
	L/mm	760	870	1 030	1 130	1 230	1 350	1 500
	L_1/mm	410	460	520	600	680	780	920
	L_2/mm	580	870	810	860	950	1 050	1 200
	L_3/mm	390	440	500	550	600	650	720
	L_4/mm	310	380	430	460	500	550	630

7.5.1.9　RV 型低压旋转给料器

RV 型方口法兰连接的化工固体物料用低压旋转给料器分为颗粒物料用和粉末物料用两种结构类型，其内部结构和辅助结构各不相同。各不同温度下采用的密封结构和材料选用也不相同，但是外形尺寸和连接尺寸基本相同。上部进料口和下部出料口法兰连接尺寸相同，没有相应的国家标准依据，是按结构设计和性能参数的要求给定的，也可以按制造厂与用户协商确定的连接尺寸加工制造。RV 型方形法兰连接的低压旋转给料器的外形结构如图 7-4 所示，主要参

旋转给料器

数及外形尺寸和连接尺寸见表 7-8 中给定的数值。

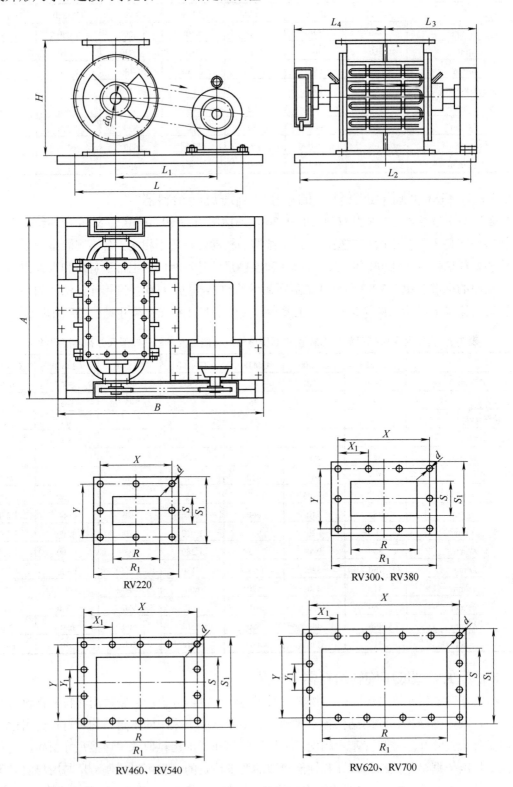

RV220

RV300、RV380

RV460、RV540

RV620、RV700

图 7-4　RV 型旋转给料器外形结构示意图

314

表 7-8　合肥通用机械研究院 RV 型低压旋转给料器主要参数及外形尺寸和连接尺寸

型号		RV220	RV300	RV380	RV460	RV540	RV620	RV700
转子容积/L		7	15	36	65	100	160	220
电动机功率/kW		0.75	1.1	1.5	2.2	3.0	3.0	4.0
轴端直径 d_0/mm		40	50	55	60	70	80	90
连接尺寸	R/mm	200	280	350	430	500	580	660
	S/mm	110	150	190	230	270	310	350
	R_1/mm	275	370	450	540	640	740	830
	S_1/mm	185	240	290	330	410	470	520
	X/mm	250	340	420	510	600	700	790
	Y/mm	160	210	260	300	370	430	480
	X_1/mm	125	113.3	140	127.5	150	140	158
	Y_1/mm	80	105	130	100	123.3	143.3	160
	d/mm	12	15	15	15	19	19	19
外形尺寸	H/mm	480	540	660	800	920	1060	1 200
	A/mm	650	760	870	950	1 020	1 110	1 250
	B/mm	880	990	1 150	1 280	1 380	1500	1 650
	L/mm	760	870	1 030	1 130	1 230	1350	1 500
	L_1/mm	410	460	520	600	680	780	920
	L_2/mm	530	640	750	800	870	970	1 100
	L_3/mm	365	410	470	520	560	610	670
	L_4/mm	285	350	400	430	460	510	580

7.5.1.10　RV 型中压、高压旋转给料器

RV 型方口法兰连接的化工固体物料用中压、高压旋转给料器分为颗粒物料用中压、高压旋转给料器和粉末物料用中压、高压旋转给料器，其内部结构和密封结构各不相同。各不同温度下使用的旋转给料器其内部结构和材料选用也都不相同，但是外形尺寸和连接尺寸相同。上、下进出料口法兰连接尺寸相同，是按性能参数的要求给定的，也可以按用户要求的连接尺寸加工制造。RV 型方形连接法兰的中压、高压旋转给料器的外形结构如图 7-4 所示，主要参数及外形尺寸和连接尺寸见表 7-9 的规定。

表 7-9　合肥通用机械研究院 RV 型中压、高压旋转给料器主要参数及外形尺寸和连接尺寸

型号		RV220	RV300	RV380	RV460	RV540	RV620	RV700
转子容积/L		7	15	36	65	100	160	220
电动机功率/kW		0.75	1.1	1.5	2.2	3.0	3.0	4.0
轴端直径 d_0/mm		40	50	55	60	70	80	90
连接尺寸	R/mm	200	280	350	430	500	580	660
	S/mm	110	150	190	230	270	310	350
	R_1/mm	275	370	450	540	640	740	830
	S_1/mm	185	240	290	330	410	470	520
	X/mm	250	340	420	510	600	700	790
	Y/mm	160	210	260	300	370	430	480
	X_1/mm	125	113.3	140	127.5	150	140	158
	Y_1/mm	80	105	130	100	123.3	143.3	160
	d/mm	12	14	14	14	18	18	18

（续）

型号		RV220	RV300	RV380	RV460	RV540	RV620	RV700
外形尺寸	H/mm	480	540	660	800	920	1 060	1 200
	A/mm	480	540	660	800	920	1 060	1 200
	B/mm	700	820	930	1 010	1 100	1 200	1 350
	L/mm	880	990	1 150	1 280	1 380	1 500	1 650
	L_1/mm	760	870	1 030	1 130	1 230	1 350	1 500
	L_2/mm	410	460	520	600	680	780	920
	L_3/mm	580	870	810	860	950	1 050	1 200
	L_4/mm	390	440	500	550	600	650	720

7.5.1.11　除灰专用旋转给料器

除灰专用旋转给料器的内部结构和性能参数不同于上述各种类型，其外形结构如图 7-5 所示，主要参数及外形尺寸和连接尺寸见表 7-10 的规定。

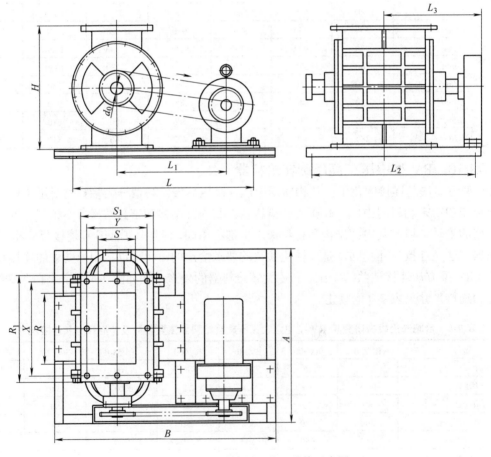

图 7-5　除灰旋转给料器外形结构示意图

表 7-10　合肥通用机械研究院除灰专用旋转给料器的主要参数及外形尺寸和连接尺寸

型号	RV150H	RV180H	RV220H
转子容积/L	2.5	4	7
电动机功率/kW	0.37	0.55	0.75
轴端直径 d_0/mm	40	40	40

(续)

型号		RV150H	RV180H	RV220H
连接尺寸	R/mm	180	200	280
	S/mm	110	110	150
	$R1$/mm	250	275	370
	S_1/mm	175	185	240
	X/mm	230	250	340
	Y/mm	150	160	210
	X_1/mm	120	125	113.3
	Y_1/mm	70	80	105
	d/mm	12	12	14
外形尺寸	H/mm	300	380	450
	A/mm	550	610	650
	B/mm	720	770	880
	L/mm	600	650	760
	L_1/mm	320	370	410
	L_2/mm	450	500	530
	L_3/mm	330	350	365
	L_4/mm	240	260	285

7.5.1.12　旋转给料器订货询价参考样表

尽管化工固体物料用旋转给料器有多种系列产品，有适用于各种各样固体物料和工况参数的型号，其订货询价数据各不相同。但是都可以参考表 7-11 所列的空白参数样表进行订货询价与技术数据交流。

表 7-11　旋转给料器订货询价参数空白参考样表

设备位号		旋转给料器数据表		页数：共1页第1页	
				日期：	
制造商	名称：		电话：	联系人：	
	地址：		传真：	邮编：	
用户名称					
装置名称					
介 质 性 质			旋转给料器结构、参数		
介质名称			旋转给料器型号		
颗粒平均尺寸	mm		旋转给料器形式		
真实密度	kg/m^3		联接法兰		
堆积密度	kg/m^3		联接方式		
最大休止角	/(°)		轴密封形式		
设计条件			转子形式	闭式/开式	
输送能力(Max)	t/h		转子转速		
输送能力(Nor)	t/h		转子容积		
设计压力	MPa(G)		转子间隙		
设计温度	℃		直径比	轮毂直径/叶片外径	
操作条件			叶片数量		
上游压力	MPa(G)		容积效率		
下游压力	MPa(G)		材料及表面处理		
最大操作压差	MPa(G)		壳体、端盖		

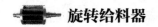

(续)

介质温度	℃		转子		
电机减速机与安装			轴		
型号			**其他**		
制造商			零速	型号	
电源			传感器	制造商	
电机输出功率			轴封气	名称	
防爆等级			参数	压力	
防护等级				流量	
减速比			**供货范围**		
无级变速			主机		
噪声水平			减速机		
安装位置			附件		
其他			标准件		
			轴承		
			其他		

注:

7.5.1.13 旋转给料器订货询价数据表参考实例

对于特定的工况条件,化工固体物料用旋转给料器的众多型号和参数如何选取,现在表7-12中给出选用实例,供订货询价时参考。

表7-12 旋转给料器订货询价参数实例参考样表

设备位号	旋转给料器数据表		页数: 共1页第1页		
XR-73511			日期: 2013年12月20日		
制造商	合肥通用机械研究院		电话: 0551-65335877	联系人: 高秉申	
	安徽省合肥市长江西路888号		传真: 0551-65335877	邮编: 230031	
用户名称	神华宁夏煤业集团有限责任公司				
装置名称	宁夏煤基烯烃项目				
介 质 性 质			**旋转给料器结构、参数**		
介质名称	PP粉料/氮气		旋转给料器型号	GM46F-60-2-80	
颗粒平均尺寸	mm	0.045~1.5	旋转给料器形式	背包式/底座式	
真实密度	kg/m³	910~940	联接法兰	ANSIB16.5-14-150RF	
堆积密度	kg/m³	350~450	联接方式	法兰	
最大休止角	/(°)	40	轴密封形式	氮封/轴封	
设计条件			转子形式	闭式/开式	
输送能力(Max)	t/h	32	转子转速	17~23 r/min	
输送能力(Nor)	t/h	19~25	转子容积	60 L/r	
设计压力	MPa(G)	0.15	转子间隙		
设计温度	℃	80	直径比	0.35	
操作条件			叶片数量	12个	
上游压力	MPa(G)	0.106	容积效率	75%~85%	
下游压力	MPa(G)	微压	**材料及表面处理**		
最大操作压差	MPa(G)		壳体、端盖	CF8不锈钢	
介质温度	℃	≤60	转子	0Cr18Ni9 SS	
电动机减速机与安装			轴		SS
型号	SEW R77/eDV100L4		**其 他**		
制造商	SEW传动设备(中国)有限公司		零速	型号	
电源	380 V×3 ph×50 Hz		传感器	制造商	P+F

(续)

电动机输出功率	3.0 kW	轴封气 参数	名称	氮气
防爆等级	ExD II BT4		压力	0.05～0.07 MPa(G)
防护等级	IP55/F		流量	Nm³/h
减速比	36.84		供 货 范 围	
无级变速	固定转速	主机	壳体、转子、端盖、轴承等	
噪声水平	≤ 85 db(A)(满负载)	减速机	电动机、减速机	
安装位置	室内(外)	附件	链轮、固定部分、位置调节部分	
其他		标准件	链条 16A-1-74(GB1243-2006)	
		轴承	4-SKF	
		其他	电磁阀、SMC 减压阀	

注: 随机备件: 链条 16A-1-74 一根、轴承一套。

7.5.1.14 旋转给料器采购技术交流约定内容

在采购旋转给料器之前，供需双方应进行充分的技术沟通与交流，包括工作环境、工作介质、工作参数等各方面的全部要求，沟通的技术内容至少应包括表 7-13 所给出的内容。

表 7-13 旋转给料器采购技术交流的主要约定内容

工作条件

    输送能力(t/h): _____

    最高适用工作温度(℃): _____

    最低适用工作温度(℃): _____

    环境温度(℃): _____

    运行过程中壳体与转子之间的最大温度差(℃): _____

    进料口工作气体压力: _____

    进料口工作物料高度静压力: _____

    出料口工作气体压力: _____

工作介质物料

    工作介质物料名称: _____

    介质组分: 例如 PTA 或 CTA 物料含有少量水分或微量醋酸等, 要注明含量的重量百

    分比。

    介质粒度分布: _____

    介质平均粒度: _____

    介质真密度(kg/m³): _____

    介质堆积密度(kg/m³): _____

主体材料要求:

    主体材料: 主要是指壳体、端盖、转子、轴密封件等与物料接触的零部件材料。

    连接尺寸

    结构长度要求: _____

    进料口尺寸: _____

    公称通径和压力等级及法兰标准: _____

    出料口尺寸: _____

    公称通径和压力等级及法兰标准: _____

电动机技术要求

    电动机功率(kW): _____

    电动机防护等级: _____

    电动机防爆等级: _____

    电源要求: _____

保温夹套

    夹套连接法兰公称通径和压力等级及法兰标准: _____

    夹套材料要求: _____

(续)

夹套介质：
夹套介质温度：
夹套介质压力：
其他保温方式：
其他要求说明：
要求提供的文件：
要求提供的备件：
其他要求说明：

注：

7.5.2 瑞士 Buhler 公司旋转给料器产品介绍

Buhler 公司的旋转给料器产品在我国应用还是比较多的，特别是在聚酯颗粒产品的增黏生产装置中，即由普通聚酯颗粒变为瓶级切片颗粒的生产装置中应用最为广泛，这里仅介绍几种在我国的瓶级切片生产装置中广泛应用的产品。

7.5.2.1 旋转给料器的型号编制方法

旋转给料器的型号由五个单元组成

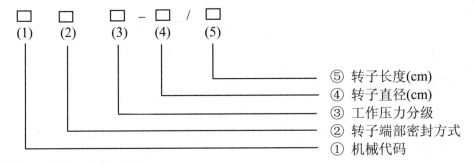

例如：OKEO-P HP 36/38

其中：(1) OKEO -机械代码；

(2) P-气力式转子端部密封方式；

(3) HP-表示工作压力高，LP-表示工作压力低；

(4) 36-表示转子直径是 36 cm；

(5) 38-表示转子的叶片长度是 38 cm。

7.5.2.2 转子与壳体之间的径向间隙

高压旋转给料器的转子与壳体之间的单边径向间隙，按不同的材料、转子直径、适用温度分别列于表 7-14 中。

表 7-14　Buhler 公司高压旋转给料器壳体与转子之间的单边径向间隙　　　(单位：μm)

OKEO-PHP	壳体材料：铝，转子材料：不锈钢			壳体材料和转子材料：不锈钢		
	TK1	TK2	TK3	TK1	TK2	TK3
18/15	74～114	117～157	231～271	63～103	85～125	108～148
22/22	78～121	125～168	252～295	68～111	95～138	123～166
28/30	86～132	144～190	272～318	75～121	110～156	145～191
36/38	97～146	168～216	325～373	85～134	130～179	175～224
45/45	106～163	185～242	357～413	97～153	153～209	209～266
52/52	122～182	222～282	416～476	105～165	170～230	235～295
60/60	130～190	238～298	495～555	115～175	190～250	265～325

注：表中的 TK1、TK2、TK3 是转子与壳体之间的最大允许温度差，对于特定每台旋转给料器的工作中允许温度和温度差，在检修中参见铭牌中的数据。

7.5.2.3 旋转给料器的外形尺寸和连接尺寸

OKEO-PHP 高压旋转给料器的外形结构如图 7-6 所示，外形尺寸和连接尺寸列于表 7-15 中。对于 OKEO-LP 低压旋转给料器连接尺寸与表 7-15 中相同，只是外形尺寸中的 C 和 F 与表 7-15 中的数值不同。

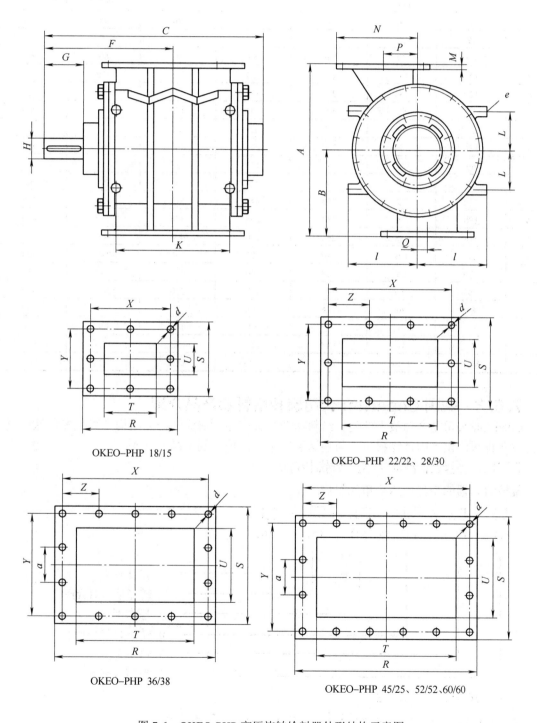

图 7-6 OKEO-PHP 高压旋转给料器外形结构示意图

表 7-15　Buhler 公司 OKEO-PHP 高压旋转给料器外形尺寸和连接尺寸　　　（单位：mm）

	18/15	22/22	28/30	36/38	45/45	52/52	60/60
A	340	380	435	530	630	770	890
B	165	180	210	255	300	390	450
C	419.5	489.5	577.5	667.5	737.5	880.5	960.5
F	245	280	324	369	404	488	528
G	77	77	77	77	77	97	97
H	40	40	40	50	50	60	60
I	140	154	185	225	275	320	370
K	128	198	275	355	415	450	520
L	75	80	95	105	150	175	200
M	12	12	15	15	18	22	28
N	150	170	207	264	307	362	415
P	60	70	90	115	130	152	175
Q	20	30	40	50	60	70	80
R	210	280	358	448	518	620	710
S	180	200	234	298	354	420	480
T	118	188	264	330	400	460	530
U	88	108	140	180	230	260	300
X	170	240	318	400	470	560	650
Y	145	165	194	250	300	360	420
Z	85	80	106	100	94	112	130
a				84	100	120	140
d	11	11	13.5	13.5	13.5	17.5	17.5
e	M16	M16	M16	M16	M20	M20	M20

7.5.3　德国 Coperion 公司旋转给料器产品介绍

Coperion 公司是全球最大的旋转给料器及相关产品制造商，产品结构类型很多，这里仅介绍几种在我国的化工固体物料生产与输送装置中广泛使用的产品。

7.5.3.1　旋转给料器的型号编制方法

旋转给料器的型号由六个单元组成，

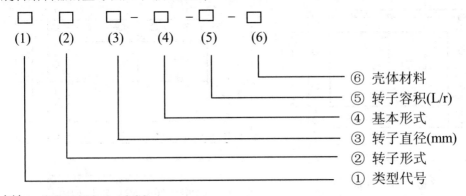

例如：ZG H 320 .1-16-SS

其中：(1) ZG 表示适用于颗粒物料，ZP 表示适用于粉末物料；

　　　(2) H 表示转子的结构形式；

(3) 320 表示转子的直径(mm);

(4) 1 表示基本型,2 表示快速解体型;

(5) 16 表示转子的容积是 16 L/r;

(6) SS 表示壳体材料为奥氏体不锈钢。

7.5.3.2　ZVH 型旋转给料器的外形尺寸和连接尺寸

Coperion 公司的 ZVH 型高压旋转给料器的外形结构如图 7-7 所示,其产品样本中介绍适用于气体输送工作压力≤0.35 MPa,但是在我国实际应用的气体输送工作压力≤0.20 MPa,外形尺寸和连接尺寸列于表 7-16 中。

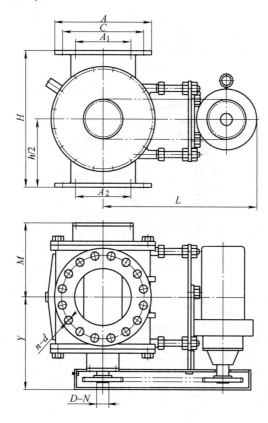

图 7-7　Coperion 公司的 ZVH 型高压旋转给料器外形结构

表 7-16　Coperion 公司的 ZVH 高压旋转给料器外形尺寸和连接尺寸　　(单位:mm)

型号	A1/A2-DIN	A1/A2-ASME	H	D	N	M	Y	L	A	C	n	d
ZVH200	DN150	NPS 6	360	40	65	245	380	490	285	240	8	23
ZVH250	DN200	NPS 8	450	40	70	275	415	515	340	295	8	23
ZVH320	DN250	NPS 10	500	50	80	315	460	635	395	350	12	23
ZVH400	DN300	NPS 12	600	50	80	356	500	698	445	400	12	23
ZVH480	DN350	NPS 14	750	60	100	419	560	755	505	460	12	23
ZVH550	DN400	NPS 16	850	75	110	476	610	785	565	515	16	27
ZVH630	DN500	NPS 20	970	75	110	530	710	840	670	620	20	27
ZVH800	DN700	NPS 28	1140	80	120	610	880	1380	895	840	24	30

注:(1) A1/A2-DIN 是指进、出口法兰尺寸按德国标准 DIN2532 规定的 PN10;(2) A1/A2-ASME 是指进、出口法兰尺寸按美国标准 ASME B16.5 规定的 150LB;(3) D-N 是转子轴的安装链轮段直径与长度。

7.5.3.3 ZXQ 型高压旋转给料器的外形尺寸和连接尺寸

Coperion 公司的 ZXQ 型高压旋转给料器的外形结构如图 7-8 所示,适用于输送气体工作压力≤0.35 MPa,外形尺寸和连接尺寸列于表 7-17 中。

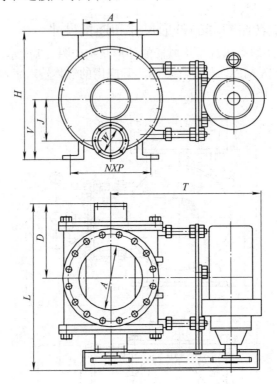

图 7-8　Coperion 公司的 ZXQ 型高压旋转给料器外形结构

表 7-17　Coperion 公司的 ZXQ 高压旋转给料器外形尺寸和连接尺寸 (单位：mm)

规格	L/U	A-DIN	A-ASME	H	V	J	W	N	P	D	T	L
ZXQ350	36	DN350	NPS 14	620	313	205	165	240	330	343	607	450
ZXQ400	58	DN400	NPS 16	715	375	212	165	310	372	395	698	511
ZXQ500	96	DN500	NPS 20	810	410	230	185	415	447	457	770	614
ZXQ600	176	DN600	NPS 24	935	470	280	208	510	540	535	960	715

注：(1) A-DIN 是指进、出口法兰尺寸按德国标准 DIN2532 规定的 PN10；(2) A-ASME 是指进、出口法兰尺寸按美国标准 ASME B16.5 规定的 150LB；(3) L/U 是转子的容积,升/转。

7.6　旋转给料器相关设备的结构特点与应用选型

化工固体物料用旋转给料器的相关设备主要包括加速器(或称混合器)、分离器(或称抽气室)、换向阀(或称分路阀)、插板阀(或称刀形阀)、放料阀(或称排料阀)和取样阀等。对于这几种类型的化工固体物料专用设备或阀门,如果其中的某一种设备或阀门是电驱动的,电动部分的所有内容都必须完全满足使用环境的要求和用户技术规范要求,如电源参数、防护等级、防爆等级、过热保护等级等,除此之外还要分别满足各类设备或阀门的性能参数要求。

在化工生产装置的实际使用中,不是每个化工固体物料用旋转给料器都需要配置有混合器、分离器、换向阀、插板阀、放料阀和取样阀等相关附属设备或阀门,是否需要配置要看旋转给料器的使用功能和安装工况点位置,可以是旋转给料器配置其他设备或阀门一起安装使用,也可以是旋转给料器单独使用,也还可以是某一个化工固体物料用阀门单独使用,或几个化工固体物料专用设备或阀门组合使用,在满足化工生产装置工艺性能参数要求的条件下,设备的组合是越简单越好。

7.6.1 分离器的应用选型

分离器(或称抽气室)是旋转给料器主要的配套相关附属专用设备,安装在旋转给料器的上方,分离器、混合器和旋转给料器三者之间的安装关系如第 6 章中的图 6-29 所示。分离器的选型要考虑的主要有如下几点:

(1) 分离器选型要考虑的主要功能之一是需要具有将泄漏气体与其所含的少量物料分离,并及时排出泄漏气体的能力。旋转给料器转子容腔大小、转子与壳体之间的间隙大小、壳体进料口和出料口之间的气体压力差和转子的转速决定着旋转给料器的气体泄漏量:从壳体出料口漏向进料口的气体中含有一定量的化工固体物料,经过分离器将物料分离出来排到旋转给料器壳体进料口,然后将气体沿分离器的排气管引出。选型过程中要根据旋转给料器的最大气体泄漏量(这里需要注意的是,不是新加工制造旋转给料器的气体泄漏量)按 30%~50%留出余量,即可确定所需要的相应分离器排气量参数,选择型号规格还要考虑其规格分档要求,分离器的分离效果要满足系统的设计要求。

(2) 分离器要考虑的第二个主要功能是控制和调节从上游设备进入到旋转给料器的物料数量。从上游设备进入到旋转给料器的物料数量必须控制在一定的范围内,不能够任凭物料往下落直到把旋转给料器的转子容腔塞满。如果进料量过大会造成旋转给料器内腔中剪切物料,使物料的输送质量受到一定影响,并伴随出现异常振动、噪声等异常现象。严重的甚至可能会出现剧烈异常振动、噪声,进而会影响化工生产装置的正常运行。所以分离器上有一个调节手柄,根据生产工艺的需要进行适当调节,直到满足工艺要求的参数为止,然后锁定手柄。

(3) 分离器要考虑的第三个主要功能是物料的最大通过能力。从上游设备进入到旋转给料器的物料要经过分离器的内腔,所以分离器的最大通过物料能力要满足化工装置的生产需要,要大于旋转给料器处理物料的能力,其过料能力要达到旋转阀输送能力的 120%~130%为宜。

(4) 分离器的进料口和出料口连接法兰和泄漏气体排出管道连接法兰选择。一般情况下,分离器进料口和出料口连接法兰应与旋转给料器进料口和出料口连接法兰按相同的标准和规格尺寸选取。选用的法兰标准要与整个化工生产装置管道系统的配套管道法兰标准相一致。

(5) 要满足物料特性的要求。分离器的内腔结构要适用于物料的特性,分离器的结构类型和性能参数要满足输送系统设计要求。

(6) 分离器结构形式的选择。一般情况下,旋转给料器所配置的分离器结构形式是制造厂确定的,旋转给料器的制造厂同时也生产与之相配合的分离器,而且特定结构形式的旋转给料器与何种结构形式的分离器相配合是制造厂特定的系列产品,选择了特定的旋转给料器,与其相配合的分离器就已经确定了,详细内容可以参考相关设备制造厂的选型设计资料。

7.6.2 加速器(或称混合器)的应用选型

加速器(或称混合器)是旋转给料器最主要的配套相关附属专用设备,安装在旋转给料器的下方，分离器、混合器和旋转给料器三者之间的安装关系如第 6 章中的图 6-29 所示。混合器的选型要考虑的主要有如下几点：

(1) 混合器选型要考虑的主要功能之一，就是使化工固体物料与输送气体在瞬间充分地有效混合并形成混合流进入输送管道。在重力的作用下，化工固体物料从转子容腔内经过壳体出料口进入到混合器中，在物料到达混合器内的瞬间与气体充分混合。要达到充分混合的效果，从数量角度分析混合器内的料气比要合适，从料气相互混合的条件分析，要有足够的料气相互接触空间。混合器的内部结构要能够满足充分混合的性能要求，混合器的混合效果要满足系统的生产工艺要求。

(2) 混合器选型要考虑的第二个主要功能，就是要在单位时间内能够输送完成系统要求的化工固体物料数量物料与输送气体是在瞬间形成混合流的，完成这个过程需要特定的条件，即输送气体压力、输送管道直径、混合器内部结构、物料进入点的位置等。选型设计过程中要根据旋转给料器的输送量按 20%～30%留出余量，即可确定所需要的相应混合器规格尺寸，选择型号规格还要考虑其规格分档要求，混合器的输送物料量要满足系统的设计要求。

(3) 混合器选型要考虑的第三个主要功能，就是尽量减少从旋转给料器出料口向进料口的气体泄漏量。要做到这一点，必须使混合器内的化工固体物料在尽可能短的时间内与输送气体充分混合并进入输送管道，使混合器内的气流速度适当提高，使气体工作表压力(即静压力)尽量降低，这样可以减小旋转给料器出料口和进料口之间的静压力差，从而减少气体泄漏量。气体泄漏量降低了，对正在下行进入壳体内的物料顶托作用就小了，输送的效率就提高了，选型设计过程中要根据旋转给料器的要求选择混合器的类型和性能参数。

(4) 从工作气体压力方面考虑，当混合器内的气力输送工作压力不大于 0.10 MPa 时，可以选用结构比较简单的直通型混合器或文丘里式混合器。当混合器内的气力输送工作压力大于 0.10 MPa 时，可以选用带板式发送器的高压工况气力输送混合器，也可以选用带有管式发送器的高压工况气力输送混合器。还要充分考虑化工固体物料的特性，化工固体物料在短时间内与输送气体均匀地充分混合，输送效率比较高。

(5) 混合器的进料口、出料口和进气口连接法兰选择。一般情况下，混合器的进料口连接法兰应与旋转给料器出料口连接法兰按相同的标准和规格尺寸选取。混合器的出料口和进气口连接法兰所选用的法兰要与整个化工生产装置管道系统的配套管道法兰标准相一致。

7.6.3 插板阀(或称平板封)的应用选型

插板阀也可以称刀形闸阀或称做平板阀，插板阀可以是旋转给料器的配套相关附属设备，安装在旋转给料器的上方，如图 7-9 所示，也可以安装在管路中或其他需要的位置。

7.6.3.1 插板阀选型的基本要求

(1) 插板阀的密封性能。插板阀不同于旋转给料器配套的其他相关附属设备，插板阀的密封性能是考核其质量的最主要指标之一。插板阀的密封性能主要包括两个方面，即内漏和外漏。内漏是指阀座与关闭件之间对介质达到的密封程度。外漏是指阀杆填料部位的泄漏、闸板与填料部位的泄漏、法兰垫片部位的泄漏，以及阀体因铸造缺陷造成的渗漏。外漏是根本不允许的，所以外漏的密封比内漏的密封更为重要，因此，插板阀的密封结构与适用工况条件关系很大。

考核插板阀内漏和外漏的标准可以参照采用我国机械
行业标准 JB/T 8691-2013《无阀盖刀形闸阀》的有关规
定。虽然有些结构的插板阀与无阀盖刀形闸阀的结构
有一定区别，但是在承受内腔压力方面是类似的，其
工作气体压力都比较低。该标准规定了无阀盖刀形闸
阀的术语和定义、参数与结构、型号、材料、技术要
求、试验方法、检验规则、标志、供货与包装和订货
须知等。

(2) 插板阀的额定压力。一般情况下，插板阀的实
际工作压力比较低，绝大多数工况的工作气体压力都
在 0.60 MPa 以下，而且有很多工况的工作压力在 0.25
MPa 以下。在化工固体物料生产装置的管道系统选用
连接法兰的压力等级过程中，最低的法兰压力等级是
PN10 或 PN16，很多生产装置的管道系统法兰的压力
等级采用石化行业标准 SH3406-2013 规定的 PN20，很
少采用 0.6 MPa 以下压力等级法兰的。这样就出现了
一个问题，即管道系统法兰的压力等级高，插板阀的
实际工作压力低。所以在标准 JB/T 8691-2013《无阀盖
刀形闸阀》中引入了额定压力的概念，即插板阀的额
定压力大于工作压力，但是小于法兰的公称压力。规

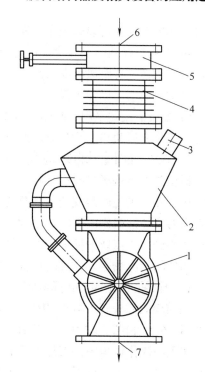

图 7-9 插板阀与旋转给料器配合安装示意图
1—旋转给料器 2—分离器 3—排气口 4—膨胀节
5—插板阀 6—物料进口 7—物料出口

定公称尺寸 DN50～DN600 的额定压力分别是 0.25 MPa、0.60 MPa、1.0 MPa 三个压力等级，
公称尺寸 DN700～DN900 的额定压力分别是 0.25 MPa、0.60 MPa 两个压力等级。工作介质为
含有颗粒或粉末等化工固体物料的流体，对夹式或法兰连接刀形插板阀，阀门不适用于工作压
力存在剧烈变化的冲击载荷工况。

(3) 插板阀的连接法兰选择。一般情况下，插板阀的连接法兰要与整个化工生产装置管道
系统的配套管道法兰标准相一致，选用比较多的有中国国家标准 GB9113 规定的 PN10 或 PN16
法兰尺寸，也可以选用我国石油化工行业标准 SH3406-2013 规定的 PN20 法兰尺寸，或者可以
选用由制造厂与用户共同协商确定的其他法兰尺寸。

(4) 插板阀的驱动方式选择。插板阀的驱动方式可以是手动，也可以是电驱动的或气缸驱
动的。在驱动方式选择的过程中要考虑的主要因素有如下几点。

1) 设备购置成本、运行维护成本。手轮操作的阀门成本低一些，运行保养与维护比较容易，
采用气缸驱动的插板阀要有专门的气源管路及其附属元器件，采用电动机驱动的插板阀要有专
门的电源，设备成本和维护成本都要高一些。

2) 化工生产装置的自动化控制要求。电动机驱动或气缸驱动可以实现全自动化控制，手轮
操作的插板阀则不能实现全自动化控制。

3) 插板阀的开关操作频率。如果在化工生产装置的正常运行过程中，插板阀需要每间隔一
定的时间就要进行开关操作，或者说插板阀需要频繁的开关操作，最好采用气缸驱动或电动机
驱动。相反，如果在化工生产装置的正常运行过程中，插板阀处于常开或常闭状态，进行操作

的概率比较低，就可以采用手轮操作。

4) 如果插板阀的安装位置在地面、楼面，或容易到达的平台上，可以采用手轮操作。如果插板阀的安装位置距离地面很高，或在设备的夹缝中很不方便进行手轮操作，最好采用气缸驱动或电动机驱动，以便于操作。

5) 如果插板阀采用气缸驱动或电动机驱动方式，要充分考虑气缸或电动机的驱动力矩，尤其对于工作介质为粉末物料时，要有足够的驱动力矩安全系数。

7.6.3.2　插板阀的结构类型选择

插板阀的结构类型有很多种，这里不能介绍所有的结构类型，只能介绍几种有代表性的常用结构。在化工生产装置的各部分化工固体物料处理管道系统中和固体物料气力输送系统中，都有需要安装插板阀的可能，不同的固体物料处理管道其工况参数、管道布置方式、前后配合的设备不同，所需要的插板阀结构类型和性能参数也不同。本节主要介绍怎样结构的插板阀适用于怎样的工况场合，详细的插板阀结构见第 6 章的叙述。

1. 刀形平板无导流孔插板阀

该结构的插板阀类似于 JB/T 8691-2013 所述的无阀盖刀形闸阀，结构简图见第 6 章的图 6-20、图 6-21 和图 6-22 所示，阀体内不存在滞留物料的腔室，刀形平板在侧面导向槽内滑动升降，在关闭操作过程中，刀形平板的前部铲去滞留在阀座密封面上的固体物料，使刀形平板与阀座良好接触。当刀形平板接近全关位置时，底部的斜面或凸耳与刀形平板接触，并逐渐压紧刀形平板，使刀形平板与阀座之间的密封比压增大，密封性能提高。如果需要达到较高的阀座密封性能，也可以在阀座密封面内嵌入适当尺寸的填充聚四氟乙烯密封条，或硫化一层氟橡胶作密封面。填料密封件是与刀形平板的上部形成密封副的，密封件与刀形平板的接触面积比较大，摩擦力也比较大，所以可以向密封副内通入密封脂，这样既可以保证密封可靠，又增加了刀形平板的润滑。这种结构的插板阀是应用范围最广的，既可以适用于颗粒物料也可以适用于粉末物料，既可以适用于垂直管道安装也可以适用于水平管道安装，既可以适用于给料系统也可以适用于气力输送系统，既可以适用于手轮驱动也可以适用于气缸驱动或电动机驱动。其缺点是密封性能比较差，适用的工作压力比较低。

2. 刀形平板带导流孔插板阀

刀形平板有导流孔的插板阀详细结构见第 6 章的图 6-23 所示。刀形平板有导流孔插板阀的阀座是独立的零部件，嵌在阀体内腔的环形槽内。平板与阀座之间的初始密封力大小是由加工制造决定的，在工况运行条件下，工作介质施加一定的辅助力，阀座密封形式是浮动的。在下阀体的底部有一个平面盖板，打开此盖可以清除其腔内积存的物料或污物。阀座密封面材料有金属和非金属两种，即非金属的高弹性氟橡胶(或合成橡胶)或填充聚四氟乙烯材料和不锈钢金属材料。刀形平板采用不锈钢制成，刀形平板的平面内有一个和阀座直径相等的圆形通孔。当阀门处于完全开启状态时，刀形平板上的圆形通孔就与阀座孔相吻合，这样，刀形平板密封了主阀体与下阀体之间的通道而防止化工固体颗粒进入下阀体腔室中，在必要的时候可以把积存在下阀体内的物料排放掉。采用浮动阀座的密封特点是平板两侧都能够达到密封的效果，如果在使用中阀座密封失效，则可以向阀座密封面注入适量密封脂，可以达到暂时密封的效果。该插板阀密封性能良好、操作方便、灵活、省力，流阻系数很小，便于清扫管道，使用寿命长。这种结构的插板阀是应用范围很广的，既可以适用于颗粒物料也可以适用于粉末物料，既可以适用于给料系统也可以适用于气力输送系统有一定压力的工况条件，既可以适用于手轮驱动也可以适用于气缸驱动或电动机驱动，一般情况下比较多的适用于水平管道安装，其缺点是结构尺寸比较大，占用的环境空间也比较大。

3. 自动排料(或称自动清扫)刀形插板阀

自动排料刀形插板阀或称自动清扫型插板阀，即插板阀的阀体内腔结构能够将散落在体腔内各部位的化工固体物料自动收集并排放到管道内。其详细结构见第 6 章的图 6-24 所示。自动排料型插板阀的阀座密封形式是固定式的。其密封形式是靠其他外力把刀形平板推向阀座密封面，达到密封的效果。在安装使用过程中，阀座密封面向下，刀形平板的上表面与阀座密封面接触密封。刀形平板的前部有顷斜的切边，在插板阀关闭过程中，平板前部的切边铲去黏附在阀座密封面上的物料，使刀形平板与阀座有良好的接触，并由阀体底部的凸耳与平板前部的切边相互作用，使刀形平板压紧阀座密封面，达到刀形平板与阀座之间的密封效果。在开启和关闭过程中，有固体物料落入阀体内壁的倾斜面上，在重力的作用下滚入管道中，起到自动清扫和收集物料的作用。阀座密封面可以是填充聚四氟乙烯密封条或硫化一层氟橡胶作密封面，也可以是不锈钢金属密封面，刀形平板采用奥氏体不锈钢制成，这种结构的插板阀属于单面强制密封阀门。这种结构的插板阀应用范围受到一定限制，可以适用于颗粒物料也可以适用于粉末物料，但是仅适用于垂直管道安装，物料由上向下流动的管道，不适用于水平管道安装，仅可以用于物料从阀座一侧向平板一侧单向流动，不能够反向安装使用，可以适用于给料系统。由于阀门内腔有一段是倾斜的波面，不是规则的等直径圆筒形状，所以不适用于气力输送系统的有气体压力工况。

7.6.3.3 插板阀的功能

在化工生产装置区间内固体物料处理管道系统中和固体物料气力输送系统中，插板阀的功能和作用详见第 6 章第 6.4.3 节的叙述。

7.6.4 换向阀的应用选型

换向阀也可以称作分路阀，换向阀是旋转给料器在气力输送系统管道中配套的主要相关附属专用设备，安装在气力输送系统管道中需要分岔或管道汇集的位置，如图 7-10 所示，换向阀可以安装在装置中，也可以安装在罐区管道中或其他位置的气力输送系统管道中。

7.6.4.1 换向阀选型的基本要求

(1) 换向阀的密封性能，换向阀不同于其他旋转给料器的相关附属设备，换向阀的密封性能是考核其质量的主要指标之一。换向阀的密封性能主要包括两个方面，即内漏和外漏。内漏是指阀座与关闭件之间对气体介质的密封程度。外漏是指转子轴密封部位的泄漏、阀体与端盖之间法兰垫片部位的泄漏，以及阀体和端盖因材料缺陷造成的渗漏，外漏是不允许的，所以壳体外密封比阀座内密封更为重要。固体物料是依靠气体压力实现气力输送的，所以，换向阀的密封结构和密封性能对适用工况和使用效果关系很大。考核换向阀内漏和外漏没有专门的国家标准或机械行业标准，换向

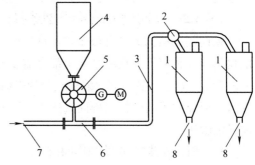

图 7-10　换向阀与旋转给料器配合安装示意图
1—分料仓　2—换向阀　3—输送管道　4—总料仓
5—旋转给料器　6—料气混合器　7—气体进口
8—物料出口

阀的密封性能检验可以参照采用我国机械行业标准 JB/T 8691-2013《无阀盖刀形闸阀》的有关规定。虽然换向阀与无阀盖刀形闸阀的结构不同，但是在承受内腔压力方面是类似的。

(2) 换向阀的额定压力，一般情况下，换向阀的实际工作压力比较低，绝大多数工况的工作压力都在 0.60 MPa 以下，而且有很多工况的工作压力在 0.25 MPa 以下。换向阀的额定压力与第 7.6.3 节所述的插板阀额定压力类似，工作介质为含颗粒或粉末化工固体物料的气体，换向阀不适用于存在压力冲击载荷的工况。

(3) 换向阀的连接法兰选择。一般情况下，换向阀的连接法兰要与整个化工生产装置管道系统的配套管道法兰标准相一致，比较多的选用中国国家标准 GB9113 规定的 PN10 或 PN16 法兰尺寸，也可以选用我国石油化工行业标准 SH3406-2013 规定的 PN20 法兰尺寸。

(4) 换向阀的驱动方式选择，换向阀的驱动方式可以是手动，也可以是电驱动或气缸驱动。驱动方式选择的过程中要考虑的主要因素有如下几点。

1) 设备购置成本、运行维护成本，手轮操作的阀门成本低一些，采用气缸驱动或电动机驱动的换向阀成本高一些。

2) 化工生产装置的自动化控制要求，电动机驱动或气缸驱动可以实现全自动化控制，手轮操作的换向阀则不能实现全自动化控制。

3) 换向阀的换向操作频率，如果在化工生产装置的正常运行过程中，换向阀需要每间隔一定的时间就要进行换向操作，或者说换向阀需要频繁的换向操作，最好采用气缸驱动或电动机驱动。相反，如果在化工生产装置的正常运行过程中进行操作的概率比较低，就可以采用手轮操作。

4) 如果换向阀的安装位置在地面、楼面或容易到达的平台上，可以采用手轮操作。如果换向阀的安装位置距离地面很高或在设备的夹缝中很不方便进行手轮操作，最好采用气缸驱动或电动机驱动。

5) 在旋转给料器输送系统中，如果换向阀采用气缸驱动或电动机驱动方式，要充分考虑气缸或电动机的驱动力矩，使其具有足够的安全系数。

7.6.4.2 换向阀的结构类型选择

换向阀的结构类型有很多种，这里介绍几种有代表性和常用的结构类型。在化工生产装置的化工固体物料气力输送系统中都有需要安装换向阀的可能，不同的化工固体物料处理管道其工况参数、管道布置方式、前后配合的设备不同，所需要的换向阀结构类型和性能参数也不同。本节主要介绍不同结构的换向阀适用于不同参数的工况场合，换向阀的详细内部结构见第 6 章的详细叙述。

1. 圆柱(或球形)式结构换向阀

圆柱(或球形)式结构换向阀的详细结构见第 6 章的图 6-8、图 6-9 和图 6-10 所示。换向阀的壳体内腔是规则的圆柱形内表面，其内的阀瓣(即转动部件，或称阀芯)是一个圆柱(或球形)体，此圆柱体外表面的公称尺寸与壳体内腔圆柱形内表面的公称尺寸相同。无论阀瓣转动到哪个位置，阀瓣的圆柱面始终与壳体的圆柱形内表面相接触。阀瓣的圆柱外表面内有一个圆柱形通道，壳体有一个进料口和两个出料口，两个圆柱形出料口的中心线呈一定夹角分布。当阀瓣转动到其圆柱形通道与进料口和其中一个出料口相通时，形成一个完整的物料流动通道，如果将阀瓣转动一定的角度使阀瓣的圆柱形通道与进料口和另一个出料口相通时,形成另一个完整的物料流动通道,就可以改变物料在气力输送系统管道中的流动方向,从而实现不同工况要求的气力输送操作。

圆柱形阀瓣换向阀的阀座密封形式是在阀瓣的圆柱形通道口固定填充聚四氟乙烯密封圈,或硫化一层氟橡胶作密封面,也可以在阀瓣的圆柱形通道口加工出不锈钢金属密封面。阀瓣转动部件用奥氏体不锈钢制造。当阀瓣转动到其圆柱形通道与阀体进料口和一个出料口相通时,阀瓣的圆柱形通道两端口与壳体进出料口应该完全对准位置,阀瓣的圆柱形通道端口密封面与壳体上的阀座应该完全吻合并达到很好的密封。由于聚四氟乙烯密封圈固定在阀瓣上,所以阀瓣的圆柱形通道端口与壳体内腔始终处于接触密封状态,无论阀瓣与阀座的接触密封力是大还是小,阀瓣在转动过程中的力矩都是均匀的,而且阀瓣的圆柱形通道端口与阀座密封面对准也不存在任何难度。这样可以适当增大阀瓣密封圈与壳体密封面的接触密封力,提高阀瓣与阀座密封面之间的密封性能。在工况运行过程中,阀瓣的通道端口与阀座通道口之间对准度比较好,存在的误差也比较小。这种结构的换向阀应用范围比较广,可以适用于输送粉末物料,也可以适用于输送颗粒物料;适用于垂直管道安装,也适用于水平管道安装;可以适用于气力输送系统的工作压力比较高的场合。缺点是不适用于在线不停车换向操作,必须停止输送物料后进行换向操作,然后再重新起动输送物料。

2. 旋转板式结构换向阀

旋转板式换向阀的详细结构见第6章的图6-12、图6-13和图6-14所示。换向阀的壳体内腔是圆柱形内表面,其内的阀瓣(即转动部件,或称作阀芯)是一个带固定旋转轴的平板型部件。阀瓣的主体材料是奥氏体不锈钢,平板型阀瓣的形状可以是方形的,也可以是圆形的,阀瓣的形状要与阀座密封面的形状相互配合。阀体有一个进料口和两个出料口,一个进料口通道是圆柱形的,两个出料口通道在阀座密封部位是近似方形(或近似圆形)的,在通道端法兰出口已逐渐过渡为圆柱形的,两个近似圆柱形的出料通道中心线呈一定夹角分布。阀瓣的上下侧边分别有一个相互同心布置的固定旋转轴,起支撑和固定阀瓣、旋转换向和使阀座密封副密封的作用。当平板型阀瓣旋转到使进料口和其中一个出料口相通时,形成一个物料流动通道,如果平板型阀瓣再旋转一定的角度,阀瓣旋转到使进料口和另一个出料口相通时,形成另一个物料流动通道,就可以改变物料在气力输送系统管道中的流动方向,从而实现不同输送要求的气力输送操作。

旋转板式换向阀的阀座密封形式是在平板形阀瓣的周边固定填充聚四氟乙烯密封条,或硫化一层氟橡胶做密封面,也可以在平板形阀瓣的周边加工出不锈钢金属密封面。采用软密封平板形阀瓣的两个平面周边都有聚四氟乙烯或氟橡胶密封件。当平板形阀瓣旋转到使进料口和一个出料口相通时,阀瓣一侧的密封件与阀体的另一个出料口对准位置,阀瓣密封面与阀体上的阀座应该完全吻合并密封。当平板形阀瓣再旋转一定的角度以后,使进料口和另一个出料口相通时,阀瓣的另一侧面密封件与阀体的一个出料口对准位置,阀瓣密封面与壳体上的阀座应该完全吻合并密封。在阀瓣换向操作过程中,阀瓣密封件与阀座的接触密封力大小影响并决定了驱动阀瓣旋转所需的力矩大小。这种结构的换向阀其关闭密封性能不如圆柱式结构换向阀。在工况运行过程中,可以适用于粉末物料,也可以适用于输送颗粒物料,适用于水平管道安装,也可以适用于垂直管道安装，可以适用于在线不停车换向操作和气力输送系统的工作压力比较低的工况场合。缺点是有些情况下封座密封性能比较差，适用工作气体压力受到一定限制。

3. 翻板式结构换向阀

翻板式结构换向阀的详细结构见第 6 章的图 6-15 和图 6-16 所示。换向阀的壳体内腔是规则的圆柱形内表面，其内的阀瓣(即转动部件，或称阀芯)由平板形工件制成，平板阀瓣的换向操作类似于旋转板是结构的换向阀，只是阀瓣旋转轴的位置在侧边，而不是在阀瓣的中部位置。壳体有一个进料口和两个出料口，两个圆柱形出料口的中心线呈一定夹角分布。当阀瓣截断一个出料口时，进料口和另一个出料口相通，形成一个输送物料流动通道，如果使阀瓣旋转一定的角度，阀瓣截断另一个出料口，进料口和一个出料口相通时，形成另一个输送物料通道。可以改变物料在气力输送系统管道中的流动方向，从而实现不同输送要求的气力输送操作。

翻板式换向阀的阀座密封形式是在平板形阀瓣的三边和轴的表面固定填充聚四氟乙烯密封条，或硫化一层氟橡胶做密封面，也可以在平板形阀瓣的周边加工出不锈钢金属密封面。采用软密封平板型阀瓣的两个平面周边都有聚四氟乙烯或氟橡胶密封件。当平板型阀瓣旋转到使进料口和一个出料口相通时，阀瓣截断阀体的另一个出料口通道，阀瓣密封面与阀体上的阀座应该完全吻合并密封。当平板型阀瓣再旋转一定的角度以后，使阀瓣截断另一个出料通道时，阀瓣截断阀体的一个出料口，阀瓣密封面与壳体上的阀座应该完全吻合并密封。在阀瓣换向操作过程中，阀瓣密封件与阀座的接触密封力大小影响并决定了驱动阀瓣旋转所需的力矩大小，而且阀瓣是悬臂梁式固定安装。这种结构的换向阀其关闭密封性能不如圆柱式结的构换向阀。在工况运行过程中，适用范围受到一定限制，可以适用于粉末物料，也可以适用于输送颗粒物料，更多的是应用于料仓底部放料的换向操作，其内腔的气体工作压力很低或是常压。可以适用于在线不停车换向操作。

4. 双通道结构换向阀

双通道结构换向阀的详细结构见第 6 章的图 6-17、图 6-18 和图 6-19 所示。换向阀的壳体内腔是规则的圆柱形内表面，其内的阀瓣(即转动部件，或称阀芯)由两个并列的管状体制成，两个并列管状体的两侧端面在一个圆柱环面内，此圆柱面的公称尺寸与壳体内腔的圆柱形内表面的公称尺寸相同，无论阀瓣转动到哪个位置，阀瓣管状体的两侧端面始终与阀体的圆柱形内表面相互接触。阀体有一个进料口和两个出料口通道，两个圆柱形出料口通道的中心线呈一定夹角分布。当阀瓣的管状体转动到与进料通道口和其中一个出料口相通时，形成一个输送物料流动通道，如果使阀瓣旋转一定的角度，阀瓣的管状体转动到与进料口和另一个出料口相通时，形成另一个输送物料通道。就可以改变物料在气力输送系统管道中的流动方向，从而实现不同工况要求的气力输送操作。

双通道结构换向阀的阀座密封形式是在壳体的通道口固定聚四氟乙烯密封圈，或硫化一层氟橡胶作密封面，或在壳体的阀座密封部位加工出不锈钢金属密封面。也可以在阀瓣的通道口固定聚四氟乙烯密封圈，或硫化一层氟橡胶作密封面。两个并列管状体组成的阀瓣(转动部件)是奥氏体不锈钢材料的。当阀瓣的管状体转动到使进料口和一个出料口相通时，阀瓣的管状体两端口与壳体进料口和出料口应该全部对准位置，阀座密封圈应该完全吻合并密封。这里要特别注意的问题是，如果阀瓣的管状体端口与阀座密封圈之间的接触密封力过大的话，阀瓣的管状体在转动过程中不仅旋转阻力矩增大，而且阀座密封圈磨损量大，严重的可能会损坏阀座密封圈，造成阀瓣的管状体端口与阀座密封圈的相对位置产生偏差，对固体物料的流动造成影响。如果阀瓣的管状体端口与阀座密封圈之间的接触密封力过小的话，会造成两者之间的密封力不足，密封性能会降低，对固体物料的正常输送造成影响。

在工况运行过程中，阀瓣的管状体端口与阀座密封圈之间相对位置可能会有一定偏差，即阀瓣的管状体端口与阀座密封圈错开一个很小的角度，使此处有一个小小的台阶，尽管只有很小的不平滑起伏程度，悬浮在高速气流中的固体物料流经此处时，部分物料的速度会发生变化，成为阻挡物料的因素，所以选择这种结构的换向阀一定要注意，使阀体与阀瓣通道位置吻合度的偏差尽可能小。正由于这样的特点，双通道结构换向阀更适用于粉末物料，如果在输送颗粒物料时，有小粒子碰撞管状体端口与阀座密封圈之间的错位部分，就有可能会影响物料的输送质量。如果有碎粒子卡在缝隙中，此时再进行换向操作将会增大旋转力矩。这种结构的换向阀适用于垂直管道安装，也适用于水平管道安装；适用于粉末化工固体物料和气力输送系统工作压力比较高的工况场合。其缺点是不适用于在线不停车换向操作，必须停止输送物料后进行换向操作，然后再重新起动输送物料。

7.6.4.3 换向阀的功能

在化工生产装置的气力输送系统管道中，或其他区域的化工固体物料气力输送系统管道中，换向阀的功能和作用主要有如下几点：

(1) 换向阀最主要的功能是改变化工固体物料的流动方向，物料在一个管道中流动进入换向阀，从换向阀的出料口流出进入另一个管道中继续流动，然后进入下一个工艺过程的设备中。例如，PTA 生产装置氧化工段干燥机出口的粉末物料从同一个干燥机出口通过气力输送系统管道分别送入三个班料仓，经检验确定产品合格后，再通过气力输送系统管道分别由三个班料仓送入到一个成品料仓。在这个过程中由一个气力输送系统管道变为三个管道，或由三个气力输送系统管道变为一个管道都是由换向阀完成的。选型设计时，要根据物料的特性和系统设计参数要求选择换向阀的结构类型和性能参数。

(2) 换向阀的第二个主要功能是密封气体，在处理化工固体物料的管道系统中，工作介质是输送气体与化工固体物料的混合物。在处理物料的运行过程中，换向阀的一个出口处于开启状态，另一个出口处于关闭状态，要保证系统内的化工固体物料在正常工况条件下气力输送，输送气体就不能向外泄漏。换向阀的特点是气体介质压力比较低，如果采用金属阀座密封面，会由于密封力不足而不能达到满意的密封效果。需要安装换向阀的都是远距离气力输送系统管道中，工作压力比较高，所以要在阀座密封面内嵌入填充聚四氟乙烯密封圈，或硫化一层氟橡胶以保证阀座密封性能。

7.6.5 取样阀的应用选型

取样阀是化工生产装置及各输送系统中必不可少的附属专用设备，在各种类型生产装置中应用的取样阀有适用于熔体的、液体的，也有适用于气体的。这里的选型主要是针对专门应用于化工固体颗粒产品的，而且一般情况下，是指在常温下的取样操作。这里所说的取样阀可以适用于化工固体颗粒物料，或可以适用于化工固体粉末物料，其结构如第 6 章的图 6-28 所示。

取样阀可以安装在某一工艺过程的设备进料口或出料口，也可以安装在输送管道中需要的合适位置，还可以安装在为相邻用户单位通过管道外送物料的出厂管道中，或从相邻供料单位通过管道输送物料的进厂管道中。其安装应用实例如图7-11所示。

取样阀的选型主要是根据使用工况点的要求确定结构类型、驱动方式、规格尺寸等，要考虑的因素主要有如下几点：

(1) 生产过程中的化工固体物料质量受任何一个工艺过程参数及其他因素的影响，所以在某一工艺过程设备的前后安装取样阀，随时可以取出样品检验物料质量是很必要的。取样阀的第一个主要功能是把物料从管道或设备中取出来一点样品，经过检验判定产品的质量是否合格。

(2) 取样阀的第二个主要功能是当需要取样时打开取样阀，要保证取样阀流出的物料最新鲜，代表取样操作时工艺过程中物料的当前瞬时质量状况，这是最核心的要点，要根据化工固体物料的物理与化学特性，根据管道系统设计参数要求选择取样阀的结构类型和详细性能参数。

(3) 取样阀的第三个主要功能是把取出的化工固体物料样品送入备好的小容器内收集好，这个过程中不能有任何污染物或杂质混入样品内。

(4) 取样阀的第四个主要功能是在取样操作的整个过程中，要有足够的措施保证不能有空气进入到设备和管道中，因为化工固体物料的生产和输送很多场合用氮气做介质，不能够因取样而破坏生产和输送设备与管道中的环境。

(5) 取样阀的进出料口连接法兰选择。一般情况下，取样阀的连接法兰应与化工装置管道系统的法兰连接标准和压力等级一致，要与旋转给料器进出料口连接法兰按相同的标准选取。大部分或绝大部分取样阀都是公称尺寸比较小的，以公称尺寸DN25的占大多数，也有少数取样阀的公称尺寸是DN50的，现在装置中使用的取样阀很少有公称尺寸大于DN50的规格。

(6) 一般情况下，现场使用的大部分瞬时取样阀其驱动方式是手轮驱动的。对应用于时间间隔取样的情况，取样阀的驱动方式采用电磁驱动或气力驱动方式。

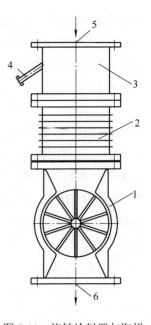

图 7-11　旋转给料器与取样阀配合安装示意图

1—旋转给料器　2—膨胀节
3—过渡接管　4—取样阀
5—物料进口　6—物料出口

7.6.6　放料阀(或称排料阀)的应用选型

放料阀的内部结构及工作原理见第6章的图6-25、图6-26和图6-27所示，放料阀是化工生产装置系统中的附件，一般情况下放料阀安装在某一工艺过程设备(主要是反应容器或储罐类)的出口或设备的底部，也可以安装在其他需要的位置，如图7-12所示。

放料阀的选型主要是根据使用工况点的要求确定结构类型、驱动方式、规格尺寸等，要考虑的因素主要有如下几点：

(1) 放料阀选型要考虑的第一个主要功能是，无论是安装应用在储罐上还是安装应用在反应器底部，放料阀的作用是把物料排放出来，而且要保证放料阀能够把物料排放的很干净。所以用来排放容器内物料的放料阀一般都是安装在储罐的底部。要根据物料的特性和系统设计参数要求选择放料阀的结构类型、排放物料能力、工作压力、工作温度等及其他性能参数。

(2) 放料阀选型要考虑的第二个主要功能是，当放料阀处于关闭状态时，阀体的阀座通道要完全被阀瓣充满，除了要截断物料流动的通道以外，还必须使腔体内没有任何会使物料滞留的死腔。因为死腔内滞留的物料与其他部位的物料质量不同，当需要开启阀门放料时，就不能保证排出的物料质量一致。所以要使阀瓣在放料阀与储罐连结的法兰平面外伸出一段长度，其凸出的长度和直径要求与储罐连结部位相符合。一般情况下，当放料阀处于关闭状态时，要求其阀瓣的顶部与相连接反应器的内壁表面基本平齐，根据反应器或储罐连结部位的要求，确定放料阀的阀瓣伸出法兰平面的形状和尺寸。

(3) 放料阀选型要考虑的第三个主要功能是，把放出的化工固体物料送入备好的容器或收集槽内收集好，这个过程中不能有任何污染物或杂质混入排放物料内。

(4) 放料阀选型要考虑的第四个主要功能是，要能够把工艺设备管道清洗的污水或带有一定量固体杂物给排放出来。

(5) 进料口和出料口连接法兰的选择，一般情况下，放料阀的连接法兰应与化工装置管道系统的法兰连接标准和压力等级一致，要与旋转给料器进出料口连接法兰按相同的标准选取。

(6) 驱动方式选择，一般情况下，规格尺寸比较小的放料阀大部分采用手轮驱动，为了整个系统的自动化控制需要或其他实际考虑因素，也可以是电动机驱动或气缸驱动。规格尺寸比较大的放料阀或工艺要求操作比较频繁的放料阀，大部分采用电动机驱动、气缸驱动或齿轮驱动方式。对于具有驱动所必需的气源条件的场合，气缸驱动比电动机驱动更具有明显优势。

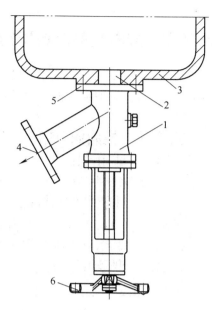

图 7-12　放料阀安装应用实例示意图

1—放料阀　2—放料阀阀瓣伸出部分

3—盛料容器　4—物料出口

5—连接法兰　6—驱动手轮

7.6.7　材料选择注意要点

用于化工固体物料各类设备和阀门的材料选择，在满足物料腐蚀性能要求的前提条件下，首先要考虑的是不能够污染物料，化工固体物料产品如聚乙烯(PE)、聚丙烯(PP)、粗对苯二甲酸(CTA)粉末、精对苯二甲酸(PTA)粉末、聚乙烯醇(PVA)、聚氯乙烯(PVC)、聚酯(PET)切片等，这些物料是聚合物颗粒物料或粉末物料，这些物料的共同特点就是其颜色都是白色的，要保证在生产、输送、运输过程中不能够受到污染，固体物料阀门的所有零部件在与物料接触的过程中，绝对不能使物料改变颜色，固体物料阀门的零部件除金属件以外，其余零件必须是白色的，填充对位聚苯和填充聚四氟乙烯材料或其他新型材料不能添加掉颜色的成分，金属件和非金属件都要具有能够耐物料腐蚀的性能。

7.7 旋转给料器典型相关设备产品介绍

前一节已对旋转给料器相关设备的结构特点与应用选型进行了介绍，本节重点介绍这些设备的产品，主要包括换向阀、插板阀、取样阀、放料阀、混合器和分离器等。

7.7.1 换向阀(或称分路阀)

7.7.1.1 适用范围

气力输送系统中各种颗粒物料和粉末物料管路的切换。

7.7.1.2 性能参数与规范

工作压力≤0.60 MPa　　工作温度–30～150 ℃

连接法兰按 ANSI B 16.5、DIN2501、GB9113、JIS 2213、JB79，也可以按用户的要求做。

7.7.1.3 型号编制方法

型号中的编制说明：

(1) 结构类型：圆柱式阀瓣结构用 Z 表示，球形阀瓣结构用 Q 表示，旋转板式阀瓣结构用 X 表示，翻板式阀瓣结构用 B 表示，双通道式阀瓣结构用 S 表示。

(2) 换向阀所适用的工作介质物料，颗粒物料用 1 表示，粉末物料用 2 表示，不规则碎片物料用 3 表示。

(3) 阀座密封面材料代号，填充聚四氟乙烯(PTFE)用 F 表示，氟橡胶用 X 表示，其他新型材料用 V 表示。

(4) 进料口和出料口法兰标记，包括标准号、压力等级、规格尺寸等，如 GB9113 标准法兰，公称压力 PN10、公称尺寸 DN150 的法兰标记为：DN150-PN10-GB9113。

(5) 两个出料通道中心线之间的夹角，其标记方法是 30°表示为 30、45°表示为 45、60°表示为 60、90°表示为 90。

(6) 额定工作压力为 0.10 MPa、0.25 MPa、0.40 MPa、0.60 MPa。

例如型号是：HXZ41F-150-45-0.10

型号中各部分表明的含义是：换向阀的结构类型是圆柱式阀瓣，适用介质是颗粒物料，阀座密封面材料是填充聚四氟乙烯，法兰压力级是150LB，出料口通道中心线之间的夹角是45°，额定工作压力是 0.10 MPa。订货时注明进料口和出料口法兰的标准号，如：按美国标准的法兰8吋150LB 的标记为：8-150LB–ASME B16.5。

7.7.1.4　圆柱式换向阀外形尺寸和连接尺寸

圆柱式换向阀的外形结构如图 7-13 所示，外形尺寸和连接尺寸见表 7-18。

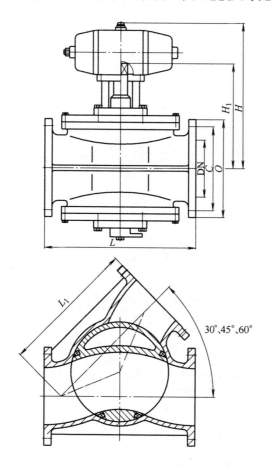

图 7-13　圆柱式换向阀外形示意图

表 7-18　圆柱式换向阀外形尺寸和连接尺寸　　　　　　　　（单位：mm）

型号-通径	外形尺寸				法兰连接尺寸		
	L	L_1	H	H_1	外径	螺栓分布圆直径	螺栓数-孔径
HXZ-50	340		230	160	152	120	4-19
HXZ-65	340		243	170	178	140	4-19
HXZ-80	340		260	185	190	152	4-19
HXZ-100	360		285	220	229	190	8-19
HXZ-125	386		310	235	254	216	8-22
HXZ-150	406		355	248	279	241	8-22
HXZ-200	540		388	290	343	298	8-22
HXZ-250	674		430	335	406	362	12-25

注：L_1 的长度与两个出料通道中心线之间的夹角有关。

7.7.1.5　旋转板式换向阀外形尺寸和连接尺寸

旋转板式换向阀的外形结构如图 7-14 所示，外形尺寸和连接尺寸见表 7-19。

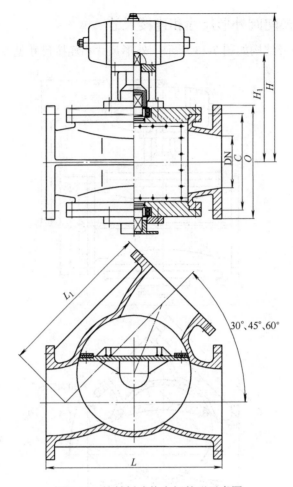

图 7-14　旋转板式换向阀外形示意图

表 7-19　旋转板式换向阀外形尺寸和连接尺寸　　　　　　　　　　（单位：mm）

型号-通径	外形尺寸				法兰连接尺寸		
	L	L_1	H	H_1	外径	螺栓分布圆直径	螺栓数-孔径
HXX-50	360		220	155	152	120	4-19
HXX-65	360		233	165	178	140	4-19
HXX-80	360		253	175	190	152	4-19
HXX-100	390		275	210	229	190	8-19
HXX-125	400		300	230	254	216	8-22
HXX-150	430		345	255	279	241	8-22
HXX-200	580		378	280	343	298	8-22
HXX-250	700		420	320	406	362	12-25
HXX-300	860		486	365	483	432	12-25
HXX-350	980		582	420	533	476	12-29

注：L_1 的长度与两个出料通道中心线之间的夹角有关。

7.7.1.6　翻板式换向阀外形尺寸和连接尺寸

翻板式换向阀的外形结构如图 7-15 所示，外形尺寸和连接尺寸见表 7-20。

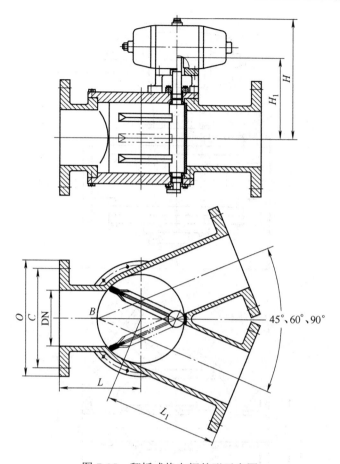

图 7-15 翻板式换向阀外形示意图

表 7-20 翻板式换向阀外形尺寸和连接尺寸　　　　　　　　　（单位：mm）

型号-通径	外形尺寸				法兰连接尺寸		
	L	L_1	H	H_1	外径	螺栓分布圆直径	螺栓数-孔径
HXB-50			210	155	152	120	4-19
HXB-65			220	165	178	140	4-19
HXB-80			245	175	190	152	4-19
HXB-100			265	210	229	190	8-19
HXB-125			280	230	254	216	8-22
HXB-150			310	255	279	241	8-22
HXB-200			335	280	343	298	8-22
HXB-250			390	320	406	362	12-25
HXB-300			435	365	483	432	12-25
HXB-350			520	420	533	476	12-29
HXB-400			605	470	597	540	16-29

注：翻板式换向阀结构长度 L 和 L_1 与两个出料通道中心线之间的夹角有关。

7.7.1.7 双通道换向阀外形尺寸和连接尺寸

双通道换向阀的外形结构如图 7-16 所示，外形尺寸和连接尺寸见表 7-21。

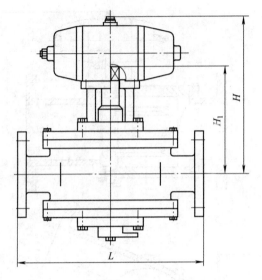

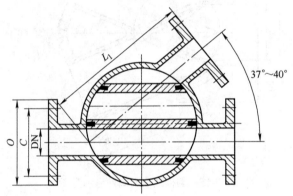

图 7-16 双通道式换向阀外形示意图

表 7-21 双通道换向阀外形尺寸和连接尺寸   (单位：mm)

型号-通径	外形尺寸				法兰连接尺寸		
	L	L_1	H	H_1	外径	螺栓分布圆直径	螺栓数-孔径
HXS-50	360	290	195	145	152	120	4-19
HXS-65	420	330	203	155	178	140	4-19
HXS-80	480	370	213	165	190	152	4-19
HXS-100	540	430	255	180	229	190	8-19
HXS-125	640	520	280	200	254	216	8-22
HXX-150	720	610	315	230	279	241	8-22

7.7.1.8 换向阀订货基本要求

数据按表 7-22 的要求。

表 7-22 换向阀订货基本要求数据表

产品名称			型号			数量	
公称压力	PN		工作压力	P	MPa	公称尺寸	DN
阀体材料	不锈钢铸件 □，		不锈钢锻件 □，		其他 □		
主要内件材料	304 不锈钢 □，		316 不锈钢 □，		其他 □		

（续）

密封面材料	对位聚苯 □，　聚四氟乙烯 □，　其他 □		
连接形式	法兰式 □，　其他 □		
入口连接法兰	标准	国标 □，　行标 □，　ASME □，　其他 □	
	压力、尺寸		
	端面形式	FF □，　　RF □，　　F □，　　FM □，　其他 □	
出口连接法兰	标准	国标 □，　行标 □，　ASME □，　其他 □	
	压力、尺寸		
	端面形式	FF □，　　RF □，　　F □，　　FM □，　其他 □	
结构长度	按行业标准 □，　双方协定 □		
结构形式	圆柱式 □，　旋转板式 □，　翻板式 □，　双通道式 □		
驱动形式	气动 □，　手动 □，　电动 □，　其他 □		
电源	220 V×3 ph×50 Hz	安装位置	室内□　室外□
控制信号	110V□　　DC24V□	附　　件	限位开关□　阀位指示□
需要提供的文件			
安装调试服务要求			
执行标准	按行业标准 □，　企业标准 □，　双方协商确定 □		
特殊要求			
其　他			

注："□"中以打"√"来表示。

7.7.2　插板阀（或称滑板阀）

在化工固体物料生产和输送过程中，与旋转给料器输送系统相配套的往往需要用到插板阀。

7.7.2.1　适用范围

插板阀的作用是在管路系统中截断化工固体物料介质，广泛适用于化工颗粒或粉末固体物料，也可以用于粮食和食品等工业部门的固体物料输送系统中。

7.7.2.2　性能参数与规范

公称压力：PN6、PN10、PN16、150 LB。

额定工作压力：0.25 MPa、0.60 MPa、1.0 MPa。

工作温度：−20～+350 ℃。

连接法兰按 GB9113、JB79、SH3406、ANSI B 16.5、DIN2501 等，也可以按生产厂与用户协商确定的其他法兰尺寸加工。

连接方式：对夹式、法兰式。

驱动方式：手轮驱动、气缸驱动、电动机驱动、液压驱动、链轮驱动、蜗轮蜗杆传动等。

用介质：颗粒状化工固体物料、粉末状化工固体物料。

7.7.2.3　型号编制方法

插板阀的型号表示方法按 JB/T308-2004《阀门　型号编制方法》的规定，并根据插板阀的特点做适当补充。用 ZCB 表示插板阀，其后主要包括驱动方式、结构类型、连接方式、阀座密封面材料、公称压力、阀体材料等项内容。

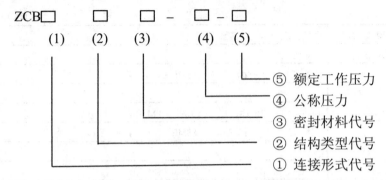

⑤ 额定工作压力
④ 公称压力
③ 密封材料代号
② 结构类型代号
① 连接形式代号

(1) 连接形式代号，法兰式连接用 4 表示，对夹式连接用 7 表示。

(2) 结构类型代号，无导流孔刀形插板阀用 5 表示，带导流孔刀形插板阀用 6 表示，自动排料(或称自动清扫)刀形插板阀用 7 表示。

(3) 密封材料代号，硬质合金用 Y 表示，填充聚四氟乙烯(PTFE)用 F 表示，对位聚苯(PTL)用 B 表示，橡胶用 X 表示。

(4) 公称压力， PN10 表示为 10、PN16 表示为 16、150LB 表示为 150LB。

(5) 额定工作压力，0.25 MPa、0.60 MPa、1.0 MPa。

例如型号是：500ZCB75F-150(LB)P-0.25

型号中表明的含义是：插板阀是对夹式连接形式，结构类型是无导流孔刀形插板阀，密封材料是聚四氟乙烯(PTFE)，公称压力级：150LB，P 表示主体材料为奥氏体不锈钢，实际的额定工作压力为 0.25 MPa，公称尺寸 DN500。额定压力可以分为：低压(工作压力不大于 0.25 MPa)，中压(工作压力大于 0.25~0.60 MPa)和高压(工作压力大于 0.60~1.0 MPa)。订货时注明进出口法兰的标准号，如：SH3406-2013-PN20-DN500。

7.7.2.4　插板阀的特点

插板阀的阀体结构具有防堆积和自清洗能力，在插板开启或关闭过程中能够自动清洗阀座密封面，不会有固体物料滞留在阀座密封面上，不会妨碍插板下次移动，插板阀的阀座可以采用聚四氟乙烯、对位聚苯、橡胶等非金属材料，气密性特别优良。对夹式插板阀结构长度短、体积小、重量轻、开关轻便、过流面积大、流阻系数小。

7.7.2.5　无导流孔刀形插板阀外形尺寸和连接尺寸

无导流孔刀形插板阀的外形结构如图 7-17 所示，外形尺寸和连接尺寸见表 7-23。

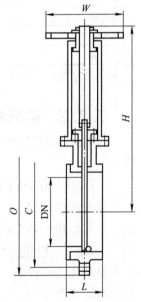

图 7-17　无导流孔刀形插板阀外形示意图

表 7-23　无导流孔刀形插板阀外形尺寸和连接尺寸　　　　　　　　(单位：mm)

| 公称通径 | L | | 外形尺寸 | | 法兰连接尺寸 | | |
DN	对夹式	法兰式	H	W	O	C	n-d
100	80	100	320	200	229	190	8-19
125	80	120	390	240	254	216	8-22
150	90	120	430	280	279	241	8-22
200	100	140	540	320	343	298	8-22

(续)

公称通径	L		外形尺寸		法兰连接尺寸		
DN	对夹式	法兰式	H	W	O	C	n-d
250	100	160	690	400	406	362	12-25
300	100	160	790	400	483	432	12-25
350	105	160	870	450	533	476	12-29
400	110	180	980	500	597	540	16-29
450	110	180	1060	550	635	578	16-32
500	120	200	1120	600	698	635	20-32
600	130	200	1480	650	813	750	20-35
700	140	220	1635	750	984	915	28-35

7.7.2.6　带导流孔刀形插板阀外形尺寸和连接尺寸

带导流孔刀形插板阀的外形结构如图 7-18 所示，外形尺寸和连接尺寸见表 7-24。.

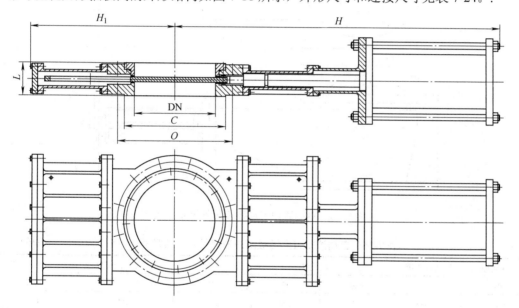

图 7-18　带导流孔刀形插板阀外形示意图

表 7-24　带导流孔刀形插板阀外形尺寸和连接尺寸 （单位：mm）

公称通径	结构长度	外形尺寸		法兰连接尺寸		
DN	L	H	H_1	O	C	n-d
100	90	380	170	229	190	8-19
125	90	420	200	254	216	8-22
150	100	500	250	279	241	8-22
200	120	660	300	343	298	8-22
250	140	890	400	406	362	12-25
300	160	1090	500	483	432	12-25
350	180	1230	600	533	476	12-29
400	200	1350	700	597	540	16-29
450	220	1560	850	635	578	16-32
500	250	1750	950	698	635	20-32

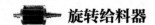

(续)

公称通径	结构长度	外形尺寸		法兰连接尺寸		
DN	L	H	H₁	O	C	n-d
600	300	1980	1150	813	750	20-35
700	350	2170	1250	984	915	28-35

7.7.2.7　自动清扫刀形插板阀外形尺寸和连接尺寸

自动清扫刀形插板阀的外形结构如图 7-19 所示,外形尺寸和连接尺寸见表 7-25。

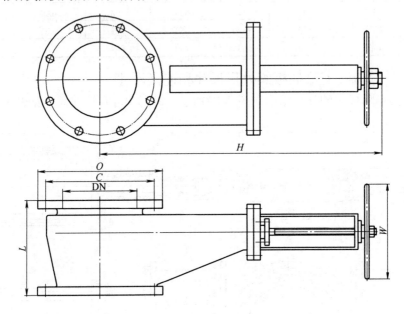

图 7-19　自动清扫刀形插板阀外形示意图

表 7-25　自动清扫刀形插板阀外形尺寸和连接尺寸　　　　(单位:mm)

公称通径	结构长度	外形尺寸		法兰连接尺寸		
DN	L	H	W	O	C	n-d
100	100	320	200	229	190	8-19
125	120	390	240	254	216	8-22
150	150	430	280	279	241	8-22
200	180	550	320	343	298	8-22
250	220	720	400	406	362	12-25
300	260	850	400	483	432	12-25
350	310	970	450	533	476	12-29
400	380	1180	500	597	540	16-29
450	420	1260	550	635	578	16-32
500	470	1420	600	698	635	20-32
600	560	1780	650	813	750	20-35

7.7.2.8　插板阀订购要求信息

订购插板阀时,要求有足够的信息传递给货物供应商,一般要求的最基本信息按表 7-26 给出的内容。

表 7-26　插板阀订购要求信息表

产品名称		型号	
公称尺寸 DN		主体材料	
工作压力 MPa		工作温度/℃	
法兰标准		密封面形式	
结构长度		结构形式	
工作介质		驱动方式	
介质成分		介质特性	
数量		交货期	
额定压力 MPa		按 JB/T8691-2013《无阀盖刀形闸阀》的规定	
公称压力 PN		确定法兰压力等级的依据，大于额定压力	
需要提供的文件			
服务要求			
包装要求			
其他特殊要求			
其　他			

7.7.3　取样阀

在化工固体物料生产和输送过程中，为与旋转给料器输送系统相配套，有时需要用到固体物料取样阀。

7.7.3.1　适用范围

取样阀的作用是在管路系统中取出适时的化工固体物料样品，广泛适用于化工颗粒或粉末固体物料生产或输送系统中。

7.7.3.2　性能参数与规范

公称压力：PN4、PN6。

工作温度–20～+350 ℃

连接法兰按 ANSI B 16.5、GB9113 等，也可以按生产厂与用户协商确定的其他法兰尺寸加工。

连接方式：螺纹式、法兰式。

驱动方式：手轮驱动、电磁驱动等。

适用介质：颗粒状化工固体物料、粉末状化工固体物料。

7.7.3.3　型号编制方法

取样阀的型号表示方法按 JB/T308-2004《阀门　型号编制方法》的规定，并根据取样阀的特点做适当补充。用 QY 表示取样阀，其后主要包括驱动方式、结构类型、连接方式、阀座密封面材料、公称压力、阀体材料等项内容。

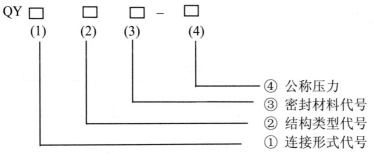

④ 公称压力
③ 密封材料代号
② 结构类型代号
① 连接形式代号

(1) 连接形式代号，法兰式连接用 4 表示，螺纹式连接用 1 表示。

(2) 结构类型代号，柱塞式取样阀用 5 表示，阀瓣式取样阀用 6 表示。

(3) 密封材料代号，硬质合金用 Y 表示，聚四氟乙烯(PTFE)用 F 表示，对位聚苯(PTL)用 B 表示，橡胶用 X 表示。

(4) 公称压力， PN4 表示为 4、PN6 表示为 6。

例如型号是：50QY45F-6P

型号中表明的含义是：取样阀是法兰式连接形式，结构类型是柱塞式取样阀，密封材料是聚四氟乙烯(PTFE)，公称压力级 PN6，公称尺寸 DN50，主体材料是奥氏体不锈钢。订货时注明进出口法兰的标准号，如：SH3406-2013-PN20-DN50。

7.7.3.4 柱塞式取样阀外形尺寸和连接尺寸

柱塞式取样阀的外形结构如图 7-20 所示，外形尺寸和连接尺寸见表 7-27。

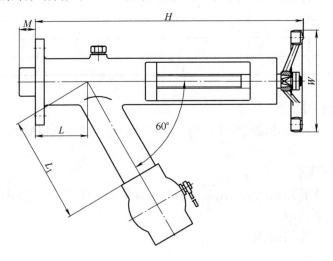

图 7-20 柱塞式取样阀外形示意图

表 7-27 柱塞式取样阀外形尺寸和连接尺寸　　　　　　　　(单位：mm)

型号-通径	外形尺寸 mm					法兰连接尺寸 mm		
	L	$L1$	H	M	W	O	c	$n-d$
QY45-20	60	90	190	10～15	60	98	70	4-15
QY45-25	60	90	190	10～15	60	108	79.5	4-15
QY45-32	70	100	200	10～15	70	117	89	4-15
QY45-40	70	100	200	10～15	70	127	98.5	4-15
QY45-50	80	120	230	10～15	80	152	120	4-19
QY45-65	90	120	250	10～15	90	178	140	4-19

7.7.3.5 取样阀订购要求信息

按表 7-28 的要求。

表 7-28 取样阀订货基本数据表

产品名称			型号			数量	
公称压力	PN	工作压力	P	MPa	公称尺寸	DN	
阀体材料	不锈钢铸件 □	不锈钢锻件 □	其他 □				
主要内件材料	304 不锈钢 □，	316 不锈钢 □，	其他 □				

（续）

密封面材料	对位聚苯 □，　聚四氟乙烯 □，　其他 □		
连接形式	法兰式 □，　其他 □		
入口连接法兰	标准	国标 □，　行标 □，　ASME □，　其他 □	
	压力、尺寸		
	端面形式	FF □，　RF □，　F □，　FM □，　其他 □	
出口连接法兰	标准	国标 □，　行标 □，　ASME □，　其他 □	
	压力、尺寸		
	端面形式	FF □，　RF □，　F □，　FM □，　其他 □	
结构长度	按行业标准 □，　双方协定 □		
结构形式	阀瓣式 □，　柱塞式 □，　有出口阀 □，　无出口阀 □，		
驱动形式	气动 □，　手动 □，　电磁驱动 □，　其他 □		
需要提供的文件			
安装调试服务要求			
执行标准	按行业标准 □，　企业标准 □，　双方协商确定 □		
特殊要求			
其　他			

注："□"中以打"√"来表示。

7.7.4　混合器(或称加速器)外形尺寸和连接尺寸

混合器的外形结构如图 7-21 所示，外形尺寸和连接尺寸见表 7-29。

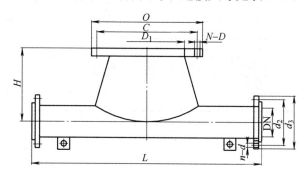

图 7-21　混合器外形示意图

表 7-29　混合器外形尺寸和连接尺寸　　　　　　　　　（单位：mm）

公称通径 DN	外形尺寸 mm						法兰连接尺寸 mm		
	L	H	O	C	D_1	$N-D$	d_3	d_2	$n-d$
50	500	300	279	241		8-22	152	120	4-19
65	600	350	343	298		8-22	178	140	4-19
80	700	400	406	362		12-25	190	152	4-19
100	800	450	483	432		12-25	229	190	8-19
125	900	450	533	476		12-29	254	216	8-22
150	1000	500	597	540		16-29	279	241	8-22
200	1100	600	635	578		16-32	343	298	8-22
250	1250	650	698	635		20-32	406	362	12-25
300	1400	700	813	750		20-35	483	432	12-25

连接法兰按 ANSI B 16.5、DIN2501、GB9113、JB79，也可以按用户的要求做。

7.7.5 放料阀订货基本要求

放料阀订货基本要求数据按表 7-30 的要求。

表 7-30 放料阀订购要求信息表

产品名称			型号			数量	
公称压力	PN	工作压力	P	MPa	公称尺寸	DN	
阀体材料	不锈钢铸件 □，	不锈钢锻件 □，	其他 □				
主要内件材料	304 不锈钢 □，	316 不锈钢 □，	其他 □				
密封面材料	对位聚苯 □，	聚四氟乙烯 □，	其他 □				
连接形式	法兰式 □，	其他 □					
入口连接法兰	标准	国标 □，	行标 □，	ASME □，	其他 □		
	压力、尺寸						
	端面形式	FF □，	RF □，	F □，	FM □，	其他 □	
出口连接法兰	标准	国标 □，	行标 □，	ASME □，	其他 □		
	压力、尺寸						
	端面形式	FF □，	RF □，	F □，	FM □，	其他 □	
结构长度	按行业标准 □，	双方协定 □					
结构形式	阀瓣上展式 □，	阀瓣下展式 □，	柱塞式 □，双方协商确定 □				
驱动形式	气动 □，	手动 □，	电动 □，	其他 □			
需要提供的文件							
安装调试服务要求							
执行标准	按行业标准 □，	企业标准 □，	双方协商确定 □				
特殊要求							
其 他							

注："□"中以打"√"来表示。

第 8 章

旋转给料器的运行与常见故障排除及维护保养

旋转给料器

旋转给料器

旋转给料器是化工生产装置给料或输送系统中的关键设备，在很多情况下，它的运行不单单是给料器自身的运行，而是一个给料或输送整个系统的运行。因此，它的起动、运行、停止往往有一整套规范的要求。本章的重点就是详细介绍旋转给料器及输送、给料系统的相关操作，包括旋转给料器运行前的准备、检查、空负荷、联动试车、负载运行及典型输送、送料系统的启停操作方法。同时，为了能够保障旋转给料系统长周期、安全稳定连续运行，除了要能够对旋转给料器运行过程中常见故障的原因进行分析并及时排除外，做好保养与维护工作也是确保安全运行的基本条件，保养与维护工作做得好，可以减少出现故障的概率，排除故障的预案做得好，可以减少排除故障的时间，所以对旋转给料器的维护与保养工作是一件非常重要的事情。

8.1　旋转给料器的运行

要保障旋转给料器的安全运行，必须提前做好各方面的相关工作，包括运行前的准备、运行前的检查等工作，当然，运行中的维护与检查工作，运行间歇的保养工作也是必不可少的。

8.1.1　旋转给料器运行前的准备工作

8.1.1.1　概述

旋转给料器运行前的准备是一项非常重要而细致的工作，包括针对具体工艺的要求如何确定运行方案，需要做哪些准备工作等。一般说来，如果对一台在线的工艺路线成熟且无任何故障的旋转给料器，其运行前的准备工作就简单多了，而对于一台新安装的旋转给料器，或是大检修结束以后的旋转给料器，它的运行前的准备工作可就复杂得多。通常情况下，都需要先经过空载试运行，空载试运行是正式投入生产运行前的一个必不可少的步骤。只有通过单机空载试运行，才能检查或验证旋转给料器在安装、制造、检修和装配过程中是否留有问题，使旋转给料器能够正常投入生产运行。

8.1.1.2　旋转给料器空载试运行前的准备

旋转给料器空载试运行前的准备主要包括现场环境及公用工程准备、人员准备、试运行的方案准备等。

1. 现场环境及公用工程准备

为保证试运行的成功，对于项目工程中新安装的设备，其前提是安装现场的油漆、保温、标识等尾项工作已全部结束，且现场杂物都已清理干净，并保证公用工程的水、电、气、汽都已经接通；对于大检修后的旋转给料器，一般只要保证检修现场做到工完、料净、场地清就可以了。

2. 人员准备

从人员素质的准备上，一般要求有经过专门培训并考查合格的熟练人员或有实际操作经验的人员即可。

在专业分工上，按照机械、电气、仪表控制、工艺操作四个专业进行配置，且每个专业从技术管理人员到实际操作人员都要有所保证。当然，对于某些民营企业、小型企业或具有一专多能的人员来说，具体参加试运行的人数可适当减少，但前提是专业人员所具备的技能素质不能减少。

在试运行的组织管理上，一般以机械专业作为牵头组织部门。可以由一名机械技术员或机械师作为组长，其他各专业人员在其统一协调指挥下分头负责各个本专业内的工作。由组长策划或明确旋转给料器试运行各个时间节点安排和各项具体要求。

3. 试运行的方案准备

空载试运行前，一般应编制旋转给料单机试车方案。单机试车方案的内容应包括人员的组织与准备、设备起动的先决条件、开停车的步骤及必要的操作方法、记录方式与频次、工具器具准备、备件材料准备、润滑油品准备、应急情况处理方法以及安全措施、环境保护、人员健康等方面。

8.1.1.3 空载试运行前的检查

1. 公用工程完备情况的检查确认

公用工程完备情况的检查确认包括检查动力电源是否提供到位；仪表控制柜是否投用；所需要的输送气体(如氮气)是否能送到旋转给料器部位，且压力、流量满足使用要求；必要的加热介质(如蒸汽)或冷却介质(如冷却水)是否已提供；所有连接旋转给料器的工艺管线是否经过吹扫且吹扫合格。

2. 旋转给料器及其附属设备的安装检查

设备安装后的检查主要按机械、电气、仪表、工艺四个专业分别进行检查，检查结束后，由各专业负责人对本专业的检查记录内容签字认可。具体内容可分为如下几个方面：

(1) 安装连接方式检查。包括检查旋转给料器及其附属设备的安装方式是否正确；相关设备、附件、附属设备是否按要求进行连接；特别要检查所有相关连接管道其连接方式是否正确；阀门手轮的方向位置是否便于操作等。

(2) 机电仪设备、部件及工艺管道的外观检查。外观检查包括检查旋转给料器、附件、附属设备、电动机、仪器仪表以及所有相关阀门、管线在运输、安装过程中其外观是否有损伤、变形；仪器仪表表盘玻璃是否有破裂，其指针是否完好；控制按钮是否完好；阀门手轮是否完好。所有连接螺栓是否齐全且规格符合要求；所有静电接地线的连接是否齐全；油漆、保温是否完好。如有防爆要求的，还应检查所有强电、弱电至开关盒、接线盒等进出线的密封情况是否完好。

(3) 功能性检查。包括整机性能参数、仪表参数、电气和安装情况在内的各个方面，主要包括下列内容：

1) 核对铭牌参数。根据技术协议和旋转给料器使用说明书，再一次检查旋转给料器铭牌上的各项参数是否与技术协议的要求一致。

2) 电气检查。主要内容包括：电气控制柜是否安装连接到位；电动机是否按规定的接线图进行电气连接；测量电动机定子绕组的绝缘阻抗，以防止电动机在安装、储存或运输过程中由于受潮而使得绝缘阻抗降低；检查和测量供电电缆的绝缘和接地等相关数据，防止短路或断路情况的发生。

3) 仪表元件及连接线检查。仪表专业的检查内容主要包括：检查所有仪表信号线是否接通且按要求通电，相关电磁阀、定位器动作是否灵敏可靠；包括复核性检查测速传感器探头与转子测速轮的间隙是否符合要求；检查各个显示、计量表计(如压力表、流量表等)是否完好且量程符合要求。

4) 静电接地检查。静电接地检查往往是最容易疏忽遗漏的项目，对于输送粉末或颗粒介质的旋转给料器系统，由于摩擦作用，特别容易产生静电，这对于大多数都有防爆要求的工艺生产现场来说，是一个很大的安全隐患。因此，这就要求旋转给料器系统的所有法兰连接、阀门连接、电动机底座、给料器底座等都要带有静电跨接线或接地线。检查的内容主要包括：检查所有相关部位是否按规定都设置并安装了静电接地线；检查所有静电接地连接线及其螺栓的连接是否正确并牢固可靠；检查静电接地线的规格是否满足阻抗要求等等。

5) 减速电动机驱动部分检查。主要是指：检查减速电动机驱动部分链条的松紧程度是否适中，链条松紧程度的检查方法可以参见第9章旋转给料器的检修相关部分内容。

6) 法兰、阀门连接情况检查。主要包括：检查所有连接的法兰、阀门安装是否正确；检查各个垫片是否按要求进行选择并正确安装；检查各部连接的螺栓数量、规格是否符合要求；用定力矩扳手检查所有法兰、阀门的连接螺栓的拧紧程度是否合适等。

7) 链轮及护罩检查。检查链轮护罩安装是否牢固可靠，防止由于松动而使得旋转给料器在运行后产生振动和噪声甚至链条擦壳。

8) 润滑检查。主要是指检查减速箱油位是否合适。如发现油位减少，在排除没有泄漏的情况下，可以用旋转给料器使用说明书所规定牌号的润滑油进行添加，否则，还需要在消除润滑油漏油点后，才能按要求进行添加。其他针对润滑脂部位的检查可以穿插在相关设备的检查中进行，如链条的润滑检查可以在减速电动机驱动部分检查时一道进行；相关轴承润滑的检查可以通过检修记录或安装记录来进行核实检查。

9) 相关标识检查。主要包括：检查禁动按钮标识、紧急停车按钮标识、旋转给料器转子旋转方向标识、管道介质标识及流向标识等等。

10) 伴热(伴温)系统检查。对壳体有伴热(或伴温)需要的旋转给料器，还需要检查其蒸汽(热媒或冷却水)加热(伴温)系统是否启用且通畅，其温度是否达到要求值，相关运行工作是否都已正常等。

8.1.2　旋转给料器的单机空载试运行

8.1.2.1　空载试运行前的准备工作

空载试运行前应再次确认各相关的机械、电气、仪表应急检修人员是否都已提前到位，且相关工具器具、备件材料是否准备完善。各专业有关记录以及考核旋转给料器性能的表格是否都已准备就绪。

8.1.2.2　空载试运行的方法

空载试运行时，一般应先点动一下，以便观察旋转给料器是否有异常声响以及旋转方向是否正确。若是点动不正常，应进行仔细检查，在对症解决问题后，需再次点动。再次点动的时间间隔不宜太短，一般需要间隔3～5 min 以上的时间，主要视电动机功率的大小而定，对功率小的电动机，其起动间隔可适当取下限。防止因频繁起动而导致电动机和电路控制元器件发烫，甚至烧毁。旋转给料器直至点动正常后，才可以进入到下一轮的正式起动工作。

8.1.2.3　正常起动后的即行检查

当正常起动后，一般应先观察给料器是否有异常振动，声音是否正常，特别是要仔细测听给料器内有没有异常的摩擦声，而后再查看运行电流是否在标准范围内。当运行平稳时，再测量一下转速，看看是否在正常控制范围内。

8.1.2.4　空载试运行期间的安全系统检查

在空载试运行期间，还应检查紧急断电开关的功能、输送气系统安全阀的功能、密封气的压力控制性能等。

8.1.2.5　空载试运行期间旋转给料器本体设备的检查

空载运行一段时间后，还应检查电动机、减速机、转子轴承以及旋转给料器端盖等各部位的温度是否有异常；检查各个密封部位是否有漏油、漏气的情况；再次检查电动机空载运行电流是否符合要求；检查旋转给料器的壳体振动、轴承振动情况；检查听诊给料器内部是否有异常摩擦声响；检查链轮、链条运行是否平稳，链轮罩有没有碰触、松动等情况发生。

8.1.2.6　空载试运行的时间

空载试运行时间一般为 2~4 h，小型给料器试运行时间可适当缩短，一般控制在 2 h 左右即可。如对功率大的旋转给料器或是带加热、冷却夹套的，其试车时间可控制在上限或可适当延长，以充分检验转子转动和壳体受热膨胀的情况。

8.1.2.7　空载试运行结束后的工作

在空载试运行结束后，要对运行期间记录的电流、各部分的温度变化、振动、异常响声、运转的平稳性以及仪表控制等各方面的情况进行综合归纳整理，并得出给料器空载试运行是否合格的结论性意见。

如果旋转给料器空载试运行情况正常，且结束后在一段时间内不会投入生产负载运行，或仅作为在线备台，则还应做好停电、停伴热(伴温)的相关工作。

8.1.3　旋转给料器系统的联动试运行

8.1.3.1　旋转给料器系统联动试运行的基本含义

一般情况下，如果工艺流程简单，旋转给料器仅仅作为一个传送物料的设备，则旋转给料器在单机空载试验成功后，就可直接投入到生产装置上进行带料负载运行。但若工艺流程复杂，旋转给料器在工艺流程中起着一个非常重要的进出料设备的作用，而且它的起动与停止要受上游或下游设备启停的控制或是它的起动与停止直接影响着上、下游设备的启停，在这种情况下，旋转给料器还应进行系统的联动试运行。

旋转给料器系统的联动试运行可以分空载联动试运行和负载联动试运行两种情况。关键是看工艺流程的要求和性质。一般说来，旋转给料器系统的联动试车主要是以负荷联动试车为主，或者是两者结合在一起进行。但对于新建项目或新建工程，按照工程可靠性的要求，在试车必须试深、试透的原则指引下，则必须采用空载联动试运行的方式。因为只有通过系统的空载联动试运行方式，才能尽早发现并解决工程建设过程中遗留的问题。而对那些系统结构简单、流程比较成熟，且又为大检修结束后的开车，则多半在旋转给料器单机试运行成功后，直接采用负荷联动试运行就可以了。需要说明的是，这两种方法有时并不是完全相互孤立的，有时是两者混搭在一起进行的。比如有时旋转给料器系统在完成了空载联动试运行后，跟着在较短的时间内就带上负载运行，在带负载的情况下，接着再对旋转给料器系统运行的状况和参数进行必要的检查和调试。这是因为只有负荷联动试运行的成功才能最终证明和检验旋转给料器的完好性。

8.1.3.2　旋转给料器系统空载联动试运行的方法

1. 旋转给料器空载联动试运行在工艺过程中的作用

在空载联动试车过程中，除了前述单机空载试运行的所有要求之外，重点是对工艺流程中对包括旋转给料器在内的各个上下游设备的关联性进行调试和试验。以检验旋转给料器在工艺流程中的启停反应和匹配情况，包括但不仅限于旋转给料器在得到各个相关信号后是否能及时起动或停止；在一定的模拟负荷信号下，旋转给料器的转速是否能够与之相匹配。

在有些工艺过程中，旋转给料器的空载联动试运行并不是完全单独进行的，或者是说并不是专门针对旋转给料器而进行的，而是将它包括在一个更大的系统中，在这个系统中，旋转给料器只是其中的一个子系统或是其中的一台附属的设备。例如：在 PTA 氧化干燥、精制干燥等系统中，其旋转给料器只是负责将经干燥机干燥过的粉料及时送走就行了，它只能算作干燥机出料的一台附属设备。在进行空载联动试运行时，往往是针对干燥机系统来进行空载联动试运行。

2. 旋转给料器系统在空载联动试运行中需要检查的内容

(1) 检查旋转给料器自身系统的运行情况。包括检查冷却或伴热系统的工作情况、疏水器的工作情况，密封气的压力控制情况，旋转给料器转速低报及联锁停车情况。

(2) 检查输送气的压力、流量报警联锁情况。包括检查输送气压力高报、高高报、延时联锁停车情况，检查输送气流量低报及延时联锁停车情况。

(3) 检查旋转给料器与出口控制阀的联动情况。重点检查旋转给料器出口控制阀动作是否灵敏可靠；在控制阀打开后旋转给料器是否能顺畅起动；控制阀关闭后，旋转给料器是否能立即停止。

(4) 检查旋转给料器与上游设备的联动情况。重点检查旋转给料器停止运行后其相关的上游设备是否联锁停车；当旋转给料器起动后，其相关的上游设备能否顺利起动运行。

8.1.3.3 旋转给料器的负载联动试运行

无论是在工程建设中，还是在正常生产中的系统停车检修后，为保证整个工艺流程的畅通和正常运行，需要对旋转给料器系统进行负载联动试运行。重点是检查工艺物料通过的情况，以及旋转给料器运行随工艺负荷大小而变化的情况。

1. 旋转给料器负载联动试运行起动的条件

旋转给料器的负载联动试运行的前提是在单机空载试运行、联动空载试运行都顺利完成后，且所有遗留问题都成功解决后才能进行。负载联动试运行时，旋转给料器起动前必须具备如下条件：

(1) 冷却水或伴热蒸汽系统已运行正常，且给料器温度已达到运行时必要的条件。

(2) 密封气系统运行正常，其压力、流量都已满足使用要求。

(3) 旋转给料器系统的主流程管线、附属管线都已吹扫、清洗干净，并保持畅通。需要说明的是，无论是对于粉料或粒料介质，建议在工艺管道清洗后，都应该将其内部吹干后才能投用，以免影响物料品质或造成堵塞。

(4) 旋转给料器所有联锁的条件都已解除，满足给料器起动的条件。

(5) 输送气压力、流量满足旋转给料器送料要求。

(6) 旋转给料器上、下游设备都已准备就绪，满足负荷运行条件。

2. 旋转给料器负载联动试运行所检查的内容

(1) 检查入口阀带料后的工作状况，特别是检查有无卡涩，有无泄漏。

(2) 检查入口旋风分离器的工作情况(如果有的话)。

(3) 检查旋转给料器在进料后的电流变化情况、转速变化情况、内部的摩擦情况、链轮工作情况。如果是粒料，则要特别关注旋转给料器下料口与转子相切的部位，检查是否有异常响声或异常振动。

(4) 检查旋转给料器密封气系统的工作情况，一般说来，密封气压力要比输送气压力高约

0.05 MPa。

(5) 检查整个管道及设备系统的密封情况，看有无漏料情况发生。

(6) 检查出料管线是否畅通、堵塞，输送物料的流量是否达到工艺要求。

(7) 旋转给料器负载联动试运行时间一般不超过 4 小时。试运行结束后，应对各项记录数据进行整理归纳，并作试运行是否合格的结论。

8.1.4　旋转给料器的负载运行

8.1.4.1　旋转给料器负载运行的基本含义

旋转给料器在经过单机试运行、联动试运行后，就可以投入正式的负载运行了。对于大部分的工艺流程而言，旋转给料器在负荷联动试运行完成后，紧接着就进入了正常的负载运行阶段，之间没有间隔。只有少数流程，比如长输管线系统，需要在旋转给料器负载联动试运行之后，对整个系统进行消缺、检查、评估，在确认系统能力及运行状况没有问题时，才正式投入负载运行。

8.1.4.2　负载运行期间的检查

旋转给料器进入正常的负载试运行后，需要全方位对其进行检查和跟踪。但在负载运行阶段的检查频次不同于联动试车阶段的检查频次，在联动试运行阶段的检查要做到随时跟踪、随时检查。而负载运行阶段的检查频次可以实行定期、定时的检查，其检查的频次视工艺流程的重要性而定，而且与专业有关。对工艺操作人员，一般初期频次是每小时一次，以后可以逐步减少，一般为两小时一次。对机械、电气、仪表维修人员，一般每班两次，每天六次；待后期旋转给料器系统运行平稳后，可将检查频次适当降低，一般每个班一次，每天三次即可。

负载运行期间检查的主要内容有：

(1) 检查并用测振仪测量旋转给料器运行的振动情况，包括轴承座、链轮、电动机、减速机等。

(2) 检查噪声及异常声响情况，包括电动机、减速机、旋转给料器内部、链轮护罩等。

(3) 检查并用点温仪测量轴承座和旋转给料器壳体温度。

(4) 检查电动机电流，必要时将电动机控制室电流与现场表计或操作控制室数据进行比对，以防止被现场表计的假读数所误导。

(5) 必要时检查核对给料器转速数据。

(6) 检查密封气压力及其管道畅通情况。

(7) 检查入口旋风分离器(如果有的话)的工作情况。

(8) 检查输送气压力和流量情况。如果工艺物料输送量没有增加，而输送气流量大增，则需要检查旋转给料器系统的漏气情况。

(9) 检查物料输送量及其与工艺负荷的匹配情况。综合判断旋转给料器是否有卡料现象。如果发现出料量不足，请参阅"旋转给料器运行常见故障原因及排除方法"中有关内容，进行对症解决。

(10) 注意观察减速机润滑油的油位与色质变化情况，如油位过低要及时添加，或者在将负载切换至在线备台后，再停车检查。

(11) 检查设备及所有相关联管道的泄漏情况，有无漏料、漏气、漏油的情况发生。

(12) 检查机械、电气、仪表所有设备及附件的完好情况，看有无破损、缺少、丢失等情况的发生。包括静电接地线、螺栓、阀门手轮等。

(13) 检查保温、现场标识的完好情况。

旋转给料器在首次负载运行 72 小时以后，应检查所有连接螺栓的松紧程度，如有需要，应该用定力矩扳手按照说明书所要求的力矩进行把紧。

8.1.4.3 旋转给料器负载运行时的操作行为准则

在旋转给料器进入负载运行阶段，起动时，应先空载运行给料器，待密封气系统、输送气系统以及上下游设备、管线、阀门等全部进入正常状态后，才能慢慢打开旋转给料器的入口阀门，使物料缓慢进入到给料器中。在物料输送过程中，要密切关注旋转给料器的运行状况。在物料充满的情况下，应禁止人为手动去停止旋转给料器，以防止物料堵塞阀门、管线和旋转给料器。其停车的基本操作顺序是：应先停止进料，关闭入口进料阀，使旋转给料器继续旋转，直至排空体腔内的物料，而后再停止旋转给料器电动机。待给料器转子停稳后，锁上主控制开关，拔走钥匙。对有条件的，建议在控制开关上贴警示标志，以防止意外起动。

8.1.5 典型旋转给料器系统开停车操作方法

前几节的内容都是从设备角度讲述了旋转给料器及其系统的运行技术要求。包括从旋转给料器运行前的准备工作，到单机空载试运行、旋转给料器系统的联动试运行以及到旋转给料器的负载运行。其重点都是关于给料器运行前的检查、运行前的准备工作以及运行期间所检查的内容。而设备是为工艺服务的，设备所做的一切检查和准备工作都是为了工艺生产部门能将旋转给料器这个小系统纳入到工艺的大系统中，进而实现整个流程或整个装置更好、更安全地投入运行。

为了更清楚地介绍旋转给料器系统在工艺流程中所担负的角色、发挥的作用以及在整个大系统中的运行方式，现结合几个典型的生产案例，讲述旋转给料器在正常生产中的起动与停车时的操作方法。

8.1.5.1 PTA 氧化干燥机系统出料旋转给料器的起动与停止操作方法(含在线备台的切换)

1. PTA 氧化干燥机系统流程简述

来自过滤机的 TA(对苯二甲酸)湿滤饼(湿含量约为 13%(质量分数)，温度约为 90 ℃)经进料螺旋输送器输送进入干燥机，经干燥机干燥后，形成湿含量为 0.09%、温度为 150 ℃左右的 TA 粉料。从干燥机出口经波纹管膨胀节、出料螺旋输送器(该出料螺旋输送器可进行正向和反向旋转，便于选择向哪一台旋转给料器供料)，再经过气动下料刀形插板阀，从刀形插板阀往下，经波纹管膨胀节便进入到干燥机出料旋转给料器。该旋转给料器一用一备，正常生产仅使用其中的一台，当一台出故障后，便切换至另一台继续生产。在旋转给料器出口，用压力为 0.7 MPa 经控制阀控制的氮气，将温度为 150 ℃的 TA 粉料送走。TA 粉料在经过旋转给料器出口管道上的手动球阀，再通过长约 200 m 的输送管道压送至高度约为 30 m 的 TA 中间料仓顶部，经波纹管膨胀节、阀门进入中间料仓。为保证旋转给料器的工作温度和防止给料器壳体的热胀冷缩，该给料器带有低压蒸汽加热夹套。

比旋转给料器操作压力高 0.05 MPa 的密封气从另一路引来，经流量计、压力调节阀、安全阀、压力表、电磁开关阀进入给料器转子两端的密封腔处。旋转给料器的回气管线从给料器上部接出管道，在经过一个手动阀后，进入到干燥机出料腔的顶部(干燥机内部为真空状态)。

2. 旋转给料器的起动与停止操作方法

(1) 起动在线备台旋转给料器，具体的操作方法如下：

1) 首先打开在线备台给料器的入口管吹扫氮气，确认给料器的出口管线通畅后，再关闭排放阀。

2) 投用在线备台旋转给料器的密封氮气。

3) 检查并投用在线备台旋转给料器的伴热蒸汽。打开给料器的蒸汽冷凝水直排阀，投用其低压蒸汽伴热，当直排阀排出来的仅为蒸汽时，投用疏水器并关闭直排阀。使给料器加热温度达到要求值(如 150 ℃)，以消除温度报警。

4) 中央控制室操作人员适当提高输送气氮气的流量。

5) 现场稍稍打开给料器输送管线的出口阀与入口的输送气阀。

疏通给料器出口至后续料仓的气送管线，并将输送流量控制值设定为"自动"状态，给其一个所需的设定值。

6) 起动旋转给料器。如有必要，检查、疏通其回气管线。其后，打开旋转给料器入口的下料刀形插板阀。

7) 现场全开料器输送管线的出口阀，慢慢开大入口输送气阀门，同时，中央控制室操作人员注意输送气压力的变化。

8) 现场停原先在线运行的给料器上方的螺旋送料器。

9) 立即全开在线备台(现在已经在运行)给料器的输送气。

10) 关闭原先在线运转给料器的输送气，并立即换向起动在线备台给料器上方的螺旋送料器。

至此，在线备台给料器进入正常工作程序。

(2) 操作过程中，应注意下列事项：

1) 应楼上楼下两批人员来操作，以缩短操作的时间。

2) 给料器上方的螺旋送料器转速只有 15 s 的延时，否则如果动作太慢，氧化干燥机会联锁停车。

(3) 停止原先运行着的旋转给料器，具体的操作方法如下：

1) 现场关闭原先运行给料器的下料刀形插板阀，中央控制室操作人员确认其是否到位。

2) 再次检查确认在线备台(现在已经在运行着的)给料器回气管是否通畅。同时关闭原先运行着的给料器的回气管。

3) 关闭在线备台(现在已经在运行着的)给料器入口管吹扫氮气。

4) 打开原先运行给料器的入口管吹扫氮气，尽可能吹空其中的物料。

5) 残留的物料吹空后，关闭原先运行给料器的输送管线的出口阀。

6) 慢慢打开原先运行给料器的排放，确认已无物料后，再关入口吹扫氮气，保持排放打开。

7) 停止原先运行的给料器，隔绝原先运行给料器的密封惰气管线。

8) 根据需要来决定是否隔离加热蒸汽。

正常情况下，备台旋转给料器的加热蒸汽应一直投用，以使其处于"热备用"状态。仅是在设备检修时才停止伴热。

若停止伴热时，关闭蒸汽阀门，打开凝液直排阀，排尽管线中残余蒸汽凝液。

9) 中控恢复在线备台给料器的输送气流量到正常值。

整个在线备台的切换工作全部完成，原先的在线备台进入到正常的送料程序。

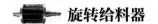

8.1.5.2 粉料长输管线系统旋转给料器的起动与停止操作方法

1. 粉料长输管线系统流程简述

粉料长输管线系统的送料可采用现场操作和中控操作两种模式。如是中控操作模式，则由中央控制室向远程端生产厂发出送料请求，远程端生产厂接到信号后，自动打开远程端接受料仓的进料阀。此时，送料端的送料系统开始建立输送气压力，当压力满足要求后，按下送料键，系统开始送料。其送料的流程是：粉料从送料端的大料仓中下落到称重料斗中(通过称重料斗可以使送料量实现调节)，从称重料斗再下落到螺旋输送器入口(螺旋输送器可根据输送量的大小调节驱动电动机的频率)。由螺旋输送器送入旋风分离器(旋风分离器带除尘滤袋系统)，再通过旋风分离器下落到旋转给料器中。而后由一定压力的氮气从旋转给料器的底部将粉料送至长输管线系统中，由长输管线再送至远程端生产厂的大料仓中。

如果输送距离还需更远，则可以将粉料在经过第一段长输管线后，将其输送至中间料仓中。中间料仓中的粉料再通过控制阀下落到中间接力的旋转给料器中，由接力旋转给料器在氮气压力的作用下，将粉料在经由下一段长输管线系统后，再送至远程端生产厂的大料仓中。

2. 长输管线系统旋转给料器的起动与停止

(1) 长输管线系统旋转给料器的正常起动过程，应按下列程序进行：

1) 检查尾气量(也即输送气气量)是否足够；检查旋转给料器的密封氮气，滤袋吹扫氮气是否投用。

2) 与调度联系，并得到调度允许气送的指令后方可进行下列操作；① 通知现场检查气送控制室是否已切换到 DCS；② 现场打开并疏通到气送的氮气，打开气送的下料刀形插板阀。

3) 中央控制室在气送屏幕画面上按"开始"按钮，程序开始运行(此步操作也可在气送控制室操作，先切换到"现场"状态，然后再按"送料"控制按钮)。

4) 现场检查旋转给料器的温度，如温度低于旋转给料器加热的设定温度，开加热蒸汽，当温度达到后关蒸汽。

5) 温度达到后，程序会向远端接受站(或下游产品生产厂)发送气送请求信号(远端接受站只有在收到气送请求信号后，才能打开总管的开关球阀)。

6) 总管的开关球阀打开后，氮气阀打开。

7) 当所需要的最低输送压力达到后，程序会自动起动旋转给料器，同时也会自动起动送料螺旋送料器，由申克秤开始控制下料和计量，气送开始。

8) 气送流量开始应由低慢慢调高，此值可以在气送控制室面板上改变。

由此，整个长输管线旋转给料器的起动工作就完成了，它的大部分工作都是由程序自动控制并运行的。

(2) 长输管线系统旋转给料器的正常停止过程，应按下列程序进行：

1) 在远程端料仓满或按下 OFF 按钮或中央控制室点击 STOP 按钮后，气送程序会停止。

2) 申克秤不再向小料斗装料，进料停止。而旋转给料器、送料螺旋则继续运行，直至压力低报。

3) 将小料斗中余料继续送空，并吹空长输管线。

4) 停止旋转给料器和停止送料螺旋。

5) 延时 4 min，关闭氮气输送管线。

6) 20 s 后，关闭长输管线上的开关球阀。

以上，整个长输管线系统旋转给料器的停止工作结束。

(3) 长输管线的吹扫。当长输管线堵料时，需要对管线进行吹扫。吹扫和旋转给料器的起动程序差不多，只是旋转给料器不参与运行。

1) 吹扫只能在气送控制室画面上操作：切到 LOCAL 位置，按下 CLEANING 按钮，此时 CLEANING 指示灯变绿。

2) 如果气送为 FEED 状态，画面会立即切换到 OFF 状态，但没有停止程序运行。如果气送为 OFF 状态，程序会向远端生产厂发送气送请求信号，要求打开长输管线开关球阀。

此时一些阀门的 OPEN 按钮出现在画面上，可手动打开这些阀门来进行吹扫；

3) 按下 OPEN 按钮后，氮气吹扫阀门会打开 5 s；在吹扫氮气阀门打开时，主管氮气阀会临时关闭；待没有吹扫阀打开后，主管氮气阀又会打开。

4) 管线通畅后，与调度联系，如允许送料，现场按下 FEED 按钮，按钮 FEED 变绿后，再切到 DCS 控制；如不允许送料，按 OFF 按钮停止气送，再切换到 DCS 控制(或直接切换到 DCS，由中控室根据调度指令来起动或停止)。

(4) 长输管线系统旋转给料器的紧急停止(带中间站的)。所谓带中间站，是指单个旋转给料输送系统所输送的距离满足不了工艺生产的要求，需要再串联另一个旋转给料输送系统进行接力输送，也即两段旋转给料器输送系统进行接力输送，在两个串联的输送系统中间要设置一个起过渡作用的站点，这个站点包含有中间料仓、旋转给料器、氮气输送及吹扫系统，以及相关控制阀门等，其输送的距离是两个输送系统送料距离的叠加。目前，国内最长旋转给料系统输送的距离已超过 1 800 m)。

在输送管线大量泄漏或尾气丧失时，需要启动紧急停止程序，程序立即停止旋转给料器和氮气，不需送空小料斗和管线吹空。

1) 在 DCS 模式，由中控按下 EMS，或在气送现场面板上按下 QUICK STOP，程序紧急停止。

2) 远程生产厂分两步：紧急停和中间站紧急停。中间站紧急停，立即停中间站旋转给料器和氮气，一级停旋转给料器，吹空管线后停氮气；紧急停，立即停两级的旋转给料器和氮气。

3) 采用紧急停止程序，下次气送料应先采用吹扫程序来吹空管线。

4) 管线吹空后，再按启动程序的操作步骤来起动气送。

(5) 系统压力过高后的联锁控制。如果系统压力超过最大允许值，有 2 s 的延时，程序会自动停止旋转给料器并停止下料。如果在 2 min 内压力降到最小值，程序会再次自动启动；如果在 2 min 内压力未能降到最小值，会送出一报警，同时程序停止整个送料过程。

压力联锁值可以自己定义，在气送控制室的画面上修改 Max Feeding Pressure 与 Min Feeding Pressure。但 Max Feeding Pressure 的值设定不要超过 0.4 MPa(g)，也即是旋转给料器的设计压力和安全阀的起跳压力)，否则可能会引起管道堵塞。

(6) 丧失氮气输送压后的处理方法。在输送气氮气压力低于 0.05 MPa(g)或氮气控制阀堵塞、意外关闭时，氮气输送压力会丧失。此时，程序会自动停止旋转给料器、停止下料并且不再起动。

在故障确认并排除后，并且氮气压力恢复正常后，按下"取消"钮，报警消失，系统会自动启动，继续送料。

上述就是旋转给料器在长输管线系统中所担负的作用，其中有多种工况，在这些工况中，确定旋转给料器启停的工作大部分都是由程序来自动执行的。

8.2　旋转给料器运行过程中常见故障原因及排除方法

由于旋转给料器在化工、化纤等各个领域中应用十分广泛，它被安装在各种各样的工艺流程中，因此，在运行过程中发生的故障也是各种各样的。本章仅针对一些常见且典型的故障进行解剖和分析。

8.2.1　旋转给料器单机出料量不足

旋转给料器出料量不足是最常见的故障之一。由于旋转给料器常常被用于工艺生产的大系统中，因此影响给料器输送能力的因素十分复杂。为便于常规分析，我们先以旋转给料器单机出料量不足的现象为起点进行分析，而由生产系统造成的能力不足，将在稍后再作专门讨论。

所谓旋转给料器出料量不足，是指给料器输送量达不到设计要求，不能满足工艺流程生产需要，使旋转给料器成为流程中的"瓶颈"。出料不足的原因有很多，但常见的原因一般有如下几个方面。

8.2.1.1　旋转给料器转速太低

一般情况下，旋转给料器转子的转速在设计过程中是计算好的，一定的转速对应于一定的输送量。如果旋转给料器设定的转速不是无级可调的话(诸如其驱动电动机不是变频电动机，其传动齿轮箱也不带无级变速装置)，则它的转速是固定的。如果认为转速太低的话，要仔细分析和检查各种现象。首先要分析转子的转速是不是确实低，工况要求的转速应该是多少才合理。旋转给料器转子的转速与送料量的关系是：对于某种特定物料，在某一特定转速范围内，旋转给料器的送料量与转子的转速成正比，但并不是完全的线性关系，因为影响旋转给料器送料量的因素有很多。对于每一种特定的给料器，都有一个最佳的转速。转子的直径越大，最佳转速越低；相反，转子的直径越小，最佳转速越高。

对于一般流动性能很好、密度较大的物料而言，转子的直径在 200～300 mm，最佳转速在 35 r/min 左右；转子的直径在 300～400 mm，最佳转速在 30 r/min 左右；转子的直径在 400～500 mm，最佳转速在 25 r/min 左右；转子的直径在 500～600 mm，最佳转速在 20 r/min 左右；转子的直径在 600～700 mm，最佳转速在 18 r/min 左右；转子的直径在 700～800 mm，最佳转速在 12～15 r/min。

对于不同的物料，转子的最佳转速有所不同，使用工况不同，即不同的工作压力、工作温度、功能等，转子的最佳转速也有很大不同。当转子的转速低于最佳转速的情况下，输送量随转子的转速减少而下降较快，当转子的转速稍高于最佳转速的情况下，输送量随转子的转速提高而增大，但是增大的速率会逐渐变慢；当转子的转速达到一定转速的情况下，输送量达到最大值。当转子的转速高于这一转速的情况下，随转子的转速提高输送量反而会降低。

如果发现转子的转速低于最佳转速，就要计算现场实际转速特定条件的输送量应该有多少，实际的输送量是多少，如果两者是相近的，可以适当提高转子的转速。也可以咨询设备的生产制造商。对带有变频器的给料器，其转速可通过改变电源频率来实现调速。对带有无级调速器的给料器，可通过调节无级调速器的输出转速来实现调速。对不带变频器也不带无级调速器的给料器，可通过改变主、从动链轮的齿数来实现调速的目的。如果是由于机械故障原因而导致的给料器转速降低，如转子卡涩、链轮断齿、缺齿、链条断裂、损坏等，则需针对具体问题停车解体进行检修。如果给料器转速太低是由于链轮处摩擦片打滑所致，则通过紧固链轮摩擦片处的螺栓或更换新的摩擦片就可以解决了。

8.2.1.2 转子端部密封件气体泄漏(也即密封气泄漏)量过大

一般情况下，有转子端部密封件的是应用在输送系统工况，工作压力在 0.10 MPa 以上的旋转给料器。转子密封件的作用是阻止和减少旋转给料器下方的输送气体流向壳体的进料口。转子密封件的结构有各种各样，有密封填料结构形式的，也有成形专用密封件结构形式的。密封填料结构的还可以分为不同的安装形式，专用密封件的结构形式更多。理论上讲，无论是哪种结构形式的密封件，都不能达到完全密封和保证完全没有气体泄漏。所谓转子端部密封，都只能是减少气体的泄漏量而已。

为了更清楚地介绍转子端部密封件气体泄漏的机理和处理方法，以下列举几种最典型的转子端部密封结构：

(1) 径向密封的填料式转子密封结构。径向密封的填料式转子端部密封结构如第 4 章图 4-23 所示，第 4 章第 4.2.2 节对径向密封的中压填料式转子端部密封结构进行了介绍。这种密封结构的特点是：正常情况下，填料函内的径向宽度与方形截面填料密封件的宽度相同，密封件的底部是阀体，密封件的前部有压环和圆柱形压缩弹簧，在弹簧的轴向力作用下，密封件受力变形压紧在转子的密封环外表面，从而达到密封的效果。

一旦有粉料进入到填料函内，安装在一个环形截面填料函内的填料密封件就会有不稳固的倾向，填料件在填料函内就会蠕动，甚至会被挤出填料函，转子的旋转过程中，在转子的密封环反复撞击下，密封填料件有可能会变成扁平状、弯曲状、蛇形状等各种各样的奇形怪状形式，进而失去密封性能。也有可能密封填料件黏结在填料函内不能动弹，弹簧力无法将填料压紧在转子密封面上，从而失去密封性能。

(2) 轴向密封的密封填料式转子密封结构。轴向密封的填料式转子端部密封结构如第 4 章图 4-29 所示，第 4 章第 4.2.5 节对轴向密封的高压填料式转子端部密封结构进行了介绍。此图结构是安装好以后的完好结构，这种密封结构的特点是：填料密封件安装在一个环形截面填料函内，填料函的径向宽度可以有 1 根或 2 根方形截面填料密封件的宽度，密封件的底部是转子密封环的端面，密封件的前部有压环和圆柱形压缩弹簧，在弹簧的轴向力作用下，密封件受力变形压紧在转子的密封环的轴向密封表面，从而达到密封的效果。由于弹簧的轴向力直接作用在转子密封面上，所以作用在转子密封面上的正压力的大小就约等于弹簧力的大小。选用适当硬度的密封件和具有适当大小力的弹簧，可以实现适当的密封力，达到最佳的密封效果。

由于是弹簧的轴向力直接作用在转子密封面上，在工况运行过程中，由于受各种因素的共同影响，作用在转子密封面上的弹簧轴向力不一定是均匀的。比如，弹簧自身的长短和弹簧自身弹力的不均匀以及装配、制造的尺寸精度不同等，都会导致各个弹簧提供给转子密封面的压力相差很多。在不同的时间点作用在同一部位的弹簧力不同，在相同的时间点作用在不同部位的弹簧力也不同。如果密封填料件有异样的现象存在，很容易产生异动，在有粉料进入到填料函内的情况下，安装在一个环形截面填料函内的填料密封件就会有不稳固的倾向，填料件在填料函内就会有蠕动，也有可能填料密封件黏结在填料函内壁上不能够移动，弹簧力无法将填料压紧在转子密封面上，从而失去密封性能。

不管是轴向接触的填料密封件结构还是径向接触的填料密封件结构，在长期的工况运行过程中，在转子的密封环反复撞击与摩擦作用下，由于受各种因素的影响，填料密封件的失效、磨损是一种可能的方式，变形是另一种失效方式。

填料密封件在干摩擦状态下摩擦力比较大，再加上会有粉料进入到填料密封件内部以后，在转子的长期干摩擦工况下，填料密封件的实际温度会升高到高于工况物料的温度，会在某种程度上软化，所以填料密封件特性会发生变化，填料密封件可能会变成蛇形状、扭曲状、扁平状等各种各样的奇形怪状，失去密封性能。填料密封件在运行过程中变形后的一般形状如第 9 章的图 9-23 所示。

密封性能失效以后，轴向接触的填料密封件结构和径向接触的填料密封件结构采用相同的维修方法，就是解体旋转给料器更换填料密封件。解体旋转给料器的要求和过程见第 9 章中旋转给料器的检修相关部分的内容。

(3) 气力式专用密封件转子端部密封结构。气力式专用密封件转子端部密封结构如第 4 章图 4-26 所示，第 4 章第 4.2.4 节对气力式专用密封件转子端部密封结构进行了介绍。这种结构是最理想的转子端部密封件，其工作特征是：专用密封件安装在端盖的环形截面槽内，槽的径向宽度与密封件的宽度相同，密封件的底部有"U"形凹槽，此"U"形凹槽的两侧面与端盖环形槽内表面接触，密封件的前部与转子密封环接触。当旋转给料器处于工作状态时，输送气进入到此"U"形槽内，输送气的压力略高于旋转给料器体腔内的气体压力，在输送气的压力作用下，密封件"U"形凹槽的两侧面紧贴在端盖环形槽内表面，并在压差的作用下，密封件的前部与转子密封环贴合，从而达到密封气体的效果。使经过旋转给料器内腔从出料口泄漏到进料口的输送气体减少到最小量。

由于输送气体施加的推力是随气体压力变化的，所以密封件与转子密封环之间的密封力大小很容易控制。密封气体的压力就是输送气的压力略高于旋转给料器体腔内的气体压力，既能达到密封的效果，又不会使摩擦阻力过大。密封件的有效密封性能容易保证，而且使用寿命长。一般说来，密封件安装一次可以连续运行两年以上。如果运行工况的稳定性好，密封件安装一次连续运行的时间可以更长。这种结构对专用密封件的性能要求高，要求密封件与端盖密封槽之间既要密封效果好，又能滑动自如，所以一旦密封件损坏，密封性能达不到工况要求，在工况运行过程中就会漏气量增大，输送的物料量就会减少，物料输送的距离就会缩短，而达不到设计要求，此时就要更换新的专用密封件。

(4) 中压弹簧压紧式专用密封件转子端部密封结构。中压弹簧压紧式专用密封件转子端部密封结构如第 4 章图 4-24 所示，第 4 章第 4.2.3 节对中压弹簧压紧式专用密封件转子端部密封结构进行了介绍。此种结构是理想的中压输送转子端部密封件，这种结构的密封件特点是：专用密封件安装在端盖内腔、密封圈托盘端面和转子侧壁之间，密封圈托盘平面的径向宽度与密封件的宽度相同，密封圈托盘的底部有螺旋圆柱形压缩弹簧，密封件的外侧面与端盖环形内表面接触并密封，密封件的前部与转子密封环接触，在弹簧力的作用下密封件与转子密封环形成密封，从而达到密封气体的效果，使旋转给料器转子端部密封气体压力平衡腔内的气体泄漏量减少到最小。

由于弹簧力的大小可以控制，而且弹簧力的大小受工况条件波动的影响比较小，所以密封件与转子密封环之间的密封力大小很容易控制。弹簧力的大小是在设计阶段就计算好的，既能达到密封的效果，又不会摩擦阻力过大。密封件的有效密封性能容易保证，而且使用寿命长，一般情况下，密封件安装一次可以运行两年以上，如果运行工况的稳定性好，密封件安装一次可以运行更长时间。这种结构对专用密封件的性能要求高，要求密封件与端盖内环面之间有很好的密封性能，所以一旦密封件损坏，密封性能达不到工况要求，在工况运行过程中就会漏气量大，输送的物料量就会减少，物料输送的距离就会缩短，此时就要更换新的专用密封件。

无论是气力式专用密封件转子端部密封结构还是弹簧式专用密封件转子端部密封结构，更换新的专用密封件都要解体旋转给料器。解体旋转给料器的要求和过程见第 9 章旋转给料器的检修相关部分的内容。

8.2.1.3　转子与壳体之间的间隙过大

旋转给料器转子与壳体之间的径向间隙大小分三个方面：一是理论设计值应该是多少；二是制造加工精度应该保证在什么范围；三是使用一定时间磨损后的间隙是多大。前两者主要是设计和加工方面的问题，也即仅针对新的旋转给料器而言。后者是使用与检修方面的问题，仅是指工况运行一定时间后的旧给料器。

其实，旋转给料器转子与壳体之间的径向间隙与很多因素有关，其中包括转子直径大小、工作介质的物理特性、工作介质的颗粒大小、工作介质温度、工作压力、有无伴温、伴温方式(伴热还是伴冷)、旋转给料器的功能类型(输送型还是排料型)、工作位置(安装在室内还是安装在室外)等。从纯理论的方面来说，旋转给料器转子与壳体之间的径向间隙是越小越好，径向间隙越小越能保证密封性能。但实际上并不可能，一是由于加工精度无法达到；二是转子的轴承精度不允许；三是由于旋转给料器转子在工作过程中要转动，而转动就会产生跳动，跳动会导致转子与壳体发生碰撞、摩擦，进而会卡死转子；四是转子与壳体在受热、受冷后要发生热胀冷缩，而这两者是不可能达到完全同步的，因此，也容易导致转子卡死。

要真正搞清楚某一台特定旋转给料器其转子与壳体之间的径向间隙大小应该是多大，从设计角度来说，目前还没有一个成熟固定的公式，主要还是依据经验。在考虑转子直径的大小、壳体在进料后由于工作温度的热胀冷缩，以及机床加工所能保证的精度等方方面面的问题后，再给出一个合适的间隙。如果单单就机床加工的精度来说，国内产品与国外定级产品存在一定的差距，进口旋转给料器的间隙要控制得小些，而国产给料器间隙要控制得稍稍大些。

对于使用过的旋转给料器，其转子与壳体之间径向间隙大小的判断就十分简单了。最直接的方法就是在旋转给料器安装好以后，在使用之前测一下新旋转给料器转子与壳体的间隙，把测量的新旋转给料器的间隙记录下来作为以后检修的依据。旋转给料器在投入操作运行几年后，可以在检修与维护过程中测得使用后的实际间隙。如果此间隙比新旋转给料器的间隙大很多，就要考虑更换新的旋转给料器转子了。

8.2.2　旋转给料器系统供料能力不足

旋转给料器系统供料能力不足主要是指除给料器本身原因外，由于工艺生产原因或前后系统设备、管道、阀门故障等原因所造成的。包括工艺操作、生产负荷、工艺介质的变化等影响因素。

8.2.2.1　进料量不充足

造成进料量不足的原因一般又分为工艺原因和设备原因。工艺原因有时是由于前道工序的原因，导致流程中的物料流量减少。比如负荷本身减少，亦可能是由于流程中前置的某个设备输出能力降低而导致。因这些与旋转给料器系统本身并没有多大关系，故不在此赘述。

造成进料量不足的原因最常见的往往是由于物料潮湿、结块；亦或由于物料高温粘黏；导致架桥、堵料，使物料流动不畅。物料潮湿、结块、高温粘黏的原因依据流程的不同而有所不同。

例如对设置在 PTA 干燥机下游的旋转给料器，由于干燥机有时出料就是潮湿的料，所以进给料器的料也是潮料。干燥机出潮料的原因有很多，比如：有时由于流程前道设备的检修，使得干燥机要在较短的时间内将前面滞留的物料赶走，而使得干燥机在一定时间内相对的干燥能力不足而带出了潮料；还有就是干燥机进料的湿度超过了设定值，使得物料在干燥机内得不到充分干燥就进入到了给料器入口；也有就是由于干燥机为防止自身积料，经常要定期进行碱洗、热处理，也同样会使潮料进入到给料器中；更有甚者，在碱洗干燥后，还常常有大块的硬块物料(指 PTA 粉料受潮结块后又被迅速干燥而成的饼状料、块状料)进入到旋转给料器的前面。对这种情况，有时在给料器前面的过滤网上就可以将其清理出去，如果大块的硬料数量很多，使堵料情况比较严重，则可以通过拆卸一段短管将其清理干净。

又如设置在大料仓下面的旋转给料器，由于生产装置中的大料仓体积一般都很大，高度可达 30～40 m，在输送介质为粉料的情况下，在其底部锥体部分很容易产生"架桥"现象。为解决这一问题，一般在大料仓锥体底部设置反吹板，以将"架桥"的物料吹散。有时反吹板也会堵料，则还可以在设置反吹板的部分再加装旋流器，以进一步吹散所"架桥"的物料。尽管这样，但在大料仓锥体底部至旋转给料器的一节短管中也常会"架桥"、堵料，当出现这种情况时，一般是采用木锤敲击管道外壁的方法，通过强烈的振动，将管道内的物料给振落到旋转给料器中。

如果在大料仓中的物料为粒料时，则"架桥"的现象虽然说不会完全杜绝，但要比上述粉料的情况好多了。粒料"架桥"的原因主要有：一是由于大料仓底部锥体形状的"汇集"作用对物料产生挤压，在粒料具有一定粘黏作用时而致"架桥"；二是由于粒料的潮湿，潮湿的原因来自两个方面：一个是粒料在前道工序的冷却、干燥过程中，当风干机出现问题时，会有一部分潮料带到料仓底部；第二个是当天气变化气温骤冷，粒料中会因出现"凝集水"而致物料潮湿；严重时，比如说冬天，还会因潮湿的物料而导致结冰。针对这些现象，处理方法与前述大致相似，只是针对"结冰"的现象就需要加伴热才能解决了。

高温粘黏现象主要出现在聚酯 PET 固相增黏的流程装置中。由于 PET 固相增黏要将聚酯粒子加热到一定的温度下才能实现增黏作用，因此，在这个流程中担负输送聚酯粒子的旋转给料器是在高温下工作的(其工作温度可达 220 ℃左右)。正常情况下，这些聚酯粒子是成形的，相互不会发生黏结，但当工艺流程出现问题时，会导致局部区域内的聚酯粒子温度升高，当温度升高至聚酯粒子熔点附近时，会使聚酯粒子出现半熔融状态，进而使聚酯粒子相互间发生粘黏现象。这时，相互粘黏的聚酯粒子会"积团"、"结块"，在旋转给料器的入口管道处发生"架桥"、堵塞现象。处理办法是控制好工艺流程，排除导致局部区域内聚酯粒子温度升高的原因。积极降温，将"积团"、"结块"，相互粘黏的聚酯粒子清除出系统。

设备原因主要分三个方面：一是由于异物的堵塞，如给料器上游设备运行中脱落螺栓、螺母、撕裂的挡板、螺带、金属条、铁丝等杂物，有时也会混杂一些上游设备检修后遗留在设备内的杂物，如工具、抹布等。二是由于旋转给料器的排气通道堵塞，导致给料器排气不畅，进而使物料发生堵塞。排气通道堵塞的原因有可能是排气管线本身被堵塞，也有可能是排气管线上的阀门没有打开或者由于损坏而致管线堵塞。三是由于旋转给料器转子的旋转方向反了，当转向没有按照要求的方向旋转时，会使得旋转给料器不能排气，当旋转给料器不能及时排气时，就会造成堵塞，使物料输送无法进行。对于进料段物料流动不畅的故障，一般按照与旋转给料器的远近关系，由近及远进行排查。主要有以下几个方面：

(1) 检查旋转给料器的转向是否符合要求。

(2) 检查旋转给料器的排气管线是否通畅，包括检查其管线上阀门的完好情况。

(3) 检查给料部分。即检查旋转给料器上方的进料管路及附件是否畅通，包括进料量调节阀的阀瓣位置是否合适、阀瓣开度是否足够大、过流面积是否达到设计要求。

(4) 检查旋风分离器(如果有的话)工作是否正常且没有堵塞。

(5) 检查用于在检修期间切断物料的插板阀，观察其阀板所处位置是否在全开或是在其他工作位置上。

(6) 检查从上游设备到旋转给料器的物料过滤器，其过滤网孔大小是否合适，其过滤面积是否足够，是否有异物在过滤器内堵塞过滤网的部分或全部过滤面积。

检查的方法依不同的设备管道结构而有所不同。有些可以通过上游设备(如容器、料仓、螺旋、干燥机等)的出料不畅或上游设备内部憋压的情况来判断；有些简单的，可直接通过敲击入口下料管道外壁或容器外壁的方法，通过声音来判断管道或容器内是否有物料堵塞情况的发生；如对阀门，一般是来回往复开启、关闭数次，以检查阀门是否灵活、是否有物料堵塞；对于入口过滤器或过滤网、过滤格栅，一般打开检查孔或手孔后就能直接观察到内部的情况，目测检查是否有物料堵塞。

检查完成后，按照"对症处理"的原则进行解决。如果仅仅是工艺物料堵塞，比如说积料、"架桥"，则在不严重的情况下，可以通过敲击容器或管道外壳(包括阀门)，使其产生振动而达到疏通的目的；如果堵塞严重且通过上述办法不能奏效，则需根据检查结果，将对应堵塞的部分进行拆卸，以清除、疏通所堵塞的物料。对于由异物而引起的堵塞，则必须通过停车拆卸的办法来彻底清除异物。需要强调的是，在有异物的情况下，切忌强行起动给料器，以免造成旋转给料器的严重损坏。

检查、疏通的目的是使旋转给料器的出料能力达到原有设计要求。有关旋转给料器的设计参数以及选型匹配计算内容可参见第 7 章。旋转给料器进料部分各器件相互之间的安装位置关系如第 2 章的图 2-5 所示气力输送系统旋转给料器安装应用示意图。

8.2.2.2 排料量不够

排料量就是从旋转给料器出料口排出后，到旋转给料器下游的管道、阀门、流量监测口或设备之间这一部分所通过的物料流量。这一流量的减少在排除由进料量不足引起的原因外，其主要还是由于堵塞所引起，堵塞的原因则多半是由于输送气体流量不够或压力偏低，进而导致物料不能及时送走而产生堆积。当然，也并不排除由于异物引起的堵塞，或是由于安装方式的不当所引起的因素。

检查的重点首先是要检查输送气的管路、阀门，包括有关压力变送器、流量变送器等，甚至要检查到供气气源的源头。其次是针对排料部分的管道结构，即旋转给料器下游的出料管路、阀门及附件是否畅通，包括出料管路的直径大小、出料管路在拐弯处的曲率半径大小、物料加速器结构是否与物料匹配、加速器的规格是否匹配、阀门启闭位置是否正常等，要按照设计要求逐个逐段地进行确认。

检查旋转给料器出料口段是否堵塞的方法有时是通过仪器仪表的工作情况来判断，比如：压力表显示是否憋压、有无高压报警、流量计显示值是否正常等。当然，也有时是采用最直接的方法，就是通过敲击管道外壁或是启闭阀门的方法来进行检查。

当发现旋转给料器出料口段有堵塞时，如果情况不严重，可通过加大输送气流量和压力的方法来进行吹扫，也可以通过旁接引入压力和流量比正常输送气高一些其他气体来进行吹扫。当然，有时可能需要解除一些必要的联锁才能实现，但解除联锁的前提是必须确保系统绝对安全。如果堵塞情况比较严重且无法通过吹扫来疏通，那只有根据具体堵塞的部位进行分段拆卸来疏通了。大部分情况下，可以通过拆除出料段的某一阀门或某一管道短节，而后通过拆除移走后留出的空档来清除堵塞的物料。

同样，检查并处理旋转给料器出料口段堵塞的物料，也是要保证给料器出料量达到设计要求。设计选型匹配内容见第 7 章。旋转给料器出料部分各器件相互之间的安装位置关系见第 1 章的图 1-5 中所示的分料仓 1、过滤排气设备 2、换向阀 3、料气输送管道 4、储料仓 5、旋转给料器 6、料气混合器 7、供气管道 8、风机 9、气体进口 10、化工固体物料排出口 11 等部分。

8.2.2.3 输送气逆行

输送气逆行(也即输送气泄漏)会导致出料不畅。在旋转给料器工作时，其设备下方的输送气大部分都会随所输送的物料沿水平方向向下游管道流动，但也有一部分气体会有不同程度地逆着物料流动方向而向上流动，在压差的作用下，它们通过旋转给料器转子与壳体之间的间隙，逆向从旋转给料器的出料口泄漏流动至入料口。这部分气体汇集到旋转给料器的入口管道中。当泄漏量很小时，对旋转给料器的入料不会产生很大的影响。但当泄漏量较大时，就会在旋转给料器的入口管道中形成"气堵"，这股气会将物料托住，使物料流淌受阻，进而使旋转给料器的输送能力降低。为解决这一问题，一般是将这股逆向泄漏的气体通过专门的排气通道，将其排出系统或排放至特定的设备中。

对于不同结构的旋转给料器，其排气通道是不同的，对于在旋转给料器壳体上排气的结构，泄漏气体排出的整个通道包括壳体排气口和排气管路等。要检查排气口的大小、排气口的位置是否合适、排气通道是否有异物等，排气通道结构见第 1 章图 1-1 所示的排气管在壳体上的旋转给料器示意图。排气通道设计参数计算内容属于工艺设计内容，这里不详细叙述。

对于在旋风分离器上排气的结构，泄漏气体排出的整个通道包括壳体进料口、分离器下半段、分离器内腔、排气管路等，见第 1 章的图 1-2 所示的排气管在分离器上的旋转给料器示意图。

当然，还有一种特殊的排气方式，也即通过专门的回气管道和阀门向上游某个工艺设备内排气，这也是一种比较好的方式。特别是对于输送粉料的旋转给料器，因回气中都不可避免地带有粉尘，这样做可以及时地将回气中的粉尘收集到上游设备中，而不必担心环境污染。不过，它要求旋转给料器上游设备的内腔比较大，而且还配有抽气系统(一般是真空状态)，这样，利用上游设备的抽真空状态，可以更有利于旋转给料器排气。

检查排气系统的工作性能和状况。方法是要逐个检查排气口的大小、排气口的位置是否合适、排气通道是否有异物、排气管道上的阀门是否在开启状态等。检查排气通道是否通畅最简易的方法是观察排气管道尾部是否有适量的气体排出，如果排出的气体量很小或感觉无气体排出，可判断是排气阻力大或是有堵塞。在这种情况下，可以从排气管道尾部开始，逐段向排气管的上游方向检查，直到旋转给料器的阀体排气口或分离器上排气口，甚至可以一直追溯到上游设备的法兰接口连接处。如果排气管道上装有阀门，则要重点检查，防止因误关阀门或阀瓣脱落而造成堵塞。一般说来多半情况都是由于排气通道内有异物而导致排气不畅。因设计原因而导致排气不畅的可能性很小。

8.2.2.4　长输管线输送能力不足

长输管线的输送距离往往都比较远，少则 500 m 以上，多则近千米，有时当单级能力达不到所需距离时，则采用两级或两级以上的输送系统进行串联接力输送。如某公司的 PTA 粉料长输管线通过采用两级输送系统串联的方法，将一处料仓中的物料输送至 1 800 m 以外的料仓中。

长输管线输送能力不足，除旋转给料器自身故障造成的原因外，很多情况是出在管线系统上。由于输送距离很远，所以管线的故障往往会影响到系统的输送能力。例如在粒料的长距离脉冲输送系统中，一方面由于脉冲的振动很大，常常使输送管线的支架、吊架、管箍等固定管线的元件给拉脱、撕裂，造成整个输送管线移位、变形，严重时甚至导致管道破裂，造成输送物料大量泄漏。另一方面当脉冲输送气压力或流量不足时，往往使输送管线中的粒料难以形成"料栓"，进而使输送管线中的物料很容易造成堵塞。

又如在 PTA 粉料的长距离输送系统中，长期困扰着输送能力的问题是：除了旋转给料器转子间隙难以达到长距离输送的要求外，更多的则是氮气流量与压力方面的问题。一方面由于距离太远，单级的输送距离就超过 900 m，当这头带有一定温度的氮气流动到那头时，其温度已下降接近到正常气温，使得输送气的体积流量达不到设计要求；另一方面系统又常常由于输送气压力高报，导致控制程序联锁，通过停止下料来实行系统管道吹扫。这又大大降低了系统输送的效率，使得单位时间内所输送的物料流量难以达到设计标准。此外，还有一个不容忽视的问题，就是长输管线中波纹管膨胀节或连接法兰密封的故障。有时是膨胀节或连接法兰密封破损导致漏气、喷料，有时是膨胀节内衬导向套翻折，使得物料流动受阻，影响输送能力。

对于粒料的长距离脉冲输送系统，其管道的变形、移位可以通过加固支撑、增加管道固定点的办法来减少管道振动。对粉料的长距离输送系统，其输送气体积流量下降的问题以及输送气压力高报后停料吹扫的问题，可以通过增加文丘里管(或称拉乌尔喷嘴)和压力自力式调节阀来控制输送气的流量。压力自力式调节阀调节文丘里管进口的气体压力，文丘里管可以降低喷嘴部位的气体静压力，并有限流作用。当输送气压力降低时，拉乌尔喷嘴前后的压降增大，此时输送气流量也会增大，这样可以解决输送气体积流量下降的问题；当输送气压力增高(还没达到高报时)，由于拉乌尔喷嘴前后的压降减小，此时输送气流量也会随之而减少，这样后续系统就不容易憋压，因此也避免了系统频繁停料吹扫。

对于介质为粉料的长输管线上管道元件(如法兰密封、波纹管等)的损坏，要及时更换。在日常生产期间，要加强巡检和及时消漏。对管道元件要定期维护、检修、更换。千万不能等到元件发生实质性损坏，导致故障扩大时再进行停车检修。否则的话，除大量物料跑出造成经济损失外，还会对环境造成污染。

8.2.3　旋转给料器运行过程中发出异常响声

旋转给料器运行过程中发出异常声响主要有两方面原因：一是输送物料与设备匹配方面的原因；另一是设备本身产生的原因。

8.2.3.1 输送物料与设备匹配方面的原因

由输送物料与设备匹配不协调造成的异常声响，一般是呼啸或尖叫声，其原因主要有两个方面：一是旋转给料器选型不当，所选给料器类型与物料特性不匹配，造成旋转给料器入口的物料堆积密度过大。关于如何选择旋转给料器类型和物料特性，可参见第7章固体物料旋转给料器选型的相关部分内容。在这种情况下，最好的解决问题的方法是将旋转给料器的转子更换为与物料特性匹配的结构形式，或更换整台满足使用要求的旋转给料器。二是由于长时间停车或物料潮湿，造成旋转给料器入口的物料堆积密度过大。在这种情况下，最好的解决问题的方法是通过机械的方法，使旋转给料器入口管道或料仓的料适当松动，如：敲击、振动等，如果该方法没有效果，那就采用人工疏通的方法加以解决。由于这种情况往往是临时、短暂的，所以采取一些临时措施即可。

8.2.3.2 设备本身方面的原因

由设备造成的异常声响主要可能情况是：一是由于旋转给料器的转子与壳体之间的间隙不够大，或是由于壳体各部位受热不均匀，导致壳体与转子之间的间隙发生变化，产生异常摩擦所致；二是由于轴承松动或轴承间隙过大所致；三是由于固定链条护罩的螺栓松动，给料器运行后产生振动所致；四是由于链条太松导致其与护罩外壳相互摩擦所致。

针对以上情况，如果是转子与壳体之间的间隙问题，则需要区别对待。如果是装配不当造成的，就需要将旋转给料器解体重新装配；如果是加工制造问题，则需要将旋转给料器整机拉至修理车间，进行适当的机械加工处理；如果是壳体或转子受热膨胀不均问题，则需要仔细测量并进行必要的计算，以确认真实情况，否则，不建议轻易对转子进行车削。

如果是轴承问题，一般是两个方面的原因，一个是轴承确实已经磨损过度，使得间隙增大，另一是可能轴承装配存在问题。对前者一般只需要更换轴承即可，对后者，则需要将给料器拆卸、解体，重新进行装配。

链轮、链条和护罩产生的问题比较简单，不需要对给料器进行解体，只需在外部进行检修、调整即可。

8.2.4 旋转给料器运转不平稳

旋转给料器运行过程中出现不平稳现象，并伴随发出不规则的异常声音，可能的故障原因是轴承出现故障，比如轴承的保持架损坏，进而使滚珠(或滚柱)在轴承内外圈之间分布不均匀，造成转子与阀体内腔不同心，转子与阀体之间的间隙不均匀，严重时还会造成擦壳现象，使给料器在运行过程中出现抖动。

旋转给料器运行过程中出现不平稳现象，另一个可能的原因是链条驱动故障，包括两个链轮不对正，即两个链轮的端面不在同一个平面内，其位置错开或扭曲，运行过程中链条憋劲。另外，链条过紧或太松也都是可能的原因。

旋转给料器运行过程中出现不平稳现象，还有一个可能的原因是旋转给料器主机与减速电动机的共同底座的刚度不够。对于背包式安装的旋转给料器就是旋转给料器主机与减速电动机之间的连接部分有故障，连接螺栓的长度太长或直径太小而刚度不够，螺母的垫片太薄或直径太小及螺母松动等都是可能的原因。

此外，还有一种特殊的情况，就是旋转给料器转子的主轴出现严重裂纹或接近断裂。在主轴似断非断的情况下，旋转给料器运行也会出现严重的不平稳现象。当主轴完全断裂时，旋转给料器的转子就会被卡住，进而造成停车。

针对以上情况，如果是轴承损坏，则需拆卸解体给料器更换轴承；如果是链轮找正问题，则需打开链轮护罩，重新找正两个链轮的对中，或是重新按规定调整链条的松紧度；如果是旋转给料器主机与减速电动机的共同底座的刚度不够或仅是减速机与电动机的底座刚度不够，可以通过补强的方法来解决，如增大固定底座的螺栓直径，或者焊接一些角钢、工字钢之类的支撑性型材使底座结构得到加强；以上驱动部分的链轮和链条的调整与检验以及固定底座部分的连接刚度检验，可以参见第 9 章 "旋转给料器的检修" 中的相关部分内容。如果是转子主轴发生裂纹或是近乎断裂，则要更换一个新的转子，而换下来的旧转子可以送到专业生产厂家，通过更换转子的主轴而使旧转子得到修复。

8.2.5　旋转给料器运行过程中转子卡住

8.2.5.1　运行过程中转子卡住的原因

旋转给料器运行过程中出现转子被卡住现象，可能的故障原因有以下几点：

(1) 旋转给料器体腔内有异物。可能的异物是各种各样的。如前面所说的螺栓、螺母，金属条、断裂的挡板、铁丝，亦可能是在粒料系统中常出现的未切断开的聚酯铸带、工程塑料条等。如果异物的尺寸比较大，在旋转给料器的进料口就可以检查到，很容易找到问题的根源并加以排除故障。但是，更大的可能是异物比较小，不容易被发现，比如设备中的螺栓、螺钉、螺母等小零件脱落到输送的物料中。由于螺钉尺寸往往很小，很容易在阀体与转子之间的某个部位被夹住，而不能够及时随物料排出，从而造成给料器转子被卡住。

(2) 由于给料器内外温度差太大，导致转子与壳体之间的间隙变小。任何一台旋转给料器在出厂时都会标明其特定的工作条件，包括适用的物料、温度等诸多参数，这个适用的温度有两个含义，第一是工作介质物料的实际温度，第二是转子与壳体之间的最大温度差，物料的实际温度一般是一个范围，比如 140～150 ℃，而转子与壳体之间的最大温度差一般通过其他手段实现，比如要求伴热温度 150 ℃或伴冷温度 30 ℃等，只要满足这些条件，就可以满足最大温度差的要求，在使用说明书中都有详细说明，所以在工况运行之前一定要认真阅读旋转给料器的使用说明书。一旦转子被卡住也要认真核对旋转给料器使用说明书的要求是否与工况条件一致。

运行过程中出现转子被卡住现象，如果旋转给料器没有伴热或伴冷条件，旋转给料器的使用说明书中一定要有开车工艺要求，也就是升温和加料的过程要求。如果旋转给料器没有达到使用说明书规定的预热条件，就把温度高的物料加入到旋转给料器体腔内，会造成旋转给料器各部位温度不均匀，而转子在高温物料的包围中升温快，壳体与高温物料接触的时间相对较短，阀体外表面不能与高温物料接触，所以造成转子的温度高，壳体的温度低，两者之间有一个比较大的温度差，就是这个温度差在热胀冷缩的基础上减少或消除了转子与壳体之间的间隙，导致转子被卡住。所以一定要按照使用说明书的开车工艺要求做，才能保证安全运行。

(3) 如果在安装过程中，没有达到无应力安装要求的话，也有可能在运行过程中出现转子被卡住现象。无应力安装要求就是不能够有外力作用在旋转给料器上，不会使壳体承受外力而产生变形。如果有外力作用在旋转给料器上，壳体的圆柱形内腔就会变为椭圆，出现转子与壳体之间的间隙的大小各部位相差很多，造成运行过程中转子被卡住。

(4) 需要注意的是，还有一种假象容易使人误认为给料器转子被卡住。就是对转子链轮处带有转矩限制器(摩擦片结构)的，当摩擦片打滑时，就会出现电动机在转，减速箱也在转，而给料器转子不转的现象。此种情况一般有两方面的原因：一是由于给料器载荷偏大，超出了链轮摩擦片所能传递的最大扭矩，导致摩擦片打滑；二是由于链轮摩擦片安装不好，其紧固螺栓未把紧或把紧力不够，导致链轮摩擦片所能传递的扭矩太小，而致链轮摩擦片松弛打滑。

8.2.5.2 转子卡住的故障处理方法

在旋转给料器运行过程中，如果出现转子被卡住现象，在仅仅是单纯由工艺物料引起的并且卡得不是很严重的情况下，则可以通过打开链轮护罩，用工具手动盘车，慢慢将卡在转子中的物料给排出来，直至完全排空。但在其他异物的情况下，都要立即停车并切断电源，以免造成二次伤害。当转子被卡住时，如果手动不能盘动转子，首先要想到解体检修，而不要抱任何侥幸心理，幻想通过强行开车的办法来解决。

如果是链轮摩擦片打滑引起的，则通过紧固转矩限制器摩擦片组件的螺栓就可以解决，如果摩擦片有损坏就更换一套新的摩擦片。如果经确认给料器确实需要解体检修，则要求在旋转给料器解体之前，首先应测量一下转子与阀体之间各部位的间隙，检查一下是否有异物，掌握第一手资料是查找原因的前提条件。然后再解体旋转给料器，找出转子被卡住的真正原因，排除故障。

在检修期间，要认真检查并更换必要的零部件，特别是轴承和密封件，修整受到损坏的壳体内腔表面，修整转子外表面和其他受损零部件。当所有问题都得到解决，所有准备工作已完成，旋转给料器也已安装就绪后，一定首先要用手盘动转子旋转至少一圈以上，以充分检查给料器转子是否转动灵活。待无异常现象后才能通电进行空载运行试验。

给料器空载运行一段时间后，如没有异常现象，就可以切断电源，停止给料器。再次检查并测量转子与壳体之间各部位的间隙。然后综合判断和分析这个测量的间隙是否适用于现在的工况。如果是转子与壳体之间的温差太大、操作温度太高，就要给旋转给料器外壳壳体增加保温层或者给壳体夹套内增加伴热。也可以通过增大转子与壳体之间的间隙来满足生产，但这要根据恒温以后需要的间隙来确定。如果旋转给料器体腔内有异物，一定要找出这个异物的来源点，因为掉下异物的设备也需要检查和修理。如果有安装应力作用在给料器壳体上，就要重新安装加以消除，包括可能采用将进出口管道连接法兰割下和在重新找正后再焊接组装好等措施。无应力安装要求的内容可参见"旋转给料器安装"的有关部分。

在找出转子被卡住的真正原因并加以排除后，空载运行一段时间，如无异常现象，即可恢复正常生产。

8.2.6 旋转给料器运行中轴封漏气、温度异常以及负载异常增加

8.2.6.1 旋转给料器运行中轴封漏气

旋转给料器轴密封结构可参见第4章中的有关内容。运行过程中若出现轴封漏气现象，会直接影响到主轴轴承的安全运行，特别是对于输送粉料的给料器，如果轴封漏气，会将转子端部漏入的粉料在密封气压差的作用下，继续泄漏至轴承部位。尽管在轴封与轴承之间一般会留有排放口，但对于粉料的飞扬往往无法防止。因此，一旦轴承的滚动体之间漏入粉料，则轴承将很快会受到严重磨损。

轴封漏气的原因虽然很多，但不外乎两点：安装方式不当和轴密封件存在问题。安装的原

因主要是填料切割不规整或成形填料未装好；填料所对应的轴颈或轴套磨损过度，而装配时未作更换或修理；所安装的填料规格不对。材质的原因主要是生产厂家错供或维修工人误用，特别是对使用温度较高的旋转给料器，其轴封材质就必须使用耐温的，若使用普通密封，则很快会导致泄漏。

判断轴封是否漏气可以通过打开轴封与轴承之间的排放口而观察到。对于间歇运行的给料器，如果轴封泄漏不严重，漏气量比较轻微，则可以继续运转，待当批物料输送完成后，再考虑停车检修。对连续运转的给料器，如果轴封件材质采用的是填料密封件，且带有压盖结构的，可以先尝试用维护的方法，比如拧紧压盖螺栓和调整压紧力来达到消除泄漏的目的。如果轴封件采用的是成形轴密封件，则必须通过停车的办法加以检查和修理。当然，只要是发现轴封泄漏，无论是哪种结构的成形轴封，其最有效的方法还是通过停车、拆卸的办法，将轴封更换掉。

8.2.6.2 旋转给料器运行中温度异常

所谓旋转给料器运行中温度异常，主要是指在旋转给料器运行过程中出现壳体温度异常升高的现象。针对这一现象，一般是先检查给料器转子与壳体是否有异常摩擦、刮擦等现象(可通过听筒或听棒仔细聆听)，如果情况正常，还可以检查物料生产的工艺参数是否正常，特别是检查进入给料器的物料温度是否出现异常，如果物料温度无异常的话，对带加热夹套的旋转给料器，还应检查加热介质(比如蒸汽)的温度是否正常，如果仍然没有什么问题，则最有可能的原因就是给料器壳体内腔有粉尘粘黏壳壁。

针对给料器粉尘粘黏壳壁的情况，一般是通过停车解体的方法，将给料器转子抽出，将壳腔内壁进行清理干净就可以了。当然，在某些特殊的工艺流程中，可以不用拆卸给料器，通过碱洗、水洗的办法，就可以将给料器壳壁粘黏的物料给清理了。

如果给料器运行温度异常升高的原因是由于异常摩擦、刮擦所引起的话，在不严重的情况下，可以继续观察运行。因为有些不严重的摩擦、刮擦情况，在给料器运转一段时间后，会有所好转或彻底消失。如果情况比较严重，则建议立即停车处理。如果是工艺物料温度或是伴热系统温度异常所引起的话，则与工艺部门联系，进行相应调整和处理即可。

8.2.6.3 旋转给料器运行中负载异常增加

在旋转给料器运行过程中，有时会出现负载异常增加的现象。主要表现为电流增加、电动机运转明显感到吃力甚或转速也受到影响。负载异常增加的原因有很多，在排除电动机或减速箱可能故障的原因后，主要有两个方面：一是工艺物料的原因，包括短时间工艺生产为了"赶料"(也即短时间内给料器进料量增加很大且超过额定负荷)、给料器壳壁黏料、物料潮湿、结块甚至混入异物等；二是给料器设备自身的原因，包括主轴轴承损坏、主轴产生裂纹、链条太紧、链轮找正偏差太大、转子与壳体摩擦、刮擦等。

检查和判断给料器负载是否异常增加的方法，首先是向工艺部门了解当前生产状况，包括工艺生产上有没有在"赶料"，前道工序流程是不是正常，有没有潮料、结块料带入到给料器中，如果一切均正常，则建议工艺部门在适当的情况下停车检查。检查方法是：先打开链轮护罩，检查链条、链轮的找正以及工作情况。如果正常，则在脱开链条的情况下，用手或管子钳盘动转子，以判断旋转给料器的负载是否确实增加。如果旋转给料器负载明显增加，说明旋转给料器体腔内有故障。下一步就是将旋转给料器整台拆卸下来，回检修车间解体检修。

针对旋转给料器运行中负载异常增加的现象，一般是根据上述各个故障产生的原因对症进行消除就可以了。该拆卸的一定要拆卸；该更换的更换；该调整的调整。如果旋转给料器经解体检查后，仍然没有找到负载异常增加的原因，则下一步的检查重点应该是检查电动机、减速箱是否有故障。

8.2.7 旋转给料器电动机、减速箱故障

旋转给料器的电动机和减速箱也是决定其工作是否正常的重要部件，当它们发生故障时，会导致给料器运行出现障碍，如异常的振动、噪声、温升，还会导致给料器工作性能降低，输送能力下降，甚至导致送料中断，出现停车现象等。

8.2.7.1 旋转给料器电动机故障

当旋转给料器电动机发生故障时，会出现各种各样的现象，例如电动机电流增大或波动；电动机发出异常响声、振动；电动机外壳温度异常升高甚至电动机烧毁等。

1. 电动机电流增大或波动。

在排除由于负载增加的原因后，可以直接针对电动机本身进行检查。电动机电流增大或波动，可能有如下原因：

(1) 电动机轴承故障，如锈蚀、磨损、缺少润滑脂等，导致滚动体或保持架损坏，使得电动机转子的负载增加。

解决办法：如系由于缺少润滑脂所引起，则可立即加注润滑脂，等待观察运行一段时间后，如果情况仍然没有好转，则要解体检查电动机；如果是轴承损坏，则要更换新的轴承。

(2) 电动机转子扫膛，使得转子与定子发生摩擦。扫膛的原因：一是由于电动机轴承故障、松动使得径向间隙变化过大；二是由于电动机转子轴弯曲、变形。

解决办法：当扫堂现象比较轻微时，可以通过局部修理后继续使用，若扫堂现象严重的话，则需更换一台新的电动机。

(3) 电动机绕组的三相绝缘性能下降。如定子线圈老化，主要由于高温或潮湿，而导致潮湿的原因又有很多：诸如工艺清洗时水不慎从接线盒漏入，或由于酸及酸汽接触到电动机外壳导致接线盒、电动机密封、外壳等受到强烈腐蚀，在电动机密封性能下降的情况下，湿气进入电动机，当电动机三相绝缘电阻达不到要求值时，其电流也出现异常变化。

解决办法：如果是潮湿原因，则将电动机拆下，送修理车间进行烘干；如果是腐蚀原因，则送检修车间修理，如腐蚀情况很严重，则需更换一台新的电动机。

(4) 电动机三相绕组不平衡，或是缺相运行。三相绕组不平衡最大的可能是电动机某相绕组匝间短路；而缺相运行的原因可能是电动机绕组某相断路；也可能是由于电器控制柜内某个电器元件的损坏，如熔断器烧断；或者可能是某相元件的触头接触不好，如空气开关；当然也有可能是电器控制柜至电动机之间的动力电缆出现问题。

解决办法：如果是匝间短路，则需要将电动机送修理车间重新绕组；如果是电器控制柜内某个元件引起，则将其进行更换即可；如果是动力电缆问题，则建议重新放线更换成新的电缆。

(5) 现场电流表或控制柜上的电流表显示有误。当电流表发生故障时，会产生一种假象，貌似电流增高或是电流波动，而实际上电动机运行的电流是正常的。这时，一般需要将现场电流表和控制柜的电流表再或是和中央控制室的电流显示值相互校对验证。如果旋转给料器系统简单，仅仅就是一个现场显示的电流表，则最可靠的办法就是用钳形电流表当场测量。

解决办法：更换一个新的电流表。

2. 电动机发出异常声响、发生异常振动

电动机发出异常声响、发生异常振动的原因主要有以下几点：

(1) 风扇的叶片断裂、缺损，风扇转子损坏，风扇叶与电动机尾部护罩壳体相碰擦、磨损。

解决办法：更换新的风扇叶。

(2) 电动机尾部护罩未安装好，比如缺少固定的螺钉，个别螺钉在运行中脱落或断裂，护罩外壳在外力的作用下产生变形，使其与里面的风扇叶相碰。

解决办法：重新固定电动机尾部护罩，或对电动机尾部护罩进行整形后再安装。

(3) 电动机轴承发生损坏。如轴承故障导致的振动加大，一般可通过听针或听棒判断出来。解决办法：更换新的轴承。

(4) 电动机与减速箱相连接的联轴节破裂或损坏。解决办法：更换新的联轴节。

3. 电动机温度异常升高或烧毁

电动机温度异常升高或烧毁的原因一般有下列几种情况：

(1) 电动机的负载很大，一直在超负荷运行，导致电动机在高电流的状况下持续运转，使得壳体温度升高。

解决办法：检查负载是否很大主要从驱动链来查。首先从给料器转子的工作情况，诸如转子是否有卡涩，其次再查驱动转子的链轮、链条的工作情况是否正常，最后再查减速箱工作是否正常，根据所查出的原因，将异常负载进行消除即可。

(2) 电动机频繁起动。特别是当旋转给料器"堵转"时，由于操作不当，频繁开停电动机会导致电动机发烫，甚至烧毁。

解决办法：切忌频繁起动给料器电动机，特别是对于功率大的给料器电动机，一般起动间隔时间要放长一些，一般不少于 3 min。

(3) 腐蚀或电动机密封老化等导致电动机内部进水或潮湿，使得电动机烧毁。解决办法：将电动机送修理车间重新绕组。

(4) 旋转给料器工作场所粉尘、灰尘太多导致电动机外壳表面堆积过厚，影响散热，进而导致电动机温度过高或烧毁。

解决办法：打扫现场，清除电动机表面积灰。

(5) 电动机表面或风扇叶外壳后被保温棉、保温皮等杂物覆盖影响电动机散热。解决办法：清除电动机表面杂物。

(6) 旋转给料器工作场所狭小，通风差，在夏季高温环境下，热量难以散发，也会引起电动机温度升高。

解决办法：改善旋转给料器工作场所的通风条件，如果一时无法满足，可通过强制吹风的方式来达到降温。

以上故障，只要找到原因，然后根据具体原因采取相应措施，就可以对症解决了。在有些情况下，如果同时有多个因素共同影响的话，则可按部件的主从关系进行排查，一般是从动的部件在前，主动的部件在后。

8.2.7.2 旋转给料器减速箱故障

旋转给料器的减速箱一般分为齿轮减速箱和蜗轮蜗杆减速箱，少数情况下还有一种齿轮减速箱带无级变速调节机构的。对齿轮减速箱的形式又分为同轴式、平行式和直交轴式。其输入端(也即驱动端)与电动机相连(一般是通过联轴节或缩套盘进行连接)，输出端一般都是链轮结构。

减速箱发生故障的现象也是多种多样的，如异常振动、异常声响(噪声)、漏油、壳体发烫以及没有输出等。

1. 减速箱发生异常振动、异常噪声

减速箱发生异常振动、异常噪声的现象比较常见，一般可能是由于轴承损坏、轴承颈过度磨损；也可能是由于齿轮磨损严重，导致齿隙过大，甚至损伤齿面、断齿所致；甚或由于齿轮轴裂纹、断裂所致；蜗轮蜗杆磨损严重也会引起振动和噪声；还有可能是由于缺少润滑，导致齿轮或蜗轮蜗杆干磨所致；当无级变速调节机构故障时，也会使齿轮箱发生异常振动和异常噪声的现象；还有一种可能是由于安装找正不好，使得运行时振动噪声加大。

解决办法：如果是减速箱内部零部件磨损、裂纹、断裂、损坏的问题，则要解体减速箱进行修理，包括更换轴承、齿轮轴，修复或更换齿轮、蜗轮蜗杆、无级变速调节机构等。如果是润滑问题，则需要按规定添加润滑油或润滑脂，一般在添加润滑油或润滑脂后，要观察减速箱运行一段时间，如振动、噪声仍然没有消除，则需要作进一步的排查。如果是找正问题，则需重新找正。

2. 减速箱漏油

如果是新的减速箱，在刚刚安装上并运行时，有少量的油或油脂渗漏是正常的。对用过的减速箱，其漏油的原因有如下可能：

(1) 减速箱两端盖板密封垫失效。解决办法：如果是渗漏，可以通过拧紧两端盖板的紧固螺栓，使其密封垫压得更紧实一点。如不能奏效，则需打开端盖板更换密封垫。

(2) 减速箱输入或输出端的油封泄漏。关于油封泄漏，一般有三种情况：一是由于油封本身损坏。二是与油封相配合的轴颈或轴套磨损严重，而导致漏油。而油封的损坏又有可能是多种原因，比如：油封本身老化、油封材质不对、油封安装不正确、润滑油太脏等。三是由于减速箱内部憋压，而致润滑油漏出。

解决办法：如果是油封损坏，则需更换新的油封。如果是由于轴套或轴颈磨损引起的，在磨损比较轻微的情况下，可以通过适当调整一下油封唇口处弹簧的收紧力，来达到密封。如果轴套或轴颈磨损严重，则需通过喷涂、刷镀等工艺来恢复轴套或轴颈的外形尺寸。如果是由于减速箱内部憋压，则需排除憋压的原因。

(3) 减速箱呼吸帽处漏油。减速箱呼吸帽正常是用来平衡减速箱内腔和外部气体压力的，若是此处漏油，一般是可能减速箱内加油量太多，导致溢出；也可能是由于呼吸帽堵塞，使减速箱内部憋压而致润滑油从呼吸帽处溢出；或是可能由于减速箱安装位置不正确，导致呼吸帽处漏油。还有一种可能，就是给料器频繁冷起动，导致减速箱油温升高，也会导致呼吸帽处漏油。

解决办法：如果是呼吸帽处堵塞，则疏通呼吸帽；如果是油位太高，则从放油口排掉一些润滑油即可(注意：放油一定要在停车状况下才能进行)；如果是安装位置的问题，则需重新调整安装。

3. 减速箱没有输出

这种现象表现为：电动机输入端有转动，而减速箱输出轴没有转动。产生这种故障的原因多半是由于：蜗轮蜗杆或某个齿轮滚齿(也即齿全断裂了)、齿轮轴断裂、输入端带缩套盘结构的螺栓松弛或缩套盘磨损打滑、无级变速机构打滑或损坏。

解决办法：针对齿轮、蜗轮蜗杆和轴的损坏，如果是由于过载导致的，则要找到过载原因将其消除；如果是制造缺陷引起的，如材质不对、热处理方法不当或者加工精度太差导致齿轮、蜗轮蜗杆磨损加快，这要根据给料器工作负载情况重新加工新的、符合技术要求的齿轮、蜗轮蜗杆或传动轴；对带缩套盘结构的情况，要注意安装方法，其紧固螺栓的力矩有规定要求，太松太紧都不合适，而且在安装时，锁紧套处切忌涂抹润滑油或润滑脂一类的东西，以防打滑；如果无级变速机构出现故障，则要解体检查、修理或更换零部件。

检查电动机和减速箱是否发生故障，其一般方法是：先通过外部检查、检测的方法进行判断，如看、听、摸、用测温仪、用测振仪等。如果一时从外部不能准确故障所发生的部位，则可以通过分段检查的办法逐步查找。比如先去掉链条以后，再起动电动机(带着减速箱一起运行)，观察其空载电流，包括检查运行时的振动、异常声响等，如果电流值正常，且声音、振动都正常，输出转速也正常，则要重点检查给料器转子部分。如果情况不正常，则还可以进一步将电动机与减速箱脱开再单试。如果电动机各项运行参数都正常，则减速箱就有可能故障。如果电动机不正常，就可以重点检查电动机了。

8.3 旋转给料器的维护与保养

8.3.1 旋转给料器维护保养的意义

随着旋转给料器的运行与使用，设备本身的劣化过程也在悄悄进行。设备的劣化使得给料器的轴承、齿轮、蜗轮蜗杆、链轮与链条、转子与壳体会磨损，而转子与壳体的磨损会增大其间隙，从而导致运行精度、效率、生产能力降低，使电力消耗增大，其公用工程的消耗也增大，不能满足设备经济运行的要求。

为了延缓给料器的劣化进程，减缓设备的磨损、磨蚀和意外损坏等，提高给料器经济运行的寿命，必须对其进行维护保养。如果维护不当或维护不到位，会造成非计划停车。除伴有很高的检修成本外，其长时间停止运行带来的经济损失往往也是可观的。因此，在工业应用中，大部分的使用场合都是配有在线备台，以防突发情况的发生。但就是在这样的情况下，对运行中的给料器以及在线备台的给料器都要进行必要的维护保养。

对旋转给料器所做的维护保养工作可以提高给料器运行的可靠性、稳定性和运行寿命。比如清除设备内部表面的粉尘、污物或杂质就能保持设备的清洁，进而也能保证设备运行的可靠性；对操作人员发现的任何缺陷都要立即维修、处理，这样可以及时判断原因，采取有效措施来消除故障，避免使缺陷进一步扩大，造成不必要的停车。只有这样，才能从根本上保证生产装置安全、稳定、长周期、满负荷地运行。

8.3.2 维护保养内容与完好标准

8.3.2.1 旋转给料器维护保养制度与内容

旋转给料器的维护保养是自身运行的客观需要，只有精心维护保养，才能延长设备的无故障运行时间，充分发挥设备效能和延缓设备的劣化进程。维护与保养的任务就是采用各种措施来达到上述目的。

为精心维护保养设备，必须加强对维护保养工作的管理，建立日常和定期的润滑、检查、维护、修理制度。旋转给料器维护管理的内容主要包括如下几个方面：设备完好性检查；监督使用；设备润滑；日常维护；定期维护；设备点检与状态监测；日常修理；故障修理等。

旋转给料器应根据其自身设备的结构特点、使用说明书以及工艺流程的要求，编制有针对性的设备维护保养制度。一般说来，给料器维护保养制度一般应包括下列内容：

(1) 认真执行"设备的润滑管理制度"。

(2) 经常检查设备的运行状况(包括温度、振动、电流值等)。

(3) 设备运行的能力和有关参数应达到工艺要求。

(4) 主机及各附属设备、元件应完整好用。

(5) 各连接部件应紧固、无松动、无泄漏。

(6) 认真执行巡检制度，并做好巡检记录。

(7) 保持设备及周围工作场所的清洁卫生。

(8) 消除跑、冒、滴、漏。

(9) 做好设备的防腐保温工作。

8.3.2.2 旋转给料器技术状态完好标准

为了判断给料器的技术状态如何，需要有一套标准来衡量，这就是旋转给料器的技术状态完好标准。这个完好标准通常分一般性要求和具体要求两个方面。

1. 旋转给料器完好标准的一般性要求

(1) 给料器运转正常，性能良好，达到铭牌额定输送能力。

(2) 给料器各个零部件完整齐全，符合质量要求。

(3) 设备所附带的所有电气、仪表、控制元器件等齐全完好且灵敏可靠。

(4) 附属管线、阀门安装整齐(包括静电接地线)，连接螺栓、手轮、手柄不缺。

(5) 润滑良好，润滑油品、油脂牌号符合技术要求。

(6) 设备整洁，无跑、冒、滴、漏，防腐、保温完整。

(7) 设备运转记录、档案等技术资料齐全正确。

2. 旋转给料器完好标准的具体要求

给料器完好标准的具体要求除上述一般性要求外，还包括有更详细的标准，其中有：

(1) 给料器电动机电流在额定范围内，且没有异常波动。

(2) 给料器运转无杂音及异常声响，其噪声一般不大于 70 dB。

(3) 电动机转子两端的轴承温度一般不大于 65 ℃，国产减速箱油温不大于 75 ℃，进口减速箱油温不大于 80 ℃，且温升不大于 50 ℃ 。

(4) 给料器各部无异常抖动和振动，电动机轴承处振动速度值不大于 4.5 mm/s 。

(5) 转子与壳体的间隙值在技术要求的范围内。

(6) 传动轴的转矩限制器(如果有的话)工作正常，无打滑现象。

(7) 润滑油品质符合要求，无发黑、乳化等现象。

(8) 链轮护罩、联轴节护罩无变形、缺损。

(9) 密封气系统的各阀门、表计工作可靠，其压力正常，达到比输送气压力略高的要求(一般高 0.05 MPa)。

(10) 所有跨接法兰、阀门的静电释放连接线和电动机接地线电阻值符合要求。

(11) 输送气压力、流量符合要求。

(12) 给料器转速正常且输送能力满足工艺生产要求。

(13) 旋转给料器台账、档案等技术资料齐全正确。其中应包括：设备履历卡片，设备的合格证，安装、检修及验收记录，运行记录，缺陷记录，润滑清册，完整的设备图样及操作说明书，易损件和备件清单等。

8.3.3 常规检查与巡检

在旋转给料器正常运行过程中，为保证给料器始终处于完好状态，需要对设备进行一些必要的检查。

8.3.3.1 检查的分类

设备的检查一般分为常规检查(又称日常检查、巡检)和定期检查两种，当有特殊需要时可进行性能检查(也叫特殊检查)。

所谓常规检查(也即巡检)是以操作工为主，利用人的感觉器官，通过看、听、摸、闻等方法以及必要的仪器进行的检查。检查时，每日按规定标准、规定频次到给料器运行场所进行诊断。其目的是为了判断旋转给料器有无异状，能否正常运转，及时发现设备的缺陷和隐患，采取措施以防止突发性故障发生。

所谓定期检查是以检修工人为主，有设备管理人员参加，按照预先规定的计划和检查周期，利用人的感官和检测仪器对设备进行比较全面的检查。其目的是查找旋转给料器运行中有无异常变化，趋势如何，掌握设备零部件磨损的实际情况，以便确定有无停车修理的必要。对检查中发现的问题及时进行调整，并有目的地做好下一次修理前的准备工作。定期检查又分为周检查、月检查、季度检查等。由于定期检查是偏重于管理和检修方面的，所以不做详细介绍。

特殊检查是指当旋转给料器运行中突发某种故障，需要对给料器进行一次系统、全面的诊断，以确定给料器能否继续运转，是否需要立即停车进行修理的一种检查。这主要是针对工艺流程中给料器比较重要，又是连续运转且没有在线备台的情况下，才采取的一种特殊措施。如果给料器是间隙运行，或现场设有在线备台，则一般不需要进行这种会诊式的检查。

8.3.3.2 常规检查的范围和参加的人员

1. 常规检查的范围

常规检查(也即巡检)是用途最广也最普遍的检查方法。其检查范围的重点是：

(1) 机械部分：所有转动、润滑的部分。

(2) 机体部分：结构、固定部分(包括底座、支座、钢结构、壳体等)。

(3) 电仪部分：电动机、电流、仪表控制元件等。

(4) 管阀部分：管道、阀门、连接法兰等。

(5) 综合部分：防腐、保温、现场环境。

2. 常规检查参加的人员

常规检查所参加的人员是多方面的，一般有：操作工人、保全工人、电器维保人员和仪表维保人员，如有必要，还可以有专业的状态监测人员。根据工厂组织结构的不同，可以由操作工牵头的一班人共同检查，也可以分专业的各自检查，检查完毕后，各专业再行汇总分析。

3. 常规检查发现的问题处理办法

常规检查发现问题后，一般可通过如下途径加以解决：

(1) 经简单处理、调整或完善就可以解决的一般性问题，由操作工人自行解决。

(2) 需要进行修理，或有一定难度的故障隐患，可由保全工人加以解决，或者由专业维修人员及时进行排除。

(3) 修理难度较大、维修时间较长的故障可由设备员按规定预排检修计划，计划批准后，在现场进行维修，或者送修理车间检修。

(4) 给料器设备损坏严重或已无法继续运行的，可由设备员报请车间同意后，上报设备专业管理部门协助解决。

8.3.3.3 巡检频次与巡检内容

1. 巡检频次

关于旋转给料器巡检频次，一般做如下安排：

对于间隙运行的旋转给料器，运行时，一般每四小时巡回检查一次；停运时，一般每天巡回检查一次。

对于 24 小时连续运行的给料器，操作工人每两小时一次；机、电、仪维保工人每个班一次，每日巡回检查三次即可；机、电、仪技术管理人员一般每天一次。

巡检一般都有专门的《巡检记录表》，操作工人和机、电、仪维保工人只要将巡检记录到的有关数据填入表中即可，技术管理人员(可以是设备技术人员，也可以是工艺技术管理人员)每天对巡检情况和给料器的运行状况做出综合评价，并签字认可。

2. 巡检内容

旋转给料器巡检的内容依专业的不同而有所不同，在此，将所有内容归纳在一起进行描述。

(1) 检查旋转给料器所有外表面的可见缺陷和故障，如非正常的噪声、异常声响、温度异常升高、异常气味等情况。

(2) 检查各个连接法兰、管接头以及轴封处的密封情况，看其是否漏料、漏气、漏水、漏气。

(3) 检查给料器在运行中的振动情况、轴承温度、运行电流、转速等指标。给料器转子两端的轴承振动可用测振仪测量，给料器壳体的温度和轴承温度可用红外测温仪测量。旋转给料器转速可在现场通过表计或在控制室的显示屏上查看到。

(4) 检查所有的连接螺栓、紧固螺栓是否松动，包括链轮护罩、连轴节护罩等，确保其外观良好。

(5) 检查电动机和减速箱的工作情况，包括振动、噪声、油温、油位、油质等情况。

(6) 检查密封气压力以及通畅情况，检查输送气压力和流量情况。

(7) 检查所有电气、仪表的连接线，包括接线盒、指示表计外壳的完好情况。

(8) 检查电动机及所有仪器仪表进出线处的密封情况。

(9) 清理壳体表面粉尘，提高散热效果。其防火、防爆要求应按相关"安全规定"执行。

(10) 检查给料器及附属设备的腐蚀情况，包括油漆、保温、钢结构等的完好情况。

(11) 检查管道、法兰的静电跨接线和电动机接地线是否完好。

(12) 检查进出口刀阀(插板阀)、密封气路上的安全阀、电磁阀、压差控制器、流量计等设备的完好性。

(13) 每隔一定的时间检查核对给料器的输送能力和系统综合运行情况。

3. 巡检检查维护的时间间隔

旋转给料器巡回检查维护的时间间隔可参见表 8-1 所示，常规检查维护点位置见图 8-1 所示。

表 8-1 旋转给料器巡回检查维护的时间间隔

序号	检查维护内容	时间间隔
1	检查旋转给料器所有外表面的可见缺陷和故障，如非正常的噪声，异常声响，异常气味等情况	每日巡检
2	检查所有的连接螺栓、紧固螺栓是否松动，包括链轮护罩、连轴节护罩等，确保其外观良好	每周
3	检查给料器各部位温度是否异常	每日巡检
4	检查链条张紧度，需要的话适度调整	每季或每运行 2 500 h
5	检查链条润滑，需要的话要再润滑	每季
6	检查轴承运行的声音、温度、平稳性能	每日巡检
7	检查轴承润滑情况，如有必要，添加润滑剂	对带有加注润滑脂孔的，每月添加一次；对不带加脂口的，则视设备运行情况，确定是否需要解体检修
8	检查转子密封件磨损情况、密封性能。如需要更换	按需
9	检查轴密封件性能，需要的话要更换	每月
10	检查旋转给料器出口的加速器是否良好，如果需要进行维护	按需
11	检查清理旋转给料器进口限料阀	按需
12	检查电动机和减速箱的工作情况，包括振动、噪声、油温、油位、油质等情况	每日巡检
13	检查减速箱和电动机的固定部分、调节部分是否完好	一个月
14	检查电磁换向阀、流量计、压力调节阀及其动作	每季或每运行 2 250 h
15	检查平衡气系统工作压力是否稳定	每周
16	检查轴密封件润滑，需要的话要再润滑	按需
17	检查电动机运行电流	每日巡检
18	检查各部位的振动情况(包括旋转给料器、齿轮箱、电动机、进出管道、旋风分离器等)	每日巡检
19	检查旋转给料器的转速是否正常	每日巡检
20	检查各个连接法兰、管接头以及轴封处的密封情况，看其是否漏料、漏气、漏水、漏气	每日巡检
21	检查密封气压力以及通畅情况，检查输送气压力和流量情况	每日巡检
22	检查密封气压力以及通畅情况，检查输送气压力和流量情况	每日巡检
23	检查所有电气、仪表的连接线，包括接线盒、指示表计外壳的完好情况	每日巡检
24	检查给料器及附属设备的腐蚀情况，包括油漆、保温、钢结构等的完好情况	每日巡检
25	检查进出口刀阀(闸板阀)、密封气路上的安全阀、电磁阀、压差控制器、流量计等设备的完好性	每日巡检
26	清理壳体表面粉尘，提高散热效果	每日巡检

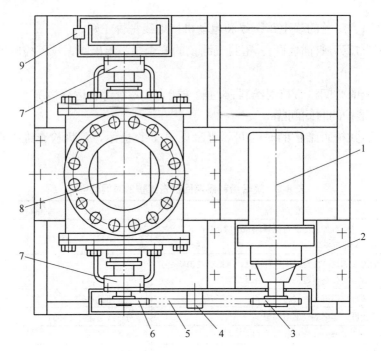

图 8-1　旋转给料器常规检查维护点位置图

1—电动机　2—减速机　3—主动链轮　4—链条张紧器　5—链条

6—从动链轮　7—轴承　8—壳体内腔　9—测速部分

8.3.4　旋转给料器的润滑

8.3.4.1　旋转给料器主机的润滑

旋转给料器主机的润滑一般是在运行中进行，如果在停机检修时，也可对给料器进行润滑保养。停机时，应断开旋转给料器的电气连接，并采取适当措施保证电动机不会再被起动。每次生产装置系统停车大修期间也可以对旋转给料器进行必要的维护与保养。

1. 旋转给料器主机的润滑材料

旋转给料器主机的润滑材料为润滑脂。润滑脂的性能要能够满足现场使用的温度和其他性能要求。对转子轴承，可用复合钙基脂、锂基脂、极压锂基脂、极压复合锂基脂等。但常用的一般为二号或三号极压锂基脂，如果是高温旋转给料器还需要使用耐高温的润滑脂，如白色的二硫化钼润滑脂等。对链轮、链条处，由于相对要求不高，所以使用钙基脂、锂基脂或黑色的二硫化钼都可以。

2. 润滑部位

润滑部位为转子两端轴承、轴封、链轮、链条。

3. 润滑方法

带加油孔(又叫注脂孔)结构的轴承、轴封润滑是分别在各自注油孔内用注脂枪注入适量和牌号符合要求的润滑脂。

链轮、链条的润滑方式是将链轮护罩拆下，将润滑脂直接涂抹在链轮、链条上。涂抹时，应人工盘车，使链轮、链条转动数圈。但要注意安全，严防手指、工具或杂物卷入链轮中造成人员伤害或设备损坏。

不带加油孔结构的轴承在平时运行中不需要加注润滑脂。因轴承带有专门的密封结构，润滑脂无法在运转中加入，所以，当预感到轴承缺少润滑或从运行状况中判断轴承缺少润滑时，应停车检修，通过拆卸开轴承，打开轴承密封盖进行添加，如果轴承状况已不是太好，则建议更换新的轴承。

4. 润滑周期

在轴承、轴封处，对于连续运行的旋转给料器，工作介质的最高温度在 60 ℃以下，每半年加润滑脂一次，旋转给料器工作介质的最高温度在 60~140 ℃的，每三个月加润滑脂一次，旋转给料器工作介质的最高温度 140~215 ℃，每月加润滑脂一次。对于不是连续运行的旋转给料器，润滑周期可以适当延长。

在链轮、链条处，一般每季检查添加一次。

5. 润滑脂的添加量

润滑脂的添加量在一般情况下适量即可，没有强制要求。但在某些特殊情况下，比如对旋转给料器两端的主轴承，在感到轴承已有轻微的故障振动或响声时，可以通过适量多打一些润滑脂的方式来缓解或消除轴承轻微故障，如不能奏效，则仍应停车检修。

8.3.4.2　减速机、电动机的润滑

减速机、电动机的润滑分两种情况：一是在给料器运行时进行，如电动机轴承加润滑脂；二是在停运时进行，如减速箱加油、换油等。当然，设备检修时，也可进行上述各项工作。

1. 减速机、电动机的润滑材料

电动机轴承的润滑为脂润滑，减速箱为油润滑。电动机润滑脂牌号比较多，但一般常用的类型主要有：锂基脂、复合钙基脂、极压锂基脂等，其中最常用的是二号或三号极压锂基润滑脂。

减速机一般均为油润滑。对齿轮减速机，使用合成油或矿物油都可以，如 L-CKC、L-CKD 系列的中负荷矿物油，也可以用 L-CKS 和 L-CKT 一类的合成油。其黏度等级一般为 N220 或 N320。对涡轮蜗杆减速机，则使用涡轮蜗杆油(L-CKE)。

2. 润滑部位

润滑部位为电动机两头端盖内的轴承和减速箱体内部的齿轮、轴承。

3. 润滑方法

对电动机轴承，用注脂枪从注油嘴处打入，如电动机不带注油嘴，则属于一次封入型的，待电动机检修时再行添加或更换轴承。

对减速箱，其润滑油的检查、添加、更换是这样的：

(1) 检查润滑油的品质：旋转给料器运行一段时间后，需要定期检查润滑油的品质，即要从减速箱中放出少量的油外送检验。此时一定要在旋转给料器停机以后，而且要等减速箱完全冷却后，才能打开放油堵头。

(2) 加油：当发现减速箱中油位较低时，需要从呼吸帽处加入适量的润滑油(注意：加油时，必须在停机情况下才能进行)。

(3) 换油：换油时也必须在停机的情况下，而且要等到油温下降但又不能太冷时进行(油温太高会致人烫伤，油温太低又不容易排尽，润滑油只有在温度适中的情况才能完全排尽)，放油时除了要打开油堵头，在堵头下方放一容器接油外，还需注意要及时打开减速箱的呼吸帽，否则在负压的情况下，也很难将油排尽。

将堵头复位后，就可以从呼吸帽处加入新的润滑油了，如果减速箱带有视镜，则从视镜中观察油位，一般油位加至视镜的 2/3 高度处即可。如果减速箱不带视镜，则加油时，还需要通

过专门的计量器具，在对油品进行计量后，再按规定量加入减速箱。

需要说明的是，无论是添加润滑油还是更换润滑油，都必须要按照"五定"、"三过滤"的原则进行。

4. 润滑周期

电动机轴承一般是每季添加一次润滑脂，其余随电动机检修时同步进行添加或更换。

减速箱润滑油：如果是新的国产齿轮箱，建议首次运行三个月后更换一次新的润滑油(换油前，应将减速箱清洗干净)；在给料器运行过程中，建议每季检查一下减速箱油位，根据具体情况确定是否添加；每隔半年(或 3 000 h)需要检查一下润滑油的品质(油质化验)。对于 SEW 锥齿轮减速机的润滑，在 24 h 不间断连续运行的情况下，一般是每年更换一次润滑油。

当然，具体情况主要还是以减速箱生产厂家的说明书为准。在一般情况下，对矿物油，一般每运行三年更换一次新油；如果是合成油，一般每运行五年更换一次新油。此外，也有些特殊的减速箱，属于终身润滑、无须维护型的，则不需要加油、换油。或按润滑油的使用说明书。

8.3.4.3 旋转给料器的润滑点

旋转给料器的润滑点可参见表 8-2 和图 8-2 说明。

表 8-2　旋转给料器润滑点

内容	点数	位置/部件	间隔	润滑脂
轴承	2	端盖上方	每季	一般润滑脂温度范围：$-20\sim+120$ ℃
			每月	高温润滑脂温度范围：$-30\sim+220$ ℃
链条、链轮	3	链罩内	每季	根据环境温度确定适用的最低温度，一般润滑脂温度范围：$-20\sim+60$℃

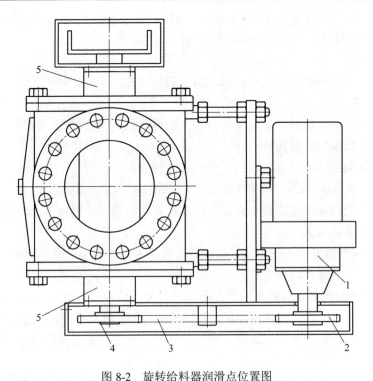

图 8-2　旋转给料器润滑点位置图

1—减速机　2—主动链轮　3—链条　4—从动链轮　5—轴承

8.3.4.4　关于旋转给料器润滑的几点说明

1. 减速箱润滑油化验内容

减速箱润滑油化验指标主要有下列几项：黏度、酸值、闪点、水分、机械杂质。一般情况下，只要这几项指标达到要求就可以满足给料器的正常运行了。如果其中有一项或某几项不符合要求，就需考虑更换新的润滑油。

2. 关于润滑脂的混用

原则上说来，应当尽量避免两种不同润滑脂相互混合。这是由于润滑脂的稠化剂、基础油、添加剂不同，相互混合后会引起胶体结构的变化，从而使得混合后的润滑脂会出现稠度下降、分油增大、机械安定性变坏等不良现象，进而影响润滑脂的润滑性能。但是实际生产运行中，往往很难做到这一点。比如说，新添加的油脂有可能与原来被润滑部件中的油脂牌号不完全一致，这时若是加脂进去，就会造成在被润滑部件中的油脂相互混合。

因此，需要掌握以下原则：

(1) 对同一厂生产的同类型不同牌号的脂可以相混合，混合后质量不会发生大的变化。

(2) 稠化剂、基础油相同的润滑脂基本可以相混合。一般来说复合锂基脂可以同锂基脂相混合，但是混合脂的滴点仅体现为锂基脂的滴点。

(3) 在使用中，如果在不允许清洗轴承的情况下更换新的润滑脂，应尽量用新的润滑脂顶出旧脂，而且顶替的越干净越好。

3. 关于润滑油的混用

必须避免用新的润滑油倒入装有旧油的减速机中混用(注：按规定进行补油的不在此例)，因为这样做会导致混合后的润滑油黏度下降。有时为了达到某一黏度而向低黏度的润滑油中加入高黏度的润滑油，这种做法可能在短期会有一些效果，但混合后油品的使用性能会明显下降，同时使设备的润滑条件变差，导致磨损增加，从最终效果上反而会缩短减速机的使用寿命。此外，还可能因为主剂不同，混用时发生添加剂"打架"的事情，使添加剂应起的作用相互抵消，对设备造成的后果也不可设想。

4. 关于换油周期的问题

从理论上讲，换油周期短能更好地减小摩擦副磨损并延长减速箱的使用寿命，同时为保证其正常运转提供了一个必要条件。但从经济效益的角度出发，应更准确、有效地使用油品。是否换油、何时换油除了遵循换油周期规定外，还应依据设备的运行时间、运转率等因素考虑，从而使油品最大限度地发挥使用。在生产实践中，为了使换油周期定得更准确、经济、科学、规范化，我们一是要定期监测减速箱的油温、振动、噪声等问题，因为润滑条件变差造成齿面损伤时，均可直接导致振动及噪声明显增加；二是要坚持定期提取润滑油品进行化验分析，以及时掌握润滑油的品质是否满足给料器的运行要求。

8.3.5　旋转给料器在运输与仓储过程中的维护保养

8.3.5.1　旋转给料器在运输过程中的维护保养

1. 新制造的旋转给料器在出厂运输过程中的维护保养

新制造的旋转给料器在出厂运输过程中一般应用专用木箱进行包装，其进料口和出料口要用专用的塑料盲盖或用钢制、木制盲法兰盖进行封装。如有条件，整台旋转给料器还应用厚质塑料膜封装，内部放置干燥剂以防受潮。专用木箱外部应做上标识，如：重心位置、吊装点、保持干燥、向上提取等。木箱装车后应捆扎固定好，防止滑移、摔落。

2. 旋转给料器在检修转运过程中的维护保养

检修过程中搬运和运输时，应保证整台旋转给料器处于直立位置，一般以出料口法兰为底面进行摆放(注意保护好底面以防损伤)。切忌使旋转给料器处于横卧或倒置状态，以免造成壳体变形、减速箱润滑油漏出或链条护罩受到损坏。

在检修中的搬运和运输过程中，还应对给料器的进、出口法兰进行专门保护，一般用厚橡胶垫或木板、枕木进行垫放，以防损坏法兰密封表面。

对于大型给料器在检修过程中的搬运或运输，应拆除链条护罩和链条，如有必要，还应拆去减速箱和电动机以及链轮等，进行分开搬运或运输。

8.3.5.2 旋转给料器在仓储过程中的维护保养

1. 旋转给料器仓储原则

新的旋转给料器和检修完好的旋转给料器原则上都应放入专门的仓库中进行保管存放。若因特殊情况需要放在检修间或非仓库的房间存放，应用木箱装好，或用枕木垫放并用塑料布、防雨帆布进行遮盖，做好防雨、防潮、防灰尘、防杂物的措施，避免室外露天存放。

2. 旋转给料器进入仓储前的要求

在旋转给料器投运一段时间后，若是暂时不用，在送入仓库存放之前，应做好如下一些准备工作：若是短时间存放，应清理干净给料器内部的所有物料；若是长期不用，比如说超过半年以上，还应进行必要的修理维护才能放入库内。诸如：轴承清洗更换润滑脂；轴封进行检查、更换并在密封和密封面上涂抹润滑脂；链轮、链条清洗后上防锈油或润滑脂；减速箱经清洗后更换上新的润滑油；给料器光亮部分涂抹保护油以防生锈等等。

3. 旋转给料器在仓储时对环境的基本要求

无论是新的旋转给料器或是使用过的给料器，在仓储时，都应放置在干燥、通风良好的室内。其基本条件是：防粉尘、防潮气，温度在+5 ℃到+40 ℃范围内，特别是气温骤冷时，应避免结露和形成凝结水。

4. 旋转给料器在仓储时的防护

旋转给料器入库后，应在给料器的下方垫以橡胶垫或枕木之类的东西。如果给料器没有用木箱之类的东西进行封装，则应重点保护好给料器的入口和出口法兰，并用盲板进行封口保护。这样做的好处有：一是防止异物落入给料器内；二是保护好进出口法兰密封面免受损伤。

旋转给料器入库后，其所有附件在有条件的情况下，最好随主机一起存放。能装配在主机上的就让其装配在主机上(如转速探头、必要的接头、堵头等)，若是无法装在主机上的(如有些型号给料器的密封气输入管路、管件、安全阀、压力表、调压阀等)，则应检查、处理干净，保证其完好整洁，并单独包装编号，随主机一起存放。切忌随处储存，以免丢失。

5. 旋转给料器在仓储时的定期检查

如果旋转给料器在仓库存放时间过长，比如超过一年以上，还应定期检查电动机的完好情况、给料器外观完好的情况、链轮和链条的锈蚀情况、减速箱润滑油的情况，防止润滑油变质、腐蚀、损坏减速箱内件。如有必要，还应及时进行处理，防止锈蚀和损害扩大。

6. 旋转给料器在仓储后投用前的维护检查

对于从仓库中取出的旋转给料器，如果存放时间不长(比如一年以内)，则在使用前做一些常规的外观检查(包括盘车检查等)就行了。如果旋转给料器存放时间过长，比如超过两年以上，则建议在使用前，还应进行一些必要的检修维护才能投入使用。如检查更换密封，检查更换轴承润滑脂，清洗检查并重新润滑链轮、链条，更换减速箱润滑油，检查调整旋转给料器轴向间隙和径向间隙等。

第9章 旋转给料器及相关设备的检修

旋转给料器

旋转给料器

旋转给料器及相关设备是化工生产装置中的重要设备，停车检修的时间与周期必须结合整个装置的检修计划进行。按照中国石油股份公司和中国石化股份公司等大型企业的规定，化工生产装置的检修周期一般至少要大于一年，有些装置是两年，或者三年、四年甚至更长。在大修期间，对于仅是单台也即没有在线备台的旋转给料器及相关设备，可以随装置的大修一起进行检修。当然，对于有在线备台的旋转给料系统，则可以视旋转给料器自身运行的状况来确定具体的检修周期。当装置系统停车大修时，旋转给料器系统可以随装置一起进行大修，也可以只做针对性的项目修理，或是仅作一般性检查修理即可。化工固体物料用旋转给料器及相关设备的主要安装使用单位有很多，比如 PTA 生产装置、聚酯(PET)切片生产装置、瓶级切片生产装置、聚乙烯类产品生产装置、聚丙烯类产品生产装置等都是大型化工生产装置，而且与生产装置相配合的上游和下游也都是大型化工生产装置。所以旋转给料器及相关设备的检修要特别慎重，检修质量要有保障，绝对不能因为旋转给料器及相关设备的检修质量而影响整套装置的正常生产。一般情况下，旋转给料器及相关设备的检修分为三大类型。

(1) 小修，在旋转给料器及相关设备的主体部分不解体的情况下，在化工生产装置使用现场进行，检修的内容主要包括清洗加油嘴、加油杯、更换损坏的紧固件、配齐缺损的小零件(如弹簧、垫圈、专用紧固件、专用附属部分密封件等)、清除内腔杂物、清洗转子轴、更换填料等类型的轴密封件；以及检查调整链轮、链条张紧度；检查、清洗、补加链轮链条的润滑脂；更换连接法兰垫片等。

(2) 中修，包括小修的所有项目，在旋转给料器及相关设备的主体部分解体以后，清洗所有需要清洗的零部件，检查或更换轴承，更换专用组合轴密封件，更换或修整转子端部密封件，手工修整或修复壳体损伤部位、转子损伤部位、端盖损伤部位、转子端部密封环等。

(3) 大修，包括中修的所有项目，将旋转给料器及相关设备从化工生产装置使用现场整体取出，搬运到适合的检修场合，并将主体部分解体以后，利用各种机械加工、热加工设备，采用物理和化学加工设备及其他手段，修复壳体损伤部位、修复转子损伤部位或更换转子、修复端盖损伤部位、修复或更换转子端部密封环等，以及检查或更换旋转给料器配套管道、管件、阀门、电器仪表元件等。同时，还应对电动机、齿轮箱进行解体检修，更换油封，检查齿轮磨损情况，检查或更换轴承，检查电动机定子、转子以及风扇叶的完好情况，如有必要，还应检查电动机绕组的绝缘情况等。

旋转给料器及相关设备的小修和中修可以在化工生产装置的使用现场进行，也比较容易实现，所占用的时间也比较短。特别是小修，在化工生产装置临时停车的十几个小时或几个小时的时间段内就可以完成，所以小修的概率和次数就比较多。从某种程度上来讲，小修做得好，做得及时，中修的概率就可以减少。同样道理，中修做得好，做得及时，大修的概率就可以减少。整个化工生产装置的安全、稳定运行周期就可以适当延长。

9.1 旋转给料器检修的必备条件

检修的必备条件主要包括检修过程中必需的场地条件、设备条件、工具条件、熟练的操作者、各种检修工序的操作规程及相关的管理与程序。

9.1.1 旋转给料器检修的必备场地条件

检修的必备场地条件分为在化工生产装置使用现场区域内进行检修的场地和将旋转给料器及相关设备从化工生产装置现场整体取出，搬运到专业的检修车间进行检修的场地。

对于化工生产装置使用现场区域内进行检修的场地，一般是进行小修或中修的场所。要求具有用于检修的比较简单的设备，如起重的简易电动葫芦或手动葫芦，吊起的重量限制能够大于旋转给料器的重量就可以，对于中小规格的旋转给料器，一般 1.5 吨左右就够了。对于大规格的旋转给料器，要求起吊重量大于旋转给料器的重量，一般 2~3 吨就够了，特殊情况下可以用到 5 吨左右的葫芦或行车。工人可以在地面操作行车进行横向和纵向的吊装移动，以便起吊场地内各部位的零部件、管道或工器具等。

在检修现场，应集中一定量的适用于检修项目的设备和工具，要有符合要求的检修作业钳工台，钳工台上要有平口台虎钳和小型研磨平板，还要有必要的简单设备，如小型台钻、各种手工作业工具、存放工具的柜子、存放各种易损件和备件的柜子等。

对于适合的专业检修场地，一般是指旋转给料器的生产制造车间或专业机械加工和装配作业的场所，可以进行各种类型的大修或中修。要求具有用于检修的比较全面和完善的设备，除了具有足够大的、限重大于旋转给料器重量的行车或电动葫芦外。还要有各种机械加工设备(如机械加工中心、数控车床、普通镗床、铣床、线切割机、车床等)，各种热加工设备(如电弧焊机、氩弧焊机、等离子堆焊设备、气体焊接设备、热处理所需的各种设备等)，各种必需的物理和化学加工设备(如镀层或刷镀设备等)，各种零部件的后处理设备(如研磨机、抛光机、整形器械等)，各种装配工序所需工具和手工操作工具(如工件专用手推车、钳工工作台、台虎钳、钳工工具等)，整机性能检验设备(如压力试验机、减速电动机通电空载运行所需的电源和各参数测量工具等)及其他各种专用工具和手段。当然，上述工器具及设备是能有应尽量有，如没有则也不强求，特别是针对专业性很强的一些修复性加工工作，如热喷涂、电刷镀、精密磨削等，可以通过外协加工来达到目的。

除此以外，在检修工作现场，应备有一定数量的适用于检修项目的零部件质量检验的设备和工具(如各规格的外径测量工具、如千分尺、内径测量工具、各种测量的辅助工具等)，要有符合检修作业要求的测量平板和尺寸大小符合要求的研磨平板，还要有必要的各种物品存放设备，如存放工具、各种易损件和备件的柜子等。

各主要零部件加工所需的材料以及修复所需的材料，特别是各种工作温度下所使用的密封件(如轴密封组合件、转子端部密封专用密封件、高温工况条件下的轴密封件等)重新制作所需的材料。都要及时检查核对材料的牌号和适用工况参数范围，如果发现材料的牌号和要检修旋转给料器的工况参数范围不符或材料数量不够时，应及时采购订货，有些材料可能不一定是常用的，需要留有一定的采购订货周期。

9.1.2 旋转给料器检修的必备工具类型

旋转给料器及相关设备检修的工具包括拆卸和装配工具、清洁工具、修复工具、零部件加工质量检验和测量工具、整理外形工具、整机检验工具、吊装和搬运工具等。

旋转给料器及相关设备损坏的零部件不同，各零部件损坏的部位和程度不同，其修复的方法和手段就不同，进而所需使用的设备和工具也就不同。但是不管其他一些专用的设备和工具如何不同，所使用的手动工具基本是相同或相近的。

9.1.3 拆卸和装配使用的手动工具

(1) 最常用的通用手动工具，包括螺丝刀、钢丝钳、活络扳手、手工锉刀、手锤、手锯等。

(2) 固定扳手。又称呆扳手，只能操作一种规格的螺母或螺栓。这类扳手与活动扳手相比，操作对象单一，作业时必须携带一整套扳手。呆扳手可以作用较大的力，并不易损坏螺母和螺栓，固定扳手又可以细分为开口单头扳手、开口双头扳手、整体六角扳手、歪头整体六角扳手和梅花扳手共五种结构。其中开口单头扳手和开口双头扳手可以适用于螺母附近单边有异物的场合；整体六角扳手、歪头整体六角扳手和梅花扳手只能适用于螺母附近有一定空间的场合。

(3) 套筒扳手。是由大小尺寸不等的梅花形内十二角套筒及杠杆组成的。用于操作其他扳手难以操作部位的螺母或螺栓，如拧紧螺母或螺栓的平面比周围其他部位的平面低的场合，即螺母或螺栓凹嵌在周围平面内的情况。

(4) 锁紧扳手。可以细分为固定钩头扳手、活络钩头扳手和 U 形锁紧扳手。锁紧扳手主要用于操作开槽的圆螺母或小圆螺母。

(5) 特种扳手。使用比较多的有棘轮扳手和扭矩扳手(也叫定力矩扳手)等。棘轮扳手在扳动螺母、螺栓时扳头不需离开螺母调整角度，只要回转一定角度，便可向前继续操作。扭矩扳手又称测力扳手，通常分为手动扭力扳手、电动扭力扳手、液压扭力扳手和气动扭力扳手等。对于旋转给料器这类设备的检修，大多数情况下只要使用手动扭力扳手就可以了。在手动扭力扳手中，最常用的是预置式扭力扳手、数显扭力扳手和表盘扭力扳手。在使用表盘扭力扳手时，当用扭力扳手扳动螺母时，扭力杆发生变形，用力越大变形越大。固定在扭力杆上的刻度盘随之移动，指针相对应的刻度就是测力扳手所作用于螺母或螺栓的扭力。当用预置式扭力扳手时，首先应在扭矩扳手上设定所需扭矩值，锁定扭矩扳手，开始拧紧螺栓，当螺栓达到设定的扭矩值时，会产生瞬间脱节的效应，此时扳手金属外壳会发出"咔嗒"声响。用这种扳手除了能保证各个被拧紧的螺栓有相同的拧紧力矩外，还可以避免对螺母或螺栓施加太大的载荷，以免损坏零件，常用它来保证密封垫片中的螺栓预紧力。

(6) 拉马。又称拉出器，也有称作拔子的，拉马有很多种结构形式，最常用的可分为可张式、螺杆式、液压式等。可张式拉马一般有三个钩爪、螺杆、螺母及横臂组成，用以拆卸旋转给料器的链轮、轴承、端盖等类型的零部件。

(7) 管子钳及套管。管子钳适用于表面粗糙的圆杆零部件和管子的拆卸与组装，是修理和拆装旋转给料器轴密封气体吹扫系统管道和转子端部密封腔进气管道的常用工具。

为了使管子钳或其他扳手能有更大的操作力矩，常常配有套管。套管是有一定长度和直径的无缝钢管，套在管子钳或扳手上以增长扳手的力臂，增大管子钳或扳手的扭矩，操作起来省力、轻快。在不同的情况下，要求的无缝钢管长度和直径不同。

(8) 气动、液压和电动拆装工具。气动扳手是拆卸或拧紧大规格螺栓、螺母的常用机动工具。它是由空气压缩机输出的高压空气，冲动叶轮旋转带动扳头工作，它的输出力矩一般都很大，且输出力矩值的精确度较差，不便于精确控制，在旋转给料器的检修中一般很少用到。

液压扳手也是用在拆卸或拧紧大规格螺栓、螺母的常用机动工具之一。它是由油泵提供一定的油压，由高压液体驱动专用板头，进而去拧动螺栓或螺母。它的输出力矩很大且较精确，便于精确控制，常用在防爆区域内的大型设备检修，它不会过载，使用安全，不会因过载而像电动扳手那样损坏电动机。

电动扳手是以电力驱动电动机带动扳头，拆卸或拧紧规格大小不一的螺栓、螺母，应用范围较广。气动和电动扳手经过简单的改装，亦可用作钻孔或研磨的工具。

9.1.4　清洗与清洁使用的手动工具

旋转给料器及相关设备解体以后，首先要进行清洁与清洗，去除油渍和污物，然后才能分析判断零部件是否存在缺陷。当存在缺陷的零部件修复完成并检验合格以后，在装配之前同样要对所有零部件进行清洁与清洗，清洗与清洁使用的手工具主要有：

(1) 刷子和油盘。刷子有毛刷和金属丝刷两大类，毛刷用于机械加工零件表面的清洗，金属丝刷用以清除零部件表面的锈斑和非机械加工表面的清理刷洗。油盘用于盛装清洗用的洗涤剂，如柴油、煤油及化学清洗剂等。

(2) 气吹工具。有输送压缩空气或低压蒸汽的橡胶帆布管子或其他有机合成材料的管子及装于其上的喷管，还有皮老虎等工具，用于吹扫零部件。

9.1.5　旋转给料器检修的吊装和搬运

旋转给料器的型号、规格不同，其整机重量和零部件重量各不相同，最小规格的整机重量不到 100 kg，较大规格的整机重量达到 1 800 kg，目前使用的最大规格整机重量达到 3 500 kg。其中的零部件重量达到将近 2 000 kg。比较大的零部件检修过程中人工搬不动，必须依赖于辅助吊装与搬运工具，比如：行车、电动葫芦、手拉葫芦、叉车等，起吊索具有套环、卸扣、钢丝绳、钢丝扎头等。

吊装与搬运过程中，无论是使用钢丝绳还是其他绳索，固定要牢固、不会脱落、安全可靠。双结和单环结是使用绳索吊装时最常用的固定方式，使用很方便。

旋转给料器的吊装，正确的方法应该用绳索捆牢固定在壳体的起重吊环上。也可以用钢钎穿进壳体进料口的法兰螺栓孔内，绳索穿在钢钎下部内侧，但用这种方法起吊时，不宜摆晃，适用于直起直落。无论是用吊环还是用壳体进料口的法兰螺栓孔起吊，都要严格掌握和控制使旋转给料器整机保持水平状态。要特别注意以下几个部位是不允许用于起吊的。

(1) 减速机的吊环和电动机的吊环是不能用于起吊旋转给料器整机的。减速机的吊环只能用于起吊单独的减速机，电动机的吊环只能用于起吊单独的电动机，减速电动机与旋转给料器装配为一个整体以后，减速机的重量和电动机的重量只是整机重量的很小一部分。其吊环的承重能力远远不能够承受旋转给料器整机的重量。

(2) 转子的轴是不能够承受整机起吊重量的。旋转给料器整机的结构有很多种类型，有些结构的整机其转子的轴在端盖内部，只有安装链轮的一段在外面。也有些结构的整机其转子的轴两端都暴露在外部，无论转子的轴是否暴露在外部，都不能用于起吊旋转给料器整机的重量。

(3) 起吊点位置不允许在减速电动机部分的任何部位，只允许起吊点位置在主机壳体上或端盖上。

旋转给料器在起吊、搬运或移动的过程中，要特别注意充分保护好其物料进出口法兰密封面，不能使其受到损伤。不允许直接将旋转给料器法兰面放置在水泥地面上或在粗糙的地面上，更不允许在粗糙的地面上直接对旋转给料器进行拖拽。

9.1.6　旋转给料器检修的其他必备条件

旋转给料器检修的过程是一个系统过程，它包括整机解体、零部件清洗、判断零部件是否有缺陷、零部件缺陷修复或重新下料加工、零部件质量检测、零部件整形与清洗、整机装配、整机性能检验等一系列操作过程。在整个检修过程中，各种设备和工具是很重要的硬性条件。但是，比这些设备和工具更重要的是要有各个工作过程所需要的软件，具体如下：

(1) 要在详细了解旋转给料器整机运行情况，在认真分析各零部件详细情况的基础上，做出完整、全面、系统、切实可行的检修方案。依据此方案设计出详细、完整的施工图样和各个加工过程的加工工艺详细文件资料。

(2) 要有从事旋转给料器修理、加工生产相关专业工作(如车工、磨工、焊工、装配工、钳工、性能试验工等)多年的熟练操作者。这是最重要的也是最基本的和最核心的必备基本条件。如果没有熟练的修理操作者，其他条件再好，也不会有很好的结果。因为零部件的修复与加工新零件不同，加工新零件只要按图样加工就可以了，而修复零部件则需要很多专业技巧与经验。

(3) 要有检修相关专业工种的操作规程或工艺守则。如车工操作详细规程、磨工操作详细规程、钳工操作详细规程、钴基硬质合金堆焊操作详细规程、不锈钢铸件热处理操作详细规程、奥氏体不锈钢焊接操作详细规程、零部件焊缝及堆焊返修操作详细规程、旋转给料器整机性能试验操作详细规程等。

(4) 如果能够找到旋转给料器原设计加工生产的图样和资料是对检修工作的极大帮助。所以要尽最大努力在原生产加工单位存档部门和加工车间查找原加工图样及加工工艺过程资料。

(5) 检修的必备条件还包括检修过程中必需的程序控制与管理，各种检修工序之间的相互衔接和技术资料的管理与使用等。

9.2 旋转给料器检修的解体与装配

旋转给料器的结构特点是主体零部件只有壳体、端盖和转子三个大件，对于不同的整机结构其余小零部件的数量略有不同，但是无论是哪种结构的旋转给料器，都包含有成形的组件，如适用于各种工况的轴密封件、轴密封组合件、轴承等。这些零部件的最终工作性能好与不好，在很大程度上取决于装配工作的质量，从而决定着整机的工作性能是否能够达到设计要求。无论是小修、中修或大修，都需要在解体设备的条件下进行，例如更换轴承或轴密封组合件，需要在解体以后的情况下才能进行更换操作，在此过程中如果有操作不当，可能会造成轴密封性能降低，甚至可能损坏。所以，旋转给料器的解体与装配在检修的过程中是非常重要的工作内容。

解体与装配是旋转给料器及相关设备的检修过程中的两个重要工序。解体不当，容易损坏零部件；装配不当，影响旋转给料器及相关设备的整机性能。因此，严格遵守检修规程，精心正确操作，严格把关，认真检查每一个操作过程是否存在安全隐患，是提高解体与组装质量的重要措施。

9.2.1 连接件的解体拆卸和装配

连接件与紧固件是任何机械装备中都不可缺少的，同样旋转给料器及相关设备也要大量使用连接件与紧固件，常用于端盖与壳体之间的端法兰密封的连接、轴密封件的固定与压紧、零部件之间的紧定、旋转给料器进出料口与相关连设备的安装定位等。最常用的紧固件有螺栓、螺柱、螺钉、螺母、垫圈、销、键、挡圈、卡簧等。

9.2.1.1 螺纹连接的识别

旋转给料器及相关设备最常用的螺纹连接主要有三种基本类型：

(1) 普通螺纹，是应用最广泛的螺纹，我们所使用的螺栓、螺母、螺钉等标准紧固件都属于这一类型。有关普通螺纹的国家标准主要有 GB/T 193-2003《普通螺纹的直径与螺距系列》、GB/T 196-2003《普通螺纹的基本尺寸》，GB/T 197-2003《普通螺纹的公差》等。

同一直径的普通螺纹，按螺距 P 的大小可以分为粗牙螺纹和细牙螺纹，细呀螺纹的螺距 P 小，升角小，小径 d_1 大，螺纹的杆身截面积大、强度高，自锁性能较好，但是不耐磨，易脱扣。在小径 d_1 一定时，可以减少螺纹大径 d 的尺寸，可以使凸缘尺寸减小，结构紧凑，重量减轻。

普通螺纹有左旋和右旋两种旋向，采购的常用标准件一般是右旋的。普通螺纹的标注方法，内螺纹和外螺纹的标记方式是相同的，只是加工的精度符号有区别，内螺纹的加工精度符号用大写字母，外螺纹的加工精度符号用小写字母。如内螺纹 M80×2LH-6H，表示内螺纹的直径是 80 mm，螺距是 2 mm，是细牙螺纹，粗牙不标注螺距，LH 表示是左旋，右旋一般不标注，加工精度是 6H。再如外螺纹 M80×2LH-6g，表示外螺纹的直径是 80 mm，螺距是 2 mm，是细牙螺纹，粗牙不标注螺距，LH 表示是左旋，右旋不标注，加工精度是 6g。两者之间只有加工精度的 6g(小写字母)和 6H(大写字母)的区别。相同的螺纹，如果是右旋的，则内螺纹标注为：M80×2-6H，外螺纹标注为：M80×2-6g。如果是粗牙右旋螺纹，则内螺纹标注为：M80-6H，外螺纹标注为：M80-6g 。

(2) 密封管螺纹，主要用于气体管道的连接，比如，轴密封气体吹扫系统的进气管与端盖连接的管螺纹接头，转子端部密封气体压力平衡系统的进气管与端盖连接的管螺纹接头等。

密封管螺纹又分为 55°密封管螺纹和 60°密封管螺纹，55°密封管螺纹的螺距和牙型及尺寸要符合 GB/T 7306.1-2000(2010)《55°密封管螺纹》第 1 部分：圆柱内螺纹与圆锥外螺纹的规定，也可以按 GB/T 7306.2-2000(2010)《55°密封管螺纹》第 2 部分：圆锥内螺纹与圆锥外螺纹的规定。60°密封管螺纹要符合 GB/T 12716-2011《60°密封管螺纹》的规定。

密封管螺纹有左旋和右旋两种旋向，管接头与基体之间的连接一般是右旋的。55°密封管螺纹的标注方法是：R_P 为圆柱内螺纹，R_C 为圆锥内螺纹，R_1 为与圆柱内螺纹相配合的圆锥外螺纹，R_2 为与圆锥内螺纹相配合的圆锥外螺纹。如 $R_P\frac{3}{4}$ 表示 3/4 吋的右旋圆柱内螺纹，$R_C\frac{3}{4}$ 表示 3/4 吋的右旋圆锥内螺纹，$R_1\frac{3}{4}$ 表示 3/4 吋的右旋与圆柱内螺纹相配合的圆锥外螺纹，$R_2\frac{3}{4}$ 表示 3/4 吋的右旋与圆锥内螺纹相配合的圆锥外螺纹。

60°密封管螺纹 GB/T 12716-2011 是采用的美国国家标准 ASME B1.20.2M-2006 规定的 60°密封管螺纹。其标注方法与美国国家标准相当。如 NPT½-LH，表示 1/2 吋的左旋 60°牙型角的圆锥管螺纹，如果是右旋标注为：NPT½，其技术要求按 GB/T 12716-2011 的规定。

(3) 梯形螺纹，梯形螺纹的牙根强度高，主要应用于传递动力，如应用于插板阀、放料阀、取样阀等阀类的阀杆与阀杆螺母之间的连接,用于驱动插板或阀瓣实现阀门的开启或关闭过程。有关梯形螺纹的国家标准主要有 GB/T 5796.1-2005《梯形螺纹》第 1 部分：牙型；GB/T 5796.2-2005《梯形螺纹》第 2 部分：直径与螺距系列；GB/T 5796.3-2005《梯形螺纹》第 3 部分：基本尺寸；GB/T 5796.4-2005《梯形螺纹》第 4 部分：公差。

梯形螺纹有左旋和右旋两种旋向，阀杆与阀杆螺母之间的连接一般是左旋的。梯形螺纹的标注方法，内螺纹和外螺纹的标记方式是相同的，只是加工的精度符号有区别，内螺纹的加工的精度符号用大写字母，外螺纹的加工的精度符号用小写字母。如 Tr40×8LH-7H 表示内螺纹的直径是 40 mm，螺距是 8 mm，LH 表示是左旋，加工精度是 7H，右旋一般不标注。Tr40×8LH-7e 表示外螺纹的直径是 40 mm，螺距是 8 mm，LH 表示是左旋，加工精度是 7e。两者之间只有加工精度的 7e(小写字母)和 7H(大写字母)的区别。

不管是普通螺纹、密封管螺纹或是梯形螺纹，都是严格按照国家标准加工制造的，我国的螺纹标准与国际标准是接轨的，它与国际 ISO 标准或美国标准 ASME 是一致的。国际 ISO 标准也是以德国标准为基础的，所以欧洲标准与我国标准是相通的。

正确识别螺纹的旋向是拆装旋转给料器及相关设备最基本的知识，大部分旋转给料器及相关设备的法兰连接螺栓为右旋，如端盖与壳体之间的端法兰连接螺栓、端盖与轴承盖之间的连接螺栓、壳体进出料口法兰连接螺栓等。机械零件连接和传动螺纹有右旋也有左旋，有时因判断错误，见到螺纹就认为顺时针旋转为拧紧，逆时针旋转为拧松，乱拧一通，结果是轻者造成螺纹滑丝或螺栓断裂，重者则损坏零部件。

有的旋转给料器及相关设备上的螺纹外露较少，不易看清旋向，在没有搞清螺纹旋向时切勿乱拧螺栓。在有资料的情况下，尽量参阅相应的图样或有关文件，也可根据零部件的结构形式、传动方式微量地进行试探，反向转动螺栓一般能搞清楚螺纹的旋向，避免误操作而损坏零部件。

9.2.1.2　螺纹连接的形式

零部件的结构、所安装的位置不同，螺纹连接的形式也是不一样的。图 9-1 是旋转给料器及相关设备螺栓连接常用的几种形式。最典型的应用实例是端盖与壳体之间的连接方式是采用双头螺柱螺母本体裁丝连接形式，如图 9-1c 所示，轴承盖与端盖的连接、压紧填料密封件压盖的螺纹连接等都是采用双头螺柱螺母本体裁丝连接形式，壳体进出料口与配对法兰的连接一般采用双头螺柱双螺母连接形式，如图 9-1d 所示。

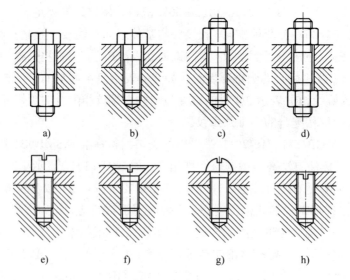

a)　　　　　b)　　　　　c)　　　　　d)

e)　　　　　f)　　　　　g)　　　　　h)

图 9-1　旋转给料器常用螺栓连接形式示意图

a) 六角头螺栓螺母连接　b) 六角头螺栓本体连接　c) 双头螺柱螺母本体裁丝连接　d) 双头螺柱双螺母连接

e) 圆柱头螺钉连接　f) 埋头螺钉连接　g) 半圆头螺钉连接　h) 无头紧定螺钉连接

小于等于 M6 的螺栓常用于测速部分或链罩部分的连接，头部开出一字凹槽或十字形凹槽，用起子装拆，这种螺栓称作螺钉，如图 9-1e～h 所示。它有圆柱头螺钉、埋头螺钉、半圆头螺钉和无头紧定螺钉等。螺钉主要用在旋转给料器的驱动部分、测速和测温部分，或阀门的驱动装置、指示机构上，连接受力不大和一些体形较小的零部件上。紧定螺钉一般用于挡圈定位比较多。

9.2.1.3　螺纹连接装配的技术要求

螺纹连接装配的技术要求主要包括装配前的准备工作、各紧固件的质量检查以及装配技巧等方面的要求。

(1) 要认真检查所使用的螺栓、螺柱、螺钉、螺母的材质、形式、尺寸和精度是否符合有关标准的技术要求。对应用于大中型旋转给料器及在高温、高压和重要场合的，材料是合金钢或奥氏体不锈钢的螺栓、螺母等紧固件要特别仔细、认真、验证合格证和抽查记录，其相关技术要求和验收标准按第 10 章第 10.4.1.5 节紧固件的表面缺陷检验的规定。

(2) 按照设计图样和技术规范的规定，在各法兰面上使用的螺栓和螺母其材质和规格应一致并符合相关规定，不允许有不同材质或不同性能等级的螺栓、螺母混用。

(3) 螺栓、螺母不允许有裂纹、皱折、弯曲、乱扣、磨损和腐蚀等缺陷。双头螺柱拧到壳体端法兰或螺母拧在螺柱上时，应无明显异常现象和卡阻现象。

(4) 如果利用解体时卸下来的旧螺栓、螺母应认真清洗，除去油污和锈斑等异物，并认真检查紧固件的表面质量，发现有严重缺陷的，应及时更换新的螺栓、螺母。装配前，应在螺纹部分涂覆鳞片状石墨粉或二硫化钼润滑脂，可以减少拧紧力，又便于以后拆卸。

(5) 对于配对使用的螺栓和螺母的材料强度等级不应该相同，一般的选用原则是螺母的材料强度等级较螺栓低一个等级。

(6) 对于自行车制或滚制的螺栓和螺母，以及其他无识别钢号的螺栓和螺母，应打上材质标记的钢号，钢号应打在螺栓的光杆部位或头部，螺母打在侧面，以便于检查鉴别。

9.2.1.4　紧固件的防松方法

旋转给料器及相关设备在工况运行过程中始终处于伴随有不同程度的振动状态，如果紧固件在使用过程中松弛，从而会影响整机的性能，甚至影响生产装置的正常运行。所以，在装配过程中紧固件是非常重要的。对双头螺柱载丝及各种螺钉的防松一般是采用涂抹防松胶的方法，即在装配双头螺柱载丝或旋入螺钉前，先在待拧入的螺柱螺纹处涂抹适量的防松胶，而后再拧入螺柱或螺钉。当随螺纹拧入的防松胶干燥固化后，就可以达到对螺柱或螺钉的防松作用。对螺母防止松动的方法最常用有双螺母锁紧、弹簧垫圈锁紧、止动垫圈锁紧、带翅垫圈锁紧、开口销锁紧等方式方法。如图 9-2 所示是零部件经常采用的螺母

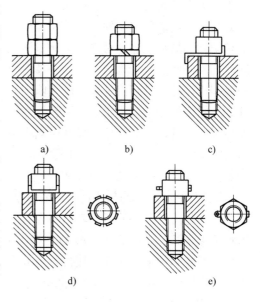

图 9-2　螺母防松的常用方法

a) 双螺母防松　b) 弹簧垫圈防松　c) 止动垫圈防松

d) 带翅垫圈卡紧　e) 开口销防松

防松方法。

(1) 双螺母锁紧，利用螺母拧紧后的对顶作用锁紧，如图 9-2a，其特点是尺寸增大，占用空间大，一般用于检修现场没有合适的其他防松条件的情况下。

(2) 弹簧垫圈锁紧，靠垫圈压平后产生的反弹力锁紧，如图 9-2b，结构简单，使用非常广泛，壳体与端盖的连接、壳体进出料口法兰的配对连接一般都采用弹簧垫圈锁紧。其缺点是弹力不均，可靠性不如其他某些防松方式。

(3) 止动垫圈锁紧，利用单耳或双耳止动垫圈锁住螺母或螺钉的头部，如图 9-2c，防松可靠性高。

(4) 带翅垫圈锁紧，带翅垫圈的内翅卡在螺纹杆的纵向槽内，圆螺母拧紧后，将对应的外齿锁在螺母的槽口内，如图 9-2d，防松可靠，一般用于滚动轴承的锁紧。

(5) 开口销锁紧，如图 9-2e 所示，是普通螺母借助开口销进行锁紧，开口销销孔的钻打是待螺母拧紧后再配钻，这种锁紧方法适用于旋转给料器辅助连接部分，或在检修现场等场合的防松锁紧。

9.2.1.5 螺母拧紧的顺序

对于旋转给料器及相关设备，特别是大型旋转给料器，壳体的各连接法兰尺寸比较大，特别是壳体与端盖之间连接的端法兰直径是很大的，而且壳体与端盖之间的装配定位精度要求很高，螺栓的拧紧程度和次序对旋转给料器装配质量和法兰密封性能有着十分重要的影响。

无论是设备内部圆形连接的部分，还是与其他设备连接的任何形状部分，螺母的拧紧顺序一般原则是对称均匀，轮流拧紧，逐渐到位。按照图 9-3 所示的顺序，当每根螺栓都初步上紧有一定力以后，应该立即检查法兰之间的密封垫片位置是否合适，各装配件之间的相互位置是否正确，放料阀或转子轴的填料压盖是否歪斜，测量法兰圆周各部位两配合法兰之间的间隙是否均匀一致，并及时调整。然后对称轮流拧紧螺栓，拧紧量不得过大，每次以 1/4～1/2 圈为宜，一直拧到所需要的预紧力为止。也要特别注意，不得拧得过紧，以免压坏垫片，拧断螺栓。最好用测力扳手按设计计算的预

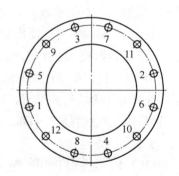

图 9-3　法兰螺栓连接的螺母拧紧顺序

紧力拧紧，一般检修过程中，拧紧到法兰密封不泄漏为原则。前后再检查法兰间隙应一致，并应保持与设计要求的法兰间隙相一致。

9.2.1.6 螺栓的拆卸和装配方法

螺栓的拆卸和装配是旋转给料器及相关设备检修过程中的重要工作内容，螺栓或螺钉的拆卸和装配方法与螺纹的连接形式、螺栓或螺钉的损坏或锈死程度等因素有关。双头螺柱和螺钉是最难拆卸和装配的螺纹连接件。拆卸和装配时，应按要求选用适当的扳手，尽可能选用固定扳手，少用活动扳手，以免损坏螺母。

1. 双头螺柱的拆卸和装配方法

双头螺柱的拆卸和装配在不同的情况下，需要采用不同的方法，特别是旋转给料器及相关设备检修解体过程中，可能会碰到各种各样的情况。

（1）双螺母拆卸和装配法，如图 9-4a 所示。是双螺母并紧在一起用以拆卸和装配双头螺柱的方法。当要拆卸双头螺柱时，上面的扳手将上螺母拧紧在下螺母上，下面的扳手用力将下螺母按反时针方向转动拧出螺柱。如果双头螺栓为反扣(左旋)，则应将二个螺母并紧后，用下面的扳手将下螺母按顺时针拧动旋出；当要把双头螺柱装配在壳体上时，则用扳手将两个螺母并紧，同时上面的扳手将上螺母按顺时针旋转，直至将双头螺柱安装于壳体上达到合适的深度，再松开两个螺母并将其旋出，则双头螺柱就装配完毕了。如为反扣(左旋)，则二个螺母并紧后，逆时针方向拧动上面的螺母直至将螺栓装于壳件上达到合适的深度。这种方法简单易行，无论是在专业工厂的装配车间，还是在化工生产装置的检修现场或检修车间都可以采用，并且不会损坏螺纹连接的相关各个零部件或螺柱。

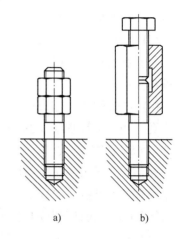

图 9-4　双头螺柱的拆卸和装配方法
a) 双螺母拆装法　b) 螺帽拧紧拆装法

（2）利用螺帽拧紧法进行拆卸和装配，如图 9-4b 所示。首先将螺帽旋合到螺柱上并达到适当的位置，然后用六角头螺栓并紧，用扳手将螺帽按顺时针方向旋转，直至将双头螺柱安装于壳件上达到合适的深度，再松开六角头螺栓并将其旋出，则双头螺柱就装配完毕了。拆卸时用扳手将螺帽按逆时针方向旋转，即可将双头螺柱旋出。

（3）利用管钳进行拆卸和装配。对于大型旋转给料器，连接壳体和端盖的双头螺柱直径比较大，可以用小型的管钳夹在螺柱光杆部分，先将双头螺柱载入壳体内或将双头螺柱旋出壳体，从而可以实现拆卸和装配。

2. 锈死螺栓螺母的拆卸

在现场检修过程中，经常会有一些螺栓和螺母生锈甚至锈死或腐蚀损坏。对已锈死和腐蚀的不易松动的螺栓、螺母或螺钉，在拆卸前应用煤油浸透或喷洒罐装松锈液，弄清螺纹旋向，然后慢慢地拧动 1/4 圈左右，然后回拧，反复拧动几次，逐渐拧出螺栓或螺钉。也可以用手锤敲击，振动螺栓、螺母四周，将螺纹振松后，再慢慢拧出螺母、螺钉或螺栓。注意在敲击螺栓时不要损坏螺纹。用敲击法难以拆卸的螺母可以用喷灯或氧炔焰加热，使螺母快速受热膨胀，并迅速将螺母拧出。对难以拆卸的螺栓或螺柱，可以用煤油浸透或喷洒罐装松锈液后，再用规格尺寸合适的管子钳卡住螺栓中间光杆部位拧出。

3. 断头螺栓的拆卸

旋转给料器及相关设备检修解体过程中，经常会遇到螺钉或螺栓折断在基体的螺纹孔中，这是拆卸工作中最感到麻烦的事情。此时首先要对断头螺钉螺栓作一些必要的处理。例如，可以采用煤油浸透松动法、表面清除锈蚀法、局部加热松动法、局部涂化学腐蚀剂松动法等促使断头螺栓尽快拧出，然后可以根据不同的情况或现场条件，采取如下几种常用方法。

（1）锉方榫拧出法，适用于螺栓在螺纹孔外尚有 5 mm 以上高度的情况，断头螺栓的直径尺寸比较大的条件下。具体操作是，把断头螺栓在螺纹孔外的部分，用合适的锉刀将其锉成正方形的方榫形状或扁长矩形，然后用扳手将其慢慢拧出。如果螺栓的直径尺寸不够大，锉出的方榫部分其承受力的能力不足，就很容易在旋出时使其楞角损坏，进而导致无法拧出。

（2）管子钳拧出法，适用于螺栓在螺孔外尚有 5 mm 以上高度的断头螺栓，无论断头螺栓的直径尺寸是多大，都可以采用这种方法，只要检修现场有合适规格尺寸的管子钳即可。操作过程中一定要掌握好管子钳的开口大小，不要使管钳滑动，动作要慢要稳，将断头螺栓慢慢拧出。

(3) 点焊拧出法，适用于断头螺栓在螺孔外少许或断头螺栓与螺孔平齐的条件下，它是用一块钻有孔的扁钢，用塞焊法与断头螺栓焊牢，扁钢孔的直径比螺纹的内径稍小即可，然后慢慢拧出。

(4) 方孔楔拧出法，适用于断在螺纹孔内规格尺寸比较大的螺钉或螺栓，先在螺栓中间钻一小孔，用方形锥具敲入小孔中，然后扳动方形锥具将断头螺钉或螺栓拧出。

(5) 钻孔攻丝恢复法，适用于以其他方法不能拧出的断头螺钉或螺栓，先将断头螺栓端部锉平整，然后尽可能在中心打一洋铳眼，用比螺纹内径稍小的钻头钻孔至断螺栓全部钻通，然后用原螺纹的丝锥攻出螺纹即可。

9.2.1.7 键连接的拆装方法

键连接的形式有很多，根据不同的连接要求和不同的零部件结构条件，分别可以使用平键、滑键(导键)、斜键(楔形键)、半圆键和花键。在旋转给料器及相关设备中应用最多的是平键，如图 9-5a 所示的是平键的外形结构，如图 9-5b 所示的是平键连接形式，主要应用于旋转给料器转子轴与链轮的连接、减速电动机的输出轴与链轮的连接等。在相关设备的各类型阀门中也主要是使用平键，个别情况下有特殊要求的大通径阀门的手轮与阀杆螺母之间的连接有采用花键的，并将花键的配合间隙加大，此种情况称为撞击手轮。其他类型的键连接形式在旋转给料器及相关设备中应用比较少。

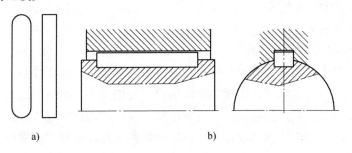

a)　　　　　　　　　　　　b)

图 9-5　旋转给料器及相关设备中常用平键连接的装配形式

a) 平键外形结构　b) 平键连接形式

(1) 平键，平键的断面为正方形或矩形两种，其中截断面为矩形的在旋转给料器及相关设备中应用较为普遍。装配前应清理键槽，修整键的棱边，修正键的配合尺寸，使键与键槽两侧为过盈配合，键的顶面与链轮的键槽底面间应有适当间隙，经修正键的两端半圆头后，用手将键轻打或以垫有铜片的台钳，将平键压入槽中，并使键槽底部密合。

拆卸平键前应先卸下轮类零部件，然后用起子等工具拨起平键。也可用薄铜片相隔，用台钳或钢丝钳夹持而将键拉出。也有些平键在其中心部位有一个适当规格尺寸的螺纹孔，卸去链轮以后，用适当尺寸规格的六角头螺栓或螺钉拧入其中，即可将键顶出。

(2) 花键。花键有矩形花键和齿形花键两种，阀门的撞击手轮所使用的主要是矩形花键连接。齿形花键主要是应用于机床、汽车等变速齿轮机构中，在旋转给料器及相关设备中应用比较少。

9.2.2 减速电动机和通用件的拆卸和装配

能在几种类型的旋转给料器及相关设备中适用的零部件,我们称这类零部件就是通用件。主要包括传动部件(如链轮、链条、链条张紧器等)、轴承组合件、转矩限制器、减速电动机组合件、套类件(如轴密封套等)和黏接件等。

9.2.2.1 减速电动机的装配

减速电动机拆卸和装配是两个不同的过程,装配工作质量的好与否关系到整台设备的运行稳定性和工作性能,所以,装配工作开始之前,应做好必要的准备工作。

1. 装配减速电动机之前的准备工作

(1) 认真核对减速电动机的工作性能参数。装配减速电动机之前,要认真核对减速机的工作性能参数(如减速比、安装方式、润滑油牌号、润滑油数量、输出轴直径与长度、连接键规格尺寸与形式、安装方位等)和电动机部分的工作性能参数(如防爆等级、防护等级、同步转速、额定电流、额定功率、变频范围与要求等)和适用环境温度等是否与要求的相一致。

(2) 共用底座式安装要求。对于旋转给料器与减速电动机采用共用底座安装方式的,装配减速电动机的固定板和支架要有足够的强度和刚度,要保证在正常工况运行条件下,包括旋转给料器和减速电动机在内的所有部件不会由于支架和固定板的刚度不足而产生振动、颤振、噪声等异常现象。并要求固定板与支架连接为一个整体以后平稳可靠。要检查固定板的平面度,保证固定板与减速机之间的配合部分具有很好的平面接触度。

(3) 背包式安装要求。对于旋转给料器与减速电动机采用背包方式安装的,除了装配减速电动机的固定板要有足够的强度和刚度以外,固定螺栓的直径和长度要严格控制好,螺栓的直径过小或螺栓的长度过长都可能会导致刚度不足,从而在工况运行过程中有可能会产生振动等异常现象。

(4) 安装底板要求。无论是采用共用底座安装方式还是采用背包安装方式,都要认真核对减速机的底座安装孔直径大小和位置是否与固定板的安装孔相匹配,并将所有安装件的相互安装位置关系核对一下,确认无误后方可实施安装工作。

(5) 清洗减速机输出轴。对于新购置的减速机,为了防止生锈或被其他介质腐蚀,出厂前在输出轴端涂有防腐、防锈润滑剂。装配前要用标准溶剂仔细清洗干净,注意溶剂不能进入油封的密封凸缘上。

2. 减速电动机装配注意事项

安装减速电动机要确认减速箱的油位观察孔、排油孔螺塞、通气孔的位置是否合适并且很方便进行观察,确认电动机的接线盒位置是否合适等,特别是防爆电动机的接线盒尺寸比较大,一般应放置在电动机的上方比较合适。

9.2.2.2 链轮和链条的拆卸和装配

在各种类型的旋转给料器及相关设备中,链轮的规格大小不同,有单排和双排之分,但结构形式基本相同,其安装和拆卸方法也相近。在装配链轮之前,要检查链轮的轴安装孔和齿形部分有无缺陷和毛刺,不符合要求的要修整。链轮与轴的配合方式有间隙配合、过渡配合和过盈配合,旋转给料器的轴与链轮配合一般采用比较紧的间隙配合。一般用平键连接传递动力。

装配链轮前,首先把平键与轴上键槽的宽度配合调整好,并调整好平键与链轮上键槽的宽度配合。然后采用手压、手锤轻打或其他合适的方式将平键安装在轴的键槽内。将链轮的键槽对准轴上的平键，用手锤轻打或轻压的方式将链轮安装到要求的位置。千万不能用力猛敲猛打，以免损坏减速机的轴承、外壳或轴，也可以将链轮加热到80～100 ℃，安装会容易些。旋转给料器转子轴端的从动链轮和减速电动机输出轴端的主动链轮安装方法相同。

主动链轮和从动链轮安装好以后，要分别轻轻旋转链轮最少一圈，检查链轮端平面是否有摆动现象，然后用吊线的方法或平尺靠紧直径比较大的从动链轮，检查主动链轮的端平面是否与从动链轮的端平面在同一个平面内，如果两个链轮的端平面不在同一个平面内，就要进行调整，使其调整到两个链轮的端平面在同一个平面内。如图 9-6 所示，首先将校正靠尺的校正面与直径尺寸大的从动链轮端平面靠紧贴合在一起，然后观察直径尺寸小的主动链轮的端平面与校正靠尺之间的间隙，根据情况调整减速电动机的位置，调整具体措施可以是将减速电动机向左平移或向右平移、向前平移或向后平移、向左倾斜或向右倾斜。最终使主动链轮的端平面与校正靠尺之间的间隙，要达到在上下摆动校正靠尺的过程中，整个平面内间隙大小一致，其间隙大小在似接触非接触状态最为合适。

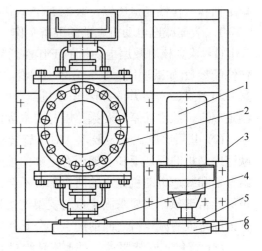

图 9-6　旋转给料器主动链轮和从动链轮位置调整示意图

1—减速电动机　2—旋转给料器主机　3—共用底座
4—从动链轮　5—主动链轮　6—校正靠尺

主动链轮和从动链轮的位置调整好以后，就要着手安装链条，将链条放在从动链轮的齿间，并将链条环绕主动链轮一圈后，使链条的长度略有余量位置将其截断，为了安装的方便，链条的长度节数一般采用偶数节，然后用链扣将链条上好。

链条的松紧程度调整有两种方法，其一是使用链条张紧器调整，这种方法的特点是调整方便，但是其缺点是多了一个部件，在旋转给料器工况运行过程中，就增加了一个出现故障的环节。而且链条的松紧程度调整好以后，在接下来以后的工况运行、维护保养、现场小型检修过程中，其链条的松紧程度是不变的，是不需要再作调整的。所以链条的松紧程度调整方法更多的是采用移动减速电动机的位置进行调整。链条的松紧程度要控制好，既不能太紧，也不能太松。如果链条太紧会使链条的非受力侧也有一定的拉力，这样就增加了减速电动机的负荷，也增加了电能的消耗量。如果链条太松，则会降低旋转给料器运行的稳定性，传递功率的效率降低。链条的松紧程度调整最简易的方法是，将减速电动机的风扇罩取下来，用手扳动电动机的风扇叶片，使链条的受力边拉紧，用手或螺丝刀拉住链条非受力边的中点并用力向上拉，如图 9-7 所示。要控制在使链条的非受力边与主动链轮和从动链轮非受力边的连线之间的夹角在7°左右为宜。

或者还有一种更简便直接的方法，就是一人用手盘动电动机风扇叶，使其吃上劲但不要转动，将链条的非受力边放在上侧，然后另一人直接用手按压在上侧链条的中部(在距主从动链轮距离大致相当的位置)，压力适中，使其挠度下降大约一到两个链条的厚度(这只是针对旋转给料器检修的经验做法，要根据两链轮的直径大小、中心距离长短、链条的规格大小而适当确定)，此时即为合适的张紧程度。

9.2.2.3 轴承的拆卸和装配

滚动轴承在旋转给料器及相关设备中的应用十分广泛。滚动轴承与轴的配合是基孔制，与轴承座的配合按基轴制。如果轴是传递动力的，则滚动轴承与轴的配合公差一般采用比较紧的过盈配合。对于大部分使用工况的中小规格的旋转给料器，转子轴传递的动力比较平稳而且是轻型的，所以滚动轴承与轴的配合公差一般采用比较松的过盈配合，即轴承内圈与轴之间常采用有一定过盈量的配合，轴承外圈与轴承座孔之间常采用有微小过盈或零对零的配合；对于大部分使用工况的大中规格的旋转给

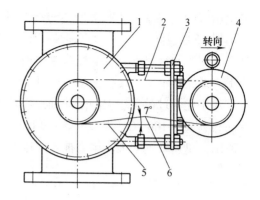

图 9-7 旋转给料器链条松紧程度调节示意图

1—旋转给料器主机 2—链条受力边 3—共用底座

4—减速电动机 5—主动链轮与从动链轮非受力边的连线

6—链条非受力边拉紧后的中点

料器，滚动轴承与轴的配合公差一般采用比较紧的过渡配合，即轴承内圈与轴之间常采用有微小过盈或零对零的配合，轴承外圈与轴承座孔之间常采用零对零的配合。

1. 滚动轴承的拆卸和装配通则

(1) 装配前，应将转子轴、轴承座孔及附件清除毛刺等异物，并将零部件、轴承及附件用煤油或金属清洗剂清洗干净。

(2) 仔细检查各个零件是否有缺陷，相互配合精度是否符合要求。并将有配合关系的相关零部件预套一下，验证各配合公差是否合适，手持轴承内圈，另一只手转动轴承外圈，试听有无异响，检查无疑后，一般将轴承涂适量的润滑脂后防尘备用。

(3) 拆卸轴承前，应首先卸下固定滚动轴承的紧固件，如挡圈、紧圈、压板、带翅垫圈及压盖等。

(4) 拆卸和装配轴承时，应在受力较大的轴承圈上加载，载荷要均匀对称，以免损坏轴承。

(5) 装配时应注意清洁，防止异物掉入轴承内。轴承端面应与轴肩或孔的支承面贴合，安装后应将紧固件装配完整，无松动现象。

2. 径向滚动轴承的装配

滚动轴承在旋转给料器及相关设备中是必不可少的元件，旋转给料器使用滚动轴承的类型主要有向心深沟球轴承、圆柱滚子轴承、圆锥滚子轴承等；相关设备中使用轴承主要有向心深沟球轴承、调心球轴承、推力轴承、滑动轴承等。对于不同结构、不同规格的旋转给料器及相关设备，选用不同结构的轴承，轴承的装配方法也是不同的。在很多情况下轴承的装配，可以采用打入法或压入法，一般情况下，小规格的轴承采用打入法比较多。对于大规格的轴承则采用压入法比较多。无论是采用打入法还是采用压入法，施加力的方式和受力点的位置一定要正确。如果采用打入法，不能用锤子直接敲击轴承，而是要借助中间辅助件。最好是使轴承的内套和外套同时受力。正确的打入方法，可以使用铜棒交替放在轴承内套和外套上，用手锤均匀对称轮流敲击，这样才能获得较好的效果，否则将损坏滚动轴承和轴。如图 9-8 所示的是借助辅助件，采用打入法或是采用压入法安装轴承的示意图。图 9-8a 所示的是采用手锤均匀对称轮

流敲击时的受力点。图 9-8b 所示的是采用压入法时的受力点。无论是采用液压千斤顶还是采用拉出器(或称拉马)，其受力点都是在中心位置，压入操作过程中，要仔细观察进展情况，注意是否压偏等异常现象。装配好的滚动轴承应试转检查，如果有异常声响或转动不灵活，说明装配不当或配合不妥，应找出原因加以消除。

对于配合过盈量较大的滚动轴承，采用压力机压入或热装法。热装法一般用机油将滚动轴承加热到 80~100 ℃，温度不宜过高，以免影响轴承的机械性能，轴承达到加热温度后，用钩子取出，迅速套到轴上，用力推入或压入即可。

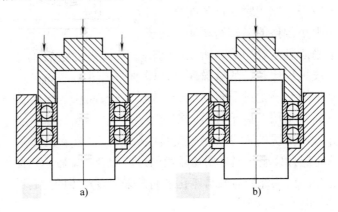

图 9-8　滚动轴承装配方法

a) 采用打入法的受力点　b) 采用压入法的受力点

3. 滚动轴承的拆卸

经过长期工况运行以后，滚动轴承会有一定程度的磨损，旋转给料器的性能会受到一定影响，必须重新更换新的轴承，以保证整机的性能要求。拆卸轴承常用的工具是拉出器。拆卸轴承时，拉爪应紧紧拉住装配力较大的轴承套圈上，拆卸内圈时拉爪应托在内圈端面，顶杆顶紧轴端，慢慢转动手柄，拉出轴承。拆卸外圈时，容易受到条件的限制，在条件允许的情况下，可以使用拉出器。如拆卸径向推力圆锥滚子轴承的外圈时，可将拉爪伸进圈内拉出。

对于配合过盈量较大及难以拆卸的轴承可采用加热轴承或轴承座的方法，如拆卸装在轴上的轴承，可用加热到 80~100℃的热机油浇淋在轴承上，使轴承内圈膨胀与轴松动，即可卸下轴承。如拆轴承座内的轴承，则可将热机油浇淋在轴承座上，使其受热膨胀与轴承松动，即可迅速拆出轴承。

9.2.2.4　轴类件的拆卸和装配

在旋转给料器及相关设备中的轴类零部件主要包括有轴、阀杆、杆件等，正确的装配轴类零件能保证旋转给料器或阀门的运转平稳，减少轴及轴承的磨损，延长整机安全稳定运行的使用寿命。

在装配前，应对轴类及其相配的孔进行仔细认真的检查、清理和校正，使其符合技术要求，方可进行装配。

装配的技术关键是校正轴类通过两孔或多孔的公共轴线。校正的方法有目测、装配过程中旋转杆件靠手感判、用工具校正等方法。

9.2.2.5　套类件的拆卸和装配

在旋转给料器及相关设备中使用的套类零部件主要是旋转给料器转子的轴套、在阀门上使用的滑动轴承、气缸套、密封圈、导向套等。也常用套类零件修复被磨损了的轴和孔。根据使用要求，套类的装配有过盈配合、过渡配合以及间隙配合等。

1.　套类的装配

装配前应对套类零件与所配合的轴或孔进行清洗、清除倒角、清除锈斑与污物，套与其配合件的接触面应涂刷机油或石墨粉。

根据不同的配合等级，装配的方法有锤击法、静压法和温差法等。锤击法简单方便。装配时将套件对准孔，套端垫以硬木或软金属制的垫板，以手锤敲击，击点要对准套的中心，如图9-9a 所示，锤击力大小要适当。对容易变形的薄壁套筒，可以导管作引导，用上述方法压入，如图 9-9b 所示。对装配精度要求较高的套类零件，应采用静压法压入或温差法装配，保持装配后的套筒质量及使用性能。

与旋转给料器配合使用的相关设备，包括放料阀和取样阀等都属于低压阀门或设备，其阀座密封面在修复过程中往往制成阀座套形式。如果阀座套采用过盈配合或过渡配合，可以采用滚压机、螺杆试压台等设备压入。

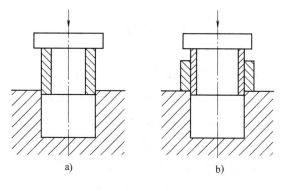

图 9-9　套类零部件压入方法示意图

a) 锤击时垫缓冲物　b) 薄壁套用导向管引入

套类零部件的装配可以采用温差装配法：其一是将套筒冷却收缩或将与之配合的孔零件加热膨胀；其二是把套类加热或将与之相配的轴冷却收缩，然后迅速装配套筒零件。这两种方法装配可靠，质量较高，但应掌握好零件的加热温度范围，以免使零件退火，改变材料的力学性能，造成零部件的质量隐患。

2.　套类零部件的固定

为了防止套筒类零件装配后松动，应以适当的方式加以固定，对要求不高和传递动力不大的轴套，仅以过盈配合就可以，例如转子的密封轴套就是如此，不需另行加装固定零件。对于需要固定的套类零部件，可以采用一种固定方法，也可以同时采用两种固定方法，通常使用的固定方法有：

(1) 侧面螺钉固定法，如图 9-10a 所示。适用于与套类零部件配合的零件外侧壁厚尺寸不是很大的场合，固定可靠，可以随时拆卸，可操作性好。

(2) 端面螺钉固定法，如图 9-10b 所示。适用于套类零部件端部尺寸有一定壁厚的场合，固定可靠，可以随时拆卸，可操作性好。

(3) 骑缝螺钉固定法，如图 9-10c 所示。适用于套类零部件有一定壁厚尺寸的场合，套类零部件端部不占用空间，固定可靠，可以随时拆卸，可操作性好。

(4) 配合缝黏接固定法，如图 9-10d 所示。适用于套类零部件的壁厚尺寸比较小，而且不需要传递太大力或力矩的场合，可操作性好。

(5) 配合缝焊接固定法，如图 9-10e 所示。适用于套类零部件的壁厚尺寸比较小，不需要经常拆卸的场合，固定非常可靠，但是不适合用于经常拆卸的场合。

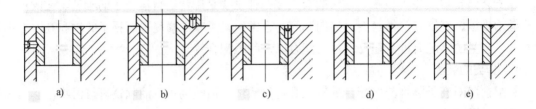

图 9-10　套类零部件的固定方法示意图

a) 侧面螺钉固定法　b) 端面螺钉固定法　c) 骑缝螺钉固定法　d) 黏接固定法　e) 焊接固定法

3. 套类零部件的拆卸

拆卸前应仔细检查套类零件的结构类型和固定方式，才能采取相应的拆卸措施，有紧定螺钉的套类零部件拆卸，应先卸掉螺钉；以点焊固定的，应先用适当的方法切除焊点；以黏接固定的，则视胶黏剂的品种选用溶剂或加热法拆卸。

套类零部件的一般拆卸方法，先在套筒的装配缝中以煤油浸润，并用手锤敲击零件，使煤油加速渗透到套筒的装配缝隙中，视结构不同，可以用工具将套筒打出或用拉出器将套筒拉出，对难以拆卸的套类零部件，可用机床切削去除。对没有切削设备或不适合切削加工的套类零部件，可用锯或其他合适的方法除掉轴套。锯割适合通孔套筒零件，錾切适合盲孔套类零件。

9.2.2.6　黏接处的拆卸和装配

在旋转给料器及相关设备阀件的修复作业中，有遇到黏接件残胶的清除和黏接处的拆卸。装配时黏接方便，拆卸却很困难。这里介绍水浸法、水煮法、火烤法、化学法和机械加工法以拆卸黏接件，并清除残胶。

1. 水浸法

有些黏接剂遇水就溶解，对于拆卸用这类黏接剂黏接的零件或清理这类残胶，可将待拆卸或清理的零件在水中浸透，直至黏接剂溶解，黏接处脱离为止。这类胶有 501、502 等。

2. 水煮法

以低分子量环氧树脂(如 101、628、634、637 等)和其他类型的胶黏剂(乙二胺、多乙烯多胺)作固定剂进行冷固化的黏接件，可在沸水煮约十分钟，视工件大小，适当调整水煮时间，胶黏剂受热后软化，趁热把黏接处拆开。

3. 火烤法

采用苯二钾酸酐等热固化剂，无论是环氧树脂或其他耐温性能在 300 ℃ 左右的黏接剂，用水煮法不可能拆卸，可采用火烤法使其受热软化，趁热清理残胶或趁热用工具迅速撬开接头。用这种方法时应注意不能使加热温度过高，以免黏接零件受热退火或烧损。

4. 化学处理法

利用某些胶黏剂不耐酸、不耐碱、不耐溶剂等特性，将残胶或待拆卸部位或零件置于化学物质中来清除残胶或拆卸黏接接头。如有些黏接剂用火烤不起作用，它不耐碱，可以用碱液浸泡，使黏接处脱开；溶剂型胶黏剂不耐溶剂，如聚氯乙烯、聚苯乙烯等都溶于丙酮。

5. 机械加工法

不适合利用上述方法的, 可以利用打磨、刮削、车、钻等机械方法清除残胶, 拆卸接头。

9.2.3 静密封件的拆卸和装配

静密封是以两连接件之间夹持密封件来实现密封的。密封件的结构形式很多, 有平面垫片、梯形(或椭圆)垫、透镜垫、锥面垫、O 形圈以及各种自密封垫圈等。旋转给料器及相关设备的工作压力不高, 使用的垫片种类比较少, 使用比较多的主要是平垫片和 O 形密封圈。使用的平垫片主要有聚四氟乙烯板平垫片、带内环和外环的不锈钢石墨缠绕垫片和复合材料垫片。使用的 O 形密封圈一般是氟橡胶材料的。对于温度比较高的场合, 也可以使用金属垫。无论是旋转给料器及相关设备的零部件装配, 还是旋转给料器与各相关设备之间的连接, 都需要有垫片密封。垫片的安装质量好与不好, 直接关系到旋转给料器及相关设备的密封性能。所以, 垫片的安装是非常重要的环节。

9.2.3.1 垫片密封的预紧力

垫片密封预紧力的确定是一个复杂的问题, 它与密封形式、介质压力、垫片材料、垫片尺寸、连接螺纹表面粗糙度及螺栓螺母旋合面有无润滑等诸因素有关。在有润滑和无润滑时差别很大, 摩擦因数两者之间相差几倍乃至十几倍。

旋转给料器及相关设备中的垫片使用最多的是带内环缠绕式垫片, 或是带内环和外环的缠绕式垫片, 按照中国石油化工行业标准 SH3407-2013《管法兰用缠绕式垫片》中规定了缠绕式垫片的密封性能参数, 如表 9-1 所示。这些参数是在试验室条件下测量产生的, 与实际使用情况有比较大的区别, 在现场使用时要考虑到这些因素。

表 9-1 缠绕式垫片的性能参数

垫片材料	应力松弛率/%	压缩率/%	回弹率/%
金属带/特制石棉带	≤18	18~26	≥25
金属带/柔性石墨带	≤15	18~26	≥25
金属带/聚四氟乙烯带	≤22	18~26	≥20

在旋转给料器及相关设备零部件装配过程中, 或是这些设备相互之间的安装过程中, 其情况是多种多样的。其工作密封压力、连接面的表面加工粗糙度、工作介质的特性不同, 其密封的效果就不同。所以没有一个绝对的数值可以确定怎样就可以, 或者说怎样就不可以。实际操作过程中, 参照表 9-1 规定的性能参数, 工作压力比较低的工况, 螺栓的预紧力可以适当小些, 工作压力比较高的工况, 螺栓的预紧力可以适当大些。在旋转给料器及相关设备初次使用的起始阶段, 当工作介质的温度升高到一定的程度以后, 要对密封垫片的连接螺栓进行热把紧, 即将各安装有密封垫片部位的螺栓逐个再拧紧, 保证密封垫片的预紧力在要求的范围内。

聚四氟乙烯板平垫片或聚四氟包覆石棉板等非金属垫片也是使用比较多的, 这些软质材料垫片的密封预紧力可以适当小些, 其拧紧力的确定原则类似于缠绕式垫片, 即根据工况参数不同, 在保证密封的条件下, 有一定的附加密封力即可, 不宜拧得过紧, 但也不能太松, 要保证密封性能。

9.2.3.2　O形密封圈的选择与黏接

O形密封圈的尺寸及公差按GB/T 3452.1-2005《液压气动用O形橡胶密封圈　尺寸系　列与公差》的规定，旋转给料器主体结构中的密封件使用最多的是橡胶O形圈密封件，适用于220℃以下各种工况参数条件下输送介质的密封，现在的O形圈国家标准与国外标准基本一致，也可以适用于国外生产的旋转给料器。检修时按原有O形圈或沟槽尺寸选定即可。当用于油品介质时要选购耐油橡胶的O形圈，这类O形圈的材料有丁腈橡胶、硅橡胶、氟橡胶等合成橡胶。

在检修现场，不一定有直径大小合适的橡胶O形圈，可以按使用要求选用适当材料和所需截面直径的橡胶密封条，按照所需内径制作，操作十分方便，能够满足现场需要，可以大量降低备件量。其制作方法如下：选用黏接强度高，而且快速黏接的黏接剂，如502胶黏剂等，在黏接前，首先将橡胶条按所需长度截取，长度应等于O形圈的中径乘以π再加2倍的橡胶条截面直径，切口为2倍截面直径长的斜面，橡胶条两端的斜口要平行，然后对接黏合即可。

9.2.3.3　密封件安装前的准备

(1) 垫片的基本情况核对。核对选用密封件的名称规格、型号、材质应与旋转给料器及相关设备的工况条件(如工作压力、工作温度、耐腐蚀性等)相适应，并符合有关标准的规定。

(2) 密封件的质量检查。聚四氟乙烯板平垫片或聚四氟包覆石棉板等非金属垫片，表面应平整和致密，不允许有裂纹、折痕、皱纹、剥落、毛边、厚薄不匀等缺陷；金属垫片，表面应光滑、平整，不允许有裂纹、凹痕、径向划痕、毛刺、厚薄不匀及腐蚀产生的缺陷等。O形圈应无缺损、断裂、变形等缺陷，选用材料适合工况要求，规格尺寸符合要求。

(3) 紧固件的检查。在检修现场有限的条件下，装配时可以使用一部分解体下来的紧固件，检查螺栓螺母质量应符合国家标准有关规定。螺栓螺母的形式、尺寸、材质应与工况条件相适应，符合有关技术要求。不允许有乱扣、弯曲、滑扣、材质不一、裂纹和产生腐蚀现象。新螺栓螺母应有材质证明，重要的螺栓螺母应进行化验和探伤检查。

(4) 连接密封面的检查。连接密封面应符合设计技术要求。密封面应平整、宽窄一致、光洁，应无残渣、凹痕、径向划痕、严重腐蚀损伤、裂纹等缺陷。

(5) 连接件的清洁与清洗。清除所有密封连接件上的油污、旧垫残渣、锈痕。清洗螺栓螺母、静密封面，并在其上涂以石墨之类的润滑剂。

9.2.3.4　密封垫片与O形圈的安装

在所有连接件、密封面和垫片经检查无误，其他零部件经修复完好，并经检验合格的情况下，方可安装密封件。

(1) 垫片安装前，应在密封面、垫片、螺纹及螺栓螺母的旋合部位涂上一薄层适宜的密封剂。涂密封剂后的连接件应保持干净，不得沾污，随用随取。

(2) 垫片安放在密封面上的位置要正确、适中，不能偏斜，不能伸入内腔或搁置在台肩上。垫片内径要略大于密封面内孔，垫片的外径应比密封面外径稍小，这样才能保证受压均匀。

(3) 密封面采用密封胶密封(又称液体密封垫片)时，胶黏剂应与工况条件相适应，黏接操作符合相应的黏接规程。密封面要认真清理或表面处理。平面密封面应研磨并有足够吻合度，涂抹要均匀，要尽量排除空气，胶层一般为 0.1～0.2 mm 厚为宜，螺纹密封处与平面密封一样，相接触两个面都要涂抹，旋入时应取立式姿态，以利空气排除。胶液不宜过多，以免溢出污染其他零部件。

(4) 当螺纹密封采用聚四氟乙烯生料带时，先将生料带起头处拉伸变薄一些，贴在螺纹面上，然后将起头多余的生料带除掉，使贴在螺纹上的薄膜形成楔形。视螺纹间隙，一般缠绕二至三圈，缠绕方向应与螺纹旋向一致，终端将重合起头处时，渐渐拉断生料带，使之呈楔形，这样可保证缠绕的厚度均匀。旋入前，把螺纹端部的薄膜压合一下，以便能够使生料带随螺纹一起旋入螺孔中，旋入要慢，用力均匀适当，旋紧后不要再松动，切忌避免回旋，否则容易泄漏。

(5) 每个密封副间只允许安装一个垫片，不允许在密封面间安装两层或多层垫片来弥补密封面间的多余间隙。

(6) O 形圈的安装除了圈和槽应符合设计要求外，压缩量要适当。氟橡胶 O 形密封圈的压缩变形率，圆柱面上的静密封按表 6-5 选取，旋转给料器壳体与端盖之间的平面静密封面按表 4-16 选取。对于 O 形密封圈来说，压缩变形率越小，使用寿命可以越长。

(7) 拧紧螺栓时，应对称、轮流、均匀地拧紧，分 2～4 次旋紧，螺栓应满扣，整齐无松动，拧紧以后的螺栓应露出螺母 3～5 mm 为宜。

(8) 密封垫片压紧后，应保证两个连接件间留有适当的间隙，以备垫片泄漏时有压紧的余地。

(9) 在高温工况条件下，螺栓会产生应力松弛，变形增大，致使密封副间产生泄漏，这时应在热态情况下适当拧紧连接螺栓。

9.2.3.5　密封垫片安装中的注意事项

在垫片安装工作中，有时检修人员往往会忽视对密封面缺陷的修复，也有可能对密封面和垫片的清理或清洁工作不够彻底，从而造成密封副泄漏的现象。出现这些问题以后，有些检修人员不是采取从根本上解决问题的办法，而是通过走捷径，采用的补救措施是施加过大的预紧力压紧垫片，来强制使垫片达到密封的目的。这样做会使垫片的回弹能力变差，甚至破坏，从而降低垫片的使用寿命。当然除此之外，在垫片安装过程中，还有许多形式各异的问题需要引起重视，下面是垫片安装中常见的缺陷，应注意加以避免和纠正。

(1) 法兰连接面间产生偏口，即法兰连接面间一圈之内各个方向的间隙不均匀。在装配过程中产生的原因主要是拧紧螺栓时，没有按对称、均匀、轮流的方法操作，事后又没有检查法兰对称四点的间隙而造成的。

(2) 法兰连接面间产生错口，即密封连接的两法兰孔中心不在同一个轴线上。在装配过程中产生这个问题的主要原因可能是螺栓孔错位造成的，也有可能是安装不正或螺栓直径选用偏小，互相位移引起的。

(3)法兰连接面间采用双垫，产生这种缺陷的原因往往是因法兰连接处预留间隙不合适，用垫片填充空间，结果造成新的隐患。

(4) 法兰连接面间的垫片位置偏移，主要是安装不正引起的，垫片伸入到壳体腔内，会影响物料的流动。这种缺陷使垫片受力不均匀，产生泄漏，应引起注意。

(5) 法兰连接面间咬垫片，它是由于垫片内径太小或外径太大引起的，垫片内径太小，伸入到壳体腔内，垫片外径太大，将使垫片边缘夹持在两密封面的台肩上，使垫片压不严密而造成泄漏。

化工生产企业的设备检修技术人员在长期的工作实践中，对保证垫片安装质量，将检修密封面装配过程总结为选得对、查得细、清得净、装得正、上得均。为了得到好的安装质量，这五个要素缺一不可。

9.2.3.6 垫片的拆卸

拆卸垫片的顺序依次是：首先卸去固定密封副的紧固件，最常见的就是法兰连接的螺栓和螺母，使垫片上的预紧力消除掉，然后使组成垫片密封副的零部件分开，依次取下密封垫片，清除垫片附带的残渣及污物。具体拆卸方法如下：

(1) 除锈法，在螺栓与螺母旋合处浸透煤油或除锈液，清除污物与锈迹，便于零件的拆卸。

(2) 匀卸法，对称、均匀、轮流回松法兰螺栓 1/4～1/2 圈，然后正式卸下螺栓。

(3) 胀松法，用楔铁等工具插入两配对法兰之间，胀松待卸法兰。

(4) 顶杆法，对锈死、黏接的垫片处，先卸下螺栓，然后用合适的工具顶开两法兰。

(5) 敲击法，利用铜棒、手锤等工具敲打机件，使零件和垫片振松后拆卸。

(6) 浸湿法，用溶剂、煤油等浸湿垫片，使其软化或剥离密封面后拆卸。

(7) 铲刮法，利用铲刀斜刃紧贴密封面，铲除垫片及其残渣。此法特别适于橡胶垫片。也可以用其他合适的方法拆卸垫片或其他密封件。

9.2.4 轴类密封件的拆卸和装配

轴密封件在旋转给料器中的应用十分广泛。轴密封件分为单个轴密封元件和组合轴密封件。轴密封组合件由两个或多个单体轴密封件组合而成，其功能利用每个单体密封件的性能组合与优势互补而形成。轴密封组合件的结构形式、主体材料、组合元件等有很多种。不管是怎样的结构和用怎样的材料制成的，由于轴密封组合件不传递动力，其主要功能是保证密封件与壳体之间的密封性能，以及保证密封件与转动轴之间的密封性能。轴密封组合件与安装孔的配合是基轴制，与轴的配合一般都是密封唇口与轴之间有一定的密封正压力。对于大部分工况使用的旋转给料器，轴密封组合件与孔的配合公差一般采用比较松的过渡配合，即轴密封组合件与座孔之间常采用有微小间隙或零对零的配合。为了保证轴密封组合件与座孔之间的密封性能，要在密封件与安装孔之间的结合部位涂覆密封剂或密封液，密封剂要适合使用工况的工作温度和工作介质。

9.2.4.1 轴密封组合件的拆卸和装配一般要求

(1) 装配轴密封组合件前，应将转子的轴、端盖的轴密封件安装座孔及附件清除毛刺等异物，并将零部件、轴密封件及附件用煤油或金属清洗剂清洗干净。

(2) 仔细检查各个零件是否有缺陷，相互配合精度是否符合要求。并将有配合关系的相关零部件预套一下，依靠经验凭手感验证各配合公差是否合适。检查轴密封组合件各个组成元件的密封唇口是否有影响密封性能的缺陷，如微小裂纹、缺损、斑点等。检查无误后，一般将各相关装配部位涂适量的润滑脂后防尘备用。

(3) 拆卸轴密封组合件前，应首先检查是否有固定的紧固件，如挡圈、压板及压盖等。

(4) 拆卸和装配轴密封组合件时，应在轴密封组合件端面外侧加载，载荷要均匀，并在圆周对称，以免损坏轴密封组合件。

(5) 装配时应注意清洁，防止异物掉入轴密封唇口内，特别是铁渣、金属碎屑等。轴密封组合件端面应与轴肩或孔的支承面贴合，安装后应将紧固件装配完整，使其无松动现象。

9.2.4.2　非金属轴密封组合件的装配

非金属轴密封组合件是指主体材料是非金属的密封件，没有金属保护外壳，包括图 4-6 所示的普通型低压轴密封件和图 4-14 所示的专用型高压轴密封件等。这些密封件的共同特点是，其外表面的安装固定部分是非金属材料的，其中的金属元件比较少，只是起骨架支撑作用，整体结构相对于金属来说是比较软的，所以都属于比较容易安装的一种类型。安装过程中首先确定好正确的安装方向，分别如图 4-7 和图 4-15 所示的安装位置及方向，然后涂覆适量密封剂，用手轻轻推入到安装孔的安装槽内，随后将定位挡圈安装到位即可。

9.2.4.3　金属外壳唇口形轴密封组合件的装配

唇口形轴密封组合件在旋转给料器及相关设备中是必不可少的元件，轴密封组合件的类型主要有适用于高压、低压或中压工况的。对于不同结构、不同工作压力的旋转给料器及相关设备，选用不同结构的轴密封组合件所适用的装配方法也是不同的。轴密封组合件的唇口是密封件保证密封性能的关键部位，在将轴密封组合件安装到位之前，一定要使密封唇口的形状和尺寸符合安装的要求。例如适用于工作压力小于等于 0.10 MPa 的低压工况的密封件，如图 4-8 所示的有单唇口密封件，适用于工作压力小于等于 0.20 MPa 的中压工况的密封件，有如图 4-10 所示双唇口单向轴密封件和如图 4-12 所示双唇口双向密封件，分别适用于不同的工况参数和不同的安装组合位置。如图 4-10 所示的双唇口单向轴密封件和如图 4-12 所示的双唇口双向密封件组合安装使用，适用于工作压力在 0.10～0.20 MPa 的粉末固体物料工况条件。安装过程中要严格控制和掌握的要点主要有：

(1) 密封圈外径和端盖安装孔之间的配合松紧程度，过松不行，既不能定位又不能密封；过紧也不行，会使密封圈外套变形，无法固定密封唇口，使密封圈失去密封功能。要用大小合适的铜棒轻轻敲击即可使密封圈安装到位。

(2) 密封圈唇口内径的选择确定，斜置式密封唇口的内径可以适当小些，平置式密封唇口的内径可以适当大些，以既能保证密封又能容易安装为原则。对于斜置式新型材料的密封唇口，轴径在 80～120 mm 的，密封唇口内径比轴径小 2.0～2.5 mm 为宜，轴径在 120～170 mm 的，密封唇口内径比轴径小 2.5～3.0 mm 为宜。对于平置式密封唇口，则主要看密封唇口的材料弹性、回弹率等特性来确定，新型复合材料的密封唇口，轴径在 80～120 mm 的，密封唇口内径比轴径小 1.0 mm 左右为宜，轴径在 120～170 mm 的，密封唇口内径比轴径小 1.5 mm 左右为宜。

(3) 安装前密封圈唇口的预处理形状要适合安装，预处理量不够不行，既不容易安装又可能损坏密封唇口；处理过量也不行，会使密封圈唇口密封力降低，无法满足密封性能。

(4) 密封圈外径和端盖安装孔之间要涂加适量的密封剂。

1. 唇口形轴密封件的唇口套压扩张法

轴密封件的唇口扩张可以采用的方法有很多种，其原则是通过适当的扩口，使密封件比较容易套在轴上，并获得理想的密封效果。这里介绍的是套压扩张法，在进行套压扩张操作之前，要仔细确认密封件唇口的方向，一定要使密封唇口向其原来所在的一侧扩张，即如图 9-11 中箭头所示的 D 方向，外径 O 与端盖安装孔配合，内径 C 与转子轴配合密封。

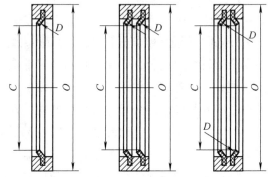

在安装前要将轴密封件套在专用工具上，将密封唇口套压操作的具体操作方法是将轴密封件套在专用工具的头部以后，然后用力下压并使密封件在专用工具上旋转，如图 9-12 所示，用力要轻、均匀，在唇口圆周方向连续均匀下压的同时，要使各部位的形状保持一致，并随时观察密封唇口的倾斜角度变化。也可以将轴密封件套在专用工具上放置一定的时间，当专用工具取出来以后，使唇口内径 C

图 9-11　专用轴密封件唇口形状扩张预处理方向示意图

的尺寸略小于轴径尺寸，此时的唇口内径 C 即是符合要求的与轴径相匹配的密封唇口内径。

2. 唇口形轴密封件的唇口滚压扩张法

唇口滚压扩张法操作比较简单，适合于在生产装置现场检修中使用，在安装前要将轴密封件用专用工具(操作熟练者也可以用螺丝刀圆柄处)滚压，将密封唇口向其原来所在的一侧轻轻均匀滚压扩张，如图 9-13 所示。滚压操作的具体过程是将专用工具放在密封唇口的凹面侧，即图 9-11 中所示的 D 方向侧，然后用力下压并滚动专用工具，并同时旋转轴密封件，滚压用力要轻、均匀，在唇口圆周方向连续滚压的同时，要使各部位的形状保持一致，并随时观察密封唇口的完好情况、倾斜角度和内径大小。当唇口内径 C 的尺寸接近且略小于轴径尺寸时应停止滚压，此时的唇口内径 C 即是符合要求的与轴径相匹配的唇口内径。

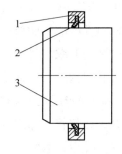

图 9-12　专用轴密封件唇口形状套压预处理方法示意图

1—唇口密封件　2—密封唇口　3—轴套

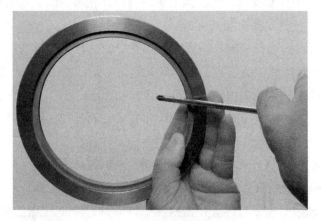

图 9-13　专用轴密封件唇口形状滚压处理方法示意图

3. 单个唇口形轴密封件的安装

为了能够使轴密封件与端盖安装孔之间的密封性能满足工况使用要求，安装专用轴密封件时，首先要在轴密封件与端盖安装孔的接合部位，涂覆适用于工况参数及适用介质要求的适量的密封剂。然后确定好轴密封件的方向，即确定好哪面向里和哪面向外，千万不能搞错方向。对于单个安装的单唇口密封件，正确的安装方向应该是密封唇口的凸面向壳体内腔一侧，如图9-14 所示。

4. 中低压唇口形轴密封件的组合安装

与单个唇口形轴密封件的安装相同，专用轴密封件组合安装时，首先要在轴密封组合件与端盖安装孔的接合部位，涂覆适用于工况参数及适用介质要求的适量的密封剂。然后确定好轴密封组合件的方向，对于由多个元件组成的轴密封组合件，要分别确定每个元件的安装方向，即确定好哪面向里和哪面向外，千万不能搞错方向，正确的安装方向应该是密封唇口的凸面向壳体内腔一侧。唇口型密封件组合安装结构与方向分别见第 4 章中的图 4-7、图 4-9、图 4-11、图 4-15 所示的轴密封件组合安装图。

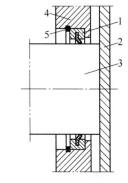

图 9-14　单个安装的单唇密封件安装示意图

1—单唇密封件　2—转子侧壁
3—转子轴　4—端盖　5—挡圈

5. 中压专用组合唇口形轴密封件的安装

对于中压专用轴密封组合件安装，正确的安装位置应该是双唇口单向轴密封件在靠近壳体内腔的位置，其密封唇口的凸面向壳体内腔一侧；双唇双向轴密封件的密封唇口安装位置在靠近轴承的位置，密封件组合安装结构与方向如第 4 章中的图 4-13 所示。轴密封组合件的各元件安装位置不能错，密封唇口的安装方向也必须正确，否则将不能起到轴密封件的作用，必须拆下来重新安装。

6. 唇口形轴密封件的安装与配合

一般情况下，由于轴密封组合件与端盖安装孔的配合公差是比较松的过渡配合，所以轴密封组合件的装配采用轻轻打入的方法比较多。对于大规格的轴密封组合件也可以采用压入的方法。无论是采用打入法还是采用压入法，施加力的方式和受力点的位置一定要正确。如果采用打入法，不能用锤子直接敲击，而是要借助中间辅助件。正确的打入方法是使用铜棒对称交替放在轴密封组合件端面靠近安装孔壁的部位，用铜棒均匀对称轮流敲击，保证密封件的金属环端平面与轴的中心线垂直，这样才能获得较好的密封效果，否则将损坏轴密封组合件。

9.2.4.4　专用高压轴密封件的装配

专用高压轴密封件是指第 4 章中所叙述的图 4-16 所示的专用高压轴密封件，这种密封件的特点是其主体材料与主体结构类似于唇口形密封件，其中的金属元件是主体，只有与轴接触密封部分是非金属元件，密封部位也是唇口形的，只是唇口的形状略有不同。所以其安装方式和安装方法非常类似于第 4 章所述的图 4-13 所示的双唇双向轴密封组合件。安装过程中密封元件的方向参照第 4 章图 4-17 所示的专用高压轴密封件安装图，首先确定好正确的安装方向，然后涂覆适量密封剂，用铜棒轻轻敲击到安装孔的适当位置，随后将定位挡圈安装到位即可。

9.2.4.5　组合型专用高压轴密封件的装配

组合型专用高压轴密封件是指第 4 章中所叙述的图 4-18 和图 4-19 所示的专用高压组合型轴密封件。这种密封件具有的特点是其主体部分结构比较复杂，密封件的外表面与端盖安装孔之间的接触密封靠 O 形橡胶密封圈实现，两个密封元件共有三道与轴接触密封的密封环，密封环的材料是新型复合非金属材料，材料的硬度比较高。

密封唇口材料的硬度比较高，同时又要满足密封性能，所以，三道密封环与轴径配合的公差就非常重要。由于密封元件的不锈钢保持架比较单薄，所以要保证装配后密封环与轴的配合公差，首先要保证装配前后密封元件不会发生明显变形，或变形尽可能小。在装配前一定要仔细测量密封元件的外径尺寸公差，使密封元件与端盖安装孔的配合公差控制在一定量的微小间隙范围内，当密封元件安装到端盖孔内以后，不会因为密封元件的安装变形而使其内径公差发生比较大的变化。这是测量内径尺寸公差和控制密封环与轴之间配合公差的最基本前提条件，是非常重要的一个环节。

要保证三道密封环与轴之间的配合公差，在确定了密封元件外径与安装孔的配合公差之前，还要仔细测量密封元件的内径公差和与之相配合的轴径公差。使密封环与轴之间的配合公差控制在一定量的微小间隙范围内，这个微小范围比外径与安装孔的间隙范围要略大一些，但是不能太大，否则将不能达到要求的密封性能。

测量密封环内径公差时，最大的难点就是密封元件并不是理想中的圆形，其密封环内径在各个方向是不完全相同的，有时可能相差还比较多，要想测量得准确，不是简单用平均值就可以，有可能装配后会出现密封环与轴之间的配合公差不合适的现象。这在很大程度上取决于操作者的经验和责任心，如果经验不足，判断不准，或者在操作中有某一细微环节操作不准确，就很难避免这种现象的出现。

一旦出现密封环与轴之间的配合公差不合适的现象，一般可能有两种情况。其一是可能会配合太紧，密封环与轴之间的间隙太小，此时在装配过程中有可能会使密封环破裂，出现裂纹或断裂成比较小的块或片，使密封性能下降。同时，由于密封环与轴之间配合太紧，转子旋转的阻力增大，密封环与轴接触表面的摩擦磨损增加，并可能在很短的时间内失去密封性能。其二是可能会配合太松，密封环与轴之间的间隙太大，此时在装配过程中会很容易装配到位，其结果是密封性能不好，轻者气体泄漏量增加，严重的将会使整机的工作性能下降，物料输送量降低，影响整个生产装置的正常生产运行。

组合型专用高压轴密封件的装配安装方式和安装方法参照第 4 章的图 4-20 所示的组合型专用高压轴密封组合件安装图。安装过程中首先确定好正确的安装方向，然后涂覆适量密封剂，用铜棒轻轻敲击到安装孔的适当位置，随后将定位挡圈安装到位即可。

9.2.4.6 轴密封组合件的拆卸

经过长期工况运行以后，轴密封组合件会有一定程度的摩擦磨损，旋转给料器的性能会受到一定程度影响，必须重新更换新的轴密封组合件以保证整机的工作性能要求。拆卸轴密封组合件常用的方法是轻轻地锤击敲打，很少使用专用拉出器拉出。为了不损坏轴密封组合件，拆卸过程中敲打用力要轻和对称均匀，切记要敲击金属环部位，不能误敲到密封唇口，否则密封唇口破裂就彻底失去了重新回用的机会和可能性。

在条件允许的情况下，如果有必要，大尺寸的轴密封组合件可以使用拉出器拆卸，拉爪应紧紧拉住轴密封组合件端面靠近安装孔壁的金属部位。类似于拆卸径向推力圆锥滚子轴承外圈的情况，可将拉爪伸进圈内拉出。

9.2.4.7 轴密封组合件安装和拆卸的注意事项

(1) 轴密封组合件安装前，一定要认真核对密封唇口的材料、材料的适用温度、耐腐蚀性能、密封组合件的金属部分材料的耐腐蚀性能等，都要确定符合工作介质和性能参数要求。

(2) 在滚压密封唇口的过程中，要仔细观察密封唇口的细微变化和注意滚压的进展情况，千万不能滚压过度，注意是否有压偏、变形等异常现象。

(3) 无论是在安装过程中还是在拆卸过程中，锤击敲打轴密封组合件的受力点一定是密封组合件端面靠近安装孔壁的金属部位，绝不能碰裂唇口。

(4) 轴密封组合件的方向绝不能装错，一定是密封唇口的凸面在壳体内腔一侧。

(5) 轴密封组合件安装到端盖安装孔之前，一定要涂覆适合的密封剂或白色的二硫化钼润滑脂。

(6) 组合型专用高压轴密封件装配前，要求必须认真仔细测量和控制配合公差，避免人为因素而出现密封性能太差或损坏密封环的现象，造成不必要的损坏而影响化工装置正常生产。

9.2.4.8　轴密封组合件安装容易出现的缺陷

(1) 组合型高压专用轴密封件装配时，要求的操作技能比较高，要有充足的实际操作经验，否则可能会出现密封环与轴之间的配合公差不合适的现象。配合公差过松或配合公差过紧都不能达到满意的密封性能。

(2) 中压组合型密封件的密封唇口在扩张过程中，无论是采用如图 9-12 所示的套压法，还是采用如图 9-13 所示的滚压法，如果用力过猛或用力不均，都有可能会使密封唇口发生细微的裂纹，严重的可能会损坏密封件，而使密封件报废。

(3) 稍不注意，就有可能将轴密封组合件的方向安装错误，或出现其他遗漏现象，如忘记涂覆密封剂等。仔细、认真的操作是保证轴密封件安装正确的必备条件。

9.2.5　填料密封件的拆卸和装配

填料密封是将填料密封环或编织填料绳安装在阀杆或轴的填料函内，防止介质向外泄漏或渗漏的一种动密封结构。旋转给料器及相关设备中使用最多的填料密封件主要有编织填料绳和成形密封圈两大类。压盖式填料密封结构广泛应用于转子的轴密封和阀门的阀杆密封，根据使用的材料不同填料可分为纯非金属填料和金属丝加强填料。根据使用条件的不同要求，把各种材料组合起来制成编织绳状或环状的密封件。尤其是柔性石墨填料环和膨胀聚四氟乙烯填料，具有非常优异的性能，广泛应用在转子轴和阀杆的填料密封中。如果说选用合适的填料是满足各种不同工况条件的重要因素，那么填料的正确安装是保证这一因素充分发挥能力的决定因素，所以说安装质量是保证良好密封性能的重要一环。

9.2.5.1　填料安装前的准备工作

(1) 填料的核对，核对选用填料的名称、规格、型号、材质应与旋转给料器及相关设备的工况条件(如压力、温度、腐蚀性等)相适应，与填料函结构和尺寸相符合，与有关标准和规定相符合。对于转子轴密封填料、放料阀等阀门的阀杆密封填料，一般要软硬结合两种材料的填料组合使用。对于转子端部密封的填料，一般要求是芳纶材料的编织填料绳。

(2) 填料的检查，编织填料应编制松紧程度一致，表面平整干净，应无背股外露线头、损伤、跳线、夹丝外露、填充料剥落和变质等缺陷，尺寸符合要求，不允许切口有松散的线头。编织填料的开口搭角要一致，并应为 45°，如图 9-15a 所示。如图 9-15b 所示的齐口和图 9-15c 所示的张口填料不符合要求，不能使用。

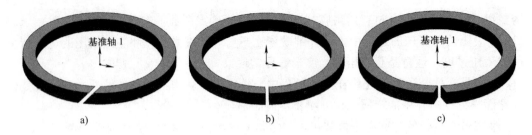

图 9-15 编织填料绳的预制结构形状示意图

a) 为 45° 切口是对的 b) 为齐切口是错的 c) 为开口是错的

柔性石墨填料为成型填料环，适用于插板阀、放料阀等，表面应光滑平整，不得有毛边、松裂、划痕等缺陷。对于编织填料绳，不得有明显的断头和加强的金属丝外露等现象。填料圈或编织绳应粗细一致，表面匀称有光泽，不得有老化、扭曲划痕等缺陷。

对位聚苯材料或聚四氟乙烯材料的成型密封填料，适用于取样阀、换向阀等操作频次比较少的工况条件，填料的截面尺寸和精度按机械行业标准 JB/T 1712-2008《阀门零部件 填料和填料垫》的规定。V 形填料的检查应着重检查内圈的尺寸精度，各密封表面的粗糙度不低于 3.2 μm，一般凸角为 100° 顶部有小圆角 R_2，凹角为 90° 底部有小圆角 R_1，如图 6-2 所示，外圆半径 R_2 的大小应是内圆半径 R_1 的 3～4 倍，其表面应光滑无划痕、无裂纹、无其他异常或缺陷。

一般情况下，成形密封填料是整圈的，是完整的成形环，这是针对阀门解体以后重新装配的情况。在化工生产装置的现场进行保养或检修时，很多时候不解体阀门，阀杆与支架在一起，成型填料环不能够套在阀杆上。这种情况下，最好是采用填料绳预制的密封环代替成型填料环，如果现场的填料与工况条件不允许的话，也可以用刀片把成型填料环斜切开，使之成为一个开口环，然后将填料环套在阀杆上即可，这样可以解决现场的实际问题，维持生产装置的正常生产，等到阀门解体检修时再更换新的成型填料环。

(3) 填料部件的清理与检查。填料部件主要有填料函、填料压盖、填料压套、阀杆或轴套、填料垫、紧固件等零部件，应检查完好，应无裂纹、毛刺、严重腐蚀现象等。填料函内残存异物或污物应彻底清除干净。全部零件要清洗干净、检查和修整，保证装置的完好。

(4) 阀杆或转子轴的检查。检查阀杆或转子轴的表面粗糙度、圆柱度、直线度以及阀杆或转子轴与压盖、压套配合间隙应符合使用要求。不允许表面有划痕、蚀点、压痕、裂纹等缺陷。

(5) 填料装置同轴度的检查。阀杆或转子轴、填料压盖、填料压套和填料函应在同一轴线上，相互之间的间隙要适当，一般情况下，对于阀杆直径在 50 mm 以下的，转子轴或阀杆与填料压套之间的单边间隙为 0.20～0.25 mm。对于转子轴直径在 50～120 mm 的，转子轴或阀杆与填料压套之间的单边间隙为 0.25～0.30 mm。填料压套与填料函之间的间隙要小于转子轴或阀杆与填料压套之间的间隙，要保证转子轴或阀杆与填料压套之间不产生摩擦现象。

9.2.5.2 填料的安装和拆卸工具

无论转子轴还是阀门阀杆的填料密封，填料的安装及拆卸都在很窄的填料函沟槽中进行，安装与拆卸比之垫片的安装和拆卸要困难得多。特别是拆卸填料函内靠近底部的填料，极易损伤阀杆的动密封面。有的用螺丝刀安装和拆卸填料，这是不允许的。螺丝刀的硬度较高，容易划伤阀杆或转子轴密封面，影响填料密封性能。

填料的装拆工具可根据自己的需要制成各式各样的形式，但工具的硬度不能高于阀杆或转子轴的硬度。装拆工具应用硬度低而强度较高的材料制作，如黄铜、低碳钢或奥式体不锈钢等，其端部和刃口应比较钝，不会捣碎填料环或损伤填料编织绳。

(1) 填料的取出工具。在可能的情况下，无论是转子轴的密封填料，还是阀杆的密封填料，最理想的取出填料的方法是将阀门全部解体，使阀体、阀盖、阀杆、支架等零部件分离，将阀杆从填料函中取出来，然后清理填料压套部位，尽可能完整地将填料逐个取出。在检修现场条件下，有些完好的填料还可以再利用。对于不能解体阀门的情况下，可以用专用工具拆取填料。如图 9-16 所示的是最常用的拆取填料工具，如图 9-16a 为铲具，适用于将填料函内的填料铲起；如图 9-16b 为钩具，适用于将填料函内已被铲起的填料钩出。填料在填料函中放置不平整时，可以用铲具拨正压平，也可用它拨出填料。这里仅列举的是两种最常用的

图 9-16 最常用的拆卸填料工具
a) 铲具 b) 钩具

简单工具，为基本形式，根据具体的阀杆或转子轴的填料密封情况，检修操作人员可以根据自己的经验制成其他样式的工具。

(2) 安装填料的最简单工具。对于阀杆或转子轴的填料密封，无论是新生产的阀门或旋转给料器，还是在安装使用现场检修，填料密封件是所有装配工作中装配的最后一组零部件。整台设备装配好以后，要调试所有零部件的位置，如换向阀的阀瓣在换向过程中动作是否灵活可靠、换位是否完全到位、流道是否顺畅等；旋转给料器各部位的间隙是否符合要求和手盘转子是否流畅，不能有卡阻或转动力矩不均的现象。当装配工作达到这种程度以后，才可以装配填料密封件，所以安装填料的工具不可能太复杂，因为不管是阀门还是旋转给料器，其安装的操作空间是很有限的。一般情况下，装配填料密封件时最简单的工具就是填料压套，和与之相配合使用的类似于填料压套的双伴压圈，如图 9-17 所示。双伴压圈是两个半圆形状的钢制工具，双伴压圈的内径和外径分别与填料压套的内径和外径相同，双伴压圈的长度要大于填料函深度，避免放进去以后不好取。为了使用方便，也可以加工长度不等的一组，根据装配阀门的结构和操作方便，双伴压圈也可以带有台肩。装配填料时每装配一圈，就将双伴压圈放入填料函内，把填料下压到填料函的底部，依次装配到满为止，能够保证每圈填料都装配到位，不会有歪斜、拱起、空心等现象发生。

(3) 利用压套压紧填料。装配填料密封件的过程中，为了避免填料函底部的填料装配位置不正确，一定要逐圈压实压平，当装配到只剩最后几圈时，可以利用填料压套直接压紧填料密封件，此时填料压套就是一个压装填料的工具。利用填料压套就套

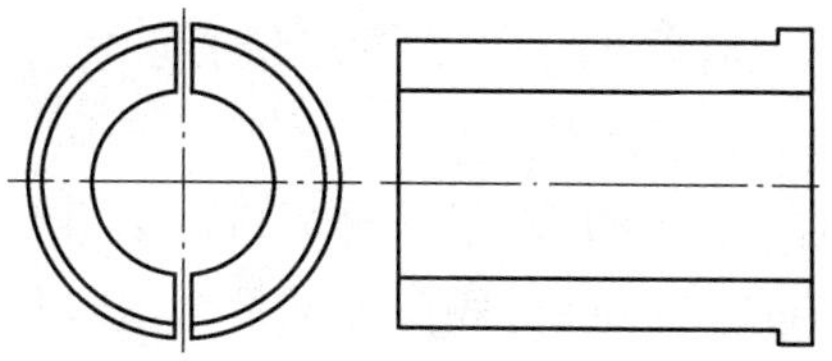

图 9-17 装配时预压填料的双伴压圈结构示意图

在阀杆上的便利，先是手持压套压紧，待装满填料函以后，可直接用活节螺栓或双头螺柱压紧填料。

9.2.5.3 填料的装配形式

填料的装配形式有很多种，具体到旋转给料器及相关设备中使用的填料密封，其装配形式主要依据密封性能和工作参数的要求来确定。根据旋转给料器与相关设备输送系统的工况参数要求，其特点之一是工作介质不能受到污染，其特点之二是系统的工作压力一般不大于 0.60

MPa，即公称压力不大于国家标准 GB1048 规定的 PN10，这是旋转给料器及相关设备最显著的两个特点。工作介质物料的性质可能具有很强的腐蚀性，如 CTA 粉末物料中含有醋酸，就有很强的腐蚀能力，物料的工作温度大部分工况是在常温或 0～220 ℃。

根据以上特点，密封填料要选择不褪色的材料，如芳纶编织填料，或用聚四氟乙烯浸渍的材料，也可以采用组合装配形式，让带颜色的材料不接触物料。根据这些特点和材料选择原则，最常用的密封填料的装配形式一般有如下几种：

(1) 旋转给料器转子端部密封填料，一般选择芳纶材料的编织填料，其特点是不褪色，不会污染物料，耐摩擦磨损性能好，一次装配后的无故障运行周期很长，可以达到 2～3 年甚至更长。

(2) 转子轴部密封填料，其工况特点是转子始终处于旋转状态，虽然转速不高，但仍然会有可能物料浸入到密封副内。所以一般选择组合填料密封形式，用浸渍聚四氟乙烯的编织填料，也可以用芳纶材料的编织填料做最底部的 2～3 圈与物料接触，后面是吹扫气环，最外面是 2～3 圈密封性能好的填料，如第 4 章中所叙述的图 4-1 所示的转子轴填料密封结构。

(3) 换向阀轴部密封，其工况特点是换向的频率比较低，每 8 小时换向一次属于换向时间间隔比较短的，有些工况换向一次的时间间隔超过 24 小时甚更长，每次换向转子旋转轴的角度小于 140º，工作温度一般是常温。一般选择氟橡胶材料的 O 形圈密封，由于转子轴的直径都比较小，O 形密封圈的规格大小一般选取直径为 2.65 或 3.55 mm 即可。每侧 1 圈即可，密封性能好，耐摩擦磨损性能好，一次装配后的无故障运行周期很长，可以达到 2 年以上或更长。

(4) 插板阀和放料阀阀杆的密封填料，其工况条件类似于普通闸阀和截止阀。一般选择组合形填料，以确保填料密封性能，减小操作力矩，提高填料使用寿命。可以用浸渍聚四氟乙烯的编织填料做最底部的 1～2 圈和最外面 1 圈，材料的硬度高，保持性能好，不易破碎，用于保护其内比较软的填料。中间部分 3～5 圈用比较软的柔性密封填料是密封性能好的材料，如图 9-18 所示。这样既保护了密封环，也不会污染物料，耐摩擦磨损性能好，一次装配后的无故障运行周期很长，可以达到 3 年甚至更长。

(5) 取样阀阀杆的密封填料，其工况特点是取样阀的操作频次比较低，不同的工况点取样的频次不同，不同的生产装置取样的频次也不同，很多工况点是每 8 小时取样一次，有些工况取样一次的时间间隔超过 24 小时，每次取样时，取样阀的开关行程都比较短。一般选择聚四氟乙烯加工成形的 V 形密封填料，填料的截面尺寸和精度按 JB/T 1712-2008《阀门零部件 填料和填料垫》的规定。最底部用一圈下填料，中间部分用 2～3 圈中填料，也可以是 3～5 圈中填料，最外面用一圈上填料，如图 6-3 所示。密封性能好，密封圈强度适中，不褪色和不会污染物料，耐摩擦磨损性能好，一次装配后的无故障运行周期很长，可以达到 2～3 年。

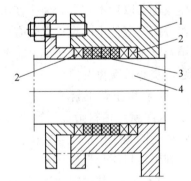

图 9-18 阀杆密封填料的组合形式示意图
1—阀盖 2—浸渍聚四氟乙烯填料
3—柔性密封环 4—阀杆

密封填料的装配形式有很多种，特别是新材料新技术的不断发展，填料密封件的新品种也不断更新，其装配组合形式也随之变化。不管采用怎样的结构和怎样的装配组合，只要能够满足工况参数的性能要求和满足生产装置的正常工况运行，就是可以采用的材料和装配组合。

9.2.5.4　填料的装配

填料的装配前，必须做好必要的全部准备工作，包括所有相关零部件要清洗干净，阀杆要装配到填料函内，填料压套和填料压板备好待用，各零部件的所在位置符合相关规定的要求，填料件预制成形，安装工具准备就绪的条件下，方可进行装配。

1. 径向密封的转子端部密封编织填料的装配

转子端部径向密封的密封填料装配结构形式如第 4 章的图 4-23 所示，填料密封圈安装在转子密封环、填料压盘与壳体共同组成的填料函内，填料压盘的作用是压紧填料，相当于填料压套。从目前所使用的编织填料密封件来看，一般使用的材料是芳纶编织绳，其规格采用 8 mm×8 mm 比较多，大多数情况下是采用 3 圈，也有安装 2 圈或 4 圈的，但是比较少见，转子端部密封填料装配的操作主要有如下几个步骤：

(1) 编织填料绳的检查。转子端部密封填料装配不同于一般阀门阀杆密封填料，其填料函不是一个完整的零部件，而是由壳体、填料托盘和转子端部密封环共同组成的。所以要求填料绳的截面实际测量尺寸必须非常接近规格尺寸。将芳纶编织填料绳领来以后，首先要认真检测其截面规格尺寸是否符合要求，如果实际测量尺寸小于要求的规格尺寸，则不能使用。如果实际测量尺寸稍微大于要求的规格尺寸，可以经过适当处理以后使用，但不允许用手锤打扁，手锤打扁不能保证填料绳的尺寸均匀，可以用铜棒滚压，使其均匀地慢慢压扁，直到填料尺寸满足要求。接下来要检查编织填料绳的致密性，如果填料手感松散，是不能使用的。压制后规格尺寸符合要求的填料，如果发现有其他质量问题时，应停止使用。

(2) 编织填料绳的裁取。首先用聚四氟乙烯生料带包裹编织填料绳头部，使其在切断过程中不会松散，然后用剁刀将编织填料绳头部切齐，断面不能歪斜，头部不能松散。接下来将编织填料绳捋顺，其方棱不能有扭转现象，然后使其侧面紧贴在填料托盘的内环表面，当将填料绳捋满一圈后，在填料绳刚好一圈的位置用鲜艳颜色的笔作标记，然后在满一圈加 5～10 mm 的位置将约 60 mm 长度用聚四氟乙烯生料带包裹好，并用剁刀将编织填料绳切断，直径比较小的转子加 5～6 mm，直径比较大的转子加 7～10 mm，即每圈编织填料绳的长度应该是直径的 3.14 倍加 5～10 mm，其断面不能歪斜，头部不能有松散现象，如图 9-19 所示。用同样方法截取编织填料绳 6 根(根据需要的数量备料和装配)，转子每侧用 3 根，每台旋转给料器每次用 6 根。

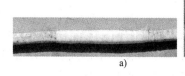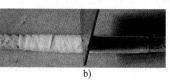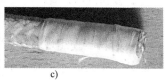

a)　　　　　　　　　　　b)　　　　　　　　　　　c)

图 9-19　转子端部密封编织填料的包裹与截取方式示意图

a) 截取前的包裹　b) 截取方式　c) 截取后的包裹

编织填料的单圈长度截取好以后，将其贴合在填料托盘的内环表面，并使填料的松紧程度处于自由状态，此时填料绳应有长度为 5～10 mm 处于搭接状态，如图 9-20 所示。

(3) 编织填料绳的组合。首先将每根编织填料绳两个头对接并固定，使编织填料绳成为一个环形圈并用聚四氟生料带包裹接头处，将托盘与端盖装配在一起，然后将编织填料绳装配并固定在托盘的内环表面。由于每根编织填料绳长出来 5～10 mm，所以填料绳会有弯曲，此时要用手将整圈编织填料绳扶平捋顺，使其有被缩的感觉。装配好第一圈后，用同样的方法依次装配第二圈，第二圈的开口接头与第一圈的开口接头要错开 120°，第三圈的开口接头与第二圈的开口接头要错开 120°，这样三圈编织填料绳的开口接头分别错开 120°，如图 9-21 所示。

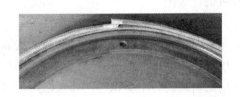 

图 9-20　转子端部密封编织填料的长度要求示意图　　图 9-21　编织填料的组合及开口相互位置示意图

(4) 编织填料绳的固定。转子端部密封填料的装配形式不同于其他阀门，不是首先将编织填料绳放入填料函内，而是放在托盘的内环表面，要想办法使三圈填料密封件连为一体，当托盘侧立或使托盘开口向下时，其内的编织填料绳不能移位或松动，更不能脱落。现场检修过程中，操作人员利用的方法是各种各样的，也各有特点，达到的最终目的是很顺利地完成装配工作，比如用大头针将三圈编织填料绳串为一体，用黏胶带连结等。这样，端盖、填料托盘与三圈编织填料绳共五个零部件就装配连接为一个整体，统一与壳体和转子装配。

(5) 端盖、填料托盘、三圈编织填料绳等五个零部件与壳体和转子的装配。转子端部密封填料的装配方式有两种，一种是在生产装配车间或检修车间的装配；另一种装配方式是在旋转给料器使用现场。在生产装配车间或检修车间的装配时，旋转给料器的壳体与工况运行时的连接管道分离开来，壳体是可以翻转的。在装配过程中，首先将托盘与端盖装配在一起，第二步将编织填料绳装配并固定在托盘的内环表面，第三步将壳体翻转，使壳体的端法兰(安装端盖的法兰)一个向下，另一个向上，第四步将端盖安装在向上的壳体端法兰口上，第五步将壳体翻转 180°，使安装好的端盖向下，第六步将转子安装到壳体内，可以用行车吊起转子，缓慢下行，转子下行过程中，仔细观察填料情况，如有填料向外倾斜，要及时修正处理，一直放到合适的位置，此时下面端盖内，固定在托盘内表面的编织填料就与转子装配在一起了。将另一个端盖用行车吊起，使其保持水平状态慢慢下降，并注意仔细观察填料是否有向外倾斜，及时修正处理，端盖安装到位后，填料即安装好，如图 9-22 所示。此过程只是填料密封件装配的简单说明，不是旋转给料器的详细装配过程。

在旋转给料器使用现场装配时，其壳体安装在装置中，是不能翻转的，所以装配端盖要在端法兰面处于垂直状态下操作，而且检修现场没有吊车，操作很不方便。检修人员要在现场的适当位置悬挂一个人工操作的手动葫芦，将端盖吊起慢慢靠近壳体，要注意使整个端盖平面保持与壳体端法兰面平行，并及时用工具修正填料的位置，边推进边观察填料是否有异常，是否有阻碍物，直至端盖安装到位即完成填料装配。

(6) 转子端部密封编织填料的上述安装步骤要求严格认真操作，绝对不能马虎，安装过程中有很强的操作技巧，所以要求熟练技师操作。安装操作技巧对密封填料的装配质量至关重要，对密封填料件的使用性能影响很大，直接决定着填料件的有效使用周期。如果编织填料安装存在缺陷，其密封性能会受到影响，并可能会在比较短的时间内失去密封性能，问题严重的填料绳甚至可能会随转子旋转,导致填料绳的形状发生变化,损坏后填料件结构形状如图 9-23 所示。

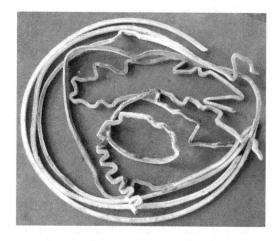

图 9-22 转子端部编织填料的装配示意图　　图 9-23 转子端部密封填料件在运行过程中变形后的形状

2. 轴向密封的转子端部密封编织填料的装配

轴向密封的转子端部密封填料装配结构形式如第 4 章的图 4-29 所示,填料密封圈安装在转子端面密封环、填料压环和端盖共同组成的填料函内,填料压环的作用是压紧填料,相当于填料压套。从目前所使用的编织填料密封件来看,一般使用的是 8 mm×8 mm 规格的芳纶材料的编织绳,一般情况下是采用 2 圈,转子端部密封填料装配的操作主要有如下几个步骤:

(1) 编织填料绳的检查和编织填料绳的包裹、裁取都参照第 9.2.5.4.1 节的叙述。

(2) 编织填料绳的组合。首先将填料压环、防转块装配在一起,然后将其装入端盖的环形槽内,并使防转块进入到弹簧安装孔内,将每根编织填料绳两个头对接并固定,使编织填料绳成为一个环形圈并用四氟生料带包裹接头处,然后将编织填料绳装配并固定在端盖的环形槽内,装配好第一圈后,用同样的方法依次装配第二圈,两根并列安装。

(3) 将安装好填料压环、防转块和两圈填料的端盖与壳体和转子装配在一起。

(4) 将压紧填料的圆柱形压缩弹簧装入到端盖的安装孔内。

(5) 安装好 O 形密封圈和弹簧压板。

3. 转子轴密封编织填料件装配

填料装配质量的好坏直接影响转子轴的密封性能,而填料的第一圈(底圈)是最关键的。要认真仔细检查填料是否会褪色,用手握紧填料捋一下,看手上是否有颜色,如果手上有填料的颜色,说明填料褪色就不能用在底部。填料函底部是否清洁并平整无异物,填料垫是否装妥,确认底面平整无歪斜以后,再将第一圈填料用压具轻轻地压进底面,抽出压具,检查填料是否平整、有无歪斜,搭接吻合是否良好,再用压具将第一圈填料压紧,但用力要适当,要保持一圈的各个部位是均匀的,不能偏斜。完成第一圈填料装配后,用同样的方法依次装配第二圈和第三圈。然后测量一下填料函的剩余深度,计算一下填料隔环的位置是否在填料函的中部,即隔环上部和下部的填料高度应该大致相当,不能相差太多,隔环的外环面凹槽要对准填料函的进气孔,否则密封气将不能进入环槽内。如果发现安装隔环后的填料函深度不够放三圈填料的位置,就应该将填料取出一圈,使隔环底部放两圈,隔环上部放三圈,保证隔环内的密封气体不向外泄漏。

装配后的转子轴密封编织填料密封结构如第 4 章中所叙述的图 4-1 所示,用浸渍聚四氟乙烯的编织填料或用芳纶材料的编织填料,装配在最底部与物料接触的 2～3 圈,后面是吹扫气环,最外面是 2～3 圈密封性能好的软质材料的填料。

4. 换向阀轴部密封件的装配

换向阀轴密封件比较多的使用 O 形密封圈，采用动密封形式。换向阀转子轴的端部和端盖孔的进口都要有大小合适的倒角，一般 25°～30° 比较常用，在轴的滑行部分和密封部分表面应光滑，并要涂抹润滑剂，并应该使 O 形圈尽快滑入到轴的安装槽内，不能使 O 形圈长时间处于拉伸状态下。装配到位的 O 形圈应无扭曲、无松弛、无划痕等缺陷。一般情况下，装配好 O 形圈以后，要稍等片刻，待伸张的 O 形圈恢复原状以后，方可将端盖的轴安装孔与转子轴装配好。用于动密封的工况场合，O 形圈必须是完整的，绝对禁止使用 O 形橡胶条进行黏接搭成圈的结构。一般 O 形圈的压缩变形率为 15%～20% 为宜或按表 6-5 的规定。O 形圈安装不当，容易产生扭曲、划痕、拉伸变形等缺陷。

5. 插板阀和放料阀阀杆密封填料件装配

插板阀和放料阀的阀杆密封填料件装配与普通工业阀门的密封填料件装配相类似。选择填料的规格尺寸要与填料函的单边宽度相一致，不允许选用规格小的填料用于尺寸大的填料函内，在生产装置的检修现场，如果没有合适宽度的编织填料绳时，允许用比填料函槽宽 1～2 mm 的填料绳代用。装配时应用平板或辊子均匀地压扁填料，不允许用手锤打扁。压制后的填料绳，如发现有质量问题时，应停止使用。

对于成形的填料，如成形的柔性石墨环填料，应该在将阀杆装入到阀盖安装孔内以后，装配支架前装配填料，这样可以将填料环在阀杆上端套入到阀杆上。要求将填料环套入到阀杆上以后，并在装配到填料函内之前，将支架和上部的阀杆螺母等零部件装配好，此时再将填料环装配到填料函内，最底部的两圈和最上部的一圈要选用不容易碎的编织填料绳。

对于使用编织填料绳的情况，例如编织石墨填料绳是不需要从阀杆上部套入的，装配时不允许使用多圈连成一条绕入填料函中，如图 9-24a 所示。应按图 9-15 的要求将编织填料绳切成搭接形式备好，搭接填料的单圈装入操作方法是：将斜切的搭接口上下错开，倾斜后把填料套在阀杆上，然后上下复原，使切口吻合，轻轻地嵌入填料函中，这是目前普遍采用的填料装配方法。

阀杆密封填料正确的多圈装填方法是：装配时要一圈一圈地将填料装入到填料函中，各圈填料的切口搭接位置要相互错开 120°，即第二圈填料的切口搭接位置与第一圈填料的切口搭接位置错开 120°，第三圈填料的切口搭接位置与第二圈填料的切口搭接位置错开 120°，第四圈填料的切口搭接位置与第三圈填料的切口搭接位置错开 120°，如图 9-24b 所示。并且要每装一圈就压紧一次，不能连装几圈再一次压紧,在填料装配过程中，每装 1～2 圈应旋转一下阀杆，以检查阀杆与填料是否有卡涩、阻滞现象，否则可能会影响阀门的启闭操作灵活性。

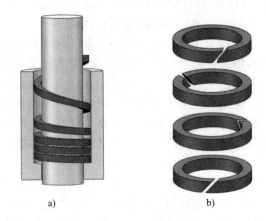

图 9-24　阀杆编织密封填料的装配示意图

a) 绕阀杆装配是错误的　b) 分圈装配及搭口位置错开是正确的

填料函基本装填满以后，应使用压盖压紧填料。操作时，两侧螺栓应对称拧紧，用力要均匀，不得将压盖歪斜，以避免填料压偏或压盖接触阀杆，增加阀杆摩擦阻力，甚至阀杆与压套摩擦。压套压入填料函内的深度要合适，如果填料函的剩余深度大于一圈填料的高度，就可以再放一圈，否则就不能放，一般情况下，压套压入填料函内的深度不得小于 5 mm。并且要随时检查阀杆与压盖、填料压套以及填料函三者的间隙在圆周各部位要均匀一致，转动阀杆时，受力均匀正常、操作灵活和无卡阻现象。如果手感操作力矩过大时，可适当放松压盖，减小填料对阀杆的摩擦阻力。

填料的压紧力应根据介质的工作压力和填料的性能等因素来确定，一般情况下，同等条件下的聚四氟乙烯、柔性石墨填料比较软，所以用比较小的压紧力就可以密封。而像编织石墨填料绳这样比较硬的，要用比较大的压紧力。填料的压紧力越大，阀杆与填料之间的摩擦力就越大，操作阀门所需要的力就越大，阀杆密封面越容易损伤，填料越容易失效，填料密封副的使用寿命就越短。相反，填料的压紧力越小，阀杆与填料之间的摩擦力就越小，操作阀门所需要的力矩就越小，填料密封副的使用寿命就越长。所以，在保证密封的前提条件下，填料的压紧力应尽量减小。由于插板阀和放料阀的工作压力都比较低，所以应尽量选用比较软的填料材料。

6. 取样阀阀杆密封填料的装配

取样阀阀杆密封填料一般是用聚四氟乙烯粉末经压制成形的"V"形填料，也可以是模压成形的其他填料，如对位聚苯成形填料。在取样阀的安装使用现场检修时，临时需要某种规格的"V"形填料的情况下，可以用聚四氟乙烯棒料或桶料机械加工而成，无论是压制成形还是机械加工而成，都是整圈的成形填料。装配过程中，应从阀杆上端慢慢套入，套装时要注意防止填料内圈密封面被阀杆的螺纹划伤。成形的"V"形填料的下填料也称作填料垫，其凸角应向上安放在填料函底部，中填料凹角向下，凸角向上，安放于填料垫上部，上填料凹角向下，平面向上，安放在填料组合件的最上部，安装后的结构如图 6-3 所示。

9.2.5.5 装配填料过程中容易出现的问题

装配填料时，操作工人对填料密封的重要性要有足够的认识，并认真遵守操作规程，不能贪图省事和怕麻烦。否则，违反操作规程可能会影响装配质量，并可能会给阀门操作性能和密封性能留下隐患。特别是化工生产装置现场检修换向阀、插板阀、放料阀、取样阀时，由于受到现场操作条件的限制。例如在高空平台、高空管架上检修，在 PTA、聚乙烯塑料生产装置和聚酯生产装置的大型料仓顶部的换向阀检修，空身一人上下一次都很不方便，要花费很长时间和很大力气，在需要某种工具或清洗液的情况下，就很容易产生凑合一下的想法。现将装配填料过程中容易产生的问题列举如下：

(1) 清洗清洁工作不彻底，操作粗心，滥用工具等。具体表现为阀杆、填料压盖、填料函不用油或金属清洗剂清洗，甚至填料函内尚留有残存填料。操作不按顺序，乱用填料，随地放置，使填料沾有泥沙，不用专用工具，随便使用锤子等敲断填料绳，用起子安装填料等。这样大大降低了填料安装质量，容易引起阀杆动密封泄漏和降低填料使用寿命，甚至损伤阀杆。

(2) 选用填料不当，包括填料的材料选择以低代高，填料的尺寸选择以窄代宽，把一般填料用于腐蚀性介质工况等。

(3) 填料开口搭接不对，不符合 45° 切口的要求，填料用手锤敲断是不规整的平口。装配到填料函中，放置不平整，接口不严密。

(4) 许多圈一次装配放入到填料函内，或整条填料缠绕装配，一次压紧。使填料函内的填料不均匀，有空隙，压套压紧后填料的上部紧下部松，密封性能差，短时间内很快会泄漏。

(5) 填料装配圈数太多，甚至高出填料函，使压盖不能进入填料函内，容易造成压盖位移或压偏，很容易擦伤阀杆。

(6) 填料装填圈数太少，填料压盖与填料函平面之间的预留间隙过小，当填料在使用过程中泄漏以后，无法再压紧填料。

(7) 填料压盖对填料的压紧力太大，增加了填料对阀杆的摩擦力，增大阀门的启闭操作力矩，加快填料和阀杆的磨损，很快会产生泄漏。

(8) 填料压盖歪斜，两侧松紧不一，导致阀杆与填料压盖之间的一侧间隙过大，一侧间隙过小。容易引起填料泄漏和擦伤阀杆。

综上所述，虽然问题已是很多，但还有重要的一条：就是现场一些检修人员在思想上对填料密封不够重视，总以为填料密封结构简单、操作方便，密封材料的价值量不大，所使用的场合也往往不如一些专用密封重要。所以常常随意装拆、乱丢乱放、工作不认真、检修漫不经心，没有从密封原理、结构上加以重视。很多情况下的装配质量问题往往不是由于技术问题而是由于思想重视程度不够所造成的。

9.2.5.6 密封填料的拆卸

工况运行过程中，填料密封件的性能在逐渐下降，使用到一定的时间以后，填料的密封性能就不能满足使用工况的密封要求，就要对阀门进行检修。更换填料密封件是最基本的检修内容。从填料函内取出的旧填料，原则上不再使用，这给拆卸带来了方便，但是填料函的宽度比较小而且深，不便进行操作，还要防止划擦阀杆，填料的拆卸实际上比安装更困难。

拆卸填料时，首先拧松压盖上的压紧螺母，用手转动填料压盖，将填料压盖或填料压套提起并取出，也可以用绳索或卡具把这些元件固定在阀杆上部，以便于拆卸填料作业。如果可能的话，可以先将阀杆从填料函中抽出，则拆卸填料时不仅会变得方便很多，而且对成形填料环的破坏程度也将减轻很多。

在化工生产装置的使用现场检修设备时，最好的做法是检查判断一下哪圈填料已经失去密封性能，是必须拆卸掉的，哪圈填料是好的，还能继续使用。对于还能继续使用的填料件，如果这些填料圈的下部没有已经损坏的必须要取出的填料件，就可以不取出了。如果这些填料密封件的底部还有需要取出的填料圈，就必须全部取出。

对于搭接的编织填料绳，可以使用辅助工具进行拆卸，如图 9-25 所示。在拆卸过程中，要尽量避免与阀杆碰撞，以免损伤阀杆。拆卸后的填料密封圈有些还可以继续使用，因此，拆卸时要特别小心。拆卸填料函内的填料密封圈时，应先找到填料绳的搭接处，用铲具或其他工具将填料圈接头铲起，如图 9-25a 所示，然后用钩具将填料移动到填料函外再将其取出，如图 9-25b 所示。

成型的密封填料圈包括"V"形填料圈或锥形填

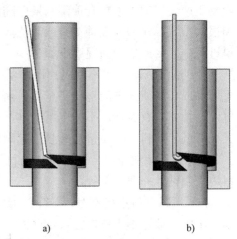

a)   b)

图 9-25 编织密封填料的拆卸示意图
a) 用铲具将搭接头挑起来 b) 钩出填料

料圈、成型石墨填料环等。如果密封填料件已经失去密封性能，可以使用辅助工具先将填料环破坏然后再取出。如果填料密封件仍然有完好的密封性能，还可以继续使用，最好的办法是将阀杆先取出，然后再将填料环依次向外推移并取出。

9.2.6　旋转给料器主体结构的装配与解体

转给料器的主体结构是指壳体、端盖与转子等，主体结构的解体与装配是相反的两个操作过程，在稳定的工况条件下，连续运行一定的时间(如一个大修周期)以后，需要解体进行检修，更换易损件等。将旋转给料器解体进行检修时，所有零部件经过清洗，进行必要的检验，找出可能存在的问题，并进行相应的修复或整形、检验合格以后；或对于新加工生产的转给料器零部件，以不同的配合形式，如间隙配合、过渡配合、过盈配合等，将不同的零部件组合在一起。并以不同类别的连接形式，如螺栓连接、螺纹连接、链轮连接、焊接、铆接、键连接、销连接、黏接等，将这些零部件连接在一起，组装成一台具有密封性能、运行灵活、性能参数满足设计要求、使用寿命长的转给料器。这一操作过程就是旋转给料器的组装或称装配。

9.2.6.1　旋转给料器结构中的公差与配合

旋转给料器的结构有很多种类型，各种类型的零部件结构也相差甚远。但是，最主要的零部件壳体、端盖和转子的相对装配关系及其配合要求基本相同或相近。旋转给料器的整机性能和使用寿命不仅依赖于组成旋转给料器的全部零部件的质量，而且依赖于整机的装配质量，两者是互为补充、缺一不可。全部零部件质量包括材料质量、热加工质量和冷加工质量等。装配质量包括零部件之间的相对位置精度、合理的配合精度、适宜的固定等各种装配过程等。下面以开式转子旋转给料器的典型结构为例，其在工况运行条件下适用的公差与配合如图 9-26 所示。

整机的装配质量包括全部零部件的装配质量，特别是壳体与端盖的装配质量、转子与端盖的装配质量、转子与壳体的装配质量、转子与轴承的装配质量、端盖与轴承的装配质量，是对整机性能和质量起着决定性作用的最重要装配关系。如图 9-26 中给出了中小规格主要零部件之间的配合形式和精度等级，以及粗糙度要求。图中所示具有一定的代表性，对于同一种结构类型的旋转给料器，不同的规格尺寸其公差配合等级是不同的。以轴承与端盖内孔的配合为例，在使用相同结构类型轴承的情况下，规格尺寸小的其配合公差就可以紧一点，规格尺寸大的其配合公差就可以松一点。例如，转子直径在 300 mm 以下的旋转给料器在使用向心深沟球轴承时，其外套与端盖内孔之间的配合一般取比较松的过盈配合；当转子直径比较大时，其外套与端盖内孔的配合一般取接近零对零的过渡配合。

旋转给料器的工作气体压力越高，零部件之间的配合精度要求就高一些，特别是与轴密封件接触密封的转子轴表面粗糙度、形状和位置公差要求有所提高。轴密封件与端盖安装孔之间的装配精度要保证气体密封性能，轴在转子旋转过程中，圆周各部分的接触密封要均匀，耐久性要很好。

图 9-26 中给出的壳体与转子之间的配合间隙是在工况运行条件下，考虑零部件的加工精度、装配精度、物料温度、壳体保温与伴热、壳体与转子之间的温度差、运行维护保养情况等多种因素的综合作用条件下，能保障设备运行的间隙。设备出厂的实测间隙要在考虑上述各种因素的基础上确定，所以旋转给料器出厂的实测间隙要根据实际工况参数和结构类型确定。

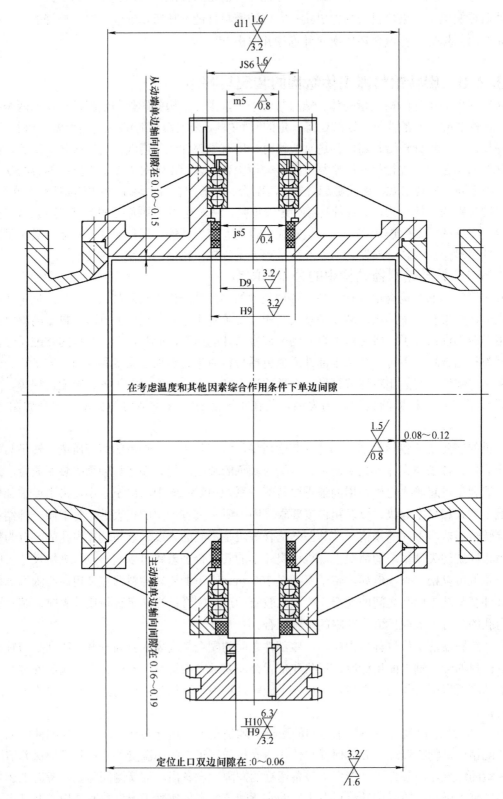

图 9-26　开式转子中小规格旋转给料器的装配结构公差与配合示意图

9.2.6.2　旋转给料器的装配与解体要求

装配工作看上去很简单，实际操作中有很多技巧在里面，相同的零部件，装配的操作者不同，装配完成以后，旋转给料器的整机性能可能会有很大区别，所以最好是由有旋转给料器及相关设备装配经验的熟练技师进行装配工作。

(1) 装配准备工作要求。所有零部件经过清洗、检查、修复或重新下料加工制造，经过相应的检测，其材料牌号、加工尺寸、热处理后的材料性能、形状和位置公差要求、表面粗糙度要求等要全部满足使用要求。

要有足够的装配工具，包括手工工具、气动扳手、清洗工具、吊装工具、搬运工具、打磨工具及辅料、必要的人工修整工具等。

要有足够的技术资料支持，对于检修的旋转给料器，最好能够找到原始的设计技术文件。对于新加工生产的旋转给料器，要把生产加工的设计技术文件拿到装配现场，并逐一认真核对。

(2) 解体与装配基本原则。旋转给料器装配的最终目的是获得满足使用工况要求的产品，其装配的基本原则是严格按照设计图样的要求操作，才能获得满足设计性能参数要求的整机。为了达到这一目标，要严格保证零部件之间的相对位置和配合公差。用合理的操作顺序围绕壳体、端盖和转子三个核心部件进行装配，有些零部件要首先与端盖(或转子、壳体)组合在一起，最后阶段将壳体、端盖和转子装配起来。

在解体过程中，一定要弄清楚零部件之间的相对配合要求及实际情况，对特定的解体步骤，找到最适合的工具，切忌猛敲乱打。

(3) 装配效果。旋转给料器装配完成以后，在严格保证零部件之间的相对位置和配合公差前提条件下，要经过调试才可以得到性能良好的整机，具体表现在转子的旋转力矩大小合理、均匀、无卡涩、阻滞现象。通电空载运行时电流大小合适，电动机的三相电流大小一致，运行的各时间段内电流大小均匀，无电流大小波动现象，无异常声音、异常温升、异常摩擦现象。整体密封性能满足设计要求，工况性能参数满足设计要求。

9.2.6.3　开式转子旋转给料器的装配与解体

开式转子旋转给料器的结构比较简单，解体与装配操作过程相对比较简单一点。这一操作过程是最基本的解体与装配操作工序，解体与装配其他所有结构类型的旋转给料器都是在此基础上增加一些特定部件的操作内容就可以了。

(1) 装配准备工作内容。对于加工生产的旋转给料器，检查所有零部件是否符合设计要求，检查与核对内容包括：根据设计图样逐一检查加工件是否齐全，标准件与外购件是否齐全，材料牌号及化学成分和力学性能，热处理后的力学性能检验书，机械加工尺寸检验书，形状和位置公差检验书，表面粗糙度质量检验书等。对于检修或大修的旋转给料器，认真检查修复后的所有零部件是否齐全，修复后的质量检验报告书，缺损补全的标准件和外购件是否与原件的规格型号完全相同，如专用轴密封组合件、材料、形状等是否完全满足要求。

(2) 清洗所有零部件。用煤油或清洗剂(为了安全考虑，一般不用汽油)清洗所有修复的零部件、回用的外购件和标准件，包括壳体、端盖、转子、轴承盖、轴承、紧固件、密封件等。经清洗后的零部件、外购件和标准件用压缩气体吹扫干净，应无油污、无锈蚀、无其他污物。

将深沟球轴承的防尘盖取下来一个，清洗内部异物，检验轴承配合间隙，如无异常现象，可以在轴承内涂抹适量润滑脂，润滑脂的适用温度要与工况的要求一致，涂覆润滑脂的数量要以占轴承内腔容积的四分之一到三分之一为宜，润滑脂不能填的太多，否则将会影响整机性能。

(3) 静平衡试验。具体要求内容按第 10 章第 10.1 节的规定。

(4) 试装检验。就是把有装配关系的主要零部件、外购件和标准件两两之间相互套一下，而不是把所有零部件都装配到一起。例如把轴承在轴上套一下，用手感觉一下松紧程度是否合适，然后再把轴承在端盖的安装孔内套一下，端盖与壳体止口相互对放一下，感觉一下止口的松紧程度是否合适。转子放进壳体内腔，用塞尺测量一下壳体与转子之间的总间隙是否满足要求，测量范围包括转子叶片外径所有表面，与壳体之间在各方向的间隙，将转子旋转 90°再测量各间隙。测量一下壳体内腔长度、转子叶片长度、端盖止口长度，计算一下转子与端盖之间的轴向总间隙是否合适。专用轴密封组合件套在轴上，检查两者之间的吻合程度是否满足设计要求等。

(5) 装配。再次检查壳体与端盖等零部件是否保持清洁，首先将轴密封组合件与端盖装配在一起，依次将非驱动端的一个端盖与壳体装配在一起，装配转子进入壳体内并使轴端部分进入端盖安装孔内，再装配好驱动端的端盖、非驱动端的调整垫环、两端轴承、轴承压盖等。使转子轴的非驱动端处于双向定位状态，靠调整垫环的厚度固定转子的轴向位置，以此来保证叶片与端盖之间的轴向间隙，使转子轴的驱动端处于有一定轴向位移空间的状态。

(6) 检测壳体与转子之间的径向间隙和端盖与转子之间的轴向间隙。用塞尺逐个叶片检测，包括每个叶片在整个叶片长度范围内与壳体之间的径向间隙，每个叶片在整个叶片宽度范围内与端盖之间的轴向间隙，在所有叶片与壳体之间的间隙数据中，测得的最大间隙值和最小间隙值之和要符合设计要求的间隙值，同时最大值不应超过最小值的 2 倍。

(7) 手盘检测转子的旋转力矩是否均匀。手盘转子旋转最少三圈，旋转力矩大小要合适，均匀无卡阻现象，并且无其他异常现象。

(8) 气体压力试验。用空气或氮气进行壳体密封性能试验，试验压力按设计压力值，具体要求内容按第 10 章第 10.1 节的规定。

(9) 装配减速电动机。按设计图样的要求核对减速电动机的各种性能参数，如电动机功率、防爆等级、防护等级、减速机的减速比等，然后依次装配减速电动机、扭矩限制器、链轮、链条、链罩等。

(10) 通电运行。具体要求内容按第 10 章第 10.1 节的规定。

(11) 装配转速检测设备、轴密封气体吹扫系统管道及所有附属元器件，具体要求内容按第 2 章第 2.6 节的规定。

(12) 轴密封气体吹扫系统管道及所有附属元器件的气体密封试验。具体要求内容按第 10 章 10.1 节的规定。

(13) 后期事项处理。包括涂漆、固定铭牌、资料填写与整理、包装等。

(14) 解体。端盖解体时，要用固定端盖的双头螺柱拧入端盖两个解体专用螺纹孔内，用螺栓的力顶开壳体与端盖之间的配合止口，不能硬敲乱打。

(15) 将转子从壳体内取出，或将转子装入壳体内的操作过程中，要保持平稳，特别是大型旋转给料器的转子很重，起吊的受力点要合适，要使转子的轴保持垂直状态，在吊装时要有专人手扶保持平衡、平稳、匀速、缓慢移动，避免惯性冲击碰撞，稍有不慎会有可能将转子叶片碰伤。

9.2.6.4　闭式转子低压旋转给料器的装配与解体

闭式转子低压旋转给料器的转子结构与开式不同，转子叶片两端有侧壁，不需要测量与计算转子叶片与端盖之间的轴向间隙。转子的轴向定位依靠轴肩，不需要用垫圈调整轴向位置，所以转子轴向定位的调整垫圈就没有了。其他零部件与开式结构类似，解体与装配操作比开式转子结构还要简单一点，减速电动机等部分的解体与装配操作工序与开式转子结构类似。

9.2.6.5 填料式转子端部密封旋转给料器的装配与解体

填料式转子端部密封旋转给料器是闭式转子结构的一种派生类型，转子两端的密封组件是低压闭式结构所没有的，其他主体零部件与低压闭式结构类似。轴密封件适用的工作压力比较高，轴密封件的结构不同，解体与装配的操作方法也不同，主体结构增加了转子端部密封部件装配的操作，其他部分的解体与装配操作略有不同。

对于转子侧壁径向密封的结构，转子两端的密封组件装配是首先将所有组成零件与端盖装配在一起，包括推力弹簧、填料托盘、导向螺栓等，然后将备好的编织填料圈装配到托盘的内环面内。密封填料绳的截取、包裹、在托盘内的装配参见第9.2.5.4.1节的内容，详细介绍了转子端部密封编织填料件的装配。轴密封组合件的装配参见第9.2.4节的内容，详细介绍了轴密封件的拆卸和装配，填料式转子端部密封的详细结构见第4章中图4-23。

对于转子侧壁轴向编织填料密封的结构，转子两端的密封组件装配是首先将所有组成零件安装在端盖的相应孔或槽内，包括防转块、填料压环、编织填料圈、O形圈、连接螺栓、螺旋压缩弹簧、环形盖板等。填料密封件的截取、包裹等参见第9.2.5.4.1节的内容，轴密封组合件的装配参见第9.2.4节的内容和图4-20，详细介绍了轴密封件的拆卸和装配。轴向密封的编织填料式转子端部密封件的装配参见第9.2.5.4.2节的内容，装配完成后的详细结构见第4章中图4-29所示。

9.2.6.6 成型密封件转子端部密封旋转给料器的装配与解体

成型密封件转子端部密封旋转给料器是闭式转子结构的另外一种派生类型，转子两端的成型密封件是具有密封功能的组合件，有很多种结构类型(例如弹簧式密封圈、气力式密封圈等)，其他主体零部件与低压闭式结构类似，轴密封件适用的工作压力比较高，解体与装配操作过程与低压闭式结构基本操作过程相类似，具体操作略有不同。

转子两端的密封组件装配是首先将所有组件与端盖装配在一起，包括保持密封的推力压缩弹簧，观察密封圈磨损情况的指示器垫片、指示器外壳、指示器护罩、指示杆、指示杆弹簧等，然后将备好的成形专用密封圈装配到端盖的安装槽内。装配后的转子端部密封详细结构见第4章中图4-24、图4-25、图4-26、图4-27所示，图4-28是气力式成型密封件结构。

除转子端部专用密封部分的装配以外，轴密封件的装配操作见第9.2.4节的内容，其余部分的装配与解体操作类似于填料密封结构的旋转给料器。

🧪 9.3 旋转给料器的零部件修复

旋转给料器的组成零部件主要包括壳体、端盖、转子、转子端部密封组件(包括密封件托盘、专用成型密封圈、专用导向螺栓、弹簧等)，转子端部密封圈磨损情况观察部分组件(包括指示器垫片、指示器外壳、指示器护罩、指示杆、指示杆弹簧等)，轴密封组件(包括专用成型密封圈、密封填料绳、O形密封圈等)，紧固连接件等。

旋转给料器工况运行过程中，零部件在不同的温度、压力、腐蚀等多种因素的综合作用下，保持设备正常运行的同时，承受着各种力的反复作用。随着运行时间的延长，零部件承受各种力的能力也在逐渐下降，并可能会有不同程度的各种原因造成的损坏。本节将介绍零部件的材料及各种常见损坏形式的修复方法。

需要进行零部件检修时，一般都是在整个生产装置设备大修期间或设备发生突发性事故的情况下，将旋转给料器从化工生产装置现场整体取出，搬运到适合的检修场合，并将主体部分解体以后，利用各种机械加工设备修复壳体的损伤部位、修复转子损伤部位或更换转子、修复端盖损伤部位、修复或更换转子端部密封环或其他零部件等。

9.3.1 旋转给料器的零部件材料

零部件的修复最基本的前提条件就是要弄清楚零件的材料牌号，在此基础上选择相适应的修复方法，选用相配合的其他材料，如焊条牌号、焊料牌号、修复零件或更换零件的选用材料牌号等。在弄清楚零件材料之前，没有办法进行相应修复。

旋转给料器处理的物料是成品的粒子或粉末，是要保证不能被污染的，所以，采用的所有材料都必须符合这一最基本的要求，国内生产的旋转给料器材料选择见表 9-2 所示，国外进口样机的材料是按生产设备的国家材料牌号选取的，其中大部分样机的材料与国产设备的材料相当，按各国的材料牌号对照手册查取即可。为了在检修工作中的方便，材料表中分别给出了不同年份的 GB/T 1220-2007 和 GB/T 1220-1992 标准中的材料牌号。对于同一种牌号的材料，上述两个版本的标准中所采用的表示方法不同。GB/T 1220-1992 标准中的材料牌号表示方法人们比较熟悉，设备检修的很多技术资料中都是这种表示方法，但却是被新标准所代替的材料牌号表示方法，GB/T 1220-2007 标准中的材料牌号表示方法是现行国家标准规定的材料牌号表示方法，人们还有一个熟悉的过程。为了检修人员对照和查阅方便，特列在表中供参考。

表 9-2　旋转给料器的常用零件材料

零件名称	材料		
	材料名称	材料牌号	标准号
壳体、端盖	奥氏体不锈钢	CF8、CF3、CF8M、CF3M	GB/T12230-2005
	奥氏体不锈钢	ZG08Cr18Ni9、ZG03Cr18Ni10	GB/T12230-2005
转子	奥氏体不锈钢	1Cr18Ni9、0Cr17Ni12Mo2	GB/T 1220-1992
	奥氏体不锈钢	12Cr18Ni9、06Cr17Ni12Mo2	GB/T 1220-2007
轴	铬不锈钢、铬镍不锈钢	2Cr13、1Cr18Ni9、1Cr17Ni2	GB/T 1220-1992
	铬不锈钢、铬镍不锈钢	20Cr13、12Cr18Ni9、14Cr17Ni2	GB/T 1220-2007
主体结构中双头螺柱、螺栓	铬不锈钢	0Cr18Ni9、1Cr17Ni2	GB/T 1220-1992
	铬镍不锈钢	06Cr18Ni10、14Cr17Ni2	GB/T 1220-2007
螺母	铬不锈钢和铬镍不锈钢	2Cr13、0Cr18Ni9	GB/T 1220-1992
	铬不锈钢和铬镍不锈钢	20Cr13、06Cr18Ni10、	GB/T 1220-2007
链轮、键	优质碳素结构钢	45	GB/T 699-2006
垫片	填充聚四氟乙烯	SFB-1、SFB-2、SFB-3	HG2-534
	奥氏体不锈钢+聚四氟乙烯	06Cr18Ni10、	GB/T 1220-2007
轴封	奥氏体不锈钢+聚四氟乙烯	1Cr18Ni9、	GB/T 1220-1992
	奥氏体不锈钢+新材料	06Cr18Ni10、	GB/T 1220-2007
填料密封件	芳纶纤维编织填料	—	JB/T 7759-2013
	对位聚苯		—
	填充聚四氟乙烯	SFT-1、SFT-2、SFT-3	HG2-538
	聚四氟乙烯编织填料	—	JB/T 6626-2013
O 形密封圈	氟橡胶	—	GB/T 3452.1-2005

旋转给料器的零件材料选择由制造厂设计确定，对于特定某一台旋转给料器的零件材料不

一定与表 9-2 中所列的常用零件材料相同，最好找到原设备生产单位给出的样本或技术资料，确定所修复的旋转给料器零件材料以后，再确定相应的修复方案及操作工艺。

9.3.2　壳体和端盖的修复

旋转给料器最主要的零部件就是壳体、端盖和转子。壳体的结构比较复杂，尺寸比较大，所以大部分旋转给料器的壳体是铸造加工制成的。其转子在壳体内旋转输送物料的同时，转子与壳体之间的微小间隙还有密封气体的作用。在长期的工况运行过程中，在温度、压力、物料介质等工况条件的共同作用下，很容易损坏。其损坏形式是多种多样的，下面叙述在使用中经常出现的损坏方式和最常用的修复方法。

9.3.2.1　壳体内腔表面拉伤修复

在长期的工况运行过程中，出现壳体内腔表面拉伤现象的原因一般情况下都是设备的维护保养不到位，使设备带病运行，例如，大多数情况是轴承损坏后设备继续运行，使转子与壳体之间的间隙发生变化，造成可能的擦壳现象，最终导致转子外径将壳体内腔表面擦伤。拉伤比较轻的会在壳体内腔表面出现很多条密密麻麻的条状拉痕，严重的会使壳体内腔表面出现很多条沟，如图 9-27 所示。沟的深度各不相同，浅的可能只有不到 1～2 mm，深的可能会有 2～3 mm，有些局部甚至可能会超过 4.0 mm。

壳体内腔表面出现拉伤现象，在表面擦伤的最初阶段，只是比较小的一个局部区域。如果此时能够发现问题，内腔表面的划痕还比较轻。如果继续带病运行，拉伤的面积会越来越大，拉痕的深度也会越来越深，有可能会拉伤整个内腔表面的大部分区域面积。对于壳体内腔表面大面积拉伤的情况，各部位的深浅程度也不相同。转子偏心导致擦壳拉伤，在大部分情况下，拉伤严重到需要补焊修复的区域面积占内腔总面积的 10%～30%，比较多的可能会有 40%或更多。

图 9-27　旋转给料器壳体内腔拉伤情况照片

1.　壳体内腔表面出现轻微拉伤的修复

对于壳体内腔表面轻微拉伤的情况，可以采用局部机械加工处理的方法，或采用手工打磨处理的方法，将壳体内腔表面的划伤凸出部分加工去掉，再经过整形和抛光，使壳体内表面达到基本平整，壳体与转子之间的径向间隙基本符合要求的范围，整机的气体密封性能基本达到设计参数的要求，能够满足工况参数对整机性能的要求，就可以不采用其他方法进行修复。

2.　壳体内腔表面局部严重拉伤的修复

大部分情况下，拉伤比较严重的区域可能只是比较小的局部面积，也可能是在壳体的一侧有长条形的区域内拉伤比较深，必须采用局部添加金属的加工处理方法。局部添加金属采用的方法不会使壳体产生明显变形，修复过程中不会使壳体的温度很高，就可以将局部缺少金属的部分添平，然后机械加工到原设计要求的壳体内腔尺寸，再经过整形和抛光。使壳体内表面达到平整、光滑，壳体与转子之间的径向间隙符合设计要求的范围，壳体与转子之间的气体密封性能满足整机性能要求。

对于局部严重拉伤需要选择适当的方式进行热加工修复的情况，根据修复的区域大小、深浅程度，决定是否需要进行焊前预热和焊后消除应力处理，当修复的区域面积比较大时，要在进行焊后热处理的基础上，对壳体进行适当的时效处理，消除内部应力，防止加工后壳体发生尺寸变形，影响壳体的修复质量。

3. 壳体内腔表面大面积严重拉伤的修复

拉伤严重的情况下，拉伤面积可能会达到内腔表面积的 35% 以上，比较严重的区域可能是整个内腔表面积的 10%~20%，甚至更大。必须将拉伤的全部或大部分区域采用添加金属的加工处理方法。对于较大面积需要添加金属的情况，可以采用适当的堆焊或喷焊处理方法，例如选用适合壳体材料的合金粉末，采用等离子喷焊的方法使粉末添加到缺少金属的部分。喷焊操作之前要进行适当的预处理工作，阀体内表面在喷焊前的要求是：毛糙干净，不允许有任何污染，如水、汽、油、灰尘，也不允许有氧化层、硬化层、砂眼、气孔、疏松等缺陷。如果需要，壳体整体应预热到适当的温度才能进行喷焊，否则，将会影响喷焊层质量。

喷焊操作完成之后要进行适当的消除应力处理等及其他后续工作，然后机械加工到原设计要求的壳体内腔尺寸，再经过整形和抛光。使壳体与转子之间的径向间隙符合要求的范围，使整机的气体密封性能满足工况参数对整机性能的要求。

应用于壳体内腔表面堆焊处理的方法有很多种，可以选用等离子弧堆焊和氧乙炔喷焊，也可采用其他方法。可以选用的堆焊合金粉末有钴基合金粉末、镍基合金粉末、铁基合金粉末和复合粉末材料。这些合金粉末自身具有熔剂作用，所以也称为自熔剂合金粉末。其特点是重熔时不需要外加熔剂，合金本身含有脱氧、造渣、改善铺展性等作用。重熔的熔敷层与基体之间形成良好的冶金结合。

这些合金粉末是专门为堆焊阀门密封面(如闸阀的闸板密封面和阀座密封面)而研制的，其特点是要求碳含量高于奥氏体不锈钢，以提高堆焊层的硬度，增强堆焊层的耐磨性能，延长阀门密封副的使用寿命。合金粉末的这些特点对应用于壳体内腔表面大面积等离子弧堆焊修复完全能够满足使用要求，这些合金粉末是阀门制造厂最常用的材料，并不是专门为修复旋转给料器壳体内腔表面而临时去采购的，既方便又实用，而且包括全套的喷焊操作设备都是现成的，可以很方便地供以选用。

4. 壳体内腔表面大面积严重拉伤修复的前提条件

对于严重拉伤的区域面积比较大的，需要补焊的区域面积约占内腔总面积的 10% 以上的，采用添加金属的加工处理方法之前，要首先确认壳体的结构和现有壁厚是否满足这种修复条件。

(1) 壳体的壁厚是否有足够的余量。如果壳体的现有壁厚与设计壁厚比较是一致的或还有余量，考虑补焊后会有变形，采用堆焊金属的方法修复以后，要对壳体内腔表面进行加工，加工后的壳体壁厚要有足够的厚度，满足整机在工况条件下运行的要求。

(2) 根据壳体的材料、壁厚尺寸、外形尺寸大小、壳体外表面加强筋的数量、筋的高度和宽度、筋的位置等，采用热加工添加金属的面积和厚度等因素来判断确定，热加工以后的变形量要控制在预期的范围内。

(3) 如果上述两点中的其中一点不能满足要求的话，就不具备大面积添加金属修复的条件，损伤的壳体就必须报废，必须重新铸造壳体毛坯，然后加工生产。

9.3.2.2 选用适当的堆焊材料

在进行壳体内腔表面大面积堆焊和修复时，必须选用适当的堆焊材料，以保证堆焊层的操作工艺性和使用性能，应注意如下要求：

(1) 堆焊材料要与被修复壳体的材料化学成分一致或按旋转给料器原设计的产品图样要求选用，应特别注意焊材的牌号、型号、规格、焊接工艺操作规范、使用说明等要求。

(2) 按旋转给料器的工作物料性质，即按输送气体介质的特性和工作压力、物料温度和特性等选择堆焊材料。

(3) 在满足上述要求的前提条件下，要根据维修现场具有的设备情况、堆焊面积的大小、堆焊区域的损伤深度等，选择合适的设备和相对应的焊材。例如：壳体内腔表面可以采用等离子弧堆焊，也可以采用埋弧自动焊，还可以采用手工氩弧焊的方式。可以选用钴基合金粉末，也可以选用镍基合金粉末或铁基合金粉末，还可以选用焊条手工堆焊或焊丝氩弧焊等。

9.3.2.3 堆焊钴基合金粉末

钴基合金粉末，即钴基自熔性合金，是在钴铬钨合金中加入了硼、硅等微量元素，具有优良的高温性能，较好的耐热性能、抗腐蚀性能、韧性及抗热疲劳性能，特别是在热态下具有优越的抗擦伤性能。所以，钴基合金粉末用于修复壳体内腔表面具有良好的适用性能和加工工艺性能。常用的钴基合金粉末见表 9-3 所示。对于壳体铸件材料是国家标准 GB/T12230-2005 规定的 CF3、CF3M、ZG03Cr18Ni10 等，用钴基合金粉末喷焊符合技术要求，虽然焊层的碳含量比基体材料稍高一些，但是提高了耐摩擦磨损性能，钴基合金的性能对于应用于输送粉末或颗粒物料和有一定腐蚀性的粉末物料的旋转给料器，不仅能够满足使用要求，而且提高了使用耐久性，喷焊的工艺性好，喷焊修复后的壳体内腔耐摩擦磨损性好。

表 9-3 旋转给料器壳体内腔拉伤修复常用钴基合金粉末成分

牌号	化学成分/%								硬度
	C	B	Si	Cr	Ni	Fe	Co	W	HRC
F22-40	1.0~1.4	—	1.0~2.0	26~32.0	—	≤3.0	余	4.0~6.0	38~42
F22-42	0.8~1.0	1.2~1.8	0.5~1.0	27~29.0	10~12	≤3.0	余	3.5~4.5	40~44
F22-45	0.5~1.0	0.5~1.0	1.0~3.0	24~28.0	—	≤3.0	余	4.0~6.0	42~47
F22-52	≤0.1	2.0~3.0	1.0~3.0	19~23.0	—	≤3.0	余	4.0~6.0	48~55
F21-46	1.0~1.4	1.0~1.4	1.0~2.0	26~32.0	—	≤3.0	余	4.0~6.0	40~48

注：表中数据来源于 JB/T 3168.1-1999《喷焊合金粉末技术条件》。

钴铬钨型材料具有耐热、耐腐蚀、抗氧化、耐磨损等综合的优良性能，此类焊材的熔敷金属在 650 ℃ 的高温中能保持高的硬度和较好的耐腐蚀性能，其抗碱液腐蚀性能很好，但抗沸腾的三酸 (硝酸、硫酸、盐酸) 腐蚀性比较差。调整碳和钨的含量可以改变堆焊金属的硬度和韧性，以适应不同的工况参数和介质要求。

钴铬钨型材料多用于大型旋转给料器的修复，除可以用等离子弧堆焊方法以外，钴铬钨型材料还可以适于氧乙炔焰堆焊、手工电弧堆焊、氩弧堆焊等方法。可以在铬 18 镍 8 型铸件材料上堆焊。钴基材料无明显的淬硬性，堆焊层的冲击韧性不是很高，要注意提高堆焊层基体的刚性和选用耐冲击较好的钴铬钨型材料，如含碳量低和含镍的此类焊材。

9.3.2.4 堆焊铁基合金粉末

铁基合金粉末，即铁基自熔性合金，是在 1Cr18Ni9 型 (A102) 奥氏体钢焊条的基础上经过改进而成的，有优良的流动性和很好的冶金结合性能，焊层与基体的结合牢固，具有很好的耐腐蚀性能、韧性及抗疲劳性能，也具有优越的抗擦伤性能。所以，铁基合金粉末用于修复壳体内腔表面具有良好的适用性能和加工性能。常用的铁基合金粉末见表 9-4 所示。壳体铸件材料是国家标准 GB/T12230-2005 规定的 CF8、ZG08Cr18Ni9 等，用铁基合金粉末喷焊符合相关技术要求，虽然焊层的碳含量比奥氏体不锈钢稍高一些，但是提高了耐摩擦磨损性能，应用于输送颗粒物料和腐蚀性不是很强的粉末物料的旋转给料器，不仅能够满足使用要求，而且提高了使用耐久性，喷焊的工艺性好，喷焊修复的成本比较低。

表 9-4　旋转给料器壳体内腔拉伤修复常用铁基合金粉末成分

| 牌号 | 化学成分/% | | | | | | | | 硬度 |
	C	B	Si	Cr	Ni	Fe	V	Mn	HRC
F32-32	0.1～0.20	1.8～2.4	2.5～3.5	18～20.0	21～23.0	余	1.2～2.0	—	30～35
F32-38	≤0.16	1.3～2.0	3.5～4.5	18～20.0	10～13.0	余	0.6～1.2	—	36～42
F32-40	0.14～0.24	2.0～2.5	2.5～3.5	17～19.0	10～12.0	余	0.4～0.6	1.0～1.5	36～42
F32-44	0.1～0.20	2.0～2.5	2.5～3.5	17～19.0	7～9.0	余	0.4～0.6		41～46
F31-28	0.4～0.80	1.3～1.7	2.5～3.5	4～6.0	28～32.0	余	—	—	26～30
F31-38	0.6～0.75	1.8～2.5	3.0～4.0	15～18.0	21～25.0	余	—	—	36～42

注：表中数据来源于 JB/T 3168.1-1999《喷焊合金粉末技术条件》。

9.3.2.5　堆焊镍基合金粉末

镍基合金粉末是自熔性合金材料之一，可以调节成适应各种要求的硬度，具有抗磨、抗氧化、抗高温、抗腐蚀等性能，广泛应用于产品零部件的制造和修复。镍基合金粉末同钴基合金相比较，价格低、资源充足、堆焊工艺简单。在某些工况条件下，使用寿命高于钴基合金。常用的镍基合金粉末见表 9-5 所示。喷焊的工艺性好，喷焊修复后的壳体内腔耐摩擦磨损性好，提高了使用耐久性。

表 9-5　旋转给料器壳体内腔拉伤修复常用镍基合金粉末成分

| 牌号 | 化学成分/% | | | | | | | | 硬度 |
	C	B	Si	Cr	Ni	Fe	Al	Mn	HRC
F12-27	1.2～1.4	≤0.20	2.0～2.5	35～38.0	余	≤5.0	—	—	25～30
F12-37	0.7～1.2	1.0～2.0	2.0～3.0	24～28.0	余	≤5.0	0.5～0.6	0.4～0.6	35～40
F12-43	0.65～0.75	2.0～3.0	3.0～4.0	25～27.0	余	≤5.0	—	—	40～45
F11-25	0.3～0.70	1.5～2.0	2.5～4.0	9～11.0	余	≤8.0	—	—	20～30
F11-40	0.6～1.0	1.8～2.6	2.5～4.0	8～12.0	余	≤4.0	—	—	35～45

注：表中数据来源于 JB/T 3168.1-1999《喷焊合金粉末技术条件》。

9.3.2.6　堆焊修复主要过程

壳体内腔表面进行堆焊修复之前，无论是采用等离子弧堆焊还是氧乙炔喷焊，都要对壳体进行预处理，在进行堆焊修复之后，要进行相应的焊后处理，其内容主要包括：

(1) 确定和编制堆焊工艺操作规程。为了达到壳体内腔表面堆焊目的和保证堆焊质量，应确定和编制堆焊工艺及堆焊操作规程，以指导焊工的实际操作。编写堆焊工艺及堆焊操作规程，可以通过试验成功后取得，也可以借鉴相似产品的成熟操作工艺规程。

(2) 对壳体相关部位表面在喷焊前的要求是：毛糙干净，不允许有任何污染，如水、汽、油、灰尘，也不允许有氧化层、硬化层、砂眼、气孔、疏松等缺陷。其主要目的是：保证堆焊层的质量和堆焊操作过程规范，尽可能地减少堆焊过程中的热应力，有利于焊件的自由膨胀和收缩，避免热裂纹和延迟裂纹等焊接缺陷的产生，而且有利于节约堆焊材料。

(3) 对需要修复的区域进行必要的无损探伤检验，消除影响质量的隐患。根据无损检验结果对裂纹部位进行处理，彻底清除掉需要修复的内腔表面部位的裂纹，达到堆焊修复的加工要求。

(4) 经过无损探伤检验并清除全部缺陷以后，再次进行无损探伤检验，如果不能达到要求，还要重新清除，直到符合要求为止。如果在堆焊修复完成以后再发现有裂纹，再重新处理的过程将非常麻烦，并要付出更高的成本代价和更长的时间代价。

(5) 堆焊修复前要进行预热处理，考虑到主体材料铸件的质量、使用年限，尽量降低出现修复质量问题的概率和壳体材料在堆焊修复期间的热膨胀，壳体整体最好预热到一定的适当温度下才进行堆焊修复，否则，将会影响修复焊层质量。

(6) 对于大面积严重拉伤进行添加金属堆焊修复的情况，由于焊接区域大，热影响区大，所以要在堆焊修复完成，进行质量检验并符合要求以后，进行焊后必要的处理以消除内部应力。

(7) 焊后进行消除内部应力处理以后，要对壳体进行适当的时效处理，进一步消除内部应力，提高壳体的尺寸稳定性，防止机械精加工后壳体发生变形。

(8) 为了提高修复的质量，进行必要的添加金属堆焊操作以后，再进行机械加工，最好采用机械加工中心，容易保证加工精度，也可以采用精度符合要求的镗床或数控机床加工。

(9) 壳体内腔表面要进行磨光、抛光处理。

9.3.2.7　堆焊层的性能和特点

旋转给料器壳体大部分都由奥氏体不锈耐酸钢铸件材料制造，奥氏体不锈耐酸钢的材料种类比较多，这类材料的不同牌号其耐腐蚀性能不同。其中的铬 18 镍 8 型(18—8 型)材料作为旋转给料器零件的基本材料而使用最为广泛。由于铬 18 镍 8 型材料硬度低，抗擦伤性能和抗磨损性能比较差，所以旋转给料器壳体容易出现擦伤和磨损现象。

铬 18 镍 8 型不锈钢的可焊性良好，具有固溶处理(在水中淬火)后塑性和韧性增高的特点，焊接材料对堆焊质量至关重要，如果焊粉、焊丝、焊剂或焊条选用不当或堆焊操作工艺不正确，都可能会出现晶间腐蚀和热裂纹等缺陷。

(1) 晶间腐蚀是发生在晶粒边界的腐蚀，其产生原因一般认为是由于不锈钢在 450～850 ℃的高温危险区内停留一定时间后，晶格间多余的碳以碳化铬的形式沿奥氏体晶界析出，而晶粒内部的铬又来不及析出补充，造成晶界贫铬，致使贫铬层遭受腐蚀，并使腐蚀沿晶界深入金属内部，引起金属力学性能的显著下降，这是 18—8 型不锈钢堆焊区域的一种危险的破坏形式。

(2) 热裂纹产生的主要原因是在晶界间存在着低熔点杂质，当堆焊层金属冷凝时，因收缩应力的作用，在杂质处形成裂纹。另外，热裂纹产生与不锈钢在高温时的延伸性能有关，热裂纹也可能会产生在焊接的收弧处。

(3) 防止上述缺陷应注意以下几方面。壳体内表面局部堆焊或薄层的焊补修复尽可能采用氩弧焊堆焊 18-8 型不锈钢，以获得高质量的堆焊层。用手工电弧焊时，要选用低氢型焊条，并采用直流焊接电源，以促使堆焊层金属细化和提高抗裂性。注意采用适当的焊接速度，特别是在需要多层堆焊时，要防止层间温度过高，层间温度在 60 ℃以下时再堆焊下一层。堆焊中断或收弧时，将弧坑填满，焊速逐渐加快，焊丝或焊条的送量也逐渐减少，直到母材不熔化时为止再熄弧。由于不锈钢的热导率约为碳钢的三分之一，电阻大，热膨胀系数比碳钢约大 50%，焊接过程中的变形倾向也大，所以焊接电流要适当选小些。

9.3.2.8　堆焊缺陷的预防

在进行旋转给料器壳体内腔表面的堆焊时，其堆焊的壳体中容易出现裂纹、气孔、夹碴、剥落、变形、硬度不均等堆焊缺陷和问题，对其预防措施如下：

(1) 裂纹的预防。按堆焊规程要求对壳体内表面待堆焊部分进行加工处理，在保证加工余量尽可能小的前提条件下，要消除堆焊区域表面的尖角、棱角、锐角等形状，要使所有楞角处呈圆弧过渡。在零部件上堆焊时，要严格清除原堆焊层和其他非本体材料层。对裂纹类缺陷要严格清除干净，有无损探伤条件时，应进行着色或射线探伤检查，以确保无裂纹存在。必须严格执行热处理工艺的要求，避免冷风、过堂风直吹堆焊件。大面积区域堆焊在两人同时施焊时，要特别注意焊层之间和焊道首尾的搭接，接头处应搭接，接头处应搭合错接 15 mm 左右。不要突然熄弧，以防止在熄弧处堆焊层金属急冷所生火口裂纹，应根据焊接工艺要求，堆焊后选用适当的保护和热处理措施。

(2) 气孔的预防。堆焊前必须严格清除堆焊面及其周围的油垢、水污、锈斑和氧化物等，以免这些有害物在焊接热能作用下产生汽化，而影响堆焊层质量。堆焊时的焊接速度不能太快，以免熔化金属冷却太快，而使气体来不及从焊缝中逸出。焊材在使用前必须按烘焙要求严格进行烘干，特别是等离子弧喷焊用的合金粉末要随烘随用，以防止受潮。在操作时注意电弧或气焊弧焰长短的控制，以免弧太长而使空气易侵入熔池，弧太短又会阻碍气体外逸。

(3) 夹渣的预防。正确选择电流大小和气焊弧焰的大小，控制焊接速度使熔渣完全浮出堆焊层的熔敷金属表面。多层堆焊时，应将前一层熔敷金属表面的焊渣清除干净再堆焊下一层，在堆焊过程中如果发现夹渣，必须彻底清除。气焊和氩弧焊的夹渣主要来源于溶敷焊丝中的夹杂物，如有夹渣应控制弧焰并使其浮出熔焊层表面，再进行下层堆焊。

(4) 剥落的预防。剥落主要是指堆焊层与堆焊基体结合不良而脱离。选择合理的焊接规程，焊接速度不宜太快，焊接电流不宜太小，否则堆焊材料与基体未熔使堆焊面局部或整体剥落。采用热喷涂工艺堆焊时，一定要做好喷涂前的表面制备和洁净处理，以免影响喷涂结合强度而剥落。

(5) 晶间腐蚀的预防。含碳量高的铬镍钛不锈钢存在焊接晶间腐蚀问题，应采用双相抗晶间腐蚀焊材，以免产生堆焊层腐蚀。

9.3.2.9　钴基合金堆焊工艺规程

(1) 对于待堆焊表面的要求。待堆焊的表面要求无油类，处理后的表面粗糙度应达到 6.3 μm。待堆焊处的棱角、拐角应倒圆，容易进入熔池的毛刺应去除。待堆焊面发现气孔、裂纹等缺陷应补焊修磨后才可以进行堆焊。待堆焊面应清洁，无影响堆焊层质量的污染物，预热工件堆焊面的氧化皮也须清除干净。

(2) 堆焊前的要求。堆焊前应检查堆焊面是否符合要求。堆焊前应测量检查堆焊件尺寸和形状，以便有效控制堆焊后的尺寸和形状。检查核对焊材选择是否正确，按照工件形状、大小、母材、堆焊材料等因素选择堆焊工艺方法。用焊条堆焊的工件预热要求和粉末堆焊件相同，也可以按产品生产和检修的工艺文件执行。

(3) 堆焊要求。堆焊焊工应经过培训，并经考核合格。堆焊工艺规范参数选择按产品工艺文件执行，堆焊过程中注意观察及时微调各参数。

(4) 采用手工电弧堆焊。严禁在焊件表面引弧。多层多道堆焊时，应彻底清除道与道、层与层之间的熔渣，并认真检查无缺陷后方可继续施焊。相迭焊道起讫处应错开一定距离，焊道衔接处应平缓过渡，弧坑填满。

(5) 采用氧乙炔工艺堆焊。按堆焊工件厚度选择焊炬型号，焊咀孔径按工艺文件执行，火焰调整为目测"三倍乙炔过剩焰",焰心尖端距堆焊面约 3 mm。开始堆焊时基体金属表面不完全熔化成熔池,当加热到表面呈现"出汗状态"后立即进行堆焊,此操作也适用于氩弧焊和等离子弧堆焊。堆焊完成后,为减少堆焊层中的缺陷,可用火焰重熔修饰一遍。

(6) 等离子弧堆焊时按工艺文件的规定。

(7) 堆焊到结尾时接头重叠 15~20 mm,重叠处可少加或不加堆焊材料,收口时口焰逐渐离开熔池,使熔池逐渐缩小。

(8) 采用氩弧焊和等离子弧焊工艺方法收弧时电流应有足够衰减时间,避免出现明显弧坑。

(9) 焊工所用降温风扇不应直对熔池处,并应使熔池及加热到红热状态的焊丝头部始终处于保护气氛之中。

(10) 堆焊层厚度及几何形状、尺寸按焊接工艺卡进行校核。

(11) 堆焊层缺陷修补,应进行去除缺陷修补,并应严格执行预热、保温、缓冷制度。

(12) 堆焊后的要求。及时入炉,炉温 300~350 ℃,进行保温 3 h 以上的消氢处理,如果焊后立即作消除应力的热处理,则消氢处理可以同时进行。

9.3.2.10 壳体和端盖基体破损补焊修复

旋转给料器壳体和端盖基体材料一般是奥氏体不锈耐酸钢。具有良好的耐腐蚀性、耐热性和延展性,同时还具有优越的可焊性。如果壳体和端盖局部破损,可以采用多种方法进行补焊修复,如手工电弧焊、气焊、埋弧焊和氩弧焊,使用最多的是手工电弧焊和氩弧焊。

1. 壳体和端盖基体破损补焊修复用焊材

壳体和端盖基体破损补焊常用焊接材料按表 9-6 所示的规定选取。

表 9-6　旋转给料器壳体和端盖基体破损补焊常用焊条

基体材料	电弧焊用焊条		埋弧焊	氩弧焊
	焊条型号	牌号示例	焊剂型号及焊丝牌号	焊丝钢号及标准号
0Cr18Ni9	E308-16	A102	F308-H08Cr21Ni10	H0Cr21Ni10,YB/T5091
	E308-15	A107		
0Cr18Ni10Ti 1Cr18Ni9Ti	E347-16	A132	F347-H08Cr20Ni10Nb	H0Cr20Ni10Ti,YB/T5091
	E347-15	A137		
0Cr17Ni12Mo2	E316-16	A202	F316-H08Cr19Ni12Mo2	H0Cr19Ni12Mo2,YB/T5091
	E316-16	A207		
0Cr18Ni12Mo2Ti	E316L-16	A022	F316L-H03Cr19Ni12Mo2	H00Cr19Ni12Mo2,YB/T5091
	E318-16	A212		
0Cr19Ni13Mo3	E317-16	A242	F317-H08Cr19Ni14Mo3	H0Cr20Ni14Mo3,YB/T5091
00Cr19Ni10	E308L-16	A002	F308L-H03Cr21Ni10	H00Cr21Ni10Mo2,YB/T5091
00Cr17Ni14Mo2	E316L-16	A022	—	—
00Cr19Ni13Mo3	E317L-16	—	—	—

注:表中资料来源于 JB/T 4709-2007《压力容器焊接规程》的内容。

2. 壳体和端盖基体破损补焊修复操作要求

焊接操作按第 9.3.2.11 节奥氏体不锈耐酸钢焊接工艺规程的规定或生产工艺文件的规定。

3. 奥氏体不锈耐酸钢补焊注意事项

(1) 产生焊接热裂纹。焊接奥氏体不锈耐酸钢时,焊缝内部产生热裂纹的情况比焊接碳钢时严重得多,这主要是铬镍奥氏体不锈耐酸钢成分复杂,内部往往含有比较多的能够形成低熔点共晶的合金元素和杂质,同时奥氏体结晶方向性强,因此,也造成偏析聚集的严重发展。此外,奥氏体的线膨胀系数比碳钢大,冷却时收缩应力大,这些条件都促使了热裂纹的产生。

(2) 容易产生焊后晶间腐蚀。晶间腐蚀是奥氏体不锈耐酸钢焊缝最危险的破坏形式之一,如果施焊不当或补焊后未及时采取必要的工艺措施,会很容易在焊缝处和热影响区产生晶间腐蚀,受到晶间腐蚀的不锈钢从表面上看不出什么痕迹。但是,在受到应力作用时会沿晶界断裂,几乎完全丧失强度。

9.3.2.11 奥氏体不锈耐酸钢焊接工艺规程

(1) 对于待焊表面的要求。焊接坡口加工的基本形式与尺寸应符合产品图样要求。对于非机械加工的表面(如铸件表面、锻件表面等),焊前应将坡口及其两侧 20~30 mm 内的焊件表面用肥皂水或丙酮、酒精消除油污,如果使用刷子清扫,也应使用未被污染的铜刷或不锈钢刷,如用砂轮打磨,也只能使用未曾污染过的氧化铝砂轮打磨。采用手工电弧焊的工件应在坡口两侧约 50 mm 范围内喷涂一层防溅剂,以避免飞溅金属损伤不锈钢表面。

(2) 对于待用焊条或焊丝的要求。不锈钢裸焊丝也应与焊件达到同样的清洁度要求。焊条或其他焊材应按说明书要求进行烘烤、保温,取用焊条及焊丝避免受到沾污。

(3) 待焊件不应再受到影响焊接质量的污染及影响其几何形状尺寸的外力。

(4) 焊接。

1) 根据焊件大小、板材厚薄、坡口形状、焊接位置等因素合理选择焊条、焊丝型号、规格。

2) 一般打底焊焊条宜用细直径焊条或采用氩弧焊工艺,规范参数的选择原则上采用"小电流、快焊速、短电弧、窄焊道、多层多道焊接",或按产品的工艺文件要求执行。

3) 在焊工件应放置在有紫铜垫板或不锈钢垫板的工作台上,表面也应该清洁无污染。

4) 不能用碳钢制的接地线直接搁置于被焊工件上,应用铜质接地线与工件接触良好。

5) 电弧引燃应在坡口处进行,严禁在焊件表面任意引弧。

6) 多层焊时,每焊完一层应彻底清除熔渣,并认真检查无缺陷后,待工件冷却到手能触摸方可继续施焊,相叠焊道起始处应错开一定距离,焊道衔接处应平缓过渡,弧坑填满。

7) 环形焊缝务必使终点与起点重叠 10~30 mm。

8) 接触介质的焊缝应尽可能放在最后进行焊接。

9) 焊缝外形尺寸应符合产品图样要求。

10) 熔渣和飞溅物的清除须用不锈钢制或铜制手锤、手持砂轮机及刷子。

(5) 焊后要求。清理焊渣、飞溅物,检查外观和修补缺陷。按工艺文件的规定决定是否做焊后热处理,怎样做焊后热处理及热处理后的时效处理等。

9.3.2.12 壳体和端盖基体小孔泄漏修复

壳体或端盖在铸造时容易产生夹渣、气孔和组织疏松等缺陷,工况运行过程中,受到介质的腐蚀和各种外力的综合作用,这些缺陷就可能会形成微孔或小孔,产生渗漏或泄漏现象。

如果壳体或端盖的缺陷不大,而孔型基本上为直孔时,可以用钻头钻除缺陷,然后用螺钉或销钉将孔洞堵塞,再进行铆接或焊接固定,如图 9-28 所示。所选用堵塞孔洞的螺钉必须是奥氏体不锈钢材料的。

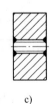

a)   b)   c)

图 9-28 壳体和端盖小孔的螺钉修复示意图
a) 螺钉拧入单头铆接   b) 螺钉拧入双头铆接
c) 螺钉拧入双头焊接

9.3.2.13 壳体和端盖基体微渗漏修复

如果壳体或端盖的缺陷不明显,当壳体内有气体压力时,这些缺陷就可能会有微量或少量气体介质泄漏的现象。在金属基体内部的这些泄漏孔洞的形式可能是直孔、斜孔、湾孔、复合型孔或组织疏松等。

对于这种类型的基体缺陷,最常用的方法,也是最有效的方法,是用胶修补,将胶填充到缺陷的孔洞内,将洞堵塞,消除泄漏。具体操作过程根据具体情况有所不同,大致操作步骤如下。

(1) 选择合适的胶种类。选择胶种类的最主要依据就是工作温度和工作介质,市面上能够买到的各种类型的胶不一定适合用于壳体补漏,一定要认真核对使用说明书,要选择能够在工况参数及工作介质的条件下长期使用的密封胶或铸工胶,工作温度也是非常重要的选择参数,更重要的一点就是密封胶要能够比较容易进入到产生泄漏的孔洞内。使用比较多的是一种叫做"铸工胶"的糊状胶,使用温度比较高。除此之外,还可以选择适用于运行现场使用的快速凝固胶。这类密封胶产品的新产品研发周期比较短,新产品在不断出现,只要能够满足使用要求和能够有效堵塞泄漏孔洞,都可以使用。

(2) 渗漏胶补方法。

1) 胶补前的准备工作。胶补前的准备工作要认真逐一做好,否则,最后的结果可能不会令人满意。待修复零部件的处理是最重要的准备工作。如果工作介质是伴热水蒸气的话,首先停止旋转给料器运行,然后切断蒸汽源,当旋转给料器的壳体温度降低到常温以后,检查泄漏孔洞内是否有其他异物,在确认孔洞内清洁、无油渍、无污物的条件下,就可以按照使用说明书的要求进行修复。

如果待修零部件的工作介质不是伴热水蒸气的话,在胶补前要清除污物、油渍等。可以用水蒸气吹扫或用其他能够去除油渍,同时又是在检修现场能够实现的方法。

2) 注入密封胶。胶补的具体操作方法和操作步骤可以参照所选择密封胶的使用说明书进行。所有准备工作完成以后,胶补时要用有压力的工具将密封胶注入泄漏孔洞内,务必要填满整个孔洞,孔洞口有密封胶,而没有进入到必要的深度时,是假满现象,不能消除泄漏孔洞。一定要避免修复完成后而没有达到修复效果的现象发生。

3) 后续工作要求。按照密封胶的使用说明书要求,在适当的时间间隔以后,进行必要的后续工作,并在满足检修要求的条件下恢复旋转给料器的正常工况运行。

9.3.2.14 壳体和端盖基体的其他修复

需要指出的是,旋转给料器的壳体和端盖是承受各种力(如内腔气体压力、系统安装应力、各零部件之间的装配应力、运行作用力等)的主体零部件,其加工精度和尺寸稳定性要求非常高,局部微小缺陷可以进行修补修复。但是,对于其他比较大的缺陷不允许进行修复,例如壳体出现比较大的裂纹或比较大的孔洞不允许修复。因为,铸件出现比较大的孔洞或裂纹,说明本批次铸件的内在质量不符合要求,同时铸件有比较大的孔洞或裂纹其尺寸稳定性也不能保证整机的性能稳定性和质量可靠性。

9.3.3 转子的修复

转子是旋转给料器最主要的零部件之一。它与链轮、轴密封组合件相连接,与端盖和壳体相配合,与输送气体和固体物料直接接触。减速机的驱动力矩传递到转子的驱动轴上,密封件的摩擦力、输送化工固体物料对叶片的冲击力、物料及输送气体的腐蚀等都是转子要承受的。转子不仅是受力件、密封件，也是旋转给料器中最容易受损伤的零部件。制作或修复转子需要按原设计转子的几何尺寸和材料加工。在无法查清原转子几何尺寸及其他资料的情况下，可以根据旋转给料器的整机性能参数及壳体和端盖的尺寸确定转子的加工几何尺寸和选用材料。

9.3.3.1　转子修复或更换的基本原则

转子修复或更换的依据是转子的损坏对旋转给料器整机性能的影响程度，或者说是转子的损坏部位和损坏程度，具体内容可以根据下列原则进行。

(1) 转子轴密封部位的表面粗糙度低于原设计一个等级或在 0.8 μm 以下，应进行表面粗糙度修复。转子轴密封部位表面硬度层受到损伤后，应进行表面硬度层修复。

(2) 对于用螺栓固定端部密封环的大型转子，如图 9-29a 所示，端部密封环外表面损伤严重，如图 9-33a 所示，使转子与端部密封件之间的间隙过大，气体泄漏量超过允许值，不能满足旋转给料器整机性能要求的情况下，应进行端部密封环外表面修复或更换。对于小规格尺寸的转子，可以直接更换新的转子。

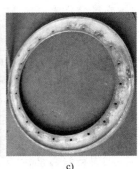

a)　　　　　　　　　　　　　b)　　　　　　　　　　　　　c)

图 9-29　螺钉固定端部密封环的大型转子结构示意图

a) 整体转子　b) 去掉端部密封环的大型转子　c) 端部密封环

(3) 对于大型转子的叶片外径表面损伤严重，使转子与壳体之间的间隙过大，气体泄漏量超过允许值，不能满足旋转给料器整机性能要求的情况下，如图 9-30 所示，应进行叶片外径表面修复。对于小规格尺寸的转子，可以直接更换新的转子。

(4) 转子轴与轴承之间的安装配合段摩擦磨损导致其尺寸发生变化，不能满足使用要求的情况下，应该修复转子轴的轴承段表面，使其达到要求的尺寸公差。

(5) 转子的某一部位发生结构损伤的情况下，如转子轴损伤或断裂，如图 9-31 所示，要进行转子轴的修复，如果轴的损伤情况特别严重，修复困难或修复后不能满足整机性能要求的情况下，应更换整个转子。

(6) 转子轴键槽损坏后，一般可以将键槽宽度适当加大，最大可以使键宽标准尺寸增加一级，如果轴的强度允许，可以在适当位置再另铣一键槽。

9.3.3.2　转子外径表面擦伤缺损修复

转子外径表面部位擦伤缺损实际上就是叶片顶部的金属被拉伤缺损，叶片的厚度尺寸一般都比较小，绝大部分区域是落空的，如图 9-30 所示，所以修复这个部位还是有一定难度的，不能采用等离子喷焊的方法，只能采用手工操作来修复。考虑到焊补过程中的热影响及飞溅物影响，一般情况下，采用手工操作的氩弧保护方法进行补焊。焊丝的选用、焊前工件的预处理、工具的准备、补焊过程注意事项、补焊完成后的后续工作要求等各阶段工作按第9.3.2节相关部分内容的要求进行操作。

补焊开始之前，要认真测量叶片高度缺损的几何尺寸，做到心中有数，不能盲目操作。补焊过程中要注意适当掌控补焊的速度和电流大小，使叶片的温度不能太高，避免由于补焊而造成叶片产生明显变形。最好不要采用手工电弧焊，其一是手工电弧焊的热影响区比较大，其二是避免由于焊渣附着在叶片表面而产生其他不必要的麻烦。补焊过程中要特别注意叶片楞角位置的补焊量是否足够，避免由于补焊量不足而重新返工的情况产生。

图 9-30　转子外径表面擦伤缺损照片

9.3.3.3　转子轴断裂修复

转子轴断裂的情况时有发生，不管是国产件还是从国外进口的世界知名公司的产品，同样都是如此。例如，中石化下属的某股份有限公司 PTA 生产装置中使用的，用于长距离气力输送的旋转给料器是国外某知名公司生产的，此旋转给料器是 2005 年安装使用，到 2010 年的 5 年间，共有 5 次轴断裂事故。发生轴断裂以后，业主向供应商索赔的同时，由合肥通用机械研究院进行断轴修复并安装运行，避免影响生产。同时业主向供应商索赔而运回来的新转子安装使用一段时间以后又发生轴断裂，每次轴断裂都由合肥通用机械研究院负责修复。

同样是某股份有限公司 PTA 生产装置中使用的另一安装位置的气力输送旋转给料器，也是由国外某知名公司生产的，此旋转给料器是 2011 年 12 月 30 日安装使用，到 2013 年 2 月 28 日，安装运行仅仅 14 个月，转子轴发生断裂事故，同样也由合肥通用机械研究院负责修复。

每次轴断裂的断口形状基本类似，断口位置基本是在轴肩部位，即直径发生变化的部位，如图 9-31a 所示，大多数断口是发生在轴承段与轴密封段的变径处，也有的断口发生在侧壁部位。断口基本是平的，如图 9-31b 和图 9-31c 所示，断裂处轴的直径一般在 130～150 mm，断口的轴向错位在 10～20 mm 内。

  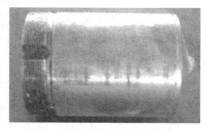

a) 　　　　　　　　　　　b) 　　　　　　　　　　　c)

图 9-31　转子轴断裂茬口状况照片

a) 转子轴断裂　b) 轴断裂后的转子　c) 断后轴头

每次轴断裂的茬口修复所采用的方法也是基本类似或相同的，只是根据每次情况的差异，具体操作过程中有所不同而已。修复操作的基本方法和主要步骤包括如下内容。

(1) 确定断轴的材料牌号。具体可以通过化学成分化验的方法或采用光谱仪确定材料的化学成分，从而确定修复断轴所采用的材料。

(2) 将棒材下料以后，进行必要的热锻加工，使材料的纤维更适合于作轴料，并进行相应的热处理，如果是奥氏体不锈钢就要进行固溶处理，如果是马氏体不锈钢就要进行调质处理，并进行相应的后续处理，如果是双相钢，根据不同的具体类型作相应的热处理。

(3) 将断轴转子进行必要的预处理，然后加工出修复所需要的形状和尺寸，其原则是，断轴与修复体之间的连接采用焊接与螺纹复合连接形式，螺纹承受两者之间的力，而焊接部分在承受力的同时，还要起固定的作用。断轴与修复体连接部分制备结构形状如图 9-32 所示。连接螺纹一般采用细牙，螺纹的直径确定原则是，在保证适当焊接厚度的条件下，尽可能选取最大的螺纹外径。螺纹的长度不宜过长，一般对于直径比较小的取 40～45 mm，对于直径比较大的取 45～50 mm 为宜。断轴转子的轮毂加工成内螺纹，如图 9-32a 所示的结构形状，修复体部分加工成外螺纹，如图 9-32b 所示的结构形状。这里需要强调的是，两者螺纹旋合到位以后，外螺纹的顶部与内螺纹的底部一定要紧密接触，这样当坡口焊接好以后，能够增强轴的抗弯曲能力，尽可能增强轴的刚度。

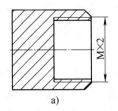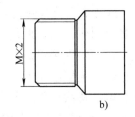

图 9-32　转子断轴与修复体连接部分制备结构形状示意图

a) 断轴轮毂连接部分制备结构形状　b) 修复体连接部分制备结构形状

(4) 焊接过程。为了尽可能降低焊接对修复转子的热影响，焊接厚度不宜过大，焊接时要采取薄层多道的方法，选择比较细的焊条，第一层焊完后，等待转子焊接部位冷却到常温以后再焊第二层。以此类推，每层焊接完成后，待焊接部位冷却到常温以后再焊下一层，直到完成全部焊接需要填充的金属量。

(5) 全部焊接完成以后，检查各部位焊口是否填满，避免加工时出现缺肉现象。

(6) 为了尽可能消除焊接产生的内应力，全部焊接操作程序完成以后的 24 小时以后，对整个转子进行尺寸检验，核对焊接部分是否合适，是否有加工不够的部位，其他部位是否需要进行必要的热加工修复。

(7) 对修复转子进行必要的消除应力处理和适当的时效处理。

(8) 按照转子原设计图样或修复专用图样进行各种机械加工。

(9) 机械加工的各种后续处理。

(10) 按照转子原设计图样或修复专用图样进行全面检测，确认转子各实际尺寸是否符合要求。表面粗糙度、尺寸及公差、形位公差、相关配合是否满足整机要求。

(11) 详细记录转子修复的全过程，以及加工完成后的检测数据，以备整台旋转给料器下次检修时查阅，最大限度地做好设备运行保障工作。

(12) 因为在修复准备工作开始之前，转子的轴已经断裂了，所以，对于转子的轴承定位台肩准确位置，在修复过程中可能掌握不准，修复后的转子可能会存在一定误差，为了能够顺利装配并保证安全运行，最合适的办法就是做一个厚度约 5 mm 的垫环，在装配过程中调整垫环厚度，确定转子的合适轴向位置。

9.3.3.4 转子端部密封环表面摩擦缺损修复

适用于高中压气力输送工况的转子可以是闭式转子侧壁有密封件的结构，转子端部密封环表面与密封件接触密封，减少旋转给料器壳体内腔的气体向进料口泄漏的通道截面积，降低气体泄漏量，提高进料量。转子端部密封环分为径向密封的密封环和轴向密封的密封环，径向密封的密封环其密封部位在转子外径表面，参见第 4 章图 4-23 所示的结构。而轴向密封的密封环在侧壁的外端面，参见第 4 章图 4-24、图 4-25、图 4-26、图 4-27、图 4-29 所示的结构。

在长期工况运行过程中，转子密封环和密封件都会产生摩擦磨损，密封件属于易损件，可以很容易更换，而更换转子密封环则相对比较困难，磨损后的转子密封环如图 9-33 所示，其中图 9-33a 所示的是密封环外表径面损伤后的状况，图 9-33b 所示的是密封环内腔表面损伤后的状况。

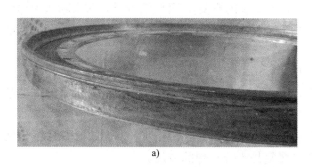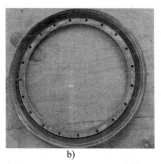

a)   b)

图 9-33　转子端部密封环损伤后的状况照片
a) 密封环外表径面损伤后　b) 密封环内腔损伤后

在侧壁的端面轴向密封的密封环与转子成为一体，是固定的，不能更换，只能进行修复。修复的方法可以视具体情况而定，损伤轻微的可以采用人工的或机械的修复方法，损伤严重的可以采用适当的人工热修复，然后再进行人工或机械的修复方法。如果损坏的严重程度很难修复，或修复后不能满足整机性能，就应该更换转子。

对于径向密封的密封环和直径比较小的转子，一般转子密封环是固定的，不能更换，只能进行修复。对于直径比较大的转子，一般转子端部密封环是分体结构形式，用螺栓连接在一起，如图 9-29 所示，是可以更换的，如果缺损比较轻微则可以进行修复，如果缺损比较严重就需要进行更换。

对于缺损比较轻微的情况，可以采用局部处理的方法，或可以采用磨床加工修复的方法，也可以采用手工打磨处理的方法，将端部密封环表面的划伤凸出部分去掉，再进行整形和抛光，使端部密封环表面达到基本平整，可以基本满足整机的气体密封性能要求，就可以不进行其他操作修复。

一般情况下，损伤比较严重的区域只是局部面积时，也可以采用局部添加金属的加工处理方法。可以采用手工电焊或氩弧焊的处理方法，将局部缺少金属的部分添平，然后机械加工到原设计要求的表面尺寸，再进行整形和抛光。使端部密封环表面达到平整、光滑的程度，使壳体与转子之间的气体密封性能满足整机的性能要求。

对于大面积严重损伤的情况，根据修复的区域大小、修复的深浅程度，及其他损伤情况，决定是否需要更换新的转子端部密封环。

9.3.3.5　转子轴承段直径表面缺损修复

轴承与转子轴之间的配合要按照国家标准规定的公差带，在很小的范围内选取。在长期的工况运行过程中或可能会遇到某种特殊的情况，造成轴承与轴的配合松弛，不能够保证整机的性能。从轴径尺寸公差的角度分析，轴承段直径表面缺损的量很小，轴径并没有太大的变化。但是已经不能够满足轴承与轴的配合要求，此种情况下，必须修复轴径缺损表面。

对于旋转给料器来说，轴承支撑着转子并长期运行，轴承与转子轴之间的配合必须可靠才能保证转子的稳定运行，所以修复的方法必须能够保证轴承与轴之间的接触面积率比较高，否则不能保证长期稳定使用。修复的方法可以采用刷镀、热喷涂或焊补等，其中焊补方法热影响比较大，容易使轴颈发生变形，所以很少采用或尽可能不采用。最常用的方法是刷镀修复，简单易行，修复层质量好，性能可靠。热喷涂可以喷涂与机体相近的金属或硬质合金(也可以喷涂陶瓷，则强度高、耐磨性好，多用于轴封处轴颈的修复)。有些情况下，对于除灰用途或给料用途的轻型小规格旋转给料器，在转子轴颈强度足够的条件下，也可以采用镶轴套的办法来恢复轴承段轴颈的尺寸。

对于在阀杆的修复中可以采用的修复方法，由于其稳定性和可靠性不够或其他因素的原因，不能够应用于修复转子的过程中，如阀杆或轴表面滚花和黏接等恢复尺寸的方法都不能应用于修复转子轴。

转子轴表面刷镀修复。电刷镀又称接触电镀，它是一种不把工件放在镀槽中的电镀方法。转子轴表面被损坏，进行电刷镀或喷涂修复是十分理想的方法。

1.　电刷镀

(1) 电刷镀的原理。电刷镀操作时，转子轴为阴极，镀笔为阳极。通电以后，阳极(镀笔)内的电解液中的金属离子不断地析出，当镀笔不断地沿转子轴表面移动时，析出的金属就沉积在转子轴表面上形成镀层，并随时间的增加而逐渐加厚。镀层的厚度、均匀性可以由电镀时间和镀笔移动的速度来控制。

(2) 电刷镀的特点包括镀层性能、操作过程等方面，主要有下列内容：

1) 镀层与基体金属结合牢固，镀层与基体金属熔为一体，不容易产生起皮等脱落现象。正是这一特点，在大型化工设备现场修复过程中，经常会用到电刷镀的方法。

2) 适用于不便放入镀槽中的尺寸比较大的转子镀层修复。

3) 适用于对转子轴进行局部电刷镀，对轴损伤后的修复。

4) 设备简单，占用生产面积小，节约投资。

5) 对于大工件的小面积修复而言，生产率很高。

6) 灵活性大，可以携带设备到工件检修的现场去刷镀(带手提式的刷镀设备)。

7) 镀层表面粗糙度好，有柔和的抛光作用，因此镀层质量较好，镀层硬、亮、斑点缺陷少、氢脆及疲劳损失小。

8) 使用电源功率小，只需几十安培的电流即可，不需要大型发电设备。

9) 刷镀笔的阳极可以用金属材料制作，最好采用石墨材料制作阳极。一般采用电解液的主要成分是硫酸镍($NiSO_4$)，镀层的主要成分是镍。

(3) 电刷镀的一般工艺流程。电刷镀的操作流程非常简单，一般步骤是用镁钙粉擦拭工件，用自来水冲洗干净，待水干后实施刷镀，然后用自来水冲洗，用压缩空气吹干即可。

2. 热喷涂

(1) 热喷涂的原理。热喷涂是一种表面强化技术,它是利用某种热源(如电弧、等离子喷涂、燃烧火焰等)将粉末状或丝状的金属或非金属材料加热到熔融或半熔融状态,然后借助焰流本身或压缩空气以一定速度喷射到预处理过的基体表面,沉积而形成的具有喷涂材料性能的表面涂层的一种技术。

具体说来,热喷涂是指一系列的技术过程,在这些过程中,细微而分散的金属或非金属的涂层材料以一种熔化或半熔化的状态,沉积到预先经过制备的基体表面,形成某种喷涂沉积层。涂层材料可以是粉状、带状、丝状或棒状。热喷涂枪由燃料气、电弧或等离子弧提供必需的热量,将热喷涂材料加热到熔融或半熔融状态,再经过压缩空气的加速,使颗粒束流冲击到基体表面上。冲击到表面上的颗粒因受冲压而变形,形成叠层薄片黏附在基体表面上,随之冷却并不断堆积,最终形成一种层状的涂层。

(2) 热喷涂的特点包括涂层性能、操作过程等方面,主要有下列内容:

1) 基体材料不受限制,可以是金属或非金属,可以在各种基体材料上喷涂。

2) 可喷涂的涂层材料极为广泛,热喷涂技术可用来喷涂几乎所有的固体工程材料,如硬质合金、陶瓷、金属、石墨等。

3) 喷涂过程中基体材料温升小,几乎不产生应力和变形。

4) 操作工艺灵活方便,不受工件形状限制,施工方便。特别适合于旋转给料器各段轴颈、壳体内腔、端盖内侧平面、转子等磨损部位的尺寸恢复性修理。

5) 涂层厚度可以从 0.01 mm 到几个毫米,可适合磨损尺寸较大的轴颈外圆以及磨损平面的修复。

6) 涂层性能多种多样,可以形成耐磨、耐腐蚀、隔热、抗氧化、绝缘、导电、防辐射等具有各种特殊功能的涂层。

7) 适应性强以及经济效益好等特点。

9.3.3.6 转子轴密封段表面擦伤缺损修复

转子不是一个零件,而是一个由几个零件组成的部件,转子两端的轴密封段是用特殊方法固定在轴上的两个轴套,轴套的外径表面是耐摩擦磨损材料的,硬度比较高,其基体是具有很好韧性和其他力学性能的材料。当轴套的外径表面被擦伤或摩擦磨损以后,轴套不能够从轴上取下来进行修复,损伤比较轻的情况下,只能在轴上进行修复,损伤比较严重的情况下,只能采用破坏的方式取下原有旧轴套,重新更换新轴套的方法进行修复。

转子修复过程中,要特别注意的一点是转子各段之间的同轴度要求非常高,其中最主要包括:左端轴承段、左端轴密封段、左端部密封环、叶片外径、右端部密封环、右端轴密封段、右端轴承段、链轮段等八部分之间的同轴度要求及垂直度要求。所以,修复其中一个部位就会影响到另外七个部位,这就是所说的形状和位置公差要求。

转子轴密封段表面擦伤缺损修复,如果是很小的局部损伤,而且比较轻微的情况下可以用人工修复,具体办法可以采用平板砂布研磨,即选用适当粒度的砂布,放在手持适宜大小的木板上,双手持木板磨预定部位,这样可以避免在轴表面出现不同程度的坑洼、沟槽等高低不平现象。如果局部损伤的区域比较大,可以用磨床加工修复,也可以采用手拉砂布的方法进行研磨。在用砂布研磨的过程中,可以将转子固定在车床上,使转子旋转,这样可以最大限度地保证修复部位的表面圆柱度。经过手工处理和砂布研磨以后,如果有需要的话,可以进行镀层修复。如果在转子轴上修复损伤的轴套，可以采用电刷镀的方法，如果需要的话，可以更换新的轴套。

转子轴外径表面的磨损缺陷，采用电镀的方法修复是行之有效的。目前，对于被磨损零件的电镀修复主要是镀铬和镀镍，采用的方法有电刷镀、热喷涂和镀槽电镀等。

(1) 转子轴表面镀硬铬修复。转子轴表面镀铬修复通常是镀硬铬。所谓镀硬铬是在钢铁零件表面直接镀铬。镀硬铬的目的是在修复损伤部位的同时，使零件表面获得较高的硬度及耐磨性，并具有一定的耐腐蚀性能。

(2) 转子轴表面的镀镍修复。镀镍层并不是单纯的镍，而是含有一定量其他元素的镍合金，有比较高的硬度，镀镍层耐腐蚀和耐磨，具有比较高的化学稳定性，特别是在有机酸中相当稳定。镀镍层均匀，孔隙率低，与基体金属结合力强。

9.3.3.7 转子其他部位缺损修复

对于不同结构的转子其修复内容不尽相同，除上述部位的缺损修复以外，在日常工作中，转子缺损修复可能还有如下内容。

(1) 转子轴与链轮之间的连接部位缺损修复。旋转给料器正常运行条件下，此部位出现缺损的概率很低，因为旋转给料器的负荷均匀，而且比较轻，考虑到转子轴的刚度，所以轴的直径比较粗，如果出现此部位缺损的情况，首先要找出造成这一现象的原因，消除隐患。

此部位出现缺损的可能之一是轴键槽损坏，可以将键槽宽度适当加大，在条件允许的情况下，可以在适当位置重新加工出一键槽。

此部位出现缺损的另一种可能是轴径表面受伤变形损坏，可按原设计图样的尺寸要求，用锉刀锉削，然后再用砂布打磨。修复后的轴径表面应圆滑，其粗糙度不应低于 $3.2\ \mu m$ 。

(2) 叶片表面损伤修复。转子叶片与物料接触，正常工况运行条件下，转子叶片表面不会轻易损伤，一旦物料中有异物，比如，工艺过程中某一设备的零部件或螺栓螺母掉在物料中，就可能会造成叶片表面损伤。

此种情况下，对于凹下去部分可采用堆焊的方法修复，堆焊时，可以用手工氩弧保护堆焊，也可采用氧焊堆焊。由于要求叶片表面平面度和粗糙度比较高，所以补焊前要进行必要的防护，补焊过程应特别注意，焊后的处理是修复结果是否能够符合要求的关键环节，其堆焊材料应尽可能选用超低碳不锈钢焊材，如奥氏体不锈钢焊条 A022 或相应焊丝。堆焊后，应按原设计图样进行加工处理，或根据物料要求的表面质量进行加工成形。

9.3.4 其他零部件的修复

对于不同结构、用途的旋转给料器，其构成的零部件结构不尽相同，其修复内容也有差异。除上述零部件的缺损修复以外，在日常维护保养与检修过程中，也可以对一些小部件随时进行修复。

9.3.4.1 铭牌的修复

铭牌是旋转给料器的身份标志，在长年设备工况运行过程中，经常不被重视，所以很可能会出现一些损毁现象，在进行维护保养时遇到这种情况，应及时修复。

(1) 铭牌被油漆覆盖是经常发生的事，此时可以用毛刷蘸丙酮或香蕉水擦拭几下，即可显示出铭牌上的字样。如若铭牌折皱，可以用木板压平，不能用铁锤猛力敲击。

(2) 铆钉固定的铭牌容易脱落，可以用钢丝钳取出旧铆钉，或用钻头钻除旧铆钉，用新铆钉粘上一点胶，铆固即可。如若铭牌固定孔磨大，可以用小垫片放于铆钉固定。

(3) 如果铭牌铆钉孔损坏，可以用胶黏剂将铭牌粘贴固定。

9.3.4.2 运行标志的修复

运行标志是旋转给料器的旋转方向标志，物料流动方向标志是非常重要的设备标志。一旦出现转子旋转方向错误，将会造成严重的后果。旋转给料器的转子旋转方向标志一般是用油漆涂在链条罩壳外侧的红色箭头，表示链条运行的方向。在壳体、分离器和混合器侧面用油漆涂有红色箭头表示物料流动的方向。一旦发现红色箭头不清，应及时补涂。

9.3.4.3 轴密封组合件的修复

对于高中压工况使用的轴密封组合件，旋转给料器的结构类型、工况参数、输送的物料不同，其轴密封组合件也不同。但是，无论是怎样结构的轴密封组合件，大部分情况下是不修复的，因为轴密封组合件是专业厂生产的专用件，一旦唇口损坏是不能够修复的，只能够更换新的轴密封组合件。

9.3.4.4 静电导出连接线的修复

静电导出连接线是连接加速器、旋转给料器、分离器并接地的导线。连接柱或连接线部分被碰撞损坏，要及时修复。连接柱是焊接在本体上的连接环，损坏后可以补焊或重新焊接，连接线损坏可以更换新的。

9.3.4.5 运行参数测量部分的修复

运行参数测量部分主要包括转子转速、旋转给料器壳体温度、电动机壳体温度、减速机壳体温度、输送气体压力、旋转给料器壳体伴温蒸汽或恒温水进口压力、旋转给料器转子端部密封腔气体流量、旋转给料器轴密封吹扫气体流量等。

1. 转子转速测量部分的修复

转子转速测量部分包括机械部分和测量仪器仪表部分，这里介绍的主要是机械部分，如测速轮及与轴的固定、测速探头的固定、测速罩壳损坏修复等。

测速轮与测速罩壳是比较单薄的零件，容易磕碰损伤。如果有测速轮发生变形的情况，应及时修复或更换。测速轮与轴的固定各生产单位的结构不同，有的品牌用一个螺栓固定，其缺点是一旦螺栓松动，测速轮的转速就与转子轴不同步，测得的数据就不能反应实际情况。有的品牌用四个螺钉固定，就避免了上述缺陷，无论是采用哪种固定方式，螺栓松动或损坏都要及时补齐或更换。

2. 温度测量部分的修复

温度测量元件与被测体之间一般采用接触式，都要有相应的安装固定孔和固定螺栓，一旦结构发生变化或螺栓缺失，要及时修复、更换或补齐。

3. 压力测量部分的修复

压力测量机械部分比较简单，一般是专用仪表范畴的，不在设备员负责的范围之内。

9.3.4.6 螺纹孔的修复

对于螺纹孔损伤的情况，首先要搞清楚损伤的程度、类型和范围，根据具体情况选用合适

的方法进行修复。

1. 加深螺纹孔有效深度的方法

首先选用直径和螺距与原螺纹孔相同的丝锥清理螺纹，如果螺纹的上部损坏，而损坏的深度尺寸不大，螺纹孔底部的螺纹是好的，或螺纹孔基体的尺寸足够，可以将螺纹孔的深度加深而后再加工出螺纹，选用加长的螺柱就可以了。

2. 采用钢丝螺纹套的方法

首先用钻头将已经滑丝部分钻掉，然后用螺纹套专用丝锥进行攻丝，攻好丝后把螺孔内的铁屑和杂物彻底清理干净。再接着用螺纹套专用扳手把螺纹套安装到攻好丝的螺纹孔内，螺纹套安装结束后，将螺纹套的安装柄冲掉，这样，一个全新的与原来规格一样的螺纹孔就修复好了。

采用钢丝螺纹套修复螺纹孔的方法无须改变原来螺纹孔的规格型号，并且修复后丝扣所能够承受的压力及负荷高于原有丝扣所能够承受的压力和负荷；还有，由于钢丝螺纹套是不锈钢材料，修复后的丝扣具有耐磨损、耐热、防锈蚀、防松动、抗振、抗疲劳等特点。因此，采用钢丝螺纹套是修复损坏螺纹孔的首选方法。

3. 加大螺纹孔直径的方法

如果螺纹孔的基体尺寸足够大，当原有的螺纹孔损坏后，可用钻头将原有螺纹孔孔径扩大，而后再加工出螺纹，新制作的螺纹孔直径将比原来的直径大一个规格，然后选用大一个规格的螺栓就可以达到拧紧的目的。

9.4 驱动与传动部件的检修

旋转给料器的驱动部分包括减速机和电动机，传动部分包括链轮、链条、链条张紧器、扭矩限制器、共用底座等部分。对于一般用途的旋转给料器，载荷平稳，而且负载比较轻，只要做好正常维护保养，很少出现异常损伤。减速机、电动机和扭矩限制器都是由专业生产厂制造的，一般用户很少大拆大卸地进行检修。

一般情况下链轮、链条是不需要什么特别的修复工作，平时只要注意定时添加润滑脂和做些维护保养工作就行了，如果发现过度磨损，一般都是更换新的零部件。扭矩限制器除要进行必要的维护与保养以外，需要进行检修的内容主要是更换连接或紧固的螺栓，或者检查、更换摩擦片，若损坏严重，就更换一套新的扭矩限制器。

电动机的修理主要是给轴承添加润滑脂或者更换磨损的滚动轴承，再或是修复磨损的轴颈，偶尔也会修复破损的端盖。风扇叶的破损、折断一般都是更换新件。对烧坏的电动机，一般都是送维修间或修理厂更换和绕制新的漆包线。电动机转子如有扫膛现象，一般也是送维修车间或修理厂进行专业修理，如损坏现象严重，缺少修复价值，则更换一台新的电动机。

减速机的检修则相对专业一些，日常检修内容主要有：检查、更换油封；检查、修理放油堵头和呼吸阀、呼吸帽；检查、更换轴承；检查齿轮磨损、腐蚀情况；检查所有齿轮轴有无磨损、裂纹等现象。对油封、轴承、齿轮等部件的磨损、损坏，一般都是更换新的零部件。对齿轮轴的磨损或键槽的损伤、变形等情况的修理方法，可参考前述旋转给料器的有关修理方法。

驱动与传动部分包含的减速机、电动机和扭矩限制器都是专业性比较强的设备，是专业厂加工生产的，也是应用非常广泛的，更深层次的检修内容这里不详细叙述。

9.5 气力输送系统相关设备的检修

检修化工固体物料用旋转给料器输送系统的相关设备主要包括换向阀、插板阀、放料阀、取样阀、分离器、混合器等阀门或设备的检修。这些阀门与旋转给料器的根本区别是旋转给料器是动设备，工况运行过程中减速电动机驱动转子处于旋转状态，而阀门是静设备，其阀瓣在绝大部分时间内处于静止状态，只有在很短的时间段内处于开启或关闭的操作过程中，所以，这些阀门的检修有其自身的特点。

对于在稳定的工况条件下，连续运行一定的时间(如一个大修周期)以后，有些阀门需要解体进行检修，更换易损件等。将阀门解体进行检修时，所有零部件经过清洗，进行必要的检测，找出可能存在的问题，并进行相应的修复或整形、检测合格以后；或对于新加工生产的阀门零部件，以不同的配合形式将不同的零部件重新组合在一起。组装成一台具有合格的密封性能、操作灵活、性能参数满足设计要求、质量可靠的阀门，这就是阀门的检修过程。

检修化工固体物料用旋转给料器输送系统的相关设备包括很多种结构的阀门和其他设备，修复的内容也很多，其中很多内容与旋转给料器的修复内容类似，在这里就不重复叙述了，这里仅介绍与旋转给料器的修复内容不同的部分。

9.5.1 气力输送系统相关设备检修的基本要求

化工固体物料用旋转给料器输送系统的相关设备其工作性能不同于一般工业阀门，检修的基本要求主要是指检修的基本必备条件，包括各种工具和场地条件等，及相关设备检修的解体与装配的必要知识、操作技巧、技术要求、注意事项等，参照本章中第9.1和9.2节的相关内容。附属零部件的修复内容包括铭牌、运行标志、密封件、静电导出连接线、阀瓣位置指示器等的修复与第9.3.4节内容类似。气力输送系统相关设备检修的主体结构解体与装配要求参照第9.2.6节的内容，零部件修复的材料选择参照第9.3.1节的内容。

9.5.2 阀体和阀盖(或端盖)的修复

气力输送系统相关阀门的阀体和阀盖(或端盖)修复主要是指换向阀的阀体和端盖、插板阀的阀体和阀盖(有些结构的插板阀没有阀盖)、放料阀的阀体(很多结构的放料阀没有端盖)、取样阀的阀体修复。一般情况下，在工况运行过程中，静设备的壳体损伤概率和损伤程度要远小于动设备，有些损坏情况与第9.3.2节类似，其修复的基本方法和技巧也是类似的，例如，换向阀壳体内腔表面拉伤、壳体和阀盖基体破损补焊、基体小孔泄漏、基体微渗漏、基体的其他等修复。都类似于旋转给料器的壳体修复，与阀门的其他零件相比较，阀体结构比较复杂，尺寸比较大，所以大部分阀门的阀体是铸造加工件。在长期的工况运行过程中，在温度、压力、物料介质等工况条件的共同作用下，有可能造成损坏。

阀门的整体结构比较简单，解体与装配工序的步骤也比较少，可以参照旋转给料器的检修程序和基本操作方法。阀门的特点是运动零部件少，运动的概率很低，运动的时间也比较短，所以，损伤的程度和损伤概率也比较低，要远低于旋转给料器的损伤程度和损伤概率。

9.5.3　阀瓣(或阀芯、插板)的修复

化工固体物料用旋转给料器输送系统的相关设备，不同的阀门其主体结构、工作的方式不同，阀瓣损伤的部位和损伤的方式也不同，下面就各种类型阀门阀瓣的损伤和修复分别介绍如下。

9.5.3.1　换向阀的阀瓣修复

换向阀的阀瓣有很多种结构类型，比较常见的分别有圆柱形、球形、旋转板形、翻板形、双通道形等结构形式，这些结构类型的阀瓣在不同的工况条件下工作，损伤与修复的方式也不同。

1. 换向阀的阀瓣修复或更换的基本原则

阀瓣修复或更换的依据是阀瓣的损坏部位和损坏程度，或者说是阀瓣的损坏对换向阀整机性能的影响程度，具体内容可以根据下列原则进行确定。

(1) 阀瓣轴密封部位的表面粗糙度低于原设计一个等级或在 1.6 μm 以下的，应进行表面粗糙度修复。阀瓣轴密封部位表面硬度层受到损伤后，影响整机工作性能的情况下，应进行表面硬度层修复。

(2) 阀瓣与阀座密封部位表面损伤比较严重，使阀瓣与阀座之间的密封性能降低，气体泄漏量超过允许值，不能满足换向阀整机性能要求的情况下，应进行阀瓣密封部位表面修复。

(3) 阀瓣轴与轴承之间的安装配合段摩擦磨损，其尺寸发生变化，不能满足使用要求的情况下，应该修复转子轴的安装轴承段表面，使其达到要求的尺寸公差。

(4) 阀瓣的某一部位发生结构损伤的情况下，如阀瓣轴断裂，要进行轴的修复，如果轴的损伤情况严重，修复困难或修复后不能满足整机性能要求的情况下，应更换整个阀瓣。

(5) 阀瓣轴键槽损坏后，一般可以将键槽宽度适当加大，最大可以使键宽标准尺寸增加一级，如果轴的强度允许，可以在适当位置再另铣加工一新的键槽。

(6) 如果损伤的程度很严重，使修复后的阀瓣不能达到最初的设计性能要求，或修复的程序非常复杂、成本很高等情况下，就要更换新的阀瓣。

2. 圆柱形(或球形)阀瓣的修复

圆柱形(或球形)阀瓣的表面部位擦伤缺损实际上就是圆柱体外径表面或球体外径表面的金属被拉伤而缺损，圆柱形(或球形)阀瓣的表面部位都是连续的，所以修复这个部位就是圆柱体外径表面或球体外径表面的修复，可以采用阀门专业制造厂常用的加工方法和加工设备，例如等离子喷焊、气体保护焊、电刷镀、热喷涂，也可以采用手工操作来修复。考虑到焊补过程中的热影响及飞溅物影响，一般情况下，可以尽可能采用电刷镀、热喷涂、手工操作的氩弧保护方法进行补焊。焊丝的选用、焊前工件的预处理、工具及其他工作的准备、补焊过程注意事项、补焊完成后的后续工作要求等各阶段工作可以按第 9.3.3 节相关部分内容的要求。

修复开始之前，要认真做好准备工作，充分弄明白阀瓣基体材料的化学成分和类型，弄清阀瓣是铸造加工件还是锻造加工件，以选择合适的修复材料，包括选择损坏件重新加工的材料、损伤件修复的材料，做到从根本上掌握修复工作的正确主导权，不能盲目操作。

圆柱形(或球形)阀瓣的旋转轴部位的损伤与修复，由于换向阀的阀瓣运动方式是旋转，这

一特点类似于旋转给料器转子，所不同的是旋转角度较小，并且旋转速度也很慢，所以阀瓣轴部位的损伤量比较小。对于阀瓣轴密封部位的表面粗糙度、阀瓣轴与轴承之间的安装配合段摩擦磨损的修复等工作，如果损伤和缺损的量比较轻微，在通过用简单的不添加金属的方法就可以进行修复的条件下，则可以通过合适的机械设备或人工进行修复。如果轴部位的损伤情况比较严重，在不添加金属的条件下无法修复的情况下，则可以采用类似于旋转给料器转子轴的修复方法进行修复。

3. 双通道形阀瓣的修复

双通道形阀瓣的修复主要包括两部分：第一部分是阀瓣轴部分的损伤与修复，这一部分损伤与修复类似于圆柱形(或球形)阀瓣的修复，可以参照第 9.3.3 节转子修复部分的内容进行修复；第二部分是阀瓣的圆柱形外表面的损伤与修复，这里主要介绍的是阀瓣圆柱形外表面的损伤与修复。双通道刑阀瓣的结构分为密封圈固定在阀瓣上的整体式阀瓣、密封圈固定在阀体上的整体式阀瓣和管道式双通道阀瓣三种。双通道形阀瓣的修复不管是哪一种结构的双通道形阀瓣，其圆柱形部分的轴向尺寸都比较小，一般情况下，阀瓣圆柱形部分的轴向尺寸等于通道直径加两倍的密封面宽度，再加上适当的宽度余量。

双通道形阀瓣圆柱形部分的损伤主要是在工况运行条件下，阀瓣在阀体内旋转过程中，阀瓣圆柱形部分外表面与阀体内腔表面相互接触而导致擦伤，当阀座密封圈完好的情况下，密封圈镶嵌在阀瓣或阀体的凹槽内，凸出在阀瓣圆柱形外表面一定的高度，所以阀瓣与阀体之间并不能接触，也就不会擦伤。而当阀座密封圈磨损到一定程度的情况下，密封圈某些位置的凸出部分几乎被磨平，所以阀瓣与阀体之间就能相互接触并形成磨损或擦伤。如果是转子的轴承损坏或在其他异常情况下，可能会使转子的基体损伤比较严重。

阀瓣圆柱形部分的修复，由于需要修复的部位一般都是在很小的区域内，所以很少能够使用专用设备进行修复操作，可以采用人工修复的办法，其操作方法可以参照第 9.3.3 节转子外径表面擦伤缺损修复部分的内容进行。

4. 旋转板(或翻板)形阀瓣的修复

旋转板形阀瓣或翻板形阀瓣是结构比较简单的阀瓣类型，在换向阀的工况运行过程中，阀瓣的受力情况比较简单。从工况运行的现场设备使用情况来看，阀瓣的板形部分损伤概率比较低，很多情况下都是阀瓣轴部分的损伤，其损伤情况与修复类似于圆柱形(或球形)阀瓣的修复。

9.5.3.2 球型换向阀的修复实例

国内某生产化工固体物料的石油化工有限公司使用旋转给料器输送固体物料的系统工况参数及基本情况是：工作介质是固体颗粒物料，输送气体是氮气，气体的工作压力是 0.15~0.20 MPa，输送管道的公称直径是 DN200，换向阀的结构是球形的，即阀瓣的结构是球形的，转子的球体外径是 360 mm，换向阀出现的故障情况和修复过程介绍如下。

1. 选择合适的修复场所

用专车把换向阀运送到合适的特定检修场所，检修场所内具备检修所需的相关设备、工具、熟练的操作人员等，以及能够正常作业所需的场地面积。

2. 解体换向阀

用事前准备好的工具解体换向阀，逐一清洗全部零部件，在进行必要的检测后，找出存在的问题，具体情况如下：

(1) 换向阀的球形转子在壳体内不能转动。

(2) 由于轴承损坏，致使球形转子在壳体内失去支撑，球形转子外表面与壳体内腔表面摩擦、磨损严重，导致球形转子外表面大面积严重缺损，缺损面积约占球形转子外表面积的五分之一至四分之一，缺损区域内，各部位金属的缺损程度不等，缺损深度最大的部位有 2～3 mm。

(3) 阀体内腔表面磨损也很严重，但相比之下，比球形转子外表面缺损的严重程度要稍微轻一些。

(4) 阀座密封圈完全损坏，不能继续使用，必须更换。

(5) 轴承完全损坏，必须更换。

(6) 轴密封圈完全损坏，必须重新加工新的。

(7) 球形转子的通道位置指示器损坏，必须重新下料加工。

(8) 轴密封 O 形圈完全损坏，必须更换。

(9) 螺栓、螺母部分损坏或缺失，必须更换或补齐。

3. 球形转子外表面缺损部位修复

根据球形转子外表面缺损的实际情况，具体修复主要步骤如下：

(1) 对缺损部位进行处理，使缺损部位表面达到修复前的加工要求。

(2) 缺损深度大于 1 mm 的部位，首先采用自动堆焊设备，堆焊修复球形转子基体，可以使用阀门专业制造厂常用的阀门密封面专用自动堆焊设备。

(3) 球形转子外表面进行机加工，达到自动喷焊的要求，使用大型高精度削球机，加工球形转子外表面，使球形转子的球体外径达到 359 mm，比要求的最后加工尺寸小 1 mm。

(4) 为了使球形转子外表面达到样机的设计性能要求，提高转子外表面密封性能，延长转子密封面的使用寿命，球形转子外表面要进行耐磨合金喷焊处理。

(5) 喷焊前的表面预处理。球形转子外表面在喷焊前的要求是：毛糙干净，不允许有任何污染，如水、汽、油、灰尘，也不允许有氧化层、硬化层、砂眼、气孔、疏松等缺陷。

(6) 喷焊前的预热。为了使喷焊能够达到比较理想的效果，球形转子的基体材料与喷焊合金的特性(如热膨胀系数等)存在一定差别，球形转子整体应预热到 300～350 ℃才能进行喷焊，否则，将会影响喷焊层质量。

(7) 合金粉末喷焊。采用阀门密封面喷焊专用设备。

(8) 球形转子外表面机械加工。采用大型削球机。

(9) 球形转子外表面磨光、抛光处理。采用大型磨球机和抛光机。

4. 壳体内腔表面缺损部位修复

根据壳体内腔表面缺损的实际情况，具体修复的主要步骤如下：

(1) 对缺损部位进行处理，使缺损部位表面达到修复前的加工要求。

(2) 缺损部位采用手工氩弧堆焊工艺，堆焊修复壳体内表面缺损部位。

(3) 对堆焊修复部位进行机械加工。

5. 备好其他缺少或损坏的零部件

(1) 阀座密封圈　　　 3 件×1 台　　 ϕ230 mm×ϕ240 mm×8 mm　　 专用新材料

(2) O 圈　　　　　　 2 件×1 台　　 ϕ60 mm×ϕ3.55 mm　　 氟橡胶

　　　　　　　　　　 2 件×1 台　　 ϕ320 mm×ϕ3 mm　　 氟橡胶

(3) 螺栓、螺母　　　 24 组　　　　 M12×50 mm　　　　　 06Cr19Ni10/304

(4) 轴承　　　　　　 2 个×1 台

(5) 转子的通道位置指示器　　　1 个×1 台　　　　　　　　304

6. 组装换向阀

组装换向阀之前要做好必要的准备工作，其中最重要的一步就是检查各相互配合表面，将相互配合零部件进行预配预套，检验相互配合零部件之间的松紧程度是否符合设计要求和性能要求，例如阀瓣(转子)两端部轴与轴承之间、轴与轴密封件之间、端盖止口与阀体止口之间的配合等，组装过程与解体过程相反，要注意各零部件相互之间的位置关系、配合情况等。

7. 调试换向阀

调试换向阀的阀瓣通道位置与阀体通道位置之间的配合关系、阀瓣通道位置与气缸活塞位置之间的配合关系、阀瓣通道口位置与阀瓣位置指示器之间的位置关系，调试阀瓣行程、气缸工作压力等。

阀瓣位置与气缸活塞位置之间的配合关系调试，首先将阀瓣通道口对准阀体的一个出料通道口，同时将活塞置于相应的气缸端部位置，接通气缸气源，在气体压力的作用下，活塞在气缸内直线运动并带动阀瓣旋转，当阀瓣的通道口旋转到与另一个阀体出料通道口相吻合时，停止送气并将活塞的定位螺钉固定。然后再一次接通气缸双向气源管路，并依次双向进气，观察阀瓣的通道口与阀体出料通道口的对接准确程度，根据实际情况可以再微调活塞的定位螺钉，直到阀瓣的通道口与阀体出料通道口完全吻合为止。

阀瓣通道口位置与阀瓣位置指示器之间的位置关系调试，当阀瓣通道口对准阀体的一个出料通道口时，同时使阀瓣位置指示器也指向此出料口，并将阀瓣位置指示器与气缸的输出轴固定在一起，当阀瓣在气缸驱动下旋转到另一个阀体出料口时，阀瓣位置指示器也同时指向另一个出料口。

阀瓣行程调试是依靠调节活塞的行程完成的，阀瓣位置调试好以后，固定好活塞的定位螺钉，即可确定阀瓣的行程。

气缸工作压力调试与校核是按照国家标准的相关规定，驱动气缸的工作压力在 0.40～0.60 MPa，所需驱动力按压力 0.40 MPa 进行计算，依此工作压力和所需驱动力矩确定气缸的内径，可以校核驱动部分参数的正确性。

8. 换向阀壳体耐压试验

换向阀整机的壳体密封性能试验是用设计压力即 0.20 MPa 的气体进行整机耐压性能试验，要求整个壳体无泄漏，包括阀体、端盖和密封垫片等组件。整个壳体承压内腔最薄弱的部分是各连接部位的密封件，特别是轴密封部位的动密封件。

9. 金属件表面涂漆

一般采用喷漆即可，对于碳钢件部分应先涂一层防锈漆或称底漆，然后再涂一层表层漆；对于奥氏体不锈钢件部分一般只涂一层漆即可。

10. 准备必要的检验资料

检验资料包括整机密封性能检验报告、整机动作性能试验报告、驱动部分性能试验报告、主体材料质量保证书、出厂合格证等。

11. 必要的防护

用塑料封堵盖将法兰口封堵好，做好必要的防雨、防水措施，采用木箱包装，箱内主机与底座固定，书写必要的运输与送货标识，运送到用户的安装现场。

9.5.3.3 插板阀的阀瓣修复

一般情况下，由于插板阀的工作压力都比较低，插板阀的阀瓣都是平板形零件，而且平板的厚度比较薄，一般平板的厚度在 10～16 mm，对于公称尺寸 DN600 的大通径插板阀，插板的厚度可以达到 20 mm。

插板阀阀瓣(即插板)的损伤形式主要是沿插板移动方向的拉伤，拉伤的深度和面积随拉伤的不同程度和方式而各不相同。对于损伤程度很轻微的情况，可以采用简单的方法，用机械精细加工去掉很小的量，以恢复阀瓣的平面度、表面粗糙度及与阀座的密封性能。对于损伤程度较轻的情况，可以采用相对复杂一点的处理方法，在局部添加很少量的金属，也可以恢复阀瓣的平面度、表面粗糙度及与阀座的密封性能。

如果阀瓣(即插板)的损伤比较严重，拉伤的深度和面积比较大，且要恢复阀瓣的原有厚度、平面度、表面粗糙度，就要添加比较多的金属量。这种情况下，就要考虑最好重新换一个新的阀瓣，这样，既能保证阀瓣的质量和性能，又可以使修复工作周期不会很长，修复的成本也完全可以控制，当然了，最重要的还是插板阀的整机性能有保证。

9.5.3.4 放料阀的阀瓣修复

放料阀的阀瓣一般有两种，一种是适用于阀瓣式放料阀的圆盘式阀瓣，另一种是适用于柱塞式放料阀的圆柱式阀瓣，而圆盘式阀瓣又分为上展式阀瓣和下展式阀瓣。无论是哪种结构的阀瓣，其损伤性的修复都是最基本的结构形式修复，即圆柱体外表面的修复和圆盘式阀瓣端部密封面的修复。

圆盘式阀瓣的密封面部位一般会有某种耐磨材料的堆焊层，密封面损伤可以根据原样机图样的要求，堆焊与原要求相同的耐磨金属(如司太立合金)。如果密封面的损伤比较轻，只是密封面局部损伤，可以对损伤部位进行适当处理后，局部手工堆焊即可。如果密封面的损伤比较严重，密封面的大部或全部损伤，可以将密封面部位的金属进行适当机械加工，然后再进行整个密封环面堆焊耐磨金属，堆焊后进行必要的消除应力处理，然后进行机械加工，使加工后的堆焊层厚度不少于 2.0 mm 即可。

对于柱塞式放料阀的圆柱式阀瓣，一般密封面是采用机体材料或表面镀层耐磨金属，如果密封面的损伤比较轻，可以对损伤部位进行适当处理，局部手工修复或机械修复即可。如果密封面的损伤比较严重，由于柱塞式放料阀的公称尺寸都比较小，所以，修理价值不大，可以考虑更换新的阀瓣。

9.5.3.5 取样阀的阀瓣修复

取样阀的阀瓣结构类似于小规格的柱塞式放料阀的阀瓣，一般情况下，密封面是采用机体材料或表面镀层耐磨金属，如果密封面的损伤比较轻，可以对损伤部位进行适当处理，局部手工修复或机械修复即可；如果密封面的损伤比较严重，可以更换新的阀瓣。

9.5.4 阀座密封面的修复

不同结构的阀门由于其阀座密封件结构、材料不同，其损伤的方式也有所不同，因而修复的方法也大不相同，下面分别介绍不同结构阀门的阀座密封面修复。

9.5.4.1 换向阀的阀座密封件修复

换向阀的阀座密封件，不管是圆柱型、球型、旋转板型、翻板型、双通道型换向阀，一般情况下，其阀座密封件都是采用填充聚四氟乙烯、对位聚苯或其他新型材料。如果密封件损坏，最常用的方法就是更换新的阀座密封件，找到原设计资料按原图加工是最理想的情况，也可以根据阀瓣或阀体上的安装沟槽及阀座密封副的配合结构尺寸绘制相应的阀座密封件加工图。

9.5.4.2 插板阀的阀座密封面的修复

插板阀的阀座密封结构比较多，有的是在阀体的基体上直接加工密封面，也有的是在阀体的基体上堆焊耐磨合金加工密封面，还有的是采用填充聚四氟乙烯、对位聚苯或其他新型材料加工独立的密封件，然后镶嵌在阀体的沟槽内。对于采用非金属材料独立密封件的场合，如果密封件损坏，最常用的方法就是更换新的阀座密封件。

对于在阀体的基体上堆焊耐磨合金加工的密封面，或在阀体的基体上直接加工密封面，如果密封面的损伤比较轻微，或是密封面局部损伤，可以对损伤部位进行适当处理，局部手工堆焊合适的材料即可。如果密封面的损伤比较严重，密封面的大部或全部损伤，可以将密封面部位的金属进行适当机械加工，然后再进行整个密封环面堆焊耐磨金属，堆焊后进行机械加工，使加工后的堆焊层厚度不少于 2.0 mm 即可。

9.5.4.3 放料阀的阀座密封面修复

对于阀瓣式放料阀，其阀座是金属材料加工的，阀座密封面堆焊耐磨金属，堆焊后再进行机械加工，保证加工后的堆焊层厚度不少于 2.0 mm。如有损坏或修复，可以参照第 9.5.4.2 节所述的插板阀阀座密封面的修复方法。

对于柱塞式放料阀，阀座密封件是非金属材料加工的，是采用填充聚四氟乙烯、对位聚苯或其他新型材料加工的独立密封件，如果密封件损坏，最常用的方法就是更换新的阀座密封件。

9.5.4.4 取样阀的阀座密封面修复

对于常用的取样阀，结构类似于小规格的柱塞式放料阀，阀座密封件是采用填充聚四氟乙烯、对位聚苯或其他新型材料加工的独立密封件，如果密封件损坏，最常用的方法就是更换新的阀座密封件。

对于金属材料加工的阀座，其损坏的一般性修理方法是在奥氏体不锈钢基体上堆焊耐磨金属，堆焊后再进行机械加工，并保证加工后的堆焊层厚度不少于 2.0 mm。如有轻微的损坏或修复，可以参照第 9.5.4.3 节所述的放料阀阀座密封面的修复方法。

第10章 旋转给料器的检验

旋转给料器

通常说："旋转给料器(或称旋转阀)的产品质量是制造出来的，而不是检验出来的"，这话是事实，但是不检验就不知道产品的质量如何却也是事实。所以做好旋转给料器及相关设备的产品质量检验对保障输送设备实现安全稳定运行具有重要意义。在旋转给料器及相关设备的加工制造和检修过程中，从设计(或检修)方案的提出到选材、从零部件加工(或修理)控制到组装及调试，甚至直到现场安装投用后的检修维护，始终都贯穿着质量检验过程，这些过程是保证旋转给料器及相关设备质量和性能必不可少的措施。

10.1 旋转给料器的整机性能检验

旋转给料器的产品性能检验包括主机部分各个阶段的单独检验和整机部分的总体检验。按照中华人民共和国机械行业标准 JB/T 11057-2010《旋转阀 技术条件》的规定，应按照表 10-1 的项目和技术要求、检验和试验方法进行检验。

表 10-1 旋转给料器(或称旋转阀)出厂检验项目、技术要求、检验方法

检验项目	检验类别		技术要求	检验和试验方法
	出厂检验	型式检验		
表面和外观质量	√	√	本标准第 7.3 节	本标准第 7.3 节
尺寸	√	√	按图样	测量工具进行检测
壳体密封试验	√	√	本标准第 7.1 节	本标准第 7.1 节
运行试验	√	√	本标准第 7.2 节	本标准第 7.2 节
模拟工况漏气量试验	—	√	本标准第 7.4 节	本标准第 7.4 节
转子平衡试验	—	√	本标准第 7.5 节	本标准第 7.5 节
材料	—	√	本标准第 6 章	有关材料检验标准
标志、包装、储存	√	—	本标准第 10.1、10.3、10.4 节	目测
其他检验	√	√	本标准第 5.2、5.3 节	目测

注："√"为检验项目，"—"不做检验项目。表中的"本标准"是指 JB/T 11057-2010 《旋转阀 技术条件》，其后的数字是指标准中的章节。

10.1.1 壳体密封压力试验

每台旋转给料器的主机装配完毕后，在装配电动机之前应进行壳体压力试验，壳体试验压力应按旋转给料器给定的设计压力(例如：设计压力 0.20 MPa 的情况下，壳体试验压力就取 0.20 MPa)，出厂壳体试验的试验介质通常都是使用常温干燥的空气或氮气。试验时，用盲板或其他合适的工件把旋转给料器的进出口、排气口及两端密封气体进口进行封闭，而后再在旋转给料器内腔中充入试验介质。在保压时间内，应对包括壳体、端盖、轴密封件等组成的旋转给料器整机的任何部位进行检查，在保压最短持续时间 3 min 内不允许有可见渗漏现象，试验技术要求和检验方法按表 10-1 的规定。壳体密封压力试验的主要目的是检验壳体和端盖的材料是否有缺陷、轴密封件的承受气体压力的能力，以及在安装过程中轴封是否有损伤，或由于安装不当等因素而影响密封性能的问题。

10.1.2 运行试验

每台旋转给料器的整机装配完毕后，经过检查各部都符合设计要求，并经壳体密封压力试验以后，再次检查或清除壳体内的异物，用手盘动旋转给料器转子旋转最少一圈，然后通电进行连续 3 小时的运行试验。在整机运行过程中，随时检查各部位的运行情况，应达到运转平稳、

无异常振动、无异常噪声、无摩擦、无异常温升等。通电连续运行 3 小时以后，还应检查各部位要求无异常温升，包括主机的壳体、端盖，特别是轴承部位、转子端部密封(如果有的话)部位等；减速电动机部分按使用说明书的规定逐项检验，包括三相电流是否基本一致、壳体温度是否正常等。对有机械调速装置的，要按使用说明书规定的输出转速范围进行双向调节检验，即从最高转速均匀调节到最低转速，再反向从最低转速均匀调节到最高转速，调节过程中应平稳、无卡阻、无异常振动等现象。然后，再用同样的方法进行三个双向调节过程，检验三个双向调节过程的重复性是否基本一致。对要求变频调速的电动机，要按合同规定的要求调速，即从最高转速均匀调节到最低转速，再反向从最低转速均匀调节到最高转速，调节过程中应平稳、无异常现象，在此过程中应随时测量电流的变化情况，并按相关技术规范及合同规定检验其他性能参数。同样也要进行三个双向调节过程，检验三个双向调节过程的重复性是否基本一致。

10.1.3　模拟工况的气体泄漏量试验

如果订货合同要求每台旋转给料器的出厂资料中有气体泄漏量测试值，旋转给料器就应进行模拟工况的气体泄漏量试验。具体方法是把旋转给料器安装在模拟工况的试验系统中，如图 10-1 所示，试验系统内充入洁净的氮气或空气，使旋转给料器的壳体进料口与出料口之间的压力差为 0.10 MPa，起动旋转给料器减速电动机，在壳体进料口加入输送物料(工况物料)，使旋转给料器处于模拟工况输送状态，测量并标定出每台旋转给料器每分钟的气体泄漏量。气体漏气量是指标准(即在 0 ℃，101.325 kPa)状态下，每分钟内泄漏气体的体积，单位：Nm^3/ min。适用于颗粒介质旋转给料器模拟工况的气体泄漏量要求不高于图 10-2 所示的数值指标，转子尺寸在两个规格之间的可以用线性插入法取得气体泄漏量值。适用于粉末介质的旋转给料器模拟工况的气体泄漏量要求值要小于图 10-2 的指标，根据粉末介质粒度的大小，气体泄漏量发生变化，介质粒度越大，气体泄漏量的要求值越大，介质粒度越小，气体泄漏量的要求值也越小，当粉末介质的平均粒度小于 100 μm 时，旋转给料器模拟工况的气体泄漏量的要求值会减小到图 10-2 所示指标的 50%左右。

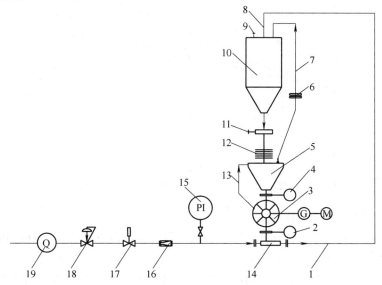

图 10-1　旋转给料器模拟工况试验系统工艺流程示意图

1—输送物料管道　2—出料口压力表　3—旋转给料器　4—进料口压力表　5—气固分离器　6—泄漏气体流量计　7—泄漏气体管道
8—物料返回管道　9—耗气量测量点　10—储料仓　11—截断阀　12—膨胀节　13—泄漏气体管道　14—料气混合器　15—压力表
16—气流加速器　17—截断阀　18—压力调节阀　19—气源稳压罐

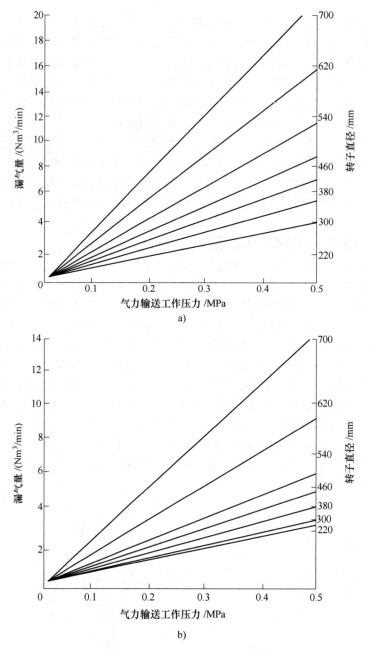

图 10-2　旋转给料器气体泄漏量理论值

a) GM 型有转子端部密封件的旋转给料器气体泄漏量　b) RV 型开式(无侧壁)转子旋转给料器气体泄漏量

10.1.4　转子平衡试验

如果订货合同中有要求，当旋转给料器的转子外缘旋转线速度大于 60 m/min 时，旋转给料器在装配前应进行转子的静平衡试验。如果转子有明显不平衡现象，应进行校正。对于大部分旋转给料器的转子转速是不会高于上述限定值的，转子静平衡试验主要针对大型转子。

10.1.5　工况运行试验

旋转给料器及相关设备的应用现场是化工生产装置的使用现场，旋转给料器的工况性能是否满足工况参数使用要求，最好的检验和试验就是安装在化工生产装置中在实际工况下运行。在出厂前进行上述的各种检验并符合相应的要求以后，在化工装置的应用现场对旋转给料器进行试用与检验是最好的，也是最后的检验手段，通过系统的工况运行可以详细测得旋转给料器的输送能力、整机的气体泄漏量、转子端部密封气体压力平衡腔的耗气量、转子轴密封气体吹扫系统的耗气量，以及适用工作压力、工作温度、工作性能的稳定性、电动机的电流、驱动转子的转矩、电动机的壳体温度等，只有通过这样才可以综合性地考核旋转给料器的各项指标。

10.1.6　旋转给料器检修后的现场检验

旋转给料器在化工生产装置使用现场工况运行过程中，如果对维护与保养工作非常重视，保养工作做得好些，就可以减少现场进行检修的概率。一般情况下，检修现场的环境空间很有限，而且在化工装置生产运行期间的停车检修或计划外临时检修的时间都很短，不允许整机拆下来运到维修车间进行，必须在现场直接进行解体。大部分情况下，只取下可能有问题的一侧端盖，另一侧的端盖保留在原来位置和安装状态不取下来，取下转子和其他需要检修的零部件，经过处理和修整损坏的零部件，或重新下料加工损坏的零部件，更换轴密封件、轴承、转子端部密封件、O 形密封圈等易损零部件以后，按一定的程序将旋转给料器回装好，然后再进行现场检验。

(1) 用手盘动转子检验有无卡阻现象。在旋转给料器主机装配好以后，首先用手盘动旋转给料器转子最少旋转一圈，手盘转子的过程中凭手感判断有无卡阻、转矩不均或其他异常现象。

(2) 检查润滑油的油位。检查减速机润滑油的油位和润滑油的品质，如果油位不足应及时添加，如果润滑油的颜色异样或有异味，应排放出问题润滑油，然后按减速机使用说明书要求的润滑油型号和数量重新添加。

(3) 检查链条情况。检查链条的磨损情况、松紧程度和两个链轮的端面是否在同一个平面内，如果需要更换或调整链轮和链条，应按第 9 章第 9.2.2 节的要求进行调整。最后要用手盘动电动机旋转至少一圈，观察旋转情况是否稳定，是否有其他异常现象。

(4) 气路及附件检验。将连接在壳体上的转子端部密封气体压力平衡腔进气管道安装好，然后接通气源，检查各连接部位是否有气体泄漏现象，如果有泄漏要消除之。然后第二次通气检查是否有泄漏，直到符合规定的要求为止。

(5) 各部位安装连接检验。检查壳体与端盖连接螺栓，端盖与轴承压盖连接螺栓，转子测速部分的连接，安装旋转给料器与减速机、电动机之间驱动部分的连接与固定，包括链轮、链条、链罩、链条松紧程度调节和转矩限制器等，还有旋转给料器与底座之间的连接等。

(6) 运行情况检验。旋转给料器各部分都安装、调整好以后，让减速电动机通电运行 1 小时，旋转给料器内无负载，观察运行情况是否稳定，检查包括旋转给料器主机轴承部位、轴封部位、电动机壳体等在内的各部分是否有异常温升、异常声音、异常现象等。

10.2　材料质量检验

在旋转给料器加工制造之前或检修的准备过程中，对需要加工制造或更换的零部件，应按照图样和技术要求进行选材并对材料进行质量检验。特别是高温大型旋转给料器，要求耐腐蚀性较强的旋转给料器以及重要工况条件下运行的旋转给料器，必须进行严格的选材检验，对材质不清的材料，绝对不允许盲目代用，否则，将会有危及安全运行的隐患或可能发生运行事故。材料质量检验工作一般分为材料表面质量检验、材料内部质量检验和材料化学成分及机械性能检验三项内容。

10.2.1　表面外观质量检验

对加工零部件材料的表面质量需要进行认真的检查，可在投料加工前进行检验，有利于防止加工过程的损失和保证产品质量。钢材在毛坯的轧、锻、铸等制造过程中，以及贮存运输等环节中往往会产生一些损伤和缺陷，其中常见的表面缺陷如下。

10.2.1.1　材料标记

按照国家标准的要求，钢材必须由生产厂在材料的规定部位打上钢印或有涂漆标记。标明生产厂名称或厂标代号、钢号、炉号、批号和规格以供识别并与质量保证书内容一致。如果材料标记不清或材质标记错误，就无法核对材质，给材料检验和使用带来困难，如果盲目使用，必将造成材质使用的混乱和错误，严重时会发生事故，从而形成较大的经济损失或社会影响。因此，在进行加工零部件的材料选用时，一定要注意材料标记的检验。铸件表面质量检验按机械行业标准 JB/T 7927-2014《阀门铸钢件　外观质量要求》的规定。

10.2.1.2　表面裂纹

材料表面裂纹是其在轧制、扩径、冷拔、锻、铸或热处理等过程中，因表面过烧、脱碳、变形和内应力过大，以及材料表面磷、硫杂质含量较高等原因而产生的。

这些裂纹可直接进行目视观察，也可用酸洗、放大镜或金相等方法进行检验。对关键性的加工零部件材料可用着色检验、超声波、磁粉探伤等无损探伤方法进行检验。

10.2.1.3　氧化皮锈层和表面腐蚀

材料在热加工过程中会产生表面氧化皮，在自然环境中存放会产生表面氧化锈层，在有腐蚀性环境中产生表面化学腐蚀，不同金属材料混放接触产生电位差和电极相位不同的电化学腐蚀等。当表面氧化皮、锈层和表面腐蚀的面积与深度较大，特别是壳体和端盖及相关设备或阀门等承压部件又在不进行机械加工部位时，将影响旋转给料器的结构强度和零件的机械性能，应进行表面净化处理，清除氧化皮、锈层和表面腐蚀，再进行厚度检查。

10.2.1.4　折皱和重皮

在轧制的原材料和锻造坯料中，材料上的毛刺、飞边、夹杂物、气孔、表面疏松、氧化层等导致在热加工中金属流变并开口于表面，形成折皱和重皮，其开口一般顺延轧制方向的锻延方向。这种缺陷同表面裂纹缺陷一样，将严重影响旋转给料器及相关设备或阀门的承载能力和使用寿命，必须严格检查并清除。

10.2.1.5　机械性损伤

材料表面因运输、搬运、吊装、堆放等产生磕碰性损伤，因下料或切割等形成表面加工性损伤，特别是在铸件冒口气割面和锻件的飞边切割处，因表面不加工而形成零件表面缺陷，这些缺陷达到一定深度时，也将影响旋转给料器及相关设备或阀门的质量和使用寿命。因此，不能忽视这类表面缺陷的检查。

10.2.1.6 形状尺寸偏差

旋转给料器及相关设备或阀门的铸件或锻件毛坯形状均有技术标准或图样尺寸要求，但铸件常常因模型尺寸错误或偏差，以及在砂型浇铸时由于泥芯浮动等原因而造成铸件形状尺寸出现超差。锻件也有因模锻错边、锻压比不足、坯料尺寸不足或模具不当而造成外形不完整以及成形偏差等。上述形状尺寸超过技术标准或图样尺寸也属于表面缺陷。对这类缺陷的铸件，小件可用测量尺、内外卡尺、测厚卡尺等常规量具进行检查，大件可用划线方法配合使用测量工具进行检查。

10.2.1.7 其他缺陷

除上述材料表面缺陷之外，旋转给料器及相关设备或阀门原材料中还有铸件的表面缺陷，如：内外尺寸超过标准偏差、表面有黏砂、夹砂、缺肉、脊状突起(多肉)、冷隔、割疤、撑疤、表面气孔及裂纹等缺陷，锻件毛坯中的表面缺陷还有形状尺寸超过标准偏差、凹陷、模锻错边等。可以按照上述材料表面质量要求对缺陷进行检查，在表面缺陷检验时应注意以下几点：

(1) 上述材料表面缺陷在加工部位时，只要缺陷不超过单边加工余量的 2/3 时，则可以允许使用，但在精加工后应在原缺陷部位进行严格复检，对重要的紧固零件、承压部件和弹簧等应采用磁粉探伤或着色检查。

(2) 上述材料表面缺陷在非加工部位时，一定要将缺陷清除，清除时应采用正确的工艺方法以防止缺陷的扩大或加深。清除缺陷的周边应圆滑过渡，清除的深度应使缺陷完全去除后，其材料厚度不低于标准所规定的负偏差。大型旋转给料器承压部位要进行必要的无损探伤检查。

(3) 在特殊情况下，上述材料的表面缺陷允许采用补焊的方法进行挽救，补焊应按照中华人民共和国国家标准 GB/ T 12224-2015《钢制阀门 一般要求》的规定，但必须制定严格的成熟补焊工艺并经技术负责人批准，由合格焊工进行补焊，补焊后应经无损探伤检验合格。

10.2.2 材料内部质量检验

对于重要的加工零部件除外观表面质量检验之外，还有必要进行材料内部的质量检验。材料的内部缺陷主要有：非金属夹杂物、层间裂纹、白点、气孔、分层、组织不均匀、成分偏析及晶粒粗大等。当材料内部存在上述缺陷时，将会影响加工零部件的机械性能和结构强度，使旋转给料器或其他相关设备使用寿命缩短，严重时会发生事故，对这类内部缺陷应注意检查和发现，以防止这类材料在关键工况位置的设备上使用。

10.2.2.1 非金属夹杂物

这种缺陷主要出现在铸件或以钢锭为毛坯的锻件中，有夹砂和夹碴两种。夹砂是在冶炼浇铸时，耐火炉衬的碎屑落入熔炼液中形成的。夹碴是由于熔炼液在凝固时熔渣未完全析出的结果。这两种缺陷在材料内的表现形式为块状、条状、片状夹杂物或分层缺陷。

10.2.2.2 层间裂纹

一般都是由含硫、磷过高而产生的热裂纹。在热加工过程中，因过烧、疏松、温度控制不严或变形量过大而产生。在金相组织上显示为沿晶界或穿晶界的特征。因此，对大型设备或阀门承压部件除压力试验外，还必须选择重要部件进行射线探伤或磁粉探伤检查。

10.2.2.3　气孔

主要存在于铸件材料内部，由于熔炼液体向固体转变时，其中一些化学反应所形成的气体释放并局部集中于某些部位未逸出所致，气孔在单一状态时是空球形或椭圆形，有时互相贯通成为弯曲的虫蛀状气孔。检查方法同层间裂纹检查方法。

10.2.2.4　白点

检查材料的断面时，有时可见一种银白色的斑点，这是氢在材料内部的一种积聚现象，会使钢材的塑性和韧性降低，在使用中发生氢脆事故，对白点应按裂纹类缺陷处理。白点严重时可通过宏观或用低倍放大镜观察，必要时进行金相检验。

10.2.2.5　晶粒粗大和晶粒不均匀

钢材在轧、锻过程中因加热不够而使钢锭内原始的粗大晶粒仍旧保留。另外轧制压比或锻造比过小会导致晶粒不均匀将影响材料的机械性能。主要用材料断面观察和金相组织检验来判断该类缺陷。

10.2.3　材料的化学成分检验

对一般零部件材料的选用，除了要有合格证和材质说明书外，还可通过抽样采用光谱检验的方法来知其化学成分。但对于高温大型旋转给料器，或输送的物料有强腐蚀性的旋转给料器及相关设备，例如 PTA 装置中氧化阶段的输送物料 CTA 就有比较强的醋酸腐蚀性，对使用材料的选用必须按有关技术标准或图样技术要求选用，并按要求进行材料的化学分析，经材料化验部门出具材料复查合格报告单，方才准许使用。进行材料化学成分检验时应注意如下要求：

(1) 领料手续要完整。首先要按照设计图样或技术标准所规定的材料牌号以及制造工艺所要求的规格尺寸填写领料单；核对材料入厂时的合格证和材质说明书；核对材料标记、钢号或材质跟踪标记、色漆标记；检查领料的外观质量和数量。如果领取材料的批量较大时，应首先领取进行材料化验的试样，化验合格后再批量领料，以防止批量报废。对于单一的或小批量的材料，注意在领料时留放试样余量。

(2) 正确地抽取试样。在抽取试样时，应严格按国家、行业或相应标准规定的取样方法、取样部位、取样方向及取样数量抽取试样。取样部位原则上按 GB/T 2975-1998《钢材力学及工艺性能试验取样》执行。同时注意如下要求：

1) 制取化学分析的试样碎屑应绝对保证不混入取样材料之外的杂物，确保元素测定的精确。进行取样加工的设备及夹具应清洁，切屑工具应有良好的耐磨性，防止工具磨损而将工具材料的成分混入试样中，防止设备油垢和其他杂物污物混入样品内。

2) 尽可能采用机械冷加工方法取样，其中钻、刨等的切削速度比较低，取样质量比较好；车和铣的切削速度比较高，取样质量不如钻和刨。受条件限制需要热切割时，应注意留有足够的加工余量，使其能包含有除去切割热影响区金属组织的余量。

3) 试样袋的标记应与袋内试样碎屑一致。

(3) 做好试样委托工作。试样委托工作应由材料检验人员进行，要认真填写化学成分试验委托单，填写内容主要有：材料的牌号、规格、名称、试样编号、数量、试验项目及需化验的元素、验收标准、委托单位及委托人、委托时间等，并做好委托单的留存。

(4) 做好试样报告工作。试样报告的检验项目与委托单的委托项目应一致。理化检验报告的试验项目和数据应填写完整，报告应按验收标准做出是否合格的定性结论，并有试验人员和主管领导的签字认可。

(5) 做好材料标记移植工作。经化验合格的材料，应将合格标记或合格检验批号及时移植到领取的材料上，以便材质跟踪和防止混乱。有不合格的材料应立即隔离并报告有关材料部门。

(6) 严格材料代用手续。在旋转给料器及相关设备加工过程或检修现场，如果在无法找到符合设计图样要求的原材料时，需要采用与图样相应的材料进行代用，代用的材料应注意如下要求：

1) 代用材料必须保证原设计要求的各项技术指标并满足加工工艺要求。

2) 办理材料代用单和书面审批手续，由供应部门填写代用单及代用原因，代用单应经设计部门和检查部门审核签字同意后才能代用。

3) 材质代用一般采用以优代劣、以高代低的原则，同时考虑经济性并尽量减少经济损失。

10.2.4 材料的机械性能检验

金属材料在外力作用下所表现出来的抵抗外力作用的特性称为机械性能(或称力学性能)，金属材料的机械性能包括强度、弹性和塑性、韧性、硬度、疲劳和蠕变等。

在旋转给料器及相关设备零件的检修和制造中，上述的力学性能项目不一定都需要进行检验，但要参照有关的技术标准执行，特别是高温大型旋转给料器及相关设备零件的力学性能一定要按有关标准的要求进行检验，并应注意下列要求：

(1) 正确制取力学性能试样。为保证零部件的力学性能试验做得准确并能真实地反映零件的质量，同时也考虑检验的经济性，在取样和制取试样时，应做到如下几点：

1) 试样的取样部位和数量应符合技术标准和工艺的规定，并能代表被检零件的质量。

2) 采用热切割方法取样时，应留有足够余量以保证在机械加工试样时除去热影响区。

3) 任何加工方法应保证不改变试样原有的力学性能和金相组织。

4) 力学性能试验取样应在材料的热处理之后进行。

5) 试样表面需要进行编号时，应使用记号笔书写，不得在表面打印或刻划。

6) 试样的加工尺寸、表面粗糙度及形位公差等均应符合试样图样和试样标准的要求。

(2) 做好试样检验的委托工作。力学性能试验应由合格专业人员进行操作试验，试样检验的委托工作可参照本章中化学成分检验的委托内容进行，试样在试验完毕之后是否保留应在委托单中注明。

(3) 试验设备必须完好。为保证力学性能试验的正确性，应做好设备调整的标准校验，例如：在硬度检验中应按标准硬度试块做好设备调试。检测设备中的一次感应仪表和二次显示系统仪表都应完好。

(4) 做好试样报告工作。试样报告中试验项目和试验数据应填写完整，其试验项目应与委托单中的委托项目一致，报告应按有关检验技术标准做出是否合格的定性结论，报告上应有检验人员和检验主管领导的签字。

10.2.5　零件的无损探伤检验

一些重要的旋转给料器及相关设备的零件在制造或大修后，应按有关技术标准的要求进行必要的无损探伤检验。目前在生产上使用比较多的是射线、超声波、渗透、磁粉探伤等4种常规方法。其中磁粉探伤不适用于奥式体不锈钢，所以在旋转给料器检验中应用比较少。

无损探伤只是把一定的物理量加到被测物件上，再使用特定的检测装置来检测这种物理量的穿透、吸收、反射、散射、泄漏、渗透等现象的变化，从而检查被检物件是否存在异常。由于无损探伤检测方法本身的局限性以及仪器设备存在的误差、人为因素、环境因素等影响和被测物件异常部位的综合特性，而造成无损探伤的结果准确性有偏差。

为了尽可能地提高检测结果的可靠性，必须严格按无损探伤的有关技术标准进行检测；选择适合于检测特定部位的检测方法，无损探伤的人员应持有相应检测方法的技术资格证书，无损检测设备应调校准确，应详细记录检验情况并准确地出具报告结论，其主要内容应包括产品名称、检验部位、检验方法、检验标准、缺陷名称、评定结论或评定等级、返修情况、检验人员、检验日期等。

10.2.5.1　射线探伤

进行射线探伤时，必须采取切实有效的防护措施以防止射线对人体的伤害。射线探伤方法有照相法、荧光显示法、电视观察法、电离记录法。探伤射线有 X 射线、γ 射线和电子直线加速器发生的高能 X 射线。射线在探伤过程中的强弱变化可用 X 射线胶片照相或用荧光屏、相增强器、射线探伤器等来观察。射线探伤法主要应用于检查夹杂、气孔、缩孔以及与透视方向一致的裂纹和未焊透等缺陷。射线检查程序和验收标准应符合国家机械行业标准 JB/T 6440-2008《阀门受压铸钢件射线照相检测》规定的程序和验收标准。

10.2.5.2　超声波探伤

超声波探伤的方法按探头形式可以分为脉冲反射法和穿透法；按探头与被检零件的耦合方式可以分为直接接触法及液浸法；按设备的结构特点又可以分为脉冲反射法、连续发射法、超声波显像法等。超声波振动频率高于 20 000 Hz，用于探伤的超声波在 0.2～25 MHz 范围内。金属材料的超声波探伤常用频率在 1～5 MHz 范围内。超声波在不同材料的分界面上会发生反射、折射现象，当固体材料中有异种材质或缺陷时，就会产生波反射或透过强度的减弱。按接收的信号加以判断，便可确定缺陷。超声波探伤用于锻件或焊缝的白点、未焊透、裂纹、气孔、杂渣、铸钢件的夹砂、气孔、缩孔、疏松等缺陷的检测。超声波检验和验收应符合国家机械行业标准 JB/T 6903-2008《阀门锻钢件超声波检测》规定的程序和验收标准。

10.2.5.3　磁粉探伤

磁粉探伤主要应用于碳素钢、马式体不锈钢和合金钢，不能应用于奥式体不锈钢，所以不能应用于旋转给料器的主体结构零部件的检验，只能检验旋转给料器的辅属部分零部件，有些结构的转子轴可以采用磁粉探伤，生产实际中应用比较少。

1. 磁粉探伤方法

把钢铁等强磁性材料磁化后,利用缺陷部位所产生的磁极可吸附磁粉并以此显示缺陷的方法叫磁粉探伤。缺陷部位吸附的磁粉叫缺陷的磁粉痕迹。

磁粉探伤按设备的特点分有磁粉法、磁带录像法、磁感应法和磁强计法等。

磁粉探伤按磁化方法分为轴向通电法、直角通电法、电极刺入法、线圈法、极间法、电流贯通法和磁贯通法。在磁粉探伤中,必须考虑被检缺陷与磁场(磁力线)方向垂直,否则当磁场方向与缺陷方向平行时,就得不到缺陷的磁粉痕迹。

磁粉探伤按磁粉或磁悬液方法分为干式和湿式两种。按施加磁粉的方法又分为连续法和剩磁法两种。

2. 磁粉探伤适用范围

(1) 适用于磁性材料的表面或近表面缺陷的检测,例如旋转给料器及相关设备中的碳钢件、低合金钢件、马式体不锈钢件、焊缝和机械加工后零件表面或近表面的裂纹、气孔、夹渣等缺陷的检测。

(2) 特别适于强磁粉性材料表面缺陷的探测,不适于奥氏体不锈钢等非磁性材料。

(3) 对于表面没有开口且深度很浅的裂纹缺陷也能检测,不能探测磁性材料的内部缺陷。

(4) 能测定表面缺陷的位置和表面长度,但不能测定缺陷的深度。

3. 磁粉检验和验收依据

磁粉检验和验收应符合国家机械行业标准 JB/T 6439-2008《阀门受压件磁粉检测》的程序和验收标准。

10.2.5.4 渗透探伤

渗透探伤是根据液体的毛细作用,使涂敷于被检零件表面的渗透液能沿着表面开口的裂纹等缺陷的缝隙渗透到缺陷内,将表面多余的渗透液清除后,再涂置显像剂,缺陷内的渗透液又利用毛细作用而被显像剂吸出并显现出放大了的缺陷痕迹,从而检测出零件表面的开口缺陷。

1. 渗透探伤方法

渗透探伤方法大致可分为荧光渗透探伤法和着色渗透探伤法两大类。根据渗透液清洗方法的不同,可将上述两大类渗透法又分为水洗型、后乳型和溶剂去除型等多种渗透探伤方法。渗透探伤按显像的方法有湿式显像法、干式显像法和无显像剂式显像法等。

2. 渗透探伤的适用范围

(1) 只适用于被检测零件表面开口缺陷的检测,缺陷表面堵塞时,缺陷不易检测出来。

(2) 适用于金属和非金属材料的表面开口缺陷的检测,不适于多孔性材料的渗透探伤。

(3) 适用于复杂几何形状的探伤,一次探伤能同时检测几个方向的表面开口缺陷。

(4) 不需要复杂的探伤设备,适用面广且操作简单,但被测零件表面粗糙度及清洁情况将影响检测结果,探伤人员的技术水平也会影响检测结果。

3. 液体渗透检验和验收

液体渗透检验和验收应符合中华人民共和国机械行业标准 JB/T 6902-2008《阀门液体渗透检测》规定的程序和验收标准。

10.2.5.5 零部件无损探伤的主要项目

在旋转给料器及相关设备的大检修和制造过程中,不是每台旋转给料器或是阀门都需要做无损探伤,对于高温工况、具有强腐蚀性工况使用的大型旋转给料器,一些主要的零部件需要进行无损探伤,例如旋转给料器壳体、端盖、转子、轴等零部件,也可以按用户与制造厂协商确定的供货合同的规定。

10.2.6 不锈耐酸钢零部件耐腐蚀性检验

旋转给料器及相关设备与工作介质接触的零部件中，主要是对不锈耐酸钢材料零部件进行耐腐蚀检验。一般情况下，碳钢和马氏体不锈钢不用作与物料接触的零部件材料。

通过材料试片检查不锈钢晶间腐蚀，试片由于介质的腐蚀而发生重量变化，变化的程度取决于介质的浓度、温度和压力，还取决于试片本身的组织状态。

在旋转给料器及相关设备的生产或修理过程中，不锈钢零部件的上述检验可以根据图样或技术条件有选择性地进行。

对于晶间腐蚀性能仅有一般要求的牌号为 1Cr18Ni9Ti 的旋转给料器及相关设备的零件或焊接材料，可在零部件上直接进行试验，可作为无损探伤方法使用。用超低碳不锈耐酸钢制作的零部件，当制造工艺和热处理工艺很稳定时，一般不存在晶间腐蚀，可不做检测，但当用户有明确要求时，也可以增做相应的检测。

在 GB/T 4334-2008《金属和合金的腐蚀不锈钢晶间腐蚀试验方法》中规定了不锈钢晶间腐蚀试验方法的试样、试验溶液、试验设备、试验条件和步骤、试验结果的评定及试验报告。本标准适用于检验不锈钢晶间腐蚀。包括以下试验方法：

(1) 方法 A：不锈钢 10%草酸浸蚀试验方法。适用于奥氏体不锈钢晶间腐蚀的筛选试验,试样在 10%草酸溶液中电解浸蚀后，在显微镜下观察被浸蚀表面的金相组织，以判定是否需要进行方法 B、C、D、E 等长时间热酸试验。在不允许破坏被测结构件和设备的情况下，也可以作为独立的晶间腐蚀检验方法。

(2) 方法 B：不锈钢硫酸-硫酸铁腐蚀试验方法。

(3) 更多的不锈钢晶间腐蚀试验内容可参见标准原文。

10.3 零件加工精度检验

旋转给料器及相关设备的零部件检修或制造加工的精度检验主要有三个方面的内容：尺寸精度检验、表面粗糙度的检验、形状和位置公差的检验。其中尺寸精度检验包括公差与配合尺寸的检验、连接尺寸的检验、主体结构尺寸的检验。

10.3.1 零部件尺寸精度的检验

零件连接尺寸的检验主要是指旋转给料器及相关设备与其他设备相连接的尺寸（如壳体进料口和出料口的法兰连接尺寸）、设备内部零件之间的连接尺寸（如壳体和端盖之间的连接尺寸等）。在设备零件检修过程中也可以采用配合加工方式,如相互配合的连接孔可以采用配钻加工,以保证相互之间的安装可靠性。

主体结构尺寸检验主要是指虽然没有装配关系，尺寸精度要求也不是很高，但对整机的性能或其他方面的影响很大的结构尺寸，例如壳体的结构长度，即壳体的总高度尺寸（与设备的安装空间有关）、壳体上排气孔尺寸（直接影响整机的排气量）。

公差与配合尺寸的检验是最多的，在进行旋转给料器及相关设备的修理和制造过程中，对零件的公差和配合尺寸进行检验时，首先要明确图样上的公差与配合尺寸的含义，并做出准确的检验结论。我国已颁发的有关公差与配合的主要标准汇编于表 10-2 中，供检验时查询。

表 10-2 有关公差与配合的主要标准汇编

(1) 圆柱体的公差与配合	GB/T 321-2005 优先数和优先数系
	GB/T 1800.1-2009 极限与配合 第 1 部分：公差、偏差和配合的基础
	GB/T 1800.2-2009 极限与配合 第 2 部分：标准公差等级和孔、轴极限偏差表
	GB/T 1801-2009 极限与配合 公差带和配合的选择
	GB/T 1803-2003 极限与配合 尺寸至 18 mm 孔、轴公差带
	GB/T 1804-2000 一般公差 未注公差的线性和角度尺寸的公差
	GB/T 2822-2005 标准尺寸
	GB/T 4249-2009 产品几何技术规范(GPS) 公差原则
(2) 形状和位置公差	GB/T 1182-2008 产品几何技术规范(GPS) 几何公差形状、方向、位置和跳动公差标注
	GB/T 1184-1996 形状和位置公差 未注公差值
	GB/T 1958-2004 产品几何量技术规范(GPS) 形状和位置公差 检测规定
(3) 表面粗糙度	GB/T 131-2006 产品几何技术规范(GPS) 技术产品文件中表面结构的表示法
	GB/T 1031-2009 产品几何技术规范(GPS) 表面结构 轮廓法 表面粗糙度参数及其数值
	GB/T 6060.1-1997 表面粗糙度比较样块 铸造表面
	GB/T 6060.2-2006 表面粗糙度比较样块 磨、车、镗、铣、插及刨加工表面
(4) 光滑工件尺寸的检测	GB/T 1957-2006 光滑极限量规 技术条件
	GB/T 3177-2009 产品几何技术规范(GPS) 光滑工件尺寸的检验
(5) 键、销的公差与配合	GB/T 117-2000 圆锥销
	GB/T 119-2000 圆柱销
	GB/T 1095-2003 平键 键槽的剖面尺寸
	GB/T 1096-2003 普通型 平键
(6) 螺纹结合的公差与配合	GB/T 3-1997 普通螺纹收尾、肩距、退刀槽和倒角
	GB/T 90.1-2002 紧固件 验收检查
	GB/T 90.2-2002 紧固件 标志与包装
	GB/T 192-2003 普通螺纹 基本牙型
	GB/T 193-2003 普通螺纹 直径与螺距系列
	GB/T 196-2003 普通螺纹 基本尺寸
	GB/T 197-2003 普通螺纹 公差
	GB/T 897-1988 双头螺柱 $b_m=1d$
	GB/T 898-1988 双头螺柱 $b_m=1.25d$
	GB/T 900-1988 双头螺柱 $b_m=2d$
	GB/T 901-1988《等长双头螺栓 B 级》
	GB/T 953-1988 等长双头螺柱 C 级
	GB/T 2975-1998 钢及钢产品 力学性能试验取样位置及试样制备
	GB/T 3098.1-2010 紧固件机械性能 螺栓、螺钉和螺柱
	GB/T 3098.2-2000 紧固件机械性能 螺母 粗牙螺纹
	GB/T 3098.6-2000 紧固件机械性能 不锈钢螺栓、螺钉和螺柱
	GB/T 3098.8-2010 紧固件机械性能 -200～+700 ℃使用的螺栓连接零件
	GB/T 3098.15-2000 紧固件机械性能 不锈钢螺母
	GB/T 3098.16-2000 紧固件机械性能 不锈钢紧定螺钉
	GB/T 3103.1-2002 紧固件公差 螺栓、螺钉、螺柱和螺母
	GB/T 3103.3-2000 紧固件公差 平垫圈
	GB/T 3104-1982 紧固件 六角产品的对边宽度
	GB/T 3105-2002 普通螺栓和螺钉 头下圆角半径
	GB/T 3106-1982 螺栓,螺钉和螺柱的公称长度和普通螺栓的螺纹长度
	GB/T 3934-2003 普通螺纹量规 技术条件

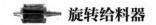

（续）

(6) 螺纹结合的公差与配合	GB/T 7306-2000(2010) 55°密封管螺纹
	GB/T 12716-2011 60°密封管螺纹
	GB/T 5779.1-2000 紧固件表面缺陷 螺栓、螺钉和螺柱 一般要求
	GB/T 5779.2-2000 紧固件表面缺陷 螺母
	GB/T 5779.3-2000 紧固件表面缺陷 螺栓、螺钉和螺柱 特殊要求
	GB/T 15756-2008 普通螺纹 极限尺寸
(7) 其他	GB/T 6414-1999 铸件 尺寸公差与机械加工余量
	GB/T 1243-2006 传动用短节距精密滚子链、套筒链、附件和链轮

在旋转给料器及相关设备修理过程中，许多零件需要对实物进行测绘，部分加工尺寸还要进行选配，因此，正确地掌握测量方法并准确地使用测量器具是既重要又是最基本的要求。

10.3.1.1　测量器具的分类

用来测量工件几何量(长度、角度、形位误差、表面粗糙度等)的各种器具称测量器具，它是测量工具和测量仪器的总称。通常把具有传动放大机构的测量器具称为量仪，没有传动放大机构的测量器具称为量具。

当前使用的测量器具名目繁多，类型也多种多样，各有不同的特点与用途，测量器具基本上有以下几种分类。

1. 标准(基准)量具

用来传递量值以及校对和调整其他测量器具的一种量具，如量块、角度块、直角尺等。

2. 极限量规

是一种没有刻度的专用检验工具。可以用来检验光滑工件的尺寸或形位误差。量规不能测得零件几何参数的具体值的大小，只能判断被测零件是否合格，如检查零件外圆的卡规和检测内孔的塞规。极限量规在旋转给料器及相关设备零件的大批量生产或单件检修中都要用到。

3. 检验夹具

也是一种专用检验工具，在和各种比较仪配合使用时，能方便迅速地检查更多复杂的参数。

4. 通用测量器具

在一定的测量范围内，可以对被测工件进行任一尺寸的测量，并能得到具体的测量数值。通用测量器具在旋转给料器及相关设备零部件制造与修理中使用最普遍，按其结构原理可分为以下几种类型。

(1) 游标量具：如游标卡尺、游标高度尺、游标量角器等。

(2) 微动螺旋量具：如外径百分尺、内径百分尺等。

(3) 机械式量仪：如百分表、千分表、杠杆比较仪。

(4) 光学式量仪：如光学计、测度仪、投影仪、干涉仪等。

(5) 气动式量仪：如水柱或浮标式气动量仪等。

(6) 电动式量仪：电感式比较仪、电动轮廓仪等。

10.3.1.2　测量器具的选择

合理选择测量器具是获得所需要精度的测量结果、保证产品质量、提高测量效率和降低成本的主要条件。一般要求是在大批量生产旋转给料器及相关设备的零件时，宜选用先进、高效率的专用量具；在小批量生产和零部件维修中，宜选用通用量具；选择时还应根据被测零件的形状选用合适量具，以防止因物体形状阻碍测量，如壳体内部尺寸的测量；为了保证零件尺寸测量的准确性和可靠性，国家对光滑工件尺寸的测量及量具的选用做出了规定，详见 GB/T 3177-2009 产品几何技术规范(GPS)《光滑工件尺寸的检验》。

10.3.1.3　测量器具的主要指标

量度指标是各种测量器具技术性能的重要标志，也是选择测量器具的依据，不清楚量度指标就不会有正确的检验结果，掌握量度指标是有关人员应掌握的基础技术，在旋转给料器及相关设备零件精度的检验工作中，要使用各种类型的测量器具，其量度指标也很多，因此，仅对共性的主要量度指标介绍如下：

(1) 分度值(或称刻度值)。相邻两刻度线所代表的量值之差即是分度值，例如百分表的分度值 0.01 mm；千分尺的分度值是 0.001 mm。分度值一般都标在刻度尺或刻度盘上。当某一计量器具上有多种分度值时，通常是以最小分度值代表该计量器具的分度值。

(2) 刻度间距。指刻度尺上相邻两刻度线之间的距离。为使视觉能估读出 1/10 的分度值，刻度间距一般大于 0.8 mm，通常取为 1.0～2.5 mm。

(3) 示值范围。指测量器具所能显示或指示的最低值到最高值的范围。

(4) 测量范围。指整个测量器具所能显示出的被测量值的范围。

(5) 测量力。指测量器具的测量表面与被测量工件接触时所产生的力。在接触式测量中需要适当的测量力以保证可靠的接触。测量力不宜过大，否则将引起测量器具和被测工件的变形，并损坏被测体的表面。另外，在测量过程中测量力如有变动，将会使测量结果产生随机变化。因此，有些测量器具要有测量力稳定机构，并应在技术指标上给出测量力的大小和变动范围。

(6) 回程误差。指在同一条件下，测量器具按反行程对同一被测点进行测量时，同一点上被测量值之差的绝对值。为了减少回程误差对测量结果的影响，应该尽量选用回程误差较小的仪器或采用单向测量的方法，例如：用千分尺测量工件时，应使千分尺螺丝沿同一方向前进。

(7) 示值变动性(或称示值稳定性)。是指在测量条件不作任何改变的情况下，对同一被测量工件进行多次重复测量时，其读数结果的最大差异。示值变动性是测量误差的一部分，属随机误差。通常可用多次测量的平均值来减小它的影响。

(8) 示值误差。指测量器具的示值与被测量的真实值之差。其值可用能满足精确度要求的实际值来代替。通常在量器检定中，用高一级的测量器具所测得的量值称为实际值。合格的测量器具的实际示值误差应不超过极限误差范围。

示值误差在测量过程中普遍存在，经过计量鉴定可以给出修正值，并对测量结果加以修正。

例如：刻度尺上某一线示值为 80 mm，经计量鉴定其实际为 80.04 mm，修正方法如下：

刻线示值误差=指示值-实际值=80-80.04=-0.04 (mm)

所以，校正值为 0.04 mm，使用应如下：

刻线修正值=刻线示值+校正值=80+0.04=80.04 (mm)

通过上述列式中的刻线示值虽然是 80 mm，可将测量结果修正为 80.04 mm。

10.3.1.4　测量误差的原因

在旋转给料器及相关设备零件的精度检查中，无论采用多么精确的测量器具、多么成熟的测量方法和多么熟练操作人员进行测量，由于各种因素的影响，都不可避免地会产生测量误差。

因此，在任何一次实际测量中，所得到的结果仅仅是测量得到的近似值，产生测量误差的原因有以下 4 种：

(1) 测量器具误差，测量器具因设计、制造、装配和调整等存在的内在误差，在使用过程中因磨损而失去原始精度形成的误差。

(2) 测量方法误差，测量操作方法不正确形成的测量误差。

(3) 环境条件误差，因温度、湿度、气压、振动、照明、尘埃、电磁场、人体温度等环境因素的影响而产生的测量误差。长度测量器具的误差主要是温度的影响。因材料存在热胀冷缩的变化，当测量温度偏离标准温度 20 ℃，并且被测量的零件与基准件的材料不同时，就产生因环境条件影响而形成的误差。

(4) 人为误差，测量人员的视力、分辨力和评判水平、责任心和技术操作水平、疲劳程度和思想情绪的起落等人为因素的影响而形成人为误差。

在旋转给料器及相关设备零部件的检验中，测量误差是客观存在的，但要控制在尽可能小的范围内，特别是进行选配或单配的零部件，更应该要注意控制测量误差，这有利于提高生产率和保证产品的质量。

10.3.2　零部件表面粗糙度的检验

表面粗糙度也是旋转给料器及相关设备零件精度检验的一项重要内容，进行表面粗糙度的检验应该首先掌握有关技术标准。

表面粗糙度包括四个标准：GB/T 131-2006 产品几何技术规范(GPS) 技术产品文件中《表面结构的表示法》、GB/T 1031-2009 产品几何技术规范(GPS) 表面结构轮廓法《表面粗糙度参数及其数值》、GB/T 6060.1-1997《表面粗糙度比较样块　铸造表面》、GB/T 6060.2-2006《表面粗糙度比较样块磨、车、镗、铣、插及刨加工表面》。

GB/T 6060.1-1997《表面粗糙度比较样块　铸造表面》，规定了铸造金属及合金表面粗糙度比较样块的制造方法、表面特征、样块分类和粗糙度参数值及其评定方法。本标准适用于铸造表面粗糙度比较样块，该样块用于与同它表征的铸造金属及合金和铸造方法相同，并经过适当方法(例如：喷丸、喷砂、滚筒清理等方法)清理的铸件表面进行比较。它还作为其他特定铸造工艺和铸造表面粗糙度选用的参考依据。

GB/T 6060.2-2006《表面粗糙度比较样块磨、车、镗、铣、插及刨加工表面》，规定了磨、车、镗、铣、插及刨加工表面粗糙度比较样块(简称"样块")的术语与定义、制造方法、表面特征、分类、表面粗糙度参数及评定、结构与尺寸、加工纹理以及标志与包装等。本部分适用于磨、车、镗、铣、插及刨加工表面粗糙度比较样块，该样块用于与同其表征的材质和加工方法相同的机械加工件表面进行比较，以确定该机械加工件的表面粗糙度参数值。本部分还可以作为选用磨、车、镗、铣、插及刨加工方法获得的表面粗糙度数值的参考依据。

国家标准 GB/T 131-2006 产品几何技术规范(GPS)《技术产品文件中表面结构的表示法》，规定了产品技术文件中表面结构的表示法，产品技术文件包括图样、说明书、合同、报告等，同时给出了表面结构标注用图形符号和标注方法，适用于对表面结构有要求时的表示法。

国家标准 GB/T 1031-2009 产品几何技术规范(GPS)《表面结构　轮廓法　表面粗糙度参数及其数值》，规定了评定表面粗糙度的参数及其数值系列和规定表面粗糙度时的一般规则。本标准适用于对工业制品的表面粗糙度的评定。图样上表示零件粗糙度的符号的含义见表 10-3。

表 10-3　粗糙度的符号及意义

符号	意义	符号	意义
√	表面结构的基本图形符号,单独使用是没有意义的	√ R_a 3.2	用去除材料的方法获得的表面,R_a 的最大允许值为 3.2 μm
√	表示表面粗糙度是用去除材料的方法获得。如车、铣、钻等	√ R_a 3.2	用不去除材料的方法获得的表面,R_a 的最大允许值为 3.2 μm
√	表示表面粗糙度是用不去除材料的方法获得。如铸、锻等	√ U R_a 3.2　L R_a 1.6	用去除材料的方法获得的表面,R_a 的最大允许值为 3.2 μm,最小允许值为 1.6 μm
√ R_a 3.2	用任何方法获得的表面,R_a 的最大允许值为 3.2 μm	√ R_z 200	用不去除材料的方法获得的表面,R_z 的最大允许值为 200 μm

　　旋转给料器及相关设备的加工制造与维修也包括在用设备的维修,在维修的过程中需要看明白设备的原始设计图样及其他相关技术资料。在 1983 年国家标准发布之前,按照当时国家标准的有关规定,在图样及资料中,表示零件表面质量的符号都是标注光洁度符号。1983 年国家标准与 GB/T 1031-2009 产品几何技术规范(GPS)《表面结构　轮廓法　表面粗糙度参数及其数值》的规定有很大不同,为了与过去有效对接,也是为了在检修过程中方便查询以前的原始资料,同时也为了帮助年轻人了解过去的资料,特将光洁度与表面粗糙度的符号对照列于表 10-4 中,供维修过程中参考。

表 10-4　光洁度与表面粗糙度的对照表

级别	R_a/μm		R_z/μm		级别	R_a/μm		R_z/μm	
	1983 国标	2009 国标	1983 国标	2009 国标		1983 国标	2009 国标	1983 国标	2009 国标
▽1	80	100	320	400	▽8	0.63	0.80	3.2	3.2
▽2	40	50	160	200	▽9	0.32	0.40	1.60	1.60
▽3	20	25	80	100	▽10	0.16	0.20	0.80	0.80
▽4	10	12.5	40	50	▽11	0.08	0.100	0.40	0.40
▽5	5	6.3	20	25	▽12	0.04	0.050	0.20	0.20
▽6	2.5	3.2	10	12.5	▽13	0.02	0.025	0.10	0.10
▽7	1.25	1.60	6.3	6.3	▽14	0.01	0.012	0.05	0.05

注:R_z 为轮廓微观不平度十点高度,R_a 为轮廓算术平均偏差。

　　表面粗糙度的检验方法比较多,对表面要求高或需要进行仲裁检验的表面粗糙度,可以经过计量部门用仪器测量(如轮廓仪等)。在加工现场可按目视宏观经验进行,也可用表面粗糙度样块作对比鉴别。具体的常用方法如下:

　　(1) 比较法。将加工零件的被测表面与粗糙度样块进行比较,借助于人眼(放大镜、显微镜)或手感触摸等来判断其粗糙度的好或差。

　　这种方法的优点是判断简便,适用于旋转给料器及相关设备零件的加工现场。缺点是评定的准确性取决于检验人员的实际经验和技术素质。对粗糙度很小的表面(R_a< 0.20 μm 或 R_z< 0.8 μm)很难评定准确。我国在国家标准中颁发了 GB/T 6060.1-1997《表面粗糙度比较样块　铸造表面》、GB/T 6060.2-2006《表面粗糙度比较样块　磨、车、镗、铣、插及刨加工表面》,采用比较法应按此标准执行。

　　(2) 光切法。利用光切法原理测量表面粗糙度的方法称为光切法,如用光切法显微镜(双管显微镜)测量。

(3) 干涉法。利用光波干涉原理测量表面粗糙度的方法称为干涉法。所用的测量器具有平晶、双光束和多光束干涉显微镜。可用于零部件密封面中粗糙度、平面度(吻合度)的检查。

(4) 针描法。针描法是属于接触测量法。在测量的过程中仪器的角触针沿被测表面轻轻划过，由于被测表面粗糙度不平，就使针上下移动，该移动量通过电传感器或其他方法加以放大和计算处理，即可测得被测表面的 R_z 值。还可利用记录装置将表面粗糙度的轮廓记录下来。针描法的优点是：可测得某些难以测量的表面，可直接得出 R_z 的数据和轮廓图形，使用方便且效率高。缺点是仪器限制只能测定表面粗糙度 3.2～0.05 μm 的表面，另外由于触针的针尖不能进入到实际轮廓的深窄谷底，测量精度受到一定影响，如使用不当容易划伤被测表面或折断触针。

国内生产的"便携式表面粗糙度轮廓仪"是一种比较简便直观的测量仪，表面粗糙度应按图样中标注的要求进行检验。

10.3.3　零部件形状与位置公差的检验

零件修理或制造的精度检验中，除尺寸精度、表面粗糙度之外，还有形状与位置公差的检验，从事这项检验工作的人员，应正确理解并准确地掌握国家颁发的有关形位公差的标准和测量技术，并应严格贯彻执行。

我国颁发了形状和位置公差国家标准，在 GB/T 1958-2004 产品几何量技术规范(GPS)《形状和位置公差检测规定》中，规定了形状误差和位置误差(以下简称形位误差)的检测原则、检测条件、评定方法及检测方案。

本标准适用于 14 项形位误差的检测。规定了五种检测原则。基准体现方法有"模拟法"、"直接法"、"分析法"、"目标法"等四种。在附录 A 中给出了检测方案。除在附录 A 中给出的检测方案以外，如果能达到检测目的而且能确保测量精度的其他办法也可以应用。

为了能比较清楚地阐明旋转给料器及相关设备的零件有关形位公差的测量方法，在下述内容中配有示意简图，简图中的符号及说明见表 10-5。

表 10-5　形位公差测量方法示意简图

序号	符号	说明	序号	符号	说明
1		平板、平台(或测量平面)	7		连续转动(不超过一周)
2		固定支承	8		间断转动(不超过一周)
3		可调支承	9		旋转
4		连续直线移动	10		指示针
5		间断直线移动	11		带有指示针的测量架(测量架的符号，根据测量设备的用途，可画成其他式样)
6		沿几个方向直线移动			

10.3.3.1、壳体形状与位置公差的检验

壳体是旋转给料器的主要零件，在壳体的加工和修理过程中，结合壳体的形状和设计要求，采取相应的工艺措施，保证壳体加工精度和形位公差符合技术设计的要求。

壳体的形状与位置公差检验项目比较多，对于大批量生产的壳体和单台加工或修理的壳体，都要求采用逐台进行检验的方式。有些检验项目的测量方法和过程比较简单，所以其检验步骤和程序就少一些，检验结果的精确度和可靠度有可能比较高一些。

1. 测量两侧端法兰密封面的平行度

壳体两侧端法兰密封面是壳体两侧与端盖之间的密封平面和轴向定位平面，从技术要求来讲应该是互相平行的，加工精度要求很高，因此，基准平面和被测量平面可以互为基准。

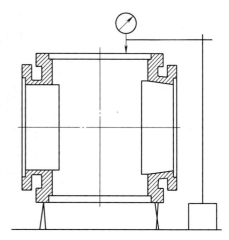

(1) 选用量具。二级以上测量平板一块；等高块 3～4 块以便能够使壳体安全稳定地放置在垫块上为原则；百分表、表架各一个。

(2) 测量方法及数据处理。将壳体任一侧端法兰密封面由等高垫块支承；如图 10-3 所示，用百分表测量另一侧密封平面，以任意位置为 0° 点；然后再测量相应位置的 90°、180°、270° 位置，测得的所有百分表读数中最大读数与最小读数之差即为两侧法兰密封(同是定位)平面的平行度偏差。

图 10-3　测量两侧端法兰密封面的平行度

同样道理和操作步骤，可以测量壳体两个进料口和出料口法兰密封面的平行度偏差。

2. 测量两侧端法兰定位止口与内腔孔之间的同轴度

壳体的两侧端法兰定位止口和壳体内腔孔三者之间的同轴度要求非常高，一般要采用专用机床或专用工装夹具来保证。如果有合适的机床或加工中心，将两端定位止口和壳体内腔孔三者一道工序加工完成，其同轴度容易保证；如果采用普通机床加工，壳体内腔孔与其中一侧端法兰定位止口是同一次装夹加工完成的，两者之间的同轴度也容易保证，其偏差会比较小；另一端的定位止口是通过二次装夹加工完成的，测量两侧端法兰定位止口的同轴度偏差值应该大于同一次装夹的加工偏差，所以，两侧端法兰定位止口与内腔孔之间的同轴度偏差就可以认为是三者之间的同轴度偏差。

比较简便的同轴度测量方法是以轴向尺寸比较大的内腔孔的理想轴线为基准，分别测量两侧端法兰定位止口的理想轴线在回转过程中，百分表最大读数与最小读数之差的二分之一，即为该定位止口与内腔孔之间的同轴度偏差，由于壳体形状奇特，进料口和出料口使内腔孔成为不连续的圆柱面，若根据上述要求测量就比较麻烦，在车床上用百分表直接对两侧端法兰定位止口或壳体内腔孔进行同轴度偏差测量时，产生的误差可能会影响测量精度，因此，也可以按以下方法进行测量三者之间的同轴度偏差。

(1) 选用量具。一级测量平板一块，V 形块四个其中至少有三个是可调节的，二级宽座直尺一把，精度 0.02 mm 游标卡尺一把，二块斜铁。

(2) 测量方法及数据处理。

1) 先将 A、B 两侧端法兰分别用游标卡尺测量出止口直径 AO、BO，并做好标记和记录。

2) 再将壳体的四个法兰稳妥地承放在四个 V 形块上，如图 10-4 所示，用调节 V 形块的方法使法兰定位止口基准轴线与测量平板平行。用宽座直角尺校对可调节的三个 V 形块支承的端法兰平面和 A 侧进出口法兰平面使之与平板垂直，然后，用带刀量头的高度游标卡尺测量 A 侧端法兰止口与平板的相切点，也即止口的最低位置为 AL

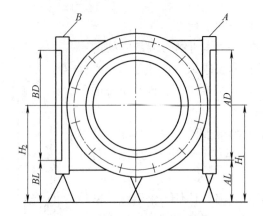

图 10-4　测量两侧端法兰定位止口和壳体内腔孔的同轴度示意图之一

$$AL + \frac{AO}{2} = H_1 \qquad 故\ H_1 = \frac{AO}{2} + AL$$

式中　H_1——A 侧端法兰模拟轴线至平板高度。

3)用高度尺测量 B 侧法兰止口与平板的切点位置为 BL，故

$$H_2 = \frac{BO}{2} + BL$$

式中　H_2——B 侧端法兰模拟轴线至平板高度。

$$X = |H_1 - H_2|$$

式中，X 为 B 侧对 A 侧法兰在该方向的同轴度偏差。

至此完成了第一次测量，再将壳体旋转 90°用高度尺测量，使进出口法兰面与平板等高，如图 10-5 所示，然后用斜块固定，不致使壳体倾斜，再用宽座直尺复校一次 A 侧端法兰，使之与平板垂直，并进行必要调整，若有调整时还需要复校一次进出口法兰面 F1 和 F2 点与平板等高。

重复上述方法测量并用数据计算得出 H_3(A 侧端法兰模拟轴线至平板高度)和 H_4(B 侧端法兰模拟轴线至平板高度)。计算得出

$$Y = |H_3 - H_4|$$

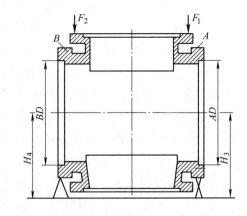

图 10-5　测量两侧端法兰止口和壳体内腔孔的同轴度示意图之二

式中　Y——B 侧法兰对 A 侧法兰在该方向的同轴度偏差。

最后数据处理。用矢量合成法计算出同轴度 t 的误差

$$t = 2\sqrt{x^2 + y^2}$$

式中　t——B 侧法兰对 A 侧法兰的同轴度误差。

3. 壳体进出料口法兰基准轴线与两侧端法兰止口轴线应在同一平面内测量

(1) 选用量具。二级测量平板一块，V 形块四个其中至少有三个是可调节的，二级宽座直尺一把，高度游标卡尺一把，精度 0.02 mm 游标卡尺一把。

(2) 测量方法及数据处理。

1) 先将两侧端法兰 A 和 B 及进料口和出料口法兰 C、D 分别用游标卡尺测量出止口直径

AO、BO、CO、DO，并做好标记和记录。

2)将壳体的四个法兰稳妥地承放在四个 V 形块上，如图 10-6、10-7 所示。

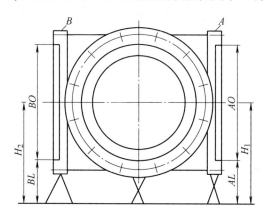

图 10-6　测量进出口法兰轴线与两侧端法兰
轴线应在同一平面内测量之一

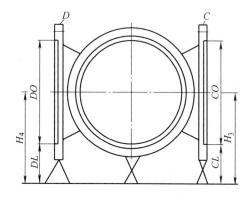

图 10-7　测量进出口法兰轴线与两侧端法兰轴
线应在同一平面内测量之二

3)用高度游标卡尺分别测量出 A 法兰和 B 法兰的切点，即 AL 和 BL，然后调整至 $AL + \dfrac{AO}{2} = BL + \dfrac{BO}{2}$，至此两侧中心已与平台等高，则两侧端法兰的实际轴线为理想轴线。

4)用高度游标尺分别测量出 C 法兰和 D 法兰的切点，即 CL 和 DL，然后调整至 $CL + \dfrac{CO}{2} = DL + \dfrac{DO}{2}$，至此两侧中心已与平台等高，则两侧端法兰的实际轴线为理想轴线。

数据处理

$$AL + \frac{AO}{2} = BL + \frac{BO}{2} = H_1$$

$$CL + \frac{CO}{2} = DL + \frac{DO}{2} = H_2$$

$H_1 - H_2$ 之算术绝对值即为壳体两侧端法兰止口轴线与进料口和出料口法兰基准轴线在同一平面内之偏差。

4. 壳体端法兰平面与止口底部平面的平行度测量

有些结构的壳体与端盖密封在端法兰面上，有些结构的壳体与端盖密封在止口底部平面上，壳体端法兰平面与止口底部平面的直径比较大，一般说来没有比较合适的量具能一次直接测量，由于两平面之间的距离很小，测量条件比较好，所以检查可以根据现场的条件，用精度为 0.02 mm 的深度游标卡尺或深度千分尺直接测量，一般应测量 4 个方位，再用对角线比较法确定，测量过程中指示器读数的最大读数与最小读数之差值作为两平面的平行度偏差。

也可根据密封面大小或密封面周围空间的大小，制作一个合适的两平面互相平行的垫块，再用深度千分尺来间接测量。

5. 壳体端法兰平面与进料口和出料口法兰平面之间互相垂直的偏差测量。

(1) 选用量具。二级测量平板一块，二级宽座直尺一把，高度游标尺一把，V 形块两个，其中至少有一个是可调节的，塞尺一把。

(2) 测量方法及数据处理。旋转给料器壳体的出料口平放在测量平板上，此时壳体的端法兰平面与测量平板垂直，然后用宽座直角尺配合塞尺即可进行出料口法兰与端法兰平面之间的垂直度偏差测量工作，记录测量的最大偏差。

将壳体反转 180°，使进料口平放在测量平板上，此时壳体的端法兰平面与测量平板垂直，然后用宽座直角尺配合塞尺即可进行进料口法兰与端法兰平面之间的垂直度偏差测量工作，记录测量的最大偏差。

上述两次测量的最大偏差，即为壳体端法兰平面与进料口和出料口法兰平面之间的垂直度偏差。

6. 测量进出料口法兰螺栓孔或端法兰螺纹孔位置的偏差

法兰螺栓孔位置偏差是指实际要素(实际位置)与理想要素(理想位置)之差，可以通过测量螺栓孔之间的直线距离，实测值与理想值之差就是螺栓孔的位置偏差，并非指各螺栓孔间相对位置之差。因此，要先计算出理想位置的孔间距离，计算方法如下

$$L = \sin\left(\frac{360°}{2n}\right) \times \frac{D}{2} \times 2$$

式中 L——两螺栓孔直线距离；

　　　n——螺栓孔数量；

　　　D——螺栓孔中心圆直径。

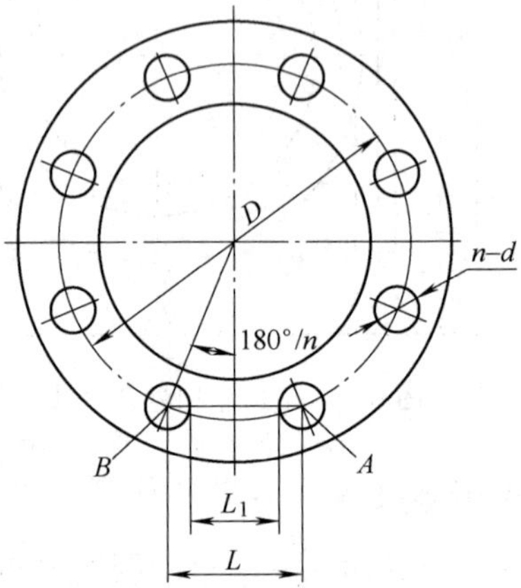

举例：有一法兰螺孔中心圆直径为 $D=230$ mm，螺孔数量为 $n=8$ 个，螺孔直径为 23 mm，如图 10-8 所示。

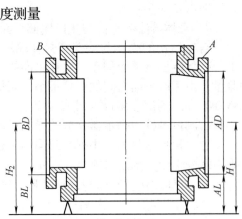

图 10-8　螺栓孔间直线距离偏差的测量实例

$$L = \sin\left(\frac{360°}{2n}\right) \times \frac{D}{2} \times 2$$

$$L = \sin 22.5° \times \frac{230}{2} \times 2 = 88.02 \text{ mm}$$

测量方法及数据处理：先用 125 mm×0.02 mm 游标卡尺测量出 A、B 两孔的直径，然后再测量出 L_1 直线长度，将 $L_1 + \frac{A}{2} + \frac{B}{2}$ 的测量值与 L(88.02 mm)比较，其算术绝对值即为相邻两孔位置偏差。

7. 壳体端部法兰平面与进出料口法兰轴线的对称度测量

测量旋转给料器壳体端部法兰平面与进出口法兰基准轴线的对称度，具体操作技术要求类似于同轴度测量方法，如图 10-9 所示。

(1) 选用量具。二级测量平板一块，等高块 3～4 块以便能够使壳体安全稳定地放置在垫块上，二级宽座直尺一把，精度 0.02 mm 游标卡尺一把。

(2) 测量方法及数据处理。

1) 先将 A、B 两侧壳体进出料口法兰分别用游标卡尺测量出直径 AO、BO，并做好标记和记录。

2) 再将壳体任一侧端法兰密封面由等高垫块支承，如图 10-9 所示。用带刀量头的高度游标卡尺分别测量出 A 法兰和 B 法兰的切点，即 AL 和 BL

图 10-9　端部法兰平面对壳体进出口法兰轴线的对称度测量示意图

$$AL + \frac{AO}{2} = H_1 \qquad 故 H_1 = \frac{AO}{2} + AL$$

式中 H_1——A 侧进出料口法兰模拟轴线至平板高度。

$$BL + \frac{BO}{2} = H_2 \qquad 故 H_2 = \frac{BO}{2} + BL$$

式中 H_2——B 侧进出料口法兰模拟轴线至平板高度。

将壳体反转 180°，使图 10-9 中的底部法兰向上，再进行与上述相同的操作方法和步骤，可以得到另半部分 A 侧进出料口法兰模拟轴线至平板高度 H_3 和 B 侧进出料口法兰模拟轴线至平板高度 H_4，因此 $H_1 - H_3$ 即是 A 端进出口法兰轴线与端部法兰平面的对称度偏差，$H_2 - H_4$ 即是 A 端进出口法兰轴线与端部法兰平面的对称度偏差，取其中的较大值就是壳体端部法兰平面对壳体进出口法兰轴线的对称度偏差。

8. 壳体端法兰螺纹孔轴线对法兰密封面的垂直度测量

旋转给料器的整体精度要求都很高，特别是大型壳体端法兰螺纹孔轴线对法兰密封面的垂直度测量是必须要求进行的，因为壳体的端法兰主要是通过螺纹、螺栓和螺母与端盖连接，当螺纹孔轴线对法兰密封面的垂直度达不到标准要求或偏差很大时，由于延伸误差使螺栓和螺母各部分受力不均，并要承受比较大的附加混合应力，如图 10-10 所示。如果超过材料的抗拉强度极限则会造成紧固件断裂而引起事故。

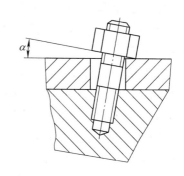

图 10-10　壳体端法兰螺纹孔的垂直度误差

旋转给料器的壳体尺寸比较大，特别是大型旋转给料器壳体，如果由于端法兰平面上的凸台或其他原因不便作为基准面，一般可以自制两面平行的垫块，如图 10-11 所示，再备制一根锥体螺纹心轴如图 10-12 所示，则可以进行测量。

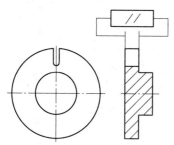

图 10-11　自制两面平行的测量垫块

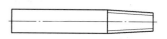

图 10-12　自制锥体螺纹心轴

(1) 选用量具。自制平行垫块一块，锥体心轴一根，宽座直角尺和塞尺各一把。

(2) 测量方法与数据处理。将垫块平放于法兰密封面上，再将锥体心轴旋入螺纹孔中使其牢固，如图 10-13 所示，锥体心轴的测量长度为 100 mm，然后用塞尺测量锥体心轴与宽座直角尺顶部的间隙，分别测量 0°、90°、180°、270° 四个位置，取其最大值即为该螺纹孔与密封面的垂直度偏差。

当端法兰平面与法兰密封面是同一道工序加工并互相平行，壳体的结构尺寸能够满足测量要求时，在测量操作方便的情况下，可不用垫块而采用中法兰平面进行测量。如果螺纹孔就在端法兰平面上的，可以直接用锥体心轴进行测量。

10.3.3.2　端盖的形状与位置公差检验

端盖是旋转给料器的主要零件，在端盖的加工和修理过程中，结合端盖的形状和结构要求，采取相应的工艺措施，保证端盖加工精度和形位公差符合整体性能的要求。

虽然端盖的形状与位置公差检验项目不是很多，但是测量的方法和过程却都比较复杂，其检验结果的精确度和可靠度在一定程度上依赖于操作者的技能和责任心。

1. 端盖轴承孔与定位止口之间的同轴度测量

在普通机床上端盖轴承孔和定位止口是二次装夹加工完成的，端盖定位轴承，轴承支撑转子，端盖依靠止口与壳体定位，所以端盖的轴承安装孔与定位止口之间的同

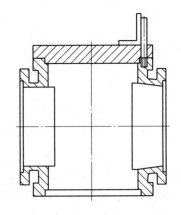

图 10-13　壳体端法兰螺纹孔轴线对法兰密封面的垂直度测量示意图

轴度必须要测量，而且两者之间的精度要求非常高。一般需要采用专用工装夹具、专用机床或加工中心来保证。

端盖的同轴度测量方法类似于壳体的同轴度测量，是以端盖定位止口为基准，轴承安装孔的理想轴线回转过程中指示器最大读数与最小读数之差的二分之一即为同轴度偏差，由于端盖形状的原因，若根据上述要求测量就比较麻烦，因此，可以在车床上用百分表直接对端盖定位止口或轴承安装孔进行测量，也可以按以下方法进行测量。

(1) 选用量具。二级测量平板一块，V 形块二个，其中至少有一个是可调节的；二级宽座直尺一把，精度 0.02 mm 游标卡尺一把，二块斜铁。

(2) 测量方法及数据处理。

1) 先将端盖的定位止口直径 AO 和轴承安装孔内径 BO 分别用游标卡尺测量出，并做好标记和记录。

2) 再将端盖的定位止口与轴承安装孔稳妥地承放在二个 V 形块上，如图 10-14 所示，用 V 形块调节定位止口 A 的中心线，用宽座直角尺校对可调节的 V 形块支承的轴承安装孔平面和 A 侧止口平面使之与平板垂直，然后，用带刀量头的高度游标卡尺测量 A 侧的端盖止口与平板的相切点；也即止口的最低位置点到平板的距离为 AL

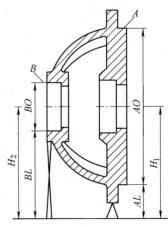

图 10-14　测量定位止口与轴承安装孔的同轴度示意图之一

$$AL + \frac{AO}{2} = H_1 \qquad\qquad 故\ \ H_1 = \frac{AO}{2} + AL$$

式中　H_1——A 侧端盖止口模拟轴线至平板高度。

3) 用高度尺测量 B 侧轴承安装孔与平板的切点，也即止口的最低位置点到平板的距离为 BL

$$H_2 = \frac{BO}{2} + BL$$

式中　H_2——B 侧轴承安装孔模拟轴线至平板高度。

$$X = |H_1 - H_2|$$

式中，X 为 B 侧孔对 A 侧止口在该方向的同轴度偏差。

至此完成了第一次测量，再将端盖旋转 90° 用高度尺测量，使轴承安装孔侧端平面与平板垂直，如图 10-15 所示，然后用斜块固定，不致使端盖倾斜，再用宽座直尺复校一次 A 侧端盖止口，使之与平板垂直，并进行必要调整，若有调整时还需要复校一次两端平面都与平板垂直。

重复上述方法测量并用数据计算得出 H_3(A 侧端盖止口模拟轴线至平板高度)和 H_4(B 侧轴承安装孔模拟轴线至平板高度)。计算得出

$$Y = |H_3 - H_4|$$

式中　　Y——B 孔对 A 止口在该方向的同轴度偏差。

最后数据处理。用矢量合成法计算出同轴度 t 的偏差

$$t = 2\sqrt{x^2 + y^2}$$

式中　　t——B 侧轴承安装孔对 A 侧止口的同轴度偏差。

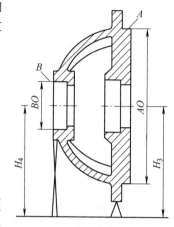

图 10-15　测量定位止口与轴承安装孔的同轴度示意图之二

2. 端盖定位止口与端平面之间的垂直度偏差测量

端盖定位止口与端平面之间的垂直度测量非常重要，是必须要测量的，端盖定位止口与端平面是相邻的结构尺寸，在加工过程中是一次定位加工完成的，因此容易保证加工精度。可以在车床上以端平面为测量基准，围绕中心轴线旋转，用百分表直接测量定位止口圆柱面的读数，其最大读数之差即为垂直度偏差。也可以采用类似于壳体垂直度测量的方法。

(1) 选用量具。二级测量平板一块、二级宽座直角尺一把、高度游标卡尺一把、三块斜铁和塞尺一把。

(2) 测量方法及数据处理。使旋转给料器端盖的轴承安装孔端面向下平放在测量平板上，用三块斜铁均布将端盖的大端背面稳妥地支承，用高度游标卡尺校对将端平面调整至与测量平板平行，然后用宽座直角尺测量端盖定位止口的母线，配合使用塞尺即可完成测量工作，分别测量 0°、90°、180°、270° 四个位置，其最大测量值即为端盖定位止口与端平面之间的垂直度偏差。

3. 端盖轴承安装孔与轴承座端面之间的垂直度测量

端盖的轴承安装孔与轴承座端平面之间的垂直度测量非常重要，是必须测量的，端盖轴承安装孔与轴承座端平面是相邻的结构尺寸，在加工过程中是一次装夹定位完成的，因此容易保证加工精度。可以在车床上用百分表直接测量读数，也可以采用类似于端盖定位止口与端平面之间的垂直度的测量方法。

(1) 选用量具。二级测量平板一块，二级宽座直角尺一把、高度游标尺一把、V 形块两个(其中至少有一个是可调节的)和塞尺一把。

(2) 测量方法及数据处理。旋转给料器端盖的侧边放在测量平板上，用 V 形块将端盖的大端侧的法兰和端盖轴承座稳妥地支承，用高度游标卡尺校对，用角尺将轴承座端平面调整至与测量平板垂直，然后用高度游标卡尺校对轴承安装孔，旋转端盖分别测量 0°、90°、180°、270° 四个位置，取其最大值即为该轴承安装孔与端平面的垂直度偏差。

4. 端盖的轴承座端平面与定位止口端平面之间的平行度测量

端盖的轴承安装孔端平面与定位止口端平面的距离较大，一般说来没有比较合适的量具能一次直接测量，由于两平面都是外平面，而且测量条件比较好的情况下，检查是可以根据自己的习惯，将端盖定位止口端平面向下放在测量平板上，即定位止口端平面与测量平板重合，用

高度游标卡尺测量轴承座端平面，配合塞尺即可完成测量工作，分别测量0°、90°、180°、270°四个方位，再用对角线比较法确定，测量过程中指示器读数的最大读数与最小读数之差值作为两密封面的平行度偏差。

5. **端盖专用轴密封件安装孔与其定位端平面之间的垂直度测量**

端盖专用轴密封件安装孔与其定位端平面之间的垂直度测量非常重要，测量方法类似于端盖定位止口与端平面之间垂直度的测量，但是由于专用轴密封件安装孔是内径，其定位端平面也是内表面，对于尺寸比较大的端盖，端盖轴密封件安装孔与其定位端平面是相邻的结构尺寸，在加工过程中是一次装夹定位加工完成的，因此容易保证加工精度，可以在车床上用百分表直接测量读数。对于尺寸比较小的端盖，只能用直角尺与塞尺配合直接测量，分别测量0°、90°、180°、270°四个位置，取其最大值即为该专用轴密封件安装孔与定位端面的垂直度偏差。

由于专用轴密封件的定位端平面与止口端平面的距离很小，所以也可以用止口端平面代替专用轴密封件的定位端平面间接测量。这种测量方法的精度可能受一定影响，其结果主要供参考。

6. **端盖定位止口与转子端部专用密封件安装槽的同轴度测量**

对于采用成型式转子端部专用密封件(如气力式转子端部专用密封件)的端盖，端盖定位止口与转子端部专用密封件安装槽的同轴度测量非常重要，是必须测量的项目，一般说来没有比较合适的方法能一次直接测量，定位止口与安装槽之间的距离比较小，而且三个环面都是在同一侧面，因此测量条件比较好。可以在车床上用百分表逐个环面测量，先测定定位止口环面，分别测量并且记下0°、90°、180°、270°四个位置的表读数；然后测量转子端部专用密封件安装槽内环面，分别测量并且记下相对应的0°、90°、180°、270°四个位置的百分表读数；定位止口环面和转子端部专用密封件安装槽内环面相对应测量位置的表读数之差就是测得的该点同轴度偏差。依次可以得到不同位置的4个表读数之差，其中的最大绝对值就是定位止口与转子端部专用密封件安装槽内环之间的同轴度偏差。

同样道理和测量步骤，然后测量转子端部专用密封件安装槽外环面，分别测量并且记下相对应的0°、90°、180°、270°四个位置的百分表读数。定位止口环面和转子端部专用密封件安装槽外环面相对应测量位置的百分表读数之差就是该点测得的同轴度偏差，依次可以得到不同位置的4个百分表读数之差，其中的最大绝对值就是定位止口与转子端部专用密封件安装槽外环之间的同轴度偏差。

7. **端盖轴承座端面螺纹孔或大端法兰连接螺栓孔位置偏差测量**

端盖轴承座端面螺纹孔或大端法兰连接螺栓孔位置偏差测量类似于第10.3.3.1.6节所述的测量进出料口法兰螺栓孔或端法兰螺纹孔位置偏差。法兰螺栓孔位置偏差是指实际要素(实际位置)与理想要素(理想位置)之差，并非指各螺栓孔间相对位置之差。因此，要首先计算出理想位置距离，然后测量出实际螺栓孔之间的直线距离，两者之差就是该螺栓孔之间直线距离的偏差。具体计算方法与第10.3.3.1.6节所述的相同，并可参考图10-8 螺栓孔之间直线距离偏差的测量示例。

10.3.3.3 转子形状与位置公差的检验

转子是旋转给料器的最主要零部件之一，在转子的加工和修理过程中，结合转子的形状和结构要求，采取相应的工艺措施，保证转子的加工精度和形位公差符合整机性能要求。

虽然转子的形状与位置公差检验项目比较多，由于转子需要测量的部位都是外部尺寸，所以测量的方法和过程却都比较容易实现，其检验结果的精确度和可靠程度就比较高一些。

1. **转子外径的圆柱度测量**

转子的外径包括叶片外径、侧壁和端部密封环外径的圆柱度，可以根据测量特性参数原则来进行测量。转子叶片外径的圆柱度测量非常重要，是必须测量的项目。转子叶片部分的外径不是连续的，对于闭式结构的转子只有侧壁或转子端部密封环是连续的，对于开式结构转子则全部是不连续的，虽然也可以在车床上用百分表进行读数测量，但还是受到一定程度的限制。此种情况下，也可以采用最原始的方法进行检验，虽然检验结果的精确程度可能会受到一定影响，但是其结果还是可以参考的，下面分别介绍两种原始的具体检验方法。

(1) 选用量具。一级测量平板一块、直角座百分表和表架各一个。

(2) 测量方法及数据处理。将转子平置在测量平板上，先试转一周，观察转子叶片连同侧壁整个长度范围内是否全部与测量平板接触，若未全部接触时要仔细分析原因，如果是由于其他部位有异常所造成的，则应消除直至转子叶片连同侧壁整个长度部分全部与测量平板接触，如图 10-16 所示。

将百分表置于转子叶片外径中心垂直于测量平板安装并进行测量，测量时将转子旋转一周记录最大与最小读数，依照此法测量若干个横截面，然后取各截面内所有读数中最大与最小读数差值的一半，作为该转子叶片外径的圆柱度偏差。

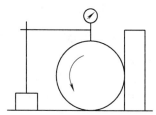

图 10-16　转子叶片外径的
圆柱度测量示意图

转子的外形尺寸加工是以两端中心孔定位的，转子叶片外径的圆柱度最精确的测量方法还是采用中心孔定位在车床上测量。具体方法是在加工外径前首先研磨好中心孔，选择适当规格的质量完好的顶尖针，使中心孔的误差降低到最小，然后用双中心孔定位，使转子缓慢旋转，将百分表置于转子叶片外径中心垂直于叶片旋转轴线并进行测量，测量时将转子旋转一周记录最大与最小读数，依此测量若干个横截面，测量的横截面一般应至少包含沿转子长度方向上的两端和中间这三个横截面在内，然后取各截面内所有读数中最大读数与最小读数之差值的一半，作为该转子叶片外径的圆柱度偏差。

在检修或修理旋转给料器转子的过程中，如果转子的中心孔完整，经过检验符合尺寸要求，最好是以两端中心孔定位进行检验。如果转子的中心孔有缺陷，则应采用合适的方法进行修复，使中心孔符合加工和检验定位的要求后，再以两端中心孔定位进行加工和检验。

如果一时难以修复好转子两端的中心孔，且生产现场又等着急用，可以采用如下两种简单便捷的方法进行检验：一是用 V 形铁通过特定的工装支撑起两端安装轴承的轴颈(在轴与 V 形铁接触部分应涂抹润滑剂)，然后将转子转动，再用百分表放于转子叶片垂直于旋转轴线的外缘进行测量；二是将转子两端安装上轴承(轴承不一定是随装机所用的)，然后将轴承支撑在特定的工装上转动转子，再通过百分表测量转子叶片外缘进行检测。使用这两种方法的前提是两端安装轴承的轴颈必须完好，没有明显的损伤和变形，它所得到的转子外径圆柱度的数值虽不及利用转子两端中心孔进行测量检测的数值精确，但对于现场检修的要求，却也足以够用。

2. **转子轴密封段直径的圆柱度测量**

转子轴密封段直径的圆柱度测量与转子叶片外径的圆柱度测量方法类似，轴密封段直径的圆柱度测量非常重要。最好的测量方法就是以转子轴两端的中心孔定位，使转子缓慢旋转，将百分表置于轴密封段直径中心垂直于轴旋转中心进行测量，测量时将转子旋转一周记录最大与最小读数，依此测量若干个横截面，然后取各截面内所有读数中最大读数与最小读数之差值的一半作为该转子轴密封段直径的圆柱度偏差。对转子两端的轴密封段直径分别进行测量，其方法和步骤完全相同。

3. 转子轴承段直径的圆柱度测量

转子轴承段直径的圆柱度测量与转子轴密封段的圆柱度测量方法类似，轴承段直径的圆柱度测量非常重要。最好的测量方法就是以转子轴两端的中心孔定位，使转子缓慢旋转，将百分表置于轴承段直径中心垂直于轴旋转中心进行测量，测量时将转子旋转一周记录最大与最小读数，依此测量若干个横截面，然后取各截面内所有读数中最大读数与最小读数之差值的一半作为该转子轴承段直径的圆柱度误差。对转子两端的轴承段直径分别进行测量，方法和步骤完全相同。

4. 转子叶片外径与轴密封段直径、轴承段直径、链轮段直径的同轴度测量

转子叶片外径轴线与轴密封段直径轴线、轴承段直径轴线、链轮段直径轴线在理论上是同一个轴线，由于装夹、刀具等加工环节的原因可能会使各段之间产生偏差，同轴度是指一个圆柱面与另一个圆柱面两轴线之间存在的微小同轴程度的偏差，它的偏差是由于被测体的轴线相对于基准轴线平移，倾斜或弯曲而造成的最大距离，也可以理解为以基准轴线为轴心线包容被测轴心线的公差值 t 的圆柱面内。

如果在普通机床上加工转子，一般情况下各制造厂加工转子的工艺是分两次装夹加工而成的，用两端中心孔定位，装夹一次加工转子叶片及端部密封环外径和一端的轴密封段直径、轴承段直径、链轮段直径；然后调头二次装夹加工另一端的轴密封段直径、轴承段直径。对转子叶片外径和各不同直径轴段的同轴度来说，最重要的基准点应该是轴承段与各部分的同轴度偏差，因为转子的安装依靠轴承定位，工况运行过程中也以轴承段为轴心旋转，各不同直径部分与轴承段之间的同轴度偏差能够直接反映到整机性能上来，从两次装夹和切削加工应力来分析，应以转子轴两端中心孔为基准测量转子其他各直径段的同轴度偏差。

如果选择加工中心或专用机床加工转子，一般情况下加工转子的工艺是一次装夹加工而成的，用两端中心孔定位，装夹一次加工转子叶片及端部密封环外径和两端的轴密封段直径、轴承段直径、链轮段直径，其同轴度偏差很小。

设有一个转子全长为 1 010 mm，转子叶片外径 700 mm，轴密封段直径 160 mm，轴承段直径 120 mm，链轮段直径 90 mm，测量轴密封段直径轴线、轴承段直径轴线、链轮段直径轴线对叶片外径轴线的同轴度偏差。

最常用的测量方法，也是最简单的测量方法就是以转子轴两端的中心孔定位，使转子缓慢旋转，分别将百分表依次置于叶片外径及端部密封环部位、轴承段部位、轴密封段部位和链轮段部位的直径，且垂直于轴旋转中心进行测量，测量时将转子旋转一周记录百分表最大与最小读数，每段直径依此测量若干个横截面，然后取各截面内所有读数中最大读数与最小读数之差值的绝对值作为该直径段与基准轴段的同轴度偏差。同样道理和测量步骤，然后测量另一端的轴密封段直径和轴承段直径同轴度偏差。

测量各不同直径段的同轴度也可以采用其他合适的方法，只要能够达到足够要求的检测精度和检测方法可靠就可以使用。

5. 转子侧壁端部密封平面与叶片外径圆柱面的垂直度测量

对于侧壁端部平面密封的转子，叶片直径外缘所形成的圆柱面与侧壁端部密封平面之间的垂直度测量非常重要，是必须测量的，测量方法类似于端盖定位止口与端平面之间的垂直度测量，由于转子叶片直径外缘圆柱面与侧壁端部密封面都是外部形状和尺寸，所以很容易进行直接测量，分别测量 0°、90°、180°、270° 四个位置，取其百分表读数的最大值与最小值之差即为该侧壁端部密封面与叶片直径外缘圆柱面的垂直度偏差。也可以采用下述的方法进行检测。

(1) 选用量具。一级测量平板一块，二级宽座直角尺一把，高度游标尺一把，塞尺一把。

(2) 测量方法及数据处理。旋转给料器转子叶片直径外缘圆柱面放置在测量平板上，先试转一周，观察转子叶片连同侧壁整个长度部分是否全部与平板接触，若不能全部接触应分析查找原因并消除，直至使转子叶片外径能够完全接触平板，此时的基准轴线转子叶片外径的轴线与平板保持平行。

用角尺测量转子侧壁端部密封平面与平板的垂直度，用角尺靠紧转子侧壁端部密封面，并用塞尺配合测量转子侧壁端部密封平面局部与直角尺之间的间隙，并记录下来。分别测量转子侧壁端部密封面 0°、90°、180°、270° 四个位置，取其最大值即为该端转子侧壁端部平面与转子叶片外径的垂直度偏差。同样道理和测量步骤，然后测量另一端的转子侧壁端部平面与转子叶片外径的垂直度偏差。

6. 转子叶片间距偏差的测量

转子叶片间距即叶片之间直线距离的偏差检测类似于螺栓孔位置偏差的测量，转子叶片间直线距离偏差是指实际要素(实际位置)与理想要素(理想位置)之差，并非指各个叶片间相对位置之差。因此，要先计算出理想位置距离，计算方法如下

$$L = \sin\left(\frac{360°}{2n}\right) \times \frac{D}{2} \times 2$$

式中 L——外径边缘两叶片间直线距离；

n——叶片数量；

D——转子外径。

举例计算：有一转子外径为 300 mm，叶片数量为 8 个，叶片厚度 20，叶片厚度与叶片间距无关，如图 10-17 所示。

$$L = \sin\left(\frac{360°}{2n}\right) \times \frac{D}{2} \times 2$$

$$L = \sin 22.5° \times \frac{300}{2} \times 2 = 114.81 \text{ mm}$$

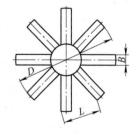

图 10-17 转子叶片间距偏差的测量

测量方法及数据处理：先用 125 mm×0.02 mm 游标卡尺测量出相邻两叶片的实际直线距离，依此测量若干个横截面，然后取各截面内读数的平均值即得 L_1，相邻两个叶片间距的计算值 L 与实测平均值 L_1 之差的算术绝对值即为相邻两叶片间距的偏差。同样道理和测量步骤，然后测量其他叶片间距的偏差。

7. 转子叶片平面度测量

转子叶片的平面度直接关系到旋转给料器的整机性能和质量，所以转子叶片平面度是必须

要测量的形状参数，每个叶片的平面度要求都比较高。由于转子的加工过程工序非常多，而且加工周期很长，有冷加工还有热加工，所以一般要采用专用工装夹具或专用设备来保证叶片的质量。

叶片的平面度测量方法类似于壳体的同轴度测量，是将转子平放在测量平板上，具体可以按以下方法进行测量。

(1) 选用量具。二级测量平板一块，V 形块四个其中至少有三个是可调节的，二级宽座直尺一把，精度 0.02 mm 游标卡尺一把，百分表、表架各一个。

(2) 测量方法及数据处理。先将转子平放在测量平板上，用 V 形块支撑两侧的叶片，并调整其中三个 V 形块支撑，使转子 A 侧叶片与测量平板的距离 AO 和 B 侧叶片与测量平板的距离 BO 相等，并且要调整其中三个 V 形块支撑，使 A 侧叶片在 A_1 点、A_2 点和 A_3 点与测量平板对应的距离 $AO_1=AO_2=AO_3=AO$，同样要求使 B 侧叶片在 B_1 点、B_2 点和 B_3 点与测量平板对应的距离 $BO_1=BO_2=BO_3=BO$，如图 10-18 所示。

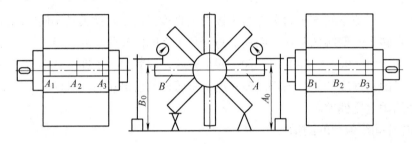

图 10-18　转子叶片平面度测量示意图

将百分表置于转子叶片平面上方，垂直于平板安装并进行测量，测量时沿转子叶片四周边缘慢慢行走一周，并记录百分表的最大读数与最小读数，依照此法测量整个叶片全部区域平面并记录。整个叶片平面内所有读数的最大读数与最小读数之差的绝对值作为该转子叶片的平面度偏差。

同样道理和测量操作步骤，依照此法测量该叶片背面的平面度偏差，以及测量该转子其他叶片正、反双面的平面度偏差。

10.3.3.4　转子轴套的形状与位置公差的检验

转子轴套的结构比较简单，所以测量的项目比较少，只有轴套内径和外径的同轴度、轴套外径和端面垂直度测量要求。

1. 转子轴套内外直径的同轴度测量

转子轴套内外直径的同轴度测量即是内径圆柱体轴线与外径圆柱面轴线之间同轴程度的偏差测量。它的偏差是由于被测体的轴线相对于基准轴线平移、倾斜或弯曲而造成的最大距离。

转子轴套的特点是直径尺寸不是很大，内径和外径之差很小，即轴套壁厚度很小，轴套的轴向尺寸很小，一般情况下，制造厂加工转子轴套的工序可以是一次装夹加工而成的，即转子轴套内外直径是同一道工序加工完成的，如果是这样，其同轴度偏差比较小，也可以不进行检测。

设有一个转子轴套全长为 80 mm，轴套内径为 150 mm，外径为 160 mm，测量轴套内径与外径的同轴度偏差。

最常用的测量方法就是在车床上用百分表检测，具体操作方法是：以轴套内径为基准，将轴套装夹在车床上，使轴套缓慢旋转，分别将百分表依次置于轴套外径部位的直径中心垂直于轴套表面安装并进行测量，测量时将轴套旋转一周记录百分表的最大读数与最小读数，依此测量若干个横截面，然后取各截面内所有读数中最大读数与最小读数之差的绝对值作为轴套外径与内径的同轴度偏差。

测量轴套外径与内径的同轴度也可以采用下述的方法，虽然检测精度不是很高，但是这种方法很可靠，可以作为检测的辅助方法。

(1) 选用量具。一级测量平板一块，直角尺、百分表、表架各一个。

(2) 测量方法及数据处理。将转子轴套稳定地平放在测量平板上，先试转一周，观察转子轴套整个长度范围内是否全部与测量平板接触，若不能全部接触应分析查找原因并消除，直至使转子轴套外径能够完全接触测量平板，此时的基准轴线转子轴套外径轴线与测量平板保持平行。

将百分表置于转子轴套内孔中心轴线位置并垂直于测量平板安装，然后测量转子轴套内径的最低点并记录读数，旋转轴套 0°、90°、180°、270° 四个位置，并分别记录各表读数。依次沿轴向测量若干个横断面，可以得到若干组不同横断面位置的 4 个表读数，所有不同横断面位置的 4 个测量表读数的最大值和最小值之差的绝对值就是该横断面位置的同轴度偏差，所有绝对值中的最大值就是转子轴套外径与内径的同轴度偏差。

2. 转子轴套外径与定位端面的垂直度测量

转子轴套外径与定位端面的垂直度偏差是必须要检测的项目，测量方法类似于端盖定位止口与端平面之间的垂直度检测，由于转子轴套外径与端部平面都是外部形状和尺寸，所以很容易进行直接测量，分别测量 0°、90°、180°、270° 四个位置，取其最大值即为该端部平面与转子轴套外径的垂直度偏差。

最简便的测量方法就是在车床上用百分表检测，具体操作方法是：以轴套外径为基准，将轴套装夹在车床上，将百分表置于轴套端部平面上，使轴套缓慢旋转，测量时将轴套旋转一周记录最大读数与最小读数，然后取所有读数中最大读数与最小读数之差值的绝对值作为外径与轴套端平面的垂直度偏差。

测量轴套外径与轴套端平面的垂直度偏差也可以采用下述的方法。

(1) 选用量具。一级测量平板一块，二级宽座直角尺一把，高度游标尺一把，塞尺一把。

(2) 测量方法及数据处理。将转子轴套放置在测量平板上，先试转一周，观察转子轴套整个长度部分是否全部与测量平板接触，若不能全部接触应分析与查找原因并消除，直至使转子轴套能够完全接触测量平板，此时的转子轴套外径基准轴线与测量平板保持平行。

用角尺测量转子轴套端部平面与测量平板的垂直度，用角尺靠紧转子轴套端部平面，并用塞尺配合测量转子轴套端平面局部与直角尺之间的间隙，记录数据并作位置标记。分别测量转子轴套端平面 0°、90°、180°、270° 四个位置的间隙，取其最大值即为该转子轴套外径与端平面的垂直度偏差。

10.3.3.5 转子端部密封件托盘的形状与位置公差检验

对于径向密封的中压填料式转子端部密封结构的旋转给料器，转子端部密封件托盘是适用于填料密封件的重要零部件，其加工质量直接影响到旋转给料器整机的密封性能，影响到旋转给料器的物料输送能力和气体泄漏量。

1. 转子端部密封件托盘的内径与外径的同轴度测量

密封件托盘的内径与外径的同轴度测量就是内径圆柱体轴线与外径圆柱面轴线之间同轴

程度的偏差测量。它的偏差是由于被测体的轴线相对于基准轴线平移、倾斜或弯曲而造成的最大距离。

转子端部密封件托盘的特点是直径尺寸比较大，内径和外径之差很小，即密封件托盘的壁厚尺寸很小，轴向尺寸比较小，一般情况下各制造厂加工密封件托盘的工艺是一次装夹加工完成的，即托盘的内径和外径是同一道工序加工完成的，所以不存在二次装夹带来的加工误差。

设有一个密封件托盘外径为 750 mm，内径为 738 mm，轴向长度为 50 mm，测量该托盘内径与外径的同轴度偏差。

转子端部密封件托盘的内径与外径的同轴度测量可以在车床上进行，用外径定位，使外径的轴线与托盘的旋转轴线重合，然后将托盘慢慢旋转，用百分表测量内径，百分表的最大读数与最小读数之差的绝对值即为密封件托盘的内径与外径的同轴度偏差。也可以按下述方法测量。

(1) 选用量具。二级测量平板一块，直角尺一把，V 形块二块，斜铁二块，百分表、表架各一个。

(2) 测量方法及数据处理。将转子端部密封件托盘稳定地平放在测量平板上，通过初步测量确定有代表性的测量点，用直角尺紧靠在外径母线上，用直角尺配合塞尺测量托盘与直角尺之间的间隙，分别测量 0°、90°、180°、270° 四个位置，并分别记录各读数。然后用直角尺紧靠在内径母线上，用塞尺配合直角尺测量托盘与直角尺之间的间隙，分别测量相对应的 0°、90°、180°、270° 四个位置，并分别记录各读数。密封件托盘同一相对应测量位置的最大读数与最小读数之差的绝对值就是该点测得的同轴度偏差，依次可以得到不同横截面位置的 4 个测量读数之差，其中所有横截面读数之差的最大绝对值就是该密封件托盘外径与内径的同轴度偏差。

2. 转子端部密封件托盘的弹簧安装孔位置的偏差测量

转子端部密封件托盘的弹簧安装孔位置偏差的测量类似于端盖螺栓孔位置偏差的测量，弹簧安装孔间直线距离偏差是指实际要素(实际位置)与理想要素(理想位置)之差，并非指各个弹簧安装孔间相对位置之差。因此，要先计算出理想位置距离，计算方法如下

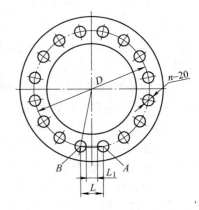

$$L = \sin\left(\frac{360°}{2n}\right) \times \frac{D}{2} \times 2$$

式中 L——弹簧孔间直线距离；

n——弹簧孔数量；

D——弹簧孔分布圆直径。

举例：有一转子端部密封件托盘弹簧安装孔分布圆直径为 500 mm，弹簧孔数量为 16 个，弹簧孔直径是 20 mm，直线距离偏差测量如图 10-19 所示。

图 10-19 转子端部密封件托盘弹簧安装孔位置偏差的测量示意图

$$L = \sin\left(\frac{360°}{2n}\right) \times \frac{D}{2} \times 2$$

$$L = \sin 11.25° \times \frac{500}{2} \times 2 = 97.55 \text{ mm}$$

测量方法及数据处理：先用精度 0.02 mm 游标卡尺测量出 A、B 两弹簧孔的实际直径 A 值

和 B 值，然后再测量出 L_1 直线长度，将 $L_1+\dfrac{A}{2}+\dfrac{B}{2}$ 的测量值与 L(97.55 mm)比较，其算术绝对值即为相邻两弹簧孔位置偏差。同样道理和测量步骤，然后测量其他弹簧安装孔间距的偏差。

3. 转子端部密封件托盘的端平面与外径的垂直度测量

转子端部密封件托盘的底端平面与外径都是外形尺寸，其垂直度偏差测量比较方便，具体测量方法类似于转子轴套外径与定位端面的垂直度偏差测量，由于密封件托盘外径尺寸很大，轴向尺寸比较小，所以测量操作略有区别。

转子端部密封件托盘的底平面与外径的垂直度偏差测量可以在车床上进行，用外径定位，使外径的轴线与托盘的旋转轴线重合，然后将密封件托盘慢慢旋转，用百分表测量底平面，百分表的最大读数与最小读数之差的绝对值即为密封件托盘的底平面与外径的垂直度偏差。也可以按下述的方法进行测量。

(1) 选用量具。二级测量平板一块，二级宽座直角尺一把，高度游标尺一把，塞尺一把。

(2) 测量方法及数据处理。转子端部密封件托盘的底平面向下放置在测量平板上，先试转一周，观察底平面在圆周方向各部位是否全部与测量平板接触，若不能全部接触应分析原因并对症消除，直至使底平面能够完全接触测量平板，此时的基准平面密封件托盘的底端平面与测量平板保持平行或重合，如图 10-20 所示。

用直角尺测量密封件托盘外径与平板的垂直度，用直角尺靠紧托盘的外径母线，并用塞尺配合测量托盘的外径母线局部与直角尺之间的间隙，并作标记及记录间隙数据。分别测量托盘的外径母线 0°、90°、180°、270° 四个位置，取其最大值即为该托盘的外径与底平面的垂直度偏差。

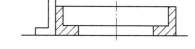

图 10-20　转子端部密封件托盘底平面与外径垂直度偏差测量示意图

4. 转子端部密封件托盘的定位导向孔位置偏差测量

转子端部密封件托盘的定位导向孔间距直线距离偏差的测量类似于弹簧孔位置偏差的测量，定位导向孔间直线距离偏差是指实际要素(实际位置)与理想要素(理想位置)之差，并非指各个定位导向孔相对位置之差，因此，要先计算出理想位置距离，计算方法如下

$$L = \sin\left(\frac{360°}{2n}\right)\times\frac{D}{2}\times2$$

式中　L——定位导向孔间直线距离；

n——定位导向孔数量；

D——定位导向孔分布圆直径。

举例：有一密封件托盘定位导向孔分布圆直径为 400 mm，定位导向孔数量为 8 个，定位导向孔直径 20 mm，类似于图 10-19 所示的结构。

$$L = \sin\left(\frac{360°}{2n}\right)\times\frac{D}{2}\times2$$

$$L = \sin22.5°\times\frac{400}{2}\times2 = 153.07 \text{ mm}$$

测量方法及数据处理：先用精度 0.02 mm 游标卡尺测量出 A、B 定位导向孔的实际直径 A 值和 B 值，然后再测量出 L_1 直线长度，将 $L_1+\dfrac{A}{2}+\dfrac{B}{2}$ 的测量值与 L(153.07 mm)比较，其算术绝对值即为相邻两定位导向孔的位置偏差。同样道理和测量步骤，然后测量其他相邻两定位导向孔间距的偏差。

5. 转子端部密封件托盘的内端面的平面度测量

转子端部密封件托盘内端平面的平面度直接关系到旋转给料器整机的密封性能和质量，所以内端平面的平面度要求比较高。由于密封件托盘的结构单薄，刚度比较差，所以在加工过程中一般要采用专用工装夹具或专用设备来保证。

密封件托盘内端平面的平面度测量方法类似于叶片的平面度测量，是将密封件托盘的内端平面向上平放在测量平板上，具体可以按以下方法进行操作。

(1) 选用量具。二级测量平板一块，二级宽座直尺一把，精度 0.02 mm 游标卡尺一把，百分表、表架各一个。

(2) 测量方法及数据处理。密封件托盘的内端平面向上平放在测量平板上，先试转一周，观察底部平面在圆周方向各部位是否全部与测量平板接触，若不能全部接触应分析与查找原因并消除，直至使密封件托盘底平面能够完全接触测量平板，此时的基准平面即是密封件托盘的底端平面，与测量平板保持平行或重合，如图 10-21 所示。

将百分表置于密封件托盘的内端平面上方，垂直于测量平板安装并进行测量，测量时沿托盘的内端平面圆周边缘慢慢行走一周，并记录最大读数与最小读数，依照此法测量整个密封件托盘的内端平面全部区域并记录，所有读数中的最大读数与最小读数之差值的绝对值作为该密封件托盘的内端平面的平面度偏差。

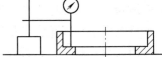

图 10-21　转子端部密封件托盘内平面的平面度偏差测量示意图

10.4　外购件的检验

外购件主要包括紧固件、专用轴密封件、专用转子端部密封件、链轮和链条、轴承和键、减速机和电动机、转矩限制器、链条张紧器等。外购件是由专业制造厂生产的，购买进厂以后首先要进行检验和验收，合格后方可入库并在生产装配或检修装配中使用。

10.4.1　紧固件的检验

旋转给料器及相关设备中使用了大量的紧固件(如：六角头螺栓、各种螺钉、双头螺柱、螺母等)进行连接和组合装配，特别是旋转给料器壳体与端盖的连接，及主机与相关设备之间的连接，或与管道之间的连接，其紧固件的质量将直接影响到旋转给料器及相关设备与管道的安全稳定运行。在旋转给料器及相关设备生产装配或检修装配过程中，使用紧固件是装配过程中的一项经常性工作，因此应按有关技术标准或检验要求对所述各种设备中使用的紧固件进行严格的检验，要求检验的主要内容如下。

10.4.1.1　紧固件的主要检验项目

紧固件的主要检验和验收项目应按 GB/T 90.1-2002《紧固件　验收检查》和 GB/T 90.2-2002《紧固件　标志与包装》的规定执行，如果是批量的成品入厂验收，应按该标准的规定进行抽样，并对抽样件按要求进行有关项目检验。旋转给料器及相关设备中使用紧固件的主要检验项目有：

(1) 材料化学成分和机械性能检验。

(2) 尺寸和公差的检验。

(3) 表面缺陷的检验。

(4) 标志与包装的检验。

10.4.1.2　紧固件材料检验

一般要根据旋转给料器及相关设备的主体材料选取紧固件材料，要考虑设备的工作介质、工作温度、工作压力等参数，检查紧固件的材料是否符合工况要求，是否符合设计图样和资料的要求。也可以按照国家标准 GB 150.2-2011《压力容器　第 2 部分：材料》的规定进行检验，确认选用的材料符合使用要求，材料组合及相关标准汇总于表 10-6。

表 10-6　紧固件(螺栓、螺柱、螺母)的材料组合与标准

螺栓、螺柱用钢	螺母用钢	钢材标准	使用温度范围/℃
35	15	GB/T 699	−20～350
40MnB、40MnVB、40Cr	35、40Mn、45	GB/T 699	−20～400
30CrMoA	30CrMoA	GB/T 3077	−100～500
35CrMoA	40Mn、45	GB/T 699	−20～400
	30CrMoA、35CrMoA	GB/T 3077	−100～500
35CrMoVA	35CrMoA、35CrMoVA	GB/T 3077	−20～500
25Cr2MoVA	30CrMoA	GB/T 3077	−20～500
	25Cr2MoVA	GB/T 3077	−20～550
1Cr5Mo	1Cr5Mo	GB/T 1221	−20～600
20Cr13	12Cr13、20Cr13	GB/T 1220	−20～450
12Cr18Ni9	25Cr2MoVA	GB/T 3077	−96～550
	06Cr19Ni10	GB/T 1220	−196～700
06Cr17Ni12Mo2	06Cr17Ni11Mo2	GB/T 1220	−196～700

10.4.1.3　紧固件的机械性能要求

紧固件的机械性能按材料的承载能力分等级，在进行旋转给料器及相关设备紧固件的材料化学成分和机械性能验收检查时，应首先确定紧固件的性能等级。不同的紧固件其等级表示方法不同，不同材料的紧固件等级表示方法也不同。

1. 螺母和粗牙螺纹

国家标准 GB/T 3098.2-2000《紧固件机械性能　螺母、粗牙螺纹》规定，螺母的性能等级分为 4～12 级，其中 4～6 级适于低强度或低扭矩的工作场合，8 级以上的适用于高强度或高扭矩的工作场合。一般来说，性能等级高的螺母可以替换性能等级较低的螺母，螺栓与螺母组合所能够承载的应力要高于螺栓的屈服强度或保证载荷应力。

2. 碳钢与合金钢螺栓、螺钉和螺柱

国家标准 GB/T 3098.1-2000《紧固件机械性能　螺栓、螺钉和螺柱》规定螺柱、螺栓的性能等级分为 3.6～12.9 级，其中 3.6～6.8 级适于低扭矩的工作条件，8.8 级及以上的适用于高强度高扭矩的工作条件，在此，性能等级的标记由代号"•"隔开的两部分数字组成，"•"之前的数字表示公称抗拉强度(σ_b)的 1/100；"•"之后的数字表示公称屈服点 (σ_s)或公称规定非比例伸长应力($\sigma_{p0.2}$)与公称抗拉强度(σ_b)比值(称为屈强比)的 10 倍。标准 GB/T 3098.1 -2010《紧固件机械性能　螺栓、螺钉和螺柱》有如下规定。

(1) 硼的含量可达 0.005%，其非有效硼可由添加钛和(或)铝控制。

(2) 在 3.6～6.8 级的紧固件材料中，微量元素磷、硫、铅的允许最大含量为：硫 0.34%、

磷 0.11%、铅 0.35%。

(3) 为了保证良好的淬透性，8.8 级螺纹直径超过 20 mm 的紧固件需要采用对 10.9 级规定的材料。

(4) 含碳量低于 0.25%(桶样分析)的低碳硼合金的锰最低含量分别为：8.8 级为 0.6%，9.8、10.9 和 10.9 级为 0.7%。

(5) 10.9 级数字下面有一下画线，应符合 GB/T 3098.1-2010 中表 3 规定的 10.9 级的所有性能，而较低的回火温度对其在提高温度的条件下将会有不同程度的应力下降。

(6) 10.9 级和 10.9 级的材料应具有良好的淬透性，以保证紧固件螺纹截面的芯部在淬火后、回火前获得约 90%的马氏体组织。

(7) 合金钢材料至少应含有以下元素中的一种元素，其最小含量为：铬 0.30%、镍 0.30%、钼 0.20%、钒 0.10%。

(8) 考虑承受抗拉应力，12.9 级的表面不允许有金相能测出的白色磷聚集层。紧固件的力学性能要求包括：拉力试验、硬度试验、保证载荷试验、扭矩试验、楔负荷试验、头部坚固性试验、脱碳试验、再回火试验、表面缺陷检验。

GB/T 3098.8-2010《紧固件　机械性能》-200℃～+700 ℃使用的螺栓连接零件，规定了螺栓和螺母的材料牌号和机械性能，以及对于-200 ℃的低温韧性及+700 ℃的高温强度的有关技术要求。作为对 GB/T 3098.1、GB/T 3098.2 和 GB/T 3098.4 的一个重要的补充，即适用于工作温度低于-50 ℃或高于＋150 ℃的特殊工作环境紧固件的机械性能。

3. 不锈钢螺栓、螺钉和螺柱

国家标准 GB/T 3098.6-2000《紧固件机械性能　不锈钢螺栓、螺钉和螺柱》规定了不锈钢螺栓、螺钉和螺柱的组别和性能等级的标记，材料标记由短划线隔开的两部分组成，第一部分标记钢的组别，第二部分标记性能等级。钢的组别(第一部分)标记由字母和一个数字组成，字母表示钢的类别，数字表示该类钢的化学成分范围，其中：A 为奥氏体钢；C 为马氏体钢；F 为铁素体钢。

性能等级(第二部分)标记由两个数字组成，并表示紧固件抗拉强度的 1/10。示例 1，A2-70 表示的含义是奥氏体钢冷加工，最小抗拉强度为 700 MPa。示例 2，C4-70 表示的含义是马氏体钢淬火并回火，最小抗拉强度为 700 MPa。详细内容请参阅标准原文。

4. 紧固件机械性能的验收标准

我国颁布了一系列对紧固件机械性能检验的标准，为旋转给料器及相关设备紧固件的机械性能的验收提供了依据，其主要标准如下：

《紧固件　验收检查》(GB/T 90.1-2002)；

《紧固件机械性能　螺栓、螺钉、螺柱》(GB/T3098.1-2000)；

《紧固件机械性能　螺母　粗牙螺纹》(GB/T 3098.2-2000)；

《紧固件机械性能　不锈钢螺栓、螺钉和螺柱》(GB/T 3098.6-2000)；

《紧固件机械性能　耐热用螺纹连接副》(GB/T3098.8-2000)。

10.4.1.4　紧固件的尺寸和公差检验

紧固件的尺寸和公差检验主要引用如下标准：

国家标准 GB/T 90.2-2002《紧固件　标志与包装》；

国家标准 GB/T 196-2003《普通螺纹　基本尺寸》；

国家标准 GB/T 197-2003《普通螺纹　公差与配合》；

国家标准 GB/T 3103.1-2002《紧固件公差　螺栓、螺钉、螺柱和螺母》；

国家标准 GB/T 3104-1982《紧固件　六角产品的对边宽度》；

国家标准 GB/T 3105-2002《普通螺栓和螺钉　头下圆角半径》；

国家标准 GB/T 3106-1982《螺栓、螺钉和螺柱的公称长度和普通螺栓的螺纹长度》；

国家标准 GB/T 3-1997《普通螺纹收尾、肩距、退刀槽和倒角》。

10.4.1.5　紧固件的表面缺陷检验

我国对紧固件的表面缺陷检验有一系列标准可供引用，主要标准有：

国家标准 GB/T 90.1-2002《紧固件　验收检查》；

国家标准 GB/T 5779.1-2000《紧固件表面缺陷　螺栓、螺钉和螺柱　一般要求》；

国家标准 GB/T 5779.2-2000《紧固件表面缺陷　螺母》；

国家标准 GB/T 5779.3-2000《紧固件表面缺陷　螺栓、螺钉和螺柱　特殊要求》。

上述标准对坚固件表面缺陷的种类、名称、外观特征、允许的最低极限及验收检查方法等给出了具体要求。

标准 GB/T 90.1-2002《紧固件　验收检查》规定：在订货时未与紧固件供方协议采用其他验收检查程序的情况下，紧固件的需方必须遵循本标准规定的验收程序，以确定一批紧固件是否合格。验收的附加技术要求在特定的产品标准(如有效力矩型螺母)中给出。本标准适用于螺栓、螺钉、螺柱、螺母、销、垫圈、盲铆钉和其他相关的紧固件。对这些产品的验收检查程序应由供需双方在确认订单之前协商一致。本标准仅适用于紧固件成品，不适用于生产过程中对任何局部的工序控制或检验。

上述标准提出了紧固件的 5 种表面缺陷：裂缝(其中包括淬火裂缝、锻造裂缝、锻造爆裂、剪切爆裂、原材料的裂纹或条痕)、凹痕、皱纹、切痕、损伤。对这些缺陷规定了允许的最低极限，例如：淬火裂缝的极限是"任何深度、任何长度或任何部位的淬火裂纹都不允许存在"，对原材料的裂纹或条痕的极限是"裂纹或条痕的深度：≤0.03d(d 为螺纹大径)"。

10.4.1.6　紧固件标志与包装的检验

标准 GB/T 90.2-2002《紧固件　标志与包装》规定：本标准适用于国家标准中规定的紧固件(即螺栓、螺柱、螺母、螺钉、垫圈、木螺钉、自攻螺钉、销、铆钉、挡圈、紧固件与组合件和连接副等)产品上的标志与运输包装，检验主要注意以下内容：

(1) 紧固件的包装箱、盒、袋等外表应有标志或标签，内容包括：制造厂名、产品名称、产品标准规定的标记、产品数量或净重、制造或出厂日期、产品质量标记。

(2) 产品应去除污垢及金属屑，无金属镀层的产品表面应涂有防锈剂。在正常的运输和保管条件下，应保证自出厂之日起半年内不生锈。

(3) 产品包装在正常运输和保管条件下保证产品不受损坏和便于使用。

(4) 产品包装形式可由制造厂确定，但必须牢固，以保证运输、搬运等过程不易损坏。

10.4.1.7　紧固件的其他检验

(1) 各种螺纹的表面应光洁，不允许有毛刺、凹痕和裂口。普通螺纹的表面粗糙度要求是：内螺纹为 R_a12.5 μm；外螺纹为 R_a6.3 μm。

(2) 螺纹的制造精度要求除图样注明外，普通螺纹的内螺纹精度等级为 6H；外螺纹的精度等级为 6g。

(3) 螺纹应符合 GB/T 193-2003 规定，其公差应符合 GB/T 197-2003 的规定。

(4) 常用紧固件应符合下列标准要求：

国家标准 GB/T 897-1988《双头螺柱 b_m=1d》，

国家标准 GB/T 898-1988《双头螺柱 b_m=1.25d》，

国家标准 GB/T 900-1988《双头螺柱 b_m=2d》，

国家标准 GB/T 901-1988《等长双头螺柱 B 级》，

国家标准 GB/T 953-1988《等长双头螺柱 C 级》。

10.4.2　专用密封件的检验

专用密封件不同于标准密封件，专用密封件既不是旋转给料器制造厂的加工件，也不是标准件，而是由专业制造厂针对旋转给料器专门生产的外购件。专用密封件分为旋转给料器转子端部密封的专用密封件和转子轴密封的专用密封件两大类，两种类型专用密封件分别有很多种不同的结构，没有统一的结构和形状，也没有统一的检验标准，这里不能给出特定的检验方法，只能对特有的检验项目说明如下。

10.4.2.1　专用轴密封件的外径尺寸及公差检验

外径尺寸是与端盖安装孔相配合的，一般情况下从理想状态考虑，专用轴密封件的外径尺寸及公差类似于轴承的外径尺寸及公差，应该在给定的一定公差范围。但是实际状况中，有些专用轴密封件的结构刚性比较好，尺寸及公差比较规范，也有一些专用轴密封件的结构尺寸比较单薄，实际的产品尺寸并不规范，外径尺寸及公差远不如轴承的精确。如果外径尺寸及公差比较规范，实际尺寸在给定的公差范围内，外径尺寸与安装孔之间采用过渡配合，即可保证稳定可靠运行。如果外径尺寸及公差不规范，专用轴密封件的外径在各方向尺寸不一致，也即类似椭圆形，就要仔细测量并认真分析，选择合适的测量位置和点数，计算确定合适的公差，然后确定安装孔的配合公差范围，保证外径尺寸公差与安装孔之间达到合适的过渡配合。按上述操作如果能获得满意的工作性能，则密封圈是完好的，如果密封圈的椭圆程度或其他变形比较严重，安装后不能满足工况使用要求，则该密封圈是不合格的。

10.4.2.2　专用轴密封件的密封唇口检验

包括专用轴密封件的密封唇口内径尺寸检验、密封唇口的厚度尺寸检验、密封唇口的形状检验，可以根据各种专用轴密封件的不同唇口形状要求进行检验，确认密封唇口的形状是否适用于工况的气体工作压力。密封唇口的材料特性检验要求材料选择要适合工况条件，特别是要耐物料的腐蚀性、工作温度等。无论是哪种结构的密封唇口，都要与设计选型的结构一致，与工况参数要求的一致，可以按设计图样逐一对照检查。

对于高压组合式转子轴密封专用密封件，由于密封件的硬度比较高，所以一定要认真检测密封唇口在各方向的内径尺寸及公差，确定密封唇口是否有椭圆，如果椭圆的程度在允许的范围内，密封圈是合格的，否则是不合格的。

10.4.2.3　转子端部专用密封件的检验

对于气力式转子端部密封专用密封件，检验的内容主要包括专用密封件与端盖安装槽的密封唇口检验（包括密封唇口内径和外径尺寸及公差检验、密封唇口内弹性件的性能检验等），专用密封件与转子侧壁密封面的密封性能检验（包括材料的硬度、密封性能、耐磨性能，密封面形状是否与转子侧壁的形状相吻合等），专用密封件的轴向长度尺寸检验等。

对于弹簧式转子端部密封专用密封件，检验的内容主要包括专用密封件与端盖内腔表面之间的密封面圆柱面尺寸及公差检验，O 形圈沟槽尺寸及公差检验，密封圈内径尺寸及公差检验，专用密封件与转子侧壁密封面的密封性能检验（包括材料的硬度、密封性能、耐磨性能，密封面形状是否与转子侧壁的形状相吻合等），专用密封件的轴向长度尺寸检验等。

10.4.2.4　专用密封件的外观质量检验

专用轴密封件和转子端部专用密封件的外观质量检验，都不能有可见的裂纹、凸起、凹痕、毛边、表面粗糙等影响密封性能的加工制造缺陷和材料缺陷。材料的颜色要求白色的，用手顺密封圈捋一段距离，手上不能有褪色的情况。在长期工况运行过程中磨损掉的密封圈微粒在混入物料后，不能污染物料。

10.4.3　链轮和链条的检验

链轮和链条的检验按国家标准 GB/T 1243-2006《传动用短节距精密滚子链、套筒链、附件和链轮》的规定。作为用户，对新购件一般只做外观检验，主要内容为：对链条的节距、宽度、高度等尺寸的复核；对链轮的齿数、安装孔径和键槽尺寸及公差等进行复核；检查链轮、链条的外观有无生锈、剥蚀、裂纹、机体缺损、齿面缺陷以及链条每节的连接是否完好，检查有无松动、脱落等现象。还应对链轮齿面、安装孔及键槽的表面粗糙度进行检验等。

10.4.4　轴承和键的检验

轴承和键也都是标准件，都是由专业制造厂生产的。购买回来以后都要进行检验和验收，检验合格方可入库，才可以在生产装配中使用。

(1) 向心深沟球轴承。外形尺寸及质量检验按国家标准 GB/T 276-1994《滚动轴承　深沟球轴承　外形尺寸》及相关引用标准的规定。

(2) 圆柱滚子轴承。外形尺寸及质量检验按国家标准 GB/T 283-2007《滚动轴承　圆柱滚子轴承　外形尺寸》及相关引用标准的规定。

(3) 圆锥滚子轴承。外形尺寸及质量检验按国家标准 GB/T 297-1994《滚动轴承　圆锥滚子轴承　外形尺寸》及相关引用标准的规定。

(4) 平键是旋装给料器中应用最广的一种标准件，其安装尺寸及验收按国家标准 GB/T 1095-2003《平键　键槽的剖面尺寸》和 GB/T 1096-2003《普通型　平键》的规定。主要检验其尺寸和外观良好情况。

(5) 对于国外生产的轴承，可以按相应的国外标准验收，对于世界著名厂家的产品，也可以按生产厂的企业标准验收，例如 SKF 轴承就可以按出厂标准验收。

10.4.5　减速机、电动机的检验

主要检验减速机、电机的性能参数，外观质量和整机运行性能。

(1) 性能参数的检验。减速机和电动机的主要性能参数是采购的依据，开箱后可以将采购合同中的性能参数与铭牌中的内容逐项核对，电动机的主要内容包括：电动机功率、电源电压、电源频率、电动机的同步转速、防护等级、防爆等级、过热保护等级。如果电动机有变频调速部分，还应有最高频率、最低频率、强冷风扇部分要求等。

减速机的主要内容包括：减速机的结构形式、减速比、机座号、安装方式、安装方位、润滑油牌号、每次更换润滑油所需要的数量、出厂序列号等。如果有机械无级变速部分，还有最大输出转速、最小输出转速、无级变速机械效率等。

(2) 外观检验。减速机和电动机都是外购件，一般要求做外观检查，重点是检查其安装尺寸，检查其尺寸大小与所配旋转给料器是否适合，涂漆的颜色是否与合同一致。不需要做拆卸性的检查工作，它们的制造精度和质量由外购制造厂保证并负责。

(3) 运行检验。减速机和电动机可以单独进行运行检验，各项参数要与要求的一致。然后减速机和电动机可以与旋转给料器安装在一起进行检验，详细内容见第 10.1 节的叙述。

10.5 旋转给料器的标志、涂漆、包装与防护检验

旋转给料器及相关设备与其他机械类产品一样，都要有产品标志，以便能够说明该产品的相关信息。而涂漆、包装与防护是大部分机械类产品出厂都不可缺少的检验内容。

10.5.1 旋转给料器主机的标志检验

旋转给料器主机的标志即在产品铭牌中应该注明的内容，一般情况下主机的注明内容应包括：

(1) 型号与结构标志检验。主要包括旋转给料器型号、转子的结构类型、转子每旋转一转的容积(L/r)、工况运行条件下整机的输送能力(t/h)。

(2) 主体材料的标志检验。主要包括壳体材料、端盖材料、转子材料、轴的材料等。

(3) 工况参数的标志检验。主要包括适用介质物料、适用工作气体压力、适用物料工作温度等。

(4) 方向的标志检验。主要包括转子旋转方向(用箭头表示)、物料流动方向(用箭头表示)。

(5) 产品信息的标志检验。主要包括产品出厂编号、产品生产日期(一般注明是哪年哪月生产的)、生产单位全称、生产单位商标等和用户要求的其他标志。

(6) 适用环境检验。主要包括适用的环境温度，是否适用于室外、高寒地区、高海拔地区等。

(7) 伴热夹套的标志检验。主要包括伴热夹套工作介质、伴热夹套工作压力、伴热夹套工作温度。

(8) 连接法兰的标志检验。主要包括壳体进料口和出料口法兰标准及公称尺寸和公称压力。

(9) 旋转给料器出厂检验和验收标准依据等。

10.5.2　旋转给料器减速电动机的铭牌中应该注明的主要内容

(1) 电动机参数的标志检验。主要包括电动机的功率、电动机的输出转速、电动机的防爆等级、电动机的防护等级等。

(2) 减速机参数的标志检验。主要包括减速机的型号、结构形式、减速比、输出转速、输出转矩、工作系数、安装方式等。

(3) 减速机产品信息的标志检验。主要包括产品编号、生产日期、生产单位全称、生产单位商标等。

10.5.3　旋转给料器及相关设备的涂漆检验

(1) 旋转给料器及相关设备的主体材料部分涂漆。包括壳体材料、端盖材料等部分，一般是不锈钢件，不会生锈，涂漆是为了美观，只要涂漆一遍就可以了。为了外观更完美，也可以采用烤漆，涂漆的颜色没有统一的规定。

(2) 奥氏体不锈钢的表面处理。奥氏体不锈钢进行酸洗、喷丸等工艺处理以后，如果能达到美观好看的程度和效果，也可以不涂漆。

(3) 旋转给料器的辅助零部件涂漆。包括支架、固定板、地脚、碳钢螺栓螺母等部分，至少要涂漆两遍，一般要涂一遍防锈漆(或称底漆)，再涂一遍面漆，涂漆的颜色没有统一的规定，但是要与生产装置的颜色谐调一致，要符合用户的要求。

(4) 涂漆质量要求。涂漆应光滑均匀，颜色符合要求，不应有漏涂、花面、皱纹、起泡、流痕、脱皮等缺陷。

10.5.4　旋转给料器的防护

旋转给料器及相关设备检验合格以后，应对旋转给料器及相关设备进行防锈保护、固定保护、防水防潮保护等相关事项。

(1) 防护保护。在包装前，应将旋转给料器及相关设备的所有法兰口用封盖封好并固定，防止异物进入到旋转给料器及相关设备的内腔中。

(2) 固定保护。旋转给料器及相关设备的运动部件要做适当的固定，如插板阀的插板应处在近似关闭状态，但不能关死，即将插板阀关闭后再反向旋转手轮 2 圈，然后将阀杆涂上中性油脂，并用纸包裹阀杆的外露部分。

10.5.5　包装

旋转给料器及相关设备完成必要的防护以后，应对旋转给料器及相关设备进行合适的包装等保护事项。

(1) 包装整体要求。旋转给料器及相关设备应进行合适的坚固包装，以便在多次装卸和各种运输方式中不发生损坏，并应详细说明必要的存放条件，以保证货物的质量。

(2) 包装箱内部要求。对有防振要求的设备，其包装箱内应采取防振措施，使设备或组件在箱内被牢牢固定，防止移动和零部件破损，同时要使外部的冲击或碰撞不能直接碰到包装箱内部的设备和组件上。若在同一包装箱内装有一套以上的设备和组件时，应在箱内留有一定的空间，同时采用隔振缓冲材料填充。

(3) 重量大件包装要求。如果单个包装箱重量超过 2 t 时，应在每个包装箱的两个侧面标注出"重心"和"起吊点"位置，以便于装卸和搬运作业。

(4) 尺寸大件包装要求。如果单个包装箱重量超过 30 t 或长度超过 12 m，或宽度超过 3.2 m，或高度超过 3.1 m，凡有一项超出者，卖方应向买方提供每件包装的详细包装外形图一式三份。

(5) 装箱资料要求。装箱单一式二份，一份装入防水的塑料袋后固定在容易看到和拿到的包装箱内壁；一份交买方。

(6) 包装箱中应包含的文件。① 装箱单；② 产品质量合格证书；③ 产品检验及试验记录；④ 产品安装及装卸说明书；⑤ 产品操作和维修手册；⑥ 重要或特殊材料的成分分析报告；⑦ 与用户协商确定提供的其他文件或资料。

附录 A 旋转给料器润滑油与润滑脂的选用

旋转给料器

A.1 减速机润滑油的选用

旋转给料器减速机润滑用油应根据机械行业标准 JB/T 8831-2001《工业闭式齿轮的润滑油选用方法》的规定执行，具体内容见如下介绍。

A.1.1 工业闭式齿轮油的分类及规格

工业闭式齿轮油适用于齿轮节圆圆周速度不超过 25 m/s 的低速工业闭式齿轮传动的润滑。按 GB/T7631.7-1995《润滑剂和有关产品(L 类)的分类 第 7 部分：C 组(齿轮)》的规定，我国工业闭式齿轮油分类如下。

A.1.1.1 L–CKB 工业齿轮油(抗氧防锈工业齿轮油)

该油品为精制矿油，并具有抗氧、抗腐（黑色和有色金属)和抗泡性。适用于在轻负荷下运转的齿轮。

A.1.1.2 L–CKC 工业齿轮油(中负荷工业齿轮油)

该油品在 L-CKB 油的基础上提高了极压和抗磨性，适用于保持在正常或中等恒定油温和中等负荷下运转的齿轮。

A.1.1.3 L–CKD 工业齿轮油(重负荷工业齿轮油)

该油品在 L-CKC 油的基础上提高了热/氧化安定性，能使用于较高的温度，适用于在高的恒定油温和重负荷下运转的齿轮。

A.1.1.4 L–CKS 工业齿轮油(极温工业齿轮油)

该油品是由合成油或含有部分合成油的精制矿油制成，加入了抗氧剂、抗磨剂和防锈剂，适用于在更低、低或更高的恒定油温和轻负荷下运转的齿轮。

A.1.1.5 L–CKT 工业齿轮油(极温重负荷工业齿轮油)

该油品是由合成油或含有部分合成油的精制矿油加入极压、抗磨剂和防锈剂而制成。具有抗氧、防锈、抗磨和高低温性能，适用于在更低、低或更高的恒定油温和重负荷下运转的齿轮。

注：油的恒定温度或环境温度：

更低温—— <-34 ℃;

低　温—— -34～-16 ℃;

正常温—— -16～+70 ℃;

中等温—— 70～100 ℃;

高　温—— 100～120 ℃;

更高温—— ＞120 ℃。

工业闭式齿轮油的黏度等级(40 ℃)分为 68、100、150、220、320、460 和 680，共计 7 种。工业闭式齿轮油的质量指标见附录 A.1(标准 JB/T 8831-2001 的附录)。

A.1.2　工业闭式齿轮润滑油的使用要求

A.1.2.1　环境温度

一般情况下，安装的齿轮装置可在环境温度为-40～+50 ℃范围条件下工作。环境温度定义为最接近所安装齿轮装置的地方的大气温度。在某种程度上，所用润滑油的具体种类和黏度等级由环境温度来决定。

A.1.2.2　油池温度

矿物基工业齿轮油的油池温度最高上限为 95 ℃，合成型工业齿轮油的油池温度最高上限为 107 ℃，因为在超过上述规定的油池最高温度时，许多润滑剂就失去了其稳定性能。

A.1.2.3　其他需要考虑的条件

对于直接的太阳光照射、高的湿度和空气中悬浮灰尘或化学制品的环境条件应加以特殊考虑。直接暴露在太阳光线下的齿轮装置将会比一个用途相同但遮蔽起来的齿轮装置工作起来更热一些。暴露在一个潜在的或实际有害的条件下(诸如热、湿度、灰尘和化学制品或其他因素)的齿轮装置应由其制造者特殊考虑并具体推荐一合适的润滑油。

A.1.2.4　低温工业齿轮油

在寒冷地区工作的齿轮传动装置必须保证润滑油能自由循环流动及不引起过大的起动转矩。这时，可以选择一合适的低温工业齿轮油(极温工业齿轮油或极温重负荷工业齿轮油)，所选用齿轮油的倾点至少要比预期的环境温度最低值低 5 ℃。润滑油必须有足够低的黏度以便在起动温度下润滑油能自由流动，但是，润滑油又必须有足够高的黏度以便在工作温度下承受负荷。

A.1.2.5　油池加热器

如果环境温度与所选润滑油的倾点接近，齿轮传动装置就必须配备油池加热器，用以把润滑油加热到起动时油能自由循环流动的温度值。加热器的设计应避免过度集中加热以至引起润滑剂加速变质。

A.1.2.6　冷却

当齿轮传动装置长期连续运转以致引起润滑油的工作温度超过上述规定的油池最高温度时，就必须采取措施冷却润滑油。

A.1.3　润滑油种类的选择

(1) 渐开线圆柱齿轮齿面接触应力 σ_H 按式(1)计算

$$\sigma_H = Z_H Z_E Z_\varepsilon Z_\beta \sqrt{\frac{F_t}{d_1 b} K_A K_V K_{H\beta} K_{H\alpha} \frac{u \pm 1}{u}} \tag{1}$$

式中，"＋"号用于外啮合传动，"－"号用于内啮合传动。式中具体参数的选择及计算按 GB/T 3480-1997《渐开线圆柱齿轮承载能力计算方法》的规定。

(2) 锥齿轮齿面接触应力 σ_H 按式(2)计算

$$\sigma_H = Z_H Z_E Z_\varepsilon Z_\beta Z_K \sqrt{\frac{F_{mt}}{d_{v1} b_{eH}} K_A K_V K_{H\beta} K_{H\alpha} \frac{u_v \pm 1}{u_v}} \tag{2}$$

式中，具体参数的选择及计算按 GB/T 10062-2003《锥齿轮承载能力计算方法》的规定。

(3) 双圆弧齿轮齿面接触应力 σ_H 按式(3)计算：

$$\sigma_H = \left(\frac{T_1 K_A K_V K_1 K_{H2}}{2\mu_\varepsilon + K_{\Delta\varepsilon}}\right)^{0.73} \frac{Z_E Z_u Z_\beta Z_\alpha}{z_1 m_n^{2.19}} \qquad (3)$$

式中，具体参数的选择及计算按 GB/T 13799-1992《双圆弧圆柱齿轮承载能力计算方法》的规定。

(4) 根据计算出的齿面接触应力和齿轮使用工况，参考表 A-1 即可确定工业闭式齿轮油的种类。

表 A-1　工业闭式齿轮润滑油种类的选择

条件		推荐使用的工业闭式齿轮润滑油
齿面接触应力 σ_H/(N/mm^2)	齿轮使用工况	
<350	一般齿轮传动	抗氧防锈工业齿轮油(L–CKB)
350～500 (轻负荷齿轮)	一般齿轮传动	抗氧防锈工业齿轮油(L–CKB)
	有冲击的齿轮传动	中负荷工业齿轮油(L–CKC)
500～1 100* (中负荷齿轮)	矿井提升机、露天采掘机、水泥磨、化工机械、水力电力机械、冶金矿山机械、船舶海港机械等的齿轮传动	中负荷工业齿轮油(L–CKC)
>1 100 (重负荷齿轮)	冶金轧钢、井下采掘、高温有冲击、含水部位的齿轮传动等	重负荷工业齿轮油(L–CKD)
<500	在更低、低或更高的环境温度和轻负荷下运转的齿轮传动	极温工业齿轮油(L–CKS)
≥500	在更低、低或更高的环境温度和重负荷下运转的齿轮传动	极温重负荷工业齿轮油(L–CKT)

注：*在计算出的齿面接触应力略小于 1 100 N/mm^2 时，若齿轮工况为高温、有冲击或含水等，为安全计，应选用重负荷工业齿轮油。

A.1.4　润滑油黏度的选择

A.1.4.1　齿轮节圆圆周速度的计算

齿轮节圆圆周速度 v 按式(4)计算

$$v = \frac{\pi d_{w1} n_1}{60\ 000} \qquad (4)$$

式中　v——齿轮节圆圆周速度(m/s)；

d_{w1}——小齿轮的节圆直径(mm)；

n_1——小齿轮的转速(r/min)。

A.1.4.2　润滑油黏度的选择

根据计算出的低速级齿轮节圆圆周速度和环境温度，参考表 A-2 即可确定所选润滑油的黏度等级。

表 A-2　工业闭式齿轮装置润滑油黏度等级的选择

平行轴及锥齿轮传动	环境温度/℃			
	−40～−10	−10～+10	10～35	35～55
低速级齿轮节圆圆周速度/(m/s)*	润滑油黏度等级**，40 ℃/（mm^2/s）			

(续)

平行轴及锥齿轮传动	环境温度/℃			
≤5	100(合成型)	150	320	680
>5~15	100(合成型)	100	220	460
>15~25	68(合成型)	68	150	320
>25~80***	32(合成型)	46	68	100

注：*当齿轮节圆圆周速度≤25 m/s 时，表中所选润滑油黏度等级为工业闭式齿轮油。当齿轮节圆周速度>25 m/s 时，表中所选润滑油黏度等级为汽轮机油。当齿轮传动承受较严重冲击负荷时，可适当增加一个黏度等级。**锥齿轮传动节圆圆周速度是指锥齿轮齿宽中点的节圆圆周速度。***当齿轮节圆圆周速度>80 m/s 时，应由齿轮装置制造者特殊考虑并具体推荐一合适的润滑油。

A.2 润滑油的保养

A.2.1 润滑油存放保管

润滑油在存放保管过程中，必须把不同种类和不同黏度等级的油分开，并应有明显的标志，油品不允许露天存放。同时，润滑油在贮运过程中要特别注意防止混入杂质和其他品种的油料。

A.2.2 润滑油的验收

采购润滑油进厂时，尤其是重要设备和关键设备的用油，必须对油品的主要理化指标进行复检。

A.2.3 添加润滑油

不同厂家生产的润滑油不宜混用。在特殊情况下，混用前必须进行小样混合试验。

A.2.4 润滑油的更换

润滑油在使用过程中，必须经常注意油质的变化，并定期抽取油样化验。

A.2.4.1 工业闭式齿轮油换油指标

工业闭式齿轮油换油指标见表 A-3。

表 A-3　工业闭式齿轮油换油指标(SH/T0586-2010)

项目	L–CKC 换油指标	L–CKD 换油指标	试验方法
外观	异常*	异常*	目测
运动黏度变化率(40 ℃)%　超过	±15	±15	GB/T 265
水分(质量分数)　　%　大于	0.5	0.5	GB/T 260
机械杂质(质量分数)　%　大于或等于	0.5	0.5	GB/T 511
铜片腐蚀(100 ℃，3 h)级　大于或等于	3b	3b	GB/T 5096
梯姆肯 OK 值/ N　　小于或等于	133.4	178	GB/T 7304
酸值增加(mgKOH/g)　大于或等于	—	1.0	GB/T 11144
铁含量 (mg/kg)　　大于或等于	—	200	GB/T 17476

A.2.4.2 齿轮油的化验取样

(1) 取样应在机械正常运转停止后的 10 min 内，于油箱的代表性部位取得所需试样。

(2) 取样前 24 工作小时内不得向油箱内补加新油。

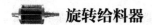

(3) 取样器和盛样器(带盖)要清洁、干净。

A.2.4.3　其他事项

更换齿轮油的其他事项按石化行业标准 SH/T 0586-2010《工业闭式齿轮油换油指标》的规定。

A.2.5　清洁和冲洗

在设备检修或换油时，油箱必须认真地清洗。在齿轮传动装置处于运行温度时放出润滑油，装置应用洗涤油清洗，洗涤油必须是清洁的并且能与工作油相溶。

A.2.5.1　用溶剂清洗

除非齿轮箱体内有了用洗涤油清洗不掉的氧化沉淀物或者污染了的润滑剂，应避免使用溶剂。当有长久沉淀而需要使用溶剂时，必须用洗涤油除去残留在系统内的溶剂残余物。

A.2.5.2　用过的润滑油

用过的润滑油和洗涤油应完全从系统内排除以免污染新加入的油。

A.2.5.3　检查

箱体内表面必须检查，如果可能的话，清除箱体内表面所有残余物，应加入新的润滑剂并使其循环流动从而使所有的内部零件得到很好的润滑。

A.3　齿轮油的质量指标

A.3.1　工业闭式齿轮油的质量指标

工业闭式齿轮油的质量指标见表 A-4 所示。

A.3.2　工业闭式齿轮油的黏度

工业闭式齿轮油的黏度见表 A-5 所示。

表 A-4 工业闭式齿轮油质量指标

（JB/T 8831-2001《工业闭式齿轮的润滑油选用方法》的附录(摘自 GB 5903)）

项目	L-CKB 一等品				L-CKC 合格品							L-CKC 一等品							L-CKD 一等品						试验方法
黏度等级(按 GB/T 3141)	100	150	220	320	68	100	150	220	320	460	680	68	100	150	220	320	460	680	100	150	220	320	460	680	—
运动黏度(40 ℃)/(mm²/s)	90~110	135~165	198~242	288~352	61.2~74.8	90~110	135~165	198~242	288~352	414~506	612~748	61.2~74.8	90~110	135~165	198~242	288~352	414~506	612~748	90~110	135~165	198~242	288~352	414~506	612~748	GB/T265
黏度指数①	≥90				≥90							≥90							≥90						GB/T2541
闪点(开口)/℃	≥180				≥200							≥200							≥200						GB/T267
倾点/℃	≤-8	≤-8	≤-8	≤-8	≤-8	≤-8	≤-8	≤-8	≤-8	≤-8	≤-5	≤-8	≤-8	≤-8	≤-8	≤-8	≤-8	≤-5	≤-8	≤-8	≤-8	≤-8	≤-8	≤-5	GB/T3535
水分/%	不大于痕迹				不大于痕迹							不大于痕迹							不大于痕迹						GB/T260
机械杂质/%	≤0.01				≤0.02							≤0.02							≤0.02						GB/T511
腐蚀试验,级(铜片)121 ℃, 3h	—				—							—							—						GB/T5096
腐蚀试验,级(铜片)100 ℃, 3h	≤1				≤1							≤1							≤1						
液相锈蚀试验 蒸馏水	—				无锈							无锈							无锈						GB/T11143
液相锈蚀试验 合成海水	无锈				无锈							无锈							无锈						

（续）

项目	L-CKB 一等品	L-CKC 一等品	L-CKC 合格品	L-CKD 一等品	试验方法
氧化安定性[①] 中和值达 2.0 mgKOH/g/h	≥750　≥500	—	—	—	GB/T12581
氧化安定性[②]					
a) (95℃，312 h)100℃运动黏度增长/%	—	≤10	≤10	—	SH/T0123
b) (121℃，312 h)100℃运动黏度增长/%	—	—	—	≤6	SH/T0024
沉淀值/mL	—	—	—	≤0.1	SH/T0024
旋转氧弹(150℃)/min	报告	—	—	—	SH/T0193
泡沫性(泡沫倾向/泡沫稳定性)/(mL/mL)					GB/T12579
24℃	≤75/10	≤75/10	≤75/10	≤75/10	
93.5℃	≤75/10	≤75/10	≤75/10	≤75/10	
后 24℃	≤75/10	≤75/10	≤75/10	≤75/10	
抗乳化性(82℃)					GB/T8022
油中水/%	≤0.5	≤1.0 / ≤1.0	≤1.0 / ≤1.0	≤2.0	
乳化层/mL	≤2.0	≤2.0 / ≤4.0	≤2.0 / ≤4.0	≤1.0	
总分离水/mL	≤30	≤60 / ≤50	≤60 / ≤50	≤80	
Timken机试验 (OK 负荷)/N[②]	—	≥200	≥200	≥267	GB/T11144
FZG(或 CL-100)齿轮试验机试验(A/8.3/90)通过，级[②]	—	≥11	≥11	≥11	SH/T0306

（注：表头 品种 / 质量等级 / 质量指标 / 试验方法）

旋转给料器润滑油与润滑脂的选用

(续)

项目	质量指标				试验方法
品种	L-CKB	L-CKC		L-CKD	
质量等级	一等品	一等品	合格品	一等品	
四球机试验					GB/T3142
负荷磨损指数/N	—	—	—	≥441	
烧结负荷, PD/N	—	—	—	≥2450	
磨斑直径(1 800 r/min, 196 N, 60 min, 54℃)/mm	—	—	—	≤0.35	SH/T0189
剪切安定性(齿轮机法)④					
剪切后 40℃运动黏度/(mm²/s)	—	在等级黏度范围	在等级黏度范围	在等级黏度范围	SH/T0200
热安定性(135℃, 168 h)④					
铜棒失重/(mg/200 mL)	—	—	—	报告	SH/T0209
钢棒失重/(mg/200 mL)	—	—	—	报告	
总沉渣重/(mg/200 mL)	—	—	—	报告	
40℃运动黏度变化/%	—	—	—	报告	
中和值变化/%	—	—	—	报告	
铜棒外观	—	—	—	报告	
钢棒外观	—	—	—	报告	

注: ① MVI 基础油生产的 L-CKB、L-CKC(一等品和合格品)，黏度指数允许不低于 70; ② 氧化安定性、Tim ken 机试验和 FZG 齿轮机试验为保证项目，每年抽查一次，但必须合格; L-CKC 合格品在 Tim ken 机试验和 FZG 齿轮机试验两项中，只要求测试其中之一; ③ 不含黏度添加剂的 L-CKC、L-CKD，不测定剪切安定性; ④ 热安定性为抽查项目。

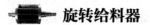

表 A-5　工业用润滑油黏度牌号分类及各黏度牌号在不同黏度指数和不同温度时的运动黏度

（标准 JB/T 8831-2001 的附录）

GB/T3141 采用的 黏度牌号	ISO 采用的 黏度牌号	运动黏度范围 /(mm²/s) 40℃	在不同黏度指数和不同温度时的运动黏度/(mm²/s)						
			黏度指数(VI)=50			黏度指数(VI)=95			
			20℃	37.8℃	50℃	20℃	37.8℃	50℃	100℃
22	ISOVG22	19.8~24.2	51.0~65.8	21.7~26.6	13.6~16.3	48.0~61.7	21.6~26.5	13.9~16.6	4.00~4.50
32	ISOVG32	28.8~35.2	82.6~108	31.9~39.2	19.0~22.6	76.9~98.7	31.7~38.9	19.4~23.3	4.97~5.60
46	ISOVG46	41.4~50.6	133~172	46.3~56.9	26.1~31.3	120~153	45.9~56.3	27.0~32.3	6.22~7.05
68	ISOVG68	61.2~74.8	219~283	69.2~85.0	37.1~44.4	193~244	68.4~83.9	38.7~46.6	7.96~9.09
100	ISOVG100	90.0~110	356~454	103~126	52.4~63.0	303~383	101~124	55.3~66.6	10.3~11.8
150	ISOVG150	135~165	583~743	155~191	75.9~91.2	486~614	153~188	80.6~97.1	13.5~15.5
220	ISOVG220	198~242	927~1 180	230~282	108~129	761~964	226~277	115~138	17.5~19.9
320	ISOVG320	288~352	1 460~1 870	337~414	151~182	1 180~1 500	331~406	163~196	23.3~25.4
460	ISOVG460	414~506	2 290~2 930	488~599	210~252	1 810~2 300	478~587	228~274	28.3~32.2
680	ISOVG680	612~748	3 700~4 740	728~894	300~360	2 880~3 650	712~874	326~393	36.5~41.5
1 000	ISOVG1000	900~1 100	5 960~7 640	1 080~1 330	425~509	4 550~5 780	1 050~1 290	466~560	46.6~52.9
1 500	ISOVG1500	1 350~1 650	9 850~12 600	1 640~2 010	613~734	7 390~9 400	1 590~1 960	676~812	60.1~68.1

A.4 瑞士 BUHLER 公司选择的常用润滑油

瑞士 BUHLER 公司选择的常用润滑油见表 A-6。

表 A-6 BUHLER 公司选择的常用润滑油

润滑部位	BOHLER 代码	1) DIN	1) iso3498	ISO VG 黏度等级	环境温度/°C	Agip	ARAL	ASEOL	BP	ESSO	FUCHS	KLUBER	Mobil	Shell	TEXACO	TOTAL	VALVOLINE
滑动轴承；齿轮和链传动（带油运行）	EF od or ou oJ	C-LP DIN 51517/3	L-CC	68	−10~+5	BLASIA 68	Degol TU 68	MIPRESS 11-305	Energol GR-XP 68	SPARTAN EP 68	RENEP COMP.102	LAMORA 68	Mobilgear 626	Omala Oil 68	MEROPA 68	CARTER EP 68	EPG 68
				100	+5~+26	BLASIA 100	Degol TU 100	MIPRESS 11-308	Energol GR-XP 100	SPARTAN EP 100	RENEP COMP.103	LAMORA 100	Mobilgear 629	Omala Oil 100	MEROPA 100	CARTER EP 150	EPG 100
				220	+26~+40	BLASIA 220	Degol TU 150	MIPRESS 11-318	Energol GR-XP 220	SPARTAN EP 220	RENEP COMP.106	LAMORA 220	Mobilgear 630	Omala Oil 220	MEROPA 220	CARTER EP 150	EPG 220
平面滑动（中载荷）	G	CG DIN 51502	L-G	68	−10~+5	EXIDIA 68	Deganit B 68	SLIDE 16-22	Energol HP-C 68	FEBIS K 68	RENEP 2	LAMORA Super POLADD 68	Vactra Oil No.2	Tonna Oil T 68	way Lubricant 68	DROSERA 68	WAYOIL 68
				68	+5~+26	EXIDIA 68	Deganit B 68	SLIDE 16-22	Energol HP-C 68	FEBIS K 68	RENEP 2	LAMORA Super POLADD 68	Vactra Oil No.2	Tonna Oil T 68	way Lubricant 68	DROSERA 68	WAYOIL L 68
				220	+26~+40	EXIDIA 220	Deganit B 220	SLIDE 16-24	Energol HP-C 220	FEBIS K 220	RENEP 5	LAMORA Super POLADD 220	Vactra Oil No.4	Tonna Oil T 220	way Lubricant 220	DROSERA 220	WAYOIL L 220
齿轮和链传动（不带油运行）	H	C-LP DIN 51517/3	L-CC	68	−10~+5	EXIDIA 68	Degol BG 68	MIPRESS 11-305	Energol GR-XP 68	NUTO H 68	RENEP COMP.102	LAMORA 68	Vactra Oil No.2	Tonna Oil T 68	MEROPA 68	DROSERA 68	EPG 68
				150	+5~+26	EXIDIA 220	Degol BG 150	MIPRESS 11-311	Energol GR-XP 150	NUTO H 100	RENEP COMP.104	LAMORA 150	Vactra Oil No.4	Tonna Oil T 220	MEROPA 150	DROSERA 150	EPG 150
				150	+26~+40	EXIDIA 220	Degol BG 150	MIPRESS 11-311	Energol GR-XP 150	NUTO H 100	RENEP COMP.104	LAMORA 150	Vactra Oil No.4	Tonna Oil T 220	MEROPA 150	DROSERA 150	EPG 150
摩擦传动	K	C-LP DIN 51524/2	L-HH	10 / 10 / 10	−10~+5 / +5~+26 / +26~+40	OSO 10	Vitam GF 10	PLUS 16-106	Energol LPT 15	SPINESSO 10	RENOLIN MR 3	FORMINOL DS 23 K	Velocite Oil No.6	Tellus Oil C 10	Spintex Oil 10	AZOLLA 10	ETC 10

润滑部位	BOHLER 代码	1) DIN	1) iso3498	ISOVG 黏度等级	环境温度/℃	Agip	ARAL	ASEOL	BP	ESSO	FUCHS	KLUBER	Mobil	Shell	TEXACO	TOTAL	VALVOLINE
对健康无害的润滑油，用于封闭摩擦及低载荷减磨轴承	L	praffinöle pharm.Qual		15	-10~+5	OBI 12	Autin PL	203-17	Energol MW 2	MARCOL 52	INGRAPAL W 505	PARALIQ P 12	—	Ondina Oil 15	white Oil Pharm.30	LOBELIA TB 10	WHITEOIL DAB 15
				68	+5~+26	OBI 10	Autin SL	203-2	Energol MW 6	MARCOL 82	INGRAPAL W 530	PARALIQ P 68	—	Ondina Oil 68	white Oil Pharm.190	LOBELIA TB 68	WHITEOIL DAB 68
				68	+26~+40	OBI 10	Autin SL	203-2	Energol MW 6	MARCOL 82	INGRAPAL W 530	PARALIQ P 68	—	Ondina Oil 68	white Oil Pharm.190	LOBELIA TB 68	WHITEOIL DAB 68
用于紧急运行待性的多用途润滑油，添加 MoS_2 或石墨	M	C-LP-F DIN 5 1502		68	-10~+5	—	Degol BMB 100	PLUS 16-120.1	—	—	RENEP SUPER 4	LAMORA 68	—	—	—	—	EPG 68
				100	+5~+26	—	Degol BMB 100	PLUS 16-130.1	—	—	RENEP SUPER 4	LAMORA 100	—	—	—	—	EPG 100
				150	+26~+40	—	Degol BMB 220	PLUS 16-140.1	—	—	RENEP SUPER 6	LAMORA 150	—	—	—	—	EPG 150
环飞溅润滑	A	C-LP DIN 51524/2	L-HM	46	-10~+5	OSO 46	Vitam GF 46	PLUS 16-115	Energol HLP46	NUTO H 46	RENOLIN MR 15	LAMORA 46	DTE 25	Tellus Oil 46	Rando Oil HD B-46	AZOLLA 46	Ultramax AW 46
				68	+5~+26	OSO 68	Vitam GF 68	PLUS 16-120	Energol HLP68	NUTO H 68	RENOLIN MR 20	LAMORA 68	DTE 26	Tellus Oil 68	Rando Oil HD C-68	AZOLLA 68	Ultramax AW 68
				100	+26~+40	OSO 100	Vitam GF 100	PLUS 16-130	Energol HLP 100	NUTO H 100	RENOLIN MR 30	LAMORA 100	DTE 27	Tellus Oil 100	Rando Oil HD E-100	AZOLLA 100	Ultramax AW 100
蜗轮传动	B	C-LP DIN 51517/3	L-CC	100	-10~+5	BLASIA 100	Degol BG 100	MIPRESS 11-308	Energol GR-XP 100	SPARTAN EP 150	RENEP COMP.103	LAMORA 100	Mobilgear 629	Omala Oil 100	Meropa 100	CARTER EP 100	EPG 100
				220	+5~+26	BLASIA 220	Degol BG 220	MIPRESS 11-318	Energol GR-XP 220	SPARTAN EP 220	RENEP COMP.106	LAMORA 220	Mobilgear 630	Omala Oil 220	Meropa 220	CARTER EP 220	EPG 220
				320	+26~+40	BLASIA 320	Degol BG 320	MIPRESS 11-323	Energol GR-XP 320	SPARTAN EP 320	RENEP COMP.108	LAMORA 320	Mobilgear 632	Omala Oil 320	Meropa 320	CARTER EP 320	EPG 320

旋转给料器润滑油与润滑脂的选用

(续)

润滑部位	BOHLER 代码	1) DIN	1) iso3498	ISO VG 黏度等级	环境温度/℃	Agip	ARAL	ASEOL	BP	ESSO	FUCHS	KLUBER	Mobil	Shell	TEXACO	TOTAL	VALVOLINE
添加 H-LP 的液压油、用于液压控制，液压传动或液压润滑	C D O N	C-LP DIN 51524/2	L-HM	32	−10～+5	OSO 32	Vitam GF 32	PLUS 16-110	Energol HLP 32	NUTO H 32	RENOLIN MR 10	LAMORA HLP 32	DTE 24	Tellus Oil 32	Rando Oil HD A-32	AZOLLA 32	Ultramax AW 32
				46	+5～+26	OSO 46	Vitam GF 46	PLUS 16-115	Energol HLP 46	NUTO H 46	RENOLIN MR 15	LAMORA HLP 46	DTE 25	Tellus Oil 46	Rando Oil HD B-46	AZOLLA 46	Ultramax AW 46
				68	+26～+40	OSO 68	Vitam GF 68	PLUS 16-120	Energol HLP 68	NUTO H 68	RENOLIN MR 20	LAMORA HLP 68	DTE 26	Tellus Oil 68	Rando Oil HD C-68	AZOLLA 68	Ultramax AW 68
用于天然气和增压的发动机	O			SAE 20W-20	−10～+5	DIESEL GAMMA 20W/20	Super Elastic 15W/40	MILOR 15-87	Vanellus C3 15W-40	ESSOLUBE HDX 20W	INGRALUB HD SAE 20W-20	—	Delvac 1220	Rotella X Oil 20W/20	URSATEX SAE 20	RUBIA H SAE 20W/20	HDS SAE 20W/20
				SAE30	+5～+26	DIESEL GAMMA 30	Super Elastic 15W/40	MILOR 15-88	Vanellus C3 15W-40	ESSOLUBE HDX 30	INGRALUB HD SAE 30	—	Delvac 1230	Rotella X Oil 30	URSATEX SAE 30	RUBIA H SAE 30	HDS SAE 30
				SAE40	+26～+40	DIESEL GAMMA 40	Super Elastic 15W/40	MILOR 15-89	Vanellus C3 15W-40	ESSOLUBE HDX 40	INGRALUB HD SAE 15W-40	—	Delvac 1240	Rotella X Oil 40	URSATEX SAE 40	RUBIA H SAE 40	HDS SAE 40
用于车辆的齿轮润滑油	P			SAE 80W	−10～+5	ROTRA HY/DB 80W	Getriebeöl EP 80	GEPRESS 11-508	Hypogear EP SAE 80	ESSO GEAR OIL GP 80W	RENOGEAR MP SAE 80	—	Mobilube GX 80-A	Spirax Heavy Duty 80	UNIVERSAL GEAR OIL SAE 80	TRANSMISSION TM SAE 80W/90	X-18 SAE 80
				SAE 85W～90	+5～+26	ROTRA HY 80W/90	Getriebeöl EP 90	GEPRESS 11-518	Hypogear EP SAE 90	ESSO GEAR OIL GP 80W-90	RENOGEAR MP SAE 90	—	Mobilube GX 85W-90A	Spirax Heavy Duty 90	UNIVERSAL GEAR OIL SAE 85W/90	TRANSMISSION TM SAE 80W/90	X-18 SAE 90
				SAE 85W～140	+26～+40	ROTRA HY 85W/140	Hyp.140	GEPRESS 11-533	Hypogear EP SAE 140	ESSO GEAR OIL GP 85W-140	RENOGEAR MP SAE 140	—	Mobilube GX 140-A	Spirax Heavy Duty 140	UNIVERSAL GEAR OIL SAE 140	TRANSMISSION TM SAE 85W-140	X-18 SAE 85W-140

（续）

润滑部位	BOHLER 代码	1) DIN 51502	1) iso	NLGI 稠度等级	环境温度/℃	Agip	ARAL	ASEOL	BP	ESSO	FUCHS	KLUBER	Mobil	Shell	TEXACO	TOTAL	VALVOLINE
高压润滑脂，用于摩擦及减磨轴承	Hp	KP ZK		2	-10~+40	GR MU/EP 2	Aralub HLP 2	LITEA EP 6-077	Energrease LS-EP 2	BEACON EP 2	RENOLIT FWA 160	STABURAGS NBU 8 EP	Mobilplex 47	Calithia EP Grease T2	Multifak EP 2	MULTIS EP 2	EP-LB Grease No.2
高温润滑脂，用于摩擦及减磨轴承	Q	KH ZR		2	-10~+40	GR NF 2 ev. GREASE 33/FD	Aralub HTR 2	SILEA 7-206	Energrease HTB 2	—	RENOPLEX EP 2	STABURAGS N 12 MF	Mobiltemp 1	Darina Grease 2	Thermatex EP 2	CALORIS 3	AR-1
流动润滑脂，用于齿轮发动机、齿轮箱和集中润滑系统	S	G 00 E		00	-10~+40	GR SLL ev. GR MU/EP 0	Aralub FDP 00	LITEA 6-109	Energrease HT-EP 00	FIBRAX EP 370	RENOSOD GFB	STRUCTOVIS P 00 ev. NATOSBIN B 1600 EP	Mobilplex 44	Grease S-3655	GLISSANDO FL 283-00	MULTIS EP 200	T+D Grease
与溶剂分散的润滑脂，用于链及滑动导轨	Sp	OG -V			-10~+40	RUSTIA 80/F	Sinit FZL 3	LUCA 20-5.1	Penetrating Oil	MILLC OT K 68	ANTICOR IT SG 3	POLYLUB HVT 50A	—	Tonna Oil E ev. Ossagol V	—	ENS/EP 700	—
摩擦及减磨轴承（中负荷）	T od. or ou o Y	K 2K	L-XM 2	2	-10~+40	GR MU 2	Aralub HL 2	LITEA 806-12	Energrease LS-EP 2	BEACON 2	RENOLIT FWA 160	CENTOPLEX X 2	Mobilplex 47	Alvanta Grease R 2	Marfak MP 2	MULTIS 2	EP-LB Grease 2

(续)

润滑部位	BOHLER 代码	1)DIN 51502	NLGI 稠度等级	环境温度/°C	Agip	ARAL	ASEOL	BP	ESSO	FUCHS	KLUBER	Mobil	Shell	TEXACO	TOTAL	VALVOLINE E
摩擦及减磨轴承(重负荷)	Uod.orouoW	KP 2K	2	-10~+40	GR MU/EP 2	Aralub HLP 2	LITEA EP 6-077	Energrease LS EP 2	BEACON EP 2	RENOLIT FWA 160	CENTOPLEX 2 EP	Mobilplex 2 EP	Mobilplex 47	Alvania EP Grease 2	Multifak EP 2	EP-LB Grease 2
流动润滑脂,用于齿轮传动和集中润滑系统	X	Spezialschmierfett	00	-10~+40	—	—	FOOD 4-23	—	—	—	Nontrop PLB EL	—	—	—	SPECIS A	GERALYN 00
对健康无害的润滑脂,用于摩擦和减磨轴承	Y	Spezialschmierfett	2	-10~+40	—	—	FOOD 4-22	—	—	RENOGEL 7	Nontrop PLB	—	Alima Grease 2	—	SPECIS FM	GERALYN 2
用于紧急运行特性的多用途润滑脂,添加 MoS_2 或石墨	Z	K-F ZK	2	-10~+40	GR SM	Mehrzweck-Fett F	MOLITEA 5-077	Energrease L 21 M	MULTI-PURPOSE GREASE MOLY	RENOLIT FLM 2	Unimoly GL 82	Mobiltac 81	Retinax AM	Molytex Grease EP 2	MULTIS MS-2	SPEZIAL MOLY GREASE No.2
多用途润滑,糊,无色/白色,用于安装工作和开放润滑部位	Za	Spezialschmierfett	2	-10~+40	GR PV 2	—	AQUARES EP 810-60	—	—	—	—	—	—	—	—	—
用于塑料齿轮,防止运行噪声	Zb	Spezialschmierfett	2	-10~+40	—	—	AQUARES EP 810-60	—	—	—	—	—	—	—	—	—

1) iso

A.5 旋转给料器的润滑脂选用

旋转给料器的润滑主要包括转子轴承的润滑、电动机轴承的润滑、减速齿轮的润滑、链轮的润滑、链条的润滑等。转子轴承和电动机轴承的润滑采用润滑脂，减速箱齿轮和轴承的润滑采用润滑油，链轮和链条的润滑可以采用润滑脂，也可以采用润滑油。

转子轴承和电动机轴承及其他脂润滑部位的润滑，润滑脂的性能要能够满足现场使用的温度和其他性能要求。对转子轴承，可用复合钙基脂、锂基脂、极压锂基脂、极压复合锂基脂等，但常用的一般为二号或三号极压锂基脂，如果是高温旋转给料器，还需要使用耐高温的润滑脂，如白色的二硫化钼润滑脂等。对于链轮、链条润滑采用的润滑脂，由于相对要求不高，所以使用钙基脂、锂基脂或黑色的二硫化钼都可以。电动机轴承的润滑脂牌号比较多，但一般常用的类型主要有：锂基脂、复合钙基脂、极压锂基脂等，其中最常用的是二号或三号极压锂基润滑脂。

参 考 文 献

[1] 程克勤，等. 气力输送装置[M]. 北京：机械工业出版社，1993.

[2] 张荣善，散料输送与储存[M]. 北京：化学工业出版社，1993.

[3] WAESCHLE CO. Operating instructions rotary valve[Z].1998～2012.

[4] BUHLER CO. Universal rotary airock valve[Z].1998～2011.

[5] COPERION CO. COPERION CO rotary valve [Z].2000～2012.

[6] 高秉申. 旋转阀结构设计[J]. 流体机械，1992(7).

[7] 张瑞平.气力输送高温高压旋转阀设计与应用[J]. 流体机械，2005(12).

[8] 中国石化仪征化纤股份公司. 旋转阀操作手册[Z]. 2004.

[9] 王训钜，等. 阀门使用维修手册[M]. 北京：中国石化出版社，1999.

[10] 上海新益气动元件有限公司. 气动元件产品样本[Z]. 2011.

[11] Bellofranm CO. 气动执行机构与附件[Z]. 1999～2012.

[12] SMC. Corporation Best bneumatics[Z]. 2000～2013.

[13] SEW-传动设备(苏州)有限公司. 减速机安装、使用和维护手册[Z]. 2002～2013.

[14] 成大先. 机械设计手册[M]. 北京：化学工业出版社，2010.

[15] 陆培文. 实用机械设计手册[M]. 北京：机械工业出版社，2002.

[16] 杨元斌. 旋转阀压扁切片成因初探[C]. 第六届全国阀门与管道学术会议论文集，合肥，2009.

[17] SKF. 轴承综合型录[Z].2005.

[18] 工业和信息化部. JB/T 11057-2010 旋转阀技术条件[S]. 北京：机械工业出版社，2010.

[19] 国家质量监督检验检疫总局. GB/T 3452.1-2005 液压气动用"O"形橡胶密封圈 第1部分：尺寸系列及公差[S]. 北京：中国标准出版社，2005.

[20] 国家质量监督检验检疫总局. GB/T 3452.2-2007 液压气动用"O"形橡胶密封圈 第2部分：外观质量检验规范[S]. 北京：中国标准出版社，2007.

[21] 国家质量监督检验检疫总局.GB/T 3452.3-2005 液压气动用"O"形橡胶密封圈 第3部分：沟槽尺寸[S]. 北京：中国标准出版社，2005.

[22] 国家质量监督检验检疫总局. GB/T 699-2006 优质碳素结构钢[S]. 北京：中国标准出版社，2006.

[23] 国家质量监督检验检疫总局. GB/T 713-2008 锅炉和压力容器用钢板[S]. 北京：中国标准出版社，2008.

[24] 国家质量监督检验检疫总局. GB/T 1220-2007 不锈钢棒[S]. 北京：中国标准出版社，2007.

[25] 国家质量监督检验检疫总局. GB/T 4237-2007 不锈钢热轧钢板和钢带[S]. 北京：中国标准出版社，2007.

[26] 国家质量监督检验检疫总局.GB 5310-2008 高压锅炉用无缝钢管[S]. 北京：中国标准出版社，2008.

[27] 国家质量监督检验检疫总局.GB/T 9113-2010 整体钢制管法兰[S]. 北京：中国标准出版社，2010.

[28] 国家质量监督检验检疫总局.GB/T 9124-2010 钢制管法兰 技术条件[S]. 北京：中国标准出版社，2010.

[29] 国家质量监督检验检疫总局.GB/T 16253-1996(2010)承压铸钢件[S]. 北京：中国标准出版社，1996.

[30] 国家质量监督检验检疫总局. GB/T 24511-2009 承压设备用不锈钢钢板和钢带[S]. 北京：中国标准出版社，2009.

[31] 国家质量监督检验检疫总局. GB/T 145-2001 中心孔[S]. 北京：中国标准出版社，2001.

[32] 工业和信息化部. JB 4741-2000 压力容器用镍铜合金热轧板材[S]. 北京：机械科学研究院，2000.

[33] 工业和信息化部. JB 4743-2000 压力容器用镍铜合金锻件[S]. 北京：机械科学研究院，2000.

[34] 国家能源局. NB/T 47008-2010(JB/T 4726)承压设备用碳素钢和低合金钢锻件[S]. 北京：新华出版社，2010.

[35] 国家能源局. NB/T 47009-2010(JB/T 4727)低温承压设备用低合金钢锻件[S]. 北京：新华出版社，2010.

[36] 国家能源局. NB/T 47010-2010(JB/T 4728)承压设备用不锈钢和耐热钢锻件[S]. 北京：新华出版社，2010.

[37] 工业和信息化部. JB/T 6626-2011 聚四氟乙烯编织填料[S]. 北京：机械工业出版社，2011.

[38] 工业和信息化部. JB/T 6627-2008 碳(化)纤维浸渍聚四氟乙烯编织填料[S]. 北京：机械工业出版社，2008.

[39] 工业和信息化部. JB/T 7759-2008 芳纶纤维、酚醛纤维编织填料 技术条件[S]. 北京：机械工业出版社，2008.

[40] 美国材料与试验学会. ASTM A 182-2007 高温锻制和轧制合金钢管法兰，锻制配件，阀门及部件[S].

[41] 美国材料与试验学会. ASTM A 240-2007 压力容器用及通用的铬，铬-镍不锈钢板，薄板材及带材[S].

[42] 美国材料与试验学会. ASTM A 351-2006 承压件用奥氏体，奥氏体-铁素体(双相)铸钢件[S].

[43] 美国材料与试验学会. ASTM A 352-2006 低温承压件用铁素体和马氏体钢铸件[S].

[44] 美国材料与试验学会. ASTM A 358-2008 高温通用电熔焊接奥氏体铬镍不锈钢管[S].

[45] 美国材料与试验学会. ASTM A 376-2006 高温电站用无缝奥氏体钢管[S].

[46] 美国材料与试验学会. ASTM A 387-2006a 压力容器用铬钼合金钢板[S].

[47] 美国材料与试验学会. ASTM A 494-2009 镍和镍合金铸件[S].

[48] 美国材料与试验学会. ASTM A 789-2008b 一般用途的铁素体/奥氏体不锈钢无缝管和焊接管[S].

[49] 美国材料与试验学会. ASTM A 790-2004 铁素体/奥氏体不锈钢无缝管和焊接管[S].

[50] 美国材料与试验学会. ASTM B 163-2008 冷凝器和热交换器用无缝镍及镍合金管[S].

[51] 张向钊，等. 密封垫片与填料[M]. 北京：机械工业出版社，1994.

[52] 杨书益，等. 芳纶纤维编织填料的研制及性能试验[J]. 流体机械，1996(12).

[53] 宋鹏云，等. 软填料密封侧压系数分析[J]. 流体工程，1992(1).

[54] 张向钊. 高强密封填料—芳纶盘根[J]. 流体工程，1992(11).

[55] 章华友，等. 球阀设计与选用[M]. 北京：北京科学技术出版社，1994.

[56] 国家质量监督检验检疫总局. GB/T 7306-2000(2010) 55°密封管螺纹[S]. 北京：中国标准出版社，2000.

[57] 国家质量监督检验检疫总局. GB/T 12716-2011 60°密封管螺纹 [S]. 北京：中国标准出版社，2011.

[58] 国家质量监督检验检疫总局. GB/T 4622.2-2008 缠绕式垫片 管法兰尺寸系列[S]. 北京：中国标准出版社，2008.

[59] 国家质量监督检验检疫总局. GB/T 4622.3-2008 缠绕式垫片 技术条件[S]. 北京：中国标准出版社，2008.

[60] 杨源泉. 阀门设计手册[M]. 北京：机械工业出版社，1992.

[61] 机械工业部合肥通用机械研究所. 阀门[M]. 北京：机械工业出版社，1984.

[62] 国家质量监督检验检疫总局. GB/T 1243-2006 传动用短节距精密滚子链、套筒链、附件和链轮[S]. 北京：中国标准出版社，2006.

[63] 国家质量监督检验检疫总局. GB 3836.1-2010 爆炸性环境 第 1 部分:设备 通用要求[S]. 北京：中国标准出版社，2010.

[64] 国家质量监督检验检疫总局. GB 3836.2-2010 爆炸性环境 第 2 部分：由隔爆外壳"d"保护的设备[S]. 北京：中国标准出版社，2010.

[65] 国家质量监督检验检疫总局. GB 3836.8—2003，爆炸性气体环境用电气设备第 8 部分："n"型电气设备[S]. 北京：中国标准出版社，2003.

[66] 国家质量监督检验检疫总局. GB 50058-1992，爆炸和火灾危险环境电力装置设计规范[S]. 北京：中国标

准出版社，1992.

[67] Brian Black. 如何选择温度传感器[J]. 北京：世界电子元器件，2004(12).

[68] 王常力，等. 分布式控制系统(DCS)设计与应用实例[M]. 北京：电子工业出版社，2004.

[69] 沙占友. 传感器原理与应用[M]. 北京：电子工业出版社，2004.

[70] 秦大同，等. 机电系统设计[M]. 北京：化学工业出版社，2013.

[71] 王廷才，等. 变频调速系统设计与应用[M]. 北京：机械工业出版社，2012.

[72] 王暄，等. 电机拖动及其控制技术[M]. 北京：中国电力出版社，2010.

[73] 王孝天，等. 不锈钢阀门的设计与制造[M]. 北京：原子能出版社，1987.

[74] 沈阳高中压阀门厂. 阀门制造工艺[M]. 北京：机械工业出版社，1984.

[75] 高清宝，等. 阀门堆焊技术[M]. 北京：机械工业出版社，1994.

[76] 工业和信息化部. JB/T 11489-2013 放料用截止阀[S]. 北京：机械工业出版社，2013.

[77] 工业和信息化部. JB/T 8691-2013 无阀盖刀形闸阀[S]. 北京：机械工业出版社，2013.

[78] 工业和信息化部. JB/T 1712-2008 阀门零部件　填料和填料垫[S]. 北京：机械工业出版社，2008.

[79] 国家质量监督检验检疫总局. GB/T 12221-2005 金属阀门　结构长度[S]. 北京：中国标准出版社，2005.

[80] 国家质量监督检验检疫总局. GB/T12237-2007 石油、石化及相关工业用的钢制球阀[S]. 北京：中国标准出版社，2007.

[81] 国家质量监督检验检疫总局. GB/T 9113-2010 整体钢制管法兰[S]. 北京：中国标准出版社，2007.

[82] 国家质量监督检验检疫总局. GB/T 12221-2005 金属阀门　结构长度[S]. 北京：中国标准出版社，2005.

[83] 国家质量监督检验检疫总局. GB/T 9124-2010 钢制管法兰　技术条件[S]. 北京：中国标准出版社，2010.

[84] 国家质量监督检验检疫总局. GB/T 9126-2008 管法兰用非金属平垫片　尺寸[S]. 北京：中国标准出版社，2008.

[85] 国家质量监督检验检疫总局. GB/T 9129-2003 管法兰用非金属平垫片　技术条件[S]. 北京：中国标准出版社，2003.

[86] 国家质量监督检验检疫总局. GB/T 12220-2008 通用阀门　标志[S]. 北京：中国标准出版社，2008.

[87] 国家质量监督检验检疫总局. GB/T 12221-2005 金属阀门　结构长度[S]. 北京：中国标准出版社，2005.

[88] 国家质量监督检验检疫总局. GB/T 12224-2015 钢制阀门　一般要求[S]. 北京：中国标准出版社，2015.

[89] 国家质量监督检验检疫总局. GB/T 228.1-2010 GB/T 金属材料 拉伸试验 第1部分:室温试验方法[S]. 北京：中国标准出版社，2010.

[90] 工业和信息化部. JB/T 6617-1993 阀门用石墨填料环　技术条件[S]. 北京：机械工业部机械标准化研究所，1993.

[91] 工业和信息化部. JB/T 7370-2014 柔性石墨编织填料[S]. 北京：机械工业出版社 2014.

[92] 工业和信息化部. JB/T 7927-2014 阀门铸钢件　外观质量要求[S]. 北京：机械工业出版社，2014.

[93] 工业和信息化部. SH/T 3401-2013 石油化工钢制管法兰用非金属平垫片[S]. 北京：中国石化出版社,2013.

[94] 工业和信息化部. SH/T 3402-2013 石油化工钢制管法兰用聚四氟乙烯包覆垫片[S]. 北京：中国石化出版社，2013.

[95] 工业和信息化部. SH/T 3403-2013 石油化工钢制管法兰用金属环垫[S]. 北京：中国石化出版社，2013.

[96] 工业和信息化部. SH/T 3406-2013 石油化工钢制管法兰[S]. 北京：中国石化出版社，2013.

[97] 工业和信息化部. SH/T 3407-2013 石油化工钢制管法兰用缠绕式垫片[S]. 北京：中国石化出版社，2013.

[98] 中国石油大庆石油化工公司. 产品样本[Z]. 2008.

[99] 张瑞平. 聚酯生产设备[M]. 南京：东南大学出版社，1991.

[100] 张瑞平. 聚酯保全[M]. 北京：纺织部教育司仪征化纤工业联合公司教培中心出版，1992.

[101] 中国石化仪征化纤股份公司. 60 万吨 PTA 项目维修操作手册[Z]. 2003.

[102] 黄嘉虎，等. 耐腐蚀铸锻材料应用手册[M]. 北京：机械工业出版社，1991.

[103] 中国石化洛阳石化工程公司. 石油化工设备设计便查手册[M]. 北京：中国石化出版社，2002.

[104] 徐初雄. 焊接工艺 500 问[M]. 北京：机械工业出版社，1997.

[105] 朱绍源. 第六届全国阀门与管道学术会议论文集，合肥，合肥工业大学出版社，2009.

[106] [美] J.L.莱昂斯. 阀门技术手册[M]. 北京：机械工业出版社，1991.

[107] 工业和信息化部. JB/T 4709-2007 压力容器焊接规程[S]. 北京：机械工业出版社，2007.

[108] 工业和信息化部. JB/T 3168.1-1999 喷焊合金粉末技术条件[S]. 北京：机械科学研究院，1999.

[109] 梁国明. 机械工业质量检验员手册[M]. 北京：机械工业出版社，1993.

[110] 工业和信息化部. JB/T 6439-2008 阀门受压件磁粉检测[S]. 北京：机械工业出版社，2008.

[111] 工业和信息化部. JB/T 6440-2008 阀门受压铸钢件射线照相检测[S]. 北京：机械工业出版社，2008.

[112] 工业和信息化部. JB/T 6902-2008 阀门液体渗透检测[S]. 北京：机械工业出版社，2008.

[113] 工业和信息化部. JB/T 6903-2008 阀门锻钢件超声波检测[S]. 北京：机械工业出版社，2008.

[114] 工业和信息化部. JB/T 7927-2014 阀门铸钢件 外观质量要求[S]. 北京：机械工业出版社，2014.

[115] 国家质量监督检验检疫总局. GB/ T 3098.1-2000 紧固件机械性能 螺栓、螺钉和螺柱[S]. 北京：中国标准出版社，2000.

[116] 国家质量监督检验检疫总局. GB/ T 3098.2-2000 紧固件机械性能 螺母、粗牙螺纹[S]. 北京：中国标准出版社，2000.

[117] 国家质量监督检验检疫总局. GB/T 3098.6-2000 紧固件机械性能 不锈钢螺栓、螺钉和螺柱[S]. 北京：中国标准出版社，2000.

[118] 国家质量监督检验检疫总局. GB/T 90.2-2002 紧固件 标志与包装[S]. 北京：中国标准出版社，2002.

[119] 国家质量监督检验检疫总局. GB/T 4334-2008 金属和合金的腐蚀不锈钢晶间腐蚀试验方法[S]. 北京：中国标准出版社，2008.

[120] 国家质量监督检验检疫总局. GB 150.2-2011 压力容器 第 2 部分：材料[S]. 北京：中国标准出版社，2011.

[121] 工业和信息化部. JB/T 8831-2001 工业闭式齿轮的润滑油选用方法[S]. 北京：机械科学研究院，2001.

[122] 国家质量监督检验检疫总局. GB5903-2011 工业闭式齿轮油[S]. 北京：中国标准出版社，2011.

[123] 工业和信息化部. SH/T 0586-2010 工业闭式齿轮油换油指标[S]. 北京：中国石化出版社，2010.